Claudia Lack

# Aufdecken mathematischer Begabung bei Kindern im 1. und 2. Schuljahr

VIEWEG+TEUBNER RESEARCH

Claudia Lack

# Aufdecken mathematischer Begabung bei Kindern im 1. und 2. Schuljahr

Mit einem Geleitwort von Prof. Dr. Rudolf Sträßer

VIEWEG+TEUBNER RESEARCH

Bibliografische Information der Deutschen Nationalbibliothek
Die Deutsche Nationalbibliothek verzeichnet diese Publikation in der Deutschen Nationalbibliografie; detaillierte bibliografische Daten sind im Internet über <http://dnb.d-nb.de> abrufbar.

Inaugural-Dissertation Justus-Liebig-Universität Gießen, 2008

D 26

1. Auflage 2009



Lektorat: Dorothee Koch / Britta Göhrisch-Radmacher

Vieweg+Teubner ist Teil der Fachverlagsgruppe Springer Science+Business Media.
www.viewegteubner.de

Umschlaggestaltung: KünkelLopka Medienentwicklung, Heidelberg
Satz: SatzReproService GmbH Jena
Gedruckt auf säurefreiem und chlorfrei gebleichtem Papier.
Printed in Germany

ISBN 978-3-8348-0975-9

# Geleitwort

„Für Mathematik muss man halt begabt sein!“ … so die oft gehörte Erklärung, warum ein Gesprächspartner mit Mathematik nichts anfangen kann. Umso erstaunlicher ist es, dass die Wissenschaft vom Lehren und Lernen von Mathematik, die Didaktik der Mathematik, keine klare Vorstellung davon hat, was Begabung für Mathematik ist, wie man diese Begabung feststellen kann und – noch überraschender: ob es überhaupt so etwas wie mathematische Begabung gibt. Auch deshalb steht am Anfang der Dissertation von Claudia Lack eine Auseinandersetzung mit der Frage, wie Begabung und insbesondere mathematische Begabung zu verstehen sei, damit man sich der Frage nach dem „Aufdecken mathematischer Begabung“ überhaupt stellen kann. Dabei erweisen sich das Problemlösen und das Interesse an der Mathematik als grundlegende Komponenten, um ein Verständnis von mathematischer Begabung zu formulieren, mit dem Claudia Lack weiter arbeiten kann.

Für die genauere Fragestellung der Arbeit, nämlich die mathematische Begabung „bei Kindern im 1. und 2. Schuljahr“ geht Claudia Lack dann nicht den in der Psychologie üblichen Weg der Entwicklung und Erprobung einer Testbatterie, die am Ende der Erprobung möglichst einfach, womöglich von kurzfristig instruierten Hilfskräften einzusetzen wäre. Stattdessen lässt sie Kinder mit ausgewiesenem Interesse an Mathematik vier sorgfältig ausgewählte und wohl formulierte Aufgaben lösen. Sie gibt damit den Kindern die Möglichkeit, verschiedene Verfahren des Problemlösens zu zeigen, ohne sie zu sehr auf einzelne – womöglich schlicht als „richtig“ oder „falsch“ bewertete – Aufgabenlösungen festzulegen. In einer sensiblen und subtilen Untersuchung der Lösungsstrategien der Kinder sucht sie vielmehr nach Anzeichen für mathematische Begabung „ihrer“ Kinder, degradiert sie also nicht zu anonymen Probanden einer psychologischen Untersuchung. Jenseits der Fragestellung nach mathematischer Begabung kann man in diesem Abschnitt viel über die Möglichkeiten und Grenzen des mathematischen Problemlösens von Kindern am Beginn der Schulzeit lesen und lernen.

Das hindert Claudia Lack aber nicht, diese einzelnen Erkenntnisse in einer Gesamtsicht auf die Begabung der beteiligten Kinder zusammenzuführen und Merkmale mathematischer Begabung aus der Fülle ihrer Beobachtungen herauszulösen. Umgekehrt kann sie in dieser Zusammenschau wiederum die besondere Rolle der einzelnen Aufgaben beim Aufdecken mathematischer Begabung in dieser Altersstufe ausmachen. Der abschließende Ausblick weitet dann den Horizont der Arbeit, um Konsequenzen für den mathematischen Anfangsunterricht im Allgemeinen aufzuzeigen und Fragen zu formulieren, die – wie bei jeder guten wissenschaftlichen Arbeit – offen geblieben sind bzw. sich neu stellen.

Ich wünsche dieser Dissertation eine breite Leserschaft, die mindestens Lehrerinnen und Lehrern des Schulfaches Mathematik, insbesondere der ersten Klassen allgemeinbildender Schulen, die Verantwortlichen in der Schulverwaltung und an Mathematik interessierte Bildungspolitiker umfassen sollte. Dass Mathematikdidaktikerinnen und Mathematikdidaktiker dieses Buch lesen könnten, um etwas über die inneren Mechanismen der von ihnen untersuchten Tätigkeit – über das Treiben von Mathematik – zu lernen, ist nach der vorliegenden Inhaltsbeschreibung offensichtlich.

Prof. Dr. Rudolf Sträßer

# Danksagung

Die vorliegende Dissertation ist durch die Unterstützung zahlreicher Personen entstanden. Ihnen möchte ich an dieser Stelle herzlich danken.

Nicht nur mein besonderer Dank, sondern auch meine tiefe Verbundenheit gilt meiner inzwischen leider verstorbenen „Doktormutter“ Frau Prof. Dr. Marianne Franke. Ihr habe ich es zu verdanken, dass ich den Mut gefasst habe, von der Schulpraxis zur wissenschaftlichen Tätigkeit zu wechseln. Wir teilten die Freude an der Arbeit mit Kindern sowie die Bestrebung, Praxis und Theorie zu verknüpfen.

Herrn Prof. Dr. Rudolf Sträßer habe ich es zu verdanken, dass ich die Arbeit weiterführen und beenden konnte, denn er hat direkt die Betreuung übernommen. Die vielen persönlichen Gespräche, in denen Fragen offen, kritisch und konstruktiv diskutiert werden konnten, haben neue Impulse gegeben und den Abschluss der Arbeit positiv vorangetrieben. Ihm danke ich für die hervorragende Unterstützung und die freundschaftliche Begleitung.

Herrn Prof. Dr. Peter Bardy danke ich speziell für die kritischen und hilfreichen Anmerkungen und Verbesserungsvorschläge. Von ihm habe ich zahlreiche wertvolle Hinweise und Anregungen erhalten.

Des Weiteren möchte ich mich bei meinen Kolleginnen und Kollegen vom Institut für Didaktik der Mathematik der Justus-Liebig-Universität in Gießen bedanken. Sie haben meine Arbeit stets mit Interesse verfolgt, im Rahmen von Doktoranden-Kolloquien inhaltliche Unterstützung geleistet und außerdem in einer freundschaftlichen Atmosphäre immer wieder für die notwendige Aufmunterung gesorgt.

Schließlich möchte ich mich auf diesem Weg bei meiner Familie und meinen Freunden bedanken. Sie haben mich mit viel Geduld, Liebe und Humor durch alle Hoch- und Tiefpunkte meiner Arbeit begleitet und immer ein offenes Ohr oder eine starke Schulter für mich bereitgehalten.

Nicht zuletzt gilt mein Dank und meine Bewunderung den Kindern, die mit so viel Freude, Kreativität und Ausdauer an den Aufgaben gearbeitet haben.

Claudia Lack

# Inhaltsverzeichnis

# Abbildungsverzeichnis

# Tabellenverzeichnis

# Einleitung

> *„Mathe sitzt manchmal einfach in meinem Kopf drin, das muss ich erst gar nicht da rein bringen.“* (VICTOR 6;05 Jahre alt)

*Victor* ist ein Schulanfänger – ein Kind, das einen ganz neuen Lebensabschnitt erst seit kurzer Zeit begonnen hat. So kann er, wie die anderen ABC-Schützen auch, über viele unterschiedliche Erfahrungen berichten: die Schwierigkeiten beim Eingewöhnen in den Schulalltag, die Probleme mit dem Erlernen der Buchstaben, das Kennenlernen der neuen Klassenkameraden[1] und vieles mehr. Aber *Victor* merkt auch schon sehr früh, dass sein Verhältnis zur Mathematik ein ganz besonderes ist. Er hat große Freude am Umgang mit Zahlen, rechnet bereits im Zahlenraum bis Hundert und auch zu komplexen Aufgaben hat er schnell Lösungsideen parat. Ja, es scheint wirklich so, als verfüge *Victor* im mathematischen Bereich über ganz besondere Fähigkeiten. Generell zeigt er sein Können gerne und wünscht sich sehr, im Fach Mathematik noch viel dazu zu lernen.

So wie *Victor* bringen alle Schulanfänger nicht nur ihre individuellen Lernvoraussetzungen, sondern auch ihre Wünsche und Erwartungen bereits mit in die Schule und es gilt, diese aufzugreifen, den Kindern den Übergang zu erleichtern und die Lernmotivation zu erhalten bzw. zu fördern. Dementsprechend sind der Schulanfang und die ersten ein bis zwei Schuljahre sehr bedeutsam für den schulischen Werdegang und oft sogar für die gesamte persönliche Entwicklung eines Kindes. Besonders zu berücksichtigen sind hierbei einerseits sozial-emotionale und entwicklungsbezogene Aspekte, die dem Kind das Gefühl der Akzeptanz und des Angenommenseins geben, es motivieren und seine individuellen Voraussetzungen berücksichtigen. Aber andererseits ist auch der kognitive Aspekt bedeutungsvoll. Denn nur ein möglichst frühes Erkennen von Potenzialen und Defiziten eröffnet die Möglichkeit, rechtzeitig mit einer angemessenen Förderung einsetzen zu können.

Welche Chancen hat *Victor* jedoch auf eine angemessene Förderung seiner besonderen mathematischen Fähigkeiten oder ganz grundlegend überhaupt darauf, dass diese Fähigkeiten erkannt und anerkannt werden?

Während es in den Schulen inzwischen selbstverständlich geworden ist, sich Kindern mit Lernstörungen, zum Beispiel mit Wahrnehmungsproblemen oder Lese-Rechtschreib-Schwierigkeiten, besonders zuzuwenden, hat sich diese Selbstverständlichkeit in Bezug auf den Umgang mit Kindern im Schulanfangsalter, die über besondere Potenziale verfügen, noch nicht ausreichend durchgesetzt (vgl. BARDY/HRZÁN 1998). Zwar befindet sich das bis in die 80er Jahre des letzten Jahrhunderts vorwiegend negativ konnotierte Themenfeld der Hochbegabung inzwischen in einem

---

[1] Bei Personenbezeichnungen ist in dieser Arbeit jeweils das andere Geschlecht mit eingeschlossen.

Prozess zunehmender gesellschaftlicher Akzeptanz und wissenschaftlicher Berücksichtigung, jedoch konnte diese Perspektivenverschiebung bisher noch nicht ausreichend in den alltäglichen Umgang mit betroffenen Kindern – sei es in Bezug auf die Diagnose oder die Förderung – übertragen werden.

> *„Die gängige Vorstellung, dass Hochbegabte sich schon selber hinreichend helfen könnten – ‚Es trägt Verstand und rechter Sinn mit wenig Kunst sich selber vor', wie Goethe den Faust behaupten ließ –, trifft leider nicht zu. Inzwischen sind sich die einschlägig Forschenden über die Disziplinen hinweg jedenfalls darin einig, dass eine Förderung nötig ist und mehr noch, dass sie möglichst früh einsetzen sollte."* (BAUERSFELD 2006, S. 82)

Wie *Bauersfeld* betont, ist es die Aufgabe aller involvierten Disziplinen, besondere Begabungen früh zu erkennen, um dann auch entsprechend früh mit einer angemessenen Förderung einsetzen zu können. Dies gilt natürlich auch für den mathematischen Bereich. Obwohl sich die Beschäftigung mit mathematisch begabten Kindern in den letzten Jahren ausgedehnt hat von den Schülern der Sekundarstufen I und II hin zu den Kindern der 3. und 4. Schuljahre, bleiben jedoch die Kinder der 1. und 2. Schuljahre weitgehend unberücksichtigt. Es ist also bisher noch nicht gelungen, gerade den sensiblen Bereich – nämlich die erste Phase der schulischen Prägung – hinlänglich zu berücksichtigen. Als Gründe hierfür werden hauptsächlich die entwicklungspsychologischen Besonderheiten von Kindern in diesem Alter, ihr schnelles und häufiges Wechseln von Interessen, die Schwierigkeiten in Bezug auf Diagnostik in dieser Altersstufe, den großen Vorhersagezeitraum und auch die Schwierigkeiten bezüglich der Problematik des Schaffens angemessener Forschungssituationen angeführt (vgl. BARDY 2007, NOLTE 2004, KÄPNICK 1998). Bedenkt man aber, dass vorhandene Begabungen nur dann optimal gefördert werden können, wenn sie so früh wie möglich erkannt werden (vgl. URBAN 1990, HEINBOKEL 2001, STAPF 2003, BARDY/HRZÁN 2005, BAUERSFELD 2006), so ist es dringend notwendig, bereits bei den Kindern im 1. und 2. Schuljahr anzusetzen.

Es liegen auch durchaus verschiedene Anhaltspunkte vor, die darauf schließen lassen, dass schon Kinder in dieser Altersstufe über eine besondere mathematische Begabung verfügen können:

- Bereits Schulanfänger – ja sogar Kleinkinder – zeigen spezielle Interessen an mathematischen Inhalten, sie sind *neugierig* auf Mathematik.
- Einige Kinder bringen schon zum Schuleintritt einen überdurchschnittlichen mathematischen *Wissensschatz* mit, oftmals ist gar nicht erklärbar, wie sich dieser aufgebaut hat.
- Manche Kinder verblüffen durch ihre *kreativen mathematischen Ideen*, durch ihre besondere Problemlösefähigkeit und durch das Beschreiten eigener, unkonventioneller und oft schon sehr komplexer Rechenwege.

Diese Fähigkeiten werden in verschiedenen Theorien zur mathematischen Begabung (vgl. KRUTETSKII 1976, KIESSWETTER 1992, KÄPNICK 1998, NOLTE 2004) für höhere Altersstufen bereits zu den konstituierenden Merkmalen gezählt.

Außerdem existieren schon seit Anfang der 90er Jahre des 20. Jahrhunderts Untersuchungen von *Häuser/Schaarschmidt* (1991a) sowie von *Lehwald* (MÖNKS/

LEHWALD 1991), die sich speziell auf mathematisch-rechnerische Fähigkeiten von Vorschulkindern beziehen und zeigen, dass in dieser Altersstufe bereits bei einzelnen Kindern besondere Fähigkeiten identifizierbar sind. Sowohl diese Untersuchungen als auch Studien von *Stapf* (2003), die sich allgemein auf Begabung bei Kindern im Vorschulalter beziehen, bestätigen grundsätzlich die Diagnostizierbarkeit unterschiedlicher Begabungsausprägungen. Leider mangelt es an der entsprechenden wissenschaftlichen Forschungstätigkeit auf diesem Gebiet. Bezug nehmend auf diesen Forschungsrückstand erkannten und forderten *Mönks* und *Lehwald* bereits 1991:

> *„So wie nicht bestritten werden kann, dass es auf jeder Altersstufe einen Anteil schwach befähigter Kinder gibt, ist auf der anderen Seite der Verteilung auch ein Anteil hochbefähigter Kinder in Rechnung zu stellen. Für den Schulanfänger und den Schüler der Unterstufe wurde letztere Erkenntnis oft ignoriert."*
>
> ...
>
> *„Es ist eine aktuelle und dringende Aufgabe der pädagogisch-psychologischen Forschung, für die Früherkennung und Frühförderung von Begabungen den notwendigen Forschungsvorlauf zu schaffen."* (MÖNKS/LEHWALD 1991, S. 159 und 161)

Obwohl sich im Rückblick auf diese Forderung in den letzten Jahren viel bewegt hat, blieb das Forschungsdefizit bezüglich mathematisch begabter Kinder in den ersten beiden Schuljahren nach wie vor bestehen.

Die vorliegende empirische Studie hat sich daher zum Ziel gesetzt, grundlegende Erkenntnisse zur mathematischen Begabung bei Kindern im Schulanfangsalter – hier insbesondere bei Kindern im 1. und 2. Schuljahr – zu erlangen.

Da die Fähigkeiten, die mathematische Begabung begründen, in enger Beziehung zur Problemlösefähigkeit stehen, eignet sich die Beobachtung von Kindern beim Bearbeiten mathematischer Problemaufgaben besonders gut, um diesbezüglich Aufschlüsse zu gewinnen. Dementsprechend werden in der vorliegenden Studie die Vorgehensweisen von Kindern im 1. und 2. Schuljahr bei der Bearbeitung von vier ausgewählten Problemaufgaben in Form von Einzel-Videointerviews aufgezeigt.

Anhand der Auswertung sollen dann verschiedene Aspekte untersucht werden. Mit dem Blick auf die einzelnen Aufgaben soll herausgearbeitet werden, welche Fähigkeiten und Strategien gezeigt werden und welches Lösungsverhalten in den verschiedenen Phasen des Problemlöseprozesses zu beobachten ist. Mit dem Blick auf die Gesamtheit der Aufgaben soll aufgezeigt werden, ob die Bearbeitung der vier Aufgaben die Kinder in der Weise zum Einsatz von Strategien und zum Zeigen mathematischer Fähigkeiten herausfordert, dass hier – wie bei der Konstruktion der Aufgaben beabsichtigt – ein vollständiges Bild kindlichen mathematischen Tätigseins erzeugt werden kann. Dementsprechend eröffnet sich an dieser Stelle die Möglichkeit, bereits aufgabenspezifische Empfehlungen für eine gezielte Diagnose im Schulanfangsalter zu geben. Auf dieser Basis kann dann der Blick auf die teilnehmenden Kinder gerichtet werden, um herauszuarbeiten, inwieweit sie bei den Bearbeitungen mathematische Fähigkeiten zeigen und Strategien einsetzen. Es können dann auch interindividuelle Unterschiede aufgezeigt und eventuell sogar einzelne Kinder ermittelt werden, die in besonderer Weise über die geforderten Fähigkeiten und Strategien verfügen.

Um auf einer vergleichenden Ebene die erzielten Ergebnisse in Beziehung zu den bereits vorhandenen Erkenntnissen bezüglich mathematischer Begabung setzen zu können, werden dann weitere Daten hinzugezogen. Hierbei handelt es sich einerseits um die bei Kindern im 3. und 4. Schuljahr identifizierten mathematikspezifischen Begabungsmerkmale. Andererseits wird jedoch auch ein Vergleich mit dem Intelligenzquotienten der teilnehmenden Kinder durchgeführt, wodurch dann Aussagen über die Beziehung zwischen mathematischer Begabung und allgemeiner Intelligenz getroffen werden können.

Abschließend gilt es, die verschiedenen Blickrichtungen und Fragestellungen miteinander zu vereinen, um erste Aussagen bezüglich mathematischer Begabung bei Kindern im 1. und 2. Schuljahr treffen zu können. Es muss in diesem Zusammenhang jedoch berücksichtigt werden, dass sich diese Aussagen ausschließlich auf die in der Forschungsgruppe erzielten Ergebnisse und auf das Wissen von Individuen bezieht.

Wenn durch diese Forschungsarbeit ein Schritt getan werden kann, um Kindern wie *Victor* ihre Freude an der Mathematik zu erhalten und ihre besonderen mathematischen Fähigkeiten auszubauen, ist ein weiteres – ganz persönliches – Anliegen der Verfasserin erfüllt. Denn Kindern in ihren persönlichen Lernvoraussetzungen zu begegnen, sollte der Ausgangspunkt allen (mathematischen) Lernens sein.

## Aufbau der Arbeit

Die vorliegende Arbeit gliedert sich in vier Teile. In **Teil I** werden zunächst die theoretischen Grundlagen dargestellt, die notwendig sind, um die Thematik fundiert aufzuarbeiten. Daraufhin wird in **Teil II** die Untersuchung selbst von der Planung über die Durchführung bis hin zur Auswertung vorgestellt. Dieser Teil bildet die Basis für die in **Teil III** folgende detaillierte Darstellung der Ergebnisse. Die Arbeit schließt mit **Teil IV**, in dem zunächst die Ergebnisse zusammengefasst werden. Dieser Zusammenfassung folgen dann erste Schlussfolgerungen in Bezug auf mathematische Begabung im Schulanfangsalter. Im Rahmen eines Ausblicks werden aus den Erkenntnissen dieser Forschungsarbeit Empfehlungen für den Anfangsunterricht abgeleitet.

## Die einzelnen Teile beinhalten folgende Themenschwerpunkte:

*Teil I: Theoretische Grundlegung*

Anhand der Zielstellung wird deutlich, dass dieses Forschungsvorhaben ein breites theoretisches Fundament benötigt, denn es tangiert verschiedene Bereiche. So gilt es nicht nur, die Thematik der Begabung und speziell der mathematischen Begabung in den Begrifflichkeiten, Definitionen und in den verschiedenen Theoriebildungen herauszuarbeiten, vielmehr müssen diese Grundlagen dann auf die besondere entwicklungspsychologische Situation von Kindern im Schulanfangsalter bezogen werden. Aus diesem Grund wird die intensive Auseinandersetzung mit Kindern im 1. und 2. Schuljahr – ihre kognitive Entwicklung, die Entwicklung des mathematischen Denkens, ihre sozial-emotionale Entwicklung und die Berücksichtigung von Entwicklungsspezifika begabter Kinder – als **Kapitel 1 „Kinder im 1. und 2. Schuljahr"** an den Beginn der Arbeit gestellt. Somit kann auf dieser Basis später immer wieder eine fundierte Bezugnahme durchgeführt werden.

Diesen Ausführungen folgt dann **Kapitel 2 „Begabung"**. Hier wird zunächst eine Klärung, Definition und Abgrenzung der relevanten Begriffe *Begabung*, *Hochbegabung*, *Intelligenz* und *Kreativität* vorgenommen. Im Anschluss daran werden verschiedene Begabungs- und Intelligenzmodelle vorgestellt, hierbei wird auch Bezug auf die aktuellen Erkenntnisse aus dem Bereich der Hirnforschung genommen. Auf diese Weise kann das folgende **Kapitel 3 „Mathematische Begabung"** vorbereitet werden. Um das Themenfeld der mathematischen Begabung angemessen aufarbeiten zu können, muss an dieser Stelle eine Klärung dessen vorgenommen werden, was unter dem Begriff der *Mathematik* und des *mathematischen Tätigseins* zu verstehen ist, welche Kompetenzen, Fähigkeiten und Fertigkeiten damit verbunden sind und wie sich dies bei Kindern im Schulanfangsalter gestaltet. Auf dieser Basis geht es speziell um verschiedene Definitionen und Modellbildungen. In diesem Zusammenhang werden auch vorhandene Kataloge zu den Merkmalen mathematischer Begabung bei älteren Kindern vorgestellt.

Um dem engen Zusammenhang zwischen mathematischer Begabung und dem Problemlösen gerecht zu werden, folgt direkt im Anschluss **Kapitel 4 „Problemlösen"**. Hier wird insbesondere herausgestellt, welche Phasen im Problemlöseprozess durchlaufen werden, welche Strategien genutzt werden können und was unter den auch im eigenen Forschungsvorhaben zum Tragen kommenden Problemaufgaben zu verstehen ist.

Gerade weil in dem hier vorliegenden Themenkomplex bezüglich der betroffenen Altersstufe noch nicht auf anerkannte Identifikationsinstrumente zurückgegriffen werden kann, muss auch diese Thematik theoretisch aufgearbeitet werden. Zu diesem Zweck können Parallelen zu älteren Kindern gezogen werden. Außerdem ergeben sich an dieser Stelle auch Anhaltspunkte zur Festlegung von Auswahlkriterien der teilnehmenden Kinder. Insbesondere das überall immanent vorhandene und grundlegende Kriterium des mathematischen Interesses der Kinder ist diesbezüglich ausschlaggebend. Somit wird zunächst in **Kapitel 5 „Identifikation von Begabung"** aufgezeigt, welche Möglichkeiten aktuell zur Identifikation von Begabung bestehen und mit welchen Problemen bzw. Chancen bei jüngeren Kindern zu rechnen ist. **Kapitel 6 „Interesse"** schließt sich inhaltlich direkt an, da hier unter Ausnutzung der gemeinsamen Bezugspunkte von Interesse und Begabung konkrete Hinweise für die Auswahl der teilnehmenden Kinder gewonnen werden können.

Allen Kapiteln des theoretischen Teils ist gemeinsam, dass sie mit einer konkreten Bezugnahme einerseits zu der hier relevanten Altersstufe und andererseits natürlich zum Forschungsvorhaben schließen. Dementsprechend kommt auch dem letzten Kapitel dieses Teils, **Kapitel 7 „Zusammenfassung der Ergebnisse des theoretischen Teils"**, eine besondere Bedeutung zu, denn hier manifestieren sich die Voraussetzungen für die Entwicklung und Planung des Forschungsvorhabens.

## Teil II: Die eigene Studie – Planung, Durchführung und Auswertung

Im ersten Kapitel des zweiten Teils, **Kapitel 8 „Forschungsfragen“**, wird zunächst die Intention der Studie aufgezeigt, daraufhin erfolgt die Darlegung der Forschungsfragen. Im anschließenden **Kapitel 9 „Untersuchungsdesign“** werden einleitend die Rahmenbedingungen vorgestellt. Sie sind einerseits Resultat der theoretischen Ausarbeitungen und andererseits Bedingung für die Gestaltung der Studie. Es folgt dann die Darstellung und Erläuterung der Aufgaben, die Vorstellung der teilnehmenden Kinder, das Aufzeigen der ergänzend durchgeführten Tests und auch die Darlegung der Untersuchungsmethoden in Bezug auf die Datenerhebung und die Datenauswertung.

## Teil III: Ergebnisse der eigenen Studie

In diesem Teil der Arbeit werden die Ergebnisse der Studie ausführlich vorgestellt. Dies geschieht nach vier Aufgaben untergliedert, wodurch sich die **Kapitel 10 bis 13** ergeben. Um hier eine einheitliche Vorgehensweise zu ermöglichen, folgen diese vier Kapitel der gleichen Struktur. So wird zunächst dargelegt, welche heuristischen und aufgabenspezifischen Strategien die Kinder einsetzen. Daraufhin erfolgt das Aufzeigen des Lösungsverhaltens in den verschiedenen Phasen des Problemlöseprozesses. Im Anschluss wird untersucht, inwieweit die für ältere Kinder relevanten mathematikspezifischen Begabungsmerkmale hier bereits gezeigt werden. Nach der ausführlichen und beispielhaften Darstellung einer ausgewählten Bearbeitung folgt das Aufstellen von Bearbeitungstypen und abschließend das Aufzeigen des tatsächlichen mathematischen Tätigseins bei der Bearbeitung der Aufgabe.

## Teil IV: Zusammenfassung und vergleichende Diskussion der Ergebnisse

Im vierten und letzten Teil dieser Arbeit werden zunächst die empirisch gewonnenen Erkenntnisse zusammengefasst. Dies erfolgt in **Kapitel 14 „Zusammenfassung der Ergebnisse aller Aufgaben“**. Daraufhin wird in **Kapitel 15 „Resümee“** direkt Bezug zur Intention der Arbeit und den damit verbundenen Forschungsfragen genommen. Hierzu werden sowohl die bereits gewonnenen Erkenntnisse bezüglich älterer Kinder als auch die bei den teilnehmenden Kindern erhobenen Intelligenzquotienten hinzu gezogen. Auf diese Weise kann heraus gestellt werden, inwieweit die aufgedeckten Vorgehensweisen der teilnehmenden Kinder Schlüsse auf Merkmale und Ausprägungen mathematischer Begabung bei Kindern im Schulanfangsalter zulassen und ob sich diese von den Erkenntnissen bei älteren Kindern unterscheiden. Andererseits können hier auch konkrete Anhaltspunkte bezüglich der Diskussion um allgemeine Intelligenz oder spezifische, unabhängige Intelligenzen oder Begabungen – am Beispiel der mathematischen Begabung – abgeleitet werden.

Das abschließende **Kapitel 16 „Ausblick“** wird insbesondere dem persönlichen Anliegen des Praxisbezugs gerecht, denn die Ergebnisse der Studie werden nun in

Empfehlungen für den Anfangsunterricht übertragen. Hier ist zwar einschränkend anzumerken, dass man aus empirischen Studien wie der hier vorliegenden nicht unmittelbar Folgerungen für die Unterrichtspraxis ableiten kann, dennoch ist es möglich, bedenkenswerte Hypothesen zu formulieren.

Da sich diese Arbeit als ein wissenschaftlicher Vorstoß in den Bereich der mathematischen Begabung bei Schulanfängern versteht, bleiben natürlich auch Fragen offen – mehr noch: es werden durch die Studie erst neue Fragen aufgeworfen. Um dementsprechend das hier noch zu bearbeitende Forschungsgebiet zu umreißen, werden zum Abschluss diese offenen Fragen aufgezeigt. Dies sei verstanden als Motivation zur weiteren wissenschaftlichen Tätigkeit auf einem Gebiet, welches gekennzeichnet ist durch Vielfalt und Brisanz.

# Teil I:

# Theoretische Grundlegung

# 1 Kinder im 1. und 2. Schuljahr

Im vorliegenden Kapitel wird die kindliche Entwicklung in den für die Studie relevanten Bereichen dargestellt und diskutiert. Diese grundlegende Betrachtung ist hier von großer Relevanz, da – wie bereits eingangs aufgezeigt – die Besonderheiten der angesprochenen Altersstufe ein Grund für das bestehende Forschungsdefizit sind.

Im Folgenden wird im Hinblick auf das eigene Forschungsvorhaben vorrangig auf die kognitive und die mathematische Entwicklung eingegangen. Da jedoch auch die sozial-emotionale Entwicklung in dieser Altersstufe eine bedeutende Rolle spielt, wird auch sie aufgegriffen. Diese breit angelegte Betrachtung der Entwicklung in den verschiedenen Bereichen soll ein möglichst umfassendes Bild des zu erwartenden Entwicklungsstandes der Kinder im 1. und 2. Schuljahr liefern. Abgerundet wird das Kapitel durch die Darstellung der Entwicklungsspezifika begabter Kinder. Auf diese Weise kann später eine begründete und fundierte Einordnung von Reaktionen, Lösungswegen, Handlungen und Aussagen der Kinder vorgenommen werden.

## 1.1 Die kognitive Entwicklung

> *„Anfang der sechziger Jahre konnte man Piagets Werk mit einem einsamen Gipfel vergleichen, zu dem kein Echo zurückdrang, weil es in seinem Gebiet keine anderen Berge in vergleichbarer Höhe gab. Zehn Jahre später findet man die Situation völlig verändert. Es gibt eine ganze Reihe hervorragender Darstellungen und grundsätzlicher Auseinandersetzungen mit den Theorien des großen Genfers."* (AEBLI 1971, S. 7)

Die nun folgende Auseinandersetzung mit den verschiedenen Ansätzen zur kognitiven Entwicklung beginnt gemäß der Einordnung *Aeblis* mit der *Piaget'schen* Theorie. Diese Vorgehensweise entspricht auch aktuellen Darstellungen des Forschungsbereiches, da hier nach wie vor *Piaget* als standardsetzend für nachfolgende Entwicklungstheorien eingestuft wird (vgl. SIEGLER/DELOACHE/EISENBERG 2005, S. 177ff.). Es kann jedoch nicht darauf verzichtet werden, bedeutende Nachfolger und Kritiker *Piagets* zu berücksichtigen. Hier finden exemplarisch *Bruner, Donaldson* und *zur Oeveste* Beachtung. Da sich jedoch insbesondere in jüngerer Zeit auf diesem Gebiet bestimmte Forschungsrichtungen zusammenfassen und identifizieren lassen, werden im Anschluss daran speziell die *sozio-kulturellen Theorien*, die sich auf *Wygotski* beziehen, und die *Theorien der Informationsverarbeitung*, aufgezeigt am Beispiel von *Case*, vorgestellt. Vervollständigt wird die Abhandlung durch die Darstellung der *neurowissenschaftlichen Ansätze* und der *Theorien des Kernwissens*. Die Bezugnahme auf die eigene Forschungsarbeit schließt diese Thematik ab.

Bei der Auseinandersetzung mit den verschiedenen Theorien wird kein Anspruch auf Vollständigkeit erhoben, es soll vielmehr ein Überblick über das Forschungsgebiet – aufgezeigt an einigen relevanten Positionen – geschaffen werden.

***Jean Piaget* (1896–1980)**

Durch die Arbeiten des Schweizer Psychologen *Jean Piaget* wird das Denken des Kindes auf eine bis zu diesem Zeitpunkt beispiellose Weise erforscht.

> *„Während das Denken des Kindes früher gewöhnlich nur negativ durch Fehler, Mängel und Minderleistungen bestimmt wurde, durch die es sich vom Denken der Erwachsenen unterscheidet, hat Piaget versucht, die qualitative Eigenart des kindlichen Denkens positiv zu charakterisieren."* (WYGOTSKI 1964, S. 17)

Kognitive Entwicklung lässt sich im Sinne *Piagets* als die Veränderung kognitiver Strukturen und ihre qualitative Anpassung an die Umwelt verstehen (vgl. PIAGET 1971). Diese Anpassung beschreibt Piaget „als ein Gleichgewicht zwischen den Wirkungen des Organismus auf die Umwelt und den Wirkungen der Umwelt auf den Organismus" (ebd., S. 10). In diesem Zusammenhang bezeichnet er den Teilaspekt der Anpassung, in dem der Organismus die Ereignisse in seiner Umwelt in vorhandene Verhaltensschemata und kognitive Strukturen integriert, mit dem Begriff der *Assimilation*. Demgegenüber versteht *Piaget* unter dem Begriff der *Akkommodation* die Veränderung kognitiver Schemata, bedingt durch neue Einflüsse der Umwelt; der Mensch passt sich hierbei also neuen Situationen an. Das bereits zitierte Streben nach einem Gleichgewicht dieser beiden Funktionen bezeichnet er als einen kontinuierlichen Prozess der *Äquilibration*, „was nichts anderes bedeutet als ein Gleichgewicht der Austauschprozesse zwischen Subjekt und Umwelt" (ebd., S. 11).

Trotz dieser angestrebten Kontinuität und Ausgeglichenheit geht *Piaget* davon aus, dass sich die menschliche Entwicklung in qualitativ unterschiedlichen und voneinander abgrenzbaren Stadien vollzieht. So muss das Kind die Erkenntnismittel, über die ein Erwachsener verfügt, in einem ungefähr bis zum fünfzehnten Lebensjahr dauernden Konstruktionsprozess aufbauen. Dieser Prozess erfolgt schrittweise und *Piaget* formuliert dementsprechend vier verschiedene Entwicklungsstufen.

*Die vier Stufen der kognitiven Entwicklung*

*1. Stufe: Die sensumotorische Intelligenz*
(von der Geburt bis circa zum 2. Lebensjahr[2])

Da diese Phase durch das Fehlen von Denken im üblichen Sinne gekennzeichnet ist, setzt *Piaget* sie von den folgenden Stufen – den Etappen der Konstruktion der Operationen – ab (vgl. ebd., S. 135–173). Der Säugling verfügt über die Fähigkeit, sich durch Handlungen an seine Umwelt anzupassen oder sie sich anzueignen. Im Laufe dieser Phase findet eine Subjekt-Objekt-Differenzierung statt und es ist eine stetige Entwicklung der Objektpermanenz zu beobachten. Somit können Gegenstände als

---

[2] Grundsätzlich geht *Piaget* davon aus, dass die gesetzten Altersgrenzen als Richtwerte zu verstehen sind. Aus diesem Grund gibt er Zeitfenster vor, die den Beginn und das Ende einer Phase auf ein Lebensjahr ausdehnen (vgl. PIAGET 1971, S. 140). Aus Gründen der Vereinfachung werden hier ungefähre Mittelwerte angegeben.

Dinge wahrgenommen werden, deren Existenz und Verhalten nicht von der Aufmerksamkeit des Kindes abhängig sind.

*2. Stufe: Die präoperatorische Phase*
(circa vom 2. bis zum 7. Lebensjahr)

Diese Phase bezeichnet *Piaget* auch als das Stadium der Vorbegriffe. Das Kind besitzt nun die Fähigkeit zur internen Repräsentation von Objekten und Ereignissen, kann diese jedoch noch nicht verallgemeinern. Weiterhin ist diese Phase geprägt von kindlichem Egozentrismus, der die eigenen Wahrnehmungen und Denkweisen in den Mittelpunkt stellt.

*3. Stufe: Die konkret-operatorische Phase*
(circa vom 7. bis zum 12. Lebensjahr)

Im Durchschreiten dieser Phase müssen die meisten entwicklungsbezogenen Schwierigkeiten überwunden werden. Ein wichtiges Element ist hierbei der Dezentrierungsprozess, der es dem Kind ermöglicht, auch andere Wahrnehmungshaltungen einzunehmen. Das Kind verfügt nun über die Fähigkeit, anhand von konkretem Anschauungsmaterial logisch-arithmetische und räumlich-zeitliche Operationen durchzuführen, es erkennt unter anderem das Prinzip der Invarianz und der Reversibilität. Auf dieser Basis kommt es zu zunehmend flexiblerem Denken, jedoch immer gebunden an die Anschauung.

*4. Stufe: Die formal-operatorische Phase*
(circa ab dem 12. Lebensjahr)

Das Kind entwickelt nun die Fähigkeit, abstrakte Schlussfolgerungen zu ziehen und hypothetisch zu denken. Es können Operationen zweiter Ordnung (Metakognitionen) stattfinden, wodurch das Denken über Gedanken und Theorien möglich ist. Die Operationen sind nun losgelöst von konkreten Situationen.

Das Postulieren dieser vier Entwicklungsstadien, die ungefähr mit dem 15. Lebensjahr enden, bedeutet nach *Piaget* jedoch nicht, dass das intellektuelle Wachstum nun abgeschlossen ist, vielmehr kann das Anwenden der inzwischen bekannten Strukturen auf fremde Situationen zu wichtigen neuen Erkenntnissen führen. Die kognitiven Strukturen selbst haben jetzt jedoch ihre endgültige Gestalt angenommen.

Für alle vier Stufen gelten folgende Merkmale (vgl. PIAGET 1971, S. 170–173, FURTH 1972, S. 51):

1. Jede Stufe umfasst eine Periode des Bildens und eine Periode des Erreichens.
2. Die Periode des Erreichens einer Stufe stellt gleichzeitig den Ausgangspunkt für das Bilden der nächsten Stufe dar.
3. Die Reihenfolge der Stufen ist konstant. Das Alter bei ihrem Erreichen kann jedoch innerhalb bestimmter Grenzen in Abhängigkeit von Motivationsfaktoren, kultureller Umgebung, Übung etc. variieren.
4. Innerhalb früherer Stufen erreichte Strukturen werden in die neuen Stufen integriert.

*Piagets* Ansatz wird als konstruktivistisch bezeichnet, da er davon ausgeht, dass die kindliche Aktivität stark zur eigenen Entwicklung beiträgt. Die drei wichtigsten konstruktiven Prozesse sind hierbei das Aufstellen von Hypothesen, das Durchführen von Experimenten und das Ziehen von Schlussfolgerungen. Diese Unterteilung lässt Parallelen zum wissenschaftlichen Problemlösen erkennen (vgl. SIEGLER/DELOACHE/EISENBERG 2005, S. 181).

*Piagets* Studien basieren auf der Beobachtung seiner eigenen Kinder beim Bewältigen von Problemsituationen und auf der Auswertung kindlicher Reaktionen und Antworten auf gezielte Fragestellungen. Es handelt sich demnach um einen qualitativen Forschungsansatz.

Obwohl große Teile der Theorien *Piagets* nun schon seit über 50 Jahren bestehen, haben sie noch heute Einfluss auf Ansätze zur kognitiven Entwicklung. Die nachfolgende Forschung befasst sich vorrangig damit, einige der fundamentalen Kritikpunkte zu überwinden.

Zu diesen Punkten zählen:

- Die Erkenntnis, dass das Stufenmodell das Denken der Kinder konsistenter darstellt, als es ist, denn individuelle Leistungen variieren oft beträchtlich.
- Die Erkenntnis, dass Säuglinge und Kleinkinder kognitiv kompetenter sind, als *Piaget* annimmt.
- Die Kritik, dass er den Beitrag des sozialen Umfeldes als zu gering einschätzt.
- Die Kritik, dass er unscharf bleibt hinsichtlich der kognitiven Prozesse, die das Denken des Kindes verursachen, und der Mechanismen, die kognitives Wachstum verursachen.

Auf der Basis dieser Kritikpunkte werden im Folgenden verschiedene alternative Theorieansätze aufgezeigt, die jeweils versuchen, einzelne Defizite des *Piaget'schen* Ansatzes zu eliminieren.

### ***Jerome Bruner*** **(geb. 1915)**

*Bruner* wurde von *Piagets* Arbeit entscheidend beeinflusst. Jedoch liegt sein Interesse schwerpunktmäßig in der Klärung der Frage, wie die entwicklungstheoretischen Erkenntnisse in Beziehung zum Lehren und Lernen gesetzt werden können.

In Übereinstimmung mit *Piaget* sieht *Bruner* im konstruktivistischen Sinne das Kind als ein erkennendes Wesen, welches sich durch die Auseinandersetzung mit der Umwelt entwickelt. Es sammelt Erfahrungen, kodiert sie, setzt sie in Beziehung zu den bisherigen Kenntnissen und speichert sie. Während jedoch *Piaget* in diesem Zusammenhang der Sprache lediglich eine sekundäre Rolle zumisst, bezieht *Bruner* sie in seine Theorie der drei Repräsentationsebenen[3] als eine bedingende Komponente ein.

[3] Die *Theorie der drei Repräsentationsebenen* ist auch bekannt als *Theorie der drei Medien*.

*Die drei Repräsentationsebenen nach Bruner:*

*1. Repräsentationsebene*

*Die Handlungen – die aktionale (enaktive) Repräsentation*
Das Kind lernt die Welt durch seine Handlungen kennen. Dies geschieht auf zwei Ebenen. Es lernt sowohl durch motorische Aktivitäten als auch durch die Beobachtung von Verhaltensweisen anderer.

*2. Repräsentationsebene*

*Die bildhafte Vorstellung – die ikonische Repräsentation*
Auf dieser Repräsentationsebene kann sich ein Kind ein Ereignis oder eine Situation bildhaft verdeutlichen und löst sich damit von der Notwendigkeit der konkreten Ausführung der Handlung. Häufig besitzt die ikonische Repräsentation einen starken Bezug zu den konkreten Erfahrungen und die Vorstellungen sind an bekannte Objekte oder Ereignisse gebunden.

*3. Repräsentationsebene*

*Die Symbole (die Sprache) – die symbolische Repräsentation*
Diese Repräsentationsebene ermöglicht es den Kindern, Ereignisse und Objekte mental zu repräsentieren. Sie beinhaltet die Fähigkeit zur Verallgemeinerung, zum Bilden von Klassen und zum Ordnen. Dies geschieht, ohne dass die Kinder konkreten Bezug – sei es handelnd oder durch bildhafte Verdeutlichung – nehmen müssen.

*Bruner* versteht die drei Repräsentationen als unabhängige Bereiche, in denen Begriffe und Operationen verwirklicht werden können (vgl. BRUNER u. a. 1971, S. 8 und S. 377ff.). Neben diesen drei Repräsentationen beschreibt er sechs weitere Aspekte, die das Wesen intellektueller Entwicklung bestimmen:

1. Intellektuelle Entwicklung ist gekennzeichnet durch immer größere Unabhängigkeit des Verhaltens von der unmittelbaren Eigenart des Reizes.
2. Intellektuelle Entwicklung hängt davon ab, dass Ereignisse in ein Speichersystem gebracht werden, welches der Umwelt entspricht.
3. Intellektuelle Entwicklung geht mit der Fähigkeit einher, Handlungen und Absichten besser durch Worte und Symbole auszudrücken.
4. Intellektuelle Entwicklung wird bestimmt von der Wechselwirkung zwischen Lehrendem und Lernendem.
5. Unterrichten wird erheblich durch das Medium Sprache erleichtert.
6. Intellektuelle Entwicklung beinhaltet die Verbesserung der Fähigkeit, gleichzeitig mehrere Alternativen in den Blick zu nehmen.

Stellt man eine Beziehung zu *Piaget* her, so lässt sich zunächst bei beiden die aktiv-konstruierende Rolle des Kindes im Entwicklungsprozess wieder finden. Im Gegensatz zu der chronologischen Durchschreitung der Entwicklungsstadien bei *Piaget* betont *Bruner* jedoch, dass einem Kind alle Repräsentationsformen gleichzeitig zur

Verfügung stehen können. Wenn sich also im Laufe der Grundschulzeit die symbolische Repräsentation verstärkt, bleiben die anderen beiden trotzdem erhalten und das Kind kann bei Bedarf auf sie zurückgreifen.

Weiterhin lässt sich feststellen, dass *Piaget* auf der Basis von Beobachtungen und Befragungen meist qualitativ beschreibend vorgeht, wohingegen *Bruner* quantitative Studien vornimmt.

### *Margaret Donaldson*

*Donaldson*, die einige Zeit gemeinsam mit *Piaget* an einem Genfer Institut tätig war, greift dessen Forschungsergebnisse in vielen Punkten auf. Sie setzt ihren Forschungsschwerpunkt jedoch auf das Ziel, Kindern zu helfen, richtig zu lernen. Hierbei wird sie nachhaltig von *Bruner* unterstützt.

In Übereinstimmung mit *Piaget* geht auch sie davon aus, dass das Kind erst allmählich lernt, sein Denken von den unmittelbaren konkreten Erfahrungen abzulösen. Sie prägt in diesem Zusammenhang den Begriff des *Disembedded Thinking* (DONALDSON 1963), der unter *abgelöstem Denken* ins Deutsche übertragen wurde. Demnach ist das kindliche Denken nicht von Beginn an frei von dem konkreten Bezug. Vielmehr denkt das Kind zunächst in lebensnahen Situationen. Erst allmählich lernt es, sein Denken von diesen unmittelbaren Zusammenhängen zu lösen und kommt vermehrt zu *abgelöstem Denken*.

Im Verlauf ihrer Forschung untersucht sie einzelne Aspekte und Grundannahmen der *Piaget'schen* Theorie. Auf diese Weise kommt sie zunächst zu dem Schluss, dass *Piagets* Annahme, Kinder unter acht Jahren seien des dezentrierten Denkens nicht fähig, nicht bestätigt werden kann. In einem veränderten Fragekontext konnte sie diese Fähigkeit nachweisen. *Donaldson* konstatiert daraus, „dass die Kinder, die bei der Aufgabe mit den Bergen[4] ‚egozentrische' Reaktionen zeigen, nicht wirklich begreifen, was sie tun sollen." (DONALDSON 1982, S. 27). Den Kindern ist es dementsprechend lediglich nicht möglich, sich auf die hier vorgenommene Weise mit Problemen abstrakter und formaler Natur auseinander zu setzen (vgl. ebd., S. 28).

Des Weiteren geht *Piaget* davon aus, dass die Fähigkeit zur Dezentrierung notwendige Voraussetzung für das schlussfolgernde Denken ist, welches demgemäß erst ab einem Alter von sieben Jahren gezeigt werden kann. *Donaldson* hingegen widerlegt diese Auffassung. Unter Versuchsbedingungen zeigen Kinder früher diese Fähigkeit. Die abweichenden Ergebnisse begründet sie auch hier mit für die Kinder verwirrenden Aufgabenstellungen seitens *Piaget* (vgl. ebd., S. 59). Somit kommt *Donaldson* zu dem Ergebnis, dass Kinder früher zu deduktiven Schlüssen fähig sind, als *Piaget* dies annimmt. Sie formuliert dies folgendermaßen:

> *„Sofern das Bild, das hier entworfen wurde, in seinen groben Zügen zutrifft, besitzt das Kind am Anfang seiner Schulzeit bereits beträchtliche Denkfähigkeit."*
>
> (DONALDSON 1982, S. 99)

---

[4] Gemeint ist der „Drei-Berge-Versuch" von Piaget zur Koordination verschiedener Perspektiven (vgl. PIAGET/INHELDER 1975, S. 251)

In der Auseinandersetzung mit dem *Piaget'schen* Ansatz kommt *Donaldson* zu dem Schluss, *Piaget* habe die geistigen Fähigkeiten von Vorschulkindern und Schulanfängern nicht richtig erkannt und faktisch unterschätzt. Dies liegt ihrer Meinung nach an den mangelnden Versuchen, das Kind aus seiner Lebenswelt heraus zu verstehen. So belegt Donaldson anhand ihrer Studien erstaunliche geistige Leistungen von Kleinkindern. Als Voraussetzung hierfür gibt sie die Notwendigkeit an, den Kindern im Alltagsbezug zu begegnen, Aufgaben zu präsentieren, die für das Kind überschaubar sind und eine für das Kind verständliche Sprache anzuwenden. In diesen Punkten manifestiert sich zugleich die grundlegende Kritik *Donaldsons* an den Untersuchungen *Piagets*. Ihrer Meinung nach ist die Versuchsgestaltung geprägt von unzureichender oder missverständlicher Kommunikation (vgl. ebd., S. 8).

### *Hans zur Oeveste*

*Hans zur Oeveste*, der an der Universität Hamburg im Fachbereich Psychologie lehrt, bemängelt die Tatsache, dass *Piagets* Annahme der hierarchischen Organisation kognitiver Prozesse weder durch *Piaget* selbst noch durch eines der zahlreichen Projekte der Nachfolgeforschung empirisch untersucht wurde (vgl. ZUR OEVESTE 1987, S. 5). Dementsprechend setzt *zur Oeveste* an diesem Punkt an und erforscht die hierarchischen Strukturen der kognitiven Entwicklung im Rahmen einer Querschnittstudie.

Anhand der Ergebnisse kann *zur Oeveste* prinzipiell *Piagets* Ansatz der Stufentheorie der kognitiven Entwicklung bestätigen. In Bezug auf die Zuordnung zu den Altersklassen stellt er jedoch fest, dass sich ein Anteil von 30% bis 40% der teilnehmenden Kinder nicht den spezifischen Gruppen zuordnen lässt (ebd., S. 134). Vielmehr deuten seine Ergebnisse auf vielfältige Entwicklungsverzweigungen und differenzierte Hierarchien in Teilpopulationen hin. Daraus leitet *zur Oeveste* die Empfehlung ab, entwicklungspsychologische Stufenmodelle nicht über den Kontext

**Tabelle 1:** Hierarchische Ebenen der kognitiven Entwicklung nach *zur Oeveste* (1987, S. 136)

| **Entwicklungsstufe** | **kognitive Organisation** |
|---|---|
| I Kindergartenalter<br>(bis 5 Jahre) | - einfache Klassifizierung<br>- Verständnis der zeitlichen Sukzession und Dauer |
| II Vorschulalter<br>(5 bis 6 Jahre) | - einfache Seriation<br>- kardinale Korrespondenz<br>- einfache euklidische Beziehungen |
| III frühes Grundschulalter<br>(6 bis 7 Jahre) | - Invarianz der Substanz<br>- multiple Seriation<br>- einfache projektive Beziehungen |
| IV mittleres Grundschulalter<br>(8 bis 9 Jahre) | - Invarianz des Gewichts und Volumens<br>- multiple Klassifizierungen<br>- ordinale Korrespondenz<br>- komplexe euklidische Beziehungen |
| V spätes Grundschulalter<br>(ab 10 Jahre) | - Verständnis der Klasseninklusion<br>- multiple projektive Beziehungen |

einer spezifischen Altersschichtung und die eingesetzten Aufgaben hinaus zu verallgemeinern; er vertritt die von ihm durchgeführte Analyse der Einzelkonzepte, wobei er sich jedoch auf die von *Piaget* eingesetzten Konzepte bezieht. Auf dieser Basis kommt *zur Oeveste* zu vorstehender Zuordnung (s. Tabelle 1, s. S. 17).

An diesem Modell werden die Unterschiede zu *Piagets* Stufenmodell besonders deutlich. Es werden hier keine allgemeinen Phasen formuliert, vielmehr unternimmt *zur Oeveste* die Zuordnung einzelner Fähigkeiten (Einzelkonzepte) zu den Altersstufen. Da er manche dieser Fähigkeiten in einem früheren Alter als *Piaget* nachweist und mehr individuelle Unterschiede aufdeckt, unterteilt er in feinere, kürzere Entwicklungsstufen. Auf die bereits angesprochenen Schwankungen weist er deutlich hin, berücksichtigt sie allerdings nicht in dem Modell.

### *Lew Semjonowitsch Wygotski* (1896–1934) und die sozio-kulturellen Theorien

*Wygotskis* Theorie der kognitiven Entwicklung (WYGOTSKI 1964) greift ein weiteres Kriterium der kindlichen Entwicklung auf: die Rolle des sozialen Kontextes. *Wygotski* geht davon aus, dass sich die kognitive Entwicklung des Kindes im Wesentlichen in der aktiven Auseinandersetzung mit der Umwelt vollzieht. Da diese sozial-kulturelle Umwelt immer in einer bestimmten Weise vorstrukturiert ist, beschreibt *Wygotski* die Kenntnis des jeweiligen Umfeldes als notwendige Voraussetzung, um die kognitiven Funktionen eines Menschen verstehen zu können (vgl. ebd.).

Das zunächst wesentlich von außen geformte Denken des Kindes geht gemäß *Wygotski* erst nach und nach in ein eigen-gesteuertes Verhalten über. Er fasst diese aktive Auseinandersetzung des sich entwickelnden Individuums mit seiner historisch gewachsenen sozial-kulturellen Umwelt unter dem Begriff der *Tätigkeit* zusammen. Demnach ist die *Tätigkeit* des Menschen Ausgangspunkt für seine Entwicklung. Sie nimmt darüber hinaus eine Schlüsselrolle in der Vermittlung zwischen der Umwelt und der individuellen Struktur des Menschen ein.

Das individuelle Entwicklungsniveau eines Kindes ist in diesem Kontext zu einem gegebenen Zeitpunkt jeweils durch zwei Entwicklungszonen gekennzeichnet.

*Die zwei Entwicklungszonen nach Wygotski:*

*1. Zone, die aktuelle Leistung*
Dieser Bereich umfasst alles, was ein Kind bereits selbstständig bewältigen kann.

*2. Zone, die nächste Entwicklung*
Dieser Bereich umfasst all das, was ein Kind unter optimalen Bedingungen lernen kann.

Den Unterschiedsbereich zwischen diesen beiden Zonen nennt *Wygotski* die proximale Entwicklungszone.

Aus diesem Konstrukt resultiert der bedeutende Einfluss der Erwachsenen auf die Entwicklung der kognitiven Fähigkeiten von Kindern. So schlägt *Wygotski* vor, durch kooperatives Zusammenarbeiten von Erwachsenen und Kindern, vom jeweiligen Entwicklungsniveau ausgehend, die erkannten künftigen Möglichkeiten im Sinne der *Zone der nächsten Entwicklung* zu fördern. Bedingender Faktor ist hierbei die *Tätigkeit*, denn sie ist die Voraussetzung für das kindliche Bestreben, neue Herausforderungen anzugehen und die nächste Zone der Entwicklung zu erreichen.

Wesentliche Teile der Thesen *Wygotskis* wurden in der Auseinandersetzung mit der Theorie *Piagets* formuliert. Während *Piaget* allerdings einen Entwicklungsverlauf vom Individuellen zum Sozialen beschreibt, geht *Wygotski* in seinen hier aufgezeigten Thesen von einer Entwicklung vom Sozialen zum Individuellen (vgl. WYGOTSKI 1964) aus.

Aus heutiger Sicht gilt *Wygotskis* Ansatz als Basis der sozio-kulturellen Theorien (ROGOFF 1990, COLE 1996, TOMASELLO 1999 u. a.), die davon ausgehen, dass vorrangig die soziale Welt die kindliche Entwicklung formt. Diesen Theorien zufolge lernen Menschen durch Anleitung, soziale Stützung und lehrende Maßnahmen (vgl. SIEGLER/DELOACHE/EISENBERG 2005, S. 236).

## *Robin Case* und die Theorien der Informationsverarbeitung

*Case* (1999) verankert seinen Ansatz ebenfalls in der Theorie *Piagets*, geht aber davon aus, dass menschliche Aktivität die Form des Problemlösens hat. Dabei hat das Problemlösen folgende altersunabhängige formale Struktur:

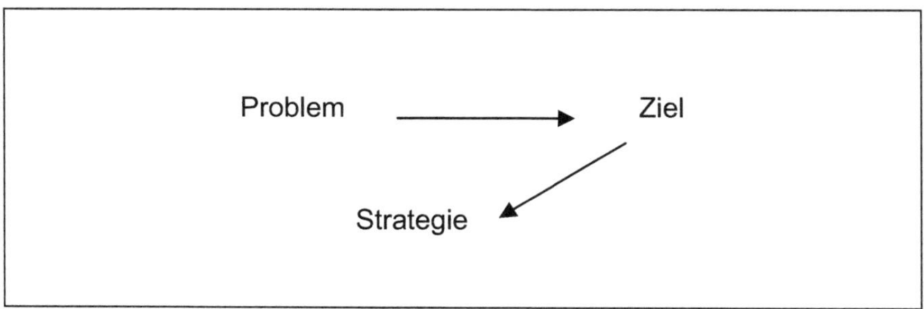


**Abb. 1:** Exekutive Kontrollstruktur nach *Case*

Gemäß dieser Struktur nimmt das Kind ein Problem wahr, leitet daraus eine Zielstellung ab und entwickelt dann Strategien zur Zielerreichung. Menschliche Entwicklung ist nun darin erkennbar, dass die Strukturen immer komplexer werden und auf immer höheren Repräsentationsstufen stattfinden können.

Auf dieser Basis geht Case wie Piaget von vier verschiedenen Entwicklungsphasen aus, in denen sich die formale Struktur des Problemlösens qualitativ verändert:

1. Die sensumotorischen Kontrollstrukturen (Kleinkindheit).
2. Die relationalen Kontrollstrukturen (frühe Kindheit).
3. Die dimensionalen Kontrollstrukturen (mittlere Kindheit).
4. Die abstrakten Kontrollstrukturen (Adoleszenz).

Diese Stufen stehen in einer hierarchischen Beziehung zueinander, wobei jede neue Stufe die vorausgehenden integriert.

*Case* nennt des Weiteren **fünf Regulationsprozesse**, die den Übergang zur jeweils nächsten Stufe auslösen. Hierzu zählen:

*Das Problemlösen*

Dieser allgemeinste der fünf Regulationsprozesse ist einerseits ein entwicklungsförderndes Element, da das Lösen von Problemen den natürlichen Prozess des Voranschreitens antreibt. Andererseits entwickelt sich auch das Problemlösen selbst in der bereits beschriebenen Komplexität.

*Die Exploration*

Dieser Prozess beschreibt die kindliche Tendenz des andauernden Anwendens einer bekannten Struktur, bis die entsprechenden Ergebnisse vorhersehbar sind. Da Kinder häufig über verschiedene Strukturen zum Bewältigen einer Situation verfügen, werden in der Regel alle ausgeführt, bis sich eine für den speziellen Fall optimale Struktur ergibt.

*Die Nachahmung*

Durch die Nachahmung der Handlungen anderer können neue Erfahrungen gemacht werden, die dem Aufbau neuer Kompetenzen dienen.

*Die Instruktion*

Neue Kompetenzen können auch mittels Instruktion weitergegeben werden.

*Die Reifung*

Anhand der Reifung erklärt *Case* die Tatsache, dass sich die menschliche Entwicklung über viele Jahre erstreckt. Somit ist Reife ein bedingender Faktor für den Zeitpunkt, zu dem bestimmte Entwicklungsschritte stattfinden können.

Die hier beschriebenen Prozesse sollen nach *Case* die *Piaget'schen* Mechanismen der Assimilation und Akkommodation ersetzen (vgl. CASE 1999, S. 28ff. und 416).

Seiner Theorie legt *Case* die Annahme zu Grunde, dass im Laufe der Entwicklung die Kapazität des Kurzzeitspeichers kontinuierlich zunimmt (vgl. ebd., S. 361). Somit können die Strategien der Operationsverarbeitung immer komplexer werden. Während das Ausüben neuer Operationen im frühen Kindesalter noch sehr viel Speicherkapazität benötigt, werden nach und nach Kapazitäten frei, um grundlegende Operationen zu speichern und neue zu integrieren. Das Kind ist demnach immer mehr dazu in der Lage, Aufgaben wachsender Komplexität zu bewältigen.

Der Ansatz von *Case* lässt sich den Theorien der Informationsverarbeitung (ELLIS/SIEGLER 1997, KAIL 1991 u.a.) zuordnen. Hier werden Kinder als aktive Problemlöser verstanden, die im Laufe ihrer Entwicklung Basisoperationen zunehmend effizienter ausführen können, effektivere Strategien ausbilden und auf dieser Basis neues

Inhaltswissen erwerben können (vgl. SIEGLER/DELOACHE/EISENBERG 2005, S. 216). *Case* selbst räumt jedoch ein, sowohl Elemente des *Piaget'schen* Ansatzes als auch von *Bruner* und *Wygotski* aufzugreifen. Hierbei geht es vorrangig um die Betonung der Bedeutung des sozialen und kulturellen Umfeldes (vgl. CASE 1999, S. 427).

### Neurowissenschaftliche Ansätze

Die Tradition der Neurowissenschaften lässt sich bis zu *Descartes* (1596 bis 1650) zurückführen. Seine Vorstellungen zu den menschlichen Reflexen fanden jedoch erst um 1900 eine wissenschaftliche Bestätigung. Erstes fundiertes Wissen über die Struktur des Gehirns und des Nervensystems konnte ungefähr in der Mitte des 20. Jahrhunderts erlangt werden. Heute gehören die Neurowissenschaften zu den Disziplinen, die sich am rasantesten entwickeln (vgl. ZIMBARDO/GERRIG 1999, S. 67).

Aktuelle Forschungsansätze (zum Beispiel SINGER 2002, ROTH 1997) trennen inzwischen eindeutig zwischen den Reizen oder Signalen, die vom Gehirn aufgenommen werden, und den Bedeutungen, die diesen Reizen vom jeweiligen Subjekt zugemessen werden. Diese Bedeutung ist abhängig von der individuellen neuronalen Vernetzung, von den persönlichen Vorerfahrungen und vom aktuellen Kontext. Somit werden gleiche Reize individuell unterschiedlich verarbeitet.

Da die Reize selbst zu neuen Reaktionen herausfordern und damit zu einer besseren neuronalen Vernetzung beitragen, kann von einer konstruktivistischen Sichtweise gesprochen werden (vgl. SINGER 2002, S. 111).

Die kindliche Entwicklung ist aus neurowissenschaftlicher Sicht zunächst abhängig von der individuellen Situation des Kindes, denn diese bestimmt die Bedeutung, die den jeweiligen Reizen zugemessen wird. Andererseits sind angemessene Reize auch im konstruktivistischen Sinne notwendig, um die neuronale Vernetzung zu erhöhen, wodurch wiederum den Reizen andere Bedeutungen zukommen können. Kindliches Lernen muss somit derart gestaltet sein, dass es an das vorhandene Wissen anknüpft und dann neue Lernanreize bietet.

### Die Theorien des Kernwissens

Im Rahmen der Theorien des Kernwissens (HATANO/INAGAKI 1996, KALISH 1996 u. a.) wird das Kind als Produkt der Evolution betrachtet, welches die angeborene Fähigkeit besitzt, frühe Kompetenzen in grundlegenden Bereichen – wie Raum, Zeit, Sprache etc. – auszubilden.

Die Theorien des Kernwissens folgen zwei grundlegenden Bedingungen und Annahmen:

1. Aufgrund der Verankerung in der Evolution konzentriert sich die Forschung hier überwiegend auf die Bereiche, die im Verlaufe der menschlichen Evolution schon immer von Bedeutung waren: das Verstehen anderer Menschen, das Unterscheiden zwischen lebenden und leblosen Dingen, die Identifikation menschlicher Gesichter, das Erlernen von Sprache, das Zurechtfinden in der Umgebung und die

Fähigkeit zu logischen Denkleistungen. Diese Bereiche werden demzufolge als menschliches Kernwissen bezeichnet.
2. Die kindlichen Fähigkeiten zu logischen Denkleistungen gehen weit über das hinaus, was *Piaget* für möglich hielt. In dieser Annahme beziehen sich die Theorien des Kernwissens hauptsächlich auf die Ergebnisse von Untersuchungen zu Täuschungsversuchen dreijähriger Kinder. Hieraus ergibt sich, dass die Kinder nicht rein egozentristisch handeln, sondern bereits Kenntnisse über das Wissen anderer haben.

Die Theorien des Kernwissens lassen sie sich sowohl mit der *Piaget'schen* Theorie als auch mit den Theorien der Informationsverarbeitung vergleichen (vgl. SIEGLER/DELOACHE/EISENBERG 2005). Sie alle erkennen Kinder im konstruktivistischen Sinne als aktive Lerner, die danach streben, Probleme zu lösen. Jedoch heben die Theorien des Kernwissens deutlich hervor, dass Kinder elementare Denkleistungen früher und komplexer vollziehen können, als *Piaget* dies annimmt.

**Bezug zum eigenen Forschungsvorhaben**

Anhand der hier durchgeführten Darstellung der verschiedenen Theorien und Forschungsrichtungen werden die unterschiedlichen Aspekte, die die kindliche Entwicklung beeinflussen und bedingen, besonders deutlich. So sieht der Ansatz von *Case*, als eine der informationsverarbeitenden Theorien, das Kind als Problemlöser. Es kann im Laufe seiner Entwicklung bestimmte kognitive Operationen zunehmend effizienter ausführen, wodurch sich das Problemlösen selbst wiederum qualitativ verändern kann. Die in diesem Kontext hervorgehobene enge Verbindung zwischen den kognitiven Fähigkeiten im Allgemeinen und der Problemlösefähigkeit im Speziellen kommt dem Anliegen des eigenen Forschungsvorhabens sehr nahe. Aus diesem Grund sollen die informationsverarbeitenden Theorien als ein wichtiges theoretisches Fundament dieser Arbeit verstanden werden.

Weiterhin lässt sich für Kinder im 1. und 2. Schuljahr festhalten, dass sie sich im Sinne der *Piaget'schen* Phasen der kognitiven Entwicklung voraussichtlich am Anfang der konkret-operatorischen Phase befinden. Bezieht man an dieser Stelle jedoch die Ergebnisse von *zur Oeveste* ein, so muss mit individuellen Abweichungen gerechnet werden. Diese Abweichungen können gemäß *Donaldson* und den Theorien des Kernwissens derart beschrieben werden, dass die Kinder voraussichtlich weiter sind und über komplexere Fähigkeiten verfügen, als *Piaget* dies angibt. Somit könnten sie bereits über verschiedene von *zur Oeveste* benannte Einzelkonzepte verfügen, die *Piaget* erst der Stufe der formalen Operationen zuordnet. Bezug nehmend auf *Bruner* ist zu erwarten, dass die Kinder über die ersten beiden Repräsentationsebenen verfügen, jedoch könnte auch die dritte Ebene der symbolischen Repräsentation bereits verfügbar sein.

Besonders für die Planung der eigenen Untersuchung sei in Bezug auf *Donaldson* festgehalten, dass den Kindern mit überschaubaren Aufgaben in ihrem Alltagsbezug begegnet werden sollte. Auch ist die Verwendung einer kindgemäßen Sprache unabdingbar.

Da die Ergebnisse der neurowissenschaftlichen Ansätze auch eine besondere Bedeutung in der Intelligenz- und Begabungsforschung haben, sollen sie in Kapitel 2 „Begabung“ als interdisziplinäre Erweiterung unter dem Aspekt der Bedeutung eines positiven Erfahrungsumfeldes für die neurophysiologische Entwicklung Berücksichtigung finden (vgl. S. 59f.).

*Wygotskis* Postulat der zwei Entwicklungszonen wird besonders im Rahmen eines abschließend herzustellenden Praxisbezugs genutzt werden, um Arbeitsformen vorzuschlagen, die im Sinne neuer Herausforderungen das Erreichen der nächsten Zone der Entwicklung fördern.

## 1.2 Die Entwicklung des mathematischen Denkens

Im Folgenden wird zunächst ein intuitiver Zugang zu dem Begriff der *Mathematik* und des *mathematischen Denkens* in Kauf genommen, da es an dieser Stelle vorrangig darum geht, entwicklungsbezogene Aspekte herauszuarbeiten. Im Rahmen von Kapitel 3 „Mathematische Begabung“ (S. 67ff.) erfolgt eine theoretisch fundierte Aufarbeitung.

Nicht nur im Bereich der Erforschung der kognitiven kindlichen Entwicklung, sondern auch im Rahmen der Erkundung des mathematischen Denkens von Kindern sind *Piagets* Erkenntnisse als fundamental und wegweisend zu bezeichnen (vgl. LAUTER 1991, S. 13).

Nachdem *Piaget* sich in der ersten Periode seiner Forschungstätigkeit eher auf grundlegender Basis mit der Entwicklung kindlichen Denkens befasste, rückten bald speziellere und damit auch mathematisch orientierte Ziele und Themen in den Vordergrund. So untersuchte *Piaget* in seiner gemeinsamen Forschungstätigkeit mit *Szeminski* unter anderem die Entwicklung des Zahlbegriffs, die physikalischen Mengenbegriffe, den Zeitbegriff und die kindliche Geometrie (vgl. PIAGET/SZEMINSKI 1965, S. 7). Es sei jedoch der Vollständigkeit halber erwähnt, dass auch ältere Untersuchungen zu diesen Themenfeldern existieren (z. B. BINET 1890, DESCOEUDRES 1921 oder BECKMANN 1924), diese verfügen allerdings nicht über die bei *Piaget* vorzufindende inhaltliche Breite und über die prägnante, empirisch fundierte Theorie (vgl. MAIER 1990, S. 58).

Die Entwicklung des Zahlbegriffs erfolgt nach *Piaget* in Stufen, vergleichbar zur allgemeinen kognitiven Entwicklung. Auch hier geht er davon aus, dass sich eine für alle Kinder konstante Abfolge ergibt. Auf diesen verschiedenen Stufen verändert sich das Zahlauffassungsvermögen nicht nur quantitativ, sondern auch qualitativ.

Da sich das eigene Forschungsvorhaben an Kinder wendet, die sich nach *Piaget* höchstwahrscheinlich auf der Stufe der konkreten Operationen befinden (vgl. S. 12ff.), sollen nun kurz deren Merkmale aufgezeigt werden.

Gemäß *Piaget* ist es den Kindern in dieser Altersstufe möglich, mehrere Aspekte einer Situation wahrzunehmen und zu koordinieren. Da die Fähigkeit zur Dezentrierung einsetzt, können nun auch Handlungsabläufe als Ganzes erkannt und zueinander in Beziehung gesetzt werden. Außerdem lernt das Kind, Zusammenhänge unabhängig von seiner eigenen Wahrnehmung zu erschließen; Wahrnehmung und Wirklichkeit können voneinander getrennt werden. Letztendlich entwickelt sich die Fähigkeit zu reversiblem Denken (vgl. PIAGET/SZEMINSKI 1965).

Weiterhin beschreibt *Piaget*, dass die Kenntnis um die Invarianz die Voraussetzung für alles arithmetische Denken ist. „Vom psychologischen Gesichtspunkt aus bildet das Invarianzbedürfnis demnach eine Art von funktionalem *a priori* des Denkens" (ebd., S. 16). Diese Hypothese belegt er anhand des bekannten „Umschütt-Versuchs" von Perlen und Flüssigkeiten, wobei sich dadurch für *Piaget* bestätigt, dass sich der Invarianz-Begriff erst allmählich und nach einem bestimmten intellektuellen Mechanismus herausbildet. Als weitere konstituierende Elemente des Zahlbegriffs benennt *Piaget* die kardinale und ordinale Stück-für-Stück-Korrespondenz und die additiven und multiplikativen Kompositionen. In Übereinstimmung mit den Ergebnissen bezüglich der Invarianz kommt er auch hier zu einer stufenweisen Entwicklung der entsprechenden Fähigkeiten (vgl. ebd., S. 312).

Bis in die Mitte der 80er Jahre des 20. Jahrhunderts wurde diesen Hypothesen gefolgt. Dementsprechend befasste sich der mathematische Anfangsunterricht zunächst mit der vorzahligen Mengenbehandlung und erst dann mit dem Zählen und mit einfachen algebraischen Zahlverwendungen (vgl. KRAUTHAUSEN 1994, S. 36). Erst dann kam es zu einem Wandel und man kam anhand verschiedener Untersuchungen zu dem Schluss, dass die Fähigkeiten zur Klassifikation und Seriation der Fähigkeit zum Erkennen der Invarianz vorausgehen (SCHMIDT 1983, RADATZ 1982). Aus diesem Grund wird inzwischen zwar weitgehend die Bedeutung unterstützt, die *Piaget* den genannten Fähigkeiten beimisst. Die Abfolge des Auftretens dieser Fähigkeiten und *Piagets* Annahme, dass sie sich unabhängig von äußeren Einflüssen entwickeln, wird jedoch immer mehr angezweifelt (vgl. HASEMANN 2003, S. 10).

Zu dieser nun vorherrschenden Sichtweise gehört auch die Erkenntnis, dass Lernprozesse abhängig von den bereits vorhandenen individuellen Lernerfahrungen sind (vgl. FRANKE/SCHIPPER 2005, S. 529). Die Berücksichtigung des Vorwissens von Schulanfängern gewinnt in diesem Kontext ebenfalls zunehmend an Bedeutung (vgl. FRANKE/SCHIPPER 2005, S. 529, KRAUTHAUSEN 1994, S. 36) und seit Anfang der 90er Jahre des letzten Jahrhunderts werden verstärkt Studien zu diesem Themenschwerpunkt durchgeführt. Zunächst ist hier die Untersuchung von *van den Heuvel-Panhuizen* in den Niederlanden (1990) anzuführen. Es folgen europaweite Nachuntersuchungen verbunden mit kritischen Re-Analysen (vgl. SCHIPPER 2002). Aktuelle, umfangreiche Studien werden unter anderem von *van Luit*, *van de Rijt*, *Hasemann* (2001), *Hengartner/Röthlisberger* (1994) und *Grassmann* (GRASSMANN u. a. 2002 und GRASSMANN u. a. 2003) vorgenommen. *Grassmann* untersucht sowohl das mathematische Vorwissen von Schulanfängern als auch von Kindern zum Ende des 1. Schuljahres. Da diese Altersstufen auch im eigenen Forschungsvorhaben angesprochenen werden, sollen im Folgenden schwerpunktmäßig die Ergebnisse von *Grassmann* Berücksichtigung finden.

Im ersten Teil der Studie wurden den Kindern 20 Aufgaben zur Ziffernkenntnis, zur Menge-Zahl-Zuordnung, zum Rückwärtszählen, zur Anzahlbestimmung, zur Addition und Subtraktion im Bildkontext, zum Relationsverständnis, zum Volumenvergleich, zum Längenvergleich, zu den geometrischen Grundformen Viereck und Dreieck (in Verbindung mit der Wahrnehmungskonstanz), zur Raumvorstellung, zum

Schätzen von Anzahlen und zum Halbieren und Verdoppeln in Form eines schriftlichen Tests gestellt. Als Ergebnis kann festgehalten werden, dass die Kinder bereits vor Schulbeginn in besonders hohem Maß über Ziffernkenntnisse, über die Fähigkeit zum Addieren und Subtrahieren im Bildkontext, über ein Verständnis des Relationsbegriffs „kürzester" und über Kenntnisse zum Viereck verfügen. Auch in einem Großteil der anderen Aufgaben wurden mit über 50% richtiger Antworten gute Ergebnisse erzielt. Lediglich die Aufgaben zur räumlichen Vorstellung, zum Schätzen und zum Verdoppeln wurden mit 22% bis 33% weniger erfolgreich bearbeitet. Grundsätzlich hält *Grassmann* fest, dass vergleichbar zu den Ergebnissen von *Schmidt/Weiser* (1982) erhebliche mathematische Kompetenzen nachgewiesen werden konnten. Sie verweist jedoch besonders auf die großen Schwankungen und die damit verbundene enorme Heterogenität in den mathematischen Kompetenzen von Schulanfängern (GRASSMANN u. a. 2002, S. 43). Ebenfalls als kritisch stuft sie die Schwierigkeiten vieler Kinder im Bereich der räumlichen Vorstellung ein.

Für den zweiten Teil der Studie wurden denselben Kindern zum Ende des 1. Schuljahres diese Aufgaben erneut gestellt. Es wurde allerdings auf die Aufgaben zur Ziffernkenntnis, zur Menge-Zahl-Zuordnung, zur Anzahlbestimmung, zum Volumenvergleich, zum Relationsverständnis und zum Viereck verzichtet, da hier die Anzahl der richtigen Lösungen bereits im ersten Teil der Studie sehr hoch war. Erwartungsgemäß stieg die Anzahl der richtigen Ergebnisse deutlich und die Schwankungen nahmen ab. Lediglich bei den Aufgaben zur räumlichen Vorstellung war dies nicht der Fall, hier blieb es bei den anfänglichen enorm hohen Schwankungen und insgesamt geringen Leistungen. Ein weiteres, interessantes Ergebnis liegt in der Erkenntnis, dass Klassen, die eingangs gute Leistungen zeigten, dies nicht unbedingt in der 2. Untersuchung mit einem entsprechenden Zuwachs bestätigten. Auch umgekehrt waren durchaus gute Leistungen bei Klassen festzustellen, die in der ersten Untersuchung weniger erfolgreich abgeschnitten haben. Auf der Basis dieser Resultate fordert *Grassmann* das Bestimmen der Lernausgangslage von Schulanfängern und einen darauf aufbauenden differenzierten Mathematikunterricht, in dem die Kinder angehalten werden, über ihre Lösungswege und ihre geistigen Handlungen zu reflektieren. Außerdem sollte der Entwicklung des Zahlbegriffs und der Vorstellung zu Zahlen, Rechenoperationen und Größen mehr Aufmerksamkeit geschenkt werden. Besonders die schlechten Ergebnisse im geometrischen Bereich veranlassen *Grassmann* dazu, die Notwendigkeit der Schulung des räumlichen Vorstellungsvermögens im 1. Schuljahr zu betonen.

Auch *Hasemann* kommt zu vergleichbaren Ergebnissen (vgl. HASEMANN 1998) und folgert daraus, dass Schulanfänger über hohe mathematische Kompetenzen verfügen, dies jedoch häufig von Lehrern unterschätzt und nicht erkannt wird. Einschränkend weist auch er auf die starke Leistungsheterogenität hin und kommt zu folgendem Schluss:

> *„Das bedeutet, daß die schwächsten gegenüber der Mehrzahl (auch gegenüber dem Durchschnitt) der Kinder so beträchtliche Defizite aufweisen, daß es nur mit sehr großem pädagogischem Aufwand und didaktischem Geschick gelingen kann, Kinder mit diesen Defiziten angemessen zu fördern ohne gleichzeitig die Mehrzahl zu unterfordern."*
>
> (HASEMANN 1998, S. 266)

Einen weiteren Aspekt bringt *Schipper* (SCHIPPER 2002, S. 134) ein, der davon ausgeht, dass Kinder dann hohe Kompetenzen zeigen, wenn die Aufgabenstellung in einen ihnen vertrauten Kontext eingebunden ist und es Hinweise auf konkrete Handlungen zur Lösung gibt. Dies entspricht den Ergebnissen von *Donaldson* zur kognitiven Entwicklung (vgl. S. 16f.). In diesem Zusammenhang gesteht *Hasemann* vielen Kindern zu, gute „Straßenmathematiker“, aber weniger gute „Schulmathematiker“ zu sein. Dies unterstützt auch *Stern*, indem sie die Diskrepanz zwischen der Leichtigkeit, mit der Kinder Zählfertigkeiten und das Verständnis für die additiven Rechenoperationen entwickeln, und den Schwierigkeiten beim Erwerb der Inhalte der Schulmathematik betont (vgl. STERN 1998, S. 72). Sowohl *Stern* als auch *Schipper* beschreiben als eine der Ursachen für die Leistungsheterogenität der Kinder die unterschiedlichen Möglichkeiten, in der vorschulischen Phase informelle „straßenmathematische“ Kompetenzen zu entwickeln. Den Kindern, die nur in reduziertem Maße informelle Kompetenzen aufbauen konnten, fehlt später die Ausgangsbasis für „schulmathematische“ Lernprozesse. Vor diesem Hintergrund schließt sich auch *Schipper* der Forderung nach konkret-handelnden Zugängen zur Mathematik im Schulanfang an (vgl. SCHIPPER 2002, S. 135). Zudem gelingen nach *Schipper* erfolgreiche Lernprozesse erst dann, wenn sie für die Kinder subjektiv bedeutsam sind. Den subjektiven Charakter von Lernprozessen betont auch *Bauersfeld,* indem er auf die Bedeutung der Subjektiven Erfahrungsbereiche (SEB) hinweist. Unter SEBen versteht er die individuelle Wahrnehmung und Verarbeitung von Informationen, die auf den bereits vorhandenen, persönlichen Erfahrungen beruhen. Demzufolge ist die Art der Verarbeitung von Informationen im Langzeitspeicher abhängig von den jeweiligen SEBen, auf deren Basis sie interpretiert und verarbeitet werden (vgl. BAUERSFELD 2001).

Fokussiert man nun die Entwicklung von arithmetischen Strategien, so stellt *Lorenz* fest, dass sich diese Entwicklung nicht quantitativ bestimmen lässt. „Vielmehr verfügen die meisten Kinder zu jeder Zeit über eine Vielfalt von Strategien, arithmetische Probleme anzugehen … Die arithmetische Entwicklung bei Kindern beinhaltet eine Änderung in diesem Strategiemix sowie eine Verbesserung der Genauigkeit und der Geschwindigkeit, mit der jede Strategie durchgeführt werden kann“ (LORENZ 2002, S. 62).

Im Hinblick auf das eigene Forschungsvorhaben kann gefolgert werden, dass bei der hier angesprochenen Altersstufe zwar von einem allgemein hohen Vorwissen ausgegangen werden kann, jedoch auch interindividuelle Unterschiede zu erwarten sind. Da auch auf intraindividueller Ebene keine Homogenität in Bezug auf ein Verfügen über die verschiedenen mathematischen Fähigkeiten gewährleistet ist, erscheint es als unabdingbar, vor Beginn des Forschungsvorhabens und vor der Auswahl der Aufgaben einen Basiswissentest (vgl. S. 164ff.) durchzuführen. Auf diese Weise kann ausgeschlossen werden, dass einzelne Kinder noch nicht über die eventuell notwendigen und vorausgesetzten mathematischen Kompetenzen zur Bearbeitung der Aufgaben verfügen.

## 1.3 Die sozial-emotionale Entwicklung

Die Bereiche der sozialen und emotionalen Entwicklung werden im Folgenden gemeinsam dargestellt, da sie eng miteinander verbunden sind und sich teilweise gegenseitig bedingen.

Zur Sozialisation des Kindes trägt das Elternhaus in besonderem Maße bei. Hier werden verschiedene – meist implizite – Erziehungsziele, wie das Einhalten von Konventionen und die Verinnerlichung von Werten und Normen, vermittelt. Weiterhin maßgebend sind diesbezüglich Verwandte und Freunde sowie in späteren Jahren Erzieher und Lehrer in Kindergarten und Schule.

Die soziale Entwicklung beginnt bereits im Säuglingsalter damit, dass eine intensive Bindung (attachment) zu den engsten Bezugspersonen hergestellt wird. Sie baut auf den angeborenen, lebenserhaltenden Fähigkeiten des Säuglings auf. Eine sichere Bindung im frühen Lebensalter hat in der Regel bezüglich der gesamten Lebensspanne günstige Auswirkungen mit großer Reichweite und Dauer (vgl. SIEGLER/DELOACHE/EISENBERG 2005, S. 541f.).

Mit dem Eintritt in die Schule sind die Kinder meist in der Lage, sich von der familiären Bindung zu lösen. Es gelingt ihnen nun, relativ schnell Beziehungen zu Klassenkameraden und Lehrern aufzubauen. Während der Grundschulzeit entwickeln sich die sozialen Kompetenzen kontinuierlich weiter und die Beziehungen zu Gleichaltrigen nehmen eine immer wichtigere Rolle ein. Zudem zeichnen sich die Kinder im Laufe der Grundschulzeit durch eine zunehmende Selbstständigkeit und Selbstsicherheit aus. Des Weiteren sind es insbesondere die Bereiche der Kenntnis sozialer Normen und Regeln, des Abbaus intensiver körperlicher Nähe, der Fähigkeit zur Antizipation der Perspektive anderer und der Kooperation, die sich im Übergang vom Kleinkind zum Schulkind und natürlich im Laufe der Grundschulzeit verändern.

Ein vergleichbarer Verlauf ist im Rahmen der emotionalen Entwicklung zu beobachten. Während in der frühen Kindheit die Akzeptanz durch die Bezugspersonen und die damit verbundenen Ereignisse positive Emotionen hervorrufen, weitet sich dies mit zunehmendem Alter immer mehr auf Gleichaltrige und dann auch auf Gegenständliches aus. Damit einhergehend ist eine Verbesserung des Verständnisses der Emotionen, Intentionen und Motive anderer zu beobachten (vgl. ebd.). Auch kann ein höheres Maß an Steuerungsfähigkeit des eigenen Verhaltens und an Gefühlsstabilität festgestellt werden (vgl. NICKEL/SCHMIDT-DENTER 1995, S. 233).

Bezüglich des eigenen Forschungsvorhabens kann konstatiert werden, dass sich die Kinder im 1. und 2. Schuljahr am Beginn des Prozesses zum Aufbau außerfamiliärer Beziehungen und Bindungen befinden. Selbstständigkeit und Selbstsicherheit entwickeln sich nach und nach, vertraute Strukturen sind jedoch nach wie vor von großer Relevanz. Diese Ausgangslage muss im Forschungsdesign Berücksichtigung finden, denn sowohl personale als auch räumliche Vertrautheit sind für Kinder dieser Altersstufe notwendig für eine Arbeitssituation, in der sie ihre Fähigkeiten bestmöglich zeigen können.

## 1.4 Entwicklungsspezifika begabter Kinder

Da sich die eigene Forschungsarbeit mit mathematisch begabten Kindern im 1. und 2. Schuljahr – also ungefähr in einem Alter zwischen sechs und acht Jahren – befasst, sollen nun nach der Behandlung der allgemeinen Entwicklungsstrukturen der Kinder dieser Altersstufe mögliche entwicklungsbezogene Besonderheiten besonders begabter Kinder herausgestellt werden. Auch hier muss zunächst ein intuitiver Zugang zum Begriff der *Begabung* vorgenommen werden, die theoretisch fundierte Beschäftigung mit dieser Thematik erfolgt jedoch im nächsten Kapitel (vgl. S. 31ff.).

Grundsätzlich können zwei Annahmen unterschieden werden:

1. Die Annahme, Begabung basiere auf einem quantitativen Entwicklungsunterschied, also auf einem Entwicklungsvorsprung.
   Zu den Vertretern dieser Annahme zählt unter anderem *Piaget*, der individuelle intellektuelle Unterschiede dafür verantwortlich macht, dass Kinder früher oder später die verschiedenen Entwicklungsstufen erreichen (vgl. PIAGET 1971, S. 175).
2. Die Annahme, Begabung begründe sich in einem qualitativen Entwicklungsunterschied.
   Hierbei wird davon ausgegangen, dass besonders begabte Kinder von Anfang an in den einzelnen Entwicklungsstadien sehr hohe Niveaustufen erreichen.
   Dieser Ansatz wird zum Beispiel vertreten von *Stapf* und *Stapf* (1988). Sie gehen davon aus, dass hochbegabte Kinder bereits von Geburt an auf einem qualitativ höheren Niveau operieren. Auf dieser Grundannahme basieren auch sogenannte „Checklisten" zur Identifikation besonderer Begabungen (vgl. S. 113). Sie fragen in der Regel Merkmale wie eine überragende Lernleistung, sehr elaboriertes Sprechen, besondere Gedächtnisleistung, intensives Interesse für mathematische Inhalte und Problemaufgaben etc. ab (vgl. FEGER/PRADO 1998, S. 66f.). Diese Fragestellungen setzen implizit die Annahme einer qualitativ höheren Entwicklung voraus, greifen jedoch häufig auch Inhalte – wie zum Beispiel frühes Sprechen oder Lesen – auf, die Entwicklungsvorsprünge thematisieren.

*Heller* und *Hany* (HELLER/HANY 1996, S. 477) relativieren diese Debatte, indem sie anführen, dass bisher weder die eine noch die andere Annahme fundiert belegt werden konnte, verschiedene Untersuchungsergebnisse deuten jedoch auf die Ursache quantitativer Entwicklungsunterschiede für besondere Begabungen hin.

Spricht man von besonderen Entwicklungsverläufen begabter Menschen, so ist jedoch ebenfalls zu berücksichtigen, dass es auch innerhalb dieser Gruppe unterschiedliche Entwicklungsverläufe gibt. *Feger* beschreibt in diesem Zusammenhang drei „typische Lebensläufe" (FEGER 1988, S. 39ff.):

- Hochbegabte, die auf günstige und herausfordernde Umweltbedingungen treffen und ihre Begabung voll entfalten können.
- Hochbegabte, die auf widrige Umweltbedingungen treffen und sich trotzdem durchsetzen und ihre Begabung entfalten können.
- Hochbegabte, die als solche nicht erkannt werden und deren Begabung nie zur Entfaltung kommt. Dieser Personenkreis wird häufig als „underachiever" bezeichnet.

*Feger* selbst weist jedoch darauf hin, dass diese Gruppierung nur eine sehr grobe Untergliederung sein kann und auf diese Weise nicht alle Entwicklungstypen erfasst werden können.

Einen weiteren wichtigen Aspekt bezüglich der Entwicklung besonders begabter Kinder betont *Stapf* (2003, S. 90), indem sie auf mögliche Asynchronien hinweist.

Diese beziehen sich auf den intraindividuellen Entwicklungsverlauf und beschreiben die Tatsache, dass Diskrepanzen zwischen der kognitiven, der sozial-emotionalen und der motorischen Entwicklung auftreten können. Diese Diskrepanzen beruhen in der Regel auf einer schwächeren Entwicklung der nichtkognitiven Bereiche. Häufig führt dieser Zustand zu sozialen Problemen oder psychischen Belastungen, wodurch sich die Forderung nach einer ganzheitlichen Förderung Hochbegabter immer mehr etabliert (vgl. FEGER/PRADO 1998, S. 84–86).

## 1.5 Zusammenfassung

Besonders im ersten Abschnitt dieses Kapitels, der sich mit der kognitiven Entwicklung befasst, wird trotz der Unterschiedlichkeit der verschiedenen Ansätze durchgängig deutlich, wie wichtig es ist, den jeweiligen Entwicklungsstand des einzelnen Kindes zu kennen, um dann eine bestmögliche Lernunterstützung geben zu können. Weiterhin wird gerade in der Darstellung der sozial-emotionalen Entwicklung betont, „wie eng besonders im Kleinkind- und Vorschulalter individuelle Entwicklungsverläufe mit relevanter Umwelt verzahnt sind“ (LEHWALD 1991, S. 135). Somit kann von einer engen, wechselseitigen Beziehung der verschiedenen Entwicklungsbereiche (vgl. SCHERER/WALLBOTT 1995, S. 322) ausgegangen werden. Gerade bei hochbegabten Kindern kann dies jedoch zu Komplikationen führen, da hier mit Asynchronien zu rechnen ist.

Des Weiteren muss festgehalten werden, dass Entwicklung in Lebensabschnitten verläuft und besonders in frühen Abschnitten zuverlässige, langfristige Prognosen nur schwer geleistet werden können. Trotzdem ist gerade das frühe Kindesalter für die gesamte Entwicklung von großer Relevanz, da sich hier Grundlagen herausbilden.

Abschließend ergibt sich daraus:

> *„Entwicklung kann nur als ‚Ganzes‘ in Bezug auf den Lebensabschnitt betrachtet werden; frühe Kompetenzen und Erfahrungen eines Menschen finden oft ihren Ausdruck während der gesamten Lebensspanne.“* (FEGER/PRADO 1998, S. 78)

# 2 Begabung

Im Rahmen der Beschäftigung mit dem Begabungsbegriff und den verschiedenen Begabungsmodellen sind es zunächst zwei Aspekte, die auffallen: die vielfältigen, oft sehr unterschiedlichen Definitionen und die besondere Komplexität des Begriffs. Um trotzdem zu einer umfassenden und dennoch präzisen Begriffsbestimmung und Darstellung der unterschiedlichen Theorien zu kommen, wird in einem ersten Schritt die Klärung der verwandten und oft synonym verwendeten Begriffe *Begabung, Hochbegabung, Intelligenz* und *Kreativität* vorgenommen. Dies ist dann die Basis für eine Auseinandersetzung mit den verschiedenen Modellen zur Begabung. Da auch hier die unscharfe Trennung vorrangig zum Intelligenzbegriff zum Tragen kommt, werden auch Intelligenzmodelle berücksichtigt. Um den aktuellen Forschungstendenzen gerecht zu werden, folgt im Anschluss daran das Aufzeigen der Ansätze zur „Anlage-Umwelt-Kontroverse" und zur hirnphysiologischen Forschung. Daraufhin werden die verschiedenen Modelle und Forschungsrichtungen gegenübergestellt und kritisch diskutiert. In diesem Zusammenhang werden ebenfalls eine eigene Positionierung und eine für die weitere Arbeit geltende Festlegung der eigenen Definition von Begabung vorgenommen. Das Kapitel schließt mit der Spezifikation dieses Themenbereiches für Kinder im 1. und 2. Schuljahr. An dieser Stelle werden die Erkenntnisse aus Kapitel 1 und 2 zusammengeführt.

## 2.1 Im Spannungsfeld von Begabung, Hochbegabung, Intelligenz und Kreativität

In der Auseinandersetzung mit dem Themenfeld *Begabung* wird deutlich, dass die Beschäftigung mit Menschen, die über besondere Fähigkeiten verfügen, eine lange Tradition hat. Damit lässt sich auch erklären, weshalb sich gerade Hochbegabung in der Geschichte der Menschheit mehr als 2000 Jahre zurückverfolgen lässt (vgl. URBAN 1984). Sie ist ein Phänomen, welches sich bei seiner vollen Entfaltung in der Gesellschaft nicht übersehen lässt und häufig durch entsprechend große Leistungen Aufsehen erregt. Persönlichkeiten wie zum Beispiel *Einstein* oder *Mozart* trugen im Laufe der Jahrhunderte dazu bei, dass das Thema *Hochbegabung* aktuell blieb.

Demgegenüber sind, im aktuellen Kontext betrachtet, *Intelligenz, Kreativität* und *Begabung* wissenschaftliche Konstrukte mit theoretischen Hintergründen (vgl. BAACKE 1995, S. 152), die nach und nach erforscht wurden und erst mit dem Aufkommen der unterschiedlichen Wissenschaften (u. a. der Pädagogik und der Psychologie) ihre heutige Bedeutung gewonnen haben.

Sowohl im alltäglichen als auch im wissenschaftlichen Sprachgebrauch werden die Begriffe häufig uneinheitlich und unscharf verwendet (vgl. STAPF 2003, S. 18). Weiterhin wird die begriffliche Klärung durch Aspekte wie *Talent* und *Fähigkeit* erschwert, die immer wieder in den verschiedenen Definitionen gebraucht, jedoch selbst meist nicht näher bestimmt werden.

Im Folgenden werden die Begriffe einzeln dargelegt. Dies ist notwendig, um die sich anschließende Darstellung der Intelligenz- und Begabungsmodelle angemessen vorzubereiten.

### *2.1.1 Zum Begriff der Begabung*

Die Entstehung der Begabung als relativ eigenständige Forschungsrichtung in der Psychologie und Pädagogik *W. Friedrichs* wird auf die Zeit nach dem ersten Weltkrieg datiert (vgl. HELBIG 1988, S. 54). Als Vorläufer der Begabungstheorie sind *Comenius* und *Schleiermacher* zu sehen (vgl. ebd.). Ihre Aussagen enthalten bereits wesentliche Elemente der noch heute aktuellen Diskussion, wie zum Beispiel die Anerkennung der Verschiedenheit der Menschen, die generelle „Bildsamkeit" und das Wissen über die unterschiedlichen Bildungs- und Sozialchancen des Einzelnen.

Fokussiert man die Diskussion um die Anlage- und Umweltanteile an der Ausprägung von Begabung, so lassen sich generell drei Grundpositionen unterscheiden:

1. die anlageorientierten, biologistischen Ansätze;
2. die umwelt- oder milieutheoretischen, environistischen Ansätze;
3. die Ansätze, die beide Sichtweisen berücksichtigen und von einer mehr oder weniger dynamischen Wechselbeziehung zwischen Anlage und Umwelt ausgehen.

Biologistische Auffassungen – unter anderem vertreten von *Hartnacke* (1916 und 1950) und *Reinöhl* (1937) – bestimmten ungefähr bis Mitte der 50er Jahre des 20. Jahrhunderts die Begabungstheorie. Sie gehen davon aus, dass die Begabungsausprägung eines Menschen durch seine Erbanlagen determiniert wird.

Problematisch werden diese Denkweisen dann, wenn sie als Kriterium für den Verzicht auf weitere pädagogische Bemühungen angesehen werden und den Ausschluss aus Bildungsmöglichkeiten nach sich ziehen, wie dies unter anderem *Netzer* (1965) einfordert. Eine Dominanz erbbiologischer Vorstellungen weisen jedoch auch Modelle auf, die von genetisch unübersteigbaren Grenzen ausgehen, aber trotzdem einen Spielraum der Erziehung abstecken. So kann davon ausgegangen werden, dass viele anlageorientierte Theorien dem Faktor *Umwelt* durchaus Bedeutung zumessen, er hat jedoch immer nur eine begrenzte Funktion und wird durch den Faktor *Anlage* dominiert.

Mit dem Aufstieg des environistischen Begabungsbegriffs, den *Roth* auch als den „dynamischen" Begabungsbegriff bezeichnet (ROTH 1968), zu Beginn der 60er Jahre des 20. Jahrhunderts verschiebt sich der Schwerpunkt des pädagogischen Denkens in Richtung einer primär lern- und milieutheoretischen Betrachtungsweise. Als ein extremer Vertreter der milieutheoretischen Auffassung ist *Locke* (1962) anzuführen, der den menschlichen Geist mit einem „leeren Kabinett" vergleicht, welches durch Erfahrung und Erziehung gefüllt wird.

Mit Ausnahme dieser extremen Theorien gilt jedoch insgesamt für milieutheoretische Positionen, dass sie die genetische Verschiedenheit von Menschen – auch im Hinblick auf ihre geistigen Fähigkeiten – anerkennen. Zudem berücksichtigen viele aktuellere milieutheoretische Ansätze eine eher multidimensionale, nach Altersstufen differenzierte und komplexe Beziehung zwischen Umwelt und anlagegemäßer Entwicklung.

Insgesamt wird deutlich, dass die beiden aufgeführten Grundpositionen in der Regel keine exklusiven Theorien sind und jeweils Elemente der Gegenposition beinhalten. Aus diesem Grund konnte sich auch die dritte Position, die von einer mehr oder weniger dynamischen Wechselwirkung zwischen Anlage und Umwelt ausgeht, etablieren. Gemäß der Definition von *Anastasi* legt man hier folgende Annahme zugrunde: „Jeder Umweltfaktor übt einen anderen Einfluß aus, je nachdem, auf welches spezifische Erbmaterial er einwirkt. Entsprechend wirkt jeder Erbfaktor anders unter verschiedenen Umweltbedingungen" (ANASTASI 1976, S. 74).

Um das Ausmaß und die Struktur der Interaktion zwischen Anlage und Umwelt genauer beschreiben und darlegen zu können, haben *Plomin/DeFries/Loehlin* (1977) *drei Korrelationstypen* beschrieben:

*1. Die passive Genotyp-Umwelt-Korrelation*

Diese Konzeption geht von einer Gleichwertigkeit der genetischen „Mitgift" und der Umweltgestaltung durch die Eltern aus. „Auf das hier zur Diskussion stehende Verhaltensmerkmal bezogen, heißt das, daß intelligente Eltern ihren Kindern häufiger sowohl vorteilhafte Gene mitgeben als auch entwicklungsbegünstigende Umwelten schaffen" (HELBIG 1988, S. 78).

*2. Die reaktive Genotyp-Umwelt-Korrelation*

Dieses Konzept beinhaltet die Vorstellung, dass die persönliche Umwelt auf verschiedene genotypische Vorgaben entsprechend unterschiedlich reagiert und damit phänotypische Auswirkungen verstärkt. „Wenn Eltern glauben, bei ihrem Kind eine besondere (und kulturell positiv bewertete) ‚Fähigkeit' entdeckt zu haben, werden sie sich wahrscheinlich auch zu besonderen Förderungsmaßnahmen stimuliert fühlen" (ebd.).

*3. Die aktive Genotyp-Umwelt-Kovarianz*

Hierbei wird angenommen, dass unterschiedliche Genotypen nicht nur unterschiedliche Umweltreaktionen hervorrufen, sondern darüber hinaus selbst ihre eigene Umwelt gestalten oder zumindest aktiv auswählen. Das Selbst gewinnt in derartigen Konzeptionen eine besondere Bedeutung (vgl. ebd.).

Als weiteres Denkmodell ist *Piagets* „genetischer Strukturalismus" zu nennen, der vom dynamischen Entwicklungsprozess des ständigen „Sich-in-Konstruktion-Befindens" ausgeht, was aus der Interaktion zwischen „innerer Vernunft" und „äußerer Umwelt" resultiert. Das Verhältnis und die Interaktion zwischen Anlage und Umwelt beschreiben *Piaget* und *Inhelder* wie folgt: „Eine Dominanz des Erbmaterials kann allenfalls auf elementaren Strukturebenen angenommen werden. Auf den höheren Stufen sind dagegen die Aktionen der Umwelt am stärksten formbildend" (PIAGET/INHELDER 1975, S.32).

Diesen Aspekt greifen auch *Kopp* und *McCall* (1982) in ihrem *Schaufelmodell der Entwicklung* auf. Sie vergleichen den menschlichen Entwicklungsverlauf mit einer Kugel, die vom Schaft einer Schaufel auf die breite Fläche rollt. Basierend auf dieser Vorstellung beschreiben sie den geistigen Entwicklungsverlauf eines Individuums in den ersten beiden Lebensjahren als sehr stark kanalisiert und dementsprechend interindividuell einheitlich. Erst danach werden individuelle genetische Strukturen und spezifische Umweltbedingungen bedeutsam und führen zu immer größeren Unterschieden zwischen den Individuen.

Die Dimension des Selbst als eigenständiger Faktor der Begabungsentwicklung bringt *Roloff* (1966) in seinem Persönlichkeitsmodell zur Geltung. Diesen Ansatz verfolgt auch *Geulen* (1981): „Das Subjekt verhält sich gegenüber der Realität teils aktiv gestaltend, teils abweichend hinnehmend ..." (ebd., S. 553). Somit tritt die jeweilige Persönlichkeit als mitbestimmender Faktor in die Kontroverse um Anlage und Umwelt ein.

Auch *Weinert* befasst sich mit der Anlage-Umwelt-Kontroverse und vertritt ebenfalls die Ansicht, dass beide Faktoren nicht zu trennen sind, was er mit Zwillingsstudien belegt (vgl. WEINERT 2000). Er geht sogar so weit, dass er prozentuale Anteile von Anlage, Umwelt und hier auch vom Selbst, also dem jeweiligen Individuum, am Zustandekommen des Phänotyps formuliert: „..., daß etwa 50% der geistigen Unterschiede zwischen Menschen genetisch determiniert sind, ungefähr ein Viertel durch die kollektive Umwelt und ein weiteres Viertel durch die individuelle, zum Teil selbst geschaffene Umwelt erklärbar sind" (ebd., S. 367). Indem *Weinert* den Begriff der *selbst geschaffenen Umwelt* einbringt, erkennt er an, dass das Individuum nicht nur seine Umwelt selektiv wahrnimmt, sondern diese auch dementsprechend beeinflussen kann.

Biologistische Theorien der 90er Jahre des 20. Jahrhunderts tragen maßgebend dazu bei, das Verhältnis von Anlage und Umwelt intensiver zu betonen und genauer zu bestimmen. Grundlegend wird hervorgehoben, dass schon die Annahme, Anlage und Umwelt trennen zu können, falsch ist. Die genetischen Anlagen eines Menschen bestimmen individuelle Reaktionen auf Umwelteinflüsse. Diese determinieren dann wiederum den weiteren Entwicklungsweg. „Der Phänotypus, also das Erscheinungsbild eines Organismus mit allen seinen Merkmalen wie Anatomie oder Verhalten ist damit die Manifestation eines Genotyps (der Erbinformation) in einer bestimmten Umwelt" (SCHEUNPFLUG 2001, S. 66). Somit ist das Verhältnis von Anlage und Umwelt selbst ein Teil der individuellen genetischen Grundlage und man kann von einem genzentrierten Entwicklungsprinzip ausgehen. „Damit ‚suchen' Anlagen ihre Umwelt in dem Sinne, dass erstere selektiv auf letztere wirken" (ebd.). *Stapf* vertritt ebenfalls diesen Ansatz: „Weder Anlage- noch Umwelteinflüsse können unabhängig voneinander wirksam werden" (STAPF 2003, S 28).

Geht man nun der Frage nach, welche Rolle der Erziehung zukommt, so muss man zunächst grundlegend festhalten, dass Erziehung als ein Umwelteinfluss einzuordnen ist. Demnach gilt auch hier – wie bereits erwähnt –, dass ihre Wirksamkeit von den individuellen genetischen Faktoren abhängig ist. „So lässt sich erklären, dass gleiche Erziehungsmaßnahmen unterschiedliche Resonanz finden können" (SCHEUNPFLUG 2001, S. 70). Um den Kindern und Jugendlichen die Möglichkeit zu geben, das individuell beste Lernangebot auszuwählen, ist eine mindestens durchschnittlich anregende

Lernumgebung mit unterschiedlichen Angeboten notwendig (vgl. ebd., S. 71). *Stapf* spricht hier von einer stimulierenden Umwelt, die eine bestmögliche Entfaltung der im Genotyp enthaltenen Anlagen gewährleisten soll (vgl. STAPF 2003, S. 29).

Somit lässt sich konstatieren, dass ausgehend von rein anlage- oder umweltorientierten Begabungstheorien inzwischen immer mehr diejenigen Ansätze dominieren, die von einer Wechselwirkung der beiden Komponenten ausgehen. Zudem werden sowohl der jeweiligen Persönlichkeit als auch der speziellen Umweltsituation besondere Bedeutung zugemessen.

### *2.1.2 Zum Begriff der Hochbegabung*

Ein Großteil der Definitionen zur Hochbegabung wurde aufgrund der zunehmenden Forschungstätigkeit im Amerika der 60er und 70er Jahre des 20. Jahrhunderts entwickelt. Grundlegend lässt sich eine enorme inhaltliche Spannweite – von „Hochbegabt ist, wer Einmaliges vollbracht hat“ bis „Jeder ist hochbegabt, denn jeder hat seine Stärken“ festhalten.

Wenn man sich mit Ansätzen aus dem anglo-amerikanischen Sprachraum befasst, tritt eine weitere Erschwernis der Definitionsbildung durch die Unterscheidung zwischen „gift“ und „talent“ auf. Unter „gift“ versteht man hierbei in der Regel die intellektuellen Fähigkeiten eines Menschen und unter „talent“ die manuellen und physischen Fähigkeiten. Eine Trennung der beiden Begriffe kann jedoch nicht immer eindeutig vorgenommen werden. Außerdem werden die Begriffe in den unterschiedlichen Theorien auch abweichend definiert.

Eine formale Möglichkeit zur Einteilung der Definitionen zur Hochbegabung ist das Bilden von Definitionsklassen. *Ey-Ehlers* führt in diesem Zusammenhang **drei Definitionsklassen** an (EY-EHLERS 2001, S. 32–35):

1. *Die Ex-post-facto-Definition*
   Diese Definition basiert auf der ältesten Festlegung von Hochbegabung und wurde bis in die Anfänge des 20. Jahrhunderts verwendet. Ihr zufolge werden diejenigen als hochbegabt bezeichnet, die bereits Herausragendes geleistet haben. Somit besteht jedoch immer eine Abhängigkeit von dem Wertesystem der jeweiligen Gesellschaft und es werden nur diejenigen berücksichtigt, die durch eine angemessene Umwelt die Möglichkeit haben, besondere Leistungen zu erbringen.
2. *Termans IQ-Definition*
   *Terman* (1968) definiert diejenigen als hochbegabt, die in einem Stanford-Binet-Intelligenztest einen Intelligenzquotienten von mindestens 140 erzielen. In diese Definitionsklasse fallen jedoch auch Definitionen, die auf anderen Intelligenztests basieren oder andere Grenzwerte annehmen. Die IQ-Definitionen beziehen sich ausschließlich auf die intellektuelle Hochbegabung und überprüfen diese anhand von Intelligenztests. Sie werden Kindern mit Prüfungsängsten, hochbegabten Minderleistenden – sogenannten Underachievern – oder Kindern aus fremden Sprachgebieten mit Sprachproblemen oft nicht gerecht. Außerdem ist die Annahme des Grenzwertes grundsätzlich willkürlich, wodurch auch die Einstufung als hochbegabt willkürlich bleibt.

3. *Die Prozentsatzdefinitionen*

   Prozentsatzdefinitionen geben den Anteil der Hochbegabten in der Bevölkerung an. So werden in der Regel zwei Prozent als hochbegabt bezeichnet. Die Auswahlkriterien zur Hochbegabung können hierbei unterschiedlich sein, es können zum Beispiel Noten oder Wettbewerbsergebnisse zugrunde gelegt werden. Legt man Intelligenztests als Auswahlkriterien zugrunde, so kommt es zu Überschneidungen mit der IQ-Definition. Insgesamt dienen Prozentsatzdefinitionen lediglich der quantitativen Bestimmung von Hochbegabung und benötigen aus diesem Grunde eine vorausgehende qualitative Festlegung.

Eine andere häufig verwendete Einteilung findet sich in den **sechs Definitionsklassen nach *Lucito*** (LUCITO 1964). Darin sind die drei bereits genannten enthalten und es kommen folgende drei noch hinzu:

4. *Die sozial-bezogenen Definitionen*

   Spricht man von der sozialen Begabung, so spielt immer die Bedeutung der Begabung für die Gesellschaft eine tragende Rolle. In Anlehnung an *Stern* kann soziale Begabung als die Fähigkeit zu wertvollen Handlungen verstanden werden (vgl. FEGER/PRADO 1998, S. 30f.).

5. *Kreativitäts-Definitionen*

   Im Rahmen dieser Definitionen gilt jemand als hochbegabt, der über die Fähigkeit verfügt, etwas Neues, Originelles zu schaffen. Das divergente Denken steht somit im Vordergrund der Betrachtung (vgl. S. 39ff.).

6. *Lucitos eigene Definition*

   Zur Bestimmung von Hochbegabung hat *Lucito*, angelehnt an das *Guilfordsche Modell der Intelligenz* (vgl. S. 40), folgende Definition formuliert: „Hochbegabt sind jene Schüler, deren potentielle intellektuelle Fähigkeiten sowohl im produktiven als auch im kritisch bewertenden Denken ein derartig hohes Niveau haben, daß begründet zu vermuten ist, daß sie diejenigen sind, die in der Zukunft Probleme lösen, Innovationen einführen und die Kultur kritisch bewerten, wenn sie adäquate Bedingungen der Erziehung erhalten" (LUCITO 1964, S. 184). *Lucito* bezieht sich hierbei auf die intellektuellen Fähigkeiten, die in der Zukunft zu erwarten sind. Außerdem erkennt er den mehrfaktoriellen Aspekt an und berücksichtigt die Tatsache, dass Hochbegabung ein förderndes Umfeld benötigt, um sich entfalten zu können.

Als eine weitere bedeutende Definition ist die **Definition des „Marland-Reports"** (Education of the gifted and talented, 1972) anzufügen. Sie ist auf *Sidney P. Marland Jr.*, Regierungsbevollmächtigten der USA, zurückzuführen, wurde von den meisten Bundesstaaten der USA übernommen und bildet die Grundlage vieler dort existierender Förderprogramme. Diese Definition beschreibt hochbegabte Kinder als jene, „die durch qualifizierte Fachleute als solche identifiziert wurden und die aufgrund ihrer außergewöhnlichen Fähigkeiten hohe Leistungen zu erbringen vermögen. Um ihren Beitrag für sich selbst und für die Gesellschaft zu realisieren, benötigen diese Kinder die Bereitstellung differenzierter pädagogischer Programme und Hilfestellungen, die über die normalen, regulären Schulprogramme hinausgehen.

Kinder, die zu hohen Leistungen fähig sind, zeigen diese in den folgenden Bereichen:
1. Allgemeine intellektuelle Fähigkeit
2. Spezifische akademische (schulische) Eignung
3. Kreatives oder produktives Denken
4. Führungsfähigkeiten
5. Bildnerische und darstellende Künste
6. Psychomotorische Fähigkeiten"

(Übersetzung von *Ey-Ehlers*, in EY-EHLERS 2001, S. 37–38)

Es handelt sich hierbei um eine sehr umfassende Definition von Hochbegabung, wobei versucht wird, möglichst viele Facetten und Bereiche dieses Phänomens einzubeziehen. So berücksichtigt sie die Diagnose und Förderung von Hochbegabung, sie bezieht sowohl konvergente als auch divergente Fähigkeiten ein, geht von einem vorliegenden Potenzial und von bereits gezeigten Leistungen aus und nimmt auch die Bedeutung der Förderung Hochbegabter für sie selbst und für die Gesellschaft in den Blick.

Die Darstellung der unterschiedlichen Definitionsansätze zeigt deutlich, dass eine einzige, wissenschaftlich präzise und allgemein akzeptierte Definition nicht vorliegt. Je nachdem, welchem Ansatz man folgt, fokussiert und betont man immer spezielle Bereiche der Hochbegabung. Andere Bereiche werden dementsprechend weniger berücksichtigt und es besteht somit kontinuierlich die Gefahr, einzelne Aspekte außer Acht zu lassen. So ist zum Beispiel die Ex-post-facto-Definition leicht anzuwenden, wird aber der kindlichen Persönlichkeit kaum gerecht. Auch die Definition von Hochbegabung ausschließlich über den IQ-Wert ist umstritten, da sie sich nur auf die intellektuellen Fähigkeiten bezieht und die beschriebenen Mängel im Rahmen der Diagnose aufweist.

Sowohl *Lucitos* Definition als auch die des „Marland-Reports" sehen Hochbegabung als ein menschliches Potenzial, welches sich bei angemessener Förderung in Form von besonderen Kompetenzen zeigen kann. Auf diese Weise wird der Bedeutung von Umweltfaktoren Rechnung getragen. Häufig wird der „Marland-Report" als eine Art Minimalkonsens im Rahmen der Hochbegabungsdiskussion gesehen, es bleiben jedoch auch hier die bereits aufgezeigten Schwächen, welche die Notwendigkeit einer Weiterführung der Diskussion und Forschung anzeigen.

### *2.1.3 Zum Begriff der Intelligenz*

> *„Die Bezeichnung Intelligenz taucht vermutlich 1870 das erste Mal in der wissenschaftlichen Literatur als Titel eines Buches von Taine auf. Das Wort kann auf eine lateinische Wurzel, intellegere (= dazwischen wählen), zurückgeführt werden. Das Substantiv intelligentia wurde von Cicero benutzt, um ein höheres Seelenvermögen, die Fähigkeit zu erkennen und das Erkennen selbst, zu bezeichnen … Intelligenz begann sich jedoch erst zu Beginn dieses Jahrhunderts[5] im wissenschaftlichen Sprachgebrauch zusammen mit der aufkeimenden Psychologie durchzusetzen."* (SCHWEIZER 2000, S. 4)

[5] Das 20. Jahrhundert ist hier gemeint.

Bereits in sehr früher Zeit wurden also wesentliche Inhalte von Intelligenz formuliert. Durch empirische Forschungen wurden sie später belegt, erweitert und modifiziert. 1905 lieferten *Binet* und *Simon* eine Definition zur Intelligenz, welche die Anforderungen an die intellektuellen Fähigkeiten beschreibt. „Intelligenz ist die Kombination der Fähigkeiten, die dazu erforderlich sind, ein gewünschtes Ziel zu erreichen, bei einer geistigen Beschäftigung zu bleiben und deren Resultate selbstkritisch zu prüfen" (BINET/SIMON 1905, S. 191).

Eine ebenfalls seit frühester Zeit der Intelligenzforschung bestehende und heute immer noch anerkannte Definition ist die Intelligenzdefinition von *William Stern*. Er beschreibt Intelligenz als die allgemeine Fähigkeit eines Individuums, sein Denken bewusst auf neue Forderungen einzustellen. Intelligenz ist demnach als die allgemeine Anpassungsfähigkeit an neue Aufgaben und Bedingungen des Lebens zu verstehen (vgl. STERN 1912).

Diese verbalen Definitionen konnten jedoch nicht wesentlich zur Erforschung der Intelligenz beitragen, wodurch sich operationale Strategien schon früh durchsetzten und Intelligenztests entwickelt wurden. Hierauf basiert auch die Definition von *Boring*, die Intelligenz als das beschreibt, was der Intelligenztest misst (vgl. BORING 1923). Obwohl Intelligenztests in der pädagogischen und psychologischen Intelligenzforschung eine zentrale Rolle spielen, haben sich derartige operationale Definitionen nicht etabliert, da sie nicht zur Klärung des Begriffes an sich beitragen. Trotzdem sollen auch diese Tendenzen und Auffassungen hier Erwähnung finden. Sie machen deutlich, wie eng sich die Interpretation des Begriffes an die zugrunde liegende Erhebungs- und Diagnosemethode bindet (vgl. hierzu Kapitel 5 „Identifikation von Begabung", S. 109ff.).

Eine noch immer aktuelle und stark diskutierte Thematik bezüglich der Intelligenz bringt *Groffmann* in seiner Definition zum Ausdruck. „Intelligenz ist die Fähigkeit eines Individuums, anschaulich oder abstrakt in sprachlichen, numerischen oder räumlich-zeitlichen Beziehungen zu denken. Sie ermöglicht die erfolgreiche Bewältigung vieler komplexer und spezifischer Situationen und Aufgaben" (GROFFMANN 1964, S. 190). Hier wird die Untergliederung nach verschiedenen Fähigkeiten deutlich, indem explizit die drei Bereiche sprachliche, numerische und räumlich-zeitliche Fähigkeiten benannt werden. Diese Aufspaltung der Intelligenz stellt einen grundlegenden Diskussionsansatz dar, denn sie zeigt die Kontroverse um das Anerkennen einer allgemeinen Intelligenz oder mehrerer unabhängiger Intelligenzen auf.

Die Bedeutung der Unterteilung von Fähigkeiten wird besonders offensichtlich, wenn man sich mit den verschiedenen Intelligenzmodellen befasst und dabei die teilweise sehr kontroverse Theoriebildung (vgl. AMELANG 1995) näher beleuchtet. Die Diskussion bezieht sich dabei vorrangig auf die Frage nach der ausschließlichen Anerkennung des *g-Faktors* oder Akzeptierens unterschiedlichster voneinander unabhängiger Intelligenzen. Zunächst zur Definition des *g-Faktors*: „Wie Wechsler sagt, ist *g* überhaupt keine Fähigkeit, sondern die Eigenart des Geistes ... Der *g-Faktor* entspricht keinem der wesentlichen Konstruktionsmerkmale des Gehirns. Vielmehr bringt er die Tatsache zum Ausdruck, dass es individuelle Unterschiede in der funktionalen Effizienz oder Kapazität dieser wichtigen Gehirnprozesse gibt, und dass diese individuellen Unterschiede ... miteinander korrelieren ... Was wir zur Zeit wissen ist, dass *g* eine biologische Variable ist, eine Eigenschaft des Gehirns, die auch auf der Verhaltensebene manifestiert ist und mit einer Vielzahl psychometrischer Methoden gemessen werden kann" (JENSEN 2000, S. 22). Unter dem *g-Faktor* versteht man somit eine allgemeine Variable, die im Rahmen einer Faktorenanalyse aus der positiven Korrelation unterschiedlicher Faktoren erschlossen wird.

Eine der ersten Faktorenanalysen hat *Spearman* durchgeführt. Darauf aufbauend hat er seine *Zwei-Faktoren-Theorie* (SPEARMAN 1904) entwickelt, in der er zwischen dem allgemeinen *Generalfaktor g* und mehreren untergeordneten und *unabhängigen Faktoren s* unterscheidet. Dieses Modell wird auch als *Generalfaktorenmodell* bezeichnet. Hierbei handelt es sich um ein hierarchisches Modell, wobei der *g-Faktor* in der Bedeutung über den *s-Faktoren* steht. Auch *Cattell* (1963) stützt sich auf das Generalfaktorenmodell, unterscheidet dabei jedoch zwei Intelligenzformen: die flüssige Intelligenz (General-Fluid-Ability) und die kristallisierte Intelligenz (Crystallized-Ability). Die flüssige Intelligenz kann als allgemeine Fähigkeit, komplexe Beziehungen in fremden Situationen zu erfassen, bezeichnet werden. Unter der kristallisierten Intelligenz versteht *Cattell* die Fähigkeit, das Gelernte anzuwenden.

Einen anderen Ansatz fand *Thurstone* in seinem nicht-hierarchischen Modell der Primärfaktoren der Intelligenz (THURSTONE 1931). Durch eine multiple Faktorenanalyse extrahierte er die sieben Faktoren *Wortverständnis*, *Wortflüssigkeit*, *Zahlenverständnis*, *Raumvorstellung*, *Gedächtnis*, *Wahrnehmungsgeschwindigkeit* und *logisches Denken*, die er als voneinander unabhängig bezeichnete, da sie nicht miteinander korrelieren. Dies verbietet nach *Thurstone* auch die Berechnung eines Kennwertes (entsprechend dem *g-Faktor*) für die Intelligenz.

Die kontroverse Diskussion der Theoriebildung bezieht sich also vorrangig auf die Frage, ob Intelligenzmodelle, die einen allgemeinen Intelligenzfaktor *g* und verschiedene spezifische Faktoren *s* annehmen, die Struktur der Intelligenz besser abbilden als mehrdimensionale Modelle, die viele unabhängige Intelligenzfaktoren benennen (vgl. STAPF 2003, S. 20f.). Besonders in den 80er Jahren des 20. Jahrhunderts nimmt diese Diskussion durch *Gardners* Modell der multiplen Intelligenzen (vgl. S. 54f.) wieder zu. Bis heute kann die diesbezügliche Diskussionslage als ungeklärt beschrieben werden, es zeichnet sich jedoch immer häufiger die Anerkennung unabhängiger Intelligenzbereiche ab (vgl. BAUERSFELD 2001).

### *2.1.4 Zum Begriff der Kreativität*

> *„Der Terminus ‚Kreativität' ist keineswegs neu, vor allem wenn man die Herkunft des Wortes betrachtet, die sich vom lateinischen ‚creare' gleich ‚schaffen, erschaffen' herleitet. Teilweise synonym verwandte Begriffe wie ‚Schöpfertum' oder ‚schöpferisches' Denken und Handeln, Fantasie, Originalität, Spontaneität usw. waren in der deutschen Sprache, auch in der pädagogischen und psychologischen Sprache, schon lange beheimatet. Der neuere Begriff ‚Kreativität' ist eine Übertragung des englischen ‚creativity', den J. P. Guilford (1950) eingeführt hat. Er kennzeichnet damit den übergreifenden Bereich einer Reihe damals neuerer Denkströmungen und Forschungsarbeiten aus verschiedenen Bereichen."*
>
> (URBAN 2004a, S. 70)

Nähert man sich dem Kreativitätsbegriff aus dem aktuellen Kontext, so wird deutlich, dass dem kreativen Denken Eigenschaften wie Einzigartigkeit, Originalität und Flexibilität zugeschrieben werden (vgl. ZIMBARDO/GERRIG 1999, CROPLEY u. a. 1988, S. 92f.). Um eine Unterscheidung zwischen kreativem und unsinnigem Denken oder Handeln vornehmen zu können, wird häufig die Komponente der Angemessenheit hinzugefügt. So werden Handlungen, die zwar einzigartig, aber vollkommen irrelevant sind, nicht als kreativ angesehen. Auf dieser Basis ergibt sich nach *Zimbardo/ Gerrig* folgende Definition der Kreativität: „... sie sei die Fähigkeit zum ungewöhnlichen (originellen), aber auch angemessenen Handeln" (ZIMBARDO/GERRIG 1999, S. 574). Auch *Cropley* greift dies in seiner Zuweisung bestimmter Eigenschaften zur Kreativität auf. Er benennt folgende **drei Elemente der Kreativität** (CROPLEY 1982, S. 33f.):

1. *Originalität*
   Demnach muss kreatives Verhalten selten und unerwartet sein.
2. *Effektivität*
   Kreativität muss in einem bestimmten Zeitrahmen zu brauchbaren Resultaten führen.
3. *Relevanz*
   Kreatives Verhalten muss für die Person oder ihr Umfeld nützlich sein.

Auch beschreibt *Cropley* das Finden alternativer Lösungswege und Antworten als einen weiteren wichtigen Aspekt von Kreativität (ebd., S. 15).

Versteht man kreatives Handeln als kreatives Problemlösen, so ergibt sich eine Unterscheidung zwischen dem kreativen Prozess und dem kreativen Produkt (vgl. URBAN 2004a, S. 206, OERTER 1971, S. 286). Der kreative Prozess umfasst dabei eine besondere Sensibilität für Gegebenheiten, die Fähigkeit, Verbindungen zu knüpfen, interne Repräsentationen zu erstellen und neue Denk- und Bearbeitungswege zu beschreiten. Das kreative Produkt ist dann das Ergebnis dieses Prozesses.

*Weth* verfeinert diese Untergliederung, indem er zusätzlich auch Kreativität als Eigenschaft eines Individuums postuliert (WETH 1999, S. 8). In diesem Kontext stellt er heraus, dass „bei den Hochintelligenten (fast) überhaupt kein Zusammenhang zwischen Intelligenz und Kreativität nachgewiesen werden konnte (der Korrelationskoeffizient ist fast gleich null)" (ebd. S. 10). Er greift hiermit die Diskussion um den Bezug zwischen konvergentem und divergentem Denken auf. Das der Kreativität zugeschriebene divergente Denken steht dabei generell im Gegensatz zum konvergenten Denken, welchem häufig Elemente wie Synthetisieren, Zielerreichung und Objektivität beigemessen werden. Die Unterscheidung zwischen divergentem und konvergentem Denken ist auf *Guilford* (1976) zurückzuführen. Er klassifiziert in seinem Intelligenzmodell verschiedene Intelligenzfaktoren nach Inhalt, Produkt und Operation. Im Rahmen der Operationen nimmt er dann sowohl das konvergente als auch das divergente Denken auf. Somit ist Kreativität hier ein mögliches Element der Intelligenz. In anderen Ansätzen wird demgegenüber zuweilen Intelligenz als ein Teil der Kreativität eingestuft oder beide Begriffe werden als voneinander unabhängig formuliert (vgl. STERNBERG/WILLIAMS 2006). Durchgängig erhalten bleibt jedoch in der Regel die Unterscheidung zwischen divergentem und konvergentem Denken, wenn auch die Stufung und Gewichtung beider Begriffe häufig sehr unterschiedlich vorgenommen wird.

Vor einer Reduktion der Kreativität ausschließlich auf divergentes Denken warnt *Urban* jedoch eindringlich (vgl. URBAN 2004a, S. 29f.). Dementsprechend stellt er ein Komponentenmodell der Kreativität auf, in dessen Rahmen das divergente Denken und Handeln lediglich einen von sechs Bereichen darstellt. Es kommen noch die allgemeine Wissens- und Denkfähigkeit, die spezifische Wissensbasis und die spezifischen Fertigkeiten, die Fokussierung und Anstrengungsbereitschaft, die Motive und Motivation und die Offenheit und Ambiguitätstoleranz[6] hinzu. Auch er betont den besonderen Stellenwert des divergenten Denkens innerhalb seines Modells.

## 2.2 Begabungs- und Intelligenzmodelle

### *2.2.1 Darstellung verschiedener relevanter Begabungs- und Intelligenzmodelle*

Eine Weiterführung der aufgezeigten verbalen Definitionen bilden die Modelle zur Begabung und Intelligenz. Sie beinhalten in der Regel grafische Darstellungen und dienen der besseren Veranschaulichung der jeweils berücksichtigten Begriffe und deren Beziehungen zueinander.

Auch die Modelle stehen vor dem Problem der uneinheitlichen Definitionslage und vielfältigen Begriffsbildungen. Um in der folgenden Darstellung dieser Verschiedenartigkeit annähernd gerecht werden zu können, werden exemplarisch einzelne Modelle aus den unterschiedlichen Forschungsrichtungen vorgestellt und in den gesamten Forschungsbereich – auf der Basis der bereits erfolgten Darstellung der verschiedenen relevanten Begriffe – eingeordnet. Zunächst werden die mehrfaktoriellen Ansätze und Modelle aufgegriffen. Dazu wird einleitend *Renzullis* „Drei-Ringe-Modell der Hochbegabung" aufgezeigt, da es inzwischen eine große Verbreitung gefunden hat und bis heute die Grundlage zahlreicher Forschungsarbeiten bildet (vgl. EY-EHLERS 2001, S. 41, FEGER/PRADO 1998, S. 36). Ihm folgen das „Triadische Interdependenzmodell der Hochbegabung" von *Mönks* und das „Modell zur Beziehung von Begabung und Leistung" von *Gagné*. Ebenfalls in diesen Kontext gehören das „Münchner Multifaktorielle Begabungsmodell" von *Heller* und *Hany* und die „Implizite pentagonale Theorie der Hochbegabung" von *Sternberg.* Auch *Eysencks* „Konzept der Intelligenz" ordnet sich in diesen Bereich ein. *Gardners* „Rahmentheorie der multiplen Intelligenzen" könnte auch als Definition der Intelligenz bzw. Begabung verstanden werden. Da sie in Bezug auf Umfang und Aussagekraft jedoch die üblichen Definitionen bei Weitem übersteigt, wird sie hier aufgeführt.

Auf einem der wenigen aktuellen eindimensionalen Ansätze basiert das „Marburger Hochbegabtenprojekt" von *Rost.* Auch *Stapf* und *Stapf* nehmen mit ihrem „Bedingungsgefüge für außergewöhnliche Leistungen" eine Position ein, die stark an die eindimensionalen Modelle angelehnt ist. Aus diesem Grund werden diese beiden Modelle den anderen gegenübergestellt. Abschließend erfolgt dann im Rahmen einer interdisziplinären Erweiterung die kurze Darstellung aktueller Ergebnisse aus der

[6] Unter dem Begriff der Ambiguitätstoleranz ist die Duldung von Doppel- oder Mehrdeutigkeit zu verstehen.

Hirnforschung. Nach der Thematisierung der neurowissenschaftlichen Ansätze im Rahmen der Behandlung der kognitiven Entwicklung (vgl. S. 21) erscheint dies notwendig, um diesen Ansatz auch aus begabungsorientierter Perspektive zu beleuchten.

Die einzelnen Konzepte werden zunächst beschrieben und dann jeweils kritisch reflektiert. Im Anschluss daran wird eine Gesamtreflexion und eigene Positionierung vorgenommen.

### Das Drei-Ringe-Modell der Hochbegabung von *Renzulli*

*Renzulli* definiert Hochbegabung wie folgt:

> *"Research on creative/productive people has consistently shown that ... persons who have achieved recognition because of their unique accomplishments and creative contributions possess a relatively well-defined set of three interlocking clusters of traits. These clusters consist of above-average though not necessarily superior general ability, task commitment and creativity. It is important to point out that each cluster is an ‚equal partner' in contributing to giftedness."* (RENZULLI 1978, S. 182)

Basierend auf dieser Definition, sieht das Modell drei intrapersonale, konstitutive Bestandteile vor, die gleichberechtigt nebeneinander stehen. Sind alle drei Bereiche überdurchschnittlich ausgeprägt, so liegt nach *Renzulli* eine Hochbegabung vor. Es ergibt sich folgende Darstellung:

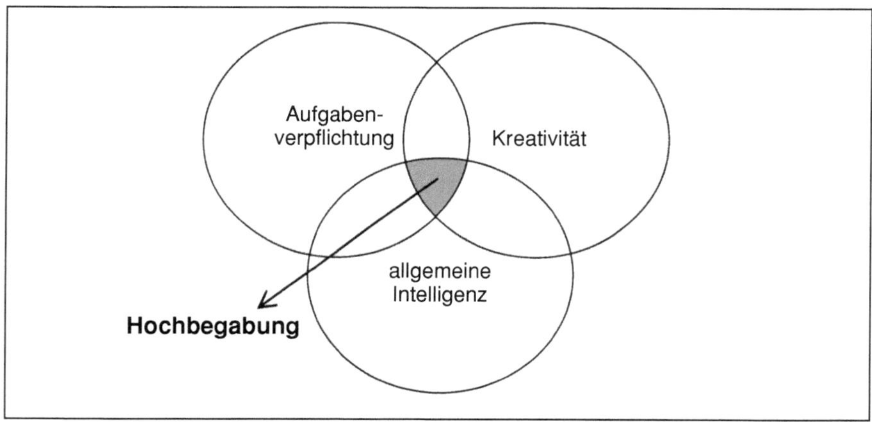


**Abb. 2:** Drei-Ringe-Modell von *Renzulli* (1986)

Die drei Komponenten lassen sich wie folgt beschreiben:

**1. Above average ability** – Überdurchschnittliche intellektuelle Fähigkeiten

Unter der Komponente der überdurchschnittlichen intellektuellen Fähigkeiten vereint *Renzulli* die allgemeine Intelligenz und die spezielle Intelligenz, welche sich auf besondere Leistungen in Spezialgebieten bezieht.

**2. Task commitment** – Aufgabenverpflichtung

Diese Komponente beschreibt die Leistungsmotivation einer Person, also ihre Fähigkeit, sich intensiv und über längere Zeit mit einer Aufgabe zu befassen.

**3. Creativity** – Kreativität

Im Rahmen dieser Komponente geht es um Flexibilität und Originalität im Denken. Hierzu zählen auch Eigenschaften wie Neugier, Risikobereitschaft und Sensibilität.

Durch den Entwurf dieses Modells leitet *Renzulli* einen neuen, erweiterten Blick auf die Hochbegabung ein. „Das von Renzulli entworfene Drei-Ringe-Modell stellt eine erste Weiterentwicklung der Definition von Hochbegabung allein durch Intelligenz und die Ergebnisse von Intelligenztests um die Aspekte Aufgabenverpflichtung und Kreativität dar“ (EY-EHLERS 2001, S. 44). Es kann somit als erstes mehrdimensionales Begabungsmodell bezeichnet werden.

Die von *Renzulli* hinzugefügten Begriffe *Aufgabenverpflichtung* und *Kreativität* sind im Gegensatz zu den intellektuellen Fähigkeiten – gemessen anhand von Intelligenztests – jedoch sehr ungenau definiert und nicht präzise messbar. Dies ist einer der wesentlichen Kritikpunkte an dem Modell, denn eine solide Diagnose von Hochbegabung ist hier kaum durchzuführen. Diese Ansicht unterstützt auch *Käpnick:* „Ein spezielles und derzeit noch unbefriedigend gelöstes Problem ist jedoch die Diagnostik. Aufgrund des erkannten komplexen Charakters von Intelligenz und Begabung wäre eine umfangreiche Diagnose der allgemeinen Intelligenz, der Kreativität und relevanter begabungsstützender Persönlichkeitsmerkmale notwendig“ (KÄPNICK 1998, S. 74).

Des Weiteren sind speziell inhaltliche Kritikpunkte anzuführen. So fällt bei der Analyse des Modells auf, dass *Renzulli* den Faktor *Umwelt* nicht gesondert berücksichtigt. Es wird auch nicht deutlich, inwieweit er die Umwelt bereits in die drei Komponenten integriert. Außerdem schließt die Annahme, Hochbegabung trete nur dann auf, wenn alle drei Komponenten möglichst positiv miteinander korrelieren, hochbegabte Underachiever aus. Sie erfüllen die Komponente der *Aufgabenverpflichtung* nicht ausreichend, wonach *Renzulli* den Schluss zieht, dass keine Hochbegabung vorliegt. *Rost* kritisiert die Komponente der *Aufgabenverpflichtung* scharf, indem er formuliert: „Renzullis ‚Modell‘ stellt jedoch kein (auf das Potenzial rekurrierendes) ‚Begabungsmodell‘, sondern, wenn überhaupt, ein ‚Leistungsmodell‘ dar, bedingt durch die Berücksichtigung der leistungsorientierten Arbeitshaltung“ (ROST 2002, S. 20).

Insgesamt lässt sich festhalten, dass *Renzulli* einen wichtigen Schritt im Rahmen der Beschäftigung mit Hochbegabung gegangen ist, indem er die Vielschichtigkeit erkannt und in sein Konzept aufgenommen hat. Es ist ihm dabei jedoch nicht vollständig gelungen, Begabung und Leistung zu trennen. Auch wird nicht ausreichend deutlich, welche Bedeutung dem Faktor *Umwelt* zukommt.

### Das Triadische Interdependenzmodell der Hochbegabung von *Mönks*

*Mönks* orientiert sich in seiner Definition von Hochbegabung an *Sterns* Intelligenzbegriff (vgl. S. 38) und schließt sich ihm dahingehend an, dass intellektuelle Begabung für sich allein nicht leistungsbestimmend ist (vgl. MÖNKS 1992, S. 17). Aus diesem Grund treten für *Mönks* – angelehnt an *Renzulli* – neben den Begriff der Intelligenz ebenfalls noch die beiden Elemente *Aufgabenzuwendung*[7] und *Kreativität* als bestimmende Faktoren für Hochbegabung.

Grundlegend stellt Mönks Hochbegabung als einen beschreibenden Begriff dar und geht von der Existenz verschiedener Spezialbegabungen aus, die sich auf künstlerischem, motorischem, sozialem oder intellektuellem Gebiet zeigen können, oft jedoch auch gemeinsam auftreten (vgl. ebd., S. 19).

*Mönks* entwickelte folgendes Modell:

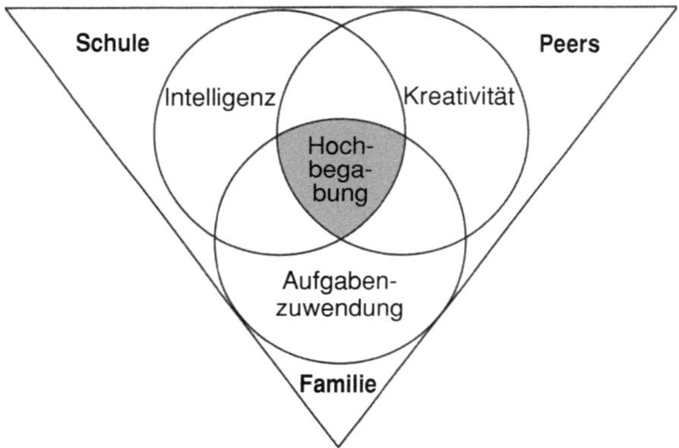


**Abb. 3:** Das Triadische Interdependenzmodell von *Mönks*

Da sich nach *Mönks* Begabungen nicht ohne entsprechende Begleitung und Förderung entfalten können, stellt er neben die drei genannten intrapersonalen Faktoren (innere Faktoren) der Hochbegabung noch die drei umweltbedingten Faktoren *Familie, Peers* und *Schule* (äußere Faktoren). Zur Interaktion zwischen den inneren und den äußeren Faktoren kommentiert er: „Eine erzieherische Umwelt, die das eine Kind fördert, hat möglicherweise auf ein anderes Kind keinen Effekt. Das richtige Zusammentreffen von individuellen Anlagen und Bedürfnissen mit verständnisvoller und förderlicher Umwelt ist für die Entwicklung von entscheidender Bedeutung … Optimale individuelle Entwicklung setzt voraus, daß das Kind in seiner Einmaligkeit begriffen und dementsprechend erzogen wird“ (ebd., S. 18). Gerade für das hochbegabte Kind sieht *Mönks* diesen Ansatz als besonders wichtig an, da es sich in vielen Bereichen von anderen Kindern unterscheidet und entsprechend individuell gefördert werden muss.

[7] In der ersten Zeit seiner Tätigkeit (bis ungefähr 1990) verwendete er hierfür den Begriff *Motivation*.

Die einzelnen Faktoren erläutert *Mönks* wie folgt:

*1. Die inneren Faktoren:*

- überdurchschnittliche intellektuelle Fähigkeiten

  Von überdurchschnittlichen intellektuellen Fähigkeiten kann man dann ausgehen, wenn der Intelligenzquotient bei 130 oder darüber liegt. Allgemein kann man aber die obersten 5 bis 10% einer Gruppe den möglicherweise Hochbegabten zurechnen.

- Aufgabenzuwendung (Motivation)

  In diesen Bereich ordnet *Mönks* die Fähigkeit ein, sich über einen längeren Zeitraum mit einer Aufgabe auf kognitiver und emotionaler Ebene zu befassen. Einsatz, Willensstärke und erfinderisches Vorgehen sieht er hierbei als bedingende Elemente.

- Kreativität

  Obwohl die Kreativität bereits in Form des Erfindungsreichtums quasi in die Aufgabenzuwendung einfließt, wird sie hier eigens hervorgehoben, um ein originelles, produktives und individuell-selbstständiges Vorgehen im Lösungsverhalten zu beschreiben.

*2. Die äußeren Faktoren*

- Familie

  Die Familie hat für die sozial-emotionale Entwicklung des Kindes eine große Bedeutung. Der soziale Status und die emotionale Bindung an die Familie sind in diesem Zusammenhang besonders zu berücksichtigen.

- Schule

  Im Rahmen der schulischen Situation hochbegabter Kinder ist es von Bedeutung, welche Akzeptanz diese Kinder seitens der Lehrer und Mitschüler erfahren und wie sie gefördert werden.

- Peers

  Mit dem Beginn der Schulzeit haben Peers – also Gleichaltrige und Freunde – einen immer größer werdenden Einfluss. Insbesondere die Akzeptanz durch Peers kann eine Determinante für das Selbstwertgefühl sein. Bei hochbegabten Kindern ist häufig die Tendenz zu beobachten, entwicklungsgleiche, meist ältere Kinder, als Freunde zu suchen, die ähnliche Interessen und Neigungen haben.

Das Kernstück dieses Modells bildet – wie bei *Renzulli* – die Hochbegabung. Mönks formuliert: „Besondere Begabungen erkennt man erst, wenn sie sich in besonderen Leistungen oder auffallenden Verhaltensweisen zeigen“ (ebd., S. 19).

In seinem Triadischen Interdependenzmodell versucht *Mönks*, durch das Hinzufügen der drei äußeren Faktoren, der Kritik an *Renzullis* Modell Rechnung zu tragen. So entsteht ein dynamisches Modell, welches die Wechselwirkung zwischen den individuellen Begabungsanlagen und dem sozialen Umfeld berücksichtigt (vgl. EY-EHLERS 2001, S. 48). Auch die Form der Interaktion zwischen den äußeren und den inneren Faktoren beschreibt *Mönks* und berücksichtigt dabei, dass ein und dieselbe Umwelt unterschiedlich auf Kinder wirken kann (vgl. S. 33).

Ein generelles Problem dieses Ansatzes liegt in der unklaren Verwendung der Begriffe *Begabung* und *Leistung*. Schon eingangs wird deutlich, dass *Mönks* mit den drei inneren Faktoren leistungsbestimmende Elemente beschreibt, demnach könnte auch in der Mitte seines Modells der Begriff *Hochleistung* zu finden sein. Außerdem klärt dieses Modell nicht die Problematik der Underachiever, sie werden – wie auch bei *Renzulli* – nicht berücksichtigt.

Im Hinblick auf die Anwendbarkeit dieses Ansatzes ist es *Mönks* gelungen, einige der wichtigsten Umweltfaktoren zu berücksichtigen und diese angemessen einzuordnen.

### Das differenzierte Begabungs- und Talentmodell von *Gagné*

*Gagné* nimmt die Kritiken an den Modellen von *Renzulli* und *Mönks* auf und konstruiert daraufhin das *differenzierte Begabungs- und Talentmodell*. Besonders die Komponente der *Motivation* und die damit einhergehende Problematik der Underachiever findet hierbei Beachtung. Aus diesem Grund ist für ihn ein hohes intellektuelles Potenzial noch nicht gleichgesetzt mit dem Hervorbringen besonderer intellektueller Leistungen. Er nimmt deswegen eine Unterscheidung zwischen Begabung (giftedness) und Leistung (talent) vor. „*Giftedness* corresponds to competence that is distinctly above average in one or more domains of human aptitude. *Talent* corresponds to performance that is distinctly above average in one or more fields of human activity“ (GAGNÉ 1993, S. 72).

Unter diesen Voraussetzungen entwickelte *Gagné* (2000) folgendes Modell (s. Abb. 4).

Das Modell umfasst **drei Einheiten**:

*1. Die Fähigkeitsbereiche der Hochbegabung*

*Gagné* bestimmt im Rahmen der Fähigkeitsbereiche zunächst allgemeine (intellektuelle, kreative, sozioaffektive, sensumotorische und andere) Fähigkeiten, denen er dann jeweils bestimmte spezifische Fähigkeiten zuordnet. Als hochbegabt definiert er diejenigen Personen, die in einem oder mehreren Bereichen überdurchschnittliche Fähigkeiten besitzen.

*2. Den Talent- oder Leistungsbereich*

Talente äußern sich in *Gagnés* Modell durch überdurchschnittliche Leistungen in einem oder mehreren Gebieten (wie zum Beispiel: Kunst, Sport, Ökonomie oder Handwerk).

*3. Die Katalysatoren*

Damit sich die Begabungen in Form von außergewöhnlichen Leistungen zeigen können, sind nach *Gagné* intrapersonale Katalysatoren (Motivation und Persönlichkeit) und umweltbedingte Katalysatoren (Personen, Regionen, Interventionen, Ereignisse,

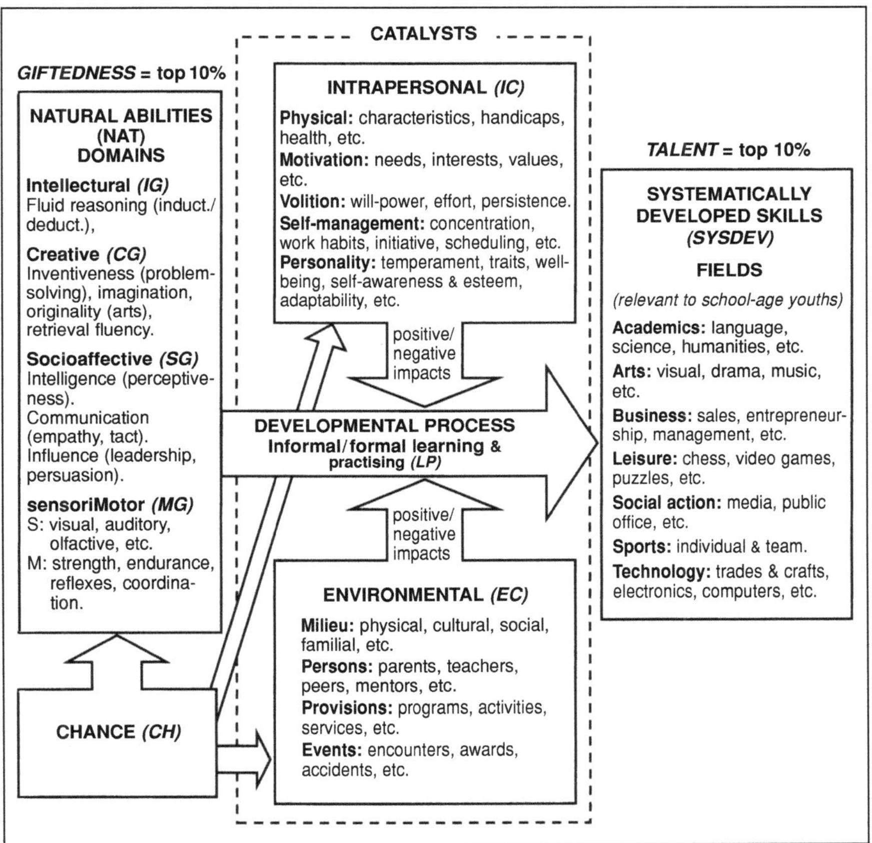


**Abb. 4:** Differenziertes Begabungs- und Talentmodell von *Gagné* (2000)

Zufälle) notwendig. Er bringt damit zum Ausdruck, dass sich nicht automatisch jede Begabung in hohen Leistungen auf diesem Gebiet niederschlagen muss, sondern weitere Faktoren von Bedeutung sind. Gagné beschreibt dies folgendermaßen: „The model specifies that the emergence of a particular talent results from the application of one or more aptitudes to the mastery of knowledge and skills in that particular field, mediated by the support of intrapersonal (e.g., motivation, self-confidence) and environmental (e.g. family, school, community) *catalysts*, as well as through systematic learning and extensive practice“ (GAGNÉ 1993, S. 72).

*Gagné* ist es in seinem Begabungsmodell gelungen, auch Underachiever zu berücksichtigen. Diese Kinder verfügen zwar über eine besondere Begabung, können diese aber nicht in Talente umsetzen. Auf diese Weise macht er eine Unterscheidung zwischen vorhandenem Potenzial und gezeigten Kompetenzen.

Insgesamt werden die Komponenten intellektuelle Fähigkeiten, Motivation und Kreativität von *Renzulli* und *Mönks* zwar in *Gagnés* Modell aufgegriffen, sie werden in ihrer Bedeutung jedoch zurückgestuft und integrieren sich in ein Bedingungsgefüge (vgl. EY-EHLERS 2001, S. 51). Gerade für die bei *Renzulli* und *Mönks* umstrittene Komponente der Kreativität wird dies besonders deutlich. Während sie dort noch eine der drei grundlegenden Bedingungen für Hochbegabung ist, so ist sie bei *Gagné* lediglich eine von fünf Fähigkeiten, wobei er immer wieder betont, dass nicht alle Fähigkeiten erfüllt sein müssen. Demnach können auch hier Personen mit durchschnittlicher Kreativität als hochbegabt gelten. „I point out that creativity is not a key ingredient of talented performance in many fields (...). This position becomes a major point of divergence between Gagné´s model and Renzullis definition in which creativity is described as an essential component of giftedness“ (GAGNÉ 1993, S. 73).

Für die Anwendung in der Schulpädagogik ist dieses Modell von Bedeutung, da es zunächst von Begabungen als Anlagen ausgeht, die immer bestimmten Katalysatoren ausgesetzt sind. Somit wird die Verpflichtung der Schule deutlich, diese Anlagen zu erkennen und entsprechend zu fördern. Es bleibt jedoch die Frage nach der Diagnose offen, da diese hier lediglich für den Bereich der intellektuellen Fähigkeiten anhand von Tests durchgeführt werden kann.

### Das Münchner Multifaktorielle Begabungsmodell von *Heller* und *Hany*

Dieses Modell basiert auf einer Langzeitstudie zur Erhebung von „Formen der Hochbegabung bei Kindern und Jugendlichen“. Dem Modell wird folgende Begabungsdefinition zugrunde gelegt: „In einem relativ weiten Begriffsverständnis läßt sich Begabung als das Insgesamt personaler (kognitiver, motivationaler) Lern- und Leistungsvoraussetzungen (vgl. ROTH 1968) definieren, wobei die Begabungs*entwicklung* als Interaktion (person-)interner Anlagefaktoren und externer Sozialisationsfaktoren zu verstehen ist“ (HELLER 2001, S. 23).

Um Begabung und Intelligenz begrifflich voneinander zu unterscheiden, wird des Weiteren der Begabungsbegriff im Sinne der psychologischen Forschung an den Eignungsbegriff angelehnt. Dies geht einher mit der Annahme, dass es unterschiedliche Begabungsformen gibt, die jeweils bestimmten Verhaltens- oder Leistungsbereichen zugeordnet werden können. „An der Leistungsmanifestation sind neben kognitiven Fähigkeiten (sog. Prädikatoren) jeweils nichtkognitive Persönlichkeitsmerkmale (Interessen, Motive, Lern- und Arbeitsstile usw., die man im Diagnose-Prognose-Modell als Moderatoren bezeichnet) sowie familiäre und schulische Sozialisationsfaktoren (im Sinne sozialer Moderatoren oder Bedingungsfaktoren) beteiligt“ (ebd., S. 25). Die Intelligenz stellt einen der Begabungsfaktoren (Prädikatoren) dar, wobei nicht genauer definiert wird, ob sie sich bedingend oder gleichberechtigt in die anderen Faktoren einordnet.

Auf dieser Basis wird Hochbegabung beschrieben als die „... individuelle kognitive, motivationale und soziale Möglichkeit, Höchstleistungen in einem oder mehreren Bereich/en zu erbringen, z. B. auf sprachlichem, mathematischem, naturwissenschaftlichem vs. technischem oder künstlerischem Gebiet, und zwar bezüglich theoretischer und/oder praktischer Aufgabenstellungen“ (HELLER 1990, S. 87).

Es ergibt sich folgendes Modell:

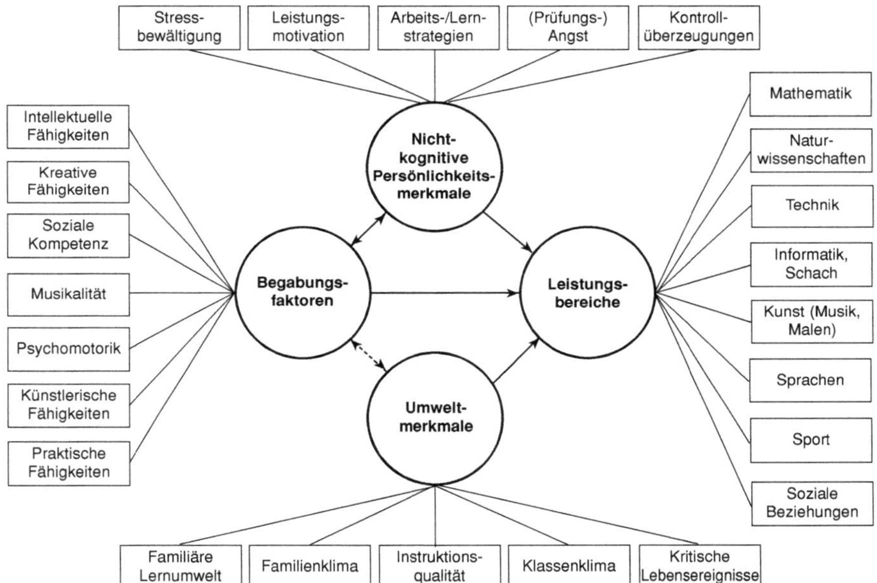


**Abb. 5:** Das Münchner Hochbegabungsmodell nach *Heller* (2001)

Zu den einzelnen Begriffen:

*Begabungsfaktoren (Prädikatoren)*

Als Begabungsfaktoren nennen *Heller* und *Hany* unter anderem Intelligenz (sprachliche, mathematische, technisch-konstruktive Fähigkeiten usw.), Kreativität, soziale Kompetenz, Musikalität, musisch-künstlerische Fähigkeiten, Psychomotorik und praktische Intelligenz.

*(Nichtkognitive) Persönlichkeitsmerkmale (Moderatoren)*

Hierzu zählen nach *Heller* und *Hany* Leistungsmotivation, Lern- und Aufgabenmotivation, Hoffnung auf Erfolg vs. Misserfolgsängstlichkeit, Anstrengungsbereitschaft, Kontrollüberzeugung, Kausalattributation, Erkenntnisstreben, Interessen, Stressbewältigungskompetenz, Selbstkonzept (allgemeines oder schulisches Begabungsselbstkonzept).

*Umweltmerkmale (Moderatoren)*

In diesen Bereich fallen zum Beispiel der Anregungsgehalt der häuslichen Lernumwelt, das Bildungsniveau der Eltern, der Erziehungsstil, die häuslichen Leistungsanforderungen, die soziale Reaktion auf Erfolgs- und Misserfolgserlebnisse, die Geschwisterzahl und -position, das Familienklima, die Unterrichtsqualität, die Lerndifferenzierung, das Schulklima und auch kritische Lebensereignisse.

*Leistungsbereiche (Kriteriumvariablen)*

Als Leistungsbereiche beschreiben *Heller* und *Hany* zum Beispiel Mathematik, Naturwissenschaften, Technik, Handwerk, Sprachen, Musik und sportliche Tätigkeiten.

*Heller* und *Hany* nehmen die Existenz weiterer Faktoren an, bestimmen diese jedoch nicht näher (vgl. HELLER 2001, S. 24).

Gemäß der Definition werden hier die drei Bereiche (nichtkognitive) Persönlichkeitsmerkmale, Begabungsfaktoren und Umweltmerkmale benannt. Die Pfeile deuten ein Bedingungsgefüge an, welches besagt, dass unter positivem Zusammenspiel aller Faktoren eine hohe Leistung erbracht werden kann. Somit lässt sich das Leistungskriterium als Zusammenspiel der Prädikatoren und Moderatoren beschreiben, wodurch sich folgendes Bedingungsmodell ergibt:

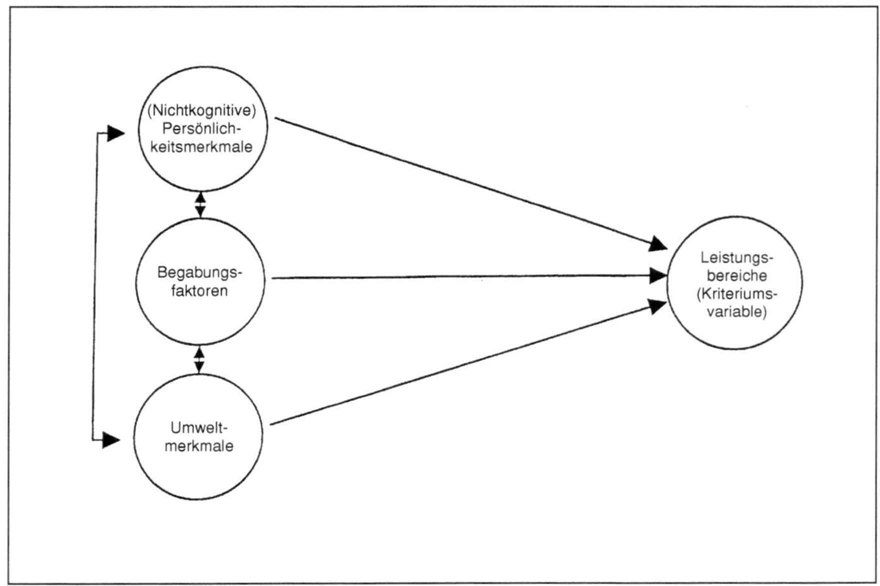


**Abb. 6:** Multifaktorielles Bedingungsmodell von Leistungsexzellenz Hochbegabter nach *Heller* und *Hany* (1996)

Als beispielgebend für dieses multifaktorielle Modell nennen *Heller* und *Hany* das Multiple Intelligenzmodell von *Gardner* und *Gagnés* Modell zur Beziehung von Begabung und Leistung, da diese Modelle ebenfalls von der Existenz verschiedener Intelligenzen ausgehen und speziell *Gagné* Begabung und Leistung auch inhaltlich voneinander trennt (vgl. HELLER 2001, S. 363).

Im Bereich der Begriffsbildung wird nicht nur die Hochbegabung selbst definiert, vielmehr findet sich eine Definition des Begabungsbegriffs und auch für den Intelligenzbegriff wird zumindest eine Einordnung vorgenommen, wenn auch seine Bedeutung im Modell selbst nur teilweise deutlich wird.

Die im Mittelpunkt stehende Definition zur Hochbegabung ist vergleichbar mit der Definition des Marland Reports, da auch hier von verschiedenen Fähigkeiten ausgegangen wird, die als Begabungsmerkmale auftreten können. Befasst man sich näher mit der Identifikation von Hochbegabten im Rahmen der Münchner Studie, so kann man feststellen, dass einerseits Intelligenztests eingesetzt werden und andererseits auch zusätzlich Diagnoseverfahren mit geringerer Objektivität (z.B. Lehrercheck-listen) zum Tragen kommen. Nach der Auswertung der Checklisten und Tests werden dann die besten 2 bis 5% aller getesteten Kinder und Jugendlichen als hochbegabt betrachtet. Aufgrund dieses Vorgehens liegt hier eine Prozentsatzdefinition, basierend auf einer Intelligenzquotient-Definition und ergänzt durch informelle Elemente, vor.

Ebenso wie *Mönks* und *Gagné* beziehen *Heller* und *Hany* Umweltfaktoren in ihr Modell ein. Sie gehen von einer Wechselwirkung zwischen dem Individuum und seinem sozialen Umfeld aus, erläutern die Form der Interaktion jedoch nicht genauer.

Auf die gleiche Weise werden im Modell selbst viele Begriffe verwendet, die nicht weiter beschrieben und verifiziert werden. So bleiben Konstrukte wie „kreative Fähigkeiten", „Familienklima" oder „Kontrollüberzeugung" ohne Definitionen. Diese Vorgehensweise bläht das Modell auf und lässt es unübersichtlich erscheinen (vgl. ROST 2002, S. 21). In diesem Zusammenhang ist das verkürzte multifaktorielle Bedingungsmodell übersichtlicher und damit auch prägnanter. Es bezieht sich allerdings lediglich auf den Leistungsbereich.

### Das Modell der Intelligenztriade nach *Robert Sternberg*

Unter Intelligenz versteht der amerikanische Psychologe *Robert Sternberg* die Fähigkeit, aus Erfahrung zu lernen und sich an die Umgebung anzupassen.

Er benennt **drei Subtheorien der Intelligenz**:

*1. Die Komponentensubtheorie*

Diese Subtheorie beschreibt das Verhältnis der Intelligenz zur internen Welt, also zu den Ressourcen und Kapazitäten des Individuums. Es geht dabei hauptsächlich um die Informationsverarbeitungsprozesse, wobei *Sternberg* drei wesentliche Komponenten unterscheidet:

a) Metakomponenten

Hierbei handelt es sich um ausführende Prozesse, die bei der Planung, Überwachung und Bewertung von Problemlösesituationen erforderlich sind.

b) Performanz-Komponenten
Diese Komponenten beschreiben untergeordnete Prozesse, die die Anweisungen der Metakomponenten ausführen.

c) Wissenserwerbskomponenten
In diesen Bereich fallen alle Prozesse, die den Wissenserwerb und das Lernen steuern. Jede Komponente setzt sich aus verschiedenen Prozessen zusammen, wobei nach *Sternberg* jede Person in unterschiedlichem Ausmaß über diese Prozesse und Komponenten verfügt.

*2. Die Zwei-Facetten-Subtheorie*

Diese Subtheorie bezieht sich darauf, wie die Erfahrung mit den drei genannten Komponenten zusammenwirkt. Es geht somit generell um das Verhältnis von Intelligenz und Erfahrung. Nach *Sternberg* soll einerseits Intelligenz die Fähigkeit darstellen, mit neuen Anforderungen angemessen umzugehen, andererseits geht es aber auch um die Fähigkeit, die Verarbeitung von Informationen zu automatisieren. Somit zeigt sich die Intelligenz einer Person nicht nur in ihrer Fähigkeit, sich schnell an neue Situationen anzupassen, sondern auch darin, Kapazitäten für die Automatisierung freizusetzen, was wiederum eine höhere Arbeitseffizienz bewirkt.

Um die Kapazitäten einer Person in diesem Bereich zu messen, muss man nach *Sternberg* (1993) ihre Fähigkeit zur Automatisierung und zum Lösen neuartiger Probleme erfassen.

*3. Die Kontextsubtheorie*

Diese Subtheorie befasst sich mit der Beziehung einer Person zu ihrer Umwelt, denn nach *Sternberg* muss Intelligenz immer im jeweiligen kulturellen Kontext betrachtet werden. Es geht dabei um die Bewältigung von Alltagsproblemen und somit um eine Form der sozialen Intelligenz. Die Kontextsubtheorie versucht zu klären, wie eine Person ihre Umwelt beeinflusst, wie sie sich an unterschiedliche Umgebungen anpasst und wie sie sich neue Umwelten schafft.

Schon in *Sternbergs* Definition der Intelligenz werden die drei von ihm postulierten Aspekte der Intelligenz deutlich: das Individuum, seine Art des Lernens und das jeweilige kulturelle Umfeld.

Die ersten beiden Subtheorien seines Modells beziehen sich ausschließlich auf intrapersonale Prozesse. Es geht hierbei einerseits um die Fähigkeit der Informationsaufnahme, -verarbeitung und -abrufung und andererseits um die Fähigkeit des flexiblen Umgangs mit Neuem und die Automatisierung von Gelerntem. Dementsprechend verfügen Begabte stärker über die Fähigkeiten, Probleme zu erkennen, angemessene Lösungsschritte zu finden und geeignete Repräsentationen auszuwählen. Sie können effektiver Performanz-Komponenten einbeziehen und eine breiter angelegte Bewertung der Ergebnisse vornehmen.

Die Bedeutung der Umwelt wird besonders deutlich, wenn man bedenkt, dass sie nach *Sternberg* eine der drei Subtheorien darstellt. Diese Kontextsubtheorie bezieht das nähere und weitere Umfeld einer Person und ihren Umgang damit in die Intelligenzkonzeption ein. Es geht also hierbei nicht nur um das Bestehen in der jeweiligen Kultur, sondern auch um intelligentes Handeln in der direkten sozialen Gruppierung, wie zum Beispiel in der Peer-Group, in der Familie, in Schule und Beruf. Diese Komponente zeigt an, dass im Rahmen der Intelligenz neben allen individuellen Faktoren auch immer soziale Bedingungen eine wichtige Rolle spielen.

### *Eysencks* Konzept der Intelligenz

*Eysenck* unterscheidet in seiner Konzeption drei aufeinander aufbauende Arten der Intelligenz: die biologische, die psychometrische und die soziale Intelligenz.

Er beschreibt diese Intelligenzen wie folgt:

*1. Die biologische Intelligenz*

Die biologische Intelligenz erfüllt eine grundlegende Funktion, da für intelligentes Verhalten physiologische, biochemische, neuronale und hormonelle Prozesse erforderlich sind. All diese Prozesse fasst *Eysenck* unter der biologischen Intelligenz zusammen. Möglichkeiten zur Messung dieser Funktionen sieht *Eysenck* zum Beispiel in der Messung elektrischer Hirnströme anhand der Elektroenzephalographie (EEG), in der Messung der Hautleitfähigkeit anhand der Parental Genotype Reconstruction (PGA), in der Messung der Muskelaktivität anhand des Elektromyogramms (EMG) und in der Bestimmung der Reaktionszeiten einer Person (RZ).

*2. Die psychometrische Intelligenz*

Die psychometrische Intelligenz wird vorwiegend durch die biologische Intelligenz bestimmt, zusätzlich spielen hier jedoch die Faktoren *Kultur*, *Familie*, *Bildung* und der *sozioökonomische Status* eine wichtige Rolle. Erfasst wird diese Form der Intelligenz anhand von Intelligenztests.

*3. Die soziale Intelligenz*

Die soziale Intelligenz bezieht sich darauf, inwieweit eine Person auf ihre Mitmenschen eingehen kann. Sie wird einerseits durch die psychometrische Intelligenz, andererseits aber auch durch eine große Zahl von weiteren Faktoren, wie zum Beispiel *Persönlichkeit*, *Erfahrung* oder *Motivation*, beeinflusst.

Grundsätzlich geht *Eysenck* davon aus, dass Intelligenzunterschiede hauptsächlich biologische Ursachen haben. Dies macht er an Erkenntnissen aus hirnphysiologischen Befunden fest. Demnach korrelieren hohe Intelligenzquotienten mit entsprechend hoher Geschwindigkeit der Weiterleitung neuronaler Impulse, mit kurzen Reaktionszeiten und mit bestimmten Mustern elektrokortikaler Aktivität (gemessen durch das EEG).

Auf der Basis dieser drei Intelligenzen erstellte *Eysenck* ein Modell, welches ihre Beziehung zueinander verdeutlicht (s. Abb. 7, S. 54).

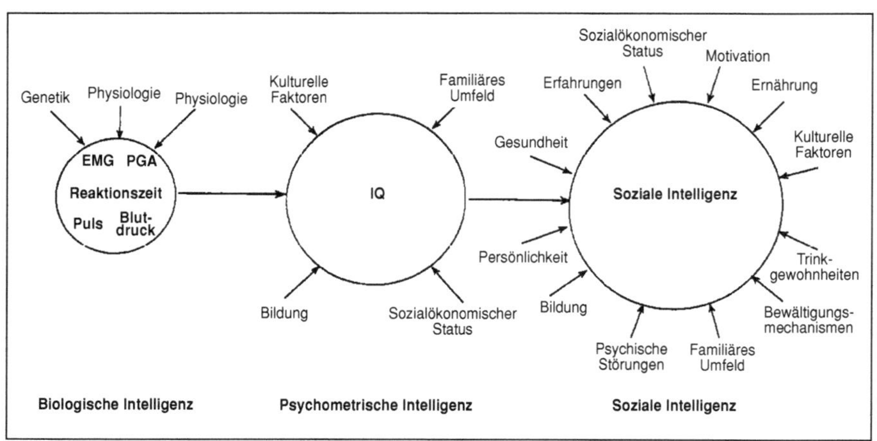


**Abb. 7:** Die Relationen zwischen biologischer, psychometrischer und sozialer Intelligenz nach *Eysenck* (1986)

*Eysenck* führt den Begriff der Hochbegabung auf eine hohe allgemeine Intelligenz zurück. Hierbei misst er der biologischen Komponente eine fundamentale Bedeutung bei. Sie ist gleichzeitig der Bereich, der am verlässlichsten gemessen und nachgewiesen werden kann. *Eysencks* Grundannahme, Intelligenzunterschiede würden sich hauptsächlich durch biologische Ursachen manifestieren, ist aber umstritten. Da er jedoch an diesem Punkt nicht stehen bleibt, sondern Umweltfaktoren und personale Faktoren einbezieht, kann hier nicht von einem rein anlageorientierten, biologistischen Ansatz gesprochen werden. Dies wäre eine falsche Interpretation seiner Theorie. Denn die psychometrische Intelligenz erweitert die biologische Intelligenz um vier Faktoren aus der Umwelt des Individuums. Dies sind die Bereiche *Familie*, *Status*, *Bildung* und *Kultur*. Die psychometrische Intelligenz beschreibt *Eysenck* als messbar anhand von Intelligenztests. Nun folgt die Abspaltung der sozialen Intelligenz. Diese beschreibt *Eysenck* als die Möglichkeiten einer Person, auf ihre Mitmenschen einzugehen.

Insgesamt zeigt *Eysencks* Konzept gut die Bedeutung biologischer Prozesse auf und trennt diese deutlich von der Ausprägung des Intelligenzquotienten, da dieser im Gegensatz zu den biologischen Faktoren zusätzlich durch Umweltfaktoren beeinflusst wird.

## Die Rahmentheorie der multiplen Intelligenzen von *Howard Gardner*

*Gardner* geht von der Existenz mehrerer relativ autonomer Kompetenzen aus, die er menschliche Intelligenzen nennt. Intelligenz beschreibt *Gardner* folgendermaßen: „Die Fähigkeit, Probleme zu lösen oder Produkte zu schaffen, die im Rahmen einer oder mehrerer Kulturen gefragt sind“ (GARDNER 2001a, S. 9). Die Wahl des Begriffes Intelligenz bezeichnet *Gardner* selbst als eher willkürlich und gibt die Möglichkeit an, eventuell auch von Talenten sprechen zu können. Wichtig ist ihm jedoch die Betonung der Gleichwertigkeit der verschiedenen menschlichen Fähigkeiten.

Auf dieser Basis stellte *Gardner* einen sieben Intelligenzen umfassenden Katalog auf, wobei er jedoch ausdrücklich bemerkt, dass hier keine Vollständigkeit angestrebt und zu erwarten ist (vgl. ebd., S. 65). Dieser Katalog beinhaltet die linguistische Intelligenz, die musikalische Intelligenz, die logisch-mathematische Intelligenz (vgl. S. 69f.), die räumliche Intelligenz (vgl. S. 70) und die körperlich-kinästhetische Intelligenz. Des Weiteren beschreibt *Gardner* die personalen Intelligenzen, die er in die beiden Bereiche intrapersonale und interpersonale Intelligenz unterteilt. *Gardner* verknüpft diese beiden Intelligenzen bewusst miteinander, da sie beide in ihrer Entwicklung in allen Kulturen untrennbar vermischt sind (vgl. GARDNER 2001a, S. 221).

In späteren Veröffentlichungen fügt *Gardner* diesen sieben Intelligenzen die kreative Intelligenz hinzu. Mit der kreativen Intelligenz verbindet *Gardner* die drei grundlegende Merkmale *Reflektieren*, *Ausspielen von Stärken* und *sinnvolle Bewältigung von Erfahrungen* (vgl. GARDNER 2002 b). Er formuliert ebenfalls die naturkundliche Intelligenz, unter der er die Fähigkeit versteht, Pflanzen und Tiere der Umgebung zu identifizieren. *Gardner* betont zudem, dass sich sein Katalog der Intelligenzen in ständiger Bewegung und Erweiterung befindet (GARDNER 2002a).

Als Auslöser für das Manifestieren der multiplen Intelligenzen nennt *Gardner* die seiner Meinung nach unzulängliche Praxis der Intelligenzfeststellung durch gängige Tests. Diese Vorgehensweise ist nach *Gardner* zu einseitig angelegt und kann somit wenig über die wirklichen Fähigkeiten einer Person aussagen. Dementsprechend wählt *Gardner* einen alternativen Weg: „Meine Methode ist anders. Ich habe bei meinen Voruntersuchungen Indizien für multiple Intelligenzen einer großen und bis heute nicht miteinander in Verbindung gebrachten Anzahl von Quellen entnommen: Studien über Wunderkinder, Begabte, … und wie ich hoffe, auch teilweise begründet, indem ich Indizien aus diesen verschiedenen Quellen zusammentrug“ (GARDNER 2001a, S. 22). *Gardners* Methode der Betrachtung einzelner herausragender Persönlichkeiten macht deutlich, dass er sich grundsätzlich auf die bereits gezeigte Leistung bezieht, also von Kompetenzen – nicht von Potenzialen – ausgeht. Somit werden Underachiever nicht berücksichtigt.

Befasst man sich nun im Einzelnen mit den von *Gardner* benannten Intelligenzen, so ist festzustellen, dass die linguistische, die logisch-mathematische und die räumliche Intelligenz den Gruppenfaktoren der *primary mental abilities* von *Thurstone* entsprechen (vgl. S. 39). Zu diesen drei Faktoren und den weiteren Intelligenzen stellt sich die Frage, ob man hier wirklich von Intelligenzen sprechen sollte oder ob es nicht sinnvoller wäre, diese als Fähigkeiten oder Persönlichkeitseigenschaften, wie zum Beispiel *Gagné* dies praktiziert, zu benennen.

Durch den Verzicht auf das Erstellen eines Modells umgeht *Gardner* den Anspruch der anderen Theorien, Beziehungsgefüge zwischen den einzelnen Intelligenzen zu beschreiben. Aus diesem Grund kann hier eigentlich nur von einer Definition oder einem Katalog zur Intelligenz bzw. Begabung gesprochen werden.

## Das Konzept zur Hochbegabung von *Detlef Rost*

Unter der Leitung von *Detlef Rost* wurde 1987 das Marburger Hochbegabtenprojekt an der Philipps-Universität ins Leben gerufen. Es handelt sich hierbei um eine Langzeitstudie zur Erforschung von Hochbegabung, die noch immer andauert.

Im Rahmen der Studie wird folgende Definition von Hochbegabung zugrunde gelegt: „Bewußt wurde in unserer Studie ‚Hochbegabung' als sehr hohe, einzigartige Ausprägung der allgemeinen Intelligenz im Sinne des Spearmanschen (1927) Generalfaktors ‚g' (etwa Intelligenzgrade von PR = 98 oder höher umfassend) definiert. Damit schließen wir uns dem klassischen Hochbegabungsverständnis an, wie es beispielsweise von Tearman u. a. (1925) geprägt wurde … und auf breiter Basis im deutsch-sprachigen Raum eingeführt worden ist" (ROST 1993, S. 2f.).

Die Gleichsetzung von Hochbegabung mit allgemeiner Intelligenz begründet *Rost* damit, dass bisher lediglich die allgemeine Intelligenz wissenschaftlich belegt werden konnte. Außerdem führt er die hohe Korrelation des *g-Faktors* mit vielen externen Faktoren, wie Erfolg in Schule und Beruf, Einkommen und sozial bedeutsame Leistungen, als weitere Gründe an. *Rost* nimmt Bezug auf *Sternberg* und stellt dabei heraus, dass selbst künstlerisch und musisch begabte Kinder in der Regel auch deutlich überdurchschnittliche Werte in allgemeinen Intelligenztests erzielen (vgl. ROST 1993, S. 4). Für bestimmte Fähigkeitsbereiche, wie zum Beispiel die Mathematik, geht aber auch er von weiteren Anforderungen – neben *g* – aus. „Eine hervorragende mathematische Leistung setzt eine sehr gute Ausstattung mit ‚g' voraus, erfordert zusätzlich aber auch mathematische Expertise, d. h. ein durch intensive Beschäftigung mit der Mathematik und Grundlagen erworbenes solides mathematisches Wissen" (ROST 2002, S. 19).

Es wird jedoch bewusst auf die Erfassung weiterer Komponenten, wie Kreativität oder soziale Intelligenz, verzichtet, da diese weder empirisch belegt noch in Tests valide nachweisbar sind. „Kreativität ist ein besonders unscharfes, im Verlaufe der (nicht nur kindlichen) Entwicklung instabiles Konstrukt, das bislang weder klar umschrieben … noch zufriedenstellend operationalisiert worden ist. … Von den zahlreichen als ‚Kreativitätstest' bezeichneten Verfahren erfaßt keines auch nur annäherungsweise das, was im eigentlichen Sinne produktiv-schöpferische Leistungen ausmacht und kann diese auch kaum prognostizieren. … Die vielfach behauptete Unabhängigkeit von Intelligenz und ‚Kreativität' ist in Frage zu stellen, der konstruierte Gegensatz zwischen kreativem Denken einerseits und konvergentem Denken andererseits ist unfruchtbar und falsch" (ROST 1993, S. 5f.). Vergleichbare Argumente führt *Rost* auch für die soziale Intelligenz an und schließt sich *Wechsler* an, der schon 1958 darauf hingewiesen hat, dass soziale Intelligenz höchstwahrscheinlich nur die Anwendung allgemeiner Intelligenz auf soziale Situationen darstellt. In entsprechenden Fragebögen zur Erfassung der sozialen Intelligenz werde demnach nur die allgemeine (verbale) Intelligenz abgefragt (vgl. ebd., S. 6).

So beschreibt *Rost* Hochbegabung als Potenzial für ausgeprägte intellektuelle Leistungsfähigkeit, bestimmt über die allgemeine Intelligenz. Es wird zwar von einer hohen Korrelation zwischen Begabung und späterer Leistung ausgegangen, erwartungswidrige Fälle, wie Over- oder Underachiever, werden aber durch die Reduktion auf das vorhandene Potenzial in das Konzept einbezogen.

Ähnlich wie *Gardners* Rahmentheorie der multiplen Intelligenzen liegt auch diesem Konzept kein explizites Begabungsmodell zugrunde. Dies hat jedoch andere Gründe. Unter der Maßgabe, empirisch fundiert zu arbeiten und valide Prognosen zu erstellen, bleiben alle nicht genau nachprüfbaren Komponenten, wie zum Beispiel Kreativität und soziale Intelligenz, unbeachtet. Daraus resultiert ein Konzept von Hochbegabung, welches sich grundlegend auf die allgemeine Intelligenz, ergänzt durch spezifische Intelligenzen, bezieht.

Die allgemeine Intelligenz wird mithilfe von Intelligenztests festgestellt, wobei dann die 2% der Kinder, die im Test am besten abschneiden, als hochbegabt gelten. Also liegt hier eine Prozentsatzdefinition vor, die auf einer IQ-Definition basiert. Grundsätzlich wird diesen begabten Kindern ein Potenzial für besondere Leistungen zugeschrieben, was sich jedoch nicht immer durchsetzen muss – somit werden nach *Rost* Underachiever in das Konzept einbezogen. An dieser Stelle ergibt sich jedoch die Frage, ob ein Kind, das man allgemein als Underachiever bezeichnet, unbedingt in einem Intelligenztest überdurchschnittlich gut abschneidet. Wenn dies nicht der Fall ist, wird ein solches Kind erst gar nicht als besonders begabt erkannt. Die Reduktion auf eine durch Tests nachweisbare allgemeine Intelligenz lässt demnach keinen Spielraum für begabte Kinder mit Prüfungsängsten oder fehlender Leistungsmotivation. Somit wird zwar die Dimension des Potenzials faktisch berücksichtigt, praktisch aber nicht ausreichend im Konzept umgesetzt.

### Hochbegabung und Leistung: Ein Bedingungsgefüge von *Aiga* und *Kurt Stapf*, erweitert von *Aiga Stapf*

*Stapf* und *Stapf* nehmen zunächst eine Definition der Begriffe Intelligenz und Begabung vor. Hierbei formulieren sie Intelligenz nach *William Stern*: „Intelligenz ist die allgemeine Fähigkeit eines Individuums, sein Denken bewußt auf neue Forderungen einzustellen; sie ist allgemeine geistige Anpassungsfähigkeit an neue Aufgaben und Bedingungen des Lebens“ (STERN 1912).

Daraus resultiert für *Stapf* und *Stapf* ein Intelligenzmodell, welches einen allgemeinen Intelligenzfaktor und verschiedene spezifische Intelligenzfaktoren annimmt. Sie wenden sich also gegen Modelle, die viele unabhängige Intelligenzfaktoren postulieren. *Stapf* und *Stapf* begründen ihre Position mit Untersuchungsergebnissen, die eine hohe Korrelation zwischen den einzelnen Intelligenzfaktoren aufweisen und somit einer strikten Trennung widersprechen.

Im Rahmen ihrer Auseinandersetzung mit Intelligenz wenden sich *Stapf* und *Stapf* auch der „Erbe-Umwelt-Frage“ zu und gehen diesbezüglich davon aus, dass „jegliche intelligente Leistung eines Individuums sowohl durch genetische als auch durch Umweltbedingungen sowie deren komplexe Wechselwirkungen beeinflusst wird“ (STAPF 1999, S. 14). Daraus folgt, dass das Kind gemäß seiner individuellen Erbausstattung nicht nur seine Umwelt selektiv wahrnimmt, sondern sie auch dementsprechend beeinflusst.

In Bezug auf die Stabilität von Intelligenz gehen sie davon aus, dass dieses Merkmal über den Lebensverlauf hinweg relativ stabil bleibt. Sie beziehen sich dabei auf

Forschungsergebnisse, die eine erstaunlich hohe Rate von Kindern ergaben, die im Säuglingsalter von drei bis vier Lebensmonaten ein hohes Aufmerksamkeits- und Habituationsverhalten aufzeigten und im späteren Alter von acht bis elf Jahren dann auch hohe Intelligenztestwerte erzielten (vgl. ebd., S. 14).

Auf der Basis dieser Konzeption zur Intelligenz kommt folgende Definition zur intellektuellen Hochbegabung zum Tragen: „Intellektuelle Hochbegabung läßt sich demnach bestimmen als eine sehr hohe Ausprägung der allgemeinen Intelligenz (g), wobei jeweils verschiedene spezifische Intelligenzfaktoren (z. B. verbale, räumlich-abstrakte, mathematische) in unterschiedlichem Ausmaß verfügbar sein können" (ebd., S. 14). In dieser Definition bezieht sich *Stapf* ausschließlich auf die intellektuelle Begabung, sie geben jedoch noch die vier weiteren Begabungsbereiche *soziale Begabung*, *musische Begabung*, *bildnerisch-darstellende Begabung* und *psychometrische (praktische) Begabung* an.

Es entsteht folgendes Bedingungsgefüge für außergewöhnliche Leistungen:

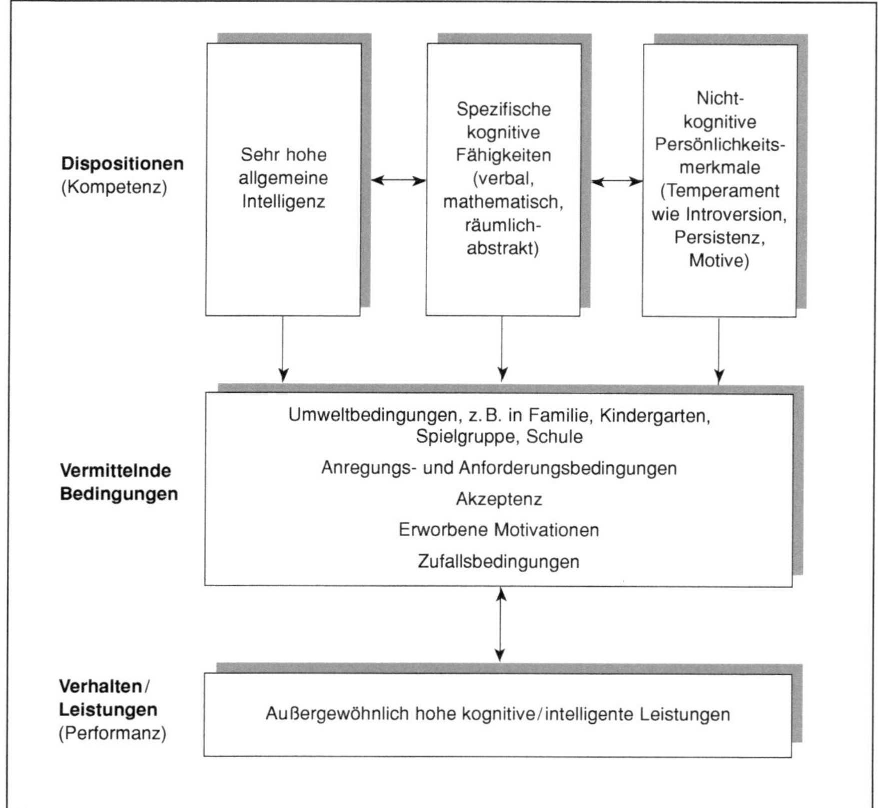


**Abb. 8:** Bedingungsgefüge für außergewöhnliche Leistungen nach *Stapf* und *Stapf* (1988)

Ob es zu außergewöhnlichen Leistungen kommt, hängt demnach neben den dispositionellen Bedingungen von dem Einfluss verschiedener vermittelnder Faktoren ab. „Diese Faktoren, die zwischen Dispositionen und Leistungen vermitteln, können sich förderlich oder hemmend auf die Persönlichkeitsentwicklung auswirken" (STAPF 1999, S. 15).

*Stapf* und *Stapf* gehen von dem Erbringen spezifischer Leistungen aus. Auf welchen Gebieten diese Leistungen erbracht werden, hängt ihrer Argumentation zufolge neben den individuellen Fähigkeiten von den Interessen, der Motivation sowie den speziellen Sozialisationsbedingungen in der Familie, im Kindergarten und in der Schule ab. Außerdem räumen *Stapf* und *Stapf* ein, dass auch immer biografische Zufälle eine Rolle spielen (vgl. ebd.).

Durch das Erstellen des Bedingungsgefüges ist es *Stapf* und *Stapf* gelungen, Begabung und Leistung zu trennen. Zudem leisten sie eine fundierte Definitionsarbeit in den Begriffen Intelligenz und Hochbegabung.

In Anlehnung an *Rost* setzen sie in dem Modell eine hohe allgemeine Intelligenz als bedingend für außergewöhnliche Leistungen voraus. Hochbegabte unterscheiden sich demnach in der Intelligenzausprägung und in dem Intelligenzprofil voneinander.

### *2.2.2 Aktuelle Ergebnisse aus der Hirnforschung*

*Rittelmeyer* (2002) diskutiert die besondere Bedeutung positiver Umwelteinflüsse auf die intellektuellen Fähigkeiten aus hirnphysiologischer Sicht. Er bezieht sich diesbezüglich hauptsächlich auf die Forschungsergebnisse von *Purves* (1994). Grundsätzlich geht Rittelmeyer davon aus, „dass wir über das Erfahrungsspektrum, dem wir uns und unsere Kinder längerfristig aussetzen, im unmittelbaren Sinne des Wortes ‚Plastikerinnen und Plastiker' des zentralen Nervensystems sind" (RITTELMEYER 2002, S. 130). Demzufolge wird die Verknüpfung der Nervenzellen beeinflusst durch das jeweilige Erfahrungsumfeld. Je mehr Umwelterfahrungen gemacht werden, desto stärker bildet sich das neuronale Netzwerk aus und es wird verhindert, dass neuronale Verbindungen nicht genutzt werden und dadurch verkümmern. Es hat sich zudem bestätigt, dass sich Störungen oder Versäumnisse später kaum korrigieren lassen und es für gewisse Entwicklungsfortschritte sogenannte „sensible Phasen" gibt (vgl. ebd., S. 132). „Man mag hier die neurologische Erklärung für das in der Psychologie schon bekannte Phänomen sehen, dass eine anregungsreiche Umgebung (z. B. Bewegungsspielraum, Grünflächen, Farbigkeit, Anregungsgehalt einer Wohnumgebung usw.) fördernd auf die kognitive Entwicklung und sensorische Differenziertheit von Kindern wirkt" (ebd., S. 135).

*Bauersfeld* formuliert dies folgendermaßen: „Die ererbten Anlagen entwickeln sich nicht unabhängig und quasi automatisch, sondern nur über geeignete Anforderungen. Neurophysiologisch heißt das, die neuronalen Vernetzungen, die ‚Synapsen', entfalten und verstärken sich nur über vielfältige Aktivierungen. Ihre Verfügbarkeit für künftige Aktivierungen wird durch die Anzahl und Qualität der früheren Aktivierungen bedingt (Hebb'sche Regel)" (BAUERSFELD 2001, S. 10). Ergänzend hierzu fügt *Bauersfeld* in Übereinstimmung mit *Rittelmeyer* (vgl. RITTELMEYER 2002, S. 142) an, dass es kein Wahrnehmen und Denken ohne begleitende Gefühle gibt. Dabei hat sich gezeigt, dass sich Lernimpulse, die von starken emotionalen Empfindungen begleitet werden, schneller und intensiver einprägen als Lernimpulse, die nicht von intensiven Emotionen unterstützt werden. „Daher hat das limbische System einen erheblichen Einfluss auf das ‚Abspeichern' in und das ‚Abrufen' aus unserem Gedächtnis" (BAUERSFELD 2001, S. 11).

Geht man, davon aus, dass sich Hochbegabte allgemein durch eine besonders hohe Sensibilität der Sinne auszeichnen (vgl. WEBB/MECKSTROTH/TOLAN 2002), so ergeben sich interessante Folgerungen. Eine hohe Sensibilität der Sinne äußert sich in differenzierterem Wahrnehmen und Verarbeiten von Reizen. Demzufolge können im Rahmen der internen Verarbeitung vielfältigere und detailliertere Verbindungen entstehen, wodurch sich wiederum ein größerer Vorrat an Wissen anhäufen kann (vgl. BAUERSFELD 2001, S. 12). Die erhöhte Reichhaltigkeit bietet nun die Möglichkeit zur stärkeren Vernetzung. Daraus resultieren zu gegebenen Reizen mehr Einfälle und auch mehr ungewöhnliche Verknüpfungen, was einerseits eine höhere Kreativität zur Folge haben kann (vgl. ebd.) und andererseits eine breitere Basis von alternativen Vorgehensweisen zur Verfügung stellt. Außerdem entsteht ein geringerer Zeitbedarf beim Abruf von Wissen. Lernen kann außerdem verstärkt indirekt ablaufen und geschieht somit oft auch unbewusst.

Grundsätzlich ist hierbei anzumerken, dass diese Schlüsse größtenteils noch spekulativer Natur sind. Wenn auch fundierte neurobiologische Erkenntnisse zur Unterscheidung des Denkens und der Verarbeitung von Informationen von normal und besonders Begabten existieren und den entsprechenden Intelligenzmodellen zugrunde gelegt werden (vgl. z. B. *Eysencks Konzept der Intelligenz,* S. 53f.), sind die hier genannten Folgerungen eher hypothetisch zu sehen. Es darf dabei zudem nicht außer Acht gelassen werden, dass es hochbegabte Kinder gibt, die in ihrer Sinneswahrnehmung teilweise eingeschränkt sind und trotzdem ihre Begabungen zur Entfaltung bringen können.

Insgesamt ergibt sich auch im Sinne der neurobiologischen Forschung und der Diskussion in Bezug auf die „Anlage-Umwelt-Kontroverse" die grundlegende Anforderung an die Lern- und Lebensumwelt von Kindern, die Angebote und Erfahrungsmöglichkeiten generell reichhaltig und vielfältig zu gestalten. Außerdem sollten die Zugänge über verschiedene Sinneswahrnehmungen angeboten werden. So kann jedes Kind seinen individuellen Lernzugang finden.

### *2.2.3 Zusammenfassung der Erkenntnisse aus den vorgestellten Begabungs- und Intelligenzmodellen*

Generell eröffnet sich durch das Aufstellen von Begabungs- und Intelligenzmodellen die Möglichkeit, den interaktiven Charakter der unterschiedlichen Komponenten hervorzuheben. Somit können diese Modelle an sich als Fortschritt in der Klärung des komplexen Begabungsbegriffs angesehen werden (vgl. KÄPNICK 1998, S. 75). *Renzullis* Modell kommt in diesem Zusammenhang eine besondere Bedeutung zu, da er den Prozess quasi einleitete. Durch sein Modell wurde jedoch auch das Spannungsfeld zwischen Begabung und Leistung eröffnet. Diese Problematik konnte auch *Mönks* nicht lösen. Es gelang ihm jedoch, *Renzullis* Ansatz durch das Einbeziehen des Faktors *Umwelt* zu erweitern, ihn damit dynamischer zu gestalten und auf diese Weise den jeweiligen sozialen Bedingungen Rechnung zu tragen.

*Gagné* und *Heller/Hany* können in den grundlegenden Aussagen ihrer Konzeptionen generell zusammengefasst werden. In beiden Modellen wird im Gegensatz zu *Renzulli* und *Mönks* die Trennung zwischen Begabungsanlagen und gezeigten Leistungen gut deutlich. Außerdem werden verschiedene Faktoren oder Katalysatoren benannt, die entsprechend positiv oder negativ einwirken können. Dies bietet nun die Möglichkeit, den Blick auf die Förderung hochbegabter Kinder zu lenken. Die elementare Bedeutung eines positiv einwirkenden Umfeldes wird hier sehr eindrucksvoll aufgezeigt.

In *Sternbergs* Vorgehensweise des Bildens von Subtheorien der Intelligenz ist es nun nicht mehr das Ziel, ein umfassendes Modell vorzulegen, vielmehr fokussiert er Intelligenz in Bezug auf die verschiedenen hier wirksamen Bereiche. Entsprechend bestimmt sich eine besondere Intelligenz durch erhöhte metakognitive Fähigkeiten in Verbindung mit den individuellen Erfahrungen und der jeweils wirksamen Umwelt.

Auch *Eysenck* untergliedert den Begriff der Intelligenz. Dabei geht er über eine eigentliche Begriffsbestimmung der Intelligenz hinaus und liefert eine Hochbegabungstheorie, die wiederum auf den sozialen Bereich hin ausgelegt ist. *Eysencks* Ansatz bietet in diesem Kontext die Auflistung biologischer Faktoren, die Intelligenzunterschiede bewirken. Generell geht er von der Existenz einer allgemeinen Intelligenz aus und setzt diese mit Begabung gleich.

*Gardner* wählt einen anderen Zugang, indem er voneinander unabhängige, multiple Intelligenzen postuliert. Es ist nicht *Gardners* Absicht, ein umfassendes und abgeschlossenes Konzept vorzustellen, vielmehr will er auf die Vielfalt menschlicher Talente aufmerksam machen. Er legt eine allgemein anerkannte Definition der Intelligenz zugrunde und geht dann aber bewusst nicht über in eine Theorie- oder Modellbildung, sondern bleibt beim Benennen von Fähigkeiten oder Talenten, die er teilweise an einzelnen Persönlichkeiten festmacht. Somit ist seine Rahmentheorie der multiplen Intelligenzen eigentlich mehr in den Bereich der Hochbegabung einzuordnen, kann aber auch hier natürlich nicht als gültige Theorie im eigentlichen Sinne bezeichnet werden. Seine Offenheit für die unterschiedlichsten Talente soll im Rahmen der weiteren Arbeit eher als Warnung vor einem zu engen und diagnose-orientierten Blick auf begabte Kinder verstanden werden.

Fundamental ist nun die Kritik, die *Rost* an all diesen Konzeptionen übt. Indem er sich auf die seit frühester Zeit bestehende Diskussion um eine allgemeine Intelligenz auf der einen Seite und viele unabhängige Intelligenzen auf der anderen Seite zurückzieht und klar betont, dass einzig die allgemeine Intelligenz, repräsentiert durch den *g-Faktor*, empirisch belegt ist, stellt er alle weitergehenden Konzeptionen in Frage. Durch seine Gleichsetzung der Hochbegabung mit hoher allgemeiner Intelligenz ergibt sich ein durch Intelligenztests diagnostizierbares Konzept von Hochbegabung. In der Praxis fällt es jedoch schwer, ausschließlich auf diese allgemeine Intelligenz abzuzielen, da die Existenz von Kindern mit sehr ausgeprägten speziellen Begabungen auf nur einem Gebiet oder wenigen Gebieten nicht zu verleugnen ist. Was aber durch *Rost* deutlich wird, ist die Tatsache, dass umfangreiche Konzepte mit ungenau definierten Begriffen nur schwer zur Klärung der Problematik herangezogen werden können. Zudem fällt eine fundierte Diagnose auf der Basis dieser Konzepte schwer. *Stapf* und *Stapf* beziehen sich in der Kernaussage ihres Konzeptes auf *Rost* und gehen von der Existenz einer allgemeinen Intelligenz aus. Abgesehen davon gelingt ihnen jedoch eine überschaubare Darstellung der wesentlichen Aspekte kindlicher Hochbegabung. Besonders die Beachtung nicht-kognitiver Fähigkeiten auf der Dispositionsebene erscheint im Hinblick auf den Umgang mit hochbegabten Kindern als fundamental wichtig. Hier wird deutlich, dass die ganze Persönlichkeit des Kindes beachtet werden muss. Hemmende oder fördernde Persönlichkeitsmerkmale gewinnen somit an Bedeutung und es gelangen automatisch auch die Kinder in den Blick, die zwar über eine hohe Intelligenz verfügen, diese jedoch durch bestimmte hemmende Merkmale in ihrer Persönlichkeit nicht umsetzen können und somit Unterstützung benötigen.

In der Zusammenfassung der aktuellen Forschungsansätze wird die anhaltende kontroverse Diskussionslage offensichtlich. Nach wie vor wird aus unterschiedlichen wissenschaftlichen Richtungen auf dem Gebiet gearbeitet und es gelingt kaum, die verschiedenen Ergebnisse zueinander in Beziehung zu setzen und dadurch allgemeine Fortschritte zu erzielen.

Diese Vielschichtigkeit erstreckt sich bis in die einzelnen Konzeptionen. Je mehr ein einzelnes Konzept der Individualität hochbegabter Kinder gerecht werden will, desto unüberschaubarer und komplexer wird es. Umgekehrt hieße die Folgerung: Da es schlechthin nicht die homogene Gruppe der Hochbegabten gibt, ist es nahezu unmöglich, ein allgemein gültiges Modell der Hochbegabung zu erstellen.

So bleibt an dieser Stelle lediglich die Möglichkeit, die wichtigsten Aspekte kurz zusammenzufassen:

Es hat sich zunächst gezeigt, dass die begriffliche Unterscheidung zwischen Intelligenz- und Hochbegabungskonzeptionen kein prägnantes inhaltliches Kriterium ist. Ein Großteil der aktuellen Ansätze befasst sich mit der Thematik der Hochbegabung, auch wenn einige dieser Konzeptionen sich als Intelligenzmodelle bezeichnen.

Wenn jedoch eine Begriffsunterscheidung vorgenommen wird, so herrscht im Allgemeinen Konsens bezüglich der Einordnung der Begriffe. Intelligenz ist in der Regel mindestens als eine Basisdeterminante von Begabung und Hochbegabung anerkannt und somit ein durchgängiges Element der Konzeptionen.

In den Definitionen von Intelligenz sind aber nach wie vor die beiden Positionen der Anerkennung einer allgemeinen Intelligenz oder der Akzeptanz verschiedener, unabhängiger Intelligenzen vertreten. Dies zieht sich dann auch durch bis in den Begabungsbegriff. Es scheint jedoch eine Tendenz erkennbar zu sein. Baut ein Ansatz eher darauf auf, empirisch fundiert zu argumentieren und handhabbare, erprobte Diagnoseinstrumente einzusetzen, so orientiert er sich vorwiegend an einem Intelligenzbegriff, der sich über den *g-Faktor* definiert. Ist der Ansatz jedoch verstärkt pädagogisch orientiert, so wird in der Regel zwar eine Definition von Intelligenz vorgenommen, die Ausprägung der Intelligenz wird aber oft flexibler gesehen und man ist eher geneigt, spezielle Intelligenzen, eben auch in Form von unabhängigen Intelligenzen, anzuerkennen.

Eine grundlegende Schwierigkeit der vorgestellten Ansätze zeigt sich immer wieder in der Trennung zwischen Begabung und Leistung und somit in der Unterscheidung zwischen Potenzialen und Kompetenzen. Das Problem ist jedoch erkannt, was daran deutlich wird, dass der Großteil der aktuellen Ansätze dies berücksichtigt. In der Regel werden Begabungen als Potenziale gesehen, die unter bestimmten Voraussetzungen zur Geltung kommen können. Dabei hat sich auch der Blick auf Persönlichkeitsmerkmale ausgedehnt und es scheint gelungen zu sein, diese nicht wie *Renzulli* oder *Mönks* als eigentliche Begabungsfaktoren anzusehen, sondern sie als Faktoren einzustufen, die sich positiv oder negativ auf eine vorhandene Begabung auswirken können.

Im Hinblick auf das Verhältnis von Anlage und Umwelt herrscht aufgrund von verschiedenen Forschungsergebnissen die Akzeptanz eines genzentrierten Ansatzes vor. Hierbei wird die Wechselwirkung von Anlage und Umwelt stark betont. Somit sind die rein biologischen und die rein milieutheoretischen Ansätze nicht mehr diskutabel. Auch die nun favorisierten mittleren Positionen wurden, wie hier beschrieben, verfeinert.

Die Ergebnisse aus der Hirnforschung konnten dazu beitragen, die Denk- und Lernprozesse hochbegabter Kinder besser zu verstehen und zu erklären. Diese biologistische Seite der menschlichen Intelligenz, die inzwischen durch geeignete Messinstrumente diagnostiziert werden kann, wird auch hier immer wieder in Bezug auf das notwendige anregende soziale Umfeld gesehen. Es erfolgt eine Erklärung über die intensive neuronale Vernetzung. An dieser Stelle muss aber auch grundsätzlich anerkannt werden, dass „im Detail noch viele Fragen zu Erbanlagen sowie zu Möglichkeiten und Grenzen von Umwelteinflüssen für die Förderung geistig begabter Kinder offen sind“ (KÄPNICK 1998, S. 20).

Was die aktuelle Forschung nicht leisten kann, ist eine eindeutige und allgemeine Klärung der Begriffe einerseits und eine Fokussierung der Diagnostizierbarkeit andererseits. Hier liegt ein wesentlicher Forschungsbedarf. Während sich der Blick für spezielle Begabungen geöffnet hat, ist es noch nicht ausreichend möglich, diese auch zu diagnostizieren. Man hat zwar erkannt, dass Tests durch ihre feste Struktur und Bearbeitungsform sowie durch ihre teilweise hohe Kulturgebundenheit gerade für jüngere Kinder häufig problematisch sind und somit Intelligenz oder Begabung nicht verlässlich diagnostiziert wird, eine Lösung des Problems ist jedoch noch nicht gelungen.

## 2.3 Eigene Positionierung

Auf der Basis der nun erfolgten Darstellung des komplexen Begabungsbegriffes soll für den weiteren Verlauf der Arbeit folgende Definition gelten:

> *„Begabung ist als Potenzial für überdurchschnittliche Leistungen auf einem speziellen Gebiet zu verstehen. Dieses Potenzial kann sich in Form von besonderen Kompetenzen zeigen, wenn persönliche und soziale Faktoren positiv unterstützend wirken.“*

Demnach trenne ich den Begabungsbegriff vom Leistungsbegriff und gehe davon aus, dass auch Kinder, die keine herausragenden Leistungen erbringen, über spezielle Begabungen verfügen können. Hiermit werden explizit auch Underachiever in die Begriffsbildung aufgenommen.

In Bezug auf die Modellbildung schließe ich mich generell dem „Modell zur Beziehung von Begabung und Leistung“ von *Gagné* (vgl. S. 46ff.) an, unterstütze allerdings nicht die begriffliche Trennung zwischen Hochbegabung und Talent, sondern verbleibe hier bei den Begriffen des Potenzials und der erbrachten Leistung (Kompetenz).

Somit komme ich zu folgendem Modell:

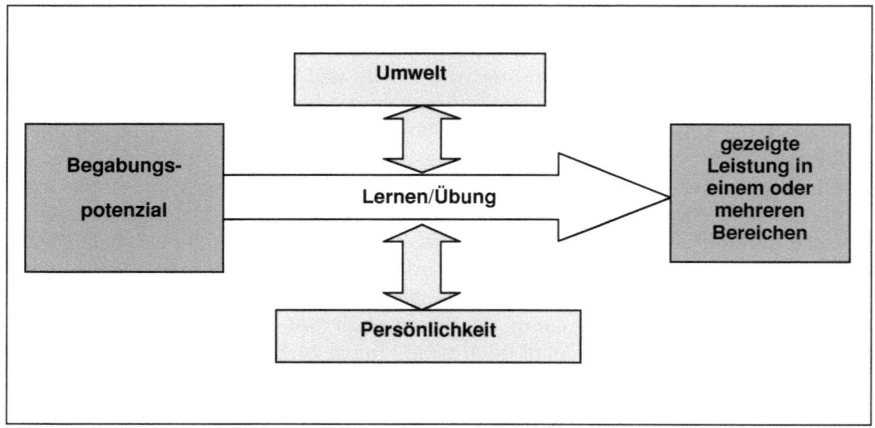


**Abb. 9:** Eigenes vereinfachtes Modell zur Begabung und Leistung

Im Rahmen dieses Modells wird bewusst auf die Benennung verschiedener Determinanten und damit auf eine feinere Unterteilung der einzelnen Elemente verzichtet, da hier lediglich auf die Begabungsstruktur und die beteiligten Komponenten eingegangen werden soll.

Für den weiteren Verlauf der Arbeit möchte ich festhalten, dass ich die Begriffe *Begabung*, *besondere Begabung* und *Hochbegabung* synonym verwende.

## 2.4 Begabung bei Kindern im 1. und 2. Schuljahr

Die bis an dieser Stelle aufgezeigten Erkenntnisse und Schlussfolgerungen zum Themenfeld der Begabung fanden ohne besondere Berücksichtigung des Alters statt. In Bezug auf das eigene Forschungsvorhaben und die Beschäftigung mit Kindern im 1. und 2. Schuljahr lassen sich zur Beachtung dieser Prämisse jedoch Parallelen zur allgemeinen kindlichen Entwicklung (vgl. Kapitel 1 „Kinder im 1. und 2. Schuljahr“, S. 11ff.) nutzen. So kann davon ausgegangen werden, dass bei jüngeren Kindern Begabung stärker durch hier noch wirksame entwicklungsbedingte Faktoren überlagert und beeinflusst wird, als dies mit zunehmendem Alter der Fall ist.

Als erster Faktor kann die allgemeine **kognitive Entwicklung** angeführt werden. Wie bereits aufgezeigt, befinden sich die Kinder dieses Alters in einer Phase, in der sich ihre kognitiven Fähigkeiten besonders stark weiterentwickeln. Aus diesem Grund besteht durchaus die Gefahr, das Zeigen bestimmter Fähigkeiten einer hohen Begabung zuzuschreiben, obwohl die Ursache auch in einem Entwicklungsvorsprung begründet sein kann. Zwar betonen *Stapf* und *Stapf* in diesem Zusammenhang, dass besonders begabte Kinder bereits von Geburt an auf einem qualitativ höheren Niveau operieren und es sich dementsprechend nicht ausschließlich um einen Vorsprung, sondern um eine dauerhafte qualitative Unterscheidung handelt, jedoch könnte dies nur durch Langzeitbeobachtungen nachgewiesen werden. Im Rahmen des momentanen Erkenntnisstandes kann also nicht ausgeschlossen werden, dass in dieser Altersstufe eine besondere Begabung unter dem Einfluss eines Entwicklungsvorsprungs steht und sich dementsprechend mit zunehmendem Alter relativiert.

Ein weiterer Faktor ist der **sozial-emotionale Entwicklungsstand** der Kinder in diesem Alter. Das eigene Tun und die sozialen Kontakte lösen sich erst nach und nach von der Fixierung auf die engsten Bezugspersonen und dehnen sich aus auf Verwandte, Freunde, Erzieher und Lehrer. Damit einhergehend, ist auch eine kontinuierliche Abnahme der Bedeutung dieser engen Bindung zu beobachten. Trotzdem bleibt das soziale Umfeld weiterhin in besonderem Maße relevant, denn es beeinflusst den Verlauf der kognitiven Entwicklung und kann die Möglichkeiten zur Umsetzung besonderer Begabungen in hohe Leistungen unterstützen. Auch im Rahmen der Hirnforschung wird die Bedeutung positiver Umwelteinflüsse auf die intellektuellen Fähigkeiten betont. Hier erfolgt die Begründung über einen dementsprechend besseren Ausbau des neuronalen Netzwerkes. Ähnliches gilt für die emotionale Entwicklung. Eine positive emotionale Entwicklung, unterstützt durch ein entsprechendes soziales Umfeld, ist auch für die Ausprägung besonderer Begabungen förderlich.

Auch die **Persönlichkeitseigenschaften** haben bei jüngeren Kindern einen hohen Stellenwert. Zwar befinden sich die Persönlichkeitseigenschaften generell noch in der Ausprägung, sind also noch nicht stabil vorhanden, trotzdem haben sie gerade in diesen frühen Entwicklungsphasen einen großen Einfluss auf Vorlieben, Abneigungen, Interesse und Desinteresse (vgl. Kapitel 6 „Interesse“, S. 117ff.). Außerdem steht die Entwicklung der Persönlichkeitseigenschaften in engem Zusammenhang zur sozial-emotionalen Entwicklung. So sind es insbesondere das Selbstvertrauen, das Selbstwertgefühl und die Autonomie, die sich durch eine gefestigte sozial-emotionale Entwicklung besser ausprägen können.

Hier wird deutlich, dass die Begabungsentwicklung eines Kindes gerade im frühen Kindesalter besonders stark durch die Faktoren Umwelt, Entwicklung und Persönlichkeit bestimmt wird. Beispielhaft sei hierzu die Thematik des Underachievements angeführt. Denn auch die Gründe für geringe Leistungen trotz hoher Begabung werden häufig in den ersten Lebensjahren vermutet. Dies kann entweder an einem Umfeld liegen, welches die Begabung nicht erkennt und insgesamt nicht förderlich auf das Kind einwirkt. Möglich sind aber auch Persönlichkeitseigenschaften, wie große Ungeduld oder sehr geringes Selbstwertgefühl, die das Ausbilden der Begabungen verhindern.

In Bezug auf das zuvor aufgestellte vereinfachte Modell zur Begabung und Leistung müssen demnach im Hinblick auf Kinder im 1. und 2. Schuljahr hauptsächlich vier Punkte einschränkend berücksichtigt werden:

1. Neben die beiden Faktoren Umwelt und Persönlichkeit tritt noch der Faktor Entwicklung als weitere Determinante von Begabung hinzu.
2. Diese drei Faktoren haben in der Regel einen höheren Stellenwert als bei älteren Kindern.
3. Durch den hohen Stellenwert der genannten Faktoren und ihre noch instabile Ausprägung können langfristige Aussagen bezüglich der Begabung lediglich tendenziell getroffen werden.
4. Die Identifikation von Begabung im frühen Kindesalter kann nur unter diesen Einschränkungen durchgeführt werden.

Unter Fokussierung der Begabungsförderung im Vorschulalter betont *Urban* neben diesen Aspekten jedoch auch den umgekehrten Einfluss, den begabte Kinder auf Erwachsene ausüben. Besonders in neuerer Zeit wird immer stärker erkannt, in welch hohem Maße nicht nur die Erwachsenen auf die Kinder einwirken, sondern wie auch wissbegierige und explorationsreiche Klein- und Vorschulkinder ihre Bezugspersonen beeinflussen und damit einen Interaktionsprozess in Gang setzen (vgl. URBAN 2004b, S. 233). Als zusätzliches Element kann demnach der interaktionale Charakter betont und in das Modell integriert werden. Diese Form der Interaktion gilt jedoch nicht nur wie durch *Urban* aufgezeigt für das soziale Umfeld des Kindes. Sie ist auch – wie bereits dargestellt – bezüglich der anderen Bereiche bedeutsam.

Daraus ergibt sich das spezifizierte Modell zur Begabung und Leistung bei jüngeren Kindern:

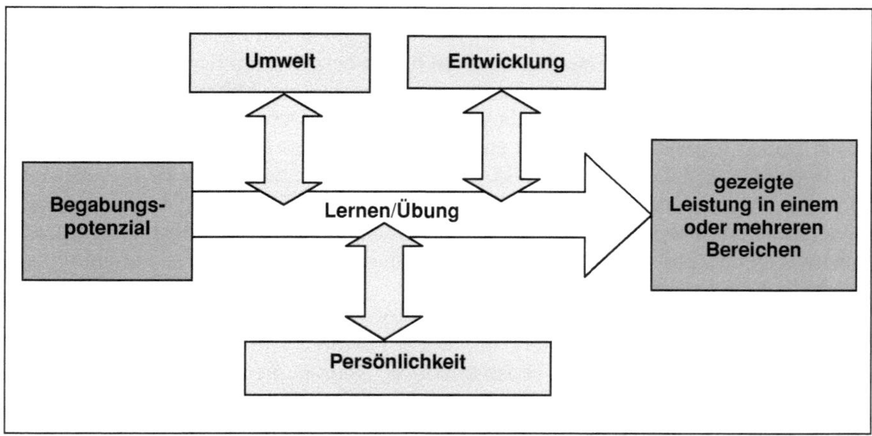


**Abb. 10:** Eigenes vereinfachtes Modell zur Begabung und Leistung speziell bei jüngeren Kindern

# 3 Mathematische Begabung

Im Rahmen der Darstellung der kontroversen Definitionen und Theoriebildungen zur Begabung wurde bereits deutlich, dass die Diskussion um die Anerkennung einer allgemeinen Begabung, ausgehend von *Spearman*, oder die Akzeptanz verschiedener unabhängiger Begabungen, angelehnt an *Thurstone*[8], lange im Zentrum der Auseinandersetzung stand und noch steht (vgl. S. 38f.). Aus der Sicht des heutigen Forschungsstandes ist zwar zu beobachten, dass Modelle in den Vordergrund treten, die von der Existenz unabhängiger spezifischer Begabungen ausgehen, jedoch werden nach wie vor Konzepte, die auf der Auffassung einer einheitlichen und bereichsunspezifischen Intelligenz beruhen, vertreten.

Obwohl dem eigenen Forschungsvorhaben bereits implizit durch das Thematisieren der mathematischen Begabung die Annahme der Existenz verschiedener spezifischer Begabungen zugrunde liegt, sollen in diesem Kapitel zunächst beide Positionen aus mathematikdidaktischer Sicht vorgestellt werden. Auf diese Weise kann dann die eigene Position dargelegt und begründet werden.

Um im weiteren Verlauf der Arbeit anhand der Vorgehensweisen von Kindern beim Bearbeiten mathematischer Problemstellungen Bezüge zur mathematischen Begabung herstellen zu können, soll zunächst ein intuitives Bild von Mathematik angenommen werden. Dieses wird im Verlaufe des Kapitels sukzessive präzisiert und mit entsprechenden mathematischen Fähigkeiten, die sich konkret auf die hier angesprochene Altersstufe beziehen, unterlegt. Auf dieser Basis kann die dann folgende Darstellung der Erkenntnisse zur mathematischen Begabung eingeordnet werden.

In der Absicht, der Komplexität der Begabungsthematik auch im mathematischen Bereich gerecht zu werden, genügt jedoch das Aufzeigen verschiedener Kompetenzen nicht. Vielmehr müssen diese in bestehende Begabungsmodelle eingeordnet werden. Als eine Weiterführung dieser Vorgehensweise ist das „differenzierte mathematische Begabungs- und Talentmodell“ von *Heinze* (2005) zu sehen. Es handelt sich hierbei um ein Modell, welches sich ausschließlich auf den mathematischen Bereich bezieht. Da es die wesentlichen Elemente mathematischer Begabung in differenzierter Weise aufgreift, soll es der Begriffsbildung und dem Aufzeigen der mathematischen Kompetenzen folgen. Zusammenfassend erfolgen dann wiederum eine eigene Positionierung sowie die konkrete Bezugnahme auf Kinder im 1. und 2. Schuljahr. Das Kapitel wird durch die Darlegung der Konsequenzen für das eigene Forschungsvorhaben abgerundet. In diesem Kontext wird anhand der breit angelegten theoretischen Vorarbeit ein Bild von Mathematik im Hinblick auf die betroffene Altersgruppe entwickelt, welches später in schematischer Form Grundlage für die Auswahl der einzusetzenden Aufgaben sein wird.

---

[8] Sowohl *Spearman* als auch *Thurstone* verwendeten den Begriff der Intelligenz.

Da mathematisches Tätigsein und dementsprechend auch mathematische Begabung in engem Zusammenhang zum Problemlösen stehen, lassen sich zuweilen Überschneidungen mit dem folgenden **Kapitel 4 „Problemlösen“** nicht vermeiden bzw. sind diese zum Teil bewusst in Kauf genommen, um die für die eigene Forschungsarbeit notwendigen theoretischen Voraussetzungen aus verschiedenen Blickwinkeln herausarbeiten zu können.

## 3.1 Mathematische Begabung zwischen allgemeiner Intelligenz und spezifischen Begabungen

### *3.1.1 Mathematische Begabung als Element allgemeiner Intelligenz*

Geht man von der Existenz einer allgemeinen Intelligenz aus, so liegt diesem Ansatz die Annahme zugrunde, dass Intelligenz grundsätzlich bereichsunspezifisch ist und durch ein zusammenhängendes System von einem Generalfaktor und einer bestimmten Anzahl spezieller Faktoren bestimmt wird (vgl. KÄPNICK 1998, S. 69). Wie bereits im vorangehenden Kapitel deutlich wurde, liegt der Ursprung dieses Ansatzes in der Zweifaktoren-Theorie *Spearmans* (SPEARMAN 1904). Es sind jedoch auch zum Beispiel *Guilford* (GUILFORD 1976) oder *Cattell* (CATTELL 1963) zu nennen, die von der Existenz einer allgemeinen menschlichen Intelligenz ausgehen. In der aktuellen Forschungslandschaft ist *Rost* (ROST 2000) als ein Vertreter dieser Richtung anzuführen (vgl. S. 56f.). Er bezieht sich in diesem Zusammenhang direkt auf *Spearman*. Für den Bereich der Mathematik stellt *Rost* fest:

> *„Ein sehr gutes mathematisches Leistungspotential setzt auch eine sehr gute allgemeine Intelligenz ‚g‘ voraus, aber zusätzlich sind auch mathematische Kenntnisse und nur zu einem geringen Teil auch spezifische mathematische Fähigkeiten gefordert …“* (ROST 2000, S. 23)

Im Umkehrschluss bedeutet dies, dass eine besondere mathematische Begabung mit höchstens durchschnittlicher allgemeiner Intelligenz nach *Rost* nicht auftreten kann.

Ein Vorteil des Anerkennens einer allgemeinen Intelligenz liegt in der Überprüfbarkeit durch Intelligenztests. Bezogen auf den mathematischen Bereich werden in diesen Tests vorrangig die Fähigkeit zum schlussfolgernden Denken, das räumliche Vorstellungsvermögen und die Rechenfähigkeit getestet. In Form von Untertests werden dann noch einzelne spezifische Fähigkeiten erhoben. Hier sind es meist die Fähigkeiten zum Erkennen und Fortsetzen von Zahlenreihen und zum Ordnen von Zahlen nach der Größe, die getestet werden. Es handelt sich also allgemein formuliert um die Fähigkeit zum Erkennen von Gesetzmäßigkeiten und zum Anwenden von Erkanntem, die in diesem Kontext häufig erhoben wird. Eine genauere Spezifikation und Erhebung der mathematischen Fähigkeiten bleibt allerdings aus (vgl. KÄPNICK 1998, S. 70).

Da zur Feststellung der allgemeinen Intelligenz ausschließlich Tests eingesetzt werden, spielt hier auch der Faktor Zeit eine wichtige Rolle. Dementsprechend sind Fähigkeiten wie schnelles Erfassen von Aufgaben, Gedächtnisfähigkeit und eine zügige und konzentrierte Arbeitsweise ebenfalls bedeutsam.

Die Maßgabe des Einsatzes objektiver, reliabler und valider Tests birgt jedoch zwei grundsätzliche Gefahren. Erstens bezieht man sich lediglich auf gezeigte Leistungen und lässt somit das eigentliche Potenzial außer Acht. Zweitens muss man sich auf den Einsatz von Aufgaben – und somit auf das Überprüfen von Fähigkeiten – beschränken, die in einem solchen Testverfahren anwendbar sind. Vergleicht man dies mit der Fülle mathematischer Fähigkeiten (siehe nächster Abschnitt), so wird schnell deutlich, dass hier eine Reduktion stattfindet, deren Angemessenheit stark in Frage gestellt werden muss. Diese kritische Haltung nimmt auch *Nolte* ein, indem sie bezweifelt, dass Intelligenztests überhaupt Aussagen über die Fähigkeiten einer Person zur Bearbeitung komplexer mathematischer Problemstellungen zulassen (vgl. NOLTE 2004, S. 36). *Käpnick* führt in diesem Kontext noch das Argument der häufig anzutreffenden individuellen Begabungsausprägungen an (vgl. KÄPNICK 1998, S. 69). Das Verfügen über einzelne mathematische Fähigkeiten kann bei der Einordnung mathematischer Begabung als Element allgemeiner Intelligenz nur in Ansätzen berücksichtigt werden.

Ein weiterer Kritikpunkt ist die zunehmende Undifferenziertheit von Intelligenztests im höheren Leistungsbereich. Somit erscheint der ausschließliche Bezug auf dieses Diagnoseinstrument gerade im Bereich der Hochbegabung als schwierig. Diesem Aspekt wird jedoch in **Kapitel 5 „Identifikation von Begabung“** intensiver nachgegangen (vgl. S. 109ff.).

### *3.1.2 Mathematische Begabung als spezifische Begabung*

Auch *Thurstone* ging zu Beginn seiner Forschungsarbeit von einem Generalfaktoren-Modell aus. Im Laufe seiner Tätigkeit und mit zunehmender Gewinnung von Erkenntnissen kam er jedoch von diesem Ansatz ab und ging über zu der Annahme verschiedener gleichberechtigter Intelligenzfaktoren (vgl. THURSTONE 1931), die er als die Primärfaktoren der Intelligenz bezeichnet (vgl. S. 39). Für den mathematischen Bereich sind vorrangig die Primärfaktoren *Rechenfertigkeiten*, *Wahrnehmungstempo*, *räumliches Vorstellungsvermögen*, *Merkfähigkeit und logisches oder schlussfolgerndes Denken* relevant.

*Gardner* nimmt in seiner Rahmentheorie der multiplen Intelligenzen (vgl. S. 54f.) direkten Bezug zu *Thurstone* und arbeitet auf dieser Basis verschiedene menschliche Intelligenzen heraus, die er als voneinander unabhängig bezeichnet. Für den mathematischen Bereich sind hier sowohl die logisch-mathematische Intelligenz als auch die räumliche Intelligenz von Bedeutung.

#### Die logisch-mathematische Intelligenz nach *Gardner*

Eine besondere logisch-mathematische Intelligenz zeigt sich nach *Gardner* in mehr als einem besonderen Rechentalent (vgl. GARDNER 2001a, S. 147). Anhand der Beschreibung von Mathematikern und Naturwissenschaftlern stellt *Gardner* dementsprechend Fähigkeiten zusammen, die nach seiner Theorie zu einem besonderen mathematischen Talent führen. Zu diesen Fähigkeiten zählen die Fähigkeit zur Abstraktion, die Intuition, das Gedächtnis für mathematische Inhalte, die Fähigkeit zum

Herstellen von Beziehungen, der geschickte und flexible Umgang mit mathematischen Inhalten, das systematische Vorgehen, eine hohe Arbeitsgeschwindigkeit, die Fähigkeit zum Erkennen und Lösen wichtiger Probleme und das gezielte Anwenden heuristischer Methoden.

Bezüglich des Stellenwertes der logisch-mathematischen Intelligenz in Relation zu den anderen Intelligenzen betont *Gardner,* dass er sich gegen die Anerkennung einer besonderen Bedeutung dieser Intelligenz stellt. „Nach meiner Ansicht stellen die logisch-mathematischen Fähigkeiten weit eher eine Intelligenz unter anderen dar; Fähigkeiten, die ausgezeichnet zur Lösung gewisser Probleme geeignet sind, aber anderen in keiner Weise überlegen sind oder sie sogar überwältigen werden" (ebd., S. 158). Auf diese Weise stellt er sich konsequent nicht nur gegen die Anerkennung einer allgemeinen Intelligenz, sondern auch gegen das Akzeptieren einer allgemeinen Logik. Er spricht sich vielmehr für die Existenz unterschiedlicher Logiken aus, die je nach dem zugrunde liegenden Fähigkeitsbereich andere Schwerpunkte, Ziele und Grenzen haben. Jedoch räumt *Gardner* eine „produktive Interaktion" (ebd.) speziell zwischen der logisch-mathematischen und der räumlichen Intelligenz ein.

### Die räumliche Intelligenz nach *Gardner*

Mit dem Postulieren der räumlichen Intelligenz als eigenständige Intelligenz bezieht sich *Gardner* ebenfalls auf *Thurstone*. Unter dieser Intelligenz benennt *Gardner* die Fähigkeit, „die visuelle Welt richtig wahrzunehmen, die ursprüngliche Wahrnehmung zu transformieren und zu modifizieren und Bilder der visuellen Erfahrung auch dann zu reproduzieren, wenn entsprechende physische Stimulierungen fehlen" (GARDNER 2001a, S. 163).

Nach *Gardner* besteht die räumliche Intelligenz aus dem Zusammenschluss folgender Fähigkeiten:

1. der Fähigkeit, die Identität eines Objektes zu erkennen,
2. der Fähigkeit, ein Objekt in ein anderes zu transformieren oder eine solche Transformation zu erkennen,
3. der Fähigkeit, eine mentale Vorstellung zu erzeugen und diese zu verändern,
4. der Fähigkeit, grafische Entsprechungen räumlicher Informationen zu erzeugen.

*Gardner* trennt zwar diese Fähigkeiten begrifflich voneinander und räumt ein, dass sie sich auch unterschiedlich entwickeln, sie treten nach *Gardner* jedoch üblicherweise zusammen auf und dienen vorrangig der Ausbildung des Vorstellungsvermögens und der Orientierung im Raum.

Bereits die Vorgehensweise *Gardners* zur Herausarbeitung der verschiedenen Intelligenzen – die Beschreibung besonderer Persönlichkeiten, die vorrangig über eine dieser Intelligenzen verfügen – zeigt an, dass nicht davon ausgegangen werden kann, alle diese Intelligenzen vereint in einer Person vorzufinden. Vielmehr zeichnen sich einzelne intelligente Personen meist durch das ausgeprägte Verfügen über einige oder mehrere Fähigkeiten aus. Es kann und soll jedoch nicht ausgeschlossen werden, dass bei einer Person alle Fähigkeiten einer Intelligenz in besonderem Maße ausgebildet sind.

### *3.1.3 Mathematische Begabung und allgemeine Intelligenz in verschiedenen Beziehungen zueinander*

Einen zwischen den beiden vorgestellten Positionen vermittelnden Ansatz verfolgt *Heilmann* (HEILMANN 1999). Sie geht zwar generell von der Existenz spezifischer Begabungen aus, arbeitet dann aber speziell für die mathematische Begabung und ihre Beziehung zur allgemeinen Intelligenz die drei folgenden, rein hypothetisch erstellten, Ausprägungstypen heraus, die sie als „denkbare Modelle" bezeichnet (vgl. ebd., S. 37):

1. Außergewöhnliche mathematische Leistungen sind ausschließlich bedingt durch spezifische mathematische Fähigkeiten.
2. Außergewöhnliche mathematische Leistungen sind ein Ergebnis hoher allgemeiner Intelligenz kombiniert mit besonderen mathematikspezifischen Fähigkeiten.
3. Außergewöhnliche mathematische Leistungen basieren ausschließlich auf einer hohen allgemeinen Intelligenz.

Aufgrund der Thematisierung der allgemeinen Intelligenz und spezifischer Fähigkeiten scheint der Ansatz *Heilmanns* den am *g-Faktor* orientierten Theorien zugehörig zu sein. Da sie jedoch in dem ersten der Ausprägungstypen davon ausgeht, dass außergewöhnliche mathematische Begabung auch ohne das Vorhandensein einer ebenfalls hohen allgemeinen Intelligenz möglich ist, kann ihr Ansatz als liberale Theorie bezeichnet werden, in deren Rahmen mathematische Begabung sowohlisoliert als auch als Bestandteil der allgemeinen Intelligenz auftreten kann. Hier bleibt es jedoch fraglich, inwieweit insbesondere der erste Ausprägungstyp wirklich vorzufinden ist, denn eine Ausschließlichkeit könnte auch bedeuten, dass die allgemeine Intelligenz bei hoher mathematischer Begabung nur sehr gering ist. Dies konnte jedoch bereits durch *Rosts* Forschungsprojekt ausgeschlossen werden (vgl. S. 56f.).

### *3.1.4 Eigene Positionierung*

Bis heute kann keine der vorgestellten Hypothesen als eindeutig überlegen bezeichnet werden. Je nach wissenschaftlichem Anliegen können ihnen jedoch jeweils bestimmte Vorteile zugesprochen werden. Strebt man kontrollierbare und vergleichbare Bedingungen an, die versuchen, den Kriterien der Objektivität, Reliabilität und Validität gerecht zu werden, so sind eindeutig Konzeptionen vorzuziehen, die auf der Annahme einer allgemeinen Intelligenz basieren. Sie liefern diesbezüglich durch das alleinige Diagnoseinstrument des Intelligenztests eindeutige Ergebnisse.

Ist es jedoch das erklärte Ziel, differenziertere mathematische Fähigkeiten zu untersuchen und individuelle Vorgehensweisen zu berücksichtigen, so gelingt dies nur, wenn man dazu übergeht, mathematische Begabung als eigenständige Begabung zu betrachten.

In Übereinstimmung mit den dargestellten Ansätzen von *Thurstone* und *Gardner* – und mit vielen weiteren, bereits vorgestellten Begabungsmodellen – erachte ich es für lohnend, auf forschender Ebene die Existenz einer relativ eigenständigen mathematischen Begabung anzunehmen. Dies schließt jedoch nicht aus, dass besondere mathematische Begabung und hohe allgemeine Intelligenz auch gemeinsam auftreten.

In diesem Sinne und in Anlehnung an die eigene Definition zur Begabung (vgl. S. 63) sehe ich mathematische Begabung als Potenzial für besondere Leistungsfähigkeit im mathematischen Bereich (vgl. hierzu: *Zweidimensionales Schema aus mathematischen Inhalten und inhaltsunabhängigen Fähigkeiten zur Erfassung mathematischen Tätigseins*, S. 94). Ich erkenne individuell unterschiedliche Ausprägungen mathematischer Begabung an und gehe davon aus, dass sich sowohl spezielle Persönlichkeitseigenschaften als auch ein förderliches Umfeld positiv auf die Begabungsentwicklung auswirken.

In Bezug auf die Abhängigkeit bzw. Unabhängigkeit von mathematischer Begabung und allgemeiner Intelligenz ist jedoch anzumerken, dass für keine der beiden Positionen eindeutige wissenschaftliche Belege vorhanden sind. Aus diesem Grund wird im eigenen Forschungsvorhaben ebenfalls der Intelligenzquotient erhoben. Es wird eine wichtige Frage der Ergebnisdarstellung und -interpretation sein, in welchem Verhältnis der Intelligenzquotient zu den eigenen ermittelten Ergebnissen steht und ob sich somit eine Beziehung zur allgemeinen Intelligenz erkennen lässt oder nicht.

Die Darstellung der Konzepte, denen die Annahme einer relativ unabhängigen mathematischen Begabung zugrunde liegt, hat unter Anderem gezeigt, dass die Beschreibungen und Ausführungen der verschiedenen mathematischen Fähigkeiten sehr oberflächlich bleiben und kaum wissenschaftlich gestützt sind. Dies wird unter anderem von *Käpnick* kritisiert (vgl. KÄPNICK 1998, S. 72). Aus diesem Grund wird im Folgenden speziell aufgearbeitet, was unter mathematischem Tätigsein verstanden werden kann und welche mathematischen Fähigkeiten konkret damit in Zusammenhang stehen. Zunächst erfolgt der Zugang zu einer detaillierteren Darstellung mathematischer Fähigkeiten also auf einer allgemeinen Ebene über das mathematische Tätigsein und den damit verbundenen Kompetenzen und Fähigkeiten. Erst dann werden einzelne Merkmal- oder Fähigkeitssysteme vorgestellt, die sich konkret auf die mathematische Begabung beziehen. Daraufhin kann eine Gegenüberstellung der verschiedenen Merkmalsysteme und eine gezielte Verdichtung in Bezug auf das eigene Forschungsvorhaben durchgeführt werden.

## 3.2 Mathematisches Tätigsein und die damit verbundenen mathematischen Kompetenzen und Fähigkeiten

Die Begriffsbildung der mathematischen Begabung legt den Schwerpunkt auf das Themenfeld Begabung, welches in diesem besonderen Fall eine mathematische Ausprägung findet. Um jedoch bestimmen zu können, von welcher Form eben diese mathematische Ausprägung ist, scheint es hilfreich, den Blickwinkel zunächst zu verändern und unter dem Begriff *Begabung für Mathematik* herauszuarbeiten, welches Verständnis von Mathematik hier zugrunde liegen kann.

Es muss an dieser Stelle jedoch einschränkend vorausgeschickt werden, dass kein allgemein gültiges Verständnis von Mathematik existiert, denn dies ist von der jeweiligen Generation und ihrer Definition von Mathematik abhängig (vgl. FREUDENTHAL 1978). Häufig geht man deswegen über in das konkrete Auflisten verschiedener Funktionen der Mathematik bzw. verschiedener mathematischer Kompetenzen.

Aus diesem Grund werden im Folgenden auf der Basis einer Definition mathematischer Kompetenzen von *Weinert* zwei Ansätze zur Beschreibung mathematischer Kompetenzen und ihrer Stellung zueinander aufgezeigt. Zu diesem Zweck wurden einerseits *Kilpatricks* Ausführungen zu *Mathematical Proficiency* und andererseits *Käpnicks* Darstellung des Wesens mathematischen Tätigseins ausgewählt. Der Vorstellung dieser beiden Ansätze folgt dann das Aufzeigen der in den Bildungsstandards aufgeführten mathematischen Kompetenzen. So können internationale und nationale Sichtweisen dargestellt und diskutiert werden. Dies wird im weiteren Verlauf des Kapitels die Grundlage für eine fundierte Einordnung der Merkmale mathematischer Begabung bilden.

Unter dem Begriff der mathematischen Kompetenzen fasst *Weinert* „die bei Individuen verfügbaren oder durch sie erlernbaren kognitiven Fähigkeiten und Fertigkeiten, um bestimmte Probleme[9] zu lösen, sowie die damit verbundenen motivationalen, volitionalen und sozialen Bereitschaften und Fähigkeiten um die Problemlösungen in variablen Situationen erfolgreich und verantwortungsvoll nutzen zu können" (WEINERT 2001, S. 27f.) zusammen. In dieser Definition mathematischer Kompetenzen wird deutlich, dass es sich hier um Fähigkeiten handelt, die ein erfolgreiches Problemlösen ermöglichen. *Weinert* sieht diese Fähigkeiten jedoch in enger Verknüpfung mit den entsprechenden persönlichen Voraussetzungen und Bereitschaften. Somit können mathematische Fähigkeiten nur dann zum erfolgreichen Problemlösen führen, wenn der Problemlöser selbst hierzu motiviert ist und wenn auch auf sozialer Ebene die notwendigen Voraussetzungen dafür geschaffen sind.

Geht man nun der Frage nach, welche Fähigkeiten und Fertigkeiten hier im Einzelnen zugeordnet werden können, so sind unter anderem bei *Kilpatrick* und *Käpnick* detaillierte Ausführungen zu finden.

Um die im amerikanischen Sprachgebrauch vorhandene „Kontamination" (vgl. KILPATRICK 2004, S. 150) von Begriffen nicht in sein Modell zu übertragen, hat *Kilpatrick* unter den häufig synonym verwendeten Begriffen *competency*, *proficiency*, *numeracy* und *mastery* den Begriff der *mathematical proficiency* zur Umschreibung des *mathematischen Könnens*[10] gewählt. Da auch im deutschen Sprachgebrauch keine einheitliche und trennscharfe Unterscheidung zwischen Kompetenzen, Fähigkeiten und Fertigkeiten vorzufinden ist, werden im Folgenden im Sinne *Weinerts* Kompetenzen als der umfassendere Begriff verstanden, wobei sich die verschiedenen Kompetenzen anhand von Fähigkeiten bzw. Fertigkeiten äußern.

Auf diese Weise kann beim Übergang zur Darstellung *mathematischen Tätigseins* nach *Käpnick* eine annähernd stringente Begriffsbildung gewährleistet werden, denn

---

[9] Was hier genau unter dem Begriff „bestimmte Probleme" zu verstehen ist, geht auch aus dem Kontext des Zitats nicht hervor (Anmerkung der Autorin).

[10] Übersetzung durch die Autorin. Es könnte auch der synonyme Begriff *mathematische Beschlagenheit* verwendet werden.

auch *Käpnick* bezieht sich auf den Begriff der *mathematischen Fähigkeiten*. Trotzdem kann nicht ausgeschlossen werden, dass selbst bei der Wahl identischer Begriffe dennoch unterschiedliche Vorstellungen und Definitionen eben dieser Begriffe zugrunde liegen; die bereits von *Kilpatrick* angesprochene Kontamination und Uneindeutigkeit kann bei dieser Thematik kaum umgangen werden.

*Kilpatrick* beschreibt **„Mathematical Proficiency"** anhand der fünf folgenden, ineinander verschlungenen, Stränge (vgl. ebd., S. 150–152):

- *Conceptual understanding – comprehension of mathematical concepts, operations and relations*

  Diese Fähigkeit beinhaltet das Verständnis für mathematische Begriffe, Operationen und Beziehungen.

- *Procedural fluency – skill in carrying out procedures flexibly, accurately, efficiently and appropriately*

  Das Geschick für ein flexibles, genaues, effizientes und angemessenes Ausführen von Verfahren wird im Rahmen dieser Fähigkeit aufgegriffen.

- *Strategic competence – ability to formulate, represent and solve mathematical problems*

  Die strategische Kompetenz bezieht sich auf die Fähigkeit, mathematische Probleme zu formulieren, darzustellen und zu lösen.

- *Adaptive reasoning – capacity for logical thought, reflection, explanation and justification*

  Hierunter wird das anpassungsfähige logische Denken und damit einhergehend die Fähigkeit zum Reflektieren, zum Erklären und zum Rechtfertigen verstanden.

- *Productive disposition – habitual inclination to see mathematics as sensible, useful and worthwhile; coupled with a belief in diligence and one's own efficacy*

  Diese Fähigkeit beschreibt die gewohnheitsmäßige Neigung zum Sehen von Mathematik als vernünftig, nützlich und erstrebenswert – gekoppelt mit dem Vertrauen in die eigene Wirksamkeit und Sorgfalt.[11]

*Kilpatrick* betont weiterhin, dass diese fünf Fähigkeiten in Interaktion stehen und sich gemeinsam entwickeln (vgl. ebd., S. 151). Die folgende Darstellung (Abb. 11) verdeutlicht diesen Ansatz.

Einen anderen Zugang wählt *Käpnick*, indem er zunächst Hauptauffassungen bezüglich des Wesens mathematischen Tätigseins zusammenstellt und dann die mathematischen Fähigkeiten, die diesen Hauptauffassungen zugrunde liegen, benennt (Käpnick 1998, S. 53–65).

[11] Die Übersetzungen wurden von der Autorin vorgenommen.

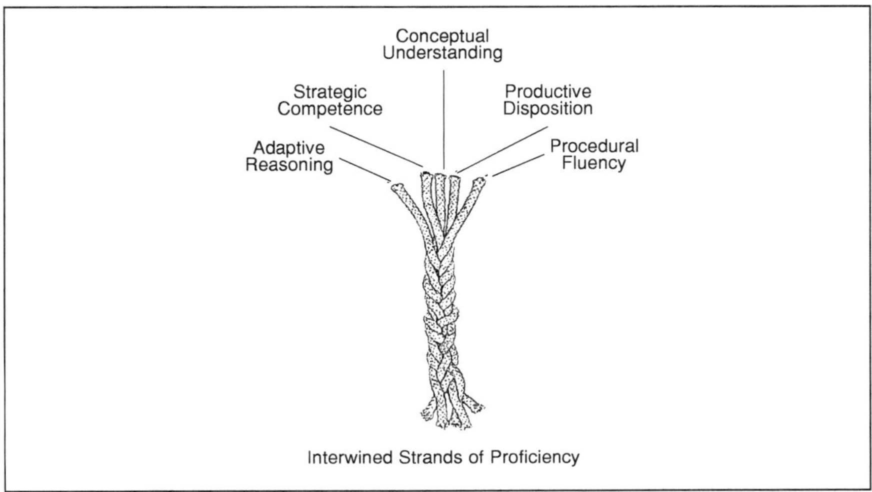


**Abb. 11:** Intertwined Strands of Mathematical Proficiency (KILPATRICK 2004, S. 151)

Auf diese Weise kommt *Käpnick* zu folgender Untergliederung:

- *Betonung des Strukturcharakters mathematischer Tätigkeit*

  Unter dieser Auffassung von Mathematik wird ihr professionelles Bild repräsentiert. Man wählt dabei einen formalen und axiomatischen Zugang zur Mathematik. Mathematisches Tätigsein ist dementsprechend gekennzeichnet durch die Fähigkeit zum widerspruchsfreien Definieren, die Fähigkeit zum Erkennen von Strukturen und zum Arbeiten in diesen Strukturen, die Fähigkeit zum formalen Denken, die Gründlichkeit und Genauigkeit im Denken und Tun und durch das Streben nach Perfektion.

- *Betonung des konstruktiven und intuitiven Charakters der Mathematik*

  Im konstruktivistischen Sinn wird Mathematik als ein offenes System verstanden, welches prozessual, im Rahmen von problemlösenden Prozessen entdeckt wird. Hierbei kennzeichnet sich mathematisches Tätigsein vorrangig durch die Fähigkeit zum Anwenden heuristischer Strategien, durch Intuition und durch einen konstruktiven Umgang mit Fehlern.

- *Betonung des spielerischen und ästhetischen Aspektes mathematischen Tätigseins*

  Diese Auffassung wird verbunden mit der Fähigkeit zum spielerischen Umgang mit Zahlen und Formen, mit einer besonderen Sensibilität für mathematische Zusammenhänge und mit dem Hervorbringen origineller mathematischer Ideen.

– *Betonung enger Wechselbeziehungen zwischen der Tätigkeit eines Mathematikers und der eines Naturwissenschaftlers*

Eine enge Beziehung zwischen der Mathematik und den Naturwissenschaften besteht in der Tatsache, dass sich einerseits die Naturwissenschaften mathematischer Denkweisen, Methoden und Verfahren bedienen und andererseits aber auch in der Mathematik naturwissenschaftliche Arbeitsweisen angewendet werden.[12] Häufig sind naturwissenschaftliche Phänomene oder Probleme Ausgangspunkte für mathematische Erkenntnisprozesse. Unter diesem Blickwinkel treten besonders naturwissenschaftliche Forschungsweisen in den Vordergrund. Somit können als zugehörige Fähigkeiten die gute Beobachtungsgabe, die bevorzugte experimentelle Arbeitsweise und ein großes Interesse an naturwissenschaftlichen Themen aufgeführt werden.

– *Betonung des Anwendungscharakters der Mathematik*

Die Betonung des Anwendungscharakters der Mathematik kann bis in die Anfänge der Mathematik nachgewiesen werden (vgl. ebd., S. 61). Die Bewältigung vieler praktischer Probleme (wie zum Beispiel die Berechnung von Jahreszeiten oder Gezeiten) erfordert mathematisches Wissen. Hier besteht also eine enge Verbindung zwischen dem Lösen alltäglicher Probleme und dem Einsatz mathematischer Mittel. Das mathematische Modellieren spielt eine wichtige Rolle. Mathematisches Tätigsein beinhaltet dementsprechend die Fähigkeiten zum beziehungsreichen Denken, zum Analysieren und Strukturieren, zum Finden und Lösen von Problemen, zum Transfer, zum Wechseln der Repräsentationsebenen und zum reflektierenden Umgang mit erzielten Lösungen.[13]

Unter Berücksichtigung der hier aufgestellten verschiedenen Hauptauffassungen von Mathematik gestaltet sich nach *Käpnick* mathematisches Tätigsein folgendermaßen:

> *„Die Mathematik ist eine sich ständig weiterentwickelnde und zunehmend komplexere Wissenschaft, die sehr verschiedene Themenbereiche wie z. B. die klassische euklidische Geometrie ebenso wie die moderne Computergeometrie, die Cantorsche Mengenlehre und formale Logik wie auch die Spieltheorie u.a.m. umfaßt. Zu den wesentlichen mathematischen Tätigkeiten gehören das Suchen und Bestimmen von Problemen, das Bearbeiten von Einzelproblemen wie auch von komplexen Problemfeldern, weiter das systematische Darstellen von Lösungen, das Strukturieren von Aufgabengruppen oder Lösungsverfahren bis hin zum Aufstellen mathematischer Theorien und schließlich das Entwickeln vielfältiger Anwendungsmöglichkeiten mathematischer Erkenntnisse."* (KÄPNICK 1998, S. 64)

[12] Die hier vorgenommene Unterscheidung zwischen Mathematik und Naturwissenschaften wird von *Käpnick* nicht näher erläutert.

[13] Da sowohl die Betonung des konstruktiven und intuitiven Charakters der Mathematik als auch die Betonung des Anwendungscharakters der Mathematik Bezüge zum Problemlösen aufweisen, sei an dieser Stelle auf Kapitel 4 „Problemlösen" der eigenen Arbeit verwiesen (vgl. S. 95ff.).

Hierbei kommt einerseits *Freudenthals* Aspekt der Abhängigkeit von der jeweiligen Generation zum Tragen, andererseits wird aber trotzdem eine Zuordnung vorgenommen, die dann auch das konkrete Benennen der entsprechenden Fähigkeiten ermöglicht.

Vergleicht man nun die Ansätze von *Kilpatrick* und *Käpnick*, so treten trotz der unterschiedlichen Herangehensweisen und Schwerpunktbildungen deutliche Parallelen hervor. Diese beziehen sich hauptsächlich auf das Aufgreifen der Fähigkeiten, die auf das grundlegende Verständnis für mathematische Begriffe, Operationen und Beziehungen ausgerichtet sind. Auch die Fähigkeiten, die ein erfolgreiches Problemlösen ermöglichen und damit einhergehend den Einsatz von Strategien fokussieren, werden von beiden thematisiert. Ebenso nehmen sowohl *Kilpatrick* als auch *Käpnick* Bezug auf die Bedeutung der persönlichen Einstellung und Haltung. Während *Käpnick* sie relativ vage mit dem Begriff der *besonderen Sensibilität für mathematische Zusammenhänge* umschreibt, die mit dem Hervorbringen origineller Ideen verbunden ist, geht *Kilpatrick* einen anderen Weg und benennt mit *Productive disposition* eine Fähigkeit, die zwar auch eine Grundhaltung beschreibt, er belegt sie jedoch mit konkreten Beispielen. Des Weiteren wird deutlich, dass *Käpnick* auch den spielerisch-ästhetischen Aspekt des mathematischen Tätigseins betont. Dieser Bereich wird von *Kilpatrick* nicht aufgegriffen. Ein Grund hierfür kann eventuell in *Käpnicks* wissenschaftlicher Nähe zur mathematischen Begabung im Grundschulalter liegen, denn hier erkennt und beschreibt er diese Fähigkeiten als Merkmale mathematischer Begabung (vgl. S. 83ff.).

Zieht man an dieser Stelle weitere Ausführungen zu den mathematischen Fähigkeiten hinzu – so zum Beispiel die *acht mathematischen Kompetenzen nach Niss* (vgl. NISS 2004, S. 183ff.) –, so lässt sich feststellen, dass hier wiederum übereinstimmend die Fähigkeiten aufgegriffen werden, die sich mit dem Problemlösen, dem Einsatz von Strategien und dem grundlegenden Verständnis für mathematische Begriffe, Operationen und Beziehungen befassen. Jedoch führt *Niss* zusätzlich die Fähigkeit zum Kommunizieren in, mit und über Mathematik an (vgl. ebd., S. 185). Er umschreibt diese dann zwar mit dem Verstehen, Prüfen und Interpretieren verschiedener Arten von geschriebenen, mündlich oder visuell dargelegten mathematischen Äußerungen oder Texten, durch die Betonung der Kommunikation in Form einer eigenständigen Kompetenz legt er hier jedoch einen Schwerpunkt, der in diesem Ausmaß bei *Kilpatrick* und *Käpnick* nicht zu finden ist.

Interessante Aufschlüsse sind nun weiterhin zu gewinnen, wenn man die *Bildungsstandards* in die Betrachtung einbezieht. Sie formulieren sowohl inhaltsbezogene als auch allgemeine mathematische Kompetenzen im Sinne von Standards für das Bildungssystem mit der Intention, die zentralen Aspekte des mathematischen Arbeitens zu erfassen (vgl. BLUM/DRÜKE-NOE/HARTUNG/KÖLLER 2006, S. 20). Diese Kompetenzen sind zusammengefasst als Leitideen und gelten für den Grundschulabschluss am Ende von Jahrgangsstufe 4 und für den Hauptschulabschluss am Ende von Jahrgangsstufe 9 (vgl. ebd. und Sekretariat der ständigen Konferenz der Kultusminister der Länder in der Bundesrepublik Deutschland 2005).

Folgende Leitideen und die damit verbundenen **inhaltsbezogenen mathematischen Kompetenzen** werden zum Ende von Jahrgangsstufe 4 aufgeführt (vgl. Sekretariat der ständigen Konferenz der Kultusminister der Länder in der Bundesrepublik Deutschland 2005, S. 8ff.):

1. *Zahlen und Operationen*
   - Zahldarstellungen und Zahlbeziehungen verstehen
   - Rechenoperationen verstehen und beherrschen
   - in Kontexten rechnen

2. *Raum und Form*
   - sich im Raum orientieren
   - geometrische Figuren erkennen, benennen und darstellen
   - einfache geometrische Abbildungen erkennen, benennen und darstellen
   - Flächen- und Rauminhalte vergleichen und messen

3. *Muster und Strukturen*
   - Gesetzmäßigkeiten erkennen, beschreiben und darstellen
   - Funktionale Beziehungen erkennen, beschreiben und darstellen

4. *Größen und Messen*
   - Größenvorstellungen besitzen
   - mit Größen in Sachsituationen umgehen

5. *Daten, Häufigkeit und Wahrscheinlichkeit*
   - Daten erfassen und darstellen
   - Wahrscheinlichkeiten von Ereignissen in Zufallsexperimenten vergleichen

Sucht man nach Konkretisierungen für das 1. und 2. Schuljahr, so ist in diesem Fall der Rahmenplan Grundschule Hessen hinzuzuziehen. Hier wird deutlich, dass die Leitideen 1 bis 3 in den Arbeitsbereichen[14] *Mengen und Zahlen* und *Geometrie* aufgegriffen werden. Für Kinder im 1. und 2. Schuljahr stehen im Arbeitsbereich *Mengen und Zahlen* die Entwicklung des Zahlbegriffs, die Einführung der Zahlen bis 100, die Einführung der vier Rechenoperationen und das halbschriftliche Rechnen im Vordergrund. Der Arbeitsbereich *Geometrie* legt den Schwerpunkt im 1. und 2. Schuljahr auf das Entwickeln des räumlichen Wahrnehmungs- und Vorstellungsvermögens, auf das Kennen und Verwenden der geometrischen Grundformen und -körper, auf das Erkennen, Beschreiben und Herstellen von Mustern und Ornamenten, auf das Legen komplexer geometrischer Figuren mit Formenplättchen und auf das Zeichnen mit Schablonen und Lineal (vgl. Hessisches Kultusministerium 1995, S. 150ff.). Es zeigt sich, dass Leitidee 3 „Muster und Strukturen" hauptsächlich in der Geometrie umgesetzt wird, im arithmetischen Bereich fehlt demgegenüber eine explizite Erwähnung.

[14] Unter dem Begriff der *Arbeitsbereiche* werden im *Rahmenplan Grundschule Hessen* die drei Bereiche *Mengen und Zahlen*, *Größen* und *Geometrie* aufgeführt.

Die inhaltsbezogenen Kompetenzen unter Leitidee 4 „Größen und Messen" werden im 1. und 2. Schuljahr nur angebahnt. Sie sollen dementsprechend vorrangig in Sachsituationen und im Alltagsbezug aufgegriffen werden, um sie in den folgenden Schuljahren nach und nach zu formalisieren und zu abstrahieren. Im *Rahmenplan Grundschule Hessen* wird auf dieser Basis formuliert, dass in den beiden ersten Schuljahren die Größen Geldwerte, Längen und Zeitspannen behandelt werden. Die Erfahrungen der Kinder mit Gewichten und Volumina (Hohlmaßen) können ebenfalls einbezogen werden. Die Begriffsbildung, die Entwicklung von Größenvorstellungen und die Einführung erster genormter Maßeinheiten stehen dabei im Vordergrund (vgl. ebd., S. 157).

In Bezug auf die Leitidee 5 „Daten, Häufigkeit und Wahrscheinlichkeit" bleibt festzuhalten, dass diese im hessischen Rahmenplan Grundschule nicht aufgegriffen wird, sie wird auch nur ansatzweise innerhalb der anderen Lernbereiche und Aufgabengebiete erwähnt.

Somit kann konstatiert werden, dass es schwerpunktmäßig die ersten drei Leitideen sind, an denen sich der Mathematikunterricht der ersten beiden Schuljahre inhaltlich orientiert, denn Leitidee 4 kommt hauptsächlich in konkreten Anwendungen zum Tragen und dient der Entwicklung von Größenvorstellungen. Leitidee 5 findet derzeit keine explizite Berücksichtigung in Hessen.

Generell geben die aufgezeigten Standards für inhaltsbezogene Kompetenzen wenig Aufschluss über die Kompetenzen, die zum mathematischen Tätigsein erforderlich sind. Hier sind es verstärkt die Standards für allgemeine mathematische Kompetenzen, die diesen Bereich tangieren. In diesem Zusammenhang gibt die Unterscheidung zwischen den Jahrgangsstufen 4 und 9 Hinweise darauf, inwieweit man von einer altersabhängigen Veränderung der einzelnen Kompetenzen ausgeht.

Stellt man die Auflistungen der allgemeinen mathematischen Kompetenzen zum Ende der Jahrgangsstufe 4 und zum Ende der Jahrgangsstufe 9 gegenüber, so ergibt sich folgende Tabelle:

**Tabelle 2:** Allgemeine mathematische Kompetenzen am Ende von Jahrgangsstufe 4 und 9

| **Ende Jahrgangsstufe 4** | **Ende Jahrgangsstufe 9** |
|---|---|
| mathematisch argumentieren | mathematisch argumentieren |
| Probleme mathematisch lösen | Probleme mathematisch lösen |
| mathematisch modellieren | mathematisch modellieren |
| mathematische Darstellungen verwenden | mathematische Darstellungen verwenden |
| mathematisch kommunizieren | mathematisch kommunizieren |
| Nutzen mathematischer Hilfsmittel und Arbeitsweisen | mit Mathematik symbolisch/formal/ technisch umgehen |

In der Tabelle wird deutlich, dass die angestrebten allgemeinen mathematischen Kompetenzen nach dem 4. und dem 9. Schuljahr nahezu identisch sind, sie unterscheiden sich ausschließlich im letzten Punkt. Hier wird in der höheren Altersstufe der fortschreitenden Formalisierung Rechnung getragen, wodurch erst in diesem Alter von den Kindern die Kompetenz zum symbolischen/formalen/technischen Umgang mit Mathematik erwartet wird. Dies ermöglicht richtungsweisend eine Relativierung der entsprechenden Kompetenzen in den Ansätzen von *Kilpatrick* und *Käpnick*, da dort nicht explizit Bezug zur Altersstufe genommen wird.

Des Weiteren zeigt sich, dass die Kompetenz des mathematischen Kommunizierens auch hier in Übereinstimmung mit *Niss* aufgegriffen wird.

Zusammenfassend kann jedoch im Sinne von *Freudenthal* konstatiert werden, dass alle hier aufgeführten Ansätze zwar in der Grundtendenz vergleichbare Fähigkeiten aufgreifen, diese dann jedoch aufgrund der individuellen Sichtweisen von Mathematik bzw. aufgrund der unterschiedlichen zugrunde liegenden Intention durch verschiedene Fähigkeiten untermauern oder ergänzen.

## 3.3 Merkmale und Fähigkeiten mathematisch begabter Grundschulkinder

Von der Darstellung mathematischer Kompetenzen und Fähigkeiten erfolgt nun der Übergang zum Aufzeigen der besonderen mathematischen Fähigkeiten begabter Grundschulkinder.

Da die diesbezüglichen Erkenntnisse des russischen Psychologen *Krutetskii* (1976) auf dem Gebiet der mathematischen Begabung noch heute als grundlegend und wegweisend gelten (vgl. Käpnick 1998, Nolte 2004), werden diese an den Anfang gestellt. Des Weiteren sind sowohl die Ergebnisse von *Kiesswetter* als auch die Arbeiten von *Käpnick* und *Nolte* auf diesem Gebiet bedeutungsvoll. Letztere beziehen sich auf mathematische Begabung von Grundschulkindern im 3. und 4. Schuljahr. Zum Abschluss wird dann kurz die Untersuchung von *Hrzán* dargelegt. Hier wird ein anderer Zugang gewählt, indem auf der Basis von Lehrerbefragungen ein Katalog von Merkmalen und Fähigkeiten mathematisch begabter Grundschulkinder aufgestellt wird.

Gemeinsam mit den bereits aufgezeigten Fähigkeiten mathematischen Tätigseins ist dann eine ausreichend breite Basis vorhanden, um eine fundierte Gegenüberstellung und Bezugnahme zur betroffenen Altersgruppe durchzuführen.

### Das Merkmalsystem von *Krutetskii*

Als einer der Hauptvertreter deskriptiver Untersuchungsmethoden im hier angesprochenen Forschungsgebiet kann der russische Psychologe *V. A. Krutetskii* (1976) betrachtet werden. Er analysierte die beim Lösen mathematischer Aufgaben notwendigen Denkleistungen in verschiedenen Altersgruppen. Zu diesem Zweck führte er von 1955 bis 1966 umfangreiche Studien durch, die sich auf Schüler im Alter von 6 bis 17 Jahren bezogen. Die Studien zeichneten sich insbesondere durch den Langzeitcharakter und durch eine große Methodenvielfalt aus. So führte *Krutetskii* Befragungen von Schülern, Eltern, Lehrern, Didaktikern und bekannten Mathematikern durch. Außerdem wurde biographisches Datenmaterial von Mathematikern verwendet. Es wurden Fallstudien durchgeführt und Lösungsprozesse in Form von Einzelinterviews analysiert. Auf dieser Basis stellte *Krutetskii* die folgende Struktur der mathematischen Fähigkeiten vor, die sich an den verschiedenen Stadien des Problemlösens orientiert.

**The structure of mathematical abilities** (ebd., S. 350ff.):

*1. Obtaining mathematical information – Gewinnen mathematischer Informationen*

A Die Fähigkeit zum formalisierten Wahrnehmen mathematischen Materials, zum Verstehen der formalen Struktur eines Problems

*2. Processing mathematical information – Verarbeiten mathematischer Informationen*

A Die Fähigkeit zum logischen Denken im Bereich quantitativer und räumlicher Beziehungen, Zahl- und Zeichensymbolik und die Fähigkeit zum Denken in mathematischen Symbolen

B Die Fähigkeit zur schnellen und breiten Verallgemeinerung von mathematischen Objekten, Relationen und Operationen

C Die Fähigkeit zur Verkürzung des Prozesses mathematischer Schlussfolgerungen; die Fähigkeit, in verkürzten Strukturen zu denken

D Die Flexibilität der Denkprozesse im mathematischen Bereich

E Das Streben nach Klarheit, Einfachheit, Ökonomie und Rationalität der Lösungen

F Die Fähigkeit zum schnellen und freien Richtungswechsel der Gedankengänge (Reversibilität der mentalen Prozesse)

*3. Retaining mathematical information – Behalten mathematischer Informationen*

A Das mathematische Gedächtnis (generalisiertes Erinnerungsvermögen für mathematische Beziehungen, typische Charakteristika, Argumentations- und Beweisschemata, Problemlösemethoden und Prinzipien des Problemlösens)

*4. General synthetic component – Allgemeine synthetische Komponente*

A Die mathematische Gesinnung (das Richten der Aufmerksamkeit auf die mathematischen Aspekte eines Phänomens)

Die verschiedenen Komponenten bezeichnet *Krutetskii* als „closely interrelated, influencing one another and forming in their aggregate a single integral system, a distinctive syndrome of mathematical giftedness, the mathematical cast of mind" (ebd., S. 351).

Neben diesem Komponentensystem postuliert er weitere Fähigkeiten, die jedoch nicht verpflichtend in der Struktur mathematischer Begabung enthalten sein müssen:

- hohe Geschwindigkeit der Denkprozesse,
- besondere Rechenfähigkeit,

- besonderes Gedächtnis für Symbole, Zahlen und Formeln,
- räumliches Vorstellungsvermögen,
- Fähigkeit zur Veranschaulichung abstrakter mathematischer Beziehungen.

Somit geht *Krutetskii* davon aus, dass es einerseits Komponenten mathematischer Begabung gibt, die grundlegend und fundamental notwendig sind; andererseits beschreibt er auch Fähigkeiten, die fakultativ vorhanden sein können. Dadurch können verschiedene Begabungstypen (vgl. ebd., S. 313ff.) unterschieden werden.

***Krutetskii* benennt folgende drei Typen:**

- *The analytic Type – der analytische Begabungstyp*
  Er setzt vorzugsweise analytisch-abstrakte Arbeitsmethoden ein.

- *The geometric Type – der geometrische Begabungstyp*
  Er arbeitet vorzugsweise auf der visuell-bildhaften Ebene.

- *The harmonic Type – der harmonische Begabungstyp*
  Hier sind beide Vorgehensweisen in ungefähr gleichem Maße vertreten.

Damit die verschiedenen Fähigkeiten zur Geltung kommen können, müssen gemäß *Krutetskii* bestimmte Persönlichkeitseigenschaften vorliegen:

> *"... success in performing a mathematical activity requires a certain combination of personality traits. Some abilities, without being combined with an appropriate orientation of personality or of its emotional-volitional sphere, cannot in themselves result in high achievement, even when they are of a high level."* (KRUTETSKII 1976, S. 344)

Als die entsprechenden Persönlichkeitseigenschaften benennt er Kooperationsfähigkeit, Neugier, Originalität, Wissbegier, Kreativität, eine kritische Haltung gegenüber sich selbst und Selbstständigkeit.

Durch das Aufgreifen der drei verschiedenen Bereiche fundamentale mathematische Fähigkeiten, fakultative mathematische Fähigkeiten und Persönlichkeitseigenschaften wird deutlich, dass nach *Krutetskiis* Ansatz mathematische Begabung durch unterschiedliche Faktoren bestimmt wird und dementsprechend individuell sehr verschieden ausgeprägt sein kann. In diesem Sinne kann auch *Krutetskiis* Benennung der drei verschiedenen Begabungstypen lediglich als richtungsweisend verstanden werden.

### Handlungsmuster mathematischer Begabung nach *Kiesswetter*

Anhand der langjährigen Arbeit mit mathematisch begabten Mittel- und Oberstufenschülern im Rahmen des „Hamburger Modells" stellt *Kiesswetter* unter Bezugnahme auf *Krutetskii* einen Katalog mathematischer Handlungsmuster zusammen. Unter dem Begriff *Handlungsmuster* sind die Eigenschaften und Fähigkeiten von Individuen zu verstehen, aufgrund derer die Prognose gemacht werden kann, dass später besondere mathematische Leistungen erbracht werden können (KIESSWETTER 1985).

*Kiesswetter* beschreibt diese Handlungsmuster als konstitutiv für mathematische Begabung (ebd., S. 302).

**Handlungsmuster mathematischer Begabung nach *Kiesswetter*:**

1. *Organisieren von Material*
2. *Sehen von Mustern und Gesetzen*
3. *Erkennen von Problemen, Finden von Anschlussproblemen*
4. *Wechseln der Repräsentationsebenen (vorhandene Muster und Gesetze in neuen Bereichen erkennen und verwenden)*
5. *Strukturen höheren Komplexitätsgrades erfassen und darin arbeiten*
6. *Prozesse umkehren*

*Kiesswetter* erhebt mit dieser Aufstellung nicht den Anspruch, die Bandbreite des Phänomens mathematischer Begabung vollständig zu erfassen, vielmehr gibt er zu bedenken, dass sowohl situative Faktoren als auch aktuelle physische und psychische Gegebenheiten das Lösungsverhalten und somit das Zeigen der verschiedenen Handlungsmuster beeinflussen können.

### Mathematikspezifische Begabungsmerkmale nach *Käpnick*

*Käpnick* lehnt sich in seiner Untersuchung an die Ergebnisse von *Krutetskii* und *Kiesswetter* an und nimmt dann im Rahmen seiner Forschungstätigkeit eine Fokussierung auf Kinder im 3. und 4. Schuljahr vor. Den Besonderheiten dieser Altersstufe kommt er dadurch entgegen, dass er einerseits die kognitiven Fähigkeiten der Kinder in diesem Alter besonders berücksichtigt und andererseits auch allgemeine Persönlichkeitseigenschaften einbezieht. Käpnick extrahiert die folgenden Merkmale (KÄPNICK 1998, S. 264ff.).

**Spezifische Merkmale mathematischer Begabung nach *Käpnick*:**

– *Fähigkeit zum Speichern (visuell oder akustisch gegebener) mathematischer Sachverhalte im Kurzzeitgedächtnis unter Nutzung erkannter mathematischer Strukturen*

  Bereits während der Phase der Informationsaufnahme und -speicherung findet bei mathematisch begabten Kindern eine sinnvolle Strukturierung statt. Auf diese Weise gelingt ihnen eine qualitativ höhere Einprägung als anderen Kindern.

– *Mathematische Fantasie*

  Mathematisch begabte Grundschüler verfügen über die ausgeprägte Fähigkeit, fantasiereiche Muster zu gegebenen Figuren- oder Zahlenanordnungen zu entwickeln. Sie können diese auch zur Lösung von Aufgaben einsetzen.

– *Fähigkeit im Strukturieren mathematischer Sachverhalte*

  Beim Lösen von komplexen Aufgaben gelingt es mathematisch begabten Kindern deutlich besser als anderen Kindern, mathematische Strukturen zu erkennen und vorgegebene Sachverhalte zu strukturieren. Das selbstständige verbale Verallgemeinern fällt jedoch auch ihnen häufig schwer.

– *Fähigkeit im selbstständigen Transfer erkannter Strukturen beim Bearbeiten mathematischer Aufgaben*

  Gegebene oder selbst entwickelte Figurenmuster können auf ähnliche Figuren transferiert werden. Dies gilt häufig auch für Zahlenanordnungen, für erkannte Lösungsstrategien trifft es jedoch kaum zu.

– *Fähigkeit im selbstständigen Wechseln der Repräsentationsebenen beim Bearbeiten mathematischer Aufgaben*

  Aufgrund dieser Fähigkeit können gegebene bildliche Darstellungen von Zahlen oder Zahlbeziehungen selbstständig auf eine formale arithmetische Ebene übertragen werden. Dies gilt auch für die Analyse von Texten. Das Wechseln zwischen der ikonischen und der formal-symbolischen Ebene fällt mathematisch begabten Kindern häufig leicht.

– *Fähigkeit im selbstständigen Umkehren von Gedankengängen beim Bearbeiten mathematischer Aufgaben*

  Für diese Fähigkeit gibt *Käpnick* lediglich eine Einschätzung ab, da hier die Art der vorliegenden Daten keine konkreten Schlüsse zulässt. Er geht jedoch davon aus, dass mathematisch begabte Kinder dieser Altersstufe bei einfachen Aufgaben dazu in der Lage sind, Gedankengänge umzukehren.

– *Mathematische Sensibilität*

  Mathematische Sensibilität drückt sich sowohl in einer Faszination für Zahlen und Zahlenanordnungen als auch in einem ausgeprägten Gefühl für diese aus.

Von diesen Merkmalen setzt *Käpnick* **das räumliche Vorstellungsvermögen** ab, da er hier keine signifikanten Unterschiede zu normal begabten gleichaltrigen Kindern feststellen konnte. Zudem zeigte sich in seinen Ergebnissen das räumliche Vorstellungsvermögen bei den mathematisch begabten Kindern als interindividuell zu unterschiedlich ausgeprägt, um verallgemeinernde Aussagen treffen zu können.

Außerdem identifiziert *Käpnick* verschiedene begabungsstützende Persönlichkeitseigenschaften bei mathematisch begabten Dritt- und Viertklässlern. Zu diesen Eigenschaften zählen *Selbstständigkeit, geistige Aktivität, ein großes Lernbedürfnis, hohe allgemeine Gedächtnisfähigkeit* und eine *besondere Kooperationsfähigkeit* (vgl. ebd., S. 267). Des Weiteren liegen in einer geringeren Ausprägung und Häufigkeit auch *Fantasie, Zielstrebigkeit, Kooperationsfähigkeit* und *sprachliche Ausdrucksfähigkeit* vor.

Anhand seiner breit angelegten Untersuchung ist es *Käpnick* gelungen, fundierte Aussagen bezüglich mathematikspezifischer Begabungsmerkmale und begabungsstützender Persönlichkeitseigenschaften zu treffen. Es bleibt jedoch anzumerken, dass er die mathematikspezifischen Begabungsmerkmale aus der Auswertung der Bearbeitung seiner Indikatoraufgaben (vgl. S. 112) durch mathematisch begabte Kinder und dazu ergänzend aus der Auswertung von sieben Einzelfallstudien gewinnt. Da die Indikatoraufgaben als Test konzipiert sind, bleibt es fraglich, inwieweit die genannten Merkmale auch beim eigenständigen und freien Bearbeiten von Problemaufgaben gezeigt werden können. Trotz dieser Einschränkung hat seine Arbeit für den Bereich der mathematischen Begabung bei Dritt- und Viertklässlern auch im aktuellen Kontext eine fundamentale Bedeutung.

### Fähigkeiten und Handlungsmuster mathematisch begabter Kinder nach *Nolte*

Im Rahmen des „Hamburger Modells" (NOLTE 2004, S. 9) befasste sich an der Universität Hamburg seit Mitte der 1980er Jahre eine Forschergruppe um *Kiesswetter* mit dem Themenfeld der mathematischen Begabung bei Schülern im Alter von 12 bis 19 Jahren und erstellte in diesem Zusammenhang den bereits genannten Katalog von Handlungsmustern mathematischer Begabung (vgl. S. 83). Aufgrund der zunehmenden Brisanz dieser Thematik auch für den Bereich der Grundschule folgte im Schuljahr 1999/2000 unter wissenschaftlicher Leitung von *Nolte*[15] die Einrichtung des Forschungs- und Förderprojektes „Besondere mathematische Begabung im Grundschulalter", welches sich auf Kinder im 3. und 4. Schuljahr konzentriert. Eine der grundlegenden Forschungsfragen liegt im Erkunden der Fähigkeiten und Handlungsmuster, die sich bei mathematisch besonders begabten Grundschulkindern beobachten lassen, wenn diese mathematische Problemstellungen bearbeiten (vgl. NOLTE 2004, S. 61). Diesbezüglich stellt sich zunächst die Frage, ob sich in dieser Altersstufe überhaupt schon eine mathematische Begabung zeigen kann. Aus diesem Grund nimmt *Nolte* unter Berücksichtigung der Ergebnisse von *Krutetskii, Kiesswetter* und *Käpnick* eine Einordnung der extrahierten mathematischen Fähigkeiten begabter Kinder in allgemeine mathematikdidaktische Erkenntnisse vor und kommt zu dem Schluss, dass die für ältere Kinder „beschriebenen Prozesse auch im Grundschulalter beobachtet werden können, allerdings liegen uns hierzu bisher nur erste Eindrücke und noch keine systematischen Untersuchungen vor" (ebd., S. 63). Unter dieser Prämisse setzt die Forschungstätigkeit ein und als Ergebnis nimmt *Nolte* eine Beschreibung von Handlungsmustern vor, durch die sich mathematisch begabte Kinder auszeichnen. Sie bezieht sich dabei auf die von *Kiesswetter* aufgestellten Handlungsmuster älterer mathematisch begabter Schüler und kommt zu der folgenden Relativierung der dort zusammengestellten Fähigkeiten.

**Handlungsmuster mathematisch begabter Kinder nach *Nolte*:**

1. *Organisieren von Material*

   Dieses wichtige Element des Problemlöseprozesses reduziert *Nolte* für Kinder im Grundschulalter auf das vollständige Sichten des vorgegebenen Materials und das sorgfältige Lesen der Aufgabenstellung. Besonders bei komplexen Aufgabenstellungen fällt es jüngeren Kindern schwer, die Analyse der gegebenen Daten in konkretem Bezug zur Aufgabenstellung eigenständig durchzuführen.

[15] Die Entwicklung des Konzeptes fand mit Unterstützung von *Kiesswetter* statt.

2. *Bilden von Superzeichen*
   In Bezugnahme auf Grundschulkinder erkennt *Nolte,* dass diese häufig induktive Denkprozesse zeigen, jedoch nur an einzelnen Stellen Superzeichenbildung vornehmen. Auch wenn einige Kinder auf einem eher intuitiven Niveau das Erkennen allgemeiner Strukturen zeigen, gehen sie diesen jedoch kaum nach.

3. *Mustererkennungsprozesse*
   Sei es durch das Nachvollziehen der Erkenntnisse anderer oder durch eigene Ideen, bei Grundschulkindern lassen sich häufig Prozesse der Mustererkennung beobachten. Die Qualität dieser Prozesse bestimmt sich durch die Vollständigkeit der berücksichtigten Informationen und durch den Grad des systematischen Arbeitens.

4. *Strategien*
   Die vorherrschende Strategie beim Bearbeiten von Problemaufgaben ist die des Probierens. Dies kann dem Produzieren bestimmter Beispiele dienen, es kann mit Einsicht in Strukturen stattfinden, es kann systematisch durchgeführt werden. Rückwärtsgerichtete Vorgehensweisen äußern sich insbesondere im Zerlegen von Zielzahlen. Das Bewusstsein für verallgemeinernde Aussagen ist nach *Nolte* bereits ausgeprägt. Die Qualitäten dieser Verallgemeinerungen sind jedoch sehr unterschiedlich und besonders bei jüngeren Kindern schwer festzustellen, da ihre Äußerungen nicht unbedingt mit den eigentlichen Erkenntnissen und Fähigkeiten übereinstimmen.

Diese Beschreibung von Handlungsmustern schränkt *Nolte* generell ein, indem sie betont, dass derart gefällte Aussagen immer kontextgebunden sind und auch als solche betrachtet werden müssen. Gezeigte Fähigkeiten müssen demnach grundsätzlich in Bezug zu der Aufgabe gesehen werden, bei deren Bearbeitung sie gezeigt wurden. Dementsprechend können auch Prognosen zur späteren mathematischen Begabung der betreffenden Kinder nur in eingeschränkter Form vorgenommen werden.

### Merkmale mathematischer Begabung nach *Hrzán*

*Hrzán* führte 1998 eine Untersuchung zu den Fähigkeiten mathematisch begabter Kinder durch, indem er Grundschullehrer nach den Merkmalen mathematischer Begabung befragte. Auf der Basis dieser Befragung erstellte er eine Merkmalliste zur mathematischen Begabung bei Grundschulkindern (vgl. HRZÁN 2001, S. 19f.).

**Merkmale mathematischer Begabung:**

- hohes logisches Denkvermögen
- Suchen und Finden eigener (mehrerer) Rechen- bzw. Lösungswege
- zügige, schnelle Arbeitsweise
- Erkennen von mathematischen (logischen) Zusammenhängen
- leichte, schnelle Auffassungsgabe

- hohe Konzentrationsfähigkeit
- Fähigkeit zum Übertragen von Wissen auf neue Sachverhalte
- selbstständiges Lösen von Aufgaben
- hohe Merkfähigkeit
- Freude am Knobeln
- hohes Tempo beim Kopfrechnen
- sicheres Lösen von Sachaufgaben
- Kombinationsfähigkeit
- Abstraktionsvermögen
- gut ausgeprägtes Zahlenverständnis
- Freude und Interesse an mathematischen Aufgaben/Problemen
- gutes Vorstellungsvermögen
- Ausdauer

Hier wird deutlich, dass die Merkmale nicht nach verschiedenen Kriterien untergliedert sind. Somit sind in dieser Liste einerseits Fähigkeiten enthalten, die sich speziell auf den mathematischen Bereich beziehen, wie zum Beispiel das stark ausgeprägte Zahlenverständnis oder das sichere Lösen von Sachaufgaben. Andererseits werden auch allgemeine Fähigkeiten aufgeführt, wie das Abstraktionsvermögen oder die hohe Merkfähigkeit. Zudem finden auch allgemeine Persönlichkeitseigenschaften, wie Ausdauer und Konzentrationsfähigkeit, Berücksichtigung. Dadurch gestaltet sich die Übersicht sehr komplex und verlangt eigentlich eine zusätzliche Strukturierung, zum Beispiel in der Weise, wie *Käpnick* sie vorgenommen hat. Insgesamt bleiben die einzelnen Merkmale sehr vage und werden nicht weiter ausgeführt. Jedoch wird gerade durch die reine Aufzählung der verschiedenen Merkmale in beeindruckender Form deutlich, wie facettenreich das Bild ist, welches Grundschullehrer von mathematischer Begabung haben.

## 3.4 Modelle zur mathematischen Begabung

Nimmt man zu den herausgearbeiteten Merkmalen mathematischer Begabung, die sich in dem Verfügen über bestimmte Fähigkeiten äußern, auch die bereits gewonnenen Erkenntnisse zur allgemeinen Begabung in den Blick, so wird schnell deutlich, dass dieses fähigkeitsorientierte Bild mathematischer Begabung nicht ausreichen kann, um das Phänomen *mathematische Begabung* hinreichend darzustellen. Denn hier wird man weder der Auffassung von Begabung als Potenzial gerecht, noch kann man ausreichend verdeutlichen, inwieweit zusätzlich wirksame Faktoren, wie die Persönlichkeitseigenschaften oder das soziale Umfeld, berücksichtigt werden. Aus diesem Grund wird häufig eine Bezugnahme auf vorhandene Begabungsmodelle vorgenommen und diese werden dann aus mathematischer Sicht interpretiert. So orientiert sich zum Beispiel *Käpnick* am „Drei-Ringe-Modell“ *Renzullis* (vgl. S. 42f.) und betont ergänzend die Bedeutung sozialer Einflussgrößen (vgl. KÄPNICK 1998, S. 73f.). Darüber hinaus formuliert er die bereits erwähnten begabungsstützenden Persönlichkeitseigenschaften, die sich im Sinne *Renzullis* überwiegend in den Bereich der *Aufgabenverpflichtung* einordnen lassen. Auch *Bardy* und *Hrzán* (BARDY/HRZÁN 1998 und 2005) thematisieren diese Problematik und geben dementsprechend eine Einbettung der mathematischen Begabung in die Modelle von *Gagné* und *Heller/Hany* als Denkvarianten an (vgl. BARDY/HRZÁN 2005, S. 2f.). In diesem Kontext bezieht sich *Nolte* unter anderem auf das Modell von *Wieczerkowski* und *Wagner*, welches ebenfalls Begabung und Talent unterscheidet (WIECZERKOWSKI/WAGNER 1985).

Um die Einbettung in allgemeine Begabungsmodelle zu umgehen und die Spezifik für den mathematischen Bereich herauszustellen, entwickelte *Heinze* ein spezielles Modell mathematischer Begabung. Auf der Basis von *Gagnés* Begabungsmodell (vgl. S. 46ff.) erstellte sie das „Differenzierte mathematische Begabungs- und Talentmodell“[16] (HEINZE 2005). In diesem Rahmen definiert sie zunächst mathematische Begabung als

> *„... einen Entwicklungsprozess, in dem sich intellektuelle, speziell mathematische Fähigkeiten (Begabung) zusammen mit (optionalen) kreativen Fähigkeiten (Begabung) zum mathematischen Talent – manifestiert in einem Merkmalsystem mathematikspezifischer Fähigkeiten – entwickeln können. Beeinflusst wird dieser Prozess sowohl durch interpersonale Katalysatoren (Umwelteinflüsse) als auch durch intrapersonale Katalysatoren (begabungsstützende Persönlichkeitseigenschaften).“* (HEINZE 2005, S. 39)

Auf der Basis dieser Definition entwickelte sie folgendes Modell:

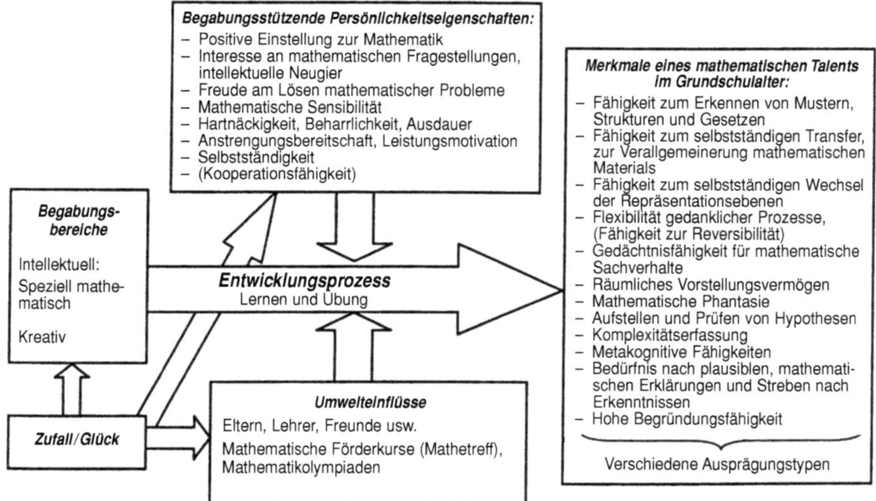


**Abb. 12 :** Differenziertes mathematisches Begabungs- und Talentmodell von *Heinze* (2005)

[16] Sprachlich korrekter wäre es, wenn man von einem *differenzierten Modell zur mathematischen Begabung bzw. zum mathematischen Talent* sprechen würde.

Das hier beschriebene mathematische Talent kommt nach *Heinze* am besten beim mathematischen Tätigsein zum Ausdruck. Es ist demnach an die aktive Auseinandersetzung mit mathematischen Inhalten gebunden.

Als die grundlegenden Maßgaben des Modells sind die Trennung von Begabung und Leistung, die mögliche, aber nicht notwendige Interaktion von intellektuellen Fähigkeiten und Kreativität, der Einfluss intra- und interpersonaler Katalysatoren, die Möglichkeit verschiedener Ausprägungstypen mathematischer Begabung und die unbeeinflussbare Bedeutung des Zufalls oder des Glücks zu nennen (vgl. ebd., S. 67).

Die intrapersonalen Katalysatoren, die *Heinze* in Anlehnung an *Käpnick* als begabungsstützende Persönlichkeitseigenschaften bezeichnet, sind begrifflich weiter gefasst und ausführlicher als bei *Käpnick* und *Krutetskii,* beziehen sich jedoch nahezu auf die gleichen Inhalte. Lediglich in Bezug auf die mathematische Sensibilität weicht *Heinze* bewusst von *Käpnick* ab und orientiert sich an *Krutetskii.* Während *Käpnick* diese als Merkmal mathematischer Begabung einordnet, fasst *Heinze* die mathematische Sensibilität unter die begabungsstützenden Persönlichkeitseigenschaften. Somit versucht sie, die ebenfalls von *Käpnick* eingestandene schwierige Nachweisbarkeit dieses Merkmals zu umgehen.

Auch in Bezug auf die Merkmale eines mathematischen Talents sind deutlich Parallelen zu *Käpnick*, *Krutetskii* und *Nolte* zu erkennen.

Es erscheint durchaus sinnvoll, auf der Basis von *Gagnés* Modell ein mathematikspezifisches Begabungsmodell zu entwickeln, da auf diese Weise die verschiedenen Bereiche eine Konzentration auf mathematische Inhalte erfahren. Eine Ausnahme bildet hier jedoch der Begabungsbereich, der bei *Gagné* als Ausgangspunkt des gesamten Modells den intellektuellen, den kreativen, den sozio-affektiven, den sensomotorischen und weitere unbenannte Bereiche umfasst. Inwieweit nun das Herausgreifen des speziellen Elementes der intellektuellen Begabung durchgeführt werden kann, ohne das gesamte Modell zu verändern, bleibt unbeachtet. Hier wäre es notwendig zu betonen, dass sich mathematische Begabung nicht losgelöst von den anderen Bereichen entwickelt, sondern in die Interaktion der verschiedenen Bereiche eingebettet ist.

## 3.5 Gegenüberstellung und Verdichtung der verschiedenen Merkmalsysteme

Bevor die vorhandenen Erkenntnisse zur mathematischen Begabung in Beziehung zu Kindern im 1. und 2. Schuljahr gesetzt werden können, erfordert die Fülle der hier aufgezeigten mathematischen Kompetenzen, Fähigkeiten und Merkmale mathematischer Begabung zunächst eine Gegenüberstellung und Verdichtung. Vor allem in Bezug auf die Begriffsvielfalt soll dann für den weiteren Verlauf der eigenen Forschungsarbeit eine Vereinheitlichung vorgenommen werden.

Zunächst zu den verschiedenen Merkmalsystemen mathematischer Begabung:

Die beiden von *Krutetskii* zuerst genannten Fähigkeiten zum formalisierten Wahrnehmen mathematischen Materials und zum Denken in mathematischen Symbolen lassen sich mit der von *Käpnick* angeführten Fähigkeit zum Strukturieren mathematischer Sachverhalte vergleichen, sowohl die von *Kiesswetter* als auch die von *Nolte* formulierten Handlungsmuster des Organisierens von Material und des Mustererkennungsprozesses sind ebenfalls in diesen Bereich einzuordnen. All diese Fähigkeiten thematisieren das Verhalten beim ersten Kontakt mit einem Problem, wobei jedoch sowohl *Käpnick* als auch *Nolte* durch das Strukturieren bzw. Organisieren ausschließlich die erste aktive Auseinandersetzung mit einem Problem berücksichtigen. *Hrzán* fasst dies auf allgemeiner Ebene als eine leichte und schnelle Auffassungsgabe zusammen, die formale Ebene berücksichtigt er durch die Fähigkeit zum Erkennen von mathematischen (logischen) Zusammenhängen.

Des Weiteren benennt *Krutetskii* die Fähigkeit zur schnellen und breiten Verallgemeinerung von mathematischen Objekten, Relationen und Operationen. Hierauf geht *Nolte* ein, indem sie diese Fähigkeit ebenfalls direkt benennt, für Grundschulkinder jedoch die aufgezeigten Einschränkungen vornimmt. Auch bei *Käpnick* sind entsprechende Einschränkungen vorzufinden.

Die Fähigkeit zur Verkürzung des Prozesses mathematischer Schlussfolgerungen wird nicht durchgängig für den Grundschulbereich aufgegriffen, da sie hier noch nicht zu beobachten ist. Ähnlich verhält es sich mit dem Streben nach Klarheit, Einfachheit, Ökonomie und Rationalität der Lösungen. Die Ausprägung dieser Fähigkeit scheint erst mit einer gewissen Routine im Problemlösen selbst möglich zu sein. Jedoch können die Elemente Ökonomie und Rationalität durchaus in der von *Käpnick* aufgeführten Fähigkeit zum Strukturieren mathematischer Sachverhalte enthalten sein, Gleiches gilt auch für die Verkürzung von Schlussfolgerungen. Auch wenn sie für Grundschulkinder nicht explizit als Fähigkeiten benannt sind, so können sie doch rudimentär im Arbeitsprozess gezeigt werden.

Die von *Krutetskii* formulierte Fähigkeit zum schnellen und freien Richtungswechsel der Gedankengänge (Reversibilität der mentalen Prozesse) kann in Beziehung zur übergeordneten Fähigkeit zur Flexibilität der Denkprozesse gesehen werden. Auch *Kiesswetter*, *Käpnick* und *Nolte* benennen mathematische Fähigkeiten, die flexible Denkprozesse aufgreifen. Hierzu zählen vorrangig die Fähigkeit im selbstständigen Wechseln der Repräsentationsebenen, die Fähigkeit im selbstständigen Umkehren von Gedankengängen (wie auch von *Krutetskii* aufgezeigt) und die Fähigkeit zum selbstständigen Transfer erkannter Strukturen beim Bearbeiten mathematischer Aufgaben. Diese Fähigkeiten stehen in einer engen Beziehung zu den heuristischen Strategien und werden aus diesem Grunde in Kapitel 4 „Problemlösen" (S. 95ff.) näher erläutert.

Das besondere mathematische Gedächtnis wird in allen Konzepten berücksichtigt, wobei *Nolte* hier jedoch differenzierter argumentiert und sich auf die Fähigkeit zum Bilden von Superzeichen bezieht.

Als allgemeine synthetische Komponente mathematischer Begabung bezeichnet *Krutetskii* die mathematische Gesinnung (vgl. S. 81) einer Person. Diese ist bei *Käpnick* unter dem Begriff der mathematischen Sensibilität aufgeführt, *Hrzán* bezeichnet sie als die Freude und das Interesse an mathematischen Problemen.

Über diese Merkmale hinaus nimmt nun *Käpnick* begabungsstützende Persönlichkeitseigenschaften auf. Hierzu zählt er Selbstständigkeit, geistige Aktivität, Lernbedürfnis, allgemeine Gedächtnisfähigkeit und Kooperationsfähigkeit. Ein Teil dieser Merkmale ist ebenfalls in *Hrzáns* Katalog enthalten. Er verzichtet jedoch leider auf eine weitere Unterteilung und Gewichtung der oft recht allgemeinen Merkmale.

Ein Merkmal, welches den kreativen Bereich mathematischer Begabung berücksichtigt, ist lediglich bei *Käpnick* vorzufinden. Er beschreibt dies mit der mathematischen Fantasie und versteht darunter die Fähigkeit zur Entwicklung vielfältiger fantasiereicher Muster und origineller Lösungsideen. Da zur Beziehung von Begabung und Kreativität nur ansatzweise fundierte Erkenntnisse vorliegen (vgl. Kapitel 2 „Begabung", S. 31ff.) und diese entsprechend kontrovers diskutiert werden, kann nicht davon ausgegangen werden, dass mathematisch begabte Kinder generell über diese Fähigkeit verfügen. Zwar stellt *Käpnick* durchgängig die mathematische Fantasie gut bis sehr gut ausgeprägt fest, er betont jedoch für alle Merkmale mathematischer Begabung, dass nicht jedes begabte Kind über alle verfügen muss (vgl. *Käpnick* 1998, S. 268).

Setzt man nun die verschiedenen Merkmale mathematischer Begabung in Beziehung zu den von *Kilpatrick*, *Käpnick* und *Niss* formulierten mathematischen Fähigkeiten im Kontext eines allgemeinen mathematischen Tätigseins, so lassen sich auch hier klare Parallelen erkennen. Es werden in diesem Kontext jedoch auch Fähigkeiten aufgezeigt, die von den Kindern der hier angesprochene Altersstufe noch nicht erwartet werden können, was durch die Darstellung der allgemeinen mathematischen Kompetenzen der Bildungsstandards verdeutlicht werden konnte. Hierbei handelt es sich zum Beispiel um das Aufstellen mathematischer Theorien, um das Entwickeln vielfältiger Anwendungsmöglichkeiten mathematischer Erkenntnisse und um die Kompetenz zum symbolischen/formalen/technischen Umgang mit Mathematik. Dementsprechend fehlen diese Fähigkeiten in allen Zusammenstellungen von Merkmalen mathematischer Begabung bei Grundschulkindern oder sind dort in relativierter Form aufgegriffen.

Die enge Verbindung zwischen dem allgemeinen mathematischen Tätigsein und mathematischer Begabung macht auf prägnante Weise deutlich, dass ein gemeinsamer Inhalt und Ausgangspunkt zugrunde liegt. Es wird aber auch die qualitative Unterscheidung offensichtlich. Mathematisch begabte Kinder verfügen in der Regel nicht vorrangig über andere Fähigkeiten als normal begabte Kinder, sondern über eine andere Ausprägung und Verknüpfung eben dieser genannten Fähigkeiten.

Die Gegenüberstellung hat außerdem gezeigt, dass unter den aktuellen Mehrkmalsystemen mathematischer Begabung von Kindern im 3. und 4. Schuljahr *Käpnicks* Zusammenstellung einerseits eine hohe Vollständigkeit und Übereinstimmung mit *Krutetskiis* Ergebnissen aufweist und andererseits über eine sinnvolle Unterteilung in mathematikspezifische Merkmale und begabungsstützende Persönlichkeitseigenschaften verfügt.

## 3.6 Mathematische Begabung bei Kindern im 1. und 2. Schuljahr

Wie bereits gesagt (vgl. Einleitung, S. 1ff.), liegen leider kaum umfassende aktuelle Erkenntnisse zur mathematischen Begabung bei Kindern im 1. und 2. Schuljahr vor. Bezüglich der arithmetischen Fähigkeiten begabter Vorschulkinder liefert jedoch die

Untersuchung von *Häuser/Schaarschmidt*, die Ende der 80er Jahre des 20. Jahrhunderts begonnen wurde, einige Aussagen (HÄUSER/SCHAARSCHMIDT 1991a). Im Rahmen dieser Untersuchung hat sich gezeigt, dass begabte Vorschulkinder bereits die Addition und Subtraktion im Zahlenraum bis 100 beherrschten, auch das Lösen von Multiplikations- und Divisionsaufgaben gelang vielen von ihnen. Ein Drittel der Gruppe befand sich auf einem Leistungsniveau, welches sich dem Ende des 3. Schuljahres zuordnen lässt. Zur Erhebung dieser Daten mussten von den Kindern, die von ihren Eltern oder Erzieherinnen als Frühleser und/oder Frührechner nominiert wurden, Rechenaufgaben mit sukzessiv zunehmenden Schwierigkeiten gelöst werden. Besonders diese Vorgehensweise deutet bereits auf die Spezifik der Studie hin. *Häuser/Schaarschmidt* erklären zwar, dass nach ihrer Vermutung mathematisch begabte Vorschulkinder neben den besonderen rechnerischen Fähigkeiten auch über gut ausgeprägte Kompetenzen in der formal operativen Denkfähigkeit verfügen und somit auch gute Problemlöser sind (vgl. ebd., S. 155). Wie dies ausschließlich anhand der Bearbeitung von Rechenaufgaben festgestellt werden kann, bleibt jedoch unklar.

Im Rahmen der Auswertung der eigenen Forschungsarbeit muss sich herausstellen, inwieweit Kinder im 1. und 2. Schuljahr Fähigkeiten zeigen, die mit den aufgeführten Merkmalen mathematischer Begabung vergleichbar sind. Es kann diesbezüglich aufgrund der bereits vorhandenen Forschungsergebnisse und der belegten Erkenntnisse bei Kindern im 3. und 4. Schuljahr erwartet werden, dass auch jüngere Kinder über vergleichbare Fähigkeiten verfügen können, diese aber eventuell nur in Ansätzen zeigen. Da jedoch speziell die Fähigkeiten zum selbstständigen Umkehren von Gedankengängen und zum Verallgemeinern mathematischer Objekte, Relationen und Operationen selbst bei Kindern im 3. und 4. Schuljahr nur rudimentär nachgewiesen werden konnten, ist es durchaus möglich, dass sie bei jüngeren Kindern gar nicht aufgezeigt werden können.

An dieser Stelle sei betont, dass es in der eigenen Forschungsarbeit nicht darum geht, die hier aufgezeigten Merkmale mathematischer Begabung bei Kindern im 1. und 2. Schuljahr zu überprüfen, denn nach dem derzeitigen wissenschaftlichen Forschungsstand kann mathematische Begabung in dieser Altersstufe noch nicht identifiziert werden. Im Rahmen der Interpretation der eigenen Ergebnisse sollen jedoch die Fähigkeiten, die Kinder beim Bearbeiten der Aufgaben in unterschiedlicher Ausprägung zeigen, mit den Merkmalen mathematischer Begabung verglichen werden. Hieraus könnten sich Hinweise ergeben, ob und in welcher Weise sich mathematische Begabung in dieser Altersstufe zeigt. Es wird somit ein erster Schritt bezüglich des Erfassens von Merkmalen mathematischer Begabung bei Kindern im 1. und 2. Schuljahr vollzogen.

Da es für den gesamten Grundschulbereich bislang weder international noch national eine übergreifende und eindeutige wissenschaftliche Untersuchung zu den Merkmalen mathematischer Begabung gibt und es damit auch keine Festlegung auf allgemein anerkannte Merkmale gibt, spricht man häufig einschränkend von einer potenziellen mathematischen Begabung (vgl. KÄPNICK 1998, S. 32ff., GRASSMANN 2004). Indem man eine Begabung als potenziell deklariert, gelingt einerseits die Berücksichtigung der aktuellen Forschungslage und andererseits die Relativierung der Verlässlichkeit der zur Verfügung stehenden Diagnoseinstrumente. Auch kann man somit der Tatsache gerecht werden, dass diese Untersuchungen im frühesten Schulalter noch nicht als eindeutiger Hinweis auf eine spätere mathematische Begabung angesehen werden können. Der lange Vorhersagezeitraum und die nicht kalkulierbare individuelle Entwicklung stehen dem entgegen (vgl. NOLTE 2004, S. 61). Aus diesen Gründen wird im Folgenden der Begriff der mathematischen Begabung immer dahingehend verstanden, dass er die folgenden Einschränkungen berücksichtigt:

- Aufgrund der aktuellen Forschungslage ist es derzeit noch nicht möglich, konkrete mathematische Fähigkeiten über alle Altersstufen hinweg zu benennen, durch die sich mathematische Begabung konstituiert.
- Es fehlen explizit im 1. und 2. Schuljahr wissenschaftlich überprüfte Diagnoseinstrumente, anhand derer mathematische Begabung identifiziert werden kann.
- Die individuelle Entwicklung kann derart verlaufen, dass eine früh prognostizierte Begabung später trotzdem nicht in der erwarteten Weise zum Ausdruck kommt.

## 3.7 Konsequenzen für das eigene Forschungsvorhaben

Das hier entwickelte Bild von Mathematik und mathematischer Begabung dient im eigenen Forschungsvorhaben als Grundlage für die Konstruktion der Problemaufgaben. Auf diese Weise kann gewährleistet werden, dass die erzielten Ergebnisse tatsächlich umfassenden Aufschluss über die mathematischen Fähigkeiten der Kinder geben.

Welche Kriterien sind es nun konkret, die bei der Konstruktion der Problemaufgaben zu berücksichtigen sind?

Es hat sich zunächst gezeigt, dass es bedeutsam ist, das zugrunde liegende Bild von Mathematik anhand der Beschreibung von Fähigkeiten darzulegen. Für die im eigenen Forschungsvorhaben fokussierten Kinder im 1. und 2. Schuljahr ergeben sich zusammenfassend die folgenden inhaltsunabhängige mathematischen Fähigkeiten.

**Inhaltsunabhängige mathematische Fähigkeiten von Kindern im 1. und 2. Schuljahr:**

- mathematische Objekte, Relationen und Operationen erkennen
- mathematische Verfahren einsetzen
- mathematische Strukturen erkennen
- in mathematischen Strukturen arbeiten
- Strategien anwenden
- über mathematisches Gedächtnis verfügen

Die hier vorgenommene Auflistung von Fähigkeiten ist als Extrakt der allgemeinen Ausführungen zum mathematischen Tätigsein und den damit verbundenen Fähigkeiten und den verschiedenen Katalogen zu den Merkmalen mathematischer Begabung zu verstehen. Die Altersstufe findet dabei Berücksichtigung.

Neben diesen inhaltsübergreifenden mathematischen Fähigkeiten sind jedoch auch die mathematischen Inhalte zu beachten, die für Schulkinder in diesem Alter von Bedeutung sind. Hier hat sich gezeigt, dass es vorrangig die folgenden drei Inhaltsbereiche sind:

- Zahlen und Operationen
- Muster und Strukturen
- Raum und Form

Somit ergibt sich für die Konstruktion der Forschungsaufgaben ein zweidimensionales Schema, welches abgedeckt werden muss, wenn man mathematisches Tätigsein und die damit verbundenen Fähigkeiten in Bezug auf die angesprochene Altersgruppe erfassen möchte.

### Zweidimensionales Schema aus mathematischen Inhalten und inhaltsunabhängigen Fähigkeiten zur Erfassung mathematischen Tätigseins

**Tabelle 3:** Zweidimensionales Schema aus mathematischen Inhalten und inhaltsunabhängigen Fähigkeiten zur Erfassung mathematischen Tätigseins

| mathematische Inhalte / inhalts-unabhängige Fähigkeiten | Zahlen und Operationen | Muster und Strukturen | Raum und Form |
|---|---|---|---|
| mathematische Objekte, Relationen und Operationen verstehen | | | |
| mit mathematischen Objekten, Relationen und Operationen arbeiten | | | |
| mathematische Strukturen erkennen | | | |
| in mathematischen Strukturen arbeiten | | | |
| Strategien anwenden | | | |
| über mathematisches Gedächtnis verfügen | | | |

Natürlich bleibt es aufgrund der Ergebnisse des eigenen Forschungsvorhabens abzuwarten, inwieweit die Kinder tatsächlich bei der Bearbeitung der Forschungsaufgaben diese Fähigkeiten zeigen und sich dementsprechend das Konstrukt bestätigt oder relativiert.

Um nun – wie bereits aufgezeigt – dem engen Zusammenhang zwischen mathematischer Begabung und dem Problemlösen gerecht zu werden, folgt im anschließenden Kapitel die theoretische Aufarbeitung des Themengebietes *Problemlösen*. Im Rahmen dieser Abhandlung wird ebenfalls die Beziehung zwischen den beiden Bereichen aufgezeigt.

# 4 Problemlösen

*„Jeden Tag werden wir mit zahlreichen Problemen konfrontiert, vom Wechseln eines platten Autoreifens bis zu Herausforderungen auf dem Gebiet von Wissenschaft und Politik. Ein Verständnis dessen, wie wir solche Probleme lösen, ist aus zwei Gründen von Bedeutung; zum ersten ist es gerade die Problemlösefähigkeit, die dem menschlichen Handeln eine flexible und intelligente Qualität verleiht und die sehr hoch eingeschätzt wird. Um die menschliche Intelligenz verstehen zu können, muss man also den Vorgang des Problemlösens selbst analysieren. Der zweite Grund liegt darin, dass wir andere besser in schnellem und intelligentem Problemlösen unterrichten können, wenn wir den Prozeß des Problemlösens selbst verstehen.“* (WESSELLS 1984, S. 338)

*Wessells* verdeutlicht sehr eindrucksvoll die enge Verbindung zwischen dem Problemlösen und der menschlichen Intelligenz, indem er davon ausgeht, dass sich Intelligenz in der Ausprägung der Problemlösefähigkeit zeigt. Auf die Verknüpfung der beiden Aspekte wird nach der folgenden Darstellung des Problemlösens eingegangen, da auf diese Weise die erlangten Erkenntnisse zur (mathematischen) Begabung in Bezug zur nun aufzuarbeitenden Thematik des Problemlösens gesetzt werden können. Zunächst wird jedoch eine Begriffsklärung vorgenommen. Außerdem werden sowohl der Problemlöseprozess als auch die verschiedenen Problemlösestrategien aufgezeigt. Abgerundet wird dieses Kapitel durch die Darstellung der Konsequenzen für das eigene Forschungsvorhaben.

## 4.1 Zum Begriff des Problemlösens

Eine Definition zum Problemlösen von Kindern liefert *Siegler* (SIEGLER 2001). Er fokussiert im Rahmen dieser Definition die notwendigen Schritte und Prozesse, um zu einer Lösung zu gelangen.

*„Problemlösen umfasst die Bemühungen von Kindern, eine große Zahl von Prozessen zu orchestrieren, um Hindernisse zu überwinden und Ziele zu erreichen.“* (SIEGLER 2001, S. 368)

Der hier angesprochene Prozesscharakter liegt generell dem Verständnis des Problemlösens zugrunde. Es handelt sich demnach um einen Prozess, durch den ein gegebener, als unbefriedigend empfundener Ausgangszustand in einen gewünschten Zielzustand überführt wird. Dabei ist eine zwischen Ausgangs- und Zielzustand bestehende Barriere zu überwinden (vgl. AEBLI 1981).

Diese Form der Begriffsdefinition ist bereits bei *Duncker* (DUNCKER 1935, S. 1) vorzufinden. Er benennt als Elemente eines Problems den Ausgangszustand, das Ziel und die Hindernisse. Diese drei Elemente werden auch bei *Mayer* und *Dörner* als grundlegend formuliert (MAYER 1979, S. 5, DÖRNER 1976, S. 10).

Auf dieser Basis können nun zwei Problemtypen unterschieden werden: solche, die, wie eingangs durch *Siegler* beschrieben, auf die Zielerreichung ausgerichtet sind, und solche, die vom Ziel ausgehend den Anschluss an die vorhandene Wirklichkeit suchen (vgl. DUNCKER 1935, S. 1). Beide folgen jedoch der aufgezeigten Grundstruktur.

Generell sind im Rahmen des Problemlösens neben dem Problem selbst die individuellen Voraussetzungen des jeweiligen Problemlösenden zu berücksichtigen. „Ein Problem ist keine objektive Gegebenheit. Es entsteht, wenn ein Mensch ein Ziel hat und nicht weiß, wie er dieses Ziel erreichen soll. Konkret hängt es vom Wissensstand dieses Menschen ab, ob er die Aufgabe algorithmisch bearbeiten kann (also einen Weg vom Anfangszustand zum Ziel kennt) oder ob er selbst einen Lösungsweg konstruieren muss und deshalb die Aufgabe für ihn eine Routineaufgabe oder ein Problem ist“ (FRANKE 2003, S. 69f.). Somit ergibt sich als ein grundlegendes und bestimmendes Merkmal des Problems die wirkliche Problemhaltigkeit für den Lösenden.

## 4.2 Kategorisierung von Problemen

Um Probleme in ihrem Wesen oder in den ihnen zugrunde liegenden Schwierigkeiten zu unterscheiden, werden – je nach Intention – verschiedene Kategorisierungen vorgenommen. So ist bei *Wessells* die allgemeine Unterteilung in **gut und schlecht definierte Probleme** zu finden (WESSELLS 1984). Anhand dieses Kriteriums unterscheidet er Probleme aufgrund ihrer Eindeutigkeit. Dementsprechend sind bei einem gut definierten Problem sowohl die Ausgangslage als auch der angestrebte Endzustand eindeutig. Bei einem schlecht definierten Problem sind hingegen beide Elemente nicht eindeutig.

Auch bei *Pehkonen* ist eine ähnliche Unterscheidung vorzufinden, er spricht in diesem Zusammenhang aber von **offenen und geschlossenen Problemen** (PEHKONEN 1991). Offene Probleme entsprechen *Wessells* schlecht definierten Problemen, geschlossene demnach den gut definierten Problemen.

Einen anderen Schwerpunkt greift *Pólya* in Bezug auf Mathematikaufgaben auf, indem er **Beweis- und Bestimmungsaufgaben** unterscheidet. Mit dieser Einteilung bezieht er sich auf die beiden eingangs aufgezeigten grundlegenden Problemtypen. Demnach versteht *Pólya* unter Bestimmungsaufgaben solche Aufgaben, bei denen das Unbekannte ermittelt werden muss. Das Lösen einer Gleichung fällt nach *Pólya* zum Beispiel in diese Kategorie. Bei Beweisaufgaben muss hingegen ein vorgegebener Endzustand bewiesen oder widerlegt werden (PÓLYA 1949).

*Dörners* Untergliederung hingegen bezieht sich auf die Barrieren, die bei der Problemlösung überwunden werden müssen. So benennt er **Interpolationsprobleme**, die den Ausgangs- und den Zielzustand angeben, auch die zur Zielerreichung notwendigen Mittel sind bekannt, müssen jedoch richtig eingesetzt werden. Außerdem beschreibt er **Syntheseprobleme**, diese verzichten auf die Vorgabe der Mittel zur Zielerreichung. Die dritte Kategorie bilden die **dialektischen Probleme**. Hier sind der Ausgangszustand und die notwendigen Mittel bekannt, der Zielzustand bleibt jedoch offen (DÖRNER 1976).

Des Weiteren lässt sich eine Unterscheidung in Bezug auf die Komplexität des Problems vornehmen. Hierbei ist die Anzahl der zu berücksichtigenden Variablen das Kriterium der Bestimmung als **einfaches oder komplexes Problem** (HUSSY 1984).

Da die **Repräsentation des Problems** einen zentralen Stellenwert innerhalb des Problemlöseprozesses einnimmt, werden häufig auch diesbezügliche Unterscheidungen vorgenommen. Sie beziehen sich im Allgemeinen auf den Abstraktionsgrad der Repräsentation. Ein Problem wird in der Regel auditiv wahrgenommen. Für die Bearbeitung kann es aber durchaus von Vorteil sein, es in Anlehnung an *Bruner* in eine visuell-anschauliche oder konkret erfahrbare Repräsentationsebene zu übertragen (vgl. RASCH 2001, S. 48). Auf diese Weise wird der Grad der Abstraktion herabgesetzt. Ob hierdurch jedoch auch der Schwierigkeitsgrad reduziert wird, hängt hingegen sowohl vom speziellen Problem als auch vom Problemlöser ab. Dies gibt bereits *Duncker* zu bedenken, indem er darauf hinweist, dass Anschauung auch hinderlich sein kann (vgl. DUNCKER 1935, S. 131).

Generell lässt sich in Bezug auf die Kategorisierungen von Problemen festhalten, dass eine Möglichkeit der Einteilung darin besteht, die Eindeutigkeit der Problemstellung zu fokussieren. Ein weiteres Herangehen ist das Unterscheiden zwischen Problemen, in denen der Zielzustand ermittelt werden soll, und solchen, in denen der Anfangszustand unbekannt ist. Auch die unterschiedliche Bedeutung und Bereitstellung der notwendigen Mittel kann in diesem Zusammenhang aufgegriffen werden. Andererseits ist es jedoch auch im Sinne von *Hussy* möglich, die Komplexität des jeweiligen Problems der Kategorisierung zugrunde zu legen. Dem Abstraktionsgrad von Problemen wird in den Kategorisierungen nachgegangen, die auf die Repräsentation des Problems ausgerichtet sind.

Die Zusammenstellung zeigt, dass zur Abbildung und Einordnung dieses komplexen Themenbereichs verschiedene Kategorisierungen berücksichtigt werden sollten. Nur auf diese Weise kann den unterschiedlichen Aspekten Rechnung getragen werden.

## 4.3 Phasen des Problemlösens

Im Folgenden wird der Prozess des Problemlösens vorgestellt.

In der Regel findet eine Unterteilung in verschiedene Phasen oder Stadien statt. Diese Vorgehensweise ist auf *Dewey* zurückzuführen, der bereits 1910 den Problemlöseprozess aus naturwissenschaftlicher Sicht analysierte und in fünf Stufen unterteilte (vgl. DEWEY 1951).

**Die fünf Stufen des Problemlösens nach *Dewey:***

1. *Suggestion*
   Man begegnet dem Problem.

2. *Intellectualisation*
   Das Problem wird lokalisiert und präzisiert.

3. *The guiding idea, Hypothesis*
   Ein Lösungsansatz wird entwickelt.

3. *Reasoning*
   Der Ansatz wird logisch konsequent durchgeführt.

4. *Testing the Hypothesis by Action*
   Die Lösung wird experimentell überprüft und entweder angenommen oder abgelehnt.

Des Weiteren ist *Pólyas* Unterteilung des Problemlöseprozesses in vier Phasen anzuführen (PÓLYA 1949). Diese Gliederung ist vergleichbar zu *Deweys* 5-Stufen-Modell, *Deweys* erste beiden Stufen werden hier jedoch zu einer Phase zusammengefasst.

***Pólyas* vier Phasen des Problemlösens:**

1. *Verstehen der Aufgabe*
   Hier wird das Problem analysiert, Gegebenes wird von Gesuchtem unterschieden und die Beziehungen zwischen den Informationen werden untersucht.

2. *Ausdenken eines Planes*
   Nun geht es darum, den Zusammenhang zwischen Gegebenem und Gesuchtem herzustellen, um den Lösungsplan aufstellen zu können.

3. *Ausführen des Plans*
   Der Lösungsplan wird ausgeführt.

4. *Rückschau*
   Im Rahmen der Rückschau soll das ermittelte Ergebnis unter Bezugnahme auf die konkrete Problemstellung überprüft werden. Dies sollte wenn möglich mit Hilfe einer anderen Methode stattfinden.

*Pólya* betont die Notwendigkeit aller vier Phasen, auch wenn er anerkennt, dass in Einzelfällen Lösungen spontan durch „glänzende Ideen" erzielt werden können (vgl. ebd., S. 113).

*Wessells* formuliert ebenfalls vier Stufen, die er vergleichbar zu *Pólya* mit den Überschriften „Definition des Problems", „Aufstellen einer Strategie, einer Methode oder eines Plans", „Exekution der Strategie" und „Evaluierung des Fortschritts bezüglich des Ziels" belegt (WESSELLS 1984, S. 338). Besonders in der letzten Phase betont er aber die Verzahnung aller Stufen: „Wenn jedoch ein Problemlöser entschieden hat, dass die augenblickliche Strategie unbrauchbar ist, dann müssen zusätzliche Planungen begonnen und die ersten Stufen des Problemlösungsprozesses wiederholt werden" (ebd., S. 339). Demnach kann davon ausgegangen werden, dass reflektive Elemente während des gesamten Problemlöseprozesses auftreten können. Falls sie zu einem Verwerfen der erzielten (Teil-)Lösungen führen, kann dies einen Neubeginn des Prozesses auslösen.

Die Darstellung der verschiedenen Phasen des Problemlöseprozesses nach *Dewey, Pólya* und *Wessells* hat gezeigt, dass hier große Übereinstimmungen vorzufinden sind. *Dewey* betont jedoch in besonderer Weise den ersten Kontakt mit dem Problem und damit einhergehend das Erkennen und Lokalisieren des Problems. Er sieht das

Einsetzen des Problemlöseprozesses also deutlich früher, als dies bei *Pólya* oder *Wessells* der Fall ist.

Es gibt außerdem Modelle, die dem intuitiven Moment im Problemlöseprozess eine besondere Bedeutung zugestehen. Dieser Ansatz ist zurückzuverfolgen bis zu *Poincaré* (1913), der den Problemlöseprozess in die vier Phasen *Vorbereitung, Inkubation, Illumination* und *Verifizierung* unterteilt. Durch die Betonung der *Illumination* – der Erleuchtung – wird deutlich, dass er blitzartige und unerwartete Lösungsideen als notwendiges Element des Prozesses einstuft.

## 4.4 Problemlösestrategien

Um die Lösung eines Problems anzustreben, können verschiedene Strategien eingesetzt werden. Strategien sind als zielgerichtete Handlungen zu verstehen, die im Hinblick auf eine Problemlösung genutzt werden. Diese Handlungen werden nicht als geschlossen und eindeutig verstanden, sondern als offen und orientierend. Wichtig ist in diesem Zusammenhang, dass die Probleme einen Entscheidungsspielraum für den Einsatz verschiedener Strategien einräumen. Es kann somit zum Beispiel noch nicht von Strategien gesprochen werden, wenn es ausschließlich darum geht, eingeübte Lösungsschemata korrekt auszuführen (vgl. GHOLSEN u. a. 1990, S. 270).

Befasst man sich mit traditionellen Definitionen des Strategiebegriffs, so ist festzustellen, dass Handeln immer nur dann als strategisch angesehen wird, wenn es ein bewusstes, vom Willen gesteuertes Handeln ist (vgl. ALEXANDER/GRAHAM/HARRIS 1998, S. 130).

Die liberale Definition des Strategiebegriffs bezeichnet jedoch auch solche Handlungen als strategisch, die ohne bewusste Kontrolle durchgeführt werden. *Stein* bezeichnet diese Form des strategischen Handelns mit dem Begriff des *Strategiekeims* (STEIN 1994, S. 87) und fasst damit auffällige Muster im Lösungsverhalten von Kindern zusammen, die auch ohne bewusstes und reflektiertes Handeln auftreten. Hier kann zwar noch keine strategische Absicht unterstellt werden, es sind jedoch Handlungsmuster erkennbar, die strategisches Potenzial beinhalten.

Eine häufig vorzufindende Unterteilung von Strategien ist die **Trennung zwischen Algorithmen und Heurismen**. In diesem Zusammenhang versteht man unter einem Algorithmus eine Lösungsmethode, die immer nur zur Lösung von bestimmten Aufgabentypen eingesetzt werden kann. Demgegenüber stellt ein Heurismus eine Lösungshilfe dar, die in einem fremden Kontext eingesetzt werden kann, ohne dann aber einen Lösungserfolg zu garantieren (vgl. WESSELLS 1984, S. 356). *Schoenfeld* gibt folgende Definition der heuristischen Strategien: „Heuristic strategies are rules of thumb for successful problem solving, general suggestions that help an individual to understand a problem better or to make progress toward its solution“ (SCHOENFELD 1985, S. 23). Auch hier wird deutlich, dass heuristische Strategien als Hilfen zu verstehen sind, die das erfolgreiche Problemlösen unterstützen, jedoch nicht unbedingt eine richtige Lösung nach sich ziehen müssen.

Da die in der eigenen Forschungsarbeit eingesetzten Aufgaben (vgl. S. 135ff.) im Sinne des Erfassens eines möglichst vollständigen Bildes der mathematischen Fähigkeiten vorrangig nicht den Einsatz von Algorithmen fordern, sondern derart gestaltet sind, dass im Lösungsprozess heuristische Strategien eingesetzt werden müssen, werden diese im Folgenden näher erläutert.

*Heuristische Strategien*

Je nach Autor, Forschungshintergrund und fokussierter Altersgruppe werden verschiedene heuristische Strategien benannt und unterschieden (vgl. WESSELLS 1984, PÓLYA 1949, HOLLAND 1988, FRANKE 2003, RASCH 2001). Nimmt man jedoch einen konkreten Bezug auf die Anwendung durch Kinder im Grundschulalter vor, so werden vorrangig diese heuristischen Strategien angeführt:

Strategie des Generierens und Testens von Lösungen

Beim Einsatz dieser Strategie werden alle für den Löser denkbaren Lösungsmöglichkeiten ausprobiert. Dieses Probieren kann vollkommen unsystematisch stattfinden. Das Generieren und Testen von Lösungen wird mit zunehmender Größe des Suchraums ineffektiver, da dann zu viele verschiedene Lösungsmöglichkeiten zur Auswahl stehen. Gerade diese Ineffektivität kann jedoch ausschlaggebend für das Finden anderer heuristischer Strategien sein, indem sie zum Beispiel zur Suchraumeingrenzung veranlasst.

Strategie der Suchraumveränderung

Im Rahmen der Beeinflussung des Suchraums kann einerseits eine Suchraumeingrenzung stattfinden. Hier wird, vom Problem ausgehend, der Suchbereich, in dem die Lösung vermutet wird, eingegrenzt. Dazu muss zunächst das Problem durchdacht und gegebenenfalls vorstrukturiert werden, denn nur auf diese Weise ist es möglich, den Suchraum angemessen einzuschränken. Eine weitere Möglichkeit der Suchraumveränderung ist das Weglassen einer Bedingung und das Bestimmen der Menge aller Lösungen dieser modifizierten Aufgabe. Erst daraufhin wird die Bedingung wieder hinzugenommen und die endgültige Lösung ermittelt (vgl. HOLLAND 1988, PÓLYA 1949). Diese Form der Suchraumveränderung ist bei jüngeren Kindern kaum vorzufinden, da sie in der Regel geschult werden muss.

Strategie der Analogiebildung

Die Analogiebildung basiert auf der Suche nach Beziehungen zu ähnlichen bereits gelösten Problemen. In früheren Lösungsprozessen erfolgreiche Bearbeitungsschritte werden zur Lösung des neuen Problems eingesetzt. Die Analogiebildung kann auch auf einzelne Teilaspekte des Problems angewendet werden.

Strategie der Ziel-Mittel-Analyse

Die Verwendung dieser Strategie ist nur möglich, wenn dem Löser das genaue Ziel vor Augen ist. Denn nur so kann er abschätzen, welche Mittel er konkret zum Erreichen dieses Ziels einsetzen kann. Diese Mittel können zum Beispiel Skizzen, Tabellen oder Modelle sein (vgl. FRANKE 2003, S. 72).

Strategie des Zerlegens in überschaubare Teile

Hierbei wird das Problem in Teilprobleme zerlegt. Auf diese Weise ergeben sich für den Löser überschaubare Schritte, die er nacheinander abarbeiten kann. Die Entscheidung, welche Teilziele für sinnvoll erachtet und gebildet werden, obliegt dem Problemlöser selbst.

Strategien des Vorwärts- und Rückwärtsarbeitens

Beim Vorwärtsarbeiten wird, ausgehend von den gegebenen Daten, auf das Gesuchte hingearbeitet. Dementsprechend wird beim Rückwärtsarbeiten vom Gesuchten ausgegangen und es werden auf rekonstruierende Weise die Schritte bestimmt, die zum Erlangen des gesuchten Zustandes notwendig sind. Sowohl vorwärts- als auch rückwärtsarbeitend können die bisher beschriebenen heuristischen Strategien eingesetzt werden.

Eine von dieser Untergliederung der heuristischen Strategien abweichende Strukturierung nimmt *Siegler* vor. Er führt folgende Prozesse im Rahmen des Problemlösens auf (SIEGLER 2001, S. 369f.):

- das Planen
- das analoge Denken
- den Kausalschluss
- den Gebrauch von Werkzeugen
- die wissenschaftliche Beweisführung
- das deduktive Denken als die wichtigsten Prozesse.

Grundsätzlich kann nach *Siegler* das Planen als zukunftorientiertes Problemlösen verstanden werden, wobei die Unterschiede zwischen dem gegebenen Zustand und dem Ziel schrittweise reduziert werden.

Im Vergleich zu den heuristischen Strategien entspricht die Ziel-Mittel-Analyse einer Form des Planens, auch das Zerlegen in überschaubare Teile fällt in diesen Bereich. Das analoge Denken ist direkt mit der heuristischen Strategie der Analogiebildung zu vergleichen. Die Fähigkeit zum Bilden von Analogien wird bedingt durch die Variablen, die das Problem bestimmen. Je eindeutiger hier Übereinstimmungen zu bereits gelösten Problemen erkennbar sind, desto leichter fällt die Analogiebildung. Dem Kausalschluss schreibt *Siegler* die Variablen Kontinuität, Präzedenz und Kovarianz[17] zu, außerdem benennt er das Verfügen über alternativer Mechanismen, die zur effektiveren Zielerreichung führen, als weitere wichtige Variable. Kausalschlüsse basieren dementsprechend auf einem Zusammenwirken mehrerer

[17] Kontinuität: gleichmäßiger Fortgang
Präzedenz: Vorrangigkeit
Kovarianz: Unveränderlichkeit der Form bestimmter (Rechen)Vorgänge

Fähigkeiten. Den Gebrauch von Werkzeugen, den *Franke* im Rahmen der Ziel-Mittel-Analyse ebenfalls einbringt, sieht *Siegler* als eigenständigen Problemlöseprozess an. In diesem Zusammenhang betont er die Notwendigkeit der Auswahl angemessener Werkzeuge, da ansonsten die Zielerreichung eventuell sogar behindert werden kann. Die wissenschaftliche Beweisführung und das deduktive, also das logische Denken, sind nach *Siegler* nun die ersten beiden Bereiche, die sich nicht bereits im frühen Kindesalter entwickeln, sondern erst später zur Verfügung stehen. Besonders das Ziehen eindeutiger Schlussfolgerungen und das Unterscheiden zwischen zwingenden und wahrscheinlichen Schlüssen benennt er als für Kinder problematisch.

Die Effektivität einer Strategie hängt zunächst von dem jeweils gestellten Problem ab, denn zur Lösung eines spezifischen Problems sind nicht immer alle Strategien geeignet. Aber auch durch den Problemlöser und dessen Kompetenzen wird die Angemessenheit einer Strategie bestimmt. Dementsprechend folgert *Wessells*:

> *„Wenn nun eine Strategie effektiv sein soll, dann muß sie auf die Merkmale des Lösers wie auch auf die Aufgabe zugeschnitten sein.“* (WESSELLS 1984, S. 357)

In diesem Kontext gewinnt die Untergliederung von Strategien in Bezug auf die jeweilige Einsatzmöglichkeit an Bedeutung. Nach *Friedrich/Mandl* können diesbezüglich drei Gruppen gebildet werden (vgl. FRIEDRICH/MANDL 1992).

**Untergliederung von Strategien nach ihrer Einsatzmöglichkeit gemäß *Friedrich/Mandl:***

- *Allgemeine Strategien*

  Zunächst gibt es sehr allgemeine Strategien, die bei nahezu allen Problemen angewendet werden können. Darunter fallen zum Beispiel die Aufmerksamkeitssteuerung, die Zeitplanung und die Selbstmotivation.

- *Strategien mit mittlerem Allgemeinheitsgrad*

  Diese Strategien können bei vielen Problemen unabhängig vom konkreten Inhalt eingesetzt werden. Beispielhaft können die heuristischen Strategien oder auch verschiedene Verstehensstrategien genannt werden.

- *Spezifische Strategien*

  Strategien dieser Form weisen eine hohe Aufgabenspezifikation auf, sie können somit ausschließlich bei bestimmten Aufgabentypen eingesetzt werden (vgl. FRIEDRICH/MANDL 1992, S. 10f.). *Wessells* spricht in diesem Zusammenhang von aufgabenspezifischen Strategien (WESSELLS 1984, S. 376).

Anhand dieser Untergliederung wird deutlich, dass zum erfolgreichen Problemlösen zunächst allgemeine, persönlichkeitsbedingte Strategien beitragen. Daneben sind es die heuristischen Strategien, die eine große Rolle spielen. Da jedes Problem ganz spezifische Anforderungen beinhaltet, beeinflusst auch das Verfügen über aufgabenspezifische Strategien den Erfolg.

## 4.5 Problemaufgaben

Unter dem Begriff *Problemaufgaben* sind Aufgaben zu verstehen, denen in der Regel anspruchsvolle mathematische Strukturen zugrunde liegen. Sie können in Sachsituationen eingebettet sein, dies ist jedoch nicht zwingend notwendig. Problemaufgaben können von Routineaufgaben unterschieden werden (vgl. HOLLAND 1988, S. 90) und sind bewusst in der Weise gestaltet, dass den Kindern selbst vertraute Grundmodelle der Rechenoperationen nicht sofort deutlich werden bzw. diese nicht ohne vorherige Transferleistung anzuwenden sind. „Nicht selten werden in Problemaufgaben mehrere voneinander abhängige Bedingungen genannt, die vom Lösenden gleichzeitig zu berücksichtigen sind. Dies entspricht weniger den Lösungsgewohnheiten des Grundschulkindes, dem eher Aufgabenstellungen vertraut sind, die dem Schema ‚Zustand-Operator-Zustand' folgen" (RASCH 2001, S. 26). Bei Problemaufgaben handelt es sich zudem meist um Einzelaufgaben, die derart angelegt sind, dass verschiedene Lösungsideen und -ansätze verfolgt werden können und dabei unterschiedliche Strategien zum Einsatz kommen können. „Damit erfüllen sie eine wichtige diagnostische Funktion, weil die Eindringtiefe und die relative Vollständigkeit der Bearbeitung sowie die eingesetzten Ideen und die Verwendung von Beschreibungs- und Darstellungsmitteln Hinweise auf die Qualität der mathematischen Befähigung geben können" (BAUERSFELD 2006, S. 88).

Aus den genannten Gründen genügt es in der Regel nicht, zum Lösen von Problemaufgaben Wissen abzurufen. Vielmehr muss vorhandenes Wissen neu strukturiert werden. Der Schwierigkeitsgrad einer Problemaufgabe hängt nach *Holland* (1988, S. 92) von dem Umfang der verfügbaren, für die Problemlösung relevanten Faktoren ab. Zusätzlich ist es jedoch vom jeweiligen Problemlöser und seinem Wissen abhängig, inwieweit eine Aufgabe tatsächlich für ihn ein Problem in dem hier aufgezeigten Sinne darstellt (vgl. S. 96).

## 4.6 Die Entwicklung der Problemlösefähigkeit

Nach *Dörner* vollzieht sich die Entwicklung der Problemlösefähigkeit in zwei Strukturen: der epistemischen und der heuristischen Struktur (vgl. DÖRNER 1976, S. 116). Unter der epistemischen Struktur fasst *Dörner* das Wissen zusammen, welches dem inhaltlichen Bereich des Problems zugrunde liegt. Demgegenüber ordnet er der heuristischen Struktur die heuristischen Strategien zu. Die Problemlösefähigkeit verbessert sich durch die Entwicklung dieser beiden Bereiche.

Die zunächst einfache und undifferenzierte epistemische Struktur wird zunehmend komplexer und differenzierter, indem sich vier Bereiche vermehrt ausprägen (ebd., S. 117).

**Entwicklung der epistemischen Struktur in vier Bereichen:**

- *Komplexionsbildung*
  Elemente einer niederen Komplexionsschicht können zu einer neuen Komplexion zusammengefasst werden. Dabei wird erkannt, dass einzelne Komponenten in

einer bestimmten Konstellation zueinander stehen und dadurch ein neues Ganzes bilden.

- *Komplexionszerlegung*
  Komplexen Strukturen können Teilelemente untergeordnet und entnommen werden.
- *Bildung von Abstrakta*
  Elemente einer Schicht können zu Klassen zusammengefasst werden.
- *Zerlegung von Abstrakta*
  Elemente einer abstrakteren Hierarchie können niederen Hierarchien zugeordnet werden.

Durch die Entwicklung dieser vier Bereiche werden einerseits neue Gedächtnisinhalte aufgebaut, andererseits bildet sich auch die Fähigkeit heraus, zwischen den einzelnen Inhalten zu wechseln, sie zu verknüpfen und in eine Gesamtstruktur einzuordnen.

Zur Entwicklung der **heuristischen Struktur** gibt *Dörner* zwar verschiedene Trainingsmöglichkeiten an, betont jedoch ausdrücklich den zu seiner Zeit vorhandenen Forschungsrückstand (vgl. ebd., S. 129).

Inzwischen wurden jedoch entsprechende Untersuchungen durchgeführt (z.B. Bjorklund 1990, Anumolu u.a. 1997). Dabei kann man grundlegend feststellen, dass ältere und jüngere Kinder häufig ähnliche Strategien verwenden. Mit zunehmendem Alter steigt jedoch die Fähigkeit, effektive Strategien bewusst auszuwählen und Strategien flexibel zu nutzen. Dazu werden diese zum Beispiel variiert oder kombiniert (vgl. Siegler 1987, S. 748). Die Fähigkeit zur Variation und Kombination ist bei jüngeren Kindern zunächst nur eingeschränkt vorhanden, denn diese Kinder verfügen über eine geringere Informationsverarbeitungskapazität (vgl. Rasch 2001, S. 61). Generell ist jedoch anzumerken, dass jüngeren Kindern häufig auch noch nicht die entsprechenden Aufgaben zur Verfügung stehen, um den effektiven und flexiblen Einsatz von Strategien zu zeigen. Man kann also nicht allgemein davon ausgehen, dass die Kinder noch nicht fähig sind strategisch vorzugehen, sondern muss auch in Betracht ziehen, dass diese Fähigkeit eventuell nur noch nicht entsprechend eingefordert werden.

Folgt man *Rasch* (ebd., S. 309f.), so entwickelt sich die Problemlösefähigkeit innerhalb der ersten vier Schuljahre in Form der folgenden Niveaustufen:

| | | |
|---|---|---|
| 1. Stufe: | (Klassenstufe 1) | Lösen ohne (bzw. mit wenigen) Probieraktivitäten |
| 2. Stufe: | (Klassenstufe 1) | Erstes Probieren unter Nutzung mathematischer Beziehungen |
| 3. Stufe: | (Klassenstufe 2) | Probierende Aktivitäten unter bewusster Berücksichtigung der Bedingungen der Aufgabe |
| 4. Stufe: | (Klassenstufe 3) | Bewussteres Auswählen geeigneter Repräsentationsformen für Probierstrategien |
| 5. Stufe: | (Klassenstufe 4) | Bewussteres Nutzen und Weiterdenken mathematischer Beziehungen |

*Fuchs* (FUCHS 2006, S. 89f.) bekräftigt eine derartige Stufung der Fähigkeiten zwar, stellt jedoch die Zuverlässigkeit der altersbezogenen Qualitätsunterscheidung in Frage. Sowohl *Fuchs* als auch *Käpnick* (KÄPNICK 1998, S. 250ff.) formulieren demgegenüber unterschiedliche Ausprägungstypen für Vorgehensweisen beim Problemlösen, ohne sich jedoch auf eine Altersstufe festzulegen. Da sich ihre Forschungstätigkeit explizit auf mathematisch begabte Kinder bezieht, seien im Folgenden die **5 Ausprägungstypen nach Käpnick** näher erläutert:

1. *Hartnäckiges Probieren*

   Das hartnäckige Probieren zeichnet sich dadurch aus, dass hier durch eine besondere Anstrengungsbereitschaft und Konzentrationsfähigkeit kontinuierlich an dem Problem gearbeitet wird. Es fehlt jedoch an Einsicht in die Problematik.

2. *Abwechselndes Überlegen und Probieren Versuch und Irrtum*

   Bei dieser Vorgehensweise werden probierende Phasen durch Elemente des Überlegens ergänzt. Somit können gewonnene Erkenntnisse berücksichtigt werden und das weitere Probieren leiten.

3. *Intuitives Vortasten*

   Es handelt sich um intuitives Vorgehen, wenn spontan Lösungen oder Lösungsvermutungen erzeugt werden. Um ein mathematisches Problem intuitiv zu lösen, ist ein ausgeprägtes Gefühl für Zahlen und mathematische Sachverhalte notwendig.

4. *Systematisches Vorgehen*

   Beim systematischen Vorgehen ist die Lösungsfindung von Überlegungen geleitet. Dementsprechend kann dann auch gezielt auf die Lösung hingearbeitet werden.

5. *Wechseln der Repräsentationsebenen, bevorzugtes Arbeiten auf der enaktiven oder ikonischen Ebene*

   Durch das Wechseln der Repräsentationsebenen erhöht sich die Möglichkeit, Zusammenhänge und Strukturen zu erkennen und zu verstehen.

Da durch die Darstellung dieser Vorgehensweisen bereits Bezug auf das Problemlöseverhalten mathematisch begabter Kinder genommen wird, soll diese Thematik auch im Weiteren verfolgt werden.

## 4.7 Zur Beziehung zwischen (mathematischer) Begabung und Problemlöseverhalten

Zunächst kann auf einer allgemeinen, nicht ausschließlich auf die Mathematikdidaktik ausgerichteten, Ebene Bezug zu *Sternbergs* Theorie der Intelligenztriade genommen werden (vgl. S. 51ff.). Denn im Rahmen der ersten Subtheorie – der Komponentensubtheorie – beschreibt *Sternberg* den Problemlöseprozess mithilfe der Metakomponenten, die zur Planung, Überwachung und Bewertung von Lösungen erforderlich sind. Hier zeichnen sich nach *Sternberg* intelligente Problemlöser durch bessere Fähigkeiten in allen drei genannten Phasen des Problemlöseprozesses aus. Auch die Performanz- und die Wissenskomponenten können von ihnen intensiver genutzt werden. So gelingt es ihnen schneller, Probleme zu erfassen, vorhandenes Wissen gezielt abzurufen, angemessene Lösungsschritte und Repräsentationen auszuwählen und eine fundierte Bewertung der erzielten Lösung vorzunehmen. Dementsprechend kann Intelligenz mit ausgeprägter Problemlösefähigkeit in Zusammenhang gebracht werden.

Die Fähigkeit zum intelligenten Problemlösen führt *Bauersfeld* auf die bei Begabten ausgeprägtere Fähigkeit zum Bilden größerer Merkeinheiten, so genannter Superzeichen, zurück (vgl. S. 26). Dadurch benötigen sie selbst bei wachsender Komplexität von Informationen kaum mehr Zeit zur Aufnahme (BAUERSFELD 2001). Der Aufbau von Merkeinheiten ist nach *Bauersfeld* abhängig von den Subjektiven Erfahrungsbereichen (SEB) einer Person. Diese Form der Erfahrungsorganisation auf der Basis von spezifischen Sinnzuschreibungen zu Gegenständen und Handlungen im Langzeitgedächtnis führt zu einer strukturierten Wahrnehmung neuer Umwelteinflüsse, denn diese können nun in die jeweiligen SEBen integriert werden. Da Begabte nach *Bauersfeld* über eine höhere Sensibilität der Sinne verfügen, kommt es bei ihnen zu einer verstärkten Informationsaufnahme und dementsprechend zu mehr und reichhaltigeren SEBen. Somit können bei der Aufnahme neuer Informationen mehr SEBen aktiviert werden, was zu einer verstärkten Vernetzung führt. „Daraus resultieren mehr Einfälle zu gegebenen Reizen und mehr ungewöhnliche Verknüpfungen bzw. Interpretationen“ (BAUERSFELD 2001, S. 14). Im Rahmen des Problemlöseprozesses verfügen Begabte demnach zunächst über die Fähigkeit zur schnelleren und differenzierteren Informationsaufnahme. Diese Informationen werden dann in mehr und besser vernetzten SEBen gespeichert, wodurch die Verarbeitung vielschichtiger und in ständiger Konkurrenz der verschiedenen SEBen stattfinden kann. *Bauersfeld* stellt somit eine Beziehung zwischen Begabung und besserer Problemlösefähigkeit her.

Fokussiert man nun speziell die mathematische Begabung, so lässt sich erkennen, dass in Bezug auf die verschiedenen Merkmale mathematischer Begabung (vgl. S. 80ff.) und die heuristischen Strategien (vgl. S. 100ff.) viele Überschneidungen vorliegen. Wenn auch der Katalog möglicher Merkmale mathematischer Begabung umfangreicher ist, wird doch deutlich, dass ein Großteil der heuristischen Strategien in den Begabungsmerkmalen enthalten ist.

Auch *Biermann, Bussmann* und *Niedworok* stellen eine Beziehung zwischen mathematischer Begabung und besonderer Problemlösefähigkeit her. Sie bezeichnen zunächst ebenfalls Problemlösen als intelligenten Akt (BIERMANN/BUSSMANN/NIEDWOROK 1977, S. 54). In diesem Zusammenhang stellen sie dann mathematische Fähigkeiten – vorrangig basierend auf den Konstrukten von *Krutetskii* – in Bezug zur Problemlösefähigkeit und erkennen entsprechende Übereinstimmungen. *Biermann, Bussmann* und *Niedworok* stellen ebenfalls eine Beziehung zur Kreativität her und erklären, dass kreative Denkhaltungen erst dann zum Ausdruck kommen können, wenn eine produktive Auseinandersetzung mit einem Inhalt gefordert wird. Somit sehen sie das Problemlösen – gerade im mathematischen Bereich – als generelle Möglichkeit, Kreativität zu zeigen (vgl. ebd., S. 3).

Auf der Basis des nun Aufgezeigten kann grundsätzlich angenommen werden, dass mathematisch begabte Kinder mit großer Wahrscheinlichkeit auch gute Problemlöser sind. Dies äußert sich nicht nur durch die verstärkte Verfügbarkeit der heuristischen Strategien. Im Sinne von *Bauersfeld* und *Heinze* kann hinzugefügt werden, dass erfolgreichen Kindern zur Bewältigung eines Problems die Strategien in einer besseren Vernetzung zur Verfügung stehen. Diese Kinder können demnach zwischen verschiedenen Strategien auswählen und bei Bedarf innerhalb der Bearbeitung einer Aufgabe zwischen verschiedenen Strategien wechseln. „Indem gute Problemlöser die Aufmerksamkeit auf die wesentlichen Merkmale des Problems richten, gelingt ihnen offensichtlich die Wahl einer geeigneten Strategie und eine effektivere Problemlösung“ (HEINZE 2005, S. 281).

## 4.8 Bezug zur eigenen Forschungsarbeit

Die enge Beziehung zwischen der menschlichen Intelligenz, der mathematischen Begabung und dem Problemlösen wurde an den verschiedensten Punkten des theoretischen Teils dieser Arbeit immer wieder deutlich. Sei es im Bereich der kindlichen Entwicklung, in dessen Kontext *Case* das Kind als sich entwickelnden Problemlöser sieht. Sei es in verschiedenen Definitionen zur Intelligenz, in deren Rahmen Intelligenz mit intelligentem Problemlöseverhalten umschrieben wird. Sei es speziell in dem Modell der Intelligenztriade nach *Sternberg*, welches im Rahmen der Metakomponenten das qualitativ unterschiedliche Verhalten beim Problemlösen als ein Indikator für besondere Begabung annimmt. Oder seien es die mathematischen Kompetenzen, die von *Weinert* als die kognitiven Fähigkeiten und Fertigkeiten beschrieben werden, die ein Mensch benötigt, um bestimmte Probleme zu lösen. Selbst im Rahmen der Kreativität wird in einigen Ansätzen kreatives Handeln als kreatives Problemlösen verstanden. So sind deutliche Gemeinsamkeiten von Intelligenz, mathematischer Begabung und dem Problemlösen zu verzeichnen. Meines Erachtens gilt es, diese Verbindung im Rahmen des eigenen Forschungsvorhabens zu nutzen. Hierfür sprechen auf der Basis der dargestellten Theorie vorrangig drei Gründe:

- Die Merkmale mathematischer Begabung beinhalten in weiten Punkten die heuristischen Strategien. Ergänzend können hier auch aufgabenspezifische Strategien berücksichtigt werden.
- Zur Erhebung einzelner mathematischer Fähigkeiten und mathematischer Begabung als Gesamtheit werden – unter der Annahme dieser Begabung als spezifische Begabung – derzeit in der gängigen Forschungspraxis neben dem Einsatz oder anstatt des Einsatzes von Tests verstärkt Problemaufgaben verwendet.
- Speziell für das strategische Vorgehen im Rahmen des Problemlösens liegen auch für jüngere Kinder bereits wissenschaftliche Erkenntnisse vor, in Bezug auf mathematische Begabung ist dies – wie bereits herausgearbeitet – nur in Ansätzen der Fall.

Unter diesen Voraussetzungen erscheint es sinnvoll und notwendig, zur Erforschung von mathematischer Begabung bei Kindern im 1. und 2. Schuljahr die vorhandenen

Erkenntnisse zum Problemlösen zu nutzen und auf dieser Basis neue Aufschlüsse über mathematischen Begabung bei Kindern in diesem Alter zu erlangen. Zu diesem Zweck werden im Rahmen der eigenen Forschungsarbeit Problemaufgaben eingesetzt. Da sich Probleme jedoch nicht allein aus der Aufgabe selbst definieren, sondern immer nur in Abhängigkeit vom Problemlöser gesehen werden können, müssen bei der Entwicklung der Aufgaben verschiedene Aspekte berücksichtigt werden. So können die Aufgaben zwar aus Bereichen der Mathematik ausgewählt werden, die im Curriculum enthalten sind, sie müssen dann jedoch in der Weise gestaltet werden, dass sie als tatsächliche Problemaufgaben über den Einsatz abrufbaren Wissens hinausgehen. Auf diese Weise kann die Möglichkeit eingeschränkt werden, dass die Kinder bereits Routinen entwickelt haben und aus diesem Grund nicht zum Problemlösen herausgefordert werden. Des Weiteren erscheint es notwendig, die Aufgaben derart zu gestalten, dass sie in Form von aufeinander aufbauenden Teilaufgaben immer tiefer in das Problem führen und so im Verlaufe dieses Voranschreitens auch die Kinder, die zunächst eventuell routinemäßig arbeiten, zum Problemlösen herausfordern. Außerdem muss berücksichtigt werden, dass die Aufgaben auf verschiedenen Repräsentationsebenen bearbeitet werden können, denn so haben die Kinder im Sinne von *Fuchs* und *Käpnick* die Möglichkeit, Zusammenhänge und Strukturen zu erkennen und zu verstehen.

Trotzdem muss hier einschränkend berücksichtigt werden, dass anhand der Bearbeitung von einzelnen Problemaufgaben noch nicht sicher auf das verlässliche Vorhandensein der entsprechenden Strategien und Problemlösefähigkeiten geschlossen werden kann. Auch *Rasch* betont die Schwierigkeit „des Entdeckens von Strategien bei problemlösenden Aktivitäten … Muss es doch hier noch viel schwieriger sein, Strategien herauszulösen, da sich gleiche Handlungsmuster wesentlich seltener ergeben als beim bloßen Rechnen …“ (RASCH 2001, S. 62). Gerade bei den hier angesprochenen Schulanfängern erhöht sich diese Problematik noch. Somit kann es nicht darum gehen, verallgemeinernde Rückschlüsse zu ziehen. Vielmehr soll aufgezeigt werden, ob bei der Bearbeitung dieser speziellen Aufgaben bereits bei einzelnen Kindern der Einsatz heuristischer oder aufgabenspezifischer Strategien erkennbar ist. In diesem Zusammenhang soll der Strategiebegriff im Sinne der liberalen Definition eingesetzt werden. Dies ermöglicht das Aufdecken von Strategiekeimen, ohne bereits von durchgängigen strategischen Kompetenzen zu sprechen.

# 5 Identifikation von Begabung

## 5.1 Identifikation in Abhängigkeit vom zugrunde liegenden Begabungsmodell

Während Kinder, die sich im Unterricht engagieren und gute Noten bekommen, schnell als besonders begabt eingestuft werden, liegt häufig der Gedanke fern, bei Kindern, die im Unterricht stören, unaufmerksam sind und nur mittelmäßige Noten erzielen, eine besondere Begabung zu vermuten. Beide Einschätzungen können jedoch falsch wie richtig sein, was gerade für die Kinder, deren Begabung verkannt oder falsch interpretiert wird – in der Regel werden diese Kinder als „underachiever“ bezeichnet –, schwerwiegende Folgen haben kann.

Die Problematik, dass Begabung und Leistung nicht gleichgesetzt werden können und somit zur Identifikation von begabten Kindern auf mehr Informationen zurückgegriffen werden muss, als auf ihre gezeigten Leistungen, wurde bereits in der Darstellung und Diskussion der verschiedenen Begabungs- und Intelligenzmodelle herausgestellt. Außerdem wurde dort die Fülle der verschiedenen Faktoren aufgezeigt, die in den einzelnen Modellen herangezogen werden, um Begabung zu bestimmen. Insbesondere diese Vielschichtigkeit erschwert die Identifikation von Menschen mit besonderen Begabungen.

> *„Im Gegensatz zur Identifikation eines eng umgrenzten Persönlichkeitsmerkmals verlangt die Identifikation einer Hochbegabung auf der Basis moderner Hochbegabungstheorien die Diagnose eines hochkomplexen Zusammenspiels mehrerer Faktoren.“*
>
> (MÖNKS/ZIEGLER/STÖGER 2003, S. 4)

Wie die verschiedenen Begabungs- und Intelligenzmodelle gezeigt haben, sind es generell zwei Tendenzen, die sich unterscheiden lassen: Modelle, die einen eindimensionalen Ansatz verfolgen und dementsprechend allgemeine Intelligenz mit Hochbegabung gleichsetzen, und mehrdimensionale Modelle, die Hochbegabung durch das positive Zusammenspiel mehrerer Faktoren begründen (vgl. S. 41ff.).

Im oben angeführten Zitat wird deutlich, dass die Diagnose in Abhängigkeit vom zugrunde liegenden Modell gesehen werden muss. Da ein einzelner Test oder ein bestimmtes Diagnoseinstrument immer nur einzelne Faktoren von Begabung erfasst, bedeutet dies für die mehrdimensionalen Modelle, dass hier zur Identifikation mehrere verschiedene Instrumente eingesetzt werden müssen. Doch auch in diesen Modellen ist die allgemeine Intelligenz immer ein Bestandteil der Begabung.

## 5.2 Verfahren zur Identifikation

Zur Identifikation von besonderen Begabungen können nach *Feger* und *Prado* (vgl. FEGER/PRADO 1998, S. 45) objektive oder subjektive Verfahren eingesetzt werden.

Unter objektiven Verfahren verstehen sie Tests oder testähnliche Situationen, die an alle Teilnehmer die gleichen Bedingungen stellen. Die Testergebnisse können dementsprechend sowohl untereinander als auch mit einer Bezugsnorm verglichen werden. Subjektive Verfahren beziehen demgegenüber verstärkt individuelle Einschätzungen und Meinungen ein, aus diesem Grund gelten sie als weniger zuverlässig. Bei *Heinbokel* (vgl. HEINBOKEL 2001, S. 47) ist eine ähnliche Gliederung zu finden, sie unterteilt jedoch in Verfahren mit „größerer" und „geringerer" Objektivität. Auf diese Weise kann wiederum dem unterschiedlichen Maß an Objektivität der einzelnen Verfahren Rechnung getragen werden. Auch *Ey-Ehlers* (vgl. EY-EHLERS 2001, S. 83) kommt zu einer vergleichbaren Untergliederung, indem sie die Verfahren in formelle und informelle Verfahren einteilt. Hierbei entsprechen die formellen Verfahren den oben genannten objektiven und die informellen Verfahren den subjektiven Verfahren.

Da unter den genannten Begriffen nahezu identische Zuordnungen vorgenommen werden, wird in der folgenden Darstellung auf *Heinbokels* differenzierte Bezeichnung zurückgegriffen.

### *5.2.1 Verfahren mit größerer Objektivität*

Intelligenztests

Wie bereits aufgezeigt, ist die Intelligenz zumindest ein Element fast aller Begabungs- und Intelligenzmodelle. Aus diesem Grund stellen Intelligenztests eines der grundlegendsten Instrumente zur Identifikation von Begabung dar. Intelligenztests zählen zu den psychologischen Tests und können als wissenschaftliche Routineverfahren bezeichnet werden, welche zur Untersuchung von Persönlichkeitsmerkmalen eingesetzt werden. Ihnen wird zugeschrieben, quantitative Aussagen über den Grad der individuellen Intelligenzausprägung zu liefern (vgl. STAPF 2003, S. 116).

Um gültige Aussagen treffen zu können, unterliegen diese Tests verschiedenen **Gütekriterien**:

- *Objektivität*

  Ein Test ist dann objektiv, wenn die erzielten Ergebnisse unabhängig vom jeweiligen Testleiter sind.

- *Reliabilität*

  Ein Test ist reliabel (zuverlässig), wenn wiederholte Messungen bei der gleichen Person und mit dem gleichen Verfahren zu möglichst gleichen Ergebnissen führen.

- *Validität*

  Die Validität (Gültigkeit) gibt den Grad der Genauigkeit an, mit dem der Test das jeweilige Merkmal misst.

Weiterhin gilt das Kriterium der **Normierung**, denn da alle individuell erzielten Ergebnisse in Relation zu einer Bezugsstichprobe gesehen werden müssen, ist es notwendig, gültige Normen anzuwenden. Beispielsweise dürfen die Normen nicht veraltet sein und die herangezogene Stichprobe muss repräsentativ sein (vgl. STAPF 2003, S. 116).

Intelligenztests werden immer auf der Grundlage einer bestimmten Intelligenztheorie konzipiert. Je nach zugrunde liegender Theorie werden in Untertests verschiedene Bereiche der Intelligenz (z.B. Gedächtnis, Wortschatz und logisches Denken) berücksichtigt. Für jeden dieser Untertests werden einzelne Werte ermittelt, die dann zu einem Gesamtergebnis zusammengezogen werden. Das Testergebnis wird mittels des **Intelligenzquotienten (IQ)** angegeben. Er ist somit „der Durchschnittswert über alle Leistungen im jeweiligen Test" (RICHTER 2000, S. 38). Einschränkend ist hierbei anzumerken, dass durch die ausgleichende Wirkung in Extremfällen schlechte Ergebnisse in einem Untertest und sehr gute Ergebnisse in einem anderen Untertest zu einem durchschnittlichen Intelligenzquotienten führen, wodurch sich die Aussagekraft dieses Wertes stark relativiert.

Je nach Konzeption können Intelligenztests als Einzel- oder Gruppentests durchgeführt werden. Während der Testleiter im Einzeltest dem Probanden die Fragen mündlich präsentiert, werden diese im Gruppentest schriftlich gestellt. Bei beiden Testformen sind genaue Zeitvorgaben einzuhalten.

Im Rahmen einer kritischen Reflexion von Intelligenztests werden häufig folgende Defizite angeführt (vgl. EY-EHLERS 2001, S. 84f., HEINBOKEL 2001, S. 48, FEGER/PRADO 1998, S. 47f.):

- Sie sind kultur- und schichtenspezifisch und benachteiligen Personen, die Minoritäten angehören.
- Verbale Intelligenztests bergen für Probanden mit unzureichenden Sprachkenntnissen Nachteile.
- Es werden nur Ergebnisse abgefragt. Die zugrunde liegenden Denkprozesse werden nicht berücksichtigt.
- Sie geben lediglich wieder, was eine Person in einer momentanen Situation leistet und berücksichtigen dabei weder die Tagesform noch die Motivation.
- Die eigentlichen Kompetenzen können nicht erfasst werden.
- Durch den sogenannten „Deckeneffekt" entstehen Ungenauigkeiten im oberen Extrembereich, denn man kann eine Aufgabe maximal richtig lösen.
- Durch das Ermitteln eines einzigen Ergebniswertes werden besondere Leistungen in einzelnen Bereichen nicht deutlich.
- Gruppen- und Einzeltests stellen unterschiedliche Voraussetzungen dar, können einzelne Probanden dementsprechend benachteiligen oder bevorzugen.

Da jedoch keine andere Diagnoseform einen derart gültigen, objektiven, reliablen und auch allgemein anerkannten Ergebniswert liefert, werden diese Defizite häufig akzeptiert und Intelligenztests finden eine hohe Akzeptanz und Wirkungsbreite in Bezug auf die Identifikation von Begabungen.

Kreativitätstests

Im Rahmen von Kreativitätstests wird in der Regel vorrangig der Aspekt des divergenten Denkens erfasst (vgl. EY-EHLERS 2001, S. 86). Aus diesem Grund werden in den Tests Fragen und Situationen geschaffen, auf die der Proband mit ungewöhnlichen Lösungen und Antworten reagieren kann. Gerade dieser Ansatz erschwert die Auswertung solcher Tests, da einerseits einzigartige Ergebnisse nur schwer verglichen und bewertet werden können. Andererseits fällt eine klare Abgrenzung zu irrationalen oder sinnlosen Lösungen häufig nicht leicht. Somit können die den Intelligenztests zugrunde liegenden Gütekriterien hier kaum angewendet werden, was die Aussagekraft von Kreativitätstests allgemein in Frage stellt. Eine weitere Problematik ergibt sich aus der Tatsache, dass Kreativitätstests, die ausschließlich das divergente Denken erfassen, den Intentionen von Mehrkomponentenmodellen nicht ausreichend gerecht werden.

Schulleistungstests

Schulleistungstests überprüfen das vorhandene Wissen von Schülern zu bestimmten Lehrplan- oder Unterrichtsinhalten. Da sich Schulleistungstests in den Unterrichtsalltag einordnen, sind sie von vorangegangenen Unterrichtsinhalten, von der Lehrperson, der aktuellen Motivation des Schülers und vielen weiteren situationsbedingten Faktoren abhängig. Somit sind sie nicht dazu geeignet, Rückschlüsse auf die allgemeine Intelligenz oder gar auf Begabungspotenziale eines Kindes zu ziehen (vgl. HEINBOKEL 2001, S. 51).

Indikatoraufgabentests

Im mathematischen Bereich werden häufig Indikatoraufgabentests eingesetzt, um die Spezifik einer mathematischen Begabung und ihre jeweilige Ausprägung genauer erfassen zu können. Ein Beispiel hierfür sind die von *Käpnick* und *Fuchs* und von *Käpnick* entwickelten Tests für Kinder im 1. und 2. sowie im 3. und 4. Schuljahr (vgl. KÄPNICK/FUCHS 2004, KÄPNICK 2001). Diesen Tests liegt das ebenfalls von *Käpnick* erstellte Merkmalsystem mathematischer Begabung (vgl. S. 83ff.) zugrunde. Es bleibt jedoch die Frage offen, ob anhand der gewählten Aufgaben alle Merkmale überprüft werden können. *Käpnick* selbst schränkt ein: „Wie das m. E. für mathematisch potentiell begabte Grundschüler wesentliche Merkmal ‚mathematische Sensibilität' erfasst und eingeschätzt werden kann, ist nach meinen Erfahrungen ein weitestgehend ungelöstes Problem" (KÄPNICK 1998, S. 278). Somit eignen sich Indikatoraufgaben zwar, um mathematikspezifische Fähigkeiten auch im oberen Extrembereich zu erfassen, es kann allerdings nicht davon ausgegangen werden, auf diese Weise alle mathematikspezifischen Begabungsmerkmale zu erkennen.

### *5.2.2 Verfahren mit geringerer Objektivität*

Lehrermeinung

Die Meinung der Lehrer wird zur Diagnose von Begabungen eingesetzt, da man davon ausgeht, dass Lehrer die allgemeine Leistungsfähigkeit und die Schwächen oder Stärken ihrer Schüler besonders gut kennen. Hierbei ist jedoch zu berücksichtigen, dass es zur eigentlichen Aufgabe eines Lehrers gehört, Schüler*leistungen* zu beurteilen. Die hierfür notwendigen Kompetenzen werden häufig auf Begabung übertragen, ohne über detailliertere Kenntnisse zur Begabung, beziehungsweise zur Unterscheidung zwischen Begabung und Leistung, zu verfügen (vgl. HEINBOKEL 2001, S. 52). Dies kann zu abweichenden Einschätzungen führen.

### Elternmeinung

Besonders in die ersten Lebensmonate und -jahre eines Kindes erhalten fast ausschließlich die Eltern einen umfassenden Einblick. Da bereits in dieser Zeit Begabungen deutlich werden können, ist gerade unter diesem Blickwinkel die Elternmeinung von besonderer Bedeutung. Zudem erleben sie ihr Kind in Bereichen und Situationen, die kaum ein Außenstehender einsehen kann.

Die Problematik des Elternurteils liegt in der häufig fehlenden Vergleichbarkeit mit anderen Kindern. Außerdem fällt gerade nahe stehenden Personen eine objektive Einschätzung schwer, da ihre Wahrnehmungen nicht selten mit Emotionen einhergehen und dadurch beeinflusst werden.

### Selbsteinschätzung

Die Selbsteinschätzung von Schülern wird in der Regel erst in höheren Altersstufen genutzt, denn sie setzt eine besonders gute Eigenwahrnehmung der betreffenden Person voraus. Dies gilt auch für Schüler, die nicht über eine besondere Begabung verfügen, denn von ihnen wird eine entsprechend zurückhaltende Einschätzung (vgl. EY-EHLERS 2001, S. 92) erwartet.

### Einschätzung durch andere – Peers

Freunde und Klassenkameraden lernen sich in Situationen und Bereichen kennen, die außen stehenden Erwachsenen kaum zugänglich sind. Aus diesem Grunde kann man hier wertvolle, ergänzende Informationen erhalten.

Auch die Einschätzung durch Peers wird in der Regel erst für höhere Altersstufen empfohlen, da jüngere Kinder häufig noch nicht in der notwendigen Weise über die Fähigkeit verfügen, andere kritisch, objektiv und bezogen auf bestimmte Merkmale einzuschätzen.

### Checklisten

Checklisten werden oft in Zusammenhang mit der Lehrer- und Elternmeinung eingesetzt. Sie greifen verschiedene Begabungsmerkmale auf und setzen sie zu bestimmten Verhaltensweisen der Kinder in Beziehung. Auf diese Weise soll erreicht werden, dass zur Einschätzung ausschließlich relevante Merkmale berücksichtigt werden.

Checklisten sind in der Regel nicht systematisch aufgebaut, in ihrer Zusammenstellung beliebig und erheben keinen Anspruch auf Vollständigkeit.

## 5.3 Die Kombination mehrerer Verfahren zur Identifikation besonderer Begabungen

Wie sich in der Beschreibung der verschiedenen Diagnoseverfahren gezeigt hat, birgt jedes Instrument bestimmte Vor- und Nachteile. Aus diesem Grunde werden in der Praxis häufig verschiedene Instrumente gemeinsam eingesetzt. Auf diese Weise wird man einerseits den mehrdimensionalen Begabungs- und Intelligenzmodellen stärker gerecht, da somit zum Beispiel Intelligenz und Kreativität getestet werden können. Andererseits trägt man aber auch dem komplexen Feld von Begabung und Begabungsdiagnose Rechnung, denn je breiter die Informationen sind, auf die sich eine Diagnose stützt, desto höher ist die Wahrscheinlichkeit einer fundierten und wahrheitsgemäßen Aussage.

Besonders in Bezug auf die Diagnose spezifischer Begabungen gewinnt die Kombination verschiedener Verfahren einen hohen Stellenwert, da dadurch auch die spezifischen Merkmale und Fähigkeiten überprüft werden können.

Für den mathematischen Bereich können in Anlehnung an das Stufenmodell von *Käpnick* (vgl. KÄPNICK 1998, S. 279) folgende **Schritte zur Identifikation mathematischer Begabung** genannt werden:

1. *Grobauswahl*

   Aufgrund von Lehrereinschätzungen und in Absprache mit den Eltern findet eine erste Auswahl mathematisch begabter Kinder statt. Als Orientierungshilfe wird den Lehrern eine Liste mit den wesentlichen Begabungsmerkmalen zur Verfügung gestellt.

2. *Einsatz von Indikatoraufgaben*

   Die so ausgewählten Kinder bearbeiten Indikatoraufgaben, um genauere Auskunft über die Spezifik der Begabung zu erhalten.

3. *Prozessbegleitende Identifikation*

   Die prozessorientierte Beobachtung der Kinder bei der Bearbeitung von Aufgaben gibt weitere Aufschlüsse über ihre Begabungsausprägung und -entwicklung. Bei Bedarf können zusätzliche oder wiederholende Tests eingesetzt werden.

Eine vergleichbare Vorgehensweise stellt *Nolte* im Rahmen der Talentsuche im Grundschulprojekt vor (vgl. NOLTE 2004, S. 69). Zu ihren Diagnoseinstrumenten zählt jedoch auch ein Intelligenztest.

Die Synthese verschiedener Diagnoseverfahren soll vorrangig der Komplexität mathematischer Begabung gerecht werden und die jeweiligen Defizite einzelner Verfahren ausgleichen. Hinzu kommt, dass gerade durch die differenzierten Indikatoraufgaben der „Deckeneffekt" (vgl. S. 111) relativiert wird. Somit können auch besonders hoch ausgeprägte mathematische Begabungen noch ausreichend belegt und voneinander unterschieden werden.

## 5.4 Probleme und Chancen der Identifikation von Begabung bei jüngeren Kindern

Die letzten Abschnitte haben gezeigt, dass die bei der Identifikation von Begabungen eingesetzten Verfahren immer in Abhängigkeit von dem zugrunde liegenden Begabungs- oder Intelligenzmodell ausgewählt werden müssen. Außerdem wird gerade in Bezug auf die eigene Forschungsarbeit die Bedeutung der hier angesprochenen Altersgruppe deutlich.

In Bezug auf die Diagnose von Begabungen bei jüngeren Kindern wird der große Vorhersagezeitraum häufig als problematisch eingestuft und in diesem Zusammenhang wird angeführt, dass hier der Entwicklungsaspekt noch zu stark wirksam ist, um wirklich auf Begabung schließen zu können (vgl. KÄPNICK 1998, NOLTE 2004). Es stellt sich dann jedoch die generelle Frage, ob man die Identifikation von Kindern, die zum aktuellen Zeitpunkt über eine besondere Begabung verfügen, tatsächlich vorrangig unter dem Gesichtspunkt der langfristigen Stabilität dieser Begabung sehen sollte. Denn wenn es angestrebt ist, ein Kind in seiner momentanen Situation kennen zu lernen, um ihm persönlich eine angemessene Lernsituation zu schaffen – so wie es in den Schulkonzepten, Bildungsplänen und nicht zuletzt im Grundgesetz verankert ist –, dann ist es unbedingt notwendig, auch besondere Begabungen möglichst früh zu erfassen.

Trotzdem dürfen diesbezügliche Schwierigkeiten und Gefahren nicht außer Acht gelassen werden. Aufgrund der noch stark an Veranschaulichung gebundenen Denktätigkeit von Grundschülern (vgl. Kapitel 1 „Kinder im 1. und 2. Schuljahr“, S. 11ff.) und ihren zuweilen noch sehr begrenzten sprachlichen Kompetenzen ist es generell schwierig, im Grundschulalter eine Begabung annähernd zuverlässig zu identifizieren. Diese Schwierigkeit erhöht sich, je jünger die betreffenden Kinder sind. Ein weiterer Faktor, der eine Diagnose in dieser Altersstufe erschwert, ist das spontane, oft wechselhafte und von Emotionen und Stimmungen geprägte Verhalten jüngerer Kinder (vgl. KÄPNICK/FUCHS 2004, S. 172).

Zusätzliche Probleme ergeben sich in Bezug auf die Durchführbarkeit und Aussagekraft der einzelnen Diagnoseverfahren in dieser Altersgruppe. Gerade bezüglich der objektiven Verfahren, die punktuell durchgeführt werden, ist häufig die aktuelle motivationale Befindlichkeit ausschlaggebend für die Qualität der Testergebnisse. Außerdem ist zu beachten, dass die Kinder generell noch nahezu keine Erfahrungen mit Testsituationen haben; sowohl die ungewohnte Arbeitsweise als auch der Zeitdruck können die Qualität der Ergebnisse beeinflussen.

Die Schulnoten und Ergebnisse von Schulleistungstests können in der Regel nicht unterstützend hinzugezogen werden, da in den ersten beiden Schuljahren in vielen Bundesländern weder Noten gegeben werden noch übergreifende Tests stattfinden. Selbst die Lehrermeinung kann nur eingeschränkt zurate gezogen werden, denn die absolvierte Schulzeit ist eigentlich zu kurz, um gültige Aussagen zu treffen. Hier sind vielmehr nur erste Einschätzungen möglich.

Fraglich bleibt in diesem Zusammenhang, ob tatsächlich die Selbstnominierung erst bei älteren Kindern eingesetzt werden kann. Natürlich sind jüngeren Kindern weder die einzelnen Kriterien von Begabungen bekannt, noch verfügen sie über ausreichende Vergleichsmöglichkeiten, um die Qualität ihrer Begabung zu beurteilen. Es bleibt jedoch die Möglichkeit, ihr Interesse an bestimmten Inhalten stellvertretend für eine Selbstnominierung einzusetzen. Inwieweit jedoch das Interesse für Inhalte, Gegenstände oder Aktivitäten bei jüngeren Kindern schon ausgeprägt und erkennbar ist, soll im folgenden Kapitel aufgezeigt werden.

# 6 Interesse

Um der engen inhaltlichen Verwandtschaft der Begriffe *Interesse* und *Motivation* gerecht zu werden und zudem eine Vermischung ihrer Bedeutungen zu vermeiden, sollen beide zunächst geklärt und zueinander in Beziehung gesetzt werden. Im Folgenden wird dann speziell auf das kindliche Interesse eingegangen. Hierzu wird einerseits die Entwicklung von Interesse aufgezeigt, andererseits wird die Bedeutung des Interesses bei besonders begabten Kindern dargestellt. Das Aufzeigen der Konsequenzen für das eigene Forschungsvorhaben bildet den Abschluss.

## 6.1 Zum Begriff des Interesses

Geht man von der ursprünglichen Bedeutung des Wortes **Motivation** aus, so dient es als Beschreibung und Erklärung dafür, warum wir uns bewegen und bewegen lassen (vgl. OERTER/MONTADA 2002, S. 558). Man fasst unter Motivation alle Prozesse zusammen, die körperliche und psychische Vorgänge auslösen oder steuern (vgl. ZIMBARDO/GERRIG 1999, S. 319). Auf dieser Basis erklären Motivationstheorien sowohl unsere allgemeinen Bewegungs- und Verhaltensmuster als auch ganz persönliche Vorlieben und Leistungen.

Grundsätzlich unterscheidet man zwischen intrinsisch und extrinsisch motiviertem Verhalten. „Bei intrinsisch motiviertem Verhalten liegt der Grund für dieses Verhalten in der Aktivität oder dem Gegenstand der Aktivität selbst, während extrinsisch motiviertes Verhalten instrumentellen Charakter hat, z. B. eine Belohnung erwarten lässt oder beispielsweise auch auf Grund einer inneren Verpflichtung entsteht" (BIKNER-AHSBAHS 2005, S. 18).

Ein zentraler Bereich der Motivation ist nun das **Interesse**, welches als intrinsische Motivation zu verstehen ist. Das Interesse regt eine Person zu gegenstandsbezogener Aktivität an. Diese Aktivität wird in der Regel als wertvoll empfunden und ist vorrangig mit positiven Emotionen verbunden (vgl. ebd., S. 7). Somit kann Interesse als ein in der jeweiligen Person begründeter Auslöser von Handlungen bezeichnet werden. Demnach ist Freiwilligkeit in diesem Zusammenhang ein begründender Faktor.

Die **Interessenforschung** ordnet sich sowohl in die pädagogische als auch in die pädagogisch-psychologische Forschung ein und kann somit als ein Element beider Bereiche bezeichnet werden. Auch in den verschiedenen Fachdidaktiken findet die Interessenforschung immer mehr Berücksichtigung. Sie verfügt über eine mehr als zweihundertjährige Geschichte, wurde jedoch im Laufe dieser Zeit mit unterschiedlicher Intensität verfolgt. In den letzten dreißig Jahren ist eine verstärkte Betonung der Interessenforschung festzustellen, dies liegt vorrangig an den seit dieser Zeit aufkommenden neuen Theorien der Kognition und Emotion (vgl. PRENZEL/LANKES/MINSEL 2000, S. 11).

Um Interesse näher bestimmen zu können, werden verschiedene Untergliederungen vorgenommen. So beschreibt *Todt* (TODT 1995, S. 213ff.) **drei Formen von Interesse**:

1. *Allgemeines Interesse*
   Diese Form des Interesses ist relativ überdauernd und verallgemeinernd. Es ist auf verschiedene Tätigkeits-, Gegenstands- oder Erlebnisbereiche gerichtet, die auch mit den Berufsbereichen beschrieben werden können. Allgemeines Interesse wird verstanden als „Orientierungen des Individuums, die es diesem erleichtern, in Situationen, in denen ihm relativ wenig konkrete Erfahrungen zur Verfügung stehen, Entscheidungen zu treffen mit einer gewissen Wahrscheinlichkeit, dass die Entscheidungsfolgen für das Individuum eher bedürfnisbefriedigend als bedürfnisfrustierend sind" (ebd., S. 216).

2. *Spezifisches Interesse*
   Hierbei handelt es sich um eine Verhaltenstendenz, die zwar auch relativ überdauernd, jedoch spezifisch ist. Sie ist abhängig von konkreten Anregungen oder Erlebnissen. Dieses Interesse besteht also generell gegenüber konkreten Tätigkeiten, die bevorzugt in der Freizeit ausgeübt werden.

3. *Interessiertheit*
   Unter Interessiertheit ist eine positive emotionale Befindlichkeit zu verstehen, die subjektiv zum Beispiel durch Sympathie und Aufmerksamkeit gekennzeichnet ist. Sie hat keinen überdauernden Charakter.

Eine ähnliche Unterteilung ist bei *Bikner-Ahsbahs* (vgl. BIKNER-AHSBAHS 2005, S. 17) vorzufinden. Sie beschreibt ein lang andauerndes Interesse als persönliches Interesse, dies entspricht ungefähr dem allgemeinen Interesse nach *Todt*. Das Äquivalent hierzu bildet das situationale Interesse, welches dem spezifischen Interesse *Todts* etwa gleichkommt.

Eine weitere Differenzierung von Interesse findet sich, wenn man den Zeitpunkt des Entstehens in den Blick nimmt. Im *Herbart'schen* Sinne (HERBART 1965) baut es sich vor dem Tun auf, *Dewey* (DEWEY 1976) hingegen geht davon aus, dass es erst durch das gegenstandsbezogene Handeln erregt wird. Interesse ist jedoch immer auf einen Gegenstand bezogen und hängt von der jeweiligen Person ab. Über das interessierte gegenstandsbezogene Handeln werden Wissensbestände generiert und Kompetenzen entwickelt. In diesem Sinne kann Interesse als die motivationale Grundlage für Bildungsprozesse bezeichnet werden (vgl. ebd., S. 13).

## 6.2 Entwicklung von Interesse

> *„Die leitende theoretische Vorstellung, dass sich aus Person-Umwelt-Verhältnissen epistemische, selbstintentionale und gefühlsbesetzte Bezüge zu bestimmten Gegenständen herausbilden, macht das frühe Lebensalter zu einem besonders reizvollen Gebiet für die Interessenforschung. Die Übergänge in pädagogische Einrichtungen wie Kindergarten und Grundschule mit ihren unterschiedlichen Gegenstandsangeboten, Strukturierungen und Anforderungen sind ein attraktives Feld für eine pädagogisch orientierte Interessenforschung."*
>
> (PRENZEL/LANKES/MINSEL 2000, S. 14)

Es kann davon ausgegangen werden, dass sich im Laufe der Zeit allgemeine Interessen durch das Ausblenden bestimmter Interessenbereiche herausbilden, *Todt* bezeichnet dies als Differenzierungsvorgang (vgl. TODT 1995). Das universelle Interesse des Kleinkindes nimmt hierbei zugunsten eines zunehmend differenzierten Interesses ab. In der Zeit zwischen dem zweiten und siebten Lebensjahr treten erste interindividuelle Differenzierungen der Interessen ein. Diese Differenzierungen beziehen sich jedoch zunächst auf Gruppen von Individuen – vorrangig Jungen und Mädchen – und *Todt* spricht aus diesem Grunde vom kollektiven Interesse. In den folgenden Jahren findet eine weitere Interessendifferenzierung statt, wobei die Bedeutung der Gleichaltrigen immer mehr steigt. Die allgemeinen Interessen werden in ihrer Struktur und in ihrer Ausprägung zunehmend charakteristischer für das Individuum. Der Differenzierungsvorgang endet ungefähr im Alter von 15 Jahren, daraufhin werden aufgrund von Informationen oder Aktivitäten neue Interessen aufgebaut; diese liegen häufig im sozialen oder gesellschaftlichen Bereich.

Richtet man nun den Blick auf die Interesseninhalte oder -ziele, so ist nach *Stapf* bei Kindern im Vorschul- oder frühen Grundschulalter mit größeren Interessenunterschieden zu rechnen als bei älteren Kindern. Dies begründet sie mit den verstärkten Möglichkeiten jüngerer Kinder, ihren eigenen Bedürfnissen nachzukommen. Mit zunehmendem Alter sind Kinder immer mehr äußeren Anforderungen und Erwartungen ausgesetzt, was eine freie Interessenentwicklung einschränkt (vgl. STAPF 2003, S. 51).

Interessen entwickeln sich in Abhängigkeit vom Alter, Geschlecht, sozio-ökonomischen Status der Familie und den Peers. Bezogen auf schulisches Interesse – speziell mathematisches Interesse – fügt *Wagemann* (vgl. WAGEMANN 1988, S. 191) noch die Erfolgserlebnisse hinzu. „Die Hauptrolle bei der Weckung mathematischer Interessen spielen aber mathematische Erfolgserlebnisse von weitgehend selbstständigen Lernvorgängen. Stellen sich überwiegend solche Erfolgserlebnisse bei den Schülern über längere Zeitstrecken ein, so bilden sich mit hoher Wahrscheinlichkeit mathematische Interessen aus“ (ebd., S. 191). Hier wird ebenfalls die Bedeutung der mit dem Gegenstand oder der Aktivität verbundenen positiven Emotionen hervorgehoben. Diesen Ansatz verfolgt auch *Bikner-Ahsbahs*. Sie geht davon aus, dass mathematisches Interesse im Kontext des Unterrichts entsteht. Auch sie beschreibt die Elemente Erfolg und Selbstständigkeit als konstituierend, fügt jedoch noch explizit die soziale Einbindung hinzu (vgl. BIKNER-AHSBAHS 2005, S. 46), die *Wagemann* immanent aufgreift: „Nicht unwesentlich ist das Klima im Unterricht“ (WAGEMANN 1988, S. 191). *Bikner-Ahsbahs* beschreibt auf diese Weise jedoch ausschließlich das situationale Interesse und nimmt dann eine weitere, bedeutende Unterscheidung vor, indem sie die Bedingungen für persönliches Interesse aufgreift und näher beschreibt. In diesem Kontext begründet sich Interesse nämlich, wie bereits aufgezeigt, nicht durch spezifische Besonderheiten der Situation, sondern auf intrinsischer Basis. Persönliches Interesse an mathematischen Inhalten „drückt sich z. B. darin aus, dass ein Schüler oder eine Schülerin zu Hause auf eine ganz eigenständige und vom Lehrer nicht beabsichtigte Weise mit einer Hausaufgabe umgeht“ (BIKNER-AHSBAHS 2005, S. 48). Es kann davon ausgegangen werden, dass persönliches Interesse an Gegenständen oder Aktivitäten von den Kindern bereits in den Unterricht mitgebracht wird.

Es übersteigt das Maß dessen, was an Interessen im Unterricht selbst aufgebaut werden kann, oft bei Weitem. Zwar kann persönliches Interesse durch die Bedingungen des Unterrichts beeinflusst werden, dies geschieht allerdings sehr langsam und hat aus diesem Grunde eine eher unbedeutende Rolle.

## 6.3 Interesse und Begabung

Befunde aus der Scholastik-Studie (WEINERT/HELMKE 1997) zeigen, dass allgemein das Interesse an den Schulfächern Mathematik und Deutsch während der Grundschulzeit schwach abnimmt. Jedoch weisen die Daten ebenfalls auf interindividuelle Veränderungen des Interesses hin. Obwohl starke Kanalisierungen des Interesses auf einzelne Bereiche im Vorschul- und frühen Grundschulalter kaum zu beobachten sind, betonen *Prenzel, Lankes* und *Minsel*, dass sich bei besonders ausgeprägten Fähigkeiten in einem Bereich auch ein entsprechendes zielgerichtetes Interesse einstellen kann (vgl. PRENZEL/LANKES/MINSEL 2000, S. 17). Dies betont auch *Stapf*: „Nach unseren Erfahrungen erweist sich ein frühes, intensives Interesse, insbesondere für Zahlen, als ein guter Hinweis auf eine hohe, vor allem mathematisch-numerische Intelligenz“ (STAPF 2003, S. 52). Im Rahmen einer Untersuchung von 270 hochbegabten und normal begabten Vorschulkindern (vgl. ebd.) stellte sich heraus, dass sich bei den hochbegabten Kindern ein deutlich früheres Interesse für Buchstaben oder Zahlen zeigt, als dies bei den normal begabten Kindern der Fall war. In besonderer Ausprägung zeigte sich das Interesse für abstrakte Symbole, für das Ordnen und Strukturieren. Häufig interessieren sich hochbegabte Kinder für Bücher, Spiele und Hobbys, die eigentlich erst von älteren Kindern oder gar Erwachsenen genutzt werden. Auch *Lehwald* beschreibt ungewöhnlich hohes Interesse als einen Indikator für besondere Begabung, er bezieht sich dabei auf *Termans* Längsschnittstudie und auf Elternbefragungen (vgl. LEHWALD 1991, S. 136).

*Stapf* betont aber ebenso die auffällig hohe Unterschiedlichkeit begabter Kinder, wodurch sich einerseits sehr spezielle Interessen ergeben können und andererseits in Einzelfällen auch gar keine Unterschiede zu normal begabten Kindern erkennbar sind – zumal auch diese natürlich über besonderes Interesse verfügen können.

## 6.4 Interesse bei Kindern im 1. und 2. Schuljahr

Wie sich gezeigt hat, entsteht Interesse – verstanden als intrinsische Motivation – unter dem Einfluss verschiedener Faktoren, wie zum Beispiel Alter, Geschlecht, Familie und Freunde. Bei Kindern im Vorschul- und frühen Grundschulalter sind die individuellen Interessenunterschiede in der Regel größer als bei älteren Kindern, da auf jüngere Kinder der Konformitätsdruck und die damit einhergehende Orientierung an Gleichaltrigen noch relativ gering ist. Sie können demnach ihre Interessen freier und selbstbestimmter entwickeln.

Erfolgt die Interessenausprägung nun bei einzelnen Kindern sehr früh und intensiv, so kann dies als Anzeichen für eine besondere Begabung in dem entsprechenden

Bereich angesehen werden. Es sollte in diesem Zusammenhang allerdings stets berücksichtigt werden, dass sowohl die starken interindividuellen Unterschiede als auch die mangelnden aktuellen Forschungsergebnisse eine Generalisierung ausschließen.

Da jedoch, wie im vorhergehenden Kapitel aufgezeigt, zur Diagnose mathematischer Begabung in dieser Altersstufe keine verlässlichen und überprüften Instrumente bekannt sind und in der Regel auch zur Diagnose von Begabungen in höheren Altersstufen mehrere Instrumente gemeinsam eingesetzt werden, erscheint es für die eigene Studie sinnvoll und notwendig, dem persönlichen Interesse eines Kindes für mathematische Inhalte einen besonderen Stellenwert einzuräumen.

Gerade in dem vorliegenden Forschungsvorhaben – welches darauf ausgerichtet ist, erste Erkenntnisse über mögliche Ausprägungen und Merkmale mathematischer Begabung bei Kindern im 1. und 2. Schuljahr zu erlangen – ist es angebracht, Kinder zu untersuchen, die mit hoher Wahrscheinlichkeit über eine mathematische Begabung verfügen. Um eine entsprechend zielgerichtete Vorauswahl treffen zu können, soll das persönliche Interesse an mathematischen Inhalten als wesentliches Kriterium zur Teilnahme an der Untersuchung eingesetzt werden. Auf diese Weise wird allerdings die Untersuchung mathematisch begabter, jedoch nicht intrinsisch motivierter Kinder ausgeschlossen. Da es sich hier aber explizit nicht um ein Förderanliegen handelt, welches keinem Kind vorenthalten werden sollte, sondern um ein Forschungsprojekt auf diagnostischer Ebene, kann diese Einschränkung in Kauf genommen werden. Vergleichbare Projekte (HEINZE 2005, NOLTE 2004, KÄPNICK 1998) beziehen sich ebenfalls auf Kinder, die einerseits freiwillig teilnehmen und sich andererseits sowohl durch besonderes Interesse am Inhalt als auch durch sehr gute Leistungen auszeichnen.

Wenn im Folgenden von mathematisch interessierten Kindern die Rede sein wird, so sind damit Kinder gemeint, die über ein besonders stark ausgeprägtes persönliches Interesse an mathematischen Inhalten im Sinne der Definition von *Bikner-Ahsbahs* verfügen. Dieses Interesse kann auf spezielle Inhalte gerichtet sein und muss nicht alle Bereiche der Schulmathematik abdecken.

# 7 Zusammenfassung der Ergebnisse des theoretischen Teils

Dieser erste Teil der vorliegenden Arbeit befasste sich mit der theoretischen Aufarbeitung des Themenfeldes. Das Zusammenfügen der Theorie zur kindlichen Entwicklung, zur Begabung und zum mathematischen Bereich war hier von besonderer Bedeutund, da es galt, die vorhandenen Erkenntnisse zur mathematischen Begabung und zu den Möglichkeiten der Identifikation mathematisch begabter Kinder explizit auf Kinder im 1. und 2. Schuljahr zu transferieren.

Grundlegend und wegweisend muss anhand der hier erlangten Kenntnisse die Notwendigkeit betont werden, besondere Begabungen früh zu erkennen. Dies begründet sich vorrangig durch die bedeutende und erst dann mögliche gezielte und zeitnahe Förderung der betroffenen Kinder. Bisher wurden jedoch auf wissenschaftlicher Ebene vorrangig bei Kindern im 3. und 4. Schuljahr entsprechende Diagnoseinstrumente eingesetzt, überprüft und verifiziert, so dass man hier nun generell für den gemeinsamen Einsatz mehrerer, sich ergänzender Diagnoseverfahren plädiert, um zu einer möglichst fundierten und treffenden Diagnose mathematischer Begabung zu gelangen.

Auf die wissenschaftliche Erforschung von mathematischer Begabung bei Kindern im 1. und 2. Schuljahr wurde häufig verzichtet, da dies aus verschiedenen Gründen als besonders schwierig erachtet wird. Speziell der kognitive und sozial-emotionale Entwicklungsstand von Kindern in diesem Alter werden hier zur Begründung angeführt.

Diesen Widerspruch zwischen erkannter Notwendigkeit und mangelnder wissenschaftlicher Umsetzung gilt es zu überwinden. Aus diesem Grund wurden in Kapitel 1 dieser Arbeit die Besonderheiten der kindlichen Entwicklung in dem betreffenden Zeitraum ausführlich herausgearbeitet. Auf dieser Basis wurden dann alle weiteren theoretischen Ausarbeitungen zunächst dargestellt und daraufhin entsprechend relativiert. So können meines Erachtens auch auf theoretischer Basis wissenschaftlich fundierte Aussagen zur mathematischen Begabung in dieser Altersstufe getroffen werden.

**Es ergeben sich folgende Erkenntnisse:**

*1. Kognitive Entwicklung*

Befasst man sich mit der kognitiven Entwicklung von Kindern, so kann der *Piaget'sche* Ansatz zwar nach wie vor als richtungsweisend zugrunde gelegt werden, zum Zwecke der Verifikation und Spezifikation müssen jedoch die aufgezeigten nachfolgenden Ansätze mit ihren jeweils unterschiedlichen Schwerpunkten berücksichtigt werden.

Auf dieser Basis kann davon ausgegangen werden, dass sich Kinder im 1. und 2. Schuljahr nach *Piaget* in ihrer kognitiven Entwicklung am Anfang der konkret-operatorischen Phase befinden. Gemäß den Erkenntnissen von *zur Oeveste* und *Donaldson* ist jedoch dahingehend mit individuellen Unterschieden zu rechnen, dass einige Kinder voraussichtlich in ihrer Entwicklung weiter sind, als *Piaget* dies angibt. Ähnliches ergibt sich, wenn man *Bruners* Repräsentationsebenen zugrunde legt. Die Fähigkeit einiger Kinder zum Agieren auf der symbolischen Repräsentationsebene ist gemäß seiner Erkenntnisse nicht auszuschließen. Generell ist eine Förderung im Hinblick auf die Zone der nächsten Entwicklung nach *Wygotski* anzustreben.

Bezug nehmend auf Kinder mit besonderen Begabungen, kann davon ausgegangen werden, dass sie gegenüber anderen Kindern einen Entwicklungsvorsprung aufweisen. Häufig ist auch das generelle Operieren auf einem qualitativ höheren Niveau zu beobachten. Einschränkend bleibt der Verweis auf Asynchronien im Entwicklungsverlauf begabter Kinder, denn es ist nicht zwingend gegeben, dass sich alle Bereiche in gleichem Maße stark und schnell ausbilden. Besonders bei jüngeren Kindern sind diese Asynchronien ausgeprägter als bei älteren Kindern. Diese Tatsache unterstreicht die Notwendigkeit der Berücksichtigung der ganzen kindlichen Persönlichkeit, auch wenn nur einzelne Bereiche – wie die kognitive Entwicklung – das eigentliche Ziel der Erkennung und Förderung sind.

### 2. *Entwicklung des mathematischen Denkens*

Nimmt man speziellen Bezug zur Entwicklung des mathematischen Denkens, so kann zusammenfassend festgehalten werden, dass bei Kindern im 1. und 2. Schuljahr die Fähigkeit zur Dezentrierung einsetzt, sie können mehrere Aspekte einer Situation wahrnehmen und kodieren, Handlungsabläufe als Ganzes erfassen, Beziehungen herstellen und sind jetzt auch fähig zu reversiblem Denken. Die Fähigkeiten zur Klassifikation, Seriation und zum Erkennen der Invarianz sind hiermit eng verknüpft. Generell bleibt anzumerken, dass Entwicklungs- und Lernprozesse von den individuellen Lernerfahrungen abhängig sind.

Gemäß der aufgezeigten Studien bezüglich des mathematischen Vorwissens von Schulanfängern kann davon ausgegangen werden, dass einige Kinder bereits vor Schulbeginn über Ziffernkenntnisse, über die Fähigkeit zum Addieren und Subtrahieren, über ein Verständnis des Relationsbegriffes und über geometrische Kenntnisse verfügen.

Vergleicht man den Einsatz von Strategien bei jüngeren Kindern mit dem strategischen Vorgehen älterer Kinder, so ergeben sich kaum quantitative Unterscheidungen. Die verschiedenen Strategien sind Kindern generell bereits früh geläufig, es verändern sich jedoch der gezielte Strategieeinsatz und der bewusste und flexible Umgang mit Strategien.

### 3. *Sozial-emotionale Entwicklung*

Da sich die Kinder im 1. und 2. Schuljahr in einer wichtigen Umbruchphase ihrer sozialen und emotionalen Entwicklung befinden, ist vorrangig mit drei Effekten zu rechnen. Erstens sind große interindividuelle Unterschiede möglich. Diese können von einer noch sehr starken Bindung an engste Bezugspersonen und -orte bis zur relativ ausgedehnten Eigenständigkeit reichen. Zweitens kann das jeweils erreichte Niveau noch nicht als stabil bezeichnet werden. Drittens kann aufgrund der Möglichkeit zur asynchronen Entwicklung bei begabten Kindern nicht davon ausgegangen werden, dass sich hochbegabte Kinder im sozial-emotionalen Bereich anders entwickeln als normal begabte Kinder. Somit kann es durchaus trotz besonderer Begabungen in einzelnen Bereichen gleichzeitig zu (temporären) Defiziten im sozial-emotionalen Bereich kommen.

Aus diesem Grund ist es insbesondere für forscherische Zwecke notwendig, dies zu berücksichtigen und ein Umfeld zu wählen, welches den Kindern vertraut ist und welches ihnen sowohl auf emotionaler als auch auf sozialer Ebene entgegenkommt.

*4. Begabung im frühen Schulalter*

Die Vorstellung der verschiedenen Definitionen, Theorien und Modelle zur Intelligenz und zur Begabung hat ergeben, dass im aktuellen Kontext Intelligenz als ein notwendiges, aber nicht hinreichendes Element von speziellen Begabungen eingestuft werden kann. Sie ist demnach ein Teil des Begabungspotenzials einer Person. Unter diesem Blickwinkel ist Begabung grundsätzlich als ein Potenzial für besondere Leistungen anzusehen. Dieses Potenzial kann dann voll zum Ausdruck kommen, wenn sowohl persönliche als auch soziale Faktoren des Umfeldes positiv unterstützend einwirken. Bezieht man diese Erkenntnisse auf Kinder im Schulanfangsalter, so muss hier noch – wie in Punkt 1 herausgearbeitet – der Faktor Entwicklung ergänzend hinzugefügt werden. Zusätzlich bleibt anzumerken, dass die erwähnten beeinflussenden Faktoren hier höchstwahrscheinlich einen höheren Stellenwert einnehmen, als dies bei älteren Kindern der Fall ist. Da jedoch zudem von einer instabilen Ausprägung dieser Faktoren ausgegangen werden muss, können generell zur Begabung im frühen Kindesalter nur eingeschränkte Aussagen getroffen werden.

Basierend auf diesen hier nur verkürzt dargestellten Erkenntnissen ergibt sich folgendes vereinfachtes Modell zur Begabung und Leistung bei Kindern im Schulanfangsalter:

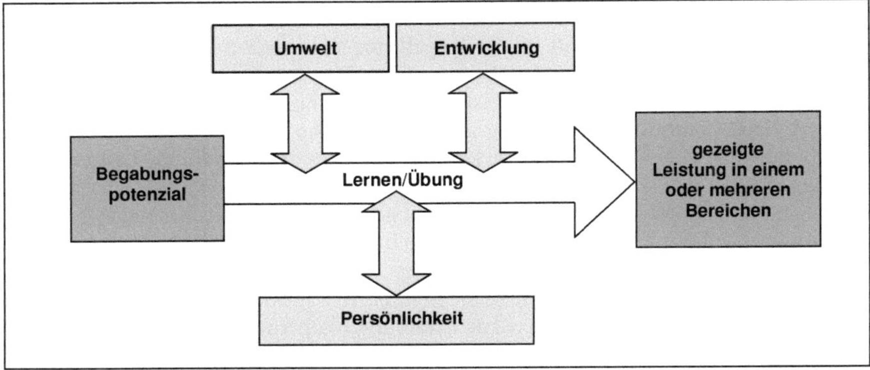


**Abb. 13:** Eigenes vereinfachtes Modell zur Begabung und Leistung speziell bei jüngeren Kindern

### 5. *Mathematische Begabung und Problemlösen bei Kindern im 1. und 2. Schuljahr*

Mathematische Begabung kann auf der Basis des aufgezeigten allgemeinen Begabungsmodells als Potenzial für besondere Leistungsfähigkeit im mathematischen Bereich verstanden werden. Hierbei sind individuell unterschiedliche Ausprägungen mathematischer Begabung möglich.

Die Erforschung mathematischer Begabung bei Schulkindern wurde vornehmlich von *Krutetskii* eingeleitet. Umfangreiche aktuelle Forschungsergebnisse in Bezug auf Kinder im 3. und 4. Schuljahr liefern unter anderem *Nolte* und *Käpnick.* In diesem Zusammenhang ist es vor allem das fundierte Merkmalsystem *Käpnicks*, welches auf eine breite Anerkennung stößt.

In der Regel werden Definitionen zur mathematischen Begabung in bestehende Begabungsmodelle eingeordnet. *Heinze* hat erstmals ein Begabungs- und Talentmodell erstellt, welches sich ausschließlich auf den mathematischen Bereich bezieht. In diesem Modell wird besonders gut deutlich, dass die Faktoren *Persönlichkeit* und *soziales Umfeld* auch auf diese spezifische Begabung Einfluss haben. Dementsprechend kann hier der Faktor *Entwicklung* für jüngere Kinder hinzugefügt werden.

Wissenschaftliche Erkenntnisse zur mathematischen Begabung bei Kindern im 1. und 2. Schuljahr liegen kaum vor. Speziell zu den rechnerischen Fähigkeiten von begabten Vorschulkindern konnten *Häuser/Schaarschmidt* jedoch feststellen, dass durchaus bereits Anforderungen des 3. Schuljahres bewältigt werden können.

Die enge Beziehung zwischen mathematischer Begabung und besonderer Problemlösefähigkeit wurde bereits aufgezeigt. Hier sind es vorrangig heuristische Strategien, die häufig auch unter den verschiedenen Merkmalen mathematischer Begabung aufgeführt werden. Es kann davon ausgegangen werden, dass mathematisch begabte Kinder gute Problemlöser sind.

### 6. *Identifikation mathematischer Begabung bei Kindern im Schulanfangsalter*

Zur Identifikation von mathematischer Begabung werden bei älteren Kindern in der Regel mehrere Diagnoseinstrumente gemeinsam eingesetzt. Hierbei handelt es sich vorrangig um die Nominierung durch Lehrer und Eltern, die Schulleistungen im Fach Mathematik und die Ergebnisse der Bearbeitung von Problemaufgaben (Indikatoraufgaben). Es findet daraufhin in der Regel eine merkmalorientierte Auswertung statt, die Auskunft über die Spezifik der jeweiligen Begabungsausprägung gibt.

Für Kinder im 1. und 2. Schuljahr ist dies aus verschiedenen Gründen nicht in der gleichen Weise durchführbar. Zunächst ist ihre schulische Laufbahn noch zu kurz, um die Schulleistungen berücksichtigen zu können. Gleiches gilt auch für die Lehrernominierung. Es kann jedoch davon ausgegangen werden, dass insbesondere Klassenlehrer in der Schulanfangsphase bereits aufschlussreiche Kenntnisse über ihre Schüler erlangen. Inwieweit diese Erkenntnisse jedoch auch mathematik-spezifisch ausgerichtet sind, ist nicht einzuschätzen. Zudem existieren leider für Kinder dieser Altersstufe noch keine gültigen Indikatoraufgaben, die in ihrer Aussagekraft überprüft wurden.

Es bleibt aber festzuhalten, dass zur Erfassung mathematischer Fähigkeiten und heuristischer oder aufgabenspezifischer Strategien auch für jüngere Kinder der Einsatz von Problemaufgaben die meisten Aufschlüsse verspricht. Auf dieser Basis kann dann eine Bezugnahme zu den Erkenntnissen zu mathematischer Begabung bei älteren Kindern vorgenommen werden.

## Fazit

Da bisher weder die bereits vorhandenen Diagnoseinstrumente in Bezug auf ihre Anwendbarkeit und Aussagekraft für Kinder im 1. und 2. Schuljahr überprüft worden sind, noch versucht wurde, die entsprechenden Fähigkeiten und Persönlichkeitseigenschaften in dieser Altersstufe nachzuweisen, muss es zunächst das Ziel der wissenschaftlichen Forschung sein, auf explorativem Weg grundlegende Informationen zu erhalten.

Hierzu erscheint die Beobachtung von Kindern beim Bearbeiten von Problemaufgaben als besonders geeignet, da Problemaufgaben in herausragender Weise dazu geeignet sind, mathematische Fähigkeiten und damit einhergehend auch heuristische und aufgabenspezifische Strategien zu untersuchen. Durch diese Vorgehensweise ergibt sich die Möglichkeit festzustellen, ob oder inwieweit Kinder im Schulanfangsalter bereits über die entsprechenden Fähigkeiten verfügen. Auf dieser Basis können dann Vergleiche mit den nachgewiesenen mathematikspezifischen Begabungsmerkmalen bei älteren Kindern vorgenommen werden.

Um diesem Anliegen gerecht werden zu können, müssen die Forschungsaufgaben in der Weise gestaltet werden, dass sie in ihrer Gesamtheit einen umfassenden Einblick in die mathematischen Fähigkeiten der Kinder ermöglichen. Aus diesem Grund sollen sie das unter Kapitel 3 „Mathematische Begabung" ausgearbeitete **zweidimensionale Schema aus mathematischen Inhalten und inhaltsunabhängigen Fähigkeiten zur Erfassung mathematischen Tätigsein** möglichst vollständig abbilden.

**Tabelle 4:** Zweidimensionales Schema aus mathematischen Inhalten und inhaltsunabhängigen Fähigkeiten zur Erfassung mathematischen Tätigseins

| mathematische Inhalte / inhalts-unabhängige Fähigkeiten | Zahlen und Operationen | Muster und Strukturen | Raum und Form |
|---|---|---|---|
| mathematische Objekte, Relationen und Operationen verstehen | | | |
| mathematische Verfahren einsetzen | | | |
| mathematische Strukturen erkennen | | | |
| in mathematischen Strukturen arbeiten | | | |
| Strategien anwenden | | | |
| über mathematisches Gedächtnis verfügen | | | |

Darüber hinaus ergeben sich aus den nun vorhandenen theoretischen Erkenntnissen – insbesondere aus dem Bereich des Problemlösens gekoppelt mit der Berücksichtigung der altersabhängigen Spezifik – folgende vier grundlegende Anforderungen an die Aufgaben unter besonderer Berücksichtigung der Problemhaltigkeit und der individuellen Voraussetzungen der Kinder.

**Anforderungen an die Aufgaben unter besonderer Berücksichtigung der Problemhaltigkeit und der individuellen Voraussetzungen der Kinder:**

1. *Problemhaltigkeit bestimmt sich unter anderem durch den Inhalt einer Aufgabe: Fremde Inhalte stellen mit einer höheren Wahrscheinlichkeit ein Problem dar als bekannte Inhalte.*

   Zur Entwicklung problemhaltiger Aufgaben ist es demnach wichtig, sie inhaltlich in der Weise zu gestalten, dass die Kinder hierzu noch keine Lösungsalgorithmen entwickelt haben. Dies könnte auch durch die Wahl eines (Sach)Kontextes gewährleistet werden, der den Kindern bekannte mathematische Inhalte in neuer, problemhaltiger Weise darbietet. Es ist generell darauf zu achten, dass die Inhalte und Anforderungen der Aufgaben innerhalb der Zone der nächsten Entwicklung liegen. Auf diese Weise kann gewährleistet werden, dass sie zwar eine Herausforderung, aber keine Überforderung darstellen.

2. *Herausfordernde Situationen können außerdem durch fremde Aufgabenformate geschaffen werden.*

   Unter dieser Prämisse liegt die Problemhaltigkeit vorwiegend darin, die den Aufgaben oder Aufgabenformaten zugrunde liegenden mathematischen Modelle zu erkennen und anzuwenden.

Da sich Punkt 1 und 2 auf unterschiedliche Möglichkeiten beziehen, Problemhaltigkeit zu erzeugen, muss in Bezug auf die Auswahl und Konzeption der einzelnen Aufgaben jeweils darauf geachtet werden, mindestens einen der beiden Punkte zu erfüllen.

Neben der Beachtung dieser inhaltlichen Anforderungen gilt es jedoch auch, den interindividuell unterschiedlichen Voraussetzungen der Kinder nachzukommen.

3. *Stufung des Schwierigkeitsniveaus*

   Um dem unterschiedlichen Lernniveau der Kinder gerecht werden zu können, muss jede Aufgabe in der Art strukturierbar und strukturiert sein, dass sie verschiedene Schwierigkeitsstufen beinhaltet. Somit erhöht sich die Wahrscheinlichkeit, im Laufe der Bearbeitung jedes Kind in den Bereich des Problemlösens zu führen. Auf diese Weise sollten auch Kinder mit besonders stark ausgeprägten mathematischen Fähigkeiten im Sinne der „Zone der nächsten Entwicklung“ nach *Wygotski* herausgefordert werden können.

4. *Bearbeitung auf verschiedenen Darstellungsebenen*
   Bei der Konzeption der Aufgaben muss in Anbetracht der hier angesprochenen Altersstufe berücksichtigt werden, dass die Aufgaben von den Kindern im Sinne *Bruners* sowohl auf enaktiver, als auch auf ikonischer und symbolischer Ebene bearbeitet werden können. Da jedoch nicht bei allen Aufgabenformaten eine Bearbeitung auf allen drei Ebenen sinnvoll und praktikabel ist, kann diese Anforderung generell nur eingeschränkt gelten.

Um in Bezug auf die an der Studie teilnehmenden Kinder eine Vorauswahl treffen zu können, sollen die in dieser Altersstufe relevanten Diagnoseinstrumente der Eltern- und Lehrernominierung genutzt werden. Eine besondere Bedeutung erhält hierbei jedoch vornehmlich das mathematische Interesse der Kinder. Denn wie sich in den theoretischen Ausarbeitungen zum Interesse gezeigt hat, kann eine frühe und zielgerichtete Interessenausprägung durchaus als Indiz für eine Begabung in dem betreffenden Bereich angesehen werden. Zwar wird auf diese Weise eventuell die Untersuchung von Underachievern ausgeschlossen; da es sich hier jedoch explizit nicht um ein Förderanliegen handelt, sondern um ein Forschungsprojekt auf diagnostischer Ebene, kann diese Einschränkung in Kauf genommen werden.

Da nach wie vor lediglich Annahmen zu dem Zusammenhang zwischen allgemeiner Intelligenz und mathematischer Begabung bestehen, soll das eigene Forschungsvorhaben auch dazu genutzt werden, auf diesem Gebiet Erkenntnisse zu erlangen. Dementsprechend soll anhand der Erhebung des Intelligenzquotienten der teilnehmenden Kinder ein späterer Vergleich mit den gezeigten mathematischen Fähigkeiten ermöglicht werden.

Nachdem auf theoretischer Ebene so weit wie möglich die Grundlagen geschaffen wurden, um mathematische Begabung bei Kindern im 1. und 2. Schuljahr näher zu fassen, muss es im Folgenden darum gehen, auf empirischem Weg entsprechende Daten zu erhalten. Die Auswertung und Interpretation dieser Daten wird zeigen, inwieweit die hier aufgestellten theoretischen Grundlagen bestätigt werden können oder falsifiziert werden müssen.

# Teil II:

# Die eigene Studie – Planung, Durchführung und Methoden der Auswertung

# 8 Forschungsfragen

Nachdem im ersten Teil der Arbeit die theoretischen Grundlagen der Thematik dargestellt und die derzeitigen Möglichkeiten, Schwierigkeiten und Grenzen der Identifikation mathematisch begabter Kinder im 1. und 2. Schuljahr herausgearbeitet wurden, sollen die Zielsetzung, Planung, Durchführung und Auswertung der empirischen Untersuchung im Mittelpunkt des zweiten Teils stehen. Zunächst werden die Forschungsfragen formuliert. Im Anschluss daran wird das Design der Studie beschrieben. Hierzu zählen einerseits die konkreten Auswahlkriterien und -verfahren, um die eingesetzten Aufgaben und die teilnehmenden Kinder festzulegen. Andererseits wird aber auch die der Datenerhebung und -auswertung zugrunde liegende Forschungsmethode vorgestellt. Dies steht am Schluss des folgenden Kapitels, da auf diese Weise die Auswahl der Forschungsmethode direkt durch die vorliegenden Ziele und Bedingungen begründet werden kann.

Die Intention des Vorhabens liegt in der Untersuchung mathematischer Begabung bei Kindern im 1. und 2. Schuljahr. Wie im theoretischen Teil dieser Arbeit deutlich wurde, zeigt sich mathematische Begabung bei älteren Kindern anhand ihres Lösungsverhaltens beim Bearbeiten von Problemaufgaben. Dementsprechend soll im eigenen Forschungsvorhaben zunächst das Lösungsverhalten mathematisch interessierter Kinder im 1. und 2. Schuljahr beim Bearbeiten von Problemaufgaben aufgezeigt werden. Hierbei werden insbesondere der Einsatz heuristischer und aufgabenspezifischer Strategien und die Vorgehensweisen in den verschiedenen Phasen des Problemlöseprozesses berücksichtigt. Da die damit verbundenen Fähigkeiten in enger Beziehung zu den verschiedenen mathematikspezifischen Begabungsmerkmalen stehen, können daraufhin erste Aussagen zur mathematischen Begabung in dieser Altersstufe getroffen werden.

Zu diesem Zweck bearbeiten 23 Kinder im 1. und 2. Schuljahr vier Problemaufgaben. Die Aufgaben orientieren sich an den in Kapitel 7 „Zusammenfassung der Ergebnisse des theoretischen Teils" aufgeführten Anforderungen und Kriterien. Auch die Modalitäten zur Auswahl der teilnehmenden Kinder basieren auf den im theoretischen Teil dieser Arbeit erlangten Erkenntnissen. Dementsprechend ist es vorrangig das mathematische Interesse der Kinder, verknüpft mit der Lehrer- und Elternempfehlung, welches hier als Auswahlkriterium zugrunde gelegt werden kann, denn für die hier angesprochene Altersstufe existieren weitere Identifikationsinstrumente entweder noch nicht oder sie sind nicht wissenschaftlich überprüft.

Um im Rahmen der Auswertung der erhobenen Daten ein möglichst umfassendes Bild zu erlangen, wird zunächst mit dem **Blick auf die teilnehmenden Kinder** herausgearbeitet, welche heuristischen und aufgabenspezifischen Strategien sie zum Lösen der Aufgaben anwenden und wie sie sich in den verschiedenen Phasen des Problemlöseprozesses verhalten. Anhand dieser Daten werden dann interindividuelle Unterschiede im Lösungsverhalten aufgezeigt.

Mit dem **Blick auf die Aufgaben** wird daraufhin untersucht, inwieweit sie gemeinsam die für mathematisches Tätigsein relevanten mathematischen Fähigkeiten und Inhalte aufgreifen. Dementsprechend kann einerseits herausgearbeitet werden, in welchem Maße jede einzelne Aufgabe die Kinder zum Einsatz der verschiedenen Strategien und zum Zeigen mathematischer Fähigkeiten herausfordert. In der Gesamtheit können die Bearbeitungsergebnisse dann andererseits genutzt werden, um festzustellen, inwieweit die teilnehmenden Kinder daran Fähigkeiten zum mathematischen Tätigsein zeigen. Auf dieser Basis ist es möglich herauszuarbeiten, ob die Aufgaben tatsächlich ein vollständiges Bild des mathematischen Tätigseins widerspiegeln.

Auf einer **vergleichenden Ebene** werden nun weitere Daten hinzugezogen, um die vorhandenen Ergebnisse in Beziehung zur mathematischen Begabung setzen zu können. Hierbei handelt es sich einerseits um die bei Kindern im 3. und 4. Schuljahr identifizierten mathematikspezifischen Begabungsmerkmale. Es wird jedoch auch andererseits ein Vergleich mit dem Intelligenzquotienten der teilnehmenden Kinder durchgeführt. Somit können dann Aussagen über die hier vorgefundene Beziehung zwischen mathematischer Begabung und allgemeiner Intelligenz getroffen werden.

Abschließend gilt es, die verschiedenen Blickrichtungen und Fragestellungen zu vereinen, um **erste Aussagen bezüglich mathematischer Begabung bei den teilnehmenden Kindern im 1. und 2. Schuljahr** treffen zu können.

### Ziel der Studie

Das Ziel der vorliegenden Studie liegt im Aufdecken mathematischer Begabung bei Kindern im 1. und 2. Schuljahr. Dazu wird das Lösungsverhalten mathematisch interessierter Kinder dieser Altersstufe beim Bearbeiten von Problemaufgaben untersucht. Dementsprechend soll der wissenschaftliche Kenntnisstand zur mathematischen Begabung bei Kindern im 1. und 2. Schuljahr erweitert werden.

### Im Einzelnen sollen die folgenden Fragestellungen untersucht werden:

1. Welche heuristischen und/oder aufgabenspezifischen Strategien zeigen die Kinder bei der Bearbeitung der Aufgaben?
2. Welche weiteren mathematischen Fähigkeiten werden in den verschiedenen Phasen des Problemlöseprozesses gezeigt?
3. Gelingt es anhand der Aufgaben, mathematisches Tätigsein von Kindern dieser Altersstufe abzubilden?
4. In welcher Form sind die Kinder mathematisch tätig?
5. Welche Erkenntnisse ergeben sich aus dem Vergleich des hier gezeigten Lösungsverhaltens mit den bei Kindern im 3. und 4. Schuljahr identifizierten mathematikspezifischen Begabungsmerkmalen?
6. In welcher Weise unterscheiden sich die Kinder in ihrem Lösungsverhalten voneinander?
7. In welcher Beziehung steht der Intelligenzquotient zu den gezeigten Fähigkeiten?
8. Welche Konsequenzen lassen sich aus den Ergebnissen des Forschungsvorhabens bezüglich mathematischer Begabung bei Kindern im 1. und 2. Schuljahr ziehen?

# 9 Untersuchungsdesign

## 9.1 Die Rahmenbedingungen

Die Rahmenbedingungen des Forschungsvorhabens wurden maßgeblich durch den explorativen Charakter der Studie und die angesprochene Altersstufe bestimmt.

Während es in anderen Forschungsvorhaben oder Förderprojekten zur mathematischen Begabung üblich ist, die Kinder zu regelmäßigen Treffen an der Universität einzuladen (vgl. Käpnick 1998, Nolte 2004, Heinze 2005) und die dort vorhandenen technischen und personellen Ressourcen zu nutzen, konnte diese Vorgehensweise bei jüngeren Kindern nicht als praktikabel und sinnvoll erachtet werden. Die Gründe hierfür lagen in verschiedenen Bereichen. Einerseits wirken sich äußere Faktoren (wie zum Beispiel eine fremde Umgebung) noch zu stark auf das Handeln und Denken der Kinder aus, was zu verfremdeten Ergebnissen führen kann. Andererseits sind die sozial-emotionalen Beziehungen in der Regel noch sehr auf bekannte und vertraute Personen gerichtet (vgl. S. 26f.). So kann sich die Durchführung der Untersuchung durch fremde Personen negativ auf die Bearbeitung der Aufgaben auswirken. Diese Voraussetzungen sprachen dafür, die Untersuchung an den Schulen der Kinder nach dem Aufbau einer vertrauensvollen Beziehung zu den Untersuchungsleiterinnen und im Rahmen der Schulvormittage durchzuführen.

## 9.2 Die Aufgaben

### *9.2.1 Allgemeine Anforderungen an die Aufgaben*

Da die in der Studie eingesetzten Aufgaben die Kinder dazu veranlassen sollen, sowohl den Einsatz heuristischer und aufgabenspezifischer Strategien als auch das Verfügen über die mathematischen Fähigkeiten zu zeigen, die als konstitutiv für mathematisches Tätigsein in dieser Altersstufe herausgearbeitet wurden, wurde der Schwerpunkt auf die Auswahl von Problemaufgaben (vgl. S. 103) gelegt.

Zunächst galt es, die Aufgaben in der Weise zu konstruieren, dass sie in ihrer Gesamtheit mathematisches Tätigsein sowohl in Bezug auf die damit verbundenen Fähigkeiten als auch bezüglich der relevanten mathematischen Inhalte abbildeten. Um dies zu gewährleisten, wurde bei der Konzeption der Aufgaben das *zweidimensionale Schema aus mathematischen Inhalten und inhaltsunabhängigen Fähigkeiten zur Erfassung mathematischen Tätigseins* (vgl. S. 94) zugrunde gelegt.

Um den individuell unterschiedlichen Voraussetzungen der Kinder gerecht zu werden, wurden außerdem die bereits aufgestellten grundlegenden Anforderungen an die Aufgaben (vgl. S. 128f.) berücksichtigt. Auf der Basis dieser Vorgaben wurden für das eigene Forschungsvorhaben vier Problemaufgaben entwickelt.

Die Erfüllung der Anforderungen an die Aufgaben wird im Rahmen der *Begründung der Aufgabenauswahl* bei jeder einzelnen Aufgabe dargelegt. Da jedoch die Aufgaben nur in ihrer Gesamtheit das mathematische Tätigsein abbilden, wird unter Punkt 9.2.3 „Abbildung mathematischen Tätigseins anhand der Aufgaben“ (vgl. S. 157ff.) gesondert aufgezeigt, welchen Beitrag die einzelnen Aufgaben hierzu leisten.

### *9.2.2 Die ausgewählten Aufgaben*

#### 9.2.2.1 Die Aufgabe „Türme bauen“

**Aufgabentext „Türme bauen“**

**Teilaufgabe 1:**

Stelle dir vor, du willst verschiedene Türme aus drei Bausteinen bauen. In jedem Turm soll ein roter, ein gelber und ein blauer Stein sein. Wie viele verschiedene Türme könntest du mit diesen drei Steinen bauen?

**Teilaufgabe 2:**

Stelle dir nun vor, du willst verschiedene Türme aus vier Bausteinen bauen. Jetzt soll in jedem Turm ein roter, ein gelber, ein blauer und ein grüner Stein sein. Wie viele verschiedene Türme könntest du nun bauen?

**Teilaufgabe 3:**

Du hast wieder diese Steine in den vier Farben. Stelle dir vor, es soll jetzt trotzdem nur ein dreistöckiger Turm gebaut werden. Wie viele dieser Türme könntest du bauen?

**Einordnung der Aufgabe und Lösungen der Teilaufgaben**

Die Aufgabe „Türme bauen“ ordnet sich in die Kombinatorik ein, wobei es sich bei den ersten beiden Teilaufgaben um eine Grundaufgabe der Kombinatorik aus dem Bereich der Permutationen ohne Wiederholung und bei der dritten Teilaufgabe aus dem Bereich der Variation ohne Wiederholung handelt.

**Es ergeben sich folgende Lösungen:**

**Teilaufgabe 1**

Nach der Produktregel ergibt sich folgende Lösungsformel:

$$a_n = n \cdot (n-1) \cdot (n-2) \cdot (n-3) \cdot \ldots \cdot 2 \cdot 1 = n!$$

Hierbei ist $a_n$ die Anzahl der Möglichkeiten bei n Elementen.

Für die Aufgabe gilt: $n = 3,\ a_3 = 3! = 6$

6 unterschiedliche Türme können gebaut werden.

**Teilaufgabe 2**

Für die Aufgabe gilt: $n = 4, \ a_4 = 4! = 24$

24 unterschiedliche Türme können gebaut werden.

**Teilaufgabe 3**

Es sei m die Anzahl der ausgewählten Elemente und n die Anzahl aller Elemente.

Dann ergibt sich nach der Formel $a_n = \frac{n!}{(n-m)!}$

für $n = 4$ und $m = 3$ $a_4 = 24$

Auch hier können 24 unterschiedliche Türme gebaut werden.

**Begründung der Aufgabenauswahl**

Die Behandlung kombinatorischer Aufgaben ist im Hessischen Rahmenplan für den Mathematikunterricht der Grundschule nicht explizit vorgesehen (vgl. Hessisches Kultusministerium 1995), in den Bildungsstandards der KMK wird jedoch das Bearbeiten einfacher kombinatorischer Aufgaben im Rahmen der Leitidee *Zahlen und Operationen* unter der Anforderung „in Kontexten rechnen" aufgeführt (vgl. Sekretariat der Ständigen Konferenz der Kultusminister der Länder in der Bundesrepublik 2005, S. 9). Da eine im Vorfeld der Untersuchung durchgeführte Befragung der Mathematiklehrerinnen der teilnehmenden Kinder ergab, dass derartige Aufgabentypen bisher noch nicht behandelt wurden, erschien eine Aufgabe mit kombinatorischem Hintergrund für die vorliegende Studie als besonders geeignet. Sie erfüllt in Bezug auf die Problemhaltigkeit den Punkt 1 der allgemeinen Anforderungen an die Aufgaben. Auch nach *Neubert* (NEUBERT 2003, S. 90) liegt hier ein Betätigungsfeld vor, welches sich speziell zum Problemlösen eignet und von den Kindern strategisches Vorgehen fordert. Da beide Komponenten wichtige Eckpunkte der Studie sind, soll hier nicht auf eine kombinatorische Aufgabe verzichtet werden.

Auch die 3. Vorgabe, die Untergliederung in Teilaufgaben mit unterschiedlichen Schwierigkeitsstufen, kann in diesem Kontext erfüllt werden, denn der Einstiegsaufgabe (Teilaufgabe 1) folgt sowohl eine weiterführende Aufgabe (Teilaufgabe 2) als auch eine Variation dieser Weiterführung (Teilaufgabe 3).

Nicht zuletzt geht von kombinatorischen Aufgaben eine hohe intrinsische Motivation aus (vgl. ebd., S. 89f.), was den Kindern eventuell die Arbeit in der fremden Interview-Situation erleichtert.

Des Weiteren handelt es sich um eine Aufgabe, die sich sowohl auf der enaktiven Ebene als auch ikonisch oder symbolisch bearbeiten lässt, wodurch Punkt 4 der Anforderungen ebenfalls erfüllt ist. Die Bearbeitung auf den verschiedenen Repräsentationsebenen wird dadurch erreicht, dass das Material in Form von jeweils einem Baustein in der vorgegebenen Farbe für die Kinder verfügbar am Arbeitsplatz vorhanden ist und im Rahmen der Präsentation der Aufgabe von der Interviewerin eingesetzt wird. Am Rande des Tisches liegen weitere Bausteine bereit. Außerdem wird jede Teilaufgabe auf einem Arbeitsblatt mit ausreichend Platz zur Bearbeitung bereitgestellt. Diese Form des Versuchsaufbaus soll den Kindern grundsätzlich den Einsatz des Materials ermöglichen, gleichzeitig soll er jedoch auch verhindern, dass sie sich zu stark auf das Material konzentrieren. Natürlich steht es den Kindern auch frei, die Aufgabe rein kognitiv zu bearbeiten und dann die Lösung verbal mitzuteilen.

#### 9.2.2.2 Die Aufgabe „Jonas sammelt Murmeln“

**Aufgabentext „Jonas sammelt Murmeln“**

**Teilaufgabe 1:**

Jonas sammelt Murmeln. Er legt am ersten Tag eine Murmel in einen Sack, am zweiten Tag legt er zwei Murmeln in den Sack, am dritten Tag drei und so weiter. Wie viele Murmeln legt er am fünften Tag in den Sack?
Wie viele Murmeln sind dann insgesamt im Sack?

**Teilaufgabe 2:**

Wie viele Murmeln würden es am Ende des sechsten, siebten und achten Tages sein?

**Teilaufgabe 3:**

Am wievielten Tag würden mehr als 60 Murmeln im Sack sein?

**Teilaufgabe 4:**

Am fünften Tag entdeckt aber Jonas' kleine Schwester Anna den Sack mit den Murmeln. Heimlich nimmt sie jeden Tag (beginnend mit dem fünften Tag) drei Murmeln heraus. Sie denkt, Jonas merkt es nicht.
Wie viele Murmeln sind jetzt ab dem fünften Tag jeden Tag im Sack?
Wann sind es nun mehr als 60 Murmeln?

**Einordnung der Aufgabe und Lösungen der Teilaufgaben**

Bei dieser Aufgabe handelt es sich um eine arithmetische Problemaufgabe, die in eine Sachsituation eingebettet ist (vgl S. 103). Der arithmetische Anspruch liegt in den ersten beiden Teilaufgaben im Erfassen und Fortsetzen einer Zahlenreihe. In dieser Zahlenreihe ist das erste Reihenglied identisch mit dem ersten Folgenglied, alle weiteren Reihenglieder können durch das Bilden der Summe der bis dahin vorhandenen Folgenglieder ermittelt werden. In Teilaufgabe 3 wird über das Fortsetzen der Zahlenreihe hinaus der Frage nachgegangen, beim wievielten Reihenglied ein bestimmter Wert erreicht wird. Diese veränderte Fragestellung soll den Kindern ermöglichen, eventuelle Fähigkeiten zum Umkehren der Gedankengänge zu zeigen. In der letzten Teilaufgabe geht es dann um eine Variation des Problems, wiederum basierend auf dem Erkennen und Fortsetzen der Zahlenreihe und dem Ermitteln der Anzahl der Reihenglieder bis zu einem bestimmten Wert. Bei dieser variierten Zahlenreihe erfolgt die Schwierigkeitssteigerung durch die Verschachtelung zweier Rechenschritte zum Ermitteln des nächsten Reihengliedes.

Bezüglich des Sachkontextes ist die Aufgabe gemäß der Systematisierung von Aufgabenklassen beim Sachrechnen nach *Franke* (2003) als eine Sachaufgabe zu einer fiktiven Situation zu beschreiben. Sie verfügt in allen Teilaufgaben über eine komplexe Struktur. Als Präsentationsform ist die der Textaufgabe mit Vorgabe der Frage gewählt. Durch diese Präsentationsform wird der Stellenwert des Sachkontextes derart reduziert, dass der Schwerpunkt der Aufgabenstellung auf das Erkennen und Bearbeiten des zugrunde liegenden mathematischen Modells und damit einhergehend auf das Bewältigen der arithmetischen Anforderungen gelegt werden kann (vgl. ebd., S. 67).

Die einzelnen Teilaufgaben sind derart konzipiert, dass sie sich inhaltlich aufeinander beziehen und im Schwierigkeitsgrad zunehmen. Die letzte und anspruchvollste Teilaufgabe beinhaltet jedoch einen neuen Zugang zum Sachverhalt und kann auch dann bearbeitet werden, wenn in den Teilaufgaben 2 und 3 keine richtigen Lösungen erzielt wurden.

## Es ergeben sich folgende Lösungen:

### Teilaufgabe 1

Der erste Abschnitt dieser Teilaufgabe dient zur Einführung in den Sachverhalt. Um eventuelle Verständnisschwierigkeiten frühzeitig zu erfassen, wird hier lediglich die Handlung von Jonas erfragt. Jonas legt am fünften Tag fünf Murmeln in den Sack.

Im zweiten Teil soll dann die Gesamtzahl der Murmeln für den fünften Tag ermittelt werden. Kennt man die Anzahl der Murmeln an einem bestimmten Tag, so kann man die Anzahl der Murmeln an den nächsten Tagen berechnen.

Es sei $M_n$ die Anzahl der Murmeln am n-tenTag. Dann berechnet sich $M_n$ nach der Summenformel wie folgt:

$$M_n = \sum_{i=1}^{n} i = \frac{n}{2}(n+1), \quad n \geq 1$$

Für den fünften Tag bedeutet dies:

$$M_5 = \frac{5}{2}(5+1) = 15$$

Am fünften Tag sind somit 15 Murmeln in dem Sack.

**Teilaufgabe 2**

Berechnung von $M_6$, $M_7$ und $M_8$.

Es ergibt sich nach der obigen Formel $M_6 = 21$, $M_7 = 28$ und $M_8 = 36$.

Am Ende des sechsten Tages sind also 21, am Ende des siebten Tages 28 und am Ende des achten Tages 36 Murmeln in dem Sack.

**Teilaufgabe 3**

Bei dieser Teilaufgabe müssen die Vorgaben $M_n > 60$ und $M_{n-1} \leq 60$ erfüllt sein.

Dies gilt für n = 11, denn $M_{11} = \frac{11}{2}(11+1) = 66 > 60$

und $M_{10} = \frac{10}{2}(10+1) = 55 \leq 60.$

Somit sind am elften Tag zum ersten Mal mehr als 60 Murmeln in dem Sack.

**Teilaufgabe 4**

Für diese Variation der Zahlenfolge $M_n$ – im Weiteren $M_n^*$ genannt – gilt folgende Formel:

$$M_n^* = \frac{n}{2}(n+1) - 3 \cdot (n-4)$$

Daraus ergibt sich $M_5^* = 12$, $M_6^* = 15$, $M_7^* = 19$ und $M_8^* = 24$.

Auch bei dieser Teilaufgabe müssen im zweiten Schritt die Vorgaben $M_n^* > 60$ und $M_{n-1}^* \leq 60$ erfüllt sein.

Dies gilt für n = 13, denn $M_{13}^* = \frac{13}{2}(13+1) - 3 \cdot (13-4) = 64 > 60$

und $M_{12}^* = \frac{12}{2}(12+1) - 3 \cdot (12-4) = 54 \leq 60.$

Es sind unter diesen Voraussetzungen erst am dreizehnten Tag mehr als 60 Murmeln in dem Sack.

**Begründung der Aufgabenauswahl**

Nach dem Hessischen Rahmenplan liegt die Bedeutung des Sachrechnens vorrangig in der Entwicklung der geistigen Fähigkeiten der Kinder und in der Bewältigung von Alltagsproblemen mit Hilfe von Zahlen, Formen und Maßen. Beim Sachrechnen sollen einerseits die Vorkenntnisse und Erfahrungen der Kinder als Ausgangspunkt zum Entwickeln mathematischer Modelle genutzt werden. Andererseits sollen die auf diese Weise erlangten Erkenntnisse zur Erschließung der Welt mit mathematischen Mitteln dienen (vgl. Hessisches Kultusministerium 1995, S. 148). Betrachtet man den arithmetischen Inhalt, so kann diese Aufgabe in den Bereich Mengen und Zahlen eingeordnet werden.

Demgegenüber gliedert sich die Aufgabe nach den Bildungsstandards in die Leitidee *Muster und Strukturen* ein. In Bezug auf das Sachrechnen kann festgestellt werden, dass es in den Bildungsstandards auf zwei verschiedene Weisen aufgegriffen wird. In den verschiedenen inhaltsbezogenen Kompetenzen dient es dazu, die jeweiligen Inhalte auch in Sachkontexten zu bearbeiten. Auf einer übergeordneten Ebene ist das Sachrechnen zudem in den allgemeinen mathematischen Kompetenzen *Problemlösen* und *Modellieren* (vgl. Sekretariat der Ständigen Konferenz der Kultusminister der Länder in der Bundesrepublik 2005, S. 10) wiederzufinden.

Demnach entspricht die Aufgabe „Jonas sammelt Murmeln" sowohl dem Hessischen Rahmenplan als auch den Bildungsstandards der KMK. Somit erfüllt sich Punkt 1 der allgemeinen Anforderungen an die Aufgaben in der Weise, dass zwar eine lehrplan-relevante Thematik aufgegriffen wird, es handelt sich hierbei jedoch eindeutig um keinen Bereich, zu dem Kinder dieser Altersstufe bereits Lösungsalgorithmen entwickelt haben. Der Aufgabenkontext erfüllt die Anforderung, die Erfahrungswelt der Kinder einzubeziehen. Auf dieser Basis müssen mathematische Modelle entwickelt und bearbeitet werden, um zur Problemlösung zu gelangen. Dem Modellieren folgt dann der variierte Umgang mit den Zahlenfolgen, wobei es vorrangig darum geht, deren Strukturen zu erkennen und fortzuführen. Das Ausnutzen der Verknüpfung zwischen Sachzusammenhang und Zahlenmuster erscheint in dem vorliegenden Forschungsprojekt besonders geeignet, da gerade jüngere Kinder einerseits starkes Interesse an Mustern und Strukturen zeigen und auch Zahlenmuster mit hoher Motivation beobachten und erstellen (vgl. STEINWEG 2003, S. 61). Andererseits dient der Sachkontext dazu, an vertraute Situationen anzuknüpfen.

Die Erfüllung von Punkt 3 ist hier, wie bereits aufgezeigt, gewährleistet. In diesem Zusammenhang ist jedoch zu beachten, dass die letzte Teilaufgabe mehr als Variation höheren Anspruchs der zuvor behandelten Teilaufgaben denn ausschließlich als deren Fortführung zu verstehen ist.

Die unter Punkt 4 eingeforderte Möglichkeit zur Bearbeitung auf verschiedenen Repräsentationsebenen wird wie folgt bei der Präsentation der Aufgabe berücksichtigt: Das zugrunde liegende Material – die Murmeln – liegt in ausreichender Zahl in einer Schüssel bereit. Außerdem ist ebenfalls ein kleiner Sack vorhanden, in dem die Kinder bei Bedarf die Murmeln „sammeln" können. Das Material ist so positioniert, dass es nicht in direkter Reichweite der Kinder liegt, allerdings trotzdem deutlich erkennbar und verfügbar ist.

Da ein komplexer Sachverhalt zu erfassen ist, muss damit gerechnet werden, dass dies nicht immer bei der ersten Präsentation der Aufgabe gelingt. Aus diesem Grund muss besonders beim Einstieg in die erste Teilaufgabe darauf geachtet werden, dass die Kinder den Sachverhalt richtig verstehen, eventuell wird die Erklärung nochmals gegeben oder die Aufgabe wird mit anderen Worten und mit Unterstützung des Materials erklärt (siehe Anhang 1.2 *Interview-Leitfaden „Jonas sammelt Murmeln"*, S. 393ff.).

### 9.2.2.3 Die Aufgabe „Das Puzzle“

Der Ausgangspunkt dieser Aufgabe ist eine quadratische Fläche, die in 6 × 6 kongruente Quadrate unterteilt ist:

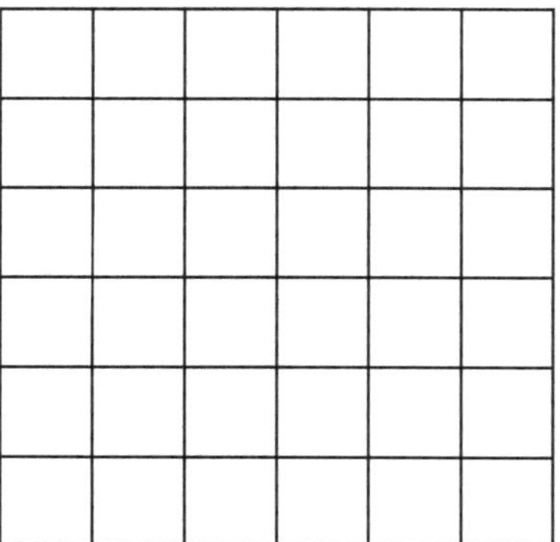

Im Rahmen von fünf Teilaufgaben sollen die Kinder jeweils entscheiden, ob die Fläche mit verschiedenen vorgegebenen Puzzle-Teilen ausgelegt werden kann und wie viele dieser Teile dazu benötigt werden.

**Teilaufgabe 1 „Quadratdrilling 1“**

Das erste Puzzle-Teil, welches den Kindern präsentiert wird, ist ein *gerader* Quadratdrilling. Er deckt drei Felder des 6 × 6 Quadrates ab.

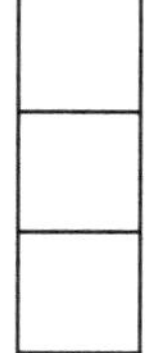

Die Kinder werden gefragt, ob die Vorlage vollständig und überschneidungsfrei damit ausgelegt werden kann und wie viele Puzzle-Teile man dazu benötigen würde.

**Teilaufgabe 2 „Quadratdrilling 2“**

In dieser Aufgabe wird die andere Variante eines Quadratdrillings vorgelegt, dieser wird im Folgenden als *eingesprungener* Quadratdrilling bezeichnet.

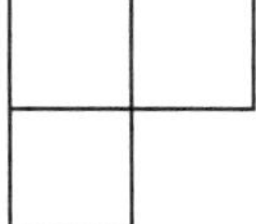

Die Fragestellung bleibt gleich, Es wird jedoch hier und bei Bedarf bei allen folgenden Fragestellungen darauf hingewiesen, dass die Puzzle-Teile beidseitig verwendet werden können.[18]

**Teilaufgabe 3 „Quadratdrilling 1 und 2“**

Nachdem jeweils Einzelüberlegungen für die beiden Quadratdrillinge angestellt wurden, geht es nun darum herauszufinden, ob die Fläche auch unter Verwendung beider Teile vollständig ausgelegt werden kann. Auch hier erfolgt dann die Frage nach der Anzahl der insgesamt benötigten Teile.

**Teilaufgabe 4 „zwei Quadratvierlinge“**

Hier werden den Kindern nun unter der gleichen Fragestellung diese zwei Quadratvierlinge dargeboten.

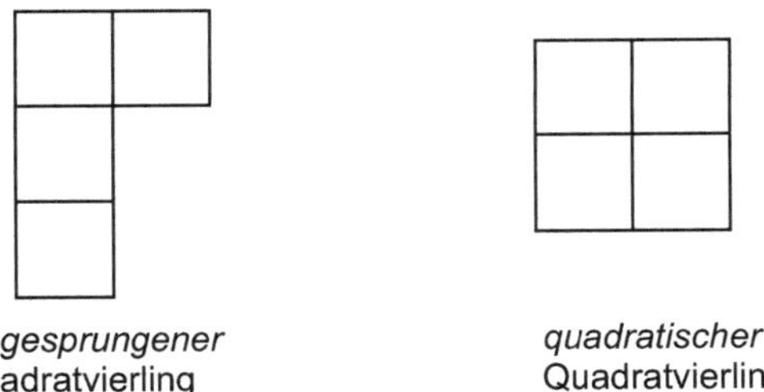

*eingesprungener* Quadratvierling

*quadratischer* Quadratvierling

In dieser Teilaufgabe wurde bewusst die Darbietung dieser beiden Quadratvierlinge gewählt, denn die folgenden drei anderen Quadratvierlinge erscheinen aus verschiedenen Gründen als ungeeignet.

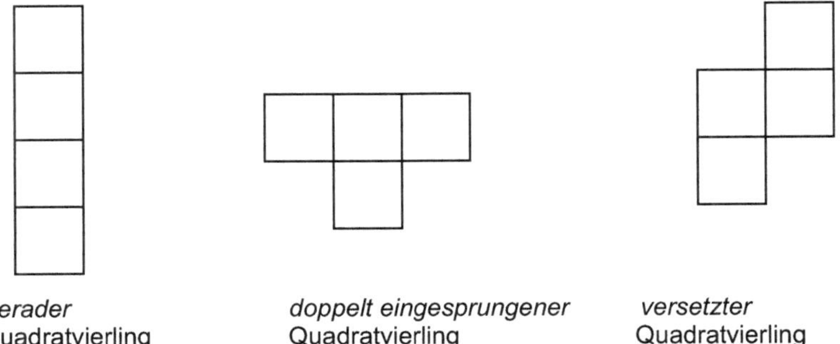

*gerader* Quadratvierling

*doppelt eingesprungener* Quadratvierling

*versetzter* Quadratvierling

[18] Die verschiedenen Puzzle-Teile unterscheiden sich in der Farbgebung.

Der *gerade* Quadratvierling würde höchstwahrscheinlich zu stark eine Orientierung an Teilaufgabe 1 herausfordern. Der *doppelt eingesprungene* und der *versetzte* Quadratvierling hingegen würden voraussichtlich den Komplexitätsgrad in der Weise erhöhen, dass es Kindern dieser Altersstufe nicht mehr gelingt, im Voraus begründete Einschätzungen abzugeben. Die Gestalt der hier eingesetzten Quadratvierlinge erleichtert demgegenüber das Erkennen der möglichen Zusammensetzungen.

### Teilaufgabe 5 „drei Quadratfünflinge"

Die letzte Teilaufgabe beschäftigt sich mit der Auslegung der Fläche unter Verwendung von drei verschiedenen Quadratfünflingen.

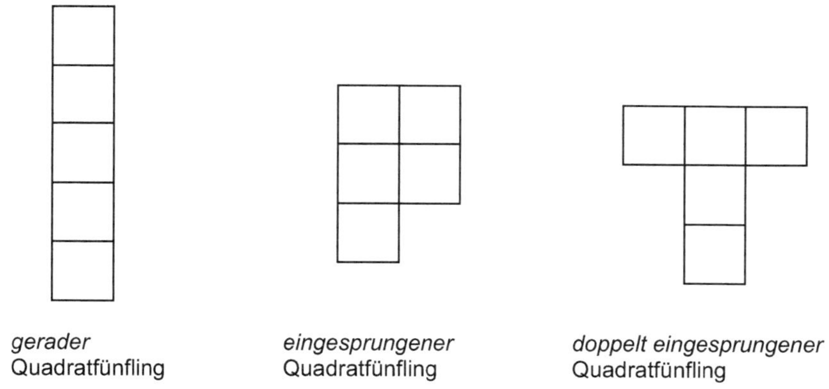

*gerader* Quadratfünfling | *eingesprungener* Quadratfünfling | *doppelt eingesprungener* Quadratfünfling

Auch hier geht es um die Frage, ob das Auslegen der Fläche möglich ist und wie viele Teile man dazu benötigen würde.

Die Beschränkung auf die gezeigten Quadratfünflinge begründet sich darin, eine Überschaubarkeit für die Kinder zu erhalten.

## Einordnung der Aufgabe und Lösungen der Teilaufgaben

Die Aufgabe thematisiert das Auslegen einer Fläche mit kongruenten Figuren. Es dürfen dabei weder Überlappungen noch unbelegte Lücken entstehen. Wird zum Auslegen einer unbegrenzten Fläche nur eine Figur verwendet, so spricht man von einfachen Parketten (FRANKE 2007, S. 254). Da es sich hier um das Auslegen einer begrenzten Fläche handelt, kann dies im Sinne eines „einfachen parkettartigen Auslegens einer begrenzten Fläche" verstanden werden. Dies trifft als Einstiegsproblematik für die ersten beiden Teilaufgaben zu. Daneben ist auch die Verwendung unterschiedlicher Figuren möglich, dies wird – nun im Sinne eines „parkett-artigen Auslegens einer begrenzten Fläche mit unterschiedlichen Figuren" – in den weiteren Teilaufgaben berücksichtigt.

Um den Kindern die zugrunde liegende Problematik in einem überschaubaren und bearbeitbaren Rahmen zu präsentieren, wird als Grundfläche ein Quadrat gewählt, welches in 6 × 6 kongruente Quadrate unterteilt ist. Die Grundfiguren zum Auslegen sind Quadratdrillinge, Quadratvierlinge und Quadratfünflinge mit der entsprechenden Untergliederung.

Vorrangiges Ziel dieser Aufgabe ist jedoch nicht das konkrete Auslegen der Fläche. Es geht vielmehr um das Feststellen, ob die Fläche überhaupt mit der vorgegebenen Grundfigur, bzw. den vorgegebenen Grundfiguren, ausgelegt werden kann und wie viele dieser Teile man dazu benötigen würde.

Durch die Verwendung verschiedener Grundfiguren ergibt sich die Möglichkeit, der weiterführenden Frage nachzugehen, warum jeweils das vollständige und lückenlose Auslegen möglich bzw. unmöglich ist. Diese Fragestellung bekommt eine besondere Gewichtung durch die Vorgabe von Quadratfünflingen in der letzten Teilaufgabe. Neben der reinen Feststellung der Unlösbarkeit besteht hier auch die Möglichkeit der Begründung. In der hier gewählten Konstellation begründet sich die Unlösbarkeit nicht in der Form der Vorlage und der gegebenen Puzzle-Teile, wie dies zum Beispiel in den von *Stein* eingesetzten „Puzzleaufgaben" (STEIN 1993) der Fall ist. Vielmehr ergibt sich die Unlösbarkeit bereits dadurch, dass die Gesamtzahl der Kästchen kein Vielfaches von Fünf ist. Somit kann sich die Argumentation der Kinder zwar auf das „Nicht-Passen" der Grundfiguren stützen, eine Begründung müsste jedoch auf die unterschiedliche Anzahl von erreichbaren und vorgegebenen Quadraten abzielen.

Anhand dieser Aufgabe wird die Grundidee der Passung in der Geometrie aufgegriffen und es kann nachvollzogen werden, inwieweit die Kinder diese bereits erfassen und auf welcher Repräsentationsebene sie damit umgehen.

Generell weist das lückenlose Ausfüllen einer Fläche starke Ähnlichkeit zum allgemein bekannten Puzzle auf, einem bei Kindern sehr beliebten Spiel. Daher kann das vorliegende Puzzle-Problem für Kinder als leicht zugänglich, reizvoll und verständlich eingestuft werden.

### Lösungen der Teilaufgaben

Wie aufgezeigt, können die Aufgaben durch konkretes Handeln mit den Puzzle-Teilen und der Vorlage bearbeitet werden. So ist es zum Beispiel möglich, dass die Kinder in Teilaufgabe 1 sechs Quadratdrillinge aneinanderreihen, um festzustellen, dass auf diese Weise die Hälfte der Vorlage ausgelegt werden kann.

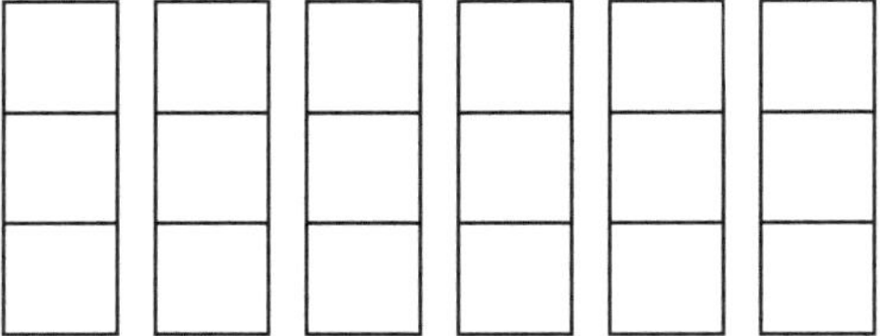

Auf dieser Basis könnte dann darauf geschlossen werden, dass man für die zweite Hälfte der Vorlage ebenfalls sechs Puzzle-Teile benötigt, es könnte aber auch mit dem Auslegen fortgefahren werden.

Ab Teilaufgabe 2 geht es dann zusätzlich um die Erkenntnis, dass zum Auslegen der Vorlage die Puzzle-Teile zusammengefügt werden müssen. So könnte hier zum Beispiel ein Sec hstel der Vorlage auf diese Weise ausgelegt werden:

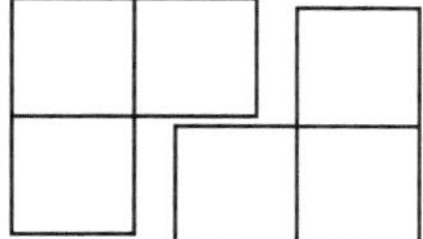

Daraufhin könnte dann wiederum auf die Gesamtlösung geschlossen werden, sie könnte aber auch durch Auslegen erzielt werden. Da die Kinder jedoch zunächst aufgefordert werden zu entscheiden, ob die Vorlage mit den jeweiligen Teilen ausgelegt werden kann, ohne dies konkret durchzuführen, soll dazu hingeführt werden, ebenfalls rechnerische Lösungswege einzuschlagen. Dies ist vor allem hinsichtlich der vollständigen Begründung zur Unlösbarkeit der letzten Teilaufgabe notwendig.

Grundsätzlich gilt jedoch trotz der rechnerischen Lösbarkeit die Notwendigkeit des Überprüfens, da die Teile auch in der Weise gestaltet sein könnten, dass trotzdem ein vollständiges Parkettieren nicht möglich ist. Diese Überprüfung muss allerdings nicht durch das Auslegen der gesamten Fläche geschehen. Hier genügt es, durch das Bilden größerer Puzzle-Teil-Einheiten Bruchteile der Vorlage belegen zu können und dann auf die Gesamtheit zu schließen.

Generell lässt sich für alle Teilaufgaben anmerken, dass auf enaktiver und ikonischer Ebene grundsätzlich mehrere Lösungen möglich sind, in dem Sinne, dass sich verschiedene Muster legen oder zeichnen lassen.

### Teilaufgabe 1

Bei Teilaufgabe 1 ist ersichtlich, dass die aus 6 × 6 kongruenten Quadraten bestehende Grundfläche mit der einfachen Drillingsanordnung lückenlos parkettierbar ist. Es ergibt sich folgende rechnerische Lösung:

$$12 \cdot 3 = 36 \quad \text{bzw.} \quad 36 : 3 = 12$$

Demnach werden zum vollständigen Auslegen zwölf dieser Puzzle-Teile benötigt.

### Teilaufgabe 2

Bei dieser Teilaufgabe kann man zunächst wieder rechnerisch argumentieren und kommt auf diesem Weg zu der in Teilaufgabe 1 aufgezeigten Lösung. Hinzu kommt jedoch die Argumentation auf der Basis der Form der Grundfiguren. Man erhält durch das Kombinieren zweier *eingesprungener* Drillinge eine Figur, die kongruent zu der Figur ist, die man durch das Zusammensetzen zweier *gerader* Drillinge erhält.

Sechs dieser zusammengesetzten Figuren benötigt man zum vollständigen Auslegen der quadratischen Fläche. Hieraus ergibt sich wiederum, dass zwölf der Quadratdrillinge notwendig sind, um die Fläche auszulegen.

### Teilaufgabe 3

Unter der Berücksichtigung der Lösungen der ersten beiden Teilaufgaben ergibt sich für diese Aufgabenstellung, dass auch hier das lückenlose Auslegen der Fläche möglich ist. Da beide Puzzle-Teile verwendet werden müssen, sind bei einer Gesamtzahl von zwölf notwendigen Teilen jeweils mindestens zwei von einer Sorte notwendig. Folgende Kombinationen sind möglich:

zehn *gerade* Quadratdrillinge und zwei *eingesprungene* Quadratdrillinge,
acht *gerade* Quadratdrillinge und vier *eingesprungene* Quadratdrillinge,
sechs *gerade* Quadratdrillinge und sechs *eingesprungene* Quadratdrillinge,
vier *gerade* Quadratdrillinge und acht *eingesprungene* Quadratdrillinge,
zwei *gerade* Quadratdrillinge und zehn *eingesprungene* Quadratdrillinge.

### Teilaufgabe 4

Das vollständige Auslegen einer 6 × 6 Quadratfelder großen Fläche ist grundsätzlich nicht mit allen Quadratvierlingen möglich. Mit den hier vorgegebenen Grundfiguren gelingt dies jedoch, da sich zwei der *eingesprungenen* Vierlinge in der Weise kombinieren lassen, dass sie kongruent sind zu zwei zusammengesetzten *quadratischen* Quadratvierlingen. Insgesamt werden neun Quadratvierlinge benötigt. Folgende Kombinationen sind möglich:

zwei *eingesprungene* Quadratvierlinge und sieben *quadratische* Quadratvierlinge,
vier *eingesprungene* Quadratvierlinge und fünf *quadratische* Quadratvierlinge,
sechs *eingesprungene* Quadratvierlinge und drei *quadratische* Quadratvierlinge,
acht *eingesprungene* Quadratvierlinge und ein *quadratische* Quadratvierling.

### Teilaufgabe 5

Der Lösbarkeit dieser Aufgabenstellung soll an dieser Stelle nicht weiter nachgegangen werden, da sich bereits auf arithmetischer Ebene erkennen lässt, dass 5 kein Teiler von 36 ist. Bei einer Begründung der Unlösbarkeit über das Auslegen der Fläche würde ersichtlich werden, dass mindestens ein Feld immer unbelegt bleibt.

### Begründung der Aufgabenauswahl

Diese Aufgabe weist im Vergleich zu den anderen Aufgaben einige neue Komponenten auf. Zunächst wird durch die Form der Aufgabenstellung der Aspekt des räumlichen Vorstellungsvermögens berücksichtigt, denn die Kinder werden immer erst dazu aufgefordert, zu überlegen, ob ein Auslegen möglich ist. Somit liegt der

Schwerpunkt dieser Aufgabenstellung nicht nur auf dem Überprüfen, ob einzelne Grundfiguren zu geeigneten Kombinationen zusammengefügt werden können und gleichzeitig die Vorlage entsprechend strukturiert wird. Vielmehr kann in einem weiteren Schritt auch festgestellt werden, inwieweit die Kinder diese Handlungen bereits kognitiv vollziehen. Da in der Auseinandersetzung mit Parketten, wie beispielsweise von *Franke* (FRANKE 2007, S. 254ff.) und *Radatz* und *Rickmeyer* (RADATZ/RICKMEYER 1991, S. 101) dargestellt, nicht nur Fantasie und Kreativität gefordert werden, sondern auch das geometrische Sehen, das Erkennen von Teilfiguren und das Entdecken von Gesetzmäßigkeiten, lassen sich mittels dieser Aufgabe insbesondere Aufschlüsse über die diesbezüglichen Kompetenzen der Kinder gewinnen.

Ein zweiter wichtiger Aspekt liegt in der Unlösbarkeit der letzten Teilaufgabe. Sie folgt einer Serie von lösbaren Aufgaben. Durch diese Vorgehensweise soll aufgedeckt werden, ob die Kinder überhaupt die Unlösbarkeit als Lösung akzeptieren und auf welcher Ebene sie Begründungen liefern.

In den Bildungsstandards wird im Rahmen der inhaltsbezogenen mathematischen Kompetenzen die Leitidee *Raum und Form* aufgeführt. In den beiden darin enthaltenen Bereichen „sich im Raum orientieren" und „geometrische Figuren erkennen, benennen und darstellen" lassen sich Elemente der Aufgabe „Das Puzzle" finden (Sekretariat der Ständigen Konferenz der Kultusminister der Länder in der Bundesrepublik 2005, S. 12f.). Auch der Hessische Rahmenplan greift im Bereich der Geometrie den Inhalt „Eigenschaften von Gegenständen; geometrische Figuren und Körper" auf (Hessisches Kultusministerium 1995, S. 166). Hier wird sogar die Anregung gegeben, Puzzles herzustellen und zu legen. Auch nehmen verschiedene Schulbücher die Thematik der Quadratmehrlinge auf, häufig findet dies jedoch im Zusammenhang mit der Erarbeitung von Würfelnetzen statt (zum Beispiel „Denken und Rechnen" 3. Klasse 2006, S. 87 oder „Das Zahlenbuch" 3. Klasse 2005, S. 106). Der Umgang mit geometrischen Puzzlen oder auch mit unlösbaren Puzzlen ist jedoch weder in den Lehrplänen vorgesehen noch in den Schulbüchern zu finden.

Gemäß der beschriebenen allgemeinen Anforderungen an die Aufgaben kann einerseits davon ausgegangen werden, dass den Kindern Puzzles an sich bekannt sind und ihnen der Umgang damit vertraut ist. Andererseits ist durch die spezielle Aufgabenstellung aber auch gewährleistet, dass besonders den Kindern der hier angesprochenen Altersgruppe dieses mathematische Puzzle mit unlösbaren Elementen noch nicht als Aufgabe begegnet ist. Dementsprechend ist Punkt 1 der Anforderungen an die Aufgaben erfüllt. Auch Punkt 2 kann als erfüllt eingestuft werden, denn selbst wenn den Kindern Puzzles bekannt sind, so ist diese Form des Puzzles doch in dem hier verwendeten Kontext und den damit verbundenen Aufgabenstellungen fremd.

Die Untergliederung in Teilaufgaben ist hier geradezu notwendig, um den Schwierigkeitsgrad zu erhöhen und um – wie beabsichtigt – auf die Unlösbarkeit hinzuarbeiten. Somit kann auch Punkt 3 der Anforderung als erreicht angesehen werden.

Zur Bearbeitung der Aufgabe liegt die Puzzle-Vorlage auf dem Arbeitsplatz. Die je nach Teilaufgabe variierenden Puzzle-Teile werden den Kindern zunächst an einem Teil exemplarisch präsentiert, daraufhin liegen sie jedoch übervorrätig bereit. Auf diese Weise soll sichergestellt werden, dass sich die Kinder erst gedanklich mit der Problematik auseinandersetzen und wenn möglich ohne eine Phase des Probierens und Handelns zumindest eine Lösungsidee äußern. Weiterhin ist zu jeder Teilaufgabe ein entsprechendes Arbeitsblatt vorhanden, welches den Arbeitsauftrag in schriftlich fixierter Form, eine Abbildung des 6 × 6 Quadratfeldes und die Abbildung der betreffenden Puzzle-Teile enthält. Durch das Bereitstellen der Arbeitsblätter und weiterer Puzzle-Teile soll dem Anspruch Rechnung getragen werden, den Kindern vielfältige Handlungs- und Lösungsebenen zu eröffnen. Schließlich ist auch ein Transfer des Problems auf die arithmetische Ebene möglich. Dieser Transfer wird unterstützt durch die immer gegebene Frage nach der Anzahl der benötigten Grundfiguren. Die Kinder können hier rein arithmetisch, ausgehend von der Gesamtzahl der gegebenen Felder, die notwendige Anzahl der Puzzle-Teile errechnen. Insgesamt ist durch die hier gewählte Präsentation der Aufgabe Punkt 4 der Anforderungen an die Aufgaben ebenfalls erfüllt.

#### 9.2.2.4 Die Aufgabe „Rechenketten"

In der Aufgabe „Rechenketten" geht es um das Ermitteln des Betrages der Differenz zweier Zahlen. Die Rechenketten sind derart aufgebaut, dass in der Mitte unter zwei Zahlen jeweils deren Differenz eingetragen wird. Basierend auf diesem Prinzip können dann beliebig große Rechenketten konstruiert werden und es können durch die unterschiedliche Konstellation der vorgegebenen Zahlen Aufgabenvariationen vorgenommen werden. So kann entweder die Differenz zu ermitteln sein, es ist aber auch möglich, die Differenz und eine der beiden Ausgangszahlen vorzugeben. In diesem Fall ist dann die zweite Ausgangszahl zu berechnen.

Bei diesem Aufgabenformat geht es also darum, sich von der konventionellen Rechenrichtung zu lösen und Differenzen zu berechnen, ohne die Position der Zahlen zu berücksichtigen.

Beispiele für eine dreistufige Rechenkette unter Vorgabe von a, b und c:

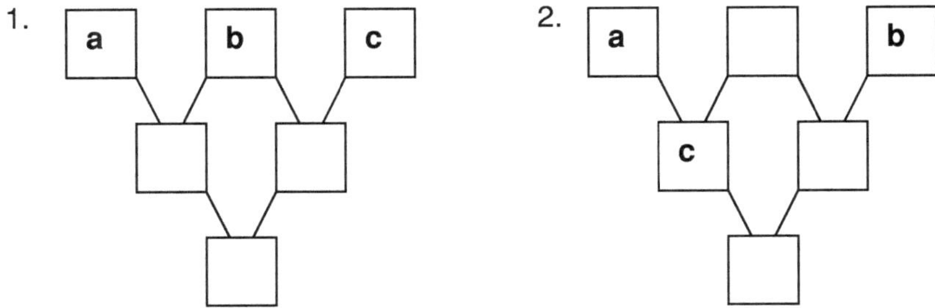


**Einordnung der Aufgabe**

Die Rechenketten ordnen sich grundsätzlich in den Bereich der Arithmetik ein und gehören zu den operativen Übungsformaten, da hier arithmetische Inhalte beziehungsreich und unter dem Beschreiten unterschiedlicher Lösungswege (WITTMANN/ MÜLLER 1994a, S. 106ff.) bearbeitet werden können.

*Krauthausen* (KRAUTHAUSEN 2006, S. 6ff.) führt dieses Format unter der Bezeichnung *Minusmauern* in Anlehnung an die Zahlenmauern auf. Auch er betont einerseits den Schwerpunkt im rechnerischen Bereich und andererseits das Ziel des strategischen Vorgehens, „welches im Idealfall umfangreichere Rechnungen ersparen hilft" (ebd., S. 6). Im Gegensatz zu den Zahlenmauern, die durch das Nutzen der Addition, Subtraktion und Ergänzung gemäß der gültigen Rechenrichtung bearbeitet werden, lösen sich die Rechenketten durch die Ermittlung der betragsmäßigen Differenz von dieser Rechenrichtung.

Setzt man im zweiten Beispiel (siehe oben) a = 5 und c = 2, so gilt, dass 2 der Betrag der Differenz zwischen 5 und einer weiteren Zahl sein soll. Diese Zahl kann dann entweder 3 oder 7 sein. Entscheidet man sich hier für 7, so kann auf dem Erkenntnisstand der Kinder im 1. und 2. Schuljahr lediglich formuliert werden „Der Unterschied zwischen 5 und 7 ist 2" oder „2 ist der Unterschied zwischen 5 und 7". Möchte man jedoch eine Subtraktionsaufgabe konstruieren, muss eine Umstellung der Zahlen erfolgen, die dann zu der Gleichung 7 – 5 = 2 führt. Somit fordern die Rechenketten einerseits von den Kindern das Wissen um die Berechnung der Differrenz und andererseits das Loslösen von bekannten und vertrauten Rechenstrukturen.

Des Weiteren bietet dieses Format nicht immer ein eindeutiges Ergebnis. Dies ist der Fall sobald nicht die Differenz gesucht ist, sondern eine Zahl und die Differenz zur gesuchten Zahl vorgegeben sind. Es ergeben sich hier also vielfältige Möglichkeiten, arithmetische Fähigkeiten und deren flexiblen Einsatz zu untersuchen. Natürlich setzt dies voraus, dass die Kinder das neue Aufgabenformat verstehen und sich darauf einlassen, in der ungewohnten Struktur zu arbeiten.

### Die einzelnen Rechenketten

Aus Gründen der Übersichtlichkeit werden die vorgegebenen Zahlen fett gedruckt dargestellt, während die Lösungszahlen kursiv eingefügt und grau unterlegt sind. Da nicht alle Rechenketten eindeutig lösbar sind, werden bei mehreren möglichen Ergebnissen jeweils zwei Lösungsbeispiele angegeben.

### Rechenkette 1

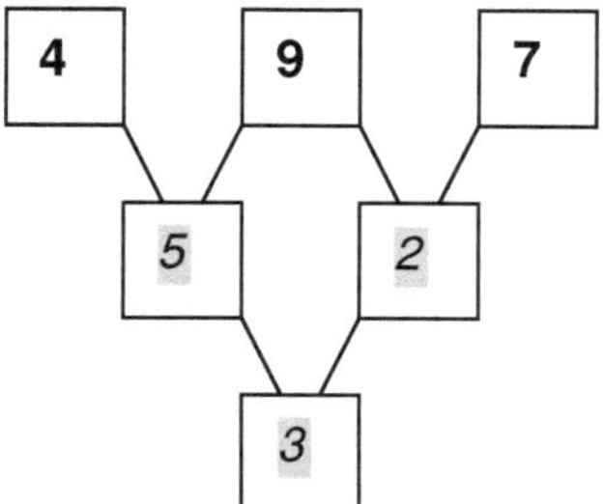

Durch die Vorgabe der Zahlen in der obersten Reihe ist diese Rechenkette eindeutig lösbar. Sie dient vorrangig der Einführung in das Aufgabenformat und in die höchstwahrscheinlich ungewohnte Form der Differenzberechnung.

Nach einer Erklärung des Formates bezieht sich der Arbeitsauftrag an die Kinder auf das Belegen der freien Felder mit den richtigen Zahlenkärtchen.

**Rechenkette 2**

Die beiden möglichen Lösungen:

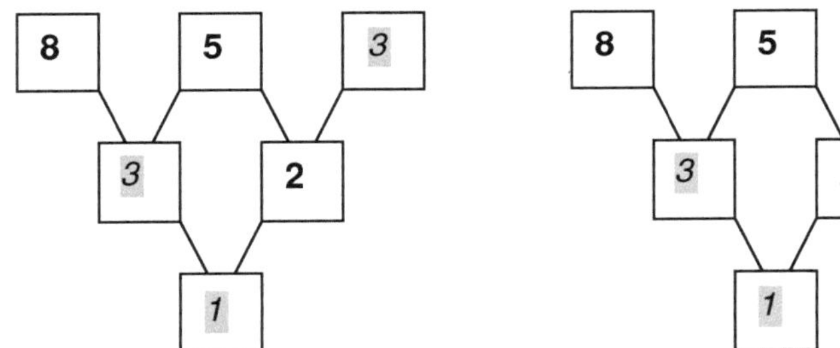


Diese Rechenkette ist in der Weise konstruiert, dass die Kinder hier erstmals von dem Arbeiten von oben nach unten abweichen müssen, um die nicht eindeutige Lösung oben rechts ermitteln zu können. Da hier die Differenz (2) kleiner ist als die vorgegebene Zahl (5), kann von einer zwar komplexeren, aber trotzdem einfachen Vorgabe ausgegangen werden. Dies entspricht der angestrebten Stufung des Schwierigkeitsniveaus.

**Rechenkette 3**

Zwei Lösungsbeispiele:

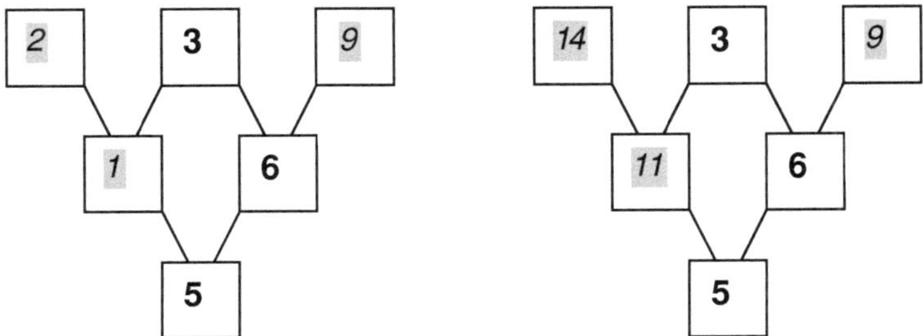


Die hier vorliegende Rechenkette kann nun an keiner Stelle mehr von oben nach unten bearbeitet werden, außerdem ergibt sich für die einzusetzende Zahl oben rechts erstmals die Situation, dass die Differenz größer ist als die vorgegebene Zahl. Somit kommt es zwar in diesem Feld zu einer eindeutigen Lösung, hier könnte jedoch möglicherweise eine spätere Fehlerquelle liegen, da die fremde Konstellation eventuell zum Vorgehen nach dem bekannten Prinzip der „Zahlenmauern" verleiten könnte, was 3 als Lösung dieses Feldes zur Folge haben würde. Je nachdem, ob für die Zahl in der Mitte links 1 oder 11 gewählt wurde, erhält man wiederum eine leichtere oder eine schwerere Konstellation, wodurch sich auch hier die genannten Schwierigkeiten ergeben könnten.

### Rechenkette 4

Die beiden möglichen Lösungen:

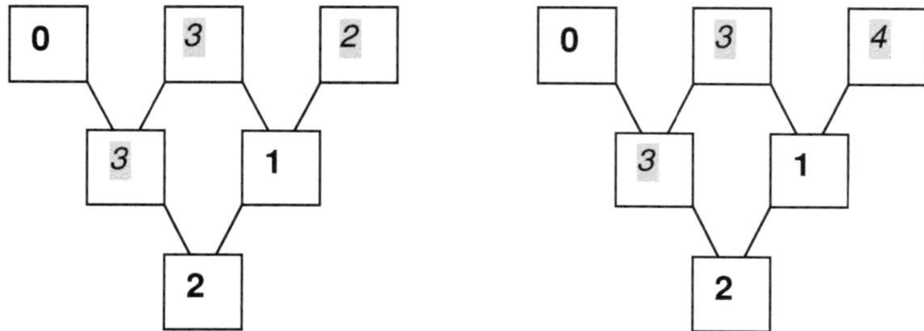


Die Bearbeitung dieser Rechenkette basiert wiederum ausschließlich auf komplexeren Konstellationen, außerdem kommt die Arbeit mit der Null als weitere mögliche Schwierigkeit hinzu. Es muss erkannt werden, dass zunächst nur die Zahl in der Mitte links eingesetzt werden kann. Dadurch, dass hier wiederum die Differenz größer ist als die vorgegebene Zahl, ist jedoch die Lösung eindeutig. Dies gilt ebenfalls für die Zahl oben in der Mitte. Nur für die Zahl oben rechts sind zwei Lösungen möglich.

### Rechenkette 5

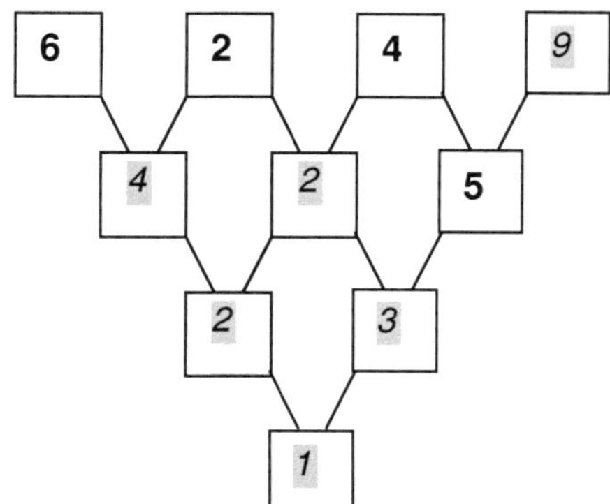

Im Schwierigkeitsgrad ist diese Rechenkette mit der zweiten Rechenkette zu vergleichen, sie ist nun jedoch erstmals vierstufig. Um dieser neuen Anforderung ausreichend gerecht zu werden, kommt nur einmal der Fall vor, dass eine Zahl und die Differenz zur gesuchten zweiten Zahl vorgegeben sind. Die Rechenkette ist jedoch eindeutig lösbar, wodurch die gesamte Rechenkette eindeutig ist.

**Rechenkette 6**

Mit dieser Rechenkette wird den Kindern nun erstmals ein offenes Format präsentiert. Der Aufgabentext lautet wie folgt: „Wähle nun selbst Zahlen aus und erstelle eine Rechenkette. Suche so, dass in der Spitze eine 3 steht."

Zum Aufgabentext wird diese Rechenkette vorgelegt:

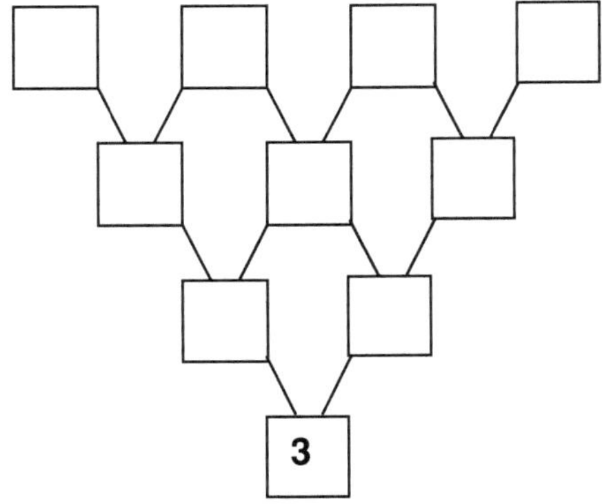


Die Vorgabe der untersten Zahl legt die komplexere und schwierigere Arbeitsrichtung von unten nach oben fest. Dies erfordert eine besondere Sicherheit im Umgang mit dem Aufgabenformat. Somit wird spätestens hier erkennbar, inwieweit die Kinder sowohl die Struktur der Rechenketten als auch die Vorgehensweise der Differenzberechnung verstanden haben und darin arbeiten können.

**Rechenketten 7 und 8**

Im Rahmen dieser beiden Rechenketten geht es abschließend darum, einen vorgegebenen Zahlenvorrat richtig in eine leere Rechenkette einzufügen. Hierbei ist die siebte Rechenkette dreistufig und die achte Rechenkette vierstufig.

Der Aufgabentext für Rechenkette 7 lautet: „Füge die Zahlen 1, 2, 3, 4, 6 und 7 richtig in die Rechenkette ein.“

Zwei Lösungsbeispiele zu Rechenkette 7:

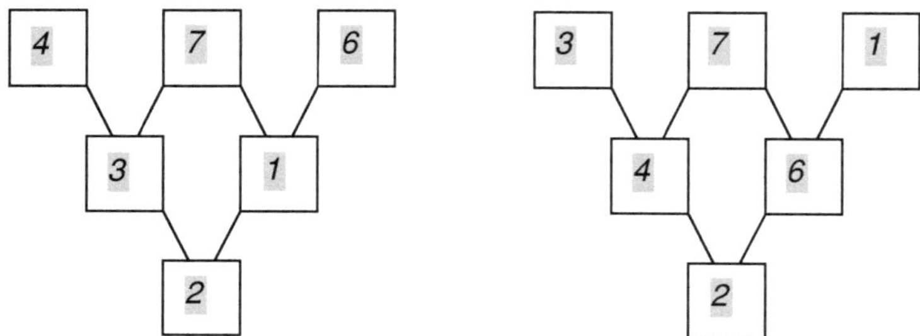


Folgender Aufgabentext gehört zu Rechenkette 8: „Füge nun die Zahlen 1, 1, 2, 3, 3, 4, 5, 6, 7 und 9 richtig in die Rechenkette ein.“

Eine mögliche Lösung zu Rechenkette 8:

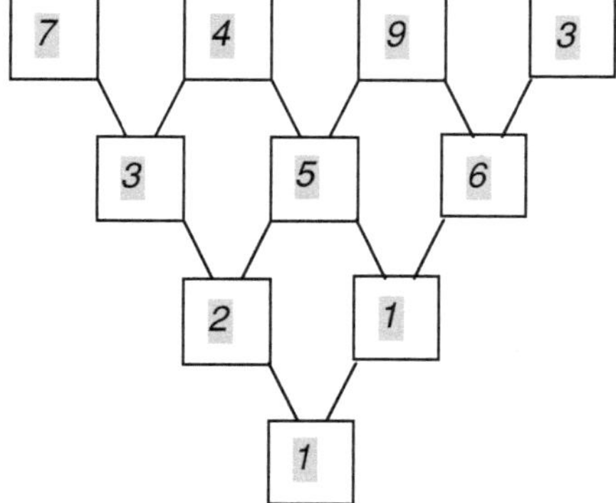

**Allgemeine Lösung der Rechenketten**

Formal dargestellt, basieren die Rechenketten auf folgendem Schema:

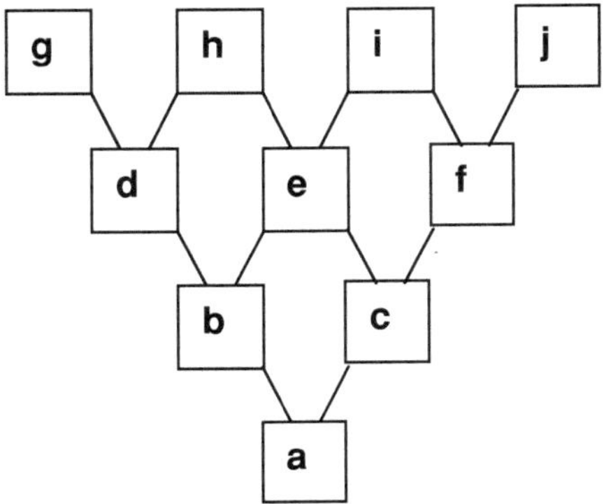


Es gelten diese Bedingungen, wobei a bis j natürliche Zahlen (einschließlich der Null) sind:

$$|b-c|=a,\ |d-e|=b,\ |e-f|=c,\ |g-h|=d,\ |h-i|=e,\ |i-j|=f$$

Allgemein gilt für eine beliebige Dreierkonstellation der Form

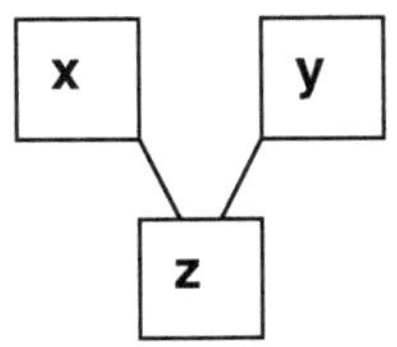


$$|x-y|=z.$$

So gilt für $x=y$: $z=0$
$x<y$: $-(x-y)=z$
$x>y$: $x-y=z$.

Je nach Konstellation der gegebenen Daten sind folgende Fallunterscheidungen vorzunehmen:

1. Es sind x und y gegeben, z ist zu ermitteln.
   Hierbei gibt es die oben aufgeführten Lösungsmöglichkeiten.

2. Es sind z und entweder x oder y gegeben. Dann gilt für das Beispiel „z und y sind gegeben, x ist gesucht“:

   Für $z > y$ ist x eindeutig bestimmt. Es folgt:

   $$x = z + y.$$

   Für $z < y$ gibt es für x genau zwei Lösungen:

   entweder $x = z + y$

   oder $x = y - z$.

   Für $z = y$ existieren für x wiederum genau zwei Lösungen:

   entweder $x = z + y$

   (durch die Voraussetzung $z = y$ gilt $x = 2y = 2z$)

   oder $x = 0$.

   Für das Beispiel „z und x sind gegeben“ gelten für y die entsprechenden Lösungen.

**Begründung der Aufgabenauswahl**

Die Aufgabe „Rechenketten“ unterscheidet sich insofern von den anderen im Forschungsprojekt eingesetzten Aufgaben, als dass hier hauptsächlich arithmetische Fähigkeiten sowie das Erkennen und Beibehalten einer bestimmten Aufgabenstruktur genutzt werden müssen, um zu einer erfolgreichen Lösung zu gelangen. Darüber hinaus ist beim Bearbeiten der Aufgabe wichtig, nicht von der vorgegebenen Bearbeitungsweise der Differenzberechnung abzukommen. Hierin liegt zugleich auch eine besondere Herausforderung begründet, denn nach dem ersten, einführenden Beispiel muss bei schwierigeren Konstellationen bewiesen werden, inwieweit dieses Aufgabenformat verstanden wurde und bis zu welchem Schwierigkeitsgrad in dem System erfolgreich gearbeitet werden kann. Es geht also um die Fähigkeit, schnell mathematische Strukturen und Beziehungen zu erkennen und darin zu arbeiten. Bei den letzten beiden Rechenketten kommt außerdem explizit die Anforderung des Problemlösens hinzu, da hier nicht nur einzelne, flexible Rechenschritte vollzogen werden müssen, sondern das gesamte Aufgabenformat nach bestimmten Vorgaben bearbeitet werden muss.

Sowohl im Hessischen Rahmenplan (vgl. Hessisches Kultusministerium 1995, S. 152) als auch in den Bildungsstandards (vgl. Sekretariat der Ständigen Konferenz der Kultusminister der Länder in der Bundesrepublik 2005, S. 12) sind die additiven Operationen und somit die arithmetischen Fähigkeiten des Addierens, Subtrahierens und Ergänzens fester Bestandteil. Während der Rahmenplan Hessen vorrangig das Verstehen der Grundrechenarten zum Ziel setzt, wird in den Bildungsstandards darüber hinaus das Erfassen der Zusammenhänge angestrebt. Somit ist zwar Punkt 1 der Anforderungen an die Aufgaben nicht explizit erfüllt, es ist hier jedoch insbesondere die geforderte Loslösung von der konventionellen Rechenrichtung, die für die Kinder ein neues Schwierigkeitsniveau darstellt und Problemhaltigkeit erzeugen kann.

Durch die Altersstruktur der Gruppe kann davon ausgegangen werden, dass zwar nicht alle teilnehmenden Kinder über die gleichen Lernvoraussetzungen im arithmetischen Bereich verfügen, die Ergebnisse des Basiswissentests (vgl. S. 164ff.) lassen jedoch darauf schließen, dass die Kinder über das notwendige arithmetische Vorwissen verfügen, um die Rechenketten zu lösen. Für alle Kinder ist allerdings das gewählte Aufgabenformat neu, wodurch Punkt 2 der allgemeinen Anforderungen an die Aufgaben erfüllt ist.

Die in Punkt 3 der Anforderungen an die Aufgaben geforderte Stufung des Schwierigkeitsniveaus wird innerhalb der ersten fünf Rechenketten dadurch erreicht, dass nach und nach schwierigere Konstellationen und größere Rechenketten zu bearbeiten sind. Sowohl Rechenkette 6 als auch die beiden Rechenketten 7 und 8 stellen jedoch Variationen dar und beinhalten demnach auch neue Anforderungen.

Zur Bearbeitung dieser Aufgabe steht den Kindern für jede einzelne Rechenkette eine entsprechende großformatige Vorlage (DIN A3) zur Verfügung. Die gegebenen Zahlen sind jeweils bereits eingetragen, auf übervorrätigen Kärtchen liegen die gesuchten und weitere Zahlen im Zahlenraum bis 20 und darüber hinaus auf dem Arbeitsplatz bereit. Diese sollen von den Kindern auf die leeren Felder gelegt werden. Besonders in der offenen Rechenkette 6 kann damit gerechnet werden, dass die Kinder andere als die vorgegebenen Zahlen einsetzen möchten. Da sie auch hier nicht durch das Material eingeschränkt werden sollen, liegen sowohl Blanko-Kärtchen als auch ein Stift bereit. Auf diese Weise können die Kinder wenn nötig zusätzliche Zahlenkärtchen erstellen.

Für die Bearbeitung der letzten beiden Rechenketten muss der Aufbau leicht verändert werden. Da hier vorgegebene Zahlen in ein leeres Format einzufügen sind, werden nun alle anderen Zahlenkärtchen vom Arbeitsplatz entfernt.

Das Arbeiten auf verschiedenen Repräsentationsebenen wird den Kindern in der Weise ermöglicht, dass sie entweder rein kognitiv vorgehen können und lediglich benennen, an welchem Ort welche Zahl stehen müsste. Sie können aber auch die Vorlage mit Zahlenkärtchen auslegen. Zusätzlich liegt Papier bereit, damit die Kinder dort eventuell Rechenwege notieren können. Somit wird hier auch Punkt 4 der allgemeinen Anforderungen an die Aufgaben Rechnung getragen.

### *9.2.3 Abbildung mathematischen Tätigseins anhand der Aufgaben*

Um aufzuzeigen, inwieweit die vier Aufgaben gemeinsam mathematisches Tätigsein abbilden, wird im Folgenden dargelegt, welchen Beitrag jede Aufgabe im Einzelnen dazu leistet. Abschließend wird dies zur besseren Übersicht in das *zweidimensionale Schema aus mathematischen Inhalten und inhaltsunabhängigen Fähigkeiten zur Erfassung mathematischen Tätigseins* (vgl. S. 94) übertragen.

#### „Türme bauen"

Auf inhaltlicher Ebene ordnet sich diese Aufgabe vorrangig in den Bereich *Zahlen und Operationen* ein. Der Kontext des Bauens von Türmen kann bei konkrethandelnd vorgehenden Kindern jedoch auch zu einer Betonung des Bereiches *Raum und Form* führen. Ebenfalls sind hier durchaus Elemente des Bereiches *Muster und Strukturen* zu erkennen, denn durch das Verfolgen von Mustern beim Erstellen der einzelnen Türme können aufgabenspezifische Strategien zum Tragen kommen. Demnach findet diese Aufgabe ihren inhaltlichen Schwerpunkt im zuerst genannten Bereich, die anderen beiden Bereiche werden jedoch ebenfalls tangiert.

Durch den besonders starken Charakter als Problemaufgabe (vgl. S. 103) ist im Rahmen der inhaltsunabhängigen Fähigkeiten hauptsächlich *das Anwenden von Strategien* gefordert. Es kommen noch *das Erkennen mathematischer Strukturen, das Arbeiten in diesen Strukturen* und *das mathematische Gedächtnis* hinzu. Die ersten beiden der genannten Fähigkeiten können zum Beispiel dann eingesetzt werden, wenn die Kinder beim Konstruieren der Türme eine Systematik entdecken und diese dann zum Finden oder Bestimmen aller Möglichkeiten nutzen. *Mathematisches Gedächtnis* kann jedoch auch dann gefordert sein, wenn Kinder alle Möglichkeiten erarbeiten und dabei schnell überschauen müssen, ob Dopplungen vorhanden sind. Die Fähigkeit *mathematische Objekte, Relationen und Operationen zu verstehen bzw. damit zu arbeiten* können dann gezeigt werden, wenn Kinder von der konkret-handelnden Vorgehensweise abweichen und rechnerisch vorgehen.

### „Jonas sammelt Murmeln“

Diese Aufgabe fokussiert vorrangig den mathematischen Inhalt *Muster und Strukturen*. In diesem Rahmen müssen die Kinder die vorgegebene Zahlenreihe erkennen und fortsetzen. Außerdem sind sie aufgefordert, diese Erkenntnisse auf eine variierte Zahlenreihe zu übertragen. Da es hier immanent auch um das Erkennen von Zahlbeziehungen geht und die Kinder ebenfalls rechnerisch vorgehen können, ist auch der Inhaltsbereich *Zahlen und Operationen* betroffen.

Auf dieser inhaltlichen Basis können dann die inhaltsunabhängigen Fähigkeiten *mathematische Objekte, Relationen und Operationen verstehen* und *mit mathematischen Objekten, Relationen und Operationen arbeiten* gezeigt werden. Hierzu müssen die Kinder die Fähigkeiten besitzen, *mathematische Strukturen zu erkennen* und *in mathematischen Strukturen zu arbeiten*. Je nach individueller Vorgehensweise können dabei *Strategien angewendet* werden (zum Beispiel die Strategie des Rückwärtsarbeitens). *Mathematisches Gedächtnis* ist eventuell dann gefordert, wenn ein Kind die Zahlenfolge rein kognitiv erarbeitet.

### „Das Puzzle“

Durch das Aufgreifen des Parkettierens bezieht sich diese Aufgabe auf den mathematischen Inhalt *Raum und Form*. Es wird jedoch auch der Inhaltsbereich *Zahlen und Operationen* tangiert, da die Kinder aufgefordert sind, ohne vorheriges Legen anzugeben, ob eine Lösung möglich ist und wie viele Teile man dazu benötigen würde. Immanent ist hier jedoch auch der mathematische Inhalt *Muster und Strukturen* involviert, denn dieser Inhalt steht in engem Zusammenhang zum Parkettieren.

In Bezug auf die inhaltsunabhängigen Fähigkeiten geht es einerseits vorrangig um *das Erkennen mathematischer Strukturen und das Arbeiten in diesen Strukturen*. Andererseits wird aber auch *das Anwenden von Strategien* herausgefordert. Zudem sind es wiederum auch die *Fähigkeiten mathematische Objekte, Relationen und Operationen zu verstehen und mit mathematischen Objekten, Relationen und Operationen zu arbeiten*, die hier eingefordert werden. Dies ist auch dann der Fall, wenn die Kinder rechnerisch vorgehen. Ein besonderes *mathematisches Gedächtnis* wäre gegebenenfalls notwendig, wenn die Kinder in Teilaufgabe 5 in der Vorstellung mit den Puzzle-Teilen operieren würden.

**„Rechenketten"**

Diesem Aufgabenformat liegt der mathematische Inhalt *Zahlen und Operationen* zugrunde. Hierbei müssen jedoch auch die Gesetzmäßigkeiten des Formates erkannt und genutzt werden. Aus diesem Grunde ist eine zusätzliche Einordnung in den Inhaltsbereich *Muster und Strukturen* erforderlich. Obwohl durch das gewählte Aufgabenformat auch Fähigkeiten aus dem Bereich *Raum und Form* (hier ist zum Beispiel das Erkennen der Verbindung zwischen der Lage der Felder und ihrer daraus resultierenden arithmetischen Beziehungen zueinander anzuführen) eingefordert werden, wird auf eine Einordnung der Aufgabe in diesen Bereich verzichtet. Die hier geforderten Fähigkeiten sind elementarer Natur und nach Gesprächen mit den Klassen- oder Mathematiklehrerinnen der Kinder hat sich ergeben, dass die teilnehmenden Kinder darüber verfügen.

Auf inhaltsunabhängiger Ebene gilt es dann, die *Fähigkeiten, mathematische Objekte, Relationen und Operationen zu erkennen und damit zu arbeiten* zu zeigen. Zudem müssen die Kinder die hier vorliegenden *mathematischen Strukturen erkennen* und *mit diesen Strukturen arbeiten*. Insbesondere die letzten drei Teilaufgaben erfordern dann den *Einsatz von Strategien* und auch *mathematisches Gedächtnis*, denn die Kinder müssen sowohl die gelegten Zahlen, ihre Beziehungen zueinander und die noch fehlenden Zahlen in eben diesen Beziehungen überschauen. Hinzu kommt der Abgleich mit eventuellen vorherigen Fehlversuchen, die nur noch gedächtnismäßig vorliegen.

In dem folgenden Schema (s. Tabelle 5, S. 160) werden aus Gründen der Übersichtlichkeit die vier Aufgaben in Form der Abkürzungen T („Türme bauen"), M („Jonas sammelt Murmeln"), P („Das Puzzle") und R („Rechenketten") aufgeführt. Gemäß der soeben dargelegten Einordnung sind diese Buchstaben in fett gedruckter Weise derart zu verstehen, dass hier der Schwerpunkt der Zuordnung liegt.

Anhand dieser Übersicht wird deutlich, dass die vier Aufgaben in ihrer Gesamtheit mathematisches Tätigsein vollständig abbilden. Zudem wird jeder Bereich immer mindestens durch zwei Aufgaben abgedeckt. Die starke Betonung des mathematischen Inhaltes *Zahlen und Operationen* kann damit begründet werden, dass alle Aufgaben auch gelöst werden können, indem die zugrunde liegenden Zahlenfolgen oder Rechenoperationen genutzt werden. Dieser Bereich könnte somit als zentrales gemeinsames Element der vorliegenden Aufgaben beschrieben werden.

**Tabelle 5:** Einordnen der Aufgaben in das zweidimensionale Schema aus mathematischen Inhalten und inhaltsunabhängigen Fähigkeiten zur Erfassung mathematischen Tätigseins

| **mathematische Inhalte** / **inhalts-unabhängige Fähigkeiten** | **Zahlen und Operationen** | | | | **Muster und Strukturen** | | | | **Raum und Form** | |
|---|---|---|---|---|---|---|---|---|---|---|
| mathematische Objekte, Relationen und Operationen verstehen | T | M | P | **R** | T | **M** | P | **R** | T | **P** |
| mit mathematischen Objekten, Relationen und Operationen arbeiten | T | M | P | **R** | T | **M** | P | **R** | T | **P** |
| mathematische Strukturen erkennen | **T** | M | | **R** | T | **M** | P | **R** | T | **P** |
| in mathematischen Strukturen arbeiten | **T** | M | | **R** | T | **M** | P | **R** | T | **P** |
| Strategien anwenden | **T** | M | | **R** | T | M | P | **R** | T | **P** |
| über mathematisches Gedächtnis verfügen | **T** | M | | **R** | T | M | P | **R** | T | **P** |

## 9.3 Die Kinder

### *9.3.1 Beteiligte Schulen*

An dem Forschungsvorhaben waren Kinder aus zwölf Klassen zweier hessischer Schulen – im Folgenden als Schule 1 und Schule 2 bezeichnet – beteiligt. Die Auswahl der Schulen war sowohl durch für die Studie relevante Gesichtspunkte als auch durch persönliche Kontakte geprägt. Die persönlichen Kontakte zu beiden Schulen basieren sowohl auf langjähriger Lehrtätigkeit als auch auf der Mitarbeit in einem hessischen Projekt zur Förderung von Hochbegabten und damit einhergehend auf der Gestaltung verschiedener Arbeitsgemeinschaften für das Fach Mathematik. Insbesondere diese persönlichen Kontakte zu Lehrern und Schülern sprachen für die Auswahl der Schulen, da auf diese Weise die notwendige Vertrautheit gewährleistet war. Beide Schulen zeigten sich diesem Vorhaben gegenüber sehr aufgeschlossen und unterstützten es tatkräftig.

### *9.3.2 Auswahl der beteiligten Kinder*

Gemäß der zum Abschluss von Teil I „Theoretische Grundlagen" dieser Arbeit formulierten derzeitigen Möglichkeiten zur Diagnose mathematischer Begabung in dieser Altersstufe (vgl. S. 126f.) wurden drei verschiedene Instrumente eingesetzt, um die Kinder auszuwählen.

**Die eingesetzten Auswahlinstrumente:**

*1. Das von den Kindern geäußerte und gezeigte mathematische Interesse*

Um dem Auswahlkriterium des mathematischen Interesses gerecht werden zu können, kann dieses Interesse nicht ausschließlich dadurch erhoben werden, indem es bei den Kindern nachgefragt wird. Auf diese Weise würde man Gefahr laufen, dass Kinder ein mathematisches Interesse äußern, ohne einschätzen zu können, worum es sich konkret handelt. Die Wahrscheinlichkeit unzutreffender Aussagen wäre wohl dementsprechend hoch (vgl. Kapitel 6 „Interesse“, S. 117ff.).

Um dies zu vermeiden, wurde dem eigentlichen Forschungsvorhaben eine Phase des Arbeitens in einer „Mathe-AG“[19] vorgeschaltet. Zur Einleitung dieses Vorhabens wurden die zwölf Klassen mit ungefähr 260 Kindern nacheinander besucht und den Kindern wurde von der Möglichkeit zur Teilnahme in einer sechswöchigen „Mathe-AG“ berichtet. Um den Kindern zu veranschaulichen, welche Inhalte in der AG bearbeitet werden, wurde ihnen beispielhaft eine für sie unbekannte Form der Zahlenmauern – wobei ein vorgegebener Zahlenvorrat in eine leere Zahlenmauer eingetragen werden muss – präsentiert (siehe Anhang 2 *Die Aufgabe „Zahlenmauer“* S. 403). Nach der Erklärung der Aufgabe wurden die Kinder gebeten, sich zu überlegen, ob sie solche und ähnliche Aufgaben gerne bearbeiteten und ob sie daran interessiert seien, an einer entsprechenden AG (diese Arbeitsform ist den Kindern der beiden Schulen bekannt) teilzunehmen. Den Kindern wurden ebenfalls die organisatorischen Rahmenbedingungen aufgezeigt: die „Mathe-AG“ würde wöchentlich an den Schulen während des Schulvormittages stattfinden, zu einer Zeit, in der alle Kinder dieser Klassen entweder eine freie Spielphase hatten oder an verschiedenen AG-Angeboten teilnahmen. Sie würde jeweils 45 Minuten dauern und von der Untersuchungsleiterin durchgeführt werden.

Nach dieser Einführung wurde dann direkt das Interesse der Kinder an einer Teilnahme nachgefragt. Insgesamt bekundeten 82 Kinder ihr Interesse.

*2. Die Lehrereinschätzung*

Im Anschluss daran wurden die Klassenlehrerinnen und die Mathematiklehrerinnen gebeten, die Kinder zu nennen, die im Unterricht besonderes Interesse an mathematischen Inhalten zeigten und bei denen sie eine mathematische Begabung vermuteten. Zur Unterstützung ihrer Einschätzung wurde ihnen eine Checkliste (vgl. S. 113 und siehe Anhang 3 *Checkliste*, S. 404) zur Verfügung gestellt.

Die Lehrerinnen nannten insgesamt 38 Kinder. Von diesen 38 Kindern hatten 35 Kinder ihr Interesse bekundet, die drei anderen Kinder betonten selbst nach persönlicher Nachfrage, dass sie nicht teilnehmen möchten. Als Gründe hierfür wurde hauptsächlich auf Freunde verwiesen, die ebenfalls nicht teilnehmen wollten.

*3. Die Elterneinschätzung*

Die Einschätzung der Eltern wurde lediglich von den Kindern eingeholt, die ihr Interesse an der Teilnahme bekundet hatten. Auch hier wurden zur Unterstützung die

[19] AG: Arbeitsgemeinschaft

Checklisten eingesetzt. Insgesamt wurden von den Eltern 45 Kinder als mathematisch besonders interessiert und ihrer Vermutung nach als mathematisch begabt beschrieben, den anderen Kindern wurde durch ihre Eltern ein eher durchschnittliches mathematisches Interesse zugeschrieben.

Außerdem lagen den Schulen bereits Elternempfehlungen zu fünf Kindern vor. Diese wurden unabhängig vom Forschungsvorhaben abgegeben und begründeten sich alle im besonders auffälligen mathematischen Interesse verbunden mit besonderen Fähigkeiten der Kinder. Alle fünf Kinder hatten auch selbst ihr Interesse an der Teilnahme angezeigt, zwei von ihnen wurden jedoch nicht von den Lehrerinnen genannt. Auf Nachfrage teilten die entsprechenden Lehrerinnen mit, dass die Kinder zwar in Mathematik sehr positiv aufgefallen seien, jedoch insgesamt Entwicklungsdefizite aufwiesen und sie deshalb nicht berücksichtigt worden seien. Auch diese beiden Kinder konnten jedoch in die „Mathe-AG“ aufgenommen werden.

*4. Zusammenführung der drei Auswahlinstrumente*

Gemäß der hier erfolgten Darstellung war das Interesse der Kinder bezüglich einer Teilnahme an der „Mathe-AG“ das grundlegende Auswahlkriterium. Daraufhin wurden sowohl die Lehrer- als auch die Elterneinschätzung genutzt, um aus dieser Gruppe von 80 Kindern diejenigen auszuwählen, die an der „Mathe-AG“ teilnehmen sollten. Durch die beschränkten Aufnahmekapazitäten konnten lediglich die Kinder berücksichtigt werden, bei denen sich die deutlichsten Übereinstimmungen und stärksten Ausprägungen aller drei Auswahlinstrumente ergeben hatten. Dementsprechend nahmen an der „Mathe-AG“ an Schule 1 insgesamt 15 Kinder teil und an der „Mathe-AG“ an Schule 2 nahmen 14 Kinder teil.

## Durchführung der „Mathe-AG“

Im Rahmen der „Mathe-AG“ wurden nun drei Aufgaben (siehe Anhang 4 *Die Aufgaben der „Mathe-AG“*, S. 405ff.) bearbeitet. Bei der Auswahl dieser Aufgaben wurde darauf geachtet, dass sie die Inhalte der Aufgaben des Forschungsvorhabens nicht vorwegnahmen. Die Auswertung der Kinderbearbeitungen zu diesen Aufgaben stellte kein Element des Forschungsvorhabens dar, da sie lediglich dazu dienten, das mathematische Interesse durch die Teilnahme an der „Mathe-AG“ zu überprüfen. Trotzdem sollen die Eindrücke, die im Rahmen dieser Arbeitsgemeinschaft zu den Kindern gewonnen wurden, bei Bedarf als ergänzende Informationen zur Auswertung und Interpretation hinzugezogen werden.

Zu Beginn der „Mathe-AG“ wurde ein Basiswissentest durchgeführt (siehe S. 164ff.). Er diente der Erfassung des Lernstandes der Kinder und unterstützte dementsprechend die Konzeption der Forschungsaufgaben. Der Intelligenztest (vgl. S. 166ff.) wurde aus organisatorischen Gründen gegen Ende dieser Phase durchgeführt.

Im Rahmen der „Mathe-AG“ lernten die Kinder auch bereits die sechs Studentinnen kennen, die an dem Forschungsvorhaben mitarbeiteten. Auf diese Weise konnte erreicht werden, dass sich hier eine Vertrautheit anbahnte.

Den Kindern war die Teilnahme freigestellt. Dies war eine grundlegende Notwendigkeit, um dem Aspekt des Interesses gerecht zu werden. Im Laufe der Zeit verließen an Schule 1 vier Kinder die „Mathe-AG“, an Schule 2 haben zwei Kinder ihre Teilnahme vorzeitig beendet. Die verbleibenden 23 Kinder nahmen dann am Forschungsvorhaben teil.

Die folgende Tabelle zeigt die Namen[20] und das Alter der Kinder zum Zeitpunkt der Einzel-Videointerviews:

**Tabelle 6:** Name und Alter der Kinder zum Zeitpunkt der Einzel-Videointerviews

| laufende Nummer | Name | Alter | laufende Nummer | Name | Alter |
|---|---|---|---|---|---|
| 1 | *Arne* | 7;00 | 13 | *Mia* | 7;05 |
| 2 | *Ben* | 7;09 | 14 | *Nick* | 7;05 |
| 3 | *Clara* | 7;10 | 15 | *Olaf* | 5;11 |
| 4 | *Dina* | 7;05 | 16 | *Peter* | 6;10 |
| 5 | *Enno* | 7;10 | 17 | *Ron* | 5;11 |
| 6 | *Finn* | 7;05 | 18 | *Stine* | 6;02 |
| 7 | *Gina* | 7;10 | 19 | *Tom* | 7;04 |
| 8 | *Hanna* | 7;10 | 20 | *Ulf* | 7;04 |
| 9 | *Isa* | 7;04 | 21 | *Victor* | 6;05 |
| 10 | *Jan* | 6;03 | 22 | *Willi* | 7;03 |
| 11 | *Kevin* | 6;09 | 23 | *Yannis* | 7;01 |
| 12 | *Lars* | 7;03 | | | |

Tabelle 7 zeigt die Zugehörigkeit zu den beiden Schulen, die Jahrgangszuordnung und die Geschlechterverteilung der teilnehmenden Kinder:

**Tabelle 7:** Schulzugehörigkeit, Jahrgangszuordnung und Geschlechterverteilung der teilnehmenden Kinder

| Schule | Klassenstufe | Mädchen | Jungen | gesamt |
|---|---|---|---|---|
| Schule 1 | 0 | 1 | 3 | 4 |
| | 1 | 0 | 4 | 4 |
| | 2 | 2 | 1 | 3 |
| Schule 2 | 1 | 2 | 5 | 7 |
| | 2 | 2 | 3 | 5 |
| **Gesamt** | | **7** | **16** | **23** |

[20] Aus datenschutzrechtlichen Gründen wurden die Namen der Kinder geändert, bei der Namensgebung wurde das Geschlecht jedoch respektiert.

## 9.4 Durchgeführte Tests

### *9.4.1 Basiswissentest*

Nachdem die an der Untersuchung teilnehmenden Kinder ausgewählt waren und auch die Aufgaben in einem ersten Entwurf inhaltlich festlagen, wurde ein Test durchgeführt, um sicherzustellen, dass alle Kinder über das notwendige mathematische Basiswissen zur Bearbeitung der Aufgaben verfügen. Wie bereits erwähnt, fand dieser Test im Rahmen der „Mathe-AGs" an den Schulen statt.

Um einen fundierten Überblick über das Vorwissen der Kinder zu gewinnen, fand einerseits eine Überprüfung der Zahlbegriffsentwicklung statt. Hierzu wurden die entsprechenden Aufgaben aus dem *Osnabrücker Test zur Zahlbegriffsentwicklung* (VAN LUIT/VAN DE RIJT/HASEMANN 2001) eingesetzt. Ergänzend dazu wurden spezielle Aufgaben zusammengestellt, um das gezielt notwendige Vorwissen zu erheben. Da insbesondere der Bereich des Zählens nicht in Form eines Gruppentests festgestellt werden kann, wurde der Basiswissentest als ein gemischter Gruppen- und Einzeltest durchgeführt (siehe Anhang 5 *Basiswissentest*, S. 408ff.).

**Der Basiswissentest umfasst folgende Bereiche:**

1. Addition und Subtraktion
2. Geschicktes Rechnen (Addition mit drei Summanden)
3. Vergleichen von Mengen
4. Zahlzerlegungen
5. Ergänzen
6. Ordnung der Zahlen
7. Muster
8. Zählen
9. Rückwärtszählen
10. Zahlwörter- und Ziffernkenntnis

Zunächst bearbeiteten alle Kinder die Bereiche 1 bis 7 als schriftlichen Gruppentest. Daraufhin folgten in Form von mündlichen Einzeltests die Bereiche 8 bis 10.

Der Basiswissentest beinhaltet bewusst kaum Aufgaben zu den geometrischen Fähigkeiten, da bereits in den Gesprächen mit den Mathematiklehrerinnen deutlich wurde, dass alle Kinder über das notwendige Wissen verfügen, um die entsprechenden Aufgaben des Forschungsvorhabens bearbeiten zu können.

Folgende Ergebnisse wurden erzielt:

**Tabelle 8:** Ergebnisse des Basiswissentests

| Bereiche | 1 | 2 | 3 | 4 | 5 | 6 | 7 | 8 | 9 | 10 | gesamt |
|---|---|---|---|---|---|---|---|---|---|---|---|
| max. Punkte | 16 | 6 | 4 | 8 | 8 | 10 | 16 | 6 | 8 | 8 | 90 |
| *Arne* | 16 | 6 | 4 | 8 | 8 | 10 | 13 | 5 | 8 | 8 | 86 |
| *Ben* | 16 | 6 | 4 | 8 | 8 | 10 | 16 | 6 | 8 | 8 | 90 |
| *Clara* | 16 | 6 | 4 | 8 | 8 | 8 | 15 | 6 | 8 | 8 | 87 |
| *Dina* | 16 | 6 | 4 | 8 | 8 | 10 | 14 | 6 | 8 | 8 | 88 |
| *Enno* | 15 | 6 | 4 | 8 | 8 | 9 | 16 | 6 | 8 | 8 | 88 |
| *Finn* | 16 | 6 | 4 | 8 | 8 | 10 | 15 | 6 | 8 | 8 | 89 |
| *Gina* | 16 | 6 | 4 | 8 | 7 | 9 | 14 | 6 | 6 | 8 | 84 |
| *Hanna* | 14 | 6 | 4 | 8 | 7 | 10 | 12 | 6 | 8 | 8 | 83 |
| *Isa* | 15 | 6 | 4 | 8 | 8 | 10 | 15 | 6 | 8 | 8 | 88 |
| *Jan* | 16 | 6 | 4 | 8 | 7 | 10 | 10 | 2 | 6 | 7 | 76 |
| *Kevin* | 14 | 6 | 3 | 8 | 7 | 10 | 15 | 6 | 8 | 8 | 85 |
| *Lars* | 16 | 6 | 4 | 8 | 8 | 10 | 15 | 6 | 8 | 8 | 89 |
| *Mia* | 16 | 6 | 4 | 8 | 8 | 10 | 15 | 5 | 6 | 8 | 86 |
| *Nick* | 16 | 6 | 4 | 8 | 8 | 10 | 15 | 6 | 8 | 7 | 86 |
| *Olaf* | 16 | 6 | 4 | 8 | 8 | 9 | 13 | 6 | 8 | 8 | 86 |
| *Peter* | 15 | 6 | 4 | 8 | 7 | 9 | 12 | 6 | 6 | 8 | 81 |
| *Ron* | 16 | 6 | 4 | 8 | 8 | 10 | 13 | 6 | 6 | 7 | 84 |
| *Stine* | 13 | 6 | 4 | 8 | 7 | 9 | 10 | 3 | 6 | 8 | 74 |
| *Tom* | 14 | 6 | 4 | 8 | 8 | 10 | 13 | 6 | 8 | 8 | 85 |
| *Ulf* | 16 | 6 | 4 | 8 | 8 | 10 | 15 | 6 | 8 | 8 | 89 |
| *Victor* | 16 | 6 | 4 | 8 | 8 | 10 | 14 | 6 | 8 | 8 | 88 |
| *Willi* | 16 | 6 | 4 | 8 | 8 | 10 | 14 | 6 | 8 | 8 | 88 |
| *Yannis* | 16 | 5 | 4 | 8 | 8 | 10 | 15 | 6 | 8 | 8 | 88 |

Anhand der Ergebnisse lässt sich zunächst die Aussage ableiten, dass keines der Kinder weniger als 82% der gesamten Aufgaben richtig gelöst hat. Die durchschnittliche Erfolgsquote lag bei ca. 95%. Ein Kind konnte eine Erfolgsquote von 100% erreichen. Weitere neun Kinder erreichten eine Erfolgsquote von 97% und mehr. Somit können die Ergebnisse dieses Tests insgesamt als gut bis sehr gut bezeichnet werden.

Um nun einen detaillierteren Einblick zu ermöglichen, sollen zunächst die durchschnittlichen Ergebnisse in den verschiedenen Teilbereichen untersucht werden. Daraufhin erfolgt die Fokussierung der Leistungen der einzelnen Kinder.

Für die einzelnen Teilbereiche ergab sich folgende Gesamt-Erfolgsquote im arithmetischen Mittel:

**Tabelle 9:** Arithmetisches Mittel der Gesamt-Erfolgsquote der einzelnen Teilbereiche des Basiswissentests

| Bereich | 1 | 2 | 3 | 4 | 5 | 6 | 7 | 8 | 9 | 10 |
|---|---|---|---|---|---|---|---|---|---|---|
| arith. Mittel der Erfolgsquote in % | 96,75 | 99,33 | 99 | 100 | 96,75 | 97 | 86,69 | 93,50 | 93,50 | 98,38 |

Aus dieser Tabelle lässt sich erkennen, dass alle Kinder die Aufgaben von Bereich 4 „Zahlzerlegungen“ vollständig richtig gelöst haben. Die wenigsten Erfolge wurden demgegenüber in Bereich 7 „Muster“ erzielt. Dieser kann im Vergleich mit den Ergebnissen in den anderen Bereichen als einziger ansatzweise kritischer Bereich eingestuft werden. Hier erreichten nur zwei Kinder (*Ben* und *Enno*) die volle Punktzahl. Grundsätzlich kann diesbezüglich die Aussage getroffen werden, dass die Fehleranfälligkeit steigt, wenn die Anzahl der verschiedenen Elemente eines Musters zunimmt. In diesem Fall gehen viele der Kinder dazu über, nur noch einen Teil dieser Elemente zu berücksichtigen und kommen dann zu fehlerhaften Fortführungen, was zu Punktabzug führt. Ein Grund für die Probleme, die die Kinder in diesem Bereich zeigten, kann im Lehrplan liegen, denn der Hessische Rahmenplan Grundschule (vgl. Hessisches Kultusministerium 1995) greift diesen Bereich nicht explizit auf.

Insgesamt können die Ergebnisse von *Stine, Jan* und *Ben* als besonders auffällig bezeichnet werden. Während es *Ben* als einzigem Kind gelungen ist, den Test fehlerfrei zu absolvieren, machten *Jan* (er bearbeitete 84,44% richtig) und *Stine* (sie bearbeitete 82,22% richtig) im Gruppenvergleich die meisten Fehler. Bezeichnend ist bei beiden die geringe Punktzahl in den Bereichen 7 „Muster“ und 8 „Zählen“. Während zum Beispiel alle anderen Kinder problemlos bis über den ersten Hunderter zählen konnten, hatten *Jan* und *Stine* besonders bei den Übergängen an den Zehnern und Hundertern Schwierigkeiten. Auch das Erkennen und Fortführen von Mustern bereitete beiden Probleme. Bemerkenswert ist dann jedoch die Tatsache, dass beiden eine nahezu fehlerfreie Bearbeitung der Bereiche 1 bis 6 gelungen ist. Ihre Schwierigkeiten setzten sich also nicht im Bereich des Rechnens fort.

### *9.4.2 Intelligenztest*

Parallel zu der Arbeit in den „Mathe-AGs“ wurde der Grundintelligenztest Skala 1 – CFT 1 (Weiß/Osterland 1997) von einem autorisierten Sonderpädagogen durchgeführt. Dieser Test wurde aus verschiedenen Gründen ausgewählt. Zunächst wurde er speziell für Kinder dieser Altersgruppe entwickelt. Außerdem ist er als Gruppentest durchführbar, was den Einsatz im Forschungsprojekt vereinfachte. Nicht zuletzt ist der CFT einer der am häufigsten eingesetzten Tests in dieser Altersstufe.

#### Der Grundintelligenztest Skala 1 – CFT 1

Nachdem 1971 und 1972 die Skalen 3 und 2 des **C**ulture **F**air Intelligence **T**est – **CFT** für Erwachsene und Kinder ab 9 Jahren von *R. B. Cattell* entwickelt wurden, folgte der CFT 1 für Kinder im Alter von 5 bis 9 Jahren im Jahr 1976. Die deutschen Adaptionen wurden jeweils von *Weiß* und *Osterland* vorgenommen (vgl. ebd.). Der CFT bezieht sich auf das Intelligenzmodell *Cattells*, welches flüssige und kristallisierte Intelligenz unterscheidet (vgl. S. 39). Die stark umweltabhängigen Fähigkeiten, die unter der kristallisierten Intelligenz zusammengefasst werden, sind in den Tests jedoch weniger berücksichtigt als die verbalen, numerischen und bildhaften Fähigkeiten der flüssigen Intelligenz.

Der CFT 1 verfolgt das Ziel, die Grundintelligenz eines Kindes in der genannten Altersstufe festzustellen. Unter der Grundintelligenz wird hierbei die Fähigkeit verstanden, in fremden Situationen Denkprobleme zu erfassen, Beziehungen herzustellen, Regeln zu erkennen, Merkmale zu identifizieren und schnell wahrzunehmen (vgl. WEIß/OSTERLAND 1997, S. 4). Die Überprüfung dieser Fähigkeiten erfolgt sprachfrei und anhand von figuralem Material.

Der CFT 1 ist ein **Gruppenverfahren** und gliedert sich in 5 Untertests:

1. *Substitutionen*
   Dieser Untertest erfasst die Fähigkeit, in einem festen Zeitrahmen vorgegebene Symbole zu erkennen und bestimmten Darstellungen zuzuordnen (reproduktiver Aspekt der Wahrnehmung).
2. *Labyrinthe*
   Hier werden der optische Wahrnehmungsumfang und die Wahrnehmungsgeschwindigkeit überprüft (produktiver Aspekt der Wahrnehmung, visuelle Orientierung und Aufmerksamkeit).
3. *Klassifikationen*
   In diesem Untertest müssen Figuren von merkmalsähnlichen Figuren abgegrenzt werden, es wird also das Klassifizieren und das beziehungsstiftende Denken bei figuralem Material erfasst.
4. *Ähnlichkeiten*
   Das Wiedererkennen figuraler Vorgaben wird in diesem Untertest überprüft. Dazu müssen vorgegebene Figuren unter verschiedenen detailveränderten Figuren herausgefunden werden.
5. *Matrizen*
   Dieser Untertest erfasst die Fähigkeit, Regeln und Zusammenhänge bei figuralen Problemstellungen zu erkennen.

In der Auswertung des Tests werden in einem umfassenden Schritt alle Ergebnisse der fünf Untertests zum Intelligenzquotienten zusammengefasst. Zudem werden aber auch zwei Zwischenwerte angegeben. Zur Ermittlung des ersten Zwischenwertes werden die Ergebnisse aus Untertest 1 und 2 herangezogen. Da sich beide auf die Wahrnehmungsfähigkeit beziehen, gibt dieser Zwischenwert diesbezüglich gezielte Informationen. Die Untertests 3, 4 und 5 testen das beziehungsstiftende Denken und das Erkennen von Gesetzmäßigkeiten. „Diese Fähigkeiten können als wesentliche, die sog. Grundintelligenz konstituierenden Merkmale angesehen werden“ (ebd., S. 19). Somit gibt der zweite Zwischenwert direkte Auskunft über die Fähigkeiten, die *Cattell* der flüssigen Intelligenz zuschreibt.

Im Rahmen der Testinterpretation ist darauf zu achten, dass der Standardmessfehler von zehn IQ-Punkten berücksichtigt werden muss. Demzufolge liegt ein faktisch gemessener Wert mit großer Wahrscheinlichkeit in der Spanne von zehn IQ-Punkten unter oder über diesem Wert.

Zur Bewertung des Intelligenzquotienten gilt folgende Einstufung:

**Tabelle 10:** Bewertung des Intelligenzquotienten beim CFT 1

| Intelligenzquotient | Bewertung |
|---|---|
| ≤ 66 | extrem niedrige Intelligenz |
| 67 – 79 | sehr niedrige Intelligenz |
| 80 – 90 | niedrige Intelligenz |
| 91 – 109 | durchschnittliche Intelligenz |
| 110 – 120 | hohe Intelligenz |
| 121 – 134 | sehr hohe Intelligenz |
| ≥ 135 | extrem hohe Intelligenz |

Da der CFT keine sprachlichen Aufgaben enthält, gilt er als relativ kultur-fair. Die jeweiligen kulturellen und sprachlichen Besonderheiten wirken sich demnach weniger stark auf die Testleistungen aus (vgl. STAPF 2003, S. 120).

**Tabelle 11:** Intelligenzquotienten der teilnehmenden Kinder und Vergleich der Ergebnisse im Intelligenztest und im Basiswissentest

| | Intelligenz-quotient | Bewertung des Intelligenz-quotienten | Spanne unter Berück-sichtigung des Standard-Messfehlers | Erfolgsquote in % im Basiswissentest |
|---|---|---|---|---|
| *Arne* | 115 | hoch | 105-125 | 95,6 |
| *Ben* | 126 | sehr hoch | 116-136 | 100 |
| *Clara* | 115 | hoch | 105-125 | 96,7 |
| *Dina* | 105 | durchschnittlich | 95-115 | 97,8 |
| *Enno* | 114 | hoch | 104-124 | 97,8 |
| *Finn* | 112 | hoch | 102-122 | 98,9 |
| *Gina* | 105 | durchschnittlich | 95-115 | 93,3 |
| *Hanna* | 115 | hoch | 105-125 | 92,2 |
| *Isa* | 126 | sehr hoch | 116-136 | 97,8 |
| *Jan* | 112 | hoch | 102-122 | 84,4 |
| *Kevin* | 118 | hoch | 108-128 | 94,4 |
| *Lars* | 115 | hoch | 105-125 | 98,9 |
| *Mia* | 121 | sehr hoch | 111-131 | 95,6 |
| *Nick* | 130 | sehr hoch | 120-140 | 95,6 |
| *Olaf* | 121 | sehr hoch | 111-131 | 95,6 |
| *Peter* | 102 | durchschnittlich | 92-112 | 90 |
| *Ron* | 132 | sehr hoch | 122-142 | 93,3 |
| *Stine* | 108 | durchschnittlich | 98-118 | 82,2 |
| *Tom* | 126 | sehr hoch | 116-136 | 94,4 |
| *Ulf* | 91 | durchschnittlich | 81-101 | 98,9 |
| *Victor* | 133 | sehr hoch | 123-143 | 97,8 |
| *Willi* | 126 | sehr hoch | 116-136 | 97,8 |
| *Yannis* | 130 | sehr hoch | 120-140 | 97,8 |

Die an dem Forschungsvorhaben teilnehmenden Kinder erzielten nebenstehende Ergebnisse (s. Tabelle 11).

Von den 23 Kindern verfügen demnach zehn Kinder über einen sehr hohen IQ-Wert, für acht Kinder ergab sich ein hoher IQ-Wert und die restlichen fünf Kinder erzielten einen IQ-Wert im durchschnittlichen Bereich. Keines der teilnehmenden Kinder verfügt über einen Intelligenzquotienten im niedrigen, sehr niedrigen oder extrem niedrigen Bereich.

### *9.4.3 Vergleich der Ergebnisse beider Tests*

Setzt man nun die ermittelten Intelligenzquotienten der Kinder in Beziehung zu den Ergebnissen des Basiswissentests (siehe letzte Spalte in Tabelle 11), so ergibt sich ein Korrelationskoeffizient (nach *Pearson*) von 0,24. Dieser Wert spricht nicht dafür, dass im Zuge dieser Arbeit der Zusammenhang zwischen dem Intelligenzquotienten und den Ergebnissen im Basiswissentest weiterverfolgt werden muss.

Es bearbeitete zum Beispiel ein Großteil der Kinder mit sehr hohem Intelligenzquotienten den Basiswissentest zu mindestens 95% richtig. Demgegenüber gehören zwei Drittel der Kinder mit durchschnittlichem Intelligenzquotienten zu den Kindern, die im Basiswissentest am wenigsten Erfolg hatten. Mindestens genauso deutlich sind hier jedoch die Abweichungen. In diesem Zusammenhang ist zum Beispiel *Ulf* zu nennen, der bei durchschnittlichem Intelligenzquotienten eine Erfolgsquote von 98,9% im Basiswissentest aufweist. Demgegenüber erzielten *Ron* und *Tom* bei sehr hohem Intelligenzquotienten nur 93,3% bzw. 94,4% im Basiswissentest.

## 9.5 Untersuchungsmethoden

Wie bereits zu Beginn dieses Kapitels erwähnt, werden die Überlegungen zu den Untersuchungsmethode zum Abschluss vorgestellt, um die Systematik des gesamten Kapitels nicht zu stören und um hier nun konkreten Bezug auf die Untersuchung und ihr Design nehmen zu können. Die Darstellung der Untersuchungsmethoden unterteilt sich in die beiden Bereiche Datenerhebung und Datenauswertung.

### *9.5.1 Datenerhebung*

Da im Rahmen der hier vorliegenden Forschungsarbeit erstmals das Lösungsverhalten mathematisch interessierter Kinder im 1. und 2. Schuljahr beim Bearbeiten von Problemaufgaben aufgezeigt und dies daraufhin in Beziehung zu bereits vorhandenen Erkenntnissen zur mathematischen Begabung bei älteren Kindern gesetzt werden soll, muss einerseits ein Forschungshintergrund gewählt werden, welcher derart offenen Fragen und der angesprochenen Altersgruppe gerecht wird. Gleichermaßen ist es jedoch auch notwendig, dass die Form der Datenerhebung und -auswertung eine Basis für erste gegenüberstellende und vergleichende Auswertungen auf diesem Gebiet bilden kann.

Qualitative Erhebungsmethoden[21] werden diesen Anforderungen am besten gerecht, da hier sowohl individuelle Vorgehensweisen detailliert aufgezeigt als auch Vergleiche durchgeführt werden können.

Grundlegend beschreiben *Flick, von Kardorff* und *Steinke* die Intention qualitativer Forschung als „... den Anspruch, Lebenswelten ‚von innen heraus' aus der Sicht der handelnden Menschen zu beschreiben. Damit will sie zu einem besseren Verständnis sozialer Wirklichkeit(en) beitragen und auf Abläufe, Deutungsmuster und Strukturmerkmale aufmerksam machen." (FLICK/VON KARDORFF/STEINKE 2004b, S. 14). Speziell bezogen auf die mathematikdidaktische Forschung gibt *Maier* eine vergleichbare Definition: „Es wird versucht, das Lehren und Lernen von Mathematik aus der Perspektive des einzelnen Schülers oder Lehrers bzw. ihrer Interaktion in der spezifischen unterrichtlichen Situation zu verstehen ... Forschungsziel kann es (jedoch) sein, typische Handlungsmuster einzelner handelnder Personen zu verstehen..." (MAIER 1991, S. 144). Geht es also darum, erste verständnisbildende Einblicke in ein Gebiet zu erhalten, so eignet sich die detaillierte qualitative Untersuchung in besonderer Weise.

„Das methodische Spektrum der qualitativen Forschung hat sich in den letzten Jahr(zehnt)en deutlich ausgeweitet" (vgl. FLICK/VON KARDORFF/STEINKE 2004c, S. 332). Die Auswahl der jeweiligen Erhebungsmethode richtet sich nach dem Untersuchungsziel und dem Gegenstand der Untersuchung. Es ist auch zu beobachten, dass verschiedene Methoden in ergänzender Weise gemeinsam eingesetzt werden (Methoden-Triangulation).

Im Folgenden soll insbesondere auf das qualitative Interview und die Einzelfallstudie eingegangen werden, da diese Erhebungsformen im Forschungsvorhaben angewendet werden.

### Das qualitative Interview

> *„Das Interview ist (nämlich) eine Gesprächssituation, die bewusst und gezielt von den Beteiligten hergestellt wird, damit der eine Fragen stellt, die vom anderen beantwortet werden. Diese Asymmetrie in der Frage-Antwort-Zuweisung in der Situation des Interviews gibt zu weiteren methodologischen Überlegungen Anlass."* (LAMNEK 2005, S. 329f.)

---

[21] Qualitative und quantitative Forschungsmethoden – als Teilbereiche der empirischen Forschung – unterscheiden sich vorrangig in der Intention des Vorhabens. Während in der quantitativen Forschung darauf abgezielt wird, größere Stichproben zu untersuchen, um verallgemeinernde Hypothesen aufzustellen, intendiert die qualitative Forschung das Beschreiben und Verstehen von Handlungen einzelner Personen. Qualitative Forschung befasst sich vorrangig mit Individuen in kleineren Stichproben.
In letzter Zeit werden jedoch diese beiden Positionen vermehrt als sich ergänzend erkannt und es ist oftmals eine Triangulation, also eine Kombination beider Methoden, vorzufinden (vgl. BOS/KOLLER 2002, S. 271ff.). Intention dieser Triangulation ist nicht das Überprüfen der jeweils anderen Methode, sondern die systematische Erweiterung und Vervollständigung von Erkenntnissen. Einschränkend muss jedoch angemerkt werden, dass sich die Form der Triangulation meist nur auf die additive Darstellung von Daten bezieht, die aufgrund der beiden unterschiedlichen Methoden gewonnen wurden.

Diese zunächst sehr global erscheinende Definition gibt dennoch die grundlegenden Inhalte und Anliegen des qualitativen Interviews wieder. Der Begriff ist als Sammelkategorie für verschiedene Interviewarten zu verstehen.

Die Vorteile dieser Dokumentationsform sind offensichtlich. So kann sich der Forscher selbst auf den Inhalt konzentrieren, die Dokumentation findet unauffällig und hintergründig statt. Im Rahmen der Auswertung ergibt sich zudem die Möglichkeit des beliebigen Wiederholens, ohne auf die verzerrende Erinnerung angewiesen zu sein. Trotzdem genügen die Aufnahmen allein nicht und sind durch Transkripte zu stützen, denn erst diese erlauben einerseits die Anonymisierung der Interviewten und andererseits verfremden sie das Geschehen, was eine verstärkte Herausforderung des Forschers zur objektiven Interpretation bewirkt (vgl. JUNGWIRTH/STEINBRING/VOIGT/WOLLRING 1994, S. 38).

Im Rahmen des qualitativen Interviews sind bezüglich der Durchführung im Forschungsvorhaben einige Vorgaben methodischer und technischer Art zu berücksichtigen. So ist bereits bei der Formulierung der Fragen und bei der Planung des Verlaufs auf die Voraussetzungen der Interviewpartner, ihre Sprache, Motivation und Belastbarkeit, zu achten. Auch die Interviewsituation selbst muss auf den Interviewpartner abgestimmt sein und sollte ein möglichst entspanntes und vertrautes Klima schaffen. Generell ist eine Vertrauensbasis zwischen den Beteiligten notwendig.

Die Rolle des Interviewers versteht sich als eine vorrangig passive. Der Interviewer greift nur ein, wenn ein Inhalt vom Befragten erschöpfend behandelt wurde und somit neue Impulse notwendig werden. Aus diesem Grunde ist die Dauer des Interviews oftmals nicht im Voraus zu bestimmen und von der einzelnen Versuchsperson abhängig (vgl. LAMNEK 2005, S. 352ff.).

### Die Einzelfallstudie

> *„Die Einzelfallstudie im qualitativen Paradigma strebt eine wissenschaftliche Rekonstruktion von Handlungsmustern auf der Grundlage von alltagsweltlichen, realen Handlungsfiguren an. Dabei versucht der Forscher nicht nur als alltagsweltlicher Handlungspartner, die Figuren nachzuvollziehen, sondern diese in den wissenschaftlichen Diskurs zu überführen und Handlungsmuster zu identifizieren, indem er allgemeinere Regelmäßigkeiten vermutet."* (LAMNEK 2005, S. 312)

Die Einzelfallstudie stellt demnach einen Forschungsansatz dar, der darauf abzielt, einzelne Untersuchungsobjekte möglichst vielschichtig und breit zu erforschen (vgl. ebd., S. 299). Um dies zu ermöglichen, wird beim Erstellen von Einzelfallstudien in der Regel eine Triangulation verschiedener Erhebungsmethoden durchgeführt. Vorrangig sind es jedoch das qualitative Interview, die Gruppendiskussion und die teilnehmende Beobachtung, auf die zurückgegriffen wird. Die Wahl der Technik richtet sich generell nach den spezifischen Forschungszielen und den Eigenheiten der Untersuchungsobjekte.

Da es sich hierbei um einen sehr aufwändigen Forschungsansatz handelt, werden meist die zu untersuchenden Personen in der Weise ausgewählt, dass sie entweder hinsichtlich einer größeren Gruppe einen typischen Fall darstellen oder ein besonders interessantes und prägnantes Beispiel im Rahmen dieser Gruppe sind.

### Durchführung der Datenerhebung

Um dem eigenen Forschungsvorhaben und den damit verbundenen Zielen nachzugehen, wurden mit allen teilnehmenden Kindern qualitative Interviews durchgeführt. Zur Ergänzung und Vervollständigung der auf diese Weise gewonnenen Erkenntnisse wurden daraufhin zu ausgewählten Kindern Einzelbeispiele auf der Basis von Einzelfallstudien angefertigt.

Die Interviews wurden in Form von Einzel-Videointerviews an den Schulen der Kinder durchgeführt. Gegen eine Durchführung in Paarkonstellation sprach insbesondere das Alter der teilnehmenden Kinder, denn sie sind in der Regel noch nicht dazu fähig, auf die hier geforderte Weise mit Gleichaltrigen zu kooperieren und zu kommunizieren (vgl. S. 26f.). Einhergehend mit der Entscheidung für Einzel-Videointerviews wurde in Kauf genommen, dass anhand der Studie ausschließlich das Wissen von Individuen erhoben werden kann. Auf die Erfassung sozial-geteilten Wissens im Sinne von *Lave* (1988) wird somit verzichtet.

Zu jeder Aufgabe wurde ein Interview-Leitfaden erstellt (siehe Anhang 1, S. 391ff.). Dieser Leitfaden bezieht sich vorrangig auf die Präsentation der Fragen, die möglichen Hilfestellungen und das Anregen von „lautem Denken“. Auf weitere Vorgaben wurde verzichtet, um die individuellen Vorgehensweisen nicht zu stark zu beeinflussen.

Im Rahmen einer Interviewsitzung wurde jeweils nur eine Aufgabe bearbeitet. Die nächste Aufgabe erfolgte erst im Abstand von einigen Tagen. Auf diese Weise sollten Überforderungen vermieden werden.

Zur Vorbereitung auf die Durchführung der Interviews wurden die sechs beteiligten Studentinnen im Voraus mit den Aufgaben und den Interview-Leitfäden vertraut gemacht. Es wurden sowohl Demonstrations- als auch Probeinterviews mit Kommilitonen durchgeführt. Bei der Durchführung der Interviews mit den Kindern waren in der Regel zwei Personen anwesend, dies erleichterte die Organisation und den Ablauf.

Da im Rahmen der Forschungsarbeit auch die Nutzung des Materials zur Bearbeitung der Aufgaben ausgewertet werden sollte, war eine Versuchsanordnung notwendig, die keine bestimmte Bearbeitungsebene favorisiert. Aus diesem Grund wurde zwar Demonstrationsmaterial eingesetzt, weiteres Material stand jedoch lediglich abseits am Tisch bereit. Auch lagen immer Arbeitsblätter und Stifte bereit, um auch diese Arbeitsform zu ermöglichen. Die Kamera befand sich dem Kind gegenüber, so konnten die Handlungen und Äußerungen gut festgehalten werden.

**Versuchsaufbau**

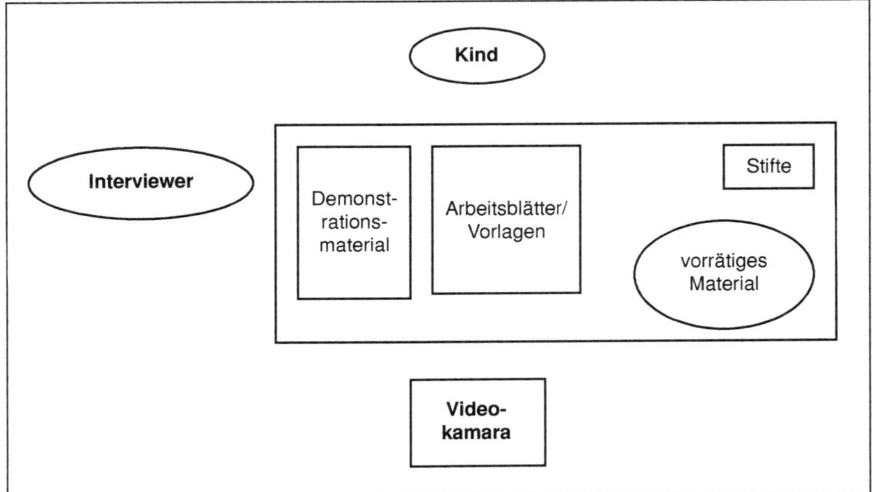


**Abb. 14:** Versuchsaufbau

### *9.5.2 Datenauswertung*

**Analyse qualitativer Interviews**

Qualitative Forschung ist dadurch charakterisiert, dass sie den Sinngehalt von Texten zu ermitteln versucht. Als Texte sind hierbei schriftliche oder schriftähnliche Dokumente zu verstehen. Die Datenbasis können in diesem Zusammenhang auch Videoaufnahmen und deren Transkripte bilden (vgl. BECK/MAIER 1994, S. 43).

Die Textinterpretation selbst kann nach verschiedenen Verfahrensweisen vorgenommen werden, wobei sich die Auswahl des jeweiligen Verfahrens nach dem konkreten Untersuchungsziel richtet.

Nach *Beck/Maier* (ebd.) lassen sich folgende **vier Verfahrensweisen** unterscheiden:

1. *Kategoriegeleitete Interpretation*

   Im Rahmen dieser Interpretationsform werden bereits im Voraus durch den Forscher die Kategorien festgelegt, nach denen die Dokumente ausgewertet werden. Diese Festlegung geschieht auf der Basis des relevanten theoretischen Hintergrundes.

2. *Kategorieentwickelnde Interpretation*

   Diese Vorgehensweise zeichnet sich dadurch aus, dass die Dokumente ohne vorherige Vorgaben ausgewertet werden. Ein Kategoriensystem kristallisiert sich erst im Laufe der Interpretation heraus. Es muss jedoch einschränkend festgehalten werden, dass allein durch das Wissen des jeweiligen Forschers auch hier nicht ohne jeglichen Einfluss vorhandener Theorien vorgegangen wird.

3. *Explorativ-paraphrasierende Interpretation*

   Bei dieser Vorgehensweise geht es nicht um die Erstellung eines Kategoriensystems, sondern um das Aufdecken komplexer Sinnzusammenhänge, die im Fließtext dargestellt werden.

4. *Systematisch-extensionale Interpretation*

   Hierbei erfolgt die Deutung aufgrund eines systematischen Verfahrens, angelehnt an die „objektive Hermeneutik" nach *Oevermann* u.a. (OEVERMANN/TILMAN/KONAU/KRAMBECK 1979). Das streng sequenzielle und mehrschrittige Analyseverfahren zeichnet sich dadurch aus, dass zunächst die Transkripte vollständig gelesen werden und im Anschluss daran in Episoden unterteilt werden. Diese Episoden werden in einem ersten Schritt subjektiv gedeutet. Daraufhin folgt eine extensive Interpretation durch mehrere Personen, der dann eine Bedeutung durch die Beteiligten zugewiesen wird. Durch den Vergleich einzelner Episoden können die aufgestellten Hypothesen bestätigt, verworfen oder falsifiziert werden. Dieses ausführliche Verfahren findet inzwischen auch verstärkten Einsatz in mathematikdidaktischen Forschungsprojekten, bleibt jedoch in der Regel den Vorhaben vorbehalten, die in ihrer Datenmenge eine derart umfassende Vorgehensweise zulassen.

Ein weiteres Interpretationsverfahren stellt *Schmidt* vor (SCHMIDT 2004, S. 447ff.). Es handelt sich dabei um eine fünfschrittige Vorgehensweise, die einen offenen Charakter der theoretischen Vorannahmen voraussetzt und trotzdem nicht auf den Bezug zu vorhandenen Theorien verzichtet. Demnach handelt es sich also um eine Mischung zwischen einem kategoriegeleiteten und einem kategorieentwickelnden Vorgehen, wobei generell in der Vorgehensweise Grundlagen der systematisch-extensionalen Interpretation aufgegriffen werden.

Die **fünf Schritte der Interpretation** beschreibt *Schmidt* wie folgt:

*1. Schritt – materialorientierte Bildung von Auswertungskategorien*

Die Analyse beginnt mit dem Studieren des Materials. Unter Bezugnahme auf vorhandene Theorien werden dann erste Kategorien gebildet.

*2. Schritt – Bildung eines Auswertungsleitfadens*

Hierbei werden bestimmte Textpassagen des Interviews einer Kategorie zugeordnet. Auf diese Weise ergibt sich der Auswertungsleitfaden. Dieser wird an einzelnen Interviews erprobt und gegebenenfalls verändert.

*3. Schritt – Codierung*

Mit Hilfe dieses Leitfadens wird das gesamte Material codiert.

*4. Schritt – Quantifizierung*

Die Ergebnisse werden quantifizierend zusammengefasst und in Tabellen- oder Diagrammform dargestellt.

*5. Schritt – vertiefende Fallinterpretation*

Die Darstellung von Einzelfällen kann abschließend dazu genutzt werden, um Hypothesen zu begründen und Schlussfolgerungen an Beispielen näher zu erläutern.

Aufgrund des 4. Schrittes – der Quantifizierung – kann bei dieser Vorgehensweise von einer Methoden-Triangulation gesprochen werden. Hierbei liegen die quantitativen Elemente jedoch ausschließlich im Erstellen von Tabellen und Diagrammen. Dies dient dem Vergleich und der besseren Darstellung der bei den einzelnen Versuchspersonen ermittelten Daten.

**Durchführung der Datenauswertung**

Die Auswertung der Interviews soll einerseits das individuelle Lösungsverhalten der einzelnen Kinder angemessen darstellen, andererseits soll sie aber auch bereits vorhandene Theorien und Erkenntnisse berücksichtigen. Aus diesem Grunde erscheint das durch *Schmidt* beschriebene Interpretationsverfahren hier als angemessen und sinnvoll. Es steht zudem in engem Zusammenhang zur „objektiven Hermeneutik" nach *Oevermann*, verzichtet jedoch auf die dort eingesetzten, detailliert festgelegten und äußerst umfangreichen Methoden. Diese wären in Anbetracht der hier vorliegenden Datenmenge nicht in der notwendigen Sorgfalt durchführbar.

Zur Auswertung der Daten wurden die fünf Schritte *Schmidts* in folgender Weise berücksichtigt und ergänzt.

**Schritte zur Datenauswertung im eigenen Forschungsvorhaben**

*0. Schritt – Sichtung der Daten*

Das auf Video-Kassetten vorhandene Datenmaterial wurde zunächst überspielt und archiviert. Daraufhin wurde es jeweils von der Untersuchungsleiterin und mindestens einer Studentin unabhängig voneinander gesichtet. Diese erste Sichtung erfolgte im Sinne einer Gesamterfassung des Interviews, sie wurde von dem Erstellen erster allgemeiner Notizen begleitet. Diese Notizen dienten im Rahmen der zweiten Sichtung der Auswahl der zu transkribierenden Elemente der Interviews.

*1. Schritt – Transkription*

Es wurden jeweils die Teile der Interviews transkribiert, in denen direkt an der Lösung der Aufgaben gearbeitet wurde. Des Weiteren wurde zum Zweck einer Einzelfalldarstellung zu jeder Aufgabe das komplette Transkript eines Interviews erstellt. Die Transkripte beinhalten sowohl die sprachlichen Äußerungen der Kinder und Interviewerinnen als auch deren Handlungen. Die zugrunde gelegten Transkriptionsregeln sind im Anhang beigefügt (siehe Anhang 6 *Transkriptionsregeln*, S. 413).

*2. Schritt – erster Austausch der auswertenden Personen zur Verifizierung von Auswertungskriterien*

Erste grobe Kategorien zur Auswertung wurden bereits vor der Sichtung des Datenmaterials gebildet. Sie lassen sich zu folgenden vier Auswertungsstufen zusammenfassen:

1. Auswertungsstufe – Einsatz heuristischer Strategien

   Hier bildete jede der für Grundschulkinder relevanten Strategien (vgl. S. 99ff.) eine Kategorie. Da nicht alle Aufgaben in gleichem Maße den Einsatz der verschiedenen heuristischen Strategien herausfordern, wird im Rahmen der Ergebnisdarstellung für jede Aufgabe einleitend aufgezeigt, welche heuristischen Strategien hier in welcher Form von den Kindern gezeigt werden können.

2. Auswertungsstufe – Einsatz aufgabenspezifischer Strategien

   Da die aufgabenspezifischen Strategien jeweils konkret für eine Aufgabe gelten, werden sie im Rahmen der Ergebnisdarstellung der einzelnen Aufgaben sowohl aufgezeigt als auch ausgewertet.

3. Auswertungsstufe – Lösungsverhalten in den verschiedenen Phasen des Problemlöseprozesses

   In dieser Stufe wurde generell eine Phasenbildung in Anlehnung an *Pólya* und *Wessels* vorgenommen (vgl. S. 98f.). Da aufgrund der Erfahrungen in der „Mathe-AG“ jedoch die Phasen der Lösungsplanung und -realisierung eng miteinander verknüpft und kaum zu trennen sind, wurden diese beiden Phasen zusammengefasst. Demgegenüber wurde die Phase der Präsentation der Lösung hinzugefügt. Hiermit sollte die Möglichkeit eröffnet werden, herauszuarbeiten, ob die Präsentation der Lösung für Kinder in dieser Altersstufe bereits eine Bedeutung hat. Um über alle Phasen hinweg detailliertere Auskünfte zu erhalten, wurden jeder dieser derart kategorisierten Phasen verschiedene Kriterien untergeordnet.

4. Auswertungsstufe – die mathematikspezifischen Begabungsmerkmale

   Diese Auswertungsstufe orientierte sich an den mathematikspezifischen Begabungsmerkmalen von *Käpnick* (vgl. S. 83f.). Die beiden Merkmale *mathematische Fantasie* und *mathematische Sensibilität* wurden aus der Auswertung herausgenommen, da sie nicht eindeutig anhand von konkreten Vorgehensweisen der Kinder bestimmt werden konnten. Es ebenfalls nicht möglich, sie von anderen Kriterien abzuleiten.

Die endgültige Festlegung der hier aufgezeigten Kriterien fand nach der Sichtung der Daten und auf der Basis des Austauschs der beiden auswertenden Personen statt.

*3. Schritt – Bildung eines Auswertungsleitfadens*

Nach der Festlegung der Kriterien wurde ein Auswertungsleitfaden erstellt (siehe Anhang 7 *Auswertungsleitfaden*, S. 414ff.). Mittels dieses Leitfadens wurden die Transkripte der Interviews jeweils von den beiden beteiligten Personen unabhängig voneinander ausgewertet.

*4. Schritt – Abgleich*

Die beiden Auswertungen wurden abgeglichen. Bei abweichenden Ergebnissen wurde nochmals gemeinsam das entsprechende Datenmaterial gesichtet und interpretiert. Auf dieser Basis wurde dann eine gemeinsame Deutung festgelegt.

*5. Schritt – Quantifizierung*

Die erzielten Ergebnisse wurden quantifizierend zusammengefasst und in Tabellen festgehalten. Zur besseren Übersicht wurden teilweise Diagramme erstellt.

*6. Schritt – vertiefende Fallinterpretation*

Um zu jeder Aufgabe exemplarisch eine Kinderbearbeitung aufzeigen zu können, wählten die Interviewerinnen gemeinsam entsprechende Bearbeitungen aus. Als Kriterium für diese Auswahl galt der Erfolg über möglichst viele Kriterien hinweg. Diese Bearbeitung wurde vollständig transkripiert und in Form von Einzelbeispielen dargestellt. Hier wurde die Form der explorativ-paraphrasierenden Interpretation gewählt. Im Sinne der Methoden-Triangulation flossen aber auch die Ergebnisse der teilnehmenden Beobachtung während der Arbeit in den „Mathe-AGs" ein. Auf diese Weise sollte ein möglichst umfassendes und detailliertes Bild zu den betreffenden Kindern und ihrem Lösungsverhalten erstellt werden.

Die hier skizzierte Vorgehensweise soll eine möglichst valide Auswertung der vorliegenden Daten gewährleisten. Einschränkend muss jedoch angemerkt werden, dass dieser Versuch der validen Deutung auch auf die Interpretation interner Prozesse angewiesen ist. Diese erfolgt anhand der von außen wahrnehmbaren Handlungen eines Individuums. Aufgrund dessen kann natürlich nie die ganze innere Wirklichkeit aufgezeigt werden. Auch kann selbst durch die Methode der „kommunikativen Validierung" (TERHAT 1981), die auf dem Austausch der Interviewer beruht und sich in den Schritten 0, 2, 4 und 6 niederschlägt, nie ganz die subjektive Wahrnehmung und Deutung der an der Auswertung beteiligten Personen ausgeschaltet werden. Somit sollen die hier gewählten Erhebungs- und Interpretationsmethoden als Maßnahmen verstanden werden, um die gedeutete Wirklichkeit möglichst nah an die ursprüngliche Wirklichkeit heranzuführen.

Im nun folgenden dritten Teil der Arbeit werden die Ergebnisse der qualitativen Analyse der Bearbeitungen dargestellt.

# Teil III:

# Ergebnisse der eigenen Studie

Die Darstellung der Ergebnisse der eigenen Studie erfolgt zunächst getrennt nach den vier Aufgaben.

In diesem Rahmen wird jeweils einleitend der Aufgabentext dargestellt. Daraufhin folgt die Präsentation der Ergebnisse. Die Struktur der Ergebnisdarstellung orientiert sich an der Abfolge der Forschungsfragen. Dementsprechend wird zu Beginn der Einsatz heuristischer und aufgabenspezifischer Strategien aufgezeigt. Dann folgt die Darstellung der Vorgehensweisen in den verschiedenen Phasen des Problemlöseprozesses. Aus organisatorischen Gründen wird in diesem Kontext auch bereits Bezug auf die gezeigten mathematikspezifischen Begabungsmerkmale genommen, denn diese resultieren zu einem Großteil aus den bis dahin aufgegriffenen Kriterien. Am Beginn der Ergebnisdarstellung jedes einzelnen Bereiches werden die betreffenden Auswertungskriterien aufgeführt und erläutert. Am Ende der Ergebnisdarstellung jedes Bereichs ist eingerahmt eine kurze Zusammenfassung zu finden. Diese kann von dem „ungeduldigen" Leser dazu genutzt werden, um schnell einen Überblick über die Ergebnisse zu erlangen.[22] Das ausführliche Aufzeigen eines Einzelbeispiels rundet einerseits die Ergebnisdarstellung ab und leitet andererseits über zur Einordnung der gezeigten Kinderlösungen. Hier wird explizit der Blick auf die teilnehmenden Kinder gerichtet. Um diese Einordnung derart strukturiert durchzuführen, dass sie auch im weiteren Verlauf der Auswertung aller Aufgaben als Vergleichsbasis dienen kann, werden verschiedene Bearbeitungstypen zusammengefasst. Daran schließt sich die Fokussierung der Aufgabe an. Es wird aufgezeigt, ob sich aufgabentypische Lösungsmuster erkennen lassen. In diesem Kontext wird ebenfalls der Frage nachgegangen, inwieweit durch diese Aufgabe tatsächlich die Bereiche mathematischen Tätigseins gezeigt werden konnten, die ihr konzeptionell zugeschrieben wurden (vgl. S. 157ff.).

In Kapitel 14 – welches Teil IV „Zusammenfassung und vergleichende Diskussion der Ergebnisse" angehört – werden dann alle vier Aufgaben zusammengefasst. Hier werden zunächst die Leistungen der einzelnen Kinder über alle Aufgaben hinweg vorgestellt. Daraufhin erfolgt eine Zusammenführung und Gegenüberstellung der Aufgaben. Diese mündet in die Stellungnahme zu den Fragen, ob die Aufgaben gemeinsam dazu dienen konnten, mathematisches Tätigsein aufzuzeigen und welchen Beitrag jede Aufgabe zum Forschungsvorhaben leistete.

[22] Zu diesem Zweck kann auch direkt zum letzten Punkt übergegangen werden, denn hier findet sich eine Zusammenfassung und Interpretation der Ergebnisse der betreffenden Aufgabe.

# 10 Die Aufgabe „Türme bauen“

## 10.1 Aufgabentext

> **Türme bauen**
>
> **Teilaufgabe 1:**
> Stelle dir vor, du willst verschiedene Türme aus drei Bausteinen bauen. In jedem Turm soll ein roter, ein gelber und ein blauer Stein sein. Wie viele verschiedene Türme könntest du mit diesen drei Steinen bauen?
>
> **Teilaufgabe 2:**
> Stelle dir nun vor, du willst verschiedene Türme aus vier Bausteinen bauen. Jetzt soll in jedem Turm ein roter, ein gelber, ein blauer und ein grüner Stein sein. Wie viele verschiedene Türme könntest du nun bauen?
>
> **Teilaufgabe 3:**
> Du hast wieder diese Steine in den vier Farben. Stelle dir vor, es soll jetzt trotzdem nur ein dreistöckiger Turm gebaut werden. Wie viele dieser Türme könntest du bauen?

## 10.2 Auswertung nach dem Einsatz heuristischer Strategien

Der Auswertung dieses Bereiches liegen die folgenden heuristischen Strategien zugrunde (vgl. S. 100ff.): Das Generieren und Testen von Lösungen, die Suchraumeingrenzung, die Analogiebildung, das Zerlegen in überschaubare Teile, die Ziel-Mittel-Analyse und das Vorwärts- und Rückwärtsarbeiten. Jede einzelne Strategie bildet jeweils ein Analysekriterium. Aus erhebungstechnischen Gründen wird allerdings die Strategie des Vorwärts- und Rückwärtsarbeitens zerlegt in die drei Elemente Vorwärtsarbeiten, Vorwärts- und Rückwärtsarbeiten und Rückwärtsarbeiten. Eine Abstufung innerhalb eines Kriteriums wird in diesem Bereich nicht vorgenommen, da es hier ausschließlich darum geht zu erkennen, ob die Kinder eine Strategie nutzen oder nicht.

Generell bleibt hier anzumerken, dass aufgrund der Anforderung an qualitative Forschung nur von dem Einsatz einer heuristischen Strategie ausgegangen werden kann, wenn ein Kind diese explizit formuliert oder eindeutig durch seine Vorgehensweisen zeigt. Wenn im Folgenden also vom Einsatz heuristischer Strategien die Rede ist, so ist dies immer als eine Reduktion auf die nachweisbar eingesetzten Strategien zu verstehen.

Welche Möglichkeiten zum strategischen Vorgehen bietet nun die Aufgabe „Türme bauen“?

Die hier vorrangig zu erwartende **Strategie** ist die **des Generierens und Testens von Lösungen**. Hierunter fällt selbst das unsystematische Erstellen einzelner Türme und das darauf folgende Überprüfen, ob der jeweilige Turm bereits generiert wurde. Auch das gezielte Vorgehen unter Nutzung aufgabenspezifischer Strategien kann jedoch gestützt durch diese Strategie stattfinden, wenn die Kinder dabei verschiedene Türme generieren und dann prüfen, ob Dopplungen vorliegen. Da diese Vorgehensweise bei zunehmender Suchraumgröße ineffektiver wird, kann davon ausgegangen werden, dass die auf diese Weise erzielten richtigen Lösungen bei den Teilaufgaben 2 und 3 abnehmen.

Es besteht ebenfalls die Möglichkeit zur **Suchraumeingrenzung**. Dies wäre zum Beispiel bei den Teilaufgaben 2 und 3 in der Weise möglich, dass zunächst die Lösung für eine geringere Anzahl von Bausteinen ermittelt wird und daraufhin dann Schlüsse gezogen werden können auf Lösungen mit der tatsächlich geforderten Anzahl von Bausteinen. Diese Strategie hängt eng mit der Strategie der **Analogiebildung** zusammen, denn hier geht es explizit darum, bereits gewonnene Erkenntnisse oder erfolgreiche Vorgehensweisen bei den folgenden Teilaufgaben zu nutzen. Auch das **Zerlegen in überschaubare Teile** kann eine hierzu verwandte Strategie sein, wenn die Kinder Teillösungen ermitteln (zum Beispiel die Anzahl der möglichen Lösungen, wenn jeder Baustein jede Position nur einmal einnimmt) und dann diese Kenntnisse nutzen, um zur gesamten Lösung zu kommen.

Um hier erfolgreich die Strategie der **Ziel-Mittel-Analyse** einsetzen zu können, müssten die Kinder bereits das zu erreichende Ziel deutlich vor Augen haben und auf dieser Basis die Lösungsschritte und dazu notwendigen Hilfsmittel planen. Da jedoch die Kinder noch keine konkreten Erfahrungen mit diesem Aufgabentyp haben, ist zu erwarten, dass sie auch noch nicht die Möglichkeit haben, hier eine fundierte Ziel-Mittel-Analyse durchzuführen.

Betrachtet man nun noch die **Strategien des Vorwärts- und Rückwärtsarbeitens**, so ist die bereits erwähnte Untergliederung zu berücksichtigen. Es kann davon ausgegangen werden, dass die Kinder überwiegend vorwärtsarbeitend vorgehen, denn zum Rückwärtsarbeiten müssten sie bereits Informationen bezüglich der Lösung haben, die sie dann auch einsetzen können. Wie bereits argumentiert, ist dies allerdings kaum erwartbar. Eine Kombination des Vorwärts- und Rückwärtsarbeitens ist jedoch zum Beispiel möglich, wenn in Teilaufgabe 2 oder 3 das in der vorherigen Teilaufgabe erlangte Wissen gezielt genutzt wird, um – wie beim reinen Rückwärtsarbeiten – die Anzahl der möglichen Türme einzuschätzen oder konkret zu ermitteln und daraufhin aber vorwärtsarbeitend die einzelnen Türme zu erarbeiten. Diese gemischte Vorgehensweise kann bei Kindern in dieser Altersstufe durchaus auftreten, da die zum reinen Rückwärtsarbeiten erforderliche Fähigkeit zur Abstraktion höchstwahrscheinlich nicht durchgängig ausgeprägt ist. Somit kann das Rückwärtsarbeiten zwar als Lösungsansatz genutzt werden, benötigt in der Bearbeitung dann aber noch die gewohnten Strukturen des Vorwärtsarbeitens.

**Welche heuristischen Strategien zeigen die Kinder?**

Das folgende Schaubild bildet die gezeigten Strategien pro Teilaufgabe ab:

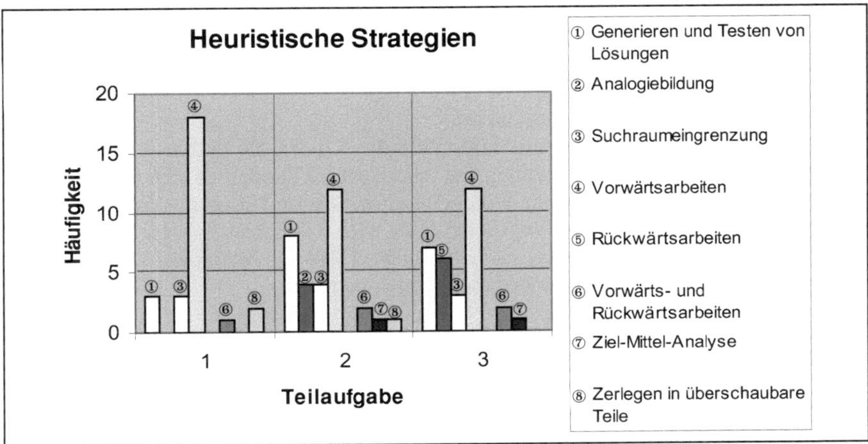


**Abb. 15:** Einsatz heuristischer Strategien bei der Aufgabe „Türme bauen“

Die vorherrschenden Strategien sind hier eindeutig die des **Vorwärtsarbeitens** und des **Generierens und Testens von Lösungen**. Da die Strategie des Generierens und Testens von Lösungen unter Punkt 10.3 „Auswertung nach den Phasen des Problemlösens“ und dort insbesondere unter dem Aspekt *Vorgehen beim Lösen* (vgl. S. 200f.) intensiv untersucht wird, soll an dieser Stelle lediglich festgehalten werden, dass tatsächlich mit zunehmender Anzahl der Lösungsmöglichkeiten diese Strategie weniger eingesetzt wird. Die Kinder[23] gehen dann vermehrt zum Berechnen der Lösung über.

In Bezug auf die Häufigkeit des Einsatzes dieser beiden Strategien kommen alle anderen Strategien nur in geringem Maß vor, sie sind jedoch in Bezug auf die damit verbundene Lösungsfindung äußerst interessant. Besondere Erwähnung soll deswegen zunächst die Strategie des **Vorwärts- und Rückwärtsarbeitens** finden, die von *Isa, Victor* und *Willi* gezeigt werden. Beispielhaft sei hier die Argumentation von *Isa* aufgezeigt.

Auszug aus dem Transkript *Isa* „Türme bauen“ Teilaufgabe 3 (09/2/3)

0:06 Isa: „Ich kann dir das jetzt schon sagen. Es gibt von jedem 6 (…) und 4 hab’ ich. Dann (…) sind das 6 mal 4, macht 24. (..) Ich will es aber richtig fertig machen.“

[23] Zu dieser Aufgabe liegt das Interview von *Jan* leider nicht vor, wodurch sich hier die Anzahl der teilnehmenden Kinder auf 22 reduziert.

Die Vorgehensweise von *Isa* lässt Ansätze des Rückwärtsarbeitens erkennen, da sie zunächst rein rechnerisch die Lösung der Aufgabe ermittelt, ohne eine genaue Vorstellung vom konkreten Aussehen der einzelnen Türme zu haben. Dies gehört für *Isa* jedoch zur Lösung der Aufgabe, weswegen sie die einzelnen Türme noch erarbeitet, quasi als Fleißaufgabe. Betrachtet man also den gesamten Lösungsprozess, so weist dieser rückwärts gerichtete Elemente auf.

Das reine **Rückwärtsarbeiten** ist bei der Bearbeitung dieser Aufgabe durch die teilnehmenden Kinder nicht festzustellen.

Weiterhin auffällig ist die relativ hohe Zahl der Kinder, die in den Teilaufgaben 2 und 3 **Analogiebildungen** vornehmen (in Teilaufgabe 2 handelt es sich um vier Kinder und in Teilaufgabe 3 um sechs Kinder) und diese zum Lösen der Aufgaben nutzen. Zu diesen Kindern zählen *Ben, Clara, Lars, Mia, Olaf, Ron, Ulf, Victor, Willi* und *Yannis*. Interessant ist dabei, dass in Teilaufgabe 3 sowohl Analogien zur ersten als auch zur zweiten Teilaufgabe erkannt und genutzt werden.

Auszug aus dem Transkript *Victor* „Türme bauen" Teilaufgabe 3 (21/2/3)

0:07 Victor: „Wieder 6. Das ist doch das Gleiche von vorhin."
[Zeigt auf das erste Arbeitsblatt]
0:11 I: „Du hast die Farben Rot, Blau, Gelb und Grün."
0:18 Victor: „Ach so."
[Nimmt die vier Steine in die Hand, legt den grünen Stein weg, baut mit den restlichen drei Steinen den Turm rot – gelb – blau, malt diesen auf das Arbeitsblatt, malt dann den Turm rot – blau – gelb]
2:25 Victor: „Also (..) es ist ein bisschen so wie vorhin. Aber jetzt sind es schon mehr."

*Victor* nimmt hier Bezug auf das in Teilaufgabe 1 geforderte Bauen dreistöckiger Türme. Der Einwand der Interviewerin bringt ihn dann dazu, genauer über die Aufgabe nachzudenken, und er kommt dadurch im Verlauf der weiteren Arbeit zur richtigen Lösung der Teilaufgabe. Seine Form der Analogiebildung kommt einer ersten, intuitiven Vermutung gleich. Andere Kinder gehen jedoch auch darüber hinaus und nutzen die Analogiebildung stringent zur Lösung der Teilaufgabe. So stellt *Lena* zum Beispiel eine Analogie zu Teilaufgabe 2 her, malt sechs Türme auf, die alle den grünen Stein an der unteren Position haben, multipliziert mit vier und merkt dann an, dass man sich den unteren grünen Stein auch „wegdenken" kann.

**Suchraumeingrenzungen** werden von Kindern vorrangig als erste Vermutungen genutzt, um ungefähr das Lösungsspektrum abzustecken. Teilweise lassen sie sich nicht eindeutig von einer ersten intuitiven Lösungseinschätzung abgrenzen. Dies ist auch im folgenden Interview-Auszug von *Clara* der Fall.

Auszug aus dem Transkript *Clara* „Türme bauen" Teilaufgabe 1 (03/2/1)

0:22 Clara: „Ich glaube, es gibt 9 oder eher 6."
[Beginnt die Kombinationen aufzuschreiben, ohne die Steine einzusetzen.]

Bei den Teilaufgaben 2 und 3 ist häufig zu beobachten, dass sich die Suchraumeingrenzungen auf die zuvor gelösten Teilaufgaben beziehen, also auch Elemente der impliziten Analogiebildung aufweisen, was eine diesbezügliche Trennung der beiden Strategien erschwert.

Auszug aus dem Transkript *Clara* „Türme bauen“ Teilaufgabe 3 (03/2/3)

0:14 Clara: „Ich glaube, es gibt mehr Möglichkeiten als vorher.“

Der Bezug zu Teilaufgabe 1 gibt auch für die häufig vorkommende Suchraumeingrenzung in Teilaufgabe 2, die dann entsprechend zu 8 Möglichkeiten führt, eine Erklärung. Dies wird am Beispiel von *Yannis* deutlich.

Auszug aus dem Transkript *Yannis* „Türme bauen“ Teilaufgabe 2 (23/2/2)

0:12 [Er baut einen Turm, bestehend aus dem grünen Stein unten, gefolgt von dem blauen, dem gelben und dem roten Stein oben. Er betrachtet den Turm über einen Zeitraum von 4 Sekunden. Dann lächelt er.]
0:46 Yannis: „Acht.“
1:01 I.: „Warum?“
1:08 Yannis: „Weil jeder kann überall zweimal sein und jetzt sind es doch vier.“
1:14 [Hält den Turm in der Hand und betrachtet ihn.]
1:25 I.: „Was überlegst du?“
1:30 Yannis: „Vielleicht auch 12, wenn man dreimal kann.“
[Baut den Turm um, behält dabei den grünen Stein unten. Es folgt der blaue Stein, dann der rote und oben der gelbe Stein.]

In diesem Fall erfolgt also die Suchraumeingrenzung aufgrund der Analogiebildung zur zuvor gelösten Teilaufgabe. Diese Vorgehensweise ist nicht nur bei *Yannis*, sondern auch bei *Victor* und *Enno* zu finden. Auch sie vermuten zunächst 8 verschiedene Lösungsmöglichkeiten.

Sowohl die **Ziel-Mittel-Analyse** als auch das **Zerlegen in überschaubare Teile** kommen jeweils sehr selten – nur dreimal bzw. zweimal – vor. Beispielhaft für das Zerlegen in überschaubare Teile sei hier die Vorgehensweise von *Dina* angeführt.

Auszug aus dem Transkript *Dina* „Türme bauen“ Teilaufgabe 1 (04/2/1)

1:21 Dina: „Ich nehme mir erst mal das Erste.“
[Hält den gebauten Turm mit dem roten Stein unten, darüber blau, dann gelb in der linken Hand, zeigt mit der rechten Hand auf den roten Stein.]
„Und schaue dann, wie oft ich es umkrempeln kann. Dann mach' ich das für die anderen.“
[Beginnt mit der Ausführung der genannten Handlungen.]

Die detaillierteste Ziel-Mittel-Analyse nimmt *Willi* in Teilaufgabe 3 vor:

Auszug aus dem Transkript *Willi* „Türme bauen“ Teilaufgabe 3 (22/2/3)

9:02 Willi: [Baut einen Turm aus dem grünen, dem roten und dem gelben Stein.] „Also wenn ich es für die hier herausfinde, dann muss ich es ja wieder nur mal vier nehmen. [Er malt diesen Turm auf das Arbeitsblatt.] Ich muss ja eigentlich immer nur eine Farbe machen, dann weiß ich es ja schon.“

Zur Erreichung des Ziels, des Findens aller Möglichkeiten, plant er zwei Schritte: erstens das Bestimmen aller Möglichkeiten für den Fall, dass eine Farbe eine feste Position behält – *Willi* wählt dazu den grünen Stein an der untersten Position – und zweitens das Schließen auf die Gesamtzahl aller Möglichkeiten.

Es kann festgehalten werden, dass bei der Aufgabe „Türme bauen“ mit Ausnahme des Rückwärtsarbeitens alle relevanten heuristischen Strategien gezeigt werden, die meisten jedoch nur in sehr geringem Ausmaß. Die vorherrschenden Strategien sind eindeutig die des Vorwärtsarbeitens und die des Generierens und Testens von Lösungen.

Beim Vorwärtsarbeiten ermitteln die Kinder Zug um Zug die Anzahl der Türme. Lediglich drei Kinder gehen in einer oder zwei Teilaufgaben vorwärts- und rückwärts-arbeitend vor. Hierbei ist zu beobachten, dass sie eine Lösungsidee kognitiv entwickeln – meist greifen die Kinder dabei auf Wissen zurück, welches sie in einer der vorherigen Teilaufgaben über die Lösung erworben haben – und dann zur Vervollständigung der Lösung die einzelnen Türme earbeiten.

Besonders auffällig sind dann aber zwei Punkte: einerseits das relativ konsequente Nutzen einer heuristischen Strategie durch einzelne Kinder. Zu diesen Kindern zählen *Arne, Ben, Mia* und *Enno*. Sie setzen entweder die Suchraumeingrenzung oder ab Teilaufgabe 2 die Analogiebildung ein. Andererseits ist aber auch der gehäufte Einsatz verschiedener heuristischer Strategien durch bestimmte Kinder zu erkennen. Hierzu zählen *Willi, Victor, Clara, Yannis* und *Finn*. Sie zeigen alle den Einsatz von mindestens drei verschiedenen heuristischen Strategien. Bis auf *Finn*, der nur eine Teilaufgabe löst, bearbeiten diese Kinder auch mindestens zwei Teilaufgaben richtig.

In gleichem Maße ist jedoch unbedingt zu berücksichtigen, dass es Kinder gibt, die diese Aufgabe erfolgreich lösen, ohne dass bei ihnen der Einsatz heuristischer Strategien mit den hier angewendeten Forschungsmethoden nachweisbar ist. Zu dieser Gruppe zählen *Lars, Nick, Olaf* und *Ron*. Somit kann das Auftreten heuristischer Strategien zwar in Zusammenhang mit dem richtigen Lösen der Aufgabe gesehen werden, es relativiert sich jedoch durch die ungefähr gleiche Anzahl richtiger Lösungen, die ohne das explizite und nachweisbare Zeigen heuristischer Strategien erzielt werden.

## 10.3 Auswertung nach dem Einsatz aufgabenspezifischer Strategien

Als aufgabenspezifische Strategien lassen sich bei dieser Aufgabe grundsätzlich die Gegenpaarbildung, das Tachometerprinzip und die Lösungssuche in Phasen (vgl. HOFFMANN 2003, S. 169ff., HEINZE 2005, S. 116ff.) unterscheiden. *Hoffmann* und *Heinze* bezeichnen diese drei Vorgehensweisen als Makrostrategien, denn sie können zum Finden aller Möglichkeiten führen. Da es möglich ist, dass die Kinder diese Strategien nur in Ansätzen und nicht durchgängig zeigen, wird hier auch der Begriff des *Strategiekeims* (STEIN 1995) aufgenommen. In diesen Bereich fallen außerdem noch die aufgabenspezifischen Strategien der Umwendung und der Orientierung an Mustern. Sie werden nicht zu den Makrostrategien gezählt, da sie in der Regel nicht zum Finden aller Lösungen geeignet sind.

Somit ergeben sich folgende Auswertungskategorien:

1. Anwenden einer Makrostrategie (Gegenpaarbildung, Tachometerprinzip, Lösungssuche in Phasen)
2. Anwenden eines Strategiekeims (Ansätze der Gegenpaarbildung, des Tachometerprinzips oder der Lösungssuche in Phasen; außerdem die Umwendung und die Orientierung an Mustern)
3. Kein erkennbares Nutzen aufgabenspezifischer Strategien

**Welche konkreten Möglichkeiten zum Einsatz dieser aufgabenspezifischen Strategien bietet nun die Aufgabe „Türme bauen“?**

*Gegenpaarbildung*

Unter der Gegenpaarbildung ist die Vorgehensweise zu verstehen, die darauf ausgerichtet ist, jeden neuen Turm in der Weise zu gestalten, dass alle Farben eine andere Position haben als im vorherigen Turm. Die Gegenpaarbildung bezieht sich in ihrem Ursprung eigentlich auf zweifarbige Problemstellungen (STEIN 1995), ist jedoch auch für die hier vorhandene Drei- und Vierfarbigkeit relevant. Um dann jedoch alle Möglichkeiten finden zu können, muss phasenweise ein Element seine Position behalten.

Beispiel für vollständige Gegenpaarbildung bei Teilaufgabe 1:

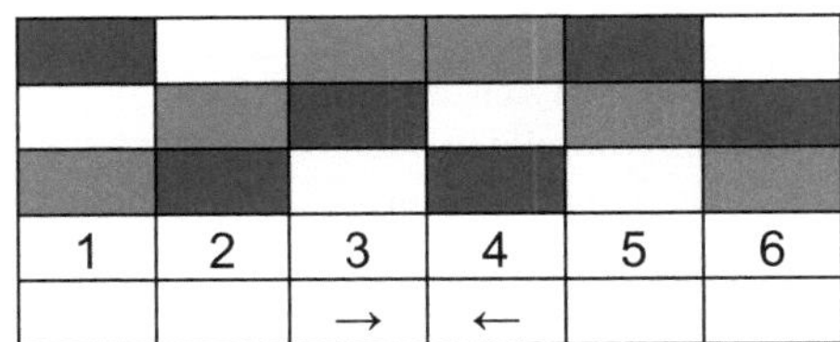


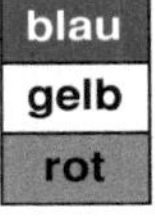


**Abb. 16:** Vollständige Gegenpaarbildung, wie zum Beispiel durchgeführt von *Clara* in Teilaufgabe 1

Hier wird beim Übergang von Variante 3 zu Variante 4 deutlich, dass die vollständige Gegenpaarbildung bei Aufgaben mit mehr als zwei Farben einen Bruch beinhalten muss, um alle Möglichkeiten ermitteln zu können. Man könnte in diesem Fall auch von einer Lösungssuche in Phasen ausgehen (siehe unten) und hier zwei Phasen vollständiger Gegenpaarbildung formulieren, dies würde den angesprochenen Bruch umgehen. Es erscheint jedoch im Sinne der Aufgabenstellung angemessener, diese Vorgehensweise auch bei drei Farben als ein zusammenhängendes Vorgehen zu interpretieren und dementsprechend mit der Strategie der vollständigen Gegenpaarbildung zur Ermittlung aller Lösungsmöglichkeiten gleichzusetzen.

*Tachometerprinzip*

Unter dem Tachometerprinzip ist die Vorgehensweise zu verstehen, die – vergleichbar zu einem Tachometer – solange die Farbe an möglichst wenig Positionen verändert, bis alle Möglichkeiten ausgeschöpft sind. Erst dann wird in der nächsten Position gewechselten. Lösungsversuche, die auf dem Tachometerprinzip aufbauen, besetzen also jeweils möglichst viele Positionen mit der gleichen Farbe und wechseln dementsprechend minimal.

Beispiel für die vollständige Anwendung des Tachometerprinzips bei Teilaufgabe 1:

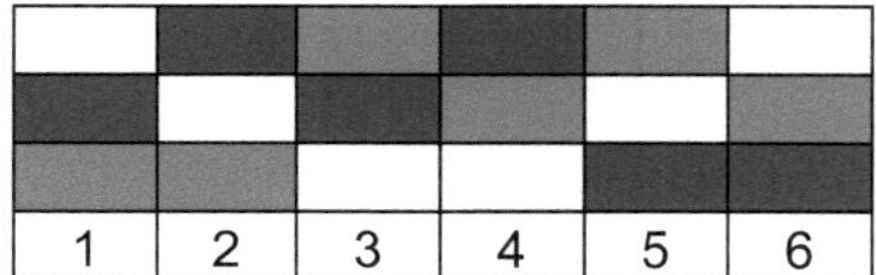

**Abb. 17:** Tachometerprinzip bei Teilaufgabe 1

In diesem Beispiel wird immer der untere Stein an einer Position gehalten, natürlich ist diese Konstanz auch an anderen Positionen möglich. Die beiden andersfarbigen Steine wechseln dann jeweils die Positionen.

*Lösungssuche in Phasen*

Im Gegensatz zu den beiden bisher aufgezeigten Strategien handelt es sich bei der Lösungssuche in Phasen nicht um das durchgehende Anwenden einer Strategie, sondern um das Verweilen bei verschiedenen Strategien für längere Phasen der Lösungsfindung. In Anlehnung an *Hoffmann* (HOFFMANN 2003, S. 177ff.) hat diese Vorgehensweise einen den beiden vorherigen Strategien entsprechenden Stellenwert, da auch hier das Finden aller Kombinationen fokussiert ist.

Wie bereits beschrieben, sind in der vollständigen Gegenpaarbildung bei Teilaufgabe 1 schon Elemente der Lösungssuche in Phasen erkennbar. Die Bearbeitungen der beiden folgenden Teilaufgaben zeigen jedoch noch signifikanter die Lösungssuche in Phasen. Dabei ist die Gegenpaarbildung häufig als eine Vorgehensweise in Phasen, kombiniert mit Elementen des Tachometerprinzips zur Überprüfung des Findens aller Möglichkeiten, zu verstehen.

Beispiel zur Lösung von Teilaufgabe 3 anhand der Lösungssuche in Phasen:

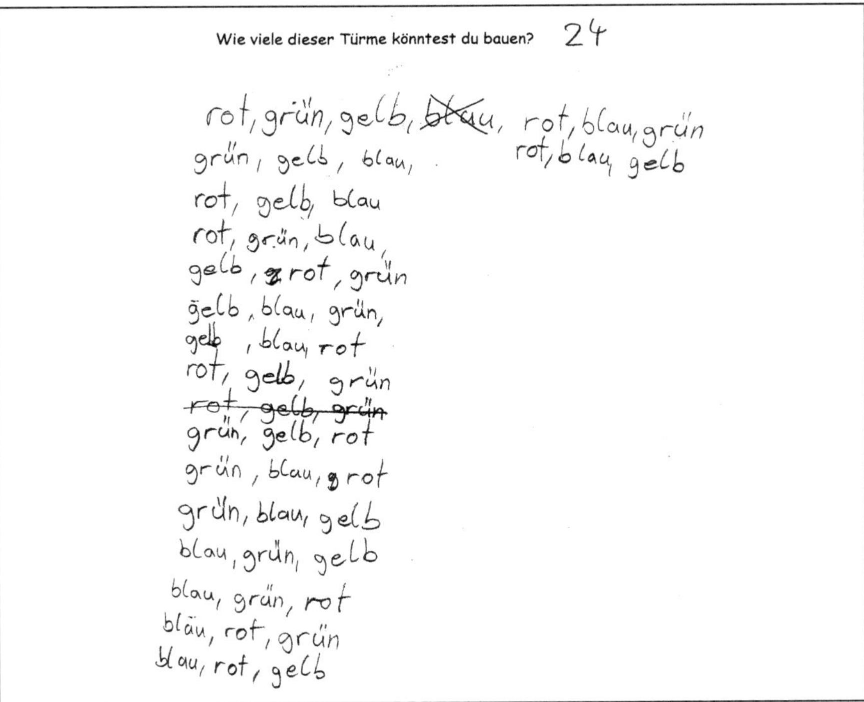


**Abb. 18:** Lösungssuche in Phasen am Beispiel von *Clara*

Hierbei ist zu erkennen, dass von der Gegenpaarbildung in Varianten 1 und 2 übergegangen wird zum ansatzweisen Tachometerprinzip in den Varianten 3, 4, 5, 6 und 7. Nach Variante 7 folgt alleinstehend Variante 8, danach ist wieder ein Phasenwechsel zu identifizieren, woraufhin sich das Tachometerprinzip immer mehr verfeinert. So notiert *Clara* auch nur 17 Möglichkeiten und erkennt dann, dass sich beginnend mit dem roten Stein sechs verschiedene Möglichkeiten ergeben. Dies überträgt sie auf alle vier Steine und ermittelt kognitiv die Gesamtlösung, die sie abschließend hinter der Frage notiert.

### *Strategiekeime*

Häufig ist zu beobachten, dass die beschriebenen drei Makrostrategien nicht durchgehend und konsequent angewendet werden. Sie tauchen vielmehr in Ansätzen auf. Im Sinne von *Stein* (1995) werden diese *Strategiekeime* jedoch als erste Kenntnisse und Anwendungen der entsprechenden Strategie gewertet. Des Weiteren kann auch die Vorgehensweise der Umwendung als Strategiekeim verstanden werden. Dies bedeutet, dass ein Kind durch eine 180°-Drehung einen neuen Turm konstruiert. Die Umwendung allein kann jedoch nicht zum Finden aller Möglichkeiten verhelfen, sie muss immer mit einem anderen Vorgehen kombiniert werden. Ähnlich ist es mit dem Vorgehen durch Orientierung an Mustern. Hier kann man zwar mit einem durchgängigen Muster viele Möglichkeiten finden, um dann aber zu erfassen, ob es noch andere Möglichkeiten gibt, genügt diese Strategie allein nicht.

**Welche der aufgabenspezifischen Strategien nutzen die Kinder tatsächlich?**

Zunächst wird der Einsatz der Makrostrategien aufgezeigt.

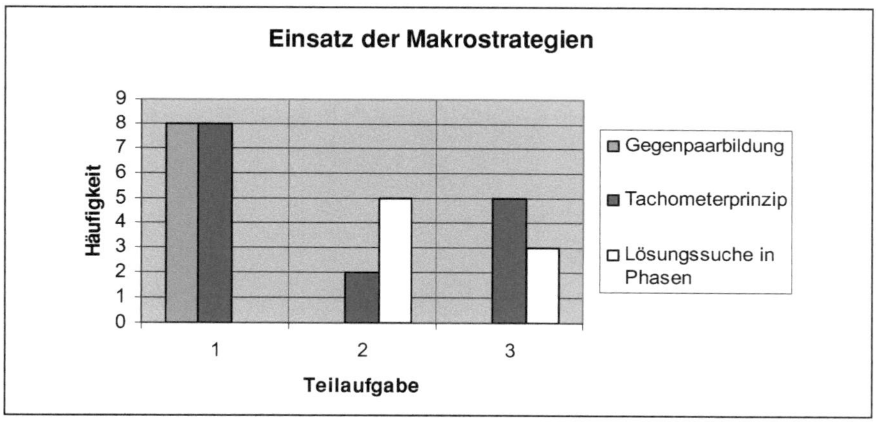


**Abb. 19:** Einsatz von Makrostrategien bei der Aufgabe „Türme bauen"

Acht Kinder lösen Teilaufgabe 1 durch **vollständige Gegenpaarbildung**. Hierzu zählen neben *Clara* noch *Arne, Enno, Gina, Hanna, Isa, Mia* und *Olaf*. In den beiden anderen Teilaufgaben ist allerdings bei keinem Kind mehr der richtige Einsatz dieser Makrostrategie zu beobachten.

Die Vorgehensweisen beim makrostrategischen Arbeiten auf der Basis der Gegenpaarbildung sind sehr unterschiedlich.

Einige Kinder gehen zeichnerisch vor:

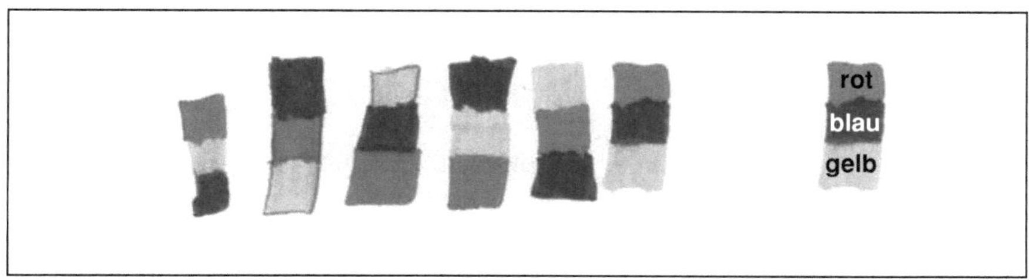


**Abb. 20:** Vollständige Gegenpaarbildung, durchgeführt von *Mia* bei Teilaufgabe 1

Andere Kinder schreiben ihre Lösungen auf:

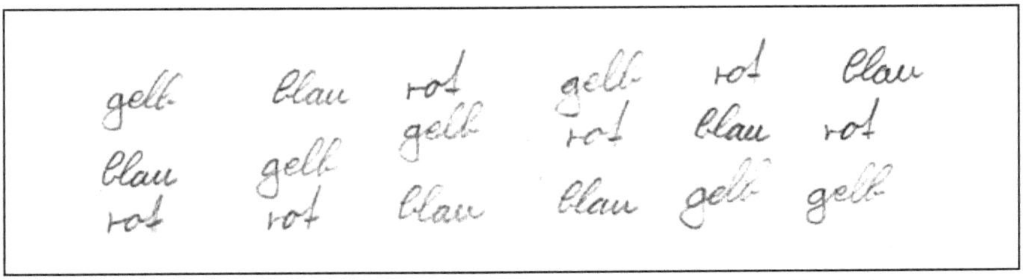

**Abb. 21:** Vollständige Gegenpaarbildung, durchgeführt von *Hanna* bei Teilaufgabe 1

Die Lösung vierfarbiger Aufgaben anhand der vollständigen Gegenpaarbildung geht *Hanna* folgendermaßen an:

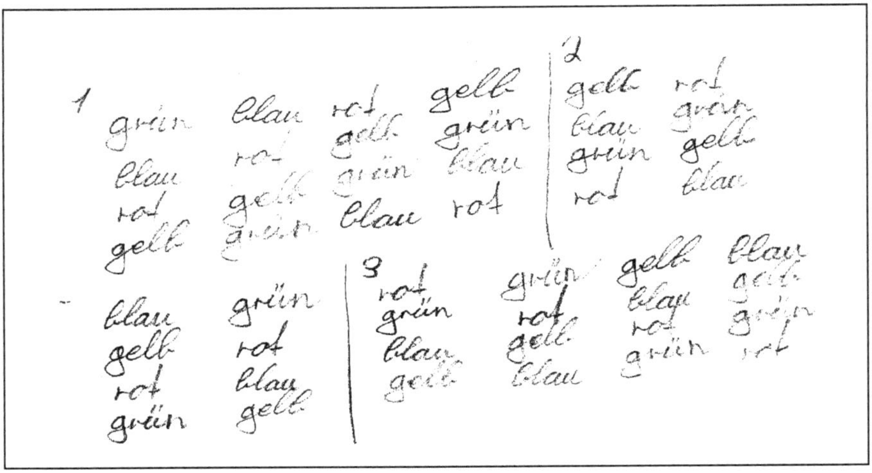

**Abb. 22:** Versuch der vollständigen Gegenpaarbildung, durchgeführt von *Hanna* bei Teilaufgabe 2

Hier wird die Problematik der vollständigen Gegenpaarbildung bei derart komplexen Aufgabenstellungen gut deutlich, denn es ist kaum mehr schlüssig nachzuvollziehen und festzustellen, ob alle Gegenpaare gefunden wurden bzw. welche noch fehlen. Dementsprechend findet auch *Hanna* nur die Hälfte aller Möglichkeiten. Das Finden logischer Bruchteile der eigentlichen Lösung (z.B. die Hälfte oder Dreiviertel) ist bei dieser Vorgehensweise jedoch häufig zu beobachten. Leider findet kein Kind auf diese Weise die vollständige Lösung. Somit wird in den Teilaufgaben 2 und 3 die vollständige Gegenpaarbildung nie komplett richtig angewendet. Die Kinder, die in Teilaufgabe 1 derart vorgehen, wechseln entweder zu einer anderen Strategie oder zeigen die Gegenpaarbildung in Form von Strategiekeimen und finden nicht alle 24 Möglichkeiten.

In Teilaufgabe 1 wenden acht Kinder das **Tachometerprinzip** erfolgreich an, zu diesen Kindern gehören neben *Dina* noch *Ben, Clara, Enno, Lars, Victor, Willi* und *Yannis*. Beispielhaft sei hier *Dinas* Vorgehensweise aufgezeigt:

**Abb. 23:** Vollständiges Tachometerprinzip, durchgeführt von *Dina* bei Teilaufgabe 1

Im Gegensatz zur Gegenpaarbildung fällt es beim Tachometerprinzip auch bei den Aufgaben zu den vierfarbigen Türmen leichter, eine durchgehende Systematik anzuwenden und zu einer begründeten Schlussfolgerung zu kommen, warum es keine weiteren Möglichkeiten mehr geben kann.

Dementsprechend kommen in Teilaufgabe 2 zwei Kinder – *Ben* und *Lars* – auf diesem Weg zu einer richtigen Lösung.

Auszug aus dem Transkript *Ben* „Türme bauen" Teilaufgabe 2 (02/2/2)

1:14 Ben: „Ich leg' mir die Steine hier einfach am Tisch nebeneinander. Dann könnt' ich erst 'mal eine Farbe ganz liegen lassen und dann tausche ich die anderen. Erst 'mal immer hier." [Hält eine Hand über die beiden linken Steine und deutet durch eine Drehung der Hand das Vertauschen dieser Steine an.]

1:52 Ben: „(...) und das kann ich ja mit jeder von den drei Farben machen. So gibt es sechs, sechs Türme." [Hält die Hand über die drei links liegenden Steine.]

2:05 Ben: „Ich weiß, wie ich es dann aber viel leichter machen kann. Weil sechs, zwölf, achtzehn, (...), das gibt vierundzwanzig Möglichkeiten."

*Ben* nutzt demzufolge konsequent das Tachometerprinzip zur Erarbeitung der ersten Lösungsmöglichkeiten. Dann stellt er fest, dass diese Vorgehensweise nicht zur Ermittlung der Gesamtlösung notwendig ist, denn für die anderen drei Farben ergeben sich dann jeweils die Vielfachen von sechs, die er nur noch mit der Nennung der Zahlen zwölf, achtzehn und der Gesamtlösung vierundzwanzig abarbeitet. Dies lässt auf eine Analogiebildung zur exemplarisch erzielten ersten Teillösung schließen.

In Teilaufgabe 3 sind es sogar fünf Kinder, die das Tachometerprinzip vollständig anwenden. Zu diesen Kindern zählen wiederum *Ben* und *Lars*. Sie sind somit die einzigen Kinder, die alle drei Teilaufgaben durchgängig anhand des Tachometerprinzips bearbeiten. Zusätzlich zu den fünf Kindern wenden zwei Kinder dieses Prinzip zunächst erfolgreich an, verlassen es dann aber und beenden die Aufgabe durch Analogiebildung.

Die **Lösungssuche in Phasen** ist in Teilaufgabe 1 nicht zu beobachten. In Teilaufgabe 2 gehen fünf Kinder auf diese Weise vor, dies sind *Hanna, Isa, Mia, Peter* und

*Tom*. Nur *Peter* und *Tom* setzen dies in der letzten Teilaufgabe fort, die drei anderen wechseln jeweils zu einer anderen Makrostrategie. Insgesamt wenden in Teilaufgabe 3 drei Kinder die Lösungssuche in Phasen an, da neben *Peter* und *Tom* nun auch *Hanna* auf diese Weise vorgeht.

Ein Blick auf die Häufigkeit der vorgefundenen aufgabenspezifischen Strategien, getrennt nach Makrostrategien, Strategiekeimen und dem Vorgehen ohne erkennbare Strategie, ergibt folgendes Bild:

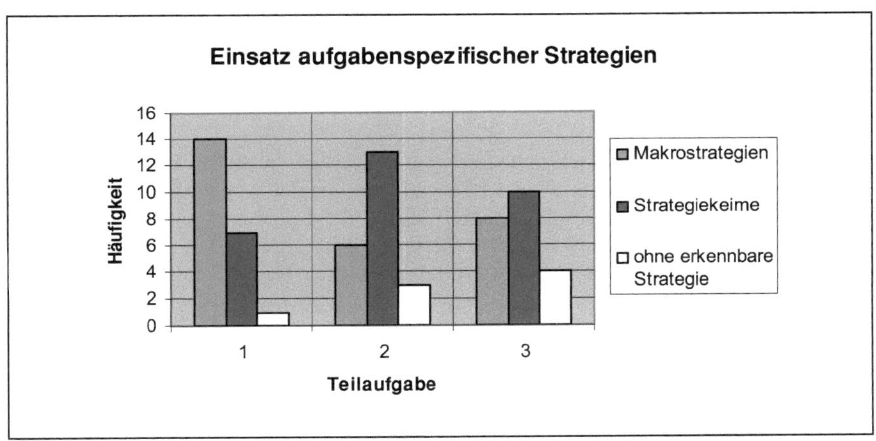


**Abb. 24:** Einsatz aufgabenspezifischer Strategien bei der Aufgabe „Türme bauen“

Wie bereits erwähnt, ist zunächst der hohe Anteil von Makrostrategien in Teilaufgabe 1 auffällig. Hier sind sowohl die vollständige Gegenpaarbildung als auch das vollständige Tachometerprinzip häufig zu beobachten. In geringerer Anzahl kommen beide auch als Strategiekeime vor. Ein Kind bezieht sich explizit auf die Orientierung an Mustern, findet drei Möglichkeiten – die rote Treppe – und stellt dann fest, dass sich noch drei weitere Türme erstellen lassen, wenn die Treppe auch wieder abwärts führt.

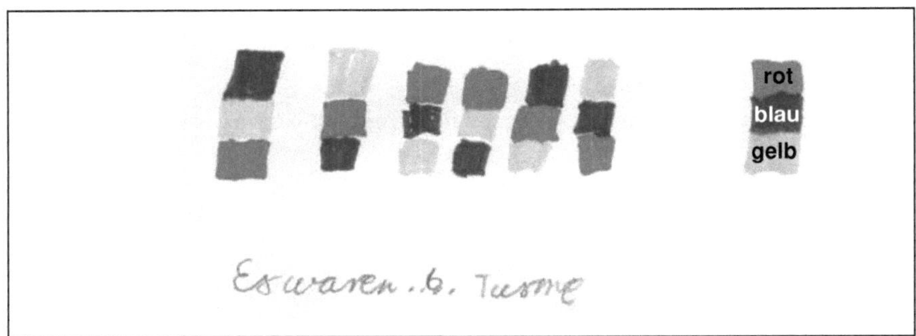


**Abb. 25:** „Die rote Treppe“ von *Gina* bei Teilaufgabe 1

Kein Kind setzt die Umwendung ein und nur bei einem Kind ist bei dieser Teilaufgabe keine aufgabenspezifische Strategie erkennbar *(Kevin)*. Das Kind findet auf diese Weise fünf mögliche Türme.

In Teilaufgabe 2 nehmen die Makrostrategien deutlich zugunsten der Strategiekeime ab. Die teilweise Gegenpaarbildung ist hierbei die vorherrschende Vorgehensweise. Beim Tachometerprinzip ergibt sich ein anderes Bild: sieben Kinder verwenden dieses Prinzip teilweise, es kommen aber auch immerhin zwei Kinder durch das vollständige Tachometerprinzip zu einer richtigen Lösung.

Neben *Nick* arbeitet nun auch *Victor* auf der Basis des Bildens von Mustern. Beide kommen leider nicht zu einer vollständig richtigen Lösung.

Die Anzahl der Kinder, die hier ohne den Einsatz aufgabenspezifischer Strategien arbeiten, steigt auf vier Kinder. Keines dieser Kinder kommt jedoch zu einer vollständig richtigen Lösung.

In Teilaufgabe 3 ergibt sich nahezu das gleiche Bild. In dieser Teilaufgabe wird jedoch das Tachometerprinzip wieder häufiger angewendet, es ist allerdings oft Ausgangspunkt für den Wechsel zur Analogiebildung. Vergleichbares gilt für die Gegenpaarbildung. Diese tritt jedoch ausschließlich als Strategiekeim auf. Auch bleibt die Anzahl der Kinder, die ohne das Nutzen aufgabenspezifischer Strategien vorgehen, nahezu gleich.

Zusammenfassend lässt sich konstatieren, dass über alle Teilaufgaben hinweg von nahezu einem Drittel der Kinder Makrostrategien eingesetzt werden. Insbesondere bei Teilaufgabe 1 kommen fast zwei Drittel der Kinder auf diese Weise zu vollständig richtigen Lösungen. In den komplexeren Teilaufgaben 2 und 3 sind jedoch vorrangig Strategiekeime erkennbar. Zwei Kindern gelingt es aber, in Teilaufgabe 2 unter Anwendung des Tachometerprinzips zu einer richtigen Lösung zu gelangen, in Teilaufgabe 3 sind es sogar fünf Kinder. Häufig wird zusätzlich die Analogiebildung genutzt, um die Arbeit abzukürzen. Der Anteil der Kinder, die ohne erkennbaren Einsatz aufgabenspezifischer Strategien vorgehen, nimmt im Verlauf der Teilaufgaben zu. Dies zeigt, dass es vielen Kindern bei zunehmend komplexen Strukturen schwerer fällt, die aufgabenspezifischen Strategien konsequent einzusetzen.

## 10.4 Auswertung nach den Phasen des Problemlöseprozesses

Die hier erfolgte Orientierung an den vier Phasen des Problemlöseprozesses richtet sich generell nach den Untergliederungen von *Pólya* bzw. *Wessells* (vgl. S. 98). Da jedoch bereits nach den ersten drei Schritten der Datenauswertung (vgl. *Schritte zur Datenauswertung im eigenen Forschungsvorhaben*, S. 175ff.) deutlich wurde, dass die Phasen 2 und 3 häufig in engem Zusammenhang stehen und ineinander übergehen, wurde dies in Bezug auf die Auswertungskriterien berücksichtigt und es ergeben sich demnach die vier Auswertungskategorien *Annehmen und Verstehen der Aufgabe, Lösungsplanung und -realisierung, Präsentation der Lösung und Rückschau.*

Um die Tätigkeit der Kinder innerhalb der einzelnen Phasen genauer untersuchen zu können, wurden zu jeder Phase verschiedene Kriterien erfasst.

*1. Annehmen und Verstehen der Aufgabe*

Bezüglich dieser ersten Phase des Problemlöseprozesses geht es darum, zu erkennen, ob die Kinder die Problemstellung selbstständig erfassen.

Die Problemstellung wird als „erkannt“ eingestuft, wenn ein Kind selbstständig und angemessen mit der Bearbeitung der Aufgabe beginnt. Falls ein Kind nochmals nachfragt (z. B. danach, welche Form die Türme haben sollen) und dann aber ebenfalls angemessen mit der Bearbeitung beginnt, gilt dies als „durch eigenes Nachfragen erkannt“. Wird der Interviewerin bereits bei der Aufgabenstellung oder in der ersten Phase der Bearbeitung deutlich, dass das Kind Verständnisprobleme hat, so hat sie an dieser Stelle die Möglichkeit, gemäß dem Interview-Leitfaden Hilfestellungen zu geben (vgl. Anhang 1 *Interview-Leitfäden*, S. 391 ff.). Ist dies der Fall und kann das Kind dann angemessen an der Aufgabe arbeiten, so gilt dies als „durch Initiative der Interviewerin erkannt“. Wenn ein Kind jedoch gar nicht die Aufgabenstellung erfasst, so wird dies dementsprechend als „nicht erkannt“ eingestuft.

In Bezug auf diese Phase ergibt sich folgendes Bild:

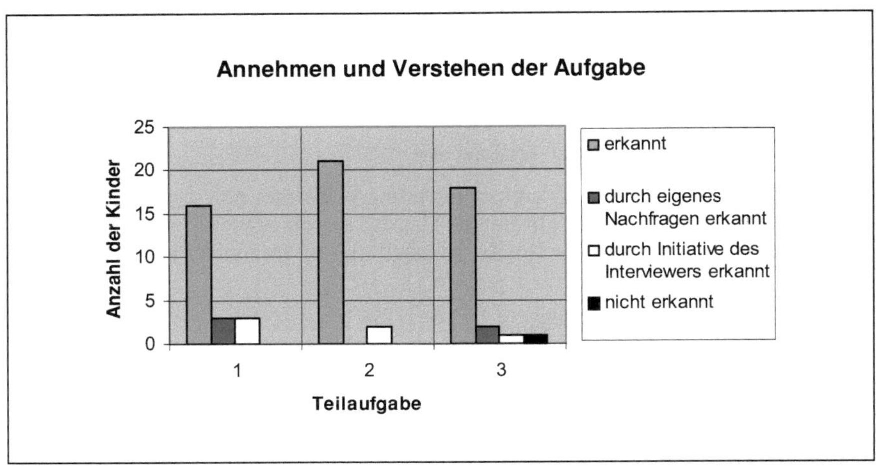


**Abb. 26:** Annehmen und Verstehen der Aufgabe „Türme bauen“

Abbildung 26 zeigt, dass alle Kinder die Problemstellungen in den Teilaufgaben 1 und 2 erfassen, nur in geringem Maße ist eine Hilfe durch die Interviewerin notwendig. Ähnliches gilt für die dritte Teilaufgabe, sie wird allerdings von einem Kind *(Enno)* nicht erfasst.

Insgesamt ist jedoch Teilaufgabe 1 für die Kinder am schwersten zu verstehen, hier benötigen 6 Kinder Hilfestellung. Schwerpunkt dieser Hilfestellungen ist das Klären der Frage, wie der Turm später auszusehen hat. Zum Beispiel wollen einige Kinder „breite" Türme bauen:

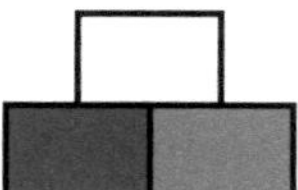

**Abb. 27:** Breiter Turm – falsche Konstruktion bei der Aufgabe „Türme bauen"

In der Präsentation der Aufgabe wurde bewusst darauf verzichtet, einen Turm zu zeigen, da dies bereits eine mögliche Lösung vorgegeben und außerdem die Kinder höchstwahrscheinlich zum Bauen angeregt hätte. Nun zeigt sich jedoch, dass es sinnvoller gewesen wäre, den Kindern einen fertigen Turm – vielleicht mit anderen Farben – zu zeigen. Durch die Interviewerin kann dieses Problem jedoch schnell geklärt werden und auch die betreffenden Kinder können daraufhin wie geplant in die Bearbeitung der Aufgabe einsteigen.

Teilaufgabe 2 bereitet den Kindern in Bezug auf die Erfassung so gut wie keine Probleme, die darauf folgende Teilaufgabe 3 ist diesbezüglich etwas anspruchsvoller. Wie bereits erwähnt, erfasst sie ein Kind leider gar nicht, drei andere benötigten die im Leitfaden vorgesehenen Hilfestellungen *(Hanna, Olaf* und *Ulf)*. Diese Schwierigkeiten machen sich dann auch in der Qualität der Lösungen dieser Kinder bemerkbar. Bei ihnen ist Teilaufgabe 3 entweder nur teilweise richtig oder gar nicht gelöst. Lediglich *Hanna* schafft es hier trotzdem, zu gutem Erfolg zu kommen.

## *2. Lösungsplanung und -realisierung*

Die Phase der Lösungsplanung und -realisierung beinhaltet nun mehrere zu untersuchende Aspekte. Aus diesem Grunde werden die verschiedenen Kriterien zunächst vorgestellt, daraufhin erfolgt die Ergebnisdarstellung der gesamten Phase.

### *Handlungen zur Lösungsplanung*

Eine Handlung wird als „enaktiv und sprachlich-mündlich" eingestuft, wenn ein Kind die Türme baut und dabei oder danach mündlich erklärt, zu welcher Lösung es kommt. Wenn ein Kind ebenfalls handelnd vorgeht, sich dabei aber nicht mündlich äußert, sondern seine Lösung notiert, kommt es zu der Einstufung „enaktiv und sprachlich-schriftlich". Das Nutzen des Arbeitsblattes zum Aufmalen der verschiedenen Türme und damit einhergehend das Verbalisieren der Lösung wird als „ikonisch und sprachlich-mündlich" eingeordnet. Eine Handlung wird als „ikonisch und sprachlich-schriftlich" gewertet, wenn das Kind die Türme aufmalt und seine Lösung schriftlich verfasst. Wenn ein Kind ausschließlich kognitiv vorgeht und die auf diese Weise erzielte Lösung der Interviewerin mitteilt, wird dies als „sprachlich-mündliche" Handlung gewertet. Das ausschließliche schriftliche Verfassen der erzielten

Lösung wird als „sprachlich-schriftlich“ aufgeführt. Unter „sprachlich-mündlich und -schriftlich“ ist ein gemeinsames Auftreten der letzten beiden Handlungen zu verstehen.

Aufgrund des Alters der Kinder ist jedoch zu erwarten, dass sie vorrangig Handlungen wählen, die sich im enaktiven oder ikonischen Bereich einordnen lassen.

*Vorgehen beim Lösen*

Ergänzend zu dem vorherigen Kriterium wird hier festgehalten, ob die Kinder rechnerisch zu einer Lösung kommen oder diese aus vorherigen Handlungen ermitteln, also zum Beispiel durch das Zählen der aufgemalten Türme. Dies ist notwendig, da sich nach den ersten drei Auswertungsschritten gezeigt hat, dass allein durch die Handlung nicht immer eindeutig auf die tatsächliche Vorgehensweise beim Lösen der Aufgabe geschlossen werden kann.

*Problemlöseniveau*

Unter diesem Kriterium wird erfasst, auf welchen Niveaustufen die Kinder das Problem lösen. Dabei erfolgt eine Anlehnung an die in Kapitel 4 *Problemlösen* dargestellten Niveaustufen (vgl. S. 105). Es wird jedoch unter Berücksichtigung der Altersstufe auch das Kriterium „Versuch und Irrtum“ hinzugefügt. Wenn demnach bei der Bearbeitung deutlich wird, dass ein Kind ohne die Gewinnung von Einsichten einzelne Türme entwirft und dann kontrolliert, ob es diesen Turm bereits als eine Lösungsmöglichkeit erzeugt hat, wird das Vorgehen als „Versuch und Irrtum“ eingeordnet. Es ist vergleichbar mit der heuristischen Strategie des Generierens und Testens von Lösungen. Das „hartnäckige Probieren“ hebt sich in der Weise vom Vorgehen über „Versuch und Irrtum“ ab, als dass durch eine besondere Anstrengungsbereitschaft und Konzentrationsfähigkeit kontinuierlich an dem Problem gearbeitet wird. Es fehlt jedoch auch hier an Einsichten in die Problematik, so dass auf keine andere Niveaustufe gewechselt werden kann. Auf dem Problemlöseniveau „abwechselnd Probieren und Überlegen“ werden probierende Phasen ergänzt durch Elemente des Überlegens. Somit können gewonnene Erkenntnisse berücksichtigt werden und das weitere Probieren leiten. Beim „systematisch strukturierenden Vorgehen“ ist hingegen die Lösungsfindung vorrangig geleitet von Überlegungen. Somit kann systematisch auf die Lösung hingearbeitet werden. Um „intuitives Vorgehen“ handelt es sich, wenn spontan Lösungen oder Lösungsvermutungen erzeugt werden. Es ist jedoch auch denkbar, dass das Problemlöseniveau „nicht erkennbar“ ist. Dies ist dann zum Beispiel möglich, wenn ein Kind nach längerem Verweilen direkt die Lösung nennt oder notiert und auf entsprechende Nachfragen zur Lösungsfindung keine Angaben macht.

*Qualität der Lösung*

Um die Qualität der erzielten Lösungen einordnen zu können, ist es notwendig, hier folgende Unterscheidungen vorzunehmen:

Ein Kind hat eine Lösung „selbstständig richtig gelöst“, wenn es keine der im Interview-Leitfaden vorgesehenen Unterstützungen benötigt und zu einer vollständig richtigen Lösung kommt. Benötigt ein Kind jedoch diese Hilfestellung und kommt dann aber zu einer richtigen Lösung, so wird dies als „richtig nach Erhalt der im Interview-Leitfaden vorgesehenen Hilfestellungen“ gewertet. Hierbei ist zu berücksichtigen, dass im Interview-Leitfaden grundsätzlich keine inhaltlichen Hilfestellungen vorgesehen sind. Aus diesem Grunde kann also trotz dieser Form der Unterstützung von einer richtigen Lösung des Kindes gesprochen werden. Da es auch denkbar ist, dass Kinder einen Lösungsweg formulieren, der eindeutig auf die richtige Lösung hinweist und dann aber Rechen- oder Zählfehler beinhaltet, wird dies unter „inhaltlich richtig gelöst, aber falsche Ergebniszahlen erzielt“ vermerkt. Anhand dieses Kriteriums soll gewährleistet werden, dass diese Fehlerform nicht überbewertet wird. Eine Lösung wird als „unvollständig“ gewertet, falls ein Kind nur Elemente einer Teilaufgabe richtig löst. Wenn ein Kind die Bearbeitung einer Teilaufgabe beginnt, dann aber an der Fragestellung vorbeiarbeitet oder nicht wenigstens zu einer unvollständigen Lösung kommt, muss diese Teilaufgabe als „nicht gelöst im Sinne der Aufgabe“ eingestuft werden. Eine Teilaufgabe gilt demgegenüber als „nicht bearbeitet“, wenn das Kind erst gar nicht mit dem Prozess der Lösungsfindung beginnt.

*Bearbeitungsdauer*

Die Bearbeitungsdauer wird in zweiminütigen Intervallen von 0 bis 20 Minuten festgehalten, für längere Bearbeitungszeiträume gilt dann die Einordnung „über 20 Minuten“.

**Bezüglich dieser Phase können folgende Ergebnisse festgehalten werden:**

*Handlungen zur Lösungsplanung*

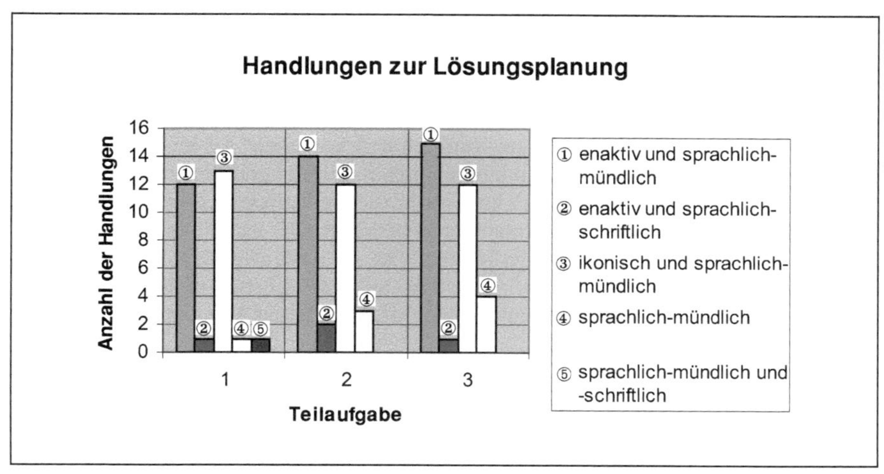


**Abb. 28:** Handlungen zur Lösungsplanung bei der Aufgabe „Türme bauen“

Auffällig ist hier der durchgängig hohe Anteil an Kindern, die enaktive und/oder ikonische Handlungsweisen wählen. Unter diesen Kindern sind 6 Kinder, die parallel enaktiv und ikonisch arbeiten. Dies bedingt einen hohen Zeitaufwand, führt aber nicht bei allen Kindern zum Erfolg. Vielmehr ist hier zu erkennen, dass die durchgehenden enaktiven und ikonischen Handlungen oft dann vorzufinden sind, wenn die Kinder probierend vorgehen. Diese Vorgehensweise besteht dann darin, einen Turm zu bauen und ihn abzumalen. Danach wird der Turm umgebaut, mit den vorhandenen gemalten Türmen verglichen und hinzugefügt, sofern er nicht bereits als eine Lösungsmöglichkeit gefunden wurde. Sowohl heuristische Strategien als auch aufgabenspezifische Strategien sind diesbezüglich allenfalls in Ansätzen zu finden. Dementsprechend sind die Lösungen oft zwar in Teilaufgabe 1 noch vollständig richtig, aber dann jeweils nur noch teilweise richtig (dies trifft zum Beispiel auf *Peter Stine* und *Tom* zu). Anders ist dies jedoch bei *Isa, Victor* und *Nick*. Sie sind erfolgreicher und schaffen mindestens zwei richtige Teilaufgaben. Bei ihnen ist jedoch festzustellen, dass sie im Laufe der Arbeit Erkenntnisse bezüglich der aufgabenspezifischen Strategien gewinnen und diese erfolgreich einsetzen („Jede Farbe muss sechsmal unten sein. Also vier mal sechs. Das macht vierundzwanzig“, formuliert *Isa* beim Lösen der 3. Teilaufgabe). Dies ändert jedoch nichts an ihren Handlungen zur Lösung, diese setzen sowohl *Isa* als auch *Nick* und *Victor* auf enaktiver und ikonischer Ebene fort.

Ähnlich verhält es sich mit den Kindern, die eine enaktive oder ikonische Handlung durchgängig beibehalten. So gibt es hier Kinder, die keinen besonderen Erfolg haben und trotzdem die Bearbeitungsebene beibehalten *(Arne, Dina, Enno, Gina, Hanna, Kevin* und *Ulf)*. Es gibt jedoch auch erfolgreichere Kinder. Bei ihnen lässt sich feststellen, dass der Anteil kognitiven Arbeitens während der Bearbeitung der Teilaufgaben zunimmt, trotzdem verlassen sie die anfangs gewählte Handlungsebene nicht ganz. Hier ist wiederum verstärkt der Zuwachs aufgabenspezifischer Strategien zu erkennen. Zu diesen Kindern zählen *Ben, Mia, Yannis* und *Lars*. *Olaf* kann hier ebenfalls zugeordnet werden, er hat aber weniger Lösungserfolg in Teilaufgabe 2. Obwohl auch *Arne* dieser Gruppe zugehörig ist, sollen seine Ergebnisse nochmals gesondert betrachtet werden, da er als einziges Kind das ganze Material nutzt, um jeden einzelnen Turm aufzubauen und stehen zu lassen. Hierzu benötigt er erstaunlich wenig Zeit (zwischen 0 bis 2 und 2 bis 4 Minuten). Leider findet er durch seine Form der Gegenpaarbildung in Teilaufgabe 1 nur 3 Möglichkeiten und in Teilaufgabe 2 dementsprechend 4 Möglichkeiten. Folgerichtig findet er dann für Teilaufgabe 3 beim Weglassen jeweils einer Farbe insgesamt 12 Möglichkeiten.

Das rein sprachlich-mündliche Arbeiten ist als eigenständige und durchgängige Vorgehensweise kaum auffindbar, es ist jedoch bei den Kindern zu beobachten, die die Handlungsebenen wechseln. Hier gibt es zwei Kinder, die vom sprachlich-mündlichen Vorgehen zum enaktiven oder ikonischen Bearbeiten wechseln *(Clara* und *Ron)*. Beide sind in Teilaufgabe 1 erfolgreich, haben allerdings in Teilaufgabe 2 Probleme und wechseln daraufhin zu anderen Handlungen. In Teilaufgabe 3 sind sie dann wieder auf der neu gewählten Bearbeitungsebene erfolgreich. *Finn* wechselt die Handlungen vom ikonischen zum sprachlich-mündlichen Vorgehen, er setzt dabei aufgabenspezifische Strategien ein. In Teilaufgabe 3 hat er damit jedoch weniger Erfolg. Er wechselt daraufhin zwar zurück zum ikonischen Vorgehen, dies hilft ihm jedoch nicht.

Eine eindeutige Ausnahme bilden die Handlungsweisen von *Willi* (vgl. Einzelbeispiel Willi S. 214ff.). Obwohl in allen drei Teilaufgaben auch bei ihm Elemente enaktiven Vorgehens identifizierbar sind, löst er sie vorwiegend kognitiv („Ich glaube, ich weiß es. Weil dreimal ..., drei plus drei macht sechs. Aber ich kann ja mal die Türme bauen."). Die enaktiven Handlungen setzt er lediglich unterstützend ein. Da er in diesen Fällen das Material hin zur Interviewerin hält, entsteht der Eindruck, er nutze es lediglich als Erklärungshilfe. *Willi* löst auf diese Weise alle drei Teilaufgaben erfolgreich und setzt dabei sehr effektiv aufgabenspezifische Strategien ein.

*Vorgehen beim Lösen*

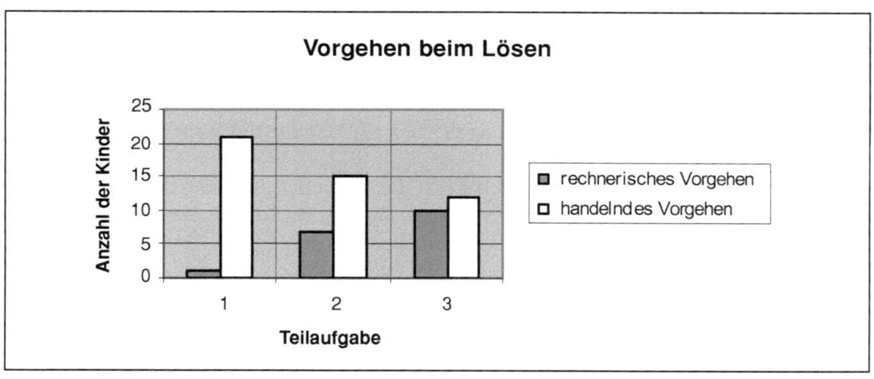


**Abb. 29:** Vorgehen beim Lösen der Aufgabe „Türme bauen"

Nimmt man eine Unterscheidung der Handlungsweisen in Bezug auf rechnerisches oder handelndes Vorgehen vor, so lässt sich ein kontinuierlicher Zuwachs rechnerischen Vorgehens von Teilaufgabe zu Teilaufgabe erkennen. Während in Teilaufgabe 1 noch nahezu alle Kinder zumindest unterstützend konkret handelnd vorgehen, wechseln immer mehr Kinder zum rechnerischen Vorgehen.

In Bezug auf die Richtung des Wechsels ergeben sich nun parallel hierzu ebenfalls interessante Schlüsse, denn wenn bei einem Kind ein Wechsel im Vorgehen zu beobachten ist, so findet dieser fast immer vom handelnden zum rechnerischen Vorgehen statt. Ausnahmen bilden hier die bereits aufgezeigten Fälle.

*Problemlöseniveau*

Grundsätzlich muss hier vorausgeschickt werden, dass bei einzelnen Kindern auch innerhalb einer Teilaufgabe Dopplungen der Vorgehensweisen vorkommen. Diese treten vorrangig auf, wenn Kinder intuitive Elemente zeigen, dann aber auf einem anderen Niveau das Problem lösen. Eine weitere Ursache der Dopplungen liegt daran, dass einige Kinder mit hartnäckigem Probieren beginnen, dann aber zur abwechselnd probierenden und überlegenden Vorgehensweise übergehen.

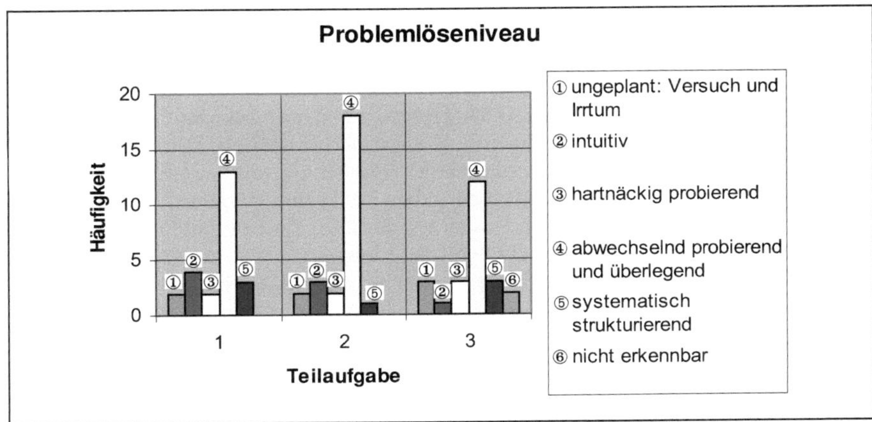


**Abb. 30:** Problemlöseniveau bei der Bearbeitung der Aufgabe „Türme bauen“

Betrachtet man die Vorgehensweise der Kinder bei der Bearbeitung, so ist allgemein ein hoher Anteil an abwechselnd probierendem und überlegendem Vorgehen festzustellen. Besonders auffällig ist das Verbleiben vieler Kinder auf diesem Niveau über alle Teilaufgaben hinweg. Das intuitive Bearbeiten der Aufgabe wird als überwiegende Vorgehensweise lediglich bei zwei Kindern *(Arne* und *Clara)* beobachtet. Drei weitere Kinder *(Victor, Willi* und *Yannis)* zeigen aber große intuitive Elemente bei der Bearbeitung verschiedener – teilweise auch aller – Teilaufgaben. Besonders zu erwähnen ist weiterhin die geringe Anzahl der Kinder, die auf der Niveaustufe des hartnäckigen Probierens arbeiten. Hierzu zählen lediglich *Nick, Tom, Stine* und *Ulf*, wobei *Stine* als einziges Kind alle drei Teilaufgaben auf diese Weise bearbeitet. Dies bedingt bei ihr einen überdurchschnittlich hohen Zeitaufwand. Ähnlich signifikant ist das geringe Auftreten ungeplanten Vorgehens. Es wird ausschließlich von *Kevin* und *Peter* gezeigt; beide demonstrieren, dass sie das Bauen der einzelnen Türme nicht in Beziehung zueinander setzen und lediglich nach dem Bauen einen Abgleich vornehmen (*Kevin*: „Ich guck’ dann halt, ob das neu ist.“).

In der Bearbeitung der letzten Teilaufgabe ist das Problemlöseniveau von *Enno* und *Ulf* leider nicht mehr eindeutig einzuordnen, da sie sich nicht ausreichend mit der Aufgabenstellung befassen und nur eine allgemeine Lösungseinschätzung abgeben.

Ein systematisch strukturierendes Vorgehen zeigen wenige Kinder. Insgesamt werden jedoch sieben Teilaufgaben auf diese Weise gelöst. Besonders *Lars* und *Willi* (siehe Einzelbeispiel S. 214ff.), die jeweils zwei Teilaufgaben systematisch strukturierend lösen, seien hier erwähnt.

Auszug aus dem Transkript *Lars* „Türme bauen“ Teilaufgabe 1 (12/3/1)

0:00 [Baut zügig hintereinander 6 Türme in der Weise, dass immer eine Farbe zweimal die untere Position behält. Nach Fertigstellung des 6. Turmes äußert er sich sofort]
0:39 Lars: „Das sind alle!“
0:41 I.: „Warum bist du dir so sicher, dass du alle gefunden hast?“
0:44 Lars: „Weil überall zweimal jede Farbe unten sein muss.“

Untersucht man die einzelnen Vorgehensweisen übergreifend in Bezug auf vorhandene ökonomische Elemente – also auf Vorgehensweisen, die sich durch Zeitersparnis oder Arbeitserleichterung auszeichnen –, so lässt sich festhalten, dass das ökonomische Vorgehen in dieser Aufgabe direkt mit der Bearbeitung auf kognitiver Ebene und mit der Fähigkeit der Kinder zur Ablösung von konkreten Handlungen zusammenhängt. Dies spart einerseits Zeit und andererseits Mühe im Erarbeiten der einzelnen Möglichkeiten. Aber auch die Analogiebildung kann zu einem ökonomischen Vorgehen führen, falls die Kinder auch hier darauf verzichten, doch noch alle Möglichkeiten zu malen oder zu notieren. Grundsätzlich ist einzuschränken, dass ökonomisches Vorgehen nicht immer einhergeht mit dem korrekten Lösen der Teilaufgaben. Es führt jedoch bei keinem Kind nachweislich zu einer Verschlechterung der Ergebnisse im Vergleich zur Bearbeitung seiner ohne erkennbare Ökonomie gelösten Teilaufgaben. Ökonomisches Vorgehen ist durchgängig vorzufinden bei *Willi* und *Ben*. In einzelnen Teilaufgaben ist es zu erkennen bei *Clara, Finn, Lars, Mia, Olaf, Ron, Yannis* und *Ulf*. In dieser Gruppe von Kindern ist *Yannis* das auffälligste Kind, da er durch ein weniger ökonomisches Vorgehen sicher bessere Ergebnisse erzielt hätte. Er arbeitet enaktiv und sprachlich-mündlich und notiert dabei trotz eines diesbezüglichen Hinweises durch die Interviewerin nichts. Obwohl er sich relativ gut an seine Zwischenergebnisse und Erkenntnisse erinnern kann, verliert er schnell den Überblick, muss eigentlich unnötige kognitive Handlungen vollziehen und benötigt – wie bereits – erwähnt teilweise die im Leitfaden vorgesehenen Hilfestellungen.

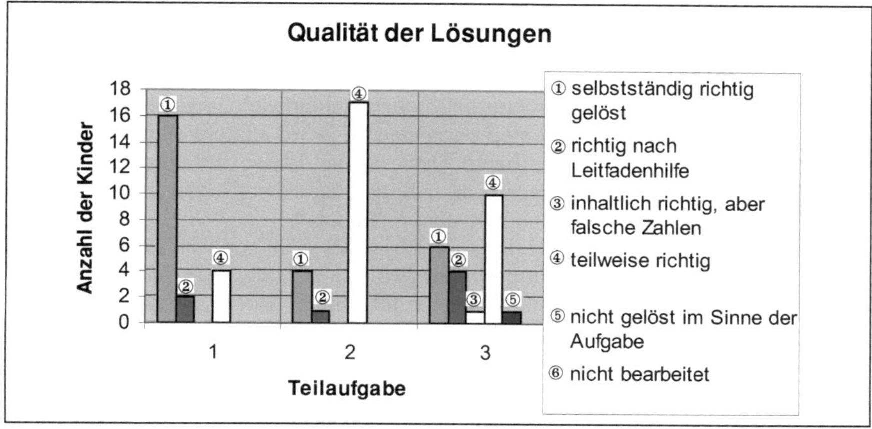


**Abb. 31:** Qualität der Lösungen bei der Aufgabe „Türme bauen“

Richtet man das Augenmerk ausschließlich auf die **Qualität der Lösungen**, so lassen sich einige prägnante Ergebnisse erkennen (s. Abb. 31).

Zunächst ist der hohe Anteil selbstständig richtig erzielter Lösungen in Teilaufgabe 1 auffällig. Zwei Kinder benötigen in geringem Maße die im Leitfaden vorgesehenen Hilfestellungen. Ein Grund für die vielen erfolgreichen Bearbeitungen liegt – wie bereits aufgezeigt – in dem hohen Einsatz von Makrostrategien. Es kommt aber auch die Tatsache hinzu, dass einige Kinder ohne Strategie und Systematik durch reines Ausprobieren alle Möglichkeiten ermitteln konnten. Vier Kindern gelingt dies jedoch nicht, da sie nicht ins hartnäckige Probieren übergehen. *Peter, Ulf* und *Kevin* finden auf diese Weise alle nur vier bzw. fünf Möglichkeiten. *Arne* gehört zwar auch zu diesen Kindern, stellt diesbezüglich aber im Vergleich zu der genannten Gruppe eine Ausnahme dar. Nach dem Prinzip der Gegenpaarbildung baut er drei Türme und geht dann sofort davon aus, dass er alle Möglichkeiten gefunden hat; es ist deutlich erkennbar, dass er sich gedanklich nicht ausreichend mit der Aufgabe befasst und sie voreilig beendet.

In Teilaufgabe 2 ändert sich die Qualität der Ergebnisse jedoch vollständig. Sie wird nur noch von insgesamt vier Kindern *(Ben, Lars, Mia* und *Willi)* richtig gelöst, weitere siebzehn Kinder lösen sie teilweise. Diese große Gruppe muss allerdings differenziert betrachtet werden. Hier gibt es einerseits Kinder, die durch ungeplantes Vorgehen einen Teil der Möglichkeiten finden. Hierzu zählen *Dina* (14)[24], *Enno* (14), *Kevin* (5), *Peter* (6), *Stine* (15), *Tom* (9) und *Ulf* (6). Es gibt aber auch Kinder, die systematisch strukturierende Elemente in ihrem Vorgehen zeigen und dann aufgrund falscher Schlussfolgerungen nicht alle Möglichkeiten ermitteln. Diese Kinder sind *Arne* (20), *Clara* (12), *Finn* (12), *Gina* (16), *Hanna* (12), *Isa* (20), *Nick* (16), *Olaf* (9), *Ron* (12) und *Victor* (8). Schon die Zahl ihrer gefundenen Möglichkeiten macht ihr systematisch strukturierendes Vorgehen deutlich. Beispielhaft soll dies durch *Finns* Vorgehensweise aufgezeigt werden.

Auszug aus dem Transkript *Finn* „Türme bauen“ Teilaufgabe 2 (06/2/2)

0:30 [Finn malt einen Turm in Strichdarstellung auf. Notiert die 1 darüber.]

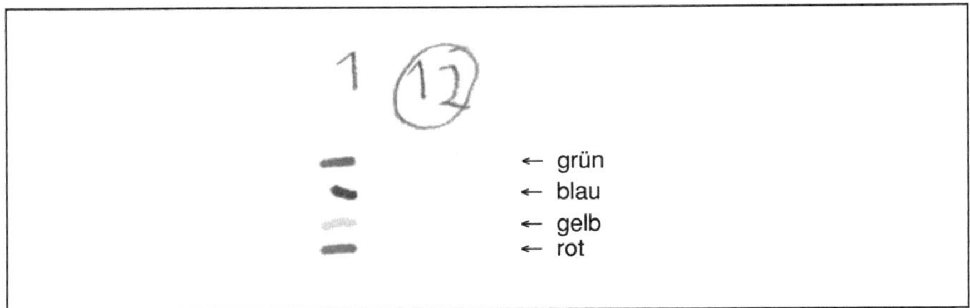


**Abb. 32:** Darstellung von *Finn* Teilaufgabe 2 „Türme bauen“

[24] Die Zahl in der Klammer gibt jeweils die Anzahl der gefundenen Möglichkeiten an.

0:58 Finn: „Es sind vier Steine und die drei oberen ab, dann vertauscht man die ein bisschen und guckt wie viel man die vertauschen kann und wie viel mal und das nimmt man dann viermal und das ist das Ergebnis dann."
1:13 [Finn schaut auf seinen gemalten Turm. Spielt mit seinem Stift.]
1:49 [Er notiert die 12 neben die 1 und kreist die 12 ein.]
2:06 I.: „Was bedeutet die 12?"
2:15 Finn: „Na, ich kann die oberen immer dreimal vertauschen und das geht ja dann viermal und das sind 12."

*Finn* nutzt die Tatsache, einen Stein aus seinen Überlegungen herauszunehmen, um das Problem zu vereinfachen. Folgerichtig multipliziert er sein Teilergebnis mit 4. Obwohl er jedoch Teilaufgabe 1 richtig gelöst hat, geht er nun nur noch von 3 verschiedenen Kombinationsmöglichkeiten der restlichen drei Steine aus und ermittelt somit das Endergebnis 12. Ähnliche strukturelle Ansätze sind bei sieben weiteren Kindern zu erkennen. Somit lässt sich hier festhalten, dass acht Kinder die Aufgabe zwar nur unvollständig lösen, sich jedoch in der Qualität deutlich von den anderen Kindern, die auch diese Teilaufgabe unvollständig lösen, abheben.

Teilaufgabe 3 zeigt nun wieder ein positiveres Bild in der Qualität der erzielten Lösungen. Sie wird von zehn Kindern richtig gelöst, zehn weitere Kinder lösen sie teilweise. Es gelingt hier einigen der Kinder, die Teilaufgabe 2 zwar nur teilweise, aber mit systematisch strukturierenden Anteilen gelöst haben, wieder zu einer richtigen Lösung zu kommen. Diese Kinder sind *Clara, Isa, Nick, Olaf, Victor* und *Ron*. Ein Kind kommt leider gar nicht zu einer Lösung im Sinne der Aufgabenstellung. Es handelt sich dabei um *Enno*. Er äußert lediglich die Vermutung, dass es zehn Möglichkeiten sein könnten, gibt jedoch keine Erklärungen dazu ab. Danach bricht er die Bearbeitung dieser Aufgabe ab.

*Bearbeitungsdauer*

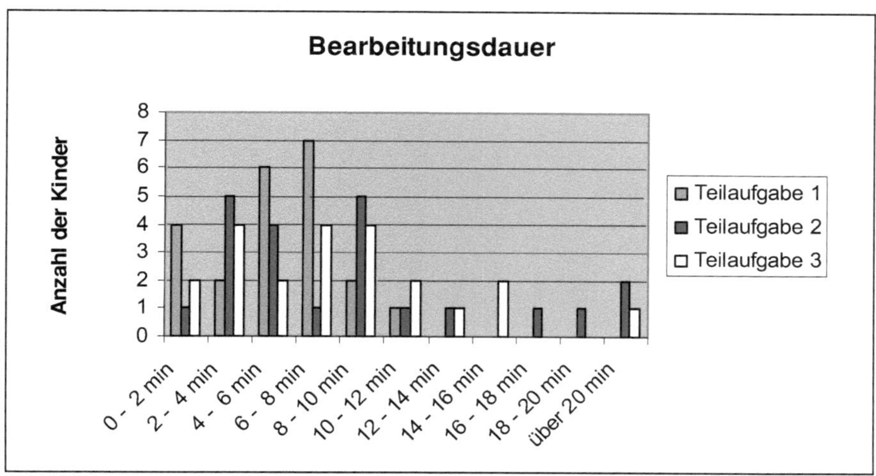


**Abb. 33:** Bearbeitungsdauer bei der Bearbeitung der Aufgabe „Türme bauen"

Teilaufgabe 1 erfordert insgesamt die geringsten Bearbeitungszeiten, Teilaufgabe 2 und 3 liefern beide ein eher uneinheitliches Bild. Auffällig ist in Teilaufgabe 2 die Tatsache, dass fünf Kinder 8 bis 10 Minuten für die Bearbeitung benötigen und weitere sechs Kinder noch mehr Zeit dafür beanspruchen. Ähnlich verhält es sich bei der letzten Teilaufgabe, hier gibt es allerdings nur ein Kind *(Stine)*, welches mehr als 20 Minuten benötigt.

Zwischen der **Bearbeitungsdauer** und der **Qualität der Lösung** ist kein eindeutiger kausaler Zusammenhang zu erkennen. Dieser ergibt sich jedoch, wenn man die Bearbeitungsdauer in Beziehung setzt zur gewählten **Handlungsebene**. Hier zeigt sich eindeutig, dass enaktives und/oder ikonisches Vorgehen viel Zeit benötigt. Nur die beiden Kinder *Yannis* und *Arne* beanspruchen trotz dieser Vorgehensweisen eine annähernd gleiche Bearbeitungsdauer wie die Kinder, die symbolisch vorgehen.

### *3. Präsentation der Lösung*

Durch die Gestaltung der Datenerhebung als Einzel-Videointerview erlebt die Interviewerin den gesamten Lösungsprozess mit. Aus diesem Grunde ist es möglich, dass die Kinder kaum mehr eine Notwendigkeit zur eigenständigen Lösungspräsentation sehen. Dementsprechend ist hier ein enger Zusammenhang zwischen Lösungserreichung und -präsentation zu erwarten. Aufgrund der vielfältigen Bearbeitungsmöglichkeiten ist eine gleichermaßen vielfältige Präsentation möglich.

Folgende Vorgehensweisen bei der Lösungspräsentation kommen in Betracht: „enaktiv und sprachlich-mündlich“, „enaktiv und sprachlich-schriftlich“, „ikonisch und sprachlich-mündlich“, „ikonisch und sprachlich-schriftlich“, „sprachlich-mündlich“, „sprachlich-mündlich und -schriftlich“ und „sprachlich-schriftlich“. Auf eine weitere Ausführung der einzelnen Punkte wird an dieser Stelle verzichtet, da sie aus den Punkten unter dem Kriterium *Handlungen zur Lösungsfindung* (vgl. S. 196f.) abgeleitet werden können.

*Die folgenden Präsentationsformen können identifiziert werden:*

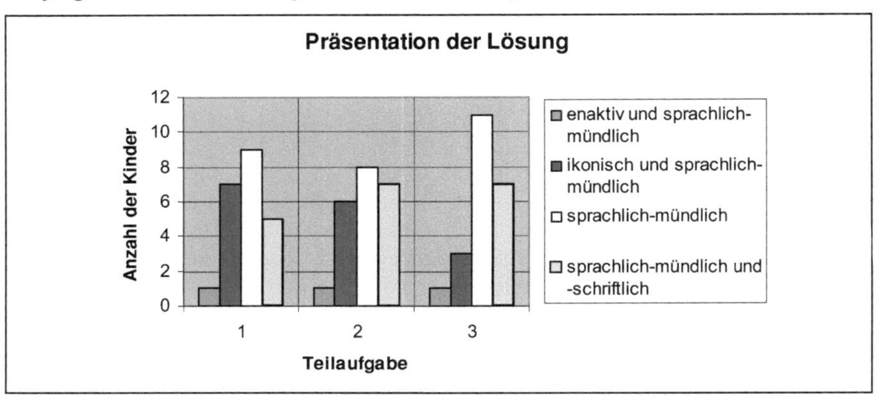


**Abb. 34:** Präsentation der Lösung bei der Aufgabe „Türme bauen“

Die vorherrschende Form der Lösungspräsentation ist die sprachlich-mündliche, denn viele Kinder formulieren das Ergebnis, welches sie auf verschiedenen Handlungsebenen erreichen, verbal. Einige Kinder schreiben dieses Ergebnis dann noch zusätzlich auf das Arbeitsblatt, ihre Präsentation wird deswegen als sprachlich-schriftlich und -mündlich gewertet. Die Kinder, die einen Lösungsweg auf ikonischer Ebene wählen, präsentieren dann die Lösung in der Regel auch in Anlehnung an ihre Darstellung.

Nur ein Kind präsentiert seine Lösungen enaktiv und sprachlich-mündlich. Dieses Kind ist *Arne*, der alle Türme aufbaut, stehen lässt und im Rahmen der Lösungspräsentation darauf hinweist.

Generell ist hier anzumerken, dass ein Großteil der Kinder die gewählte Präsentationsebene bei allen drei Teilaufgaben beibehält, auch wenn die Handlungen zur Lösungsfindung geändert werden. Dies begründet sich jedoch in der Tatsache, dass die Präsentation dann in der Regel sprachlich-mündlich stattfindet.

## *4. Rückschau*

Die Auswertung des Verhaltens der Kinder während dieser letzten Phase im Problemlöseprozess erfolgt anhand der drei Kriterien *Lösungskontrolle, Reflexion der Lösung* und *Sicherheit in Bezug auf die Lösung*.

### *Lösungskontrolle*

Bezüglich der Lösungskontrolle ist es möglich, dass Kinder von sich aus ihre erzielte Lösung kontrollieren, dies fällt dann in die Kategorie „selbstständige Lösungskontrolle“. Im Interview-Leitfaden ist die Aufforderung zur Lösungskontrolle aufgeführt, falls Kinder nicht eigenständig kontrollieren. Auf diese Weise initiierte Kontrollen werden als „Lösungskontrolle nach Aufforderung“ vermerkt. Kontrolliert ein Kind trotz dieser Aufforderung seine Lösung nicht, so gilt dies als „nicht kontrolliert trotz Aufforderung“. Wenn bei der Bearbeitung jedoch bereits deutlich wird, dass ein Kind auf der Ebene von Versuch und Irrtum nur mühsam eine teilweise richtige Lösung erzielt oder gar die Bearbeitung abbricht, kann auf die Aufforderung zur Lösungskontrolle verzichtet werden. Dies ist also dann der Fall, wenn auch durch die Kontrolle kein Erkenntniszuwachs mehr zu erwarten ist. Es erfolgt ein Vermerk als „nicht zur Kontrolle aufgefordert“.

### *Reflexion der Lösung*

Kategorisch wird an dieser Stelle erfasst, ob die Kinder ihre Vorgehensweisen oder Ergebnisse reflektieren. Dementsprechend wird hier nur unterschieden, ob reflektiert wird oder nicht. Im Rahmen der Ergebnisdarstellung wird dann die Art und Qualität der Reflexionen genauer beschrieben.

### *Sicherheit in Bezug auf die Lösung*

Um abschließend einen Einblick zu erlangen, inwieweit die Kinder sich der Richtigkeit ihrer erzielten Lösung sicher sind, ist im Interview-Leitfaden eine entsprechende

Nachfrage vorgesehen. Folgende Ausprägungen sind möglich: Unter dem Kriterium „sicher mit Begründung“ werden zunächst alle Begründungen vermerkt, die die Kinder geben, um zu erklären, dass die gefundene Lösung richtig ist. Im Verlauf der Untersuchung der Ergebnisse muss dann jedoch im Einzelfall aufgezeigt werden, inwieweit die Kinder hier mathematische Begründungen liefern. Äußert ein Kind, dass es sich sicher ist, eine richtige Lösung erzielt zu haben, und liefert dazu aber keine Begründung, so wird dies unter dem Punkt „sicher ohne Begründung“ eingestuft. Wenn Kinder jedoch angeben, unsicher zu sein, ob die Lösung richtig ist, so wird dies auch dementsprechend kategorisiert. Werden aber bereits während der Bearbeitung Probleme deutlich und wird eventuell sogar die Bearbeitung abgebrochen, dann wird auf die Frage nach der Sicherheit in Bezug auf die Lösung verzichtet. Falls Kinder sich trotz der Nachfrage nicht äußern, wird dies ebenfalls als „nicht nachgefragt/geäußert“ vermerkt.

**Die Auswertung erbringt folgende Ergebnisse:**

*Lösungskontrolle*

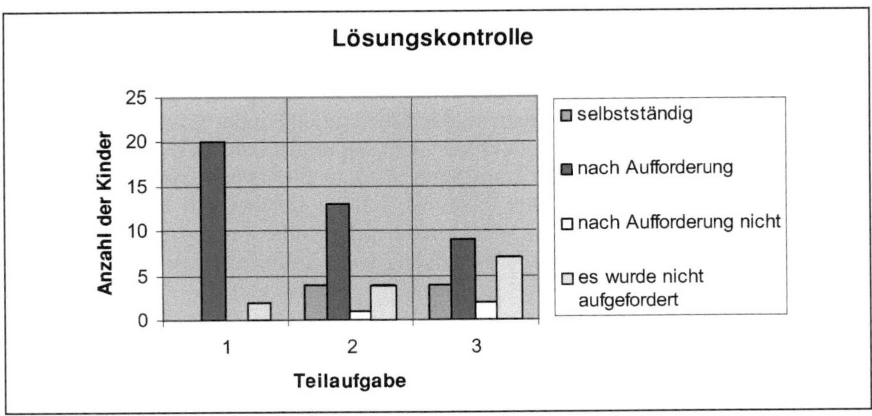


**Abb. 35:** Lösungskontrolle bei der Aufgabe „Türme bauen“

Ein Großteil der Kinder nimmt eine Lösungskontrolle nur nach der ausdrücklichen Aufforderung vor. Diese Aufforderung muss dann bei jeder Teilaufgabe wiederholt werden. Lediglich *Ben, Gina, Isa* und *Yannis* gehen von der Aufforderung zur selbstständigen Kontrolle über. Bei *Gina* liegt dies eindeutig an den bisherigen Aufforderungen. Sie erinnert sich daran und geht dann zum selbstständigen Kontrollieren über („Ach ja, jetzt schaue ich noch, ob das alles so richtig ist.“). Die anderen Kinder äußern sich nicht in dieser Form. Ihnen ist jedoch gemeinsam, dass sie dann selbstständig kontrollieren, wenn sie sich ihrer richtigen Lösung sehr sicher sind und sich diese entweder intensiv erarbeiten mussten oder eine motivierende Lösungsidee hatten. Die Kontrolle kann hier als positive Selbstbestätigung eingestuft werden.

Ähnlich verhält es sich mit der **Reflexion der Lösung**. Generell regt die hier vorliegende Aufgabe in allen Teilaufgaben die Kinder zum Reflektieren an.

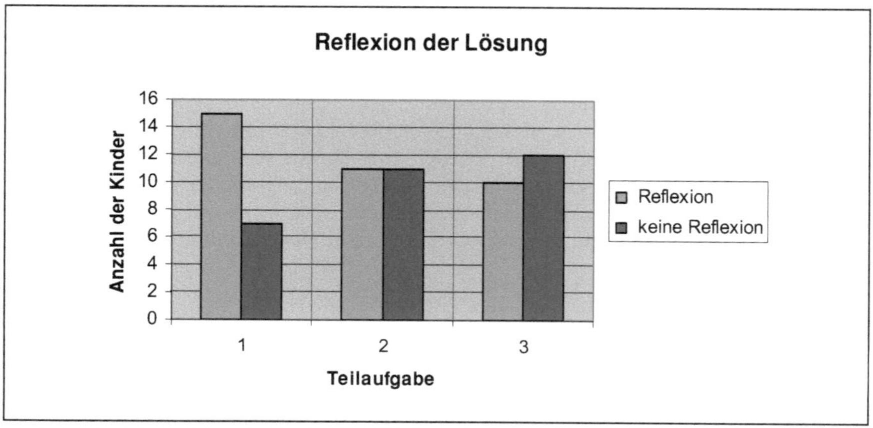


**Abb. 36:** Reflexion der Lösung bei der Aufgabe „Türme bauen"

Obwohl die Reflexionen im Verlauf der drei Teilaufgaben sukzessive abnehmen, werden sie doch zumindest von nahezu der Hälfte aller Kinder gezeigt. Beim Vergleich dieses Kriteriums mit der Qualität der Lösung ergibt sich ein bemerkenswerter Zusammenhang. Wenn Reflexion stattfindet, wird auch entweder eine vollkommen richtige Lösung erreicht oder eine teilweise richtige Lösung mit hohen Anteilen strukturierten und systematischen Vorgehens erzielt. Reflexion, systematisches und strukturierendes Vorgehen und richtige Lösung weisen hier also einen Zusammenhang auf.

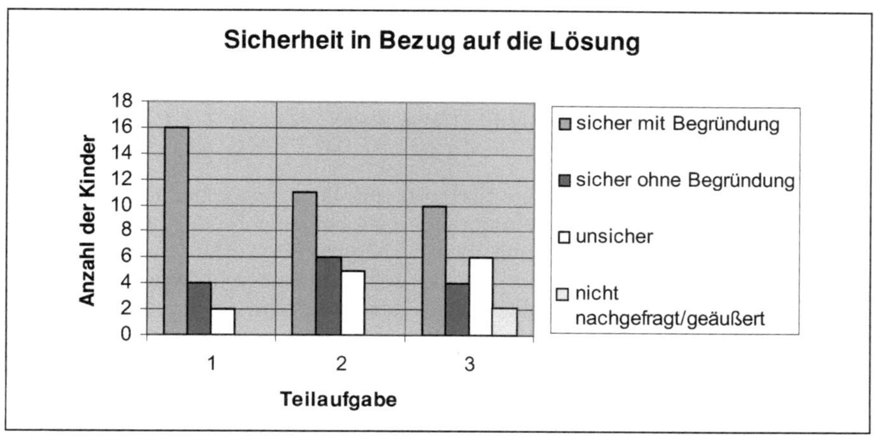


**Abb. 37:** Sicherheit in Bezug auf die Richtigkeit der Lösung bei der Aufgabe „Türme bauen"

Setzt man nun die Lösungskontrolle und die Reflexion der Lösung in Bezug zur Sicherheit, die die Kinder gegenüber der Richtigkeit der eigenen Lösung äußern, so ergeben sich deutliche Zusammenhänge.

Zunächst jedoch zur Auswertung des Kriteriums **Sicherheit in Bezug auf die Lösung** (s. Abb. 37).

Am auffälligsten ist der hohe Anteil von Kindern, die sich ihrer Lösung sicher sind und dies mit einer Begründung untermauern. Inhaltlich ergeben sich deutliche qualitative Unterschiede. Als interessant erweist sich demnach der Blick auf die Erklärungen, die die Kinder auf die Frage nach der Vollständigkeit der gefundenen Lösungen liefern. Hier ist einerseits eine Gruppe von Kindern zu identifizieren, die keine Begründung abgibt. Diese Kinder haben in der Regel bereits bei der Bearbeitung der Aufgabe Schwierigkeiten. Einige Kinder beziehen sich in ihren Begründungen auf das Argument, nichts Neues mehr gefunden zu haben („Alles, was ich jetzt noch finde, habe ich doch schon ’mal. Dann müssen das alle sein.“, formuliert *Peter* bei der Bearbeitung von Teilaufgabe 2), und der Schlussfolgerung, dass es auch keine anderen Möglichkeiten mehr geben kann. Weiterhin gibt es eine kleine Gruppe von Kindern, die eine Erklärung außerhalb des Aufgabenkontextes liefern („Ich glaube, das waren jetzt alle, weil meine Hände tun mir schon weh.“, äußert *Dina* bei der Bearbeitung von Teilaufgabe 2.).

Besonders groß ist allerdings die Gruppe der Kinder, die mathematisch richtig und schlüssig die Tatsache begründen, alle Möglichkeiten gefunden zu haben.

Folgende Argumentationen werden zum Beispiel geliefert:

*Ben* (02/2/1) zu Teilaufgabe 1:
„Den untersten hab’ ich genommen, dann hab’ ich erst mal die zwei anderen vertauscht. Das sind ja dann schon zwei Möglichkeiten. Dann hab’ ich einen anderen nach unten getan und wieder die zwei umgekehrt. Das sind dann vier. Und dann gibt es nur noch einmal den anderen.“

*Lars* (12/2/2) zu Teilaufgabe 2:
„... weil, wenn jede Farbe unten sein muss, so wie hier bei der Grün, habe ich sechs Möglichkeiten, also sind es vierundzwanzig.“

*Willi* (22/2/2) zu Teilaufgabe 2:
„Von jeder einmal (...) halt sechs ma’ vier sind vierundzwanzig.“

*Yannis* (23/2/3) zu Teilaufgabe 3:
„Auch vierundzwanzig, weil es ja egal ist, ob der andere Stein noch oben drauf sitzt oder nicht.“

Zu dieser Gruppe zählen insgesamt elf Kinder. *Ben, Gina, Isa, Lars* und *Willi* liefern in allen Teilaufgaben entsprechende Argumente. *Clara, Finn, Hanna, Mia, Victor* und *Yannis* zeigen es in zwei der drei Teilaufgaben. Somit liegt der Anteil der Kinder, die mathematisch folgerichtig argumentieren, bei nahezu der Hälfte aller beteiligten Kinder.

Lenkt man nun den Blick auf alle drei Kriterien, so lässt sich feststellen, dass sie häufig gekoppelt auftreten. Kinder, die ihre Lösung selbstständig kontrollieren, haben zuvor häufig bereits reflektive Elemente gezeigt und können dann die Richtigkeit ihrer Lösung entsprechend begründen.

Für die Auswertung nach den Phasen des Problemlöseprozesses kann zusammenfassend festgehalten werden, dass die Kinder die Problemstellung größtenteils selbstständig erfassen. Teilaufgabe 1 wird von 16 Kindern richtig gelöst, die folgenden beiden Teilaufgaben nur noch von 7 bzw. 8 Kindern. Besonders die Kinder, die zum kognitiven Arbeiten wechseln und rechnerisch vorgehen, zeichnen sich als erfolgreiche Löser aus. Es ist trotzdem kein eindeutiger Zusammenhang zwischen der Qualität der Lösung und der Bearbeitungsdauer zu erkennen, denn auch bei diesen Kindern findet die Bearbeitung häufig noch unterstützend handelnd oder auf ikonischer Ebene statt. Als Problemlöseniveau ist überwiegend das abwechselnde Probieren und Überlegen vorzufinden.

Weiterhin zeugt das relativ hohe Maß an Reflexionen davon, dass die Kinder durch das gestellte Problem zur intensiven Auseinandersetzung mit den eigenen Ergebnissen angeregt werden.

## 10.5 Auswertung nach mathematikspezifischen Begabungsmerkmalen

In der bis an dieser Stelle erfolgten Darstellung der Ergebnisse wurden sowohl implizit als auch explizit bereits mathematikspezifische Begabungsmerkmale (vgl. S. 80ff.) thematisiert und ausgewertet. So kann hier zum Beispiel die *Fähigkeit zum Strukturieren mathematischer Sachverhalte* genannt werden, die in der Auswertung nach den Kriterien im Bereich der Untersuchung des Problemlöseniveaus aufgegriffen wurde. Auch die *Fähigkeit zum Erkennen von Analogien und zum Transfer* wurde in der Auswertung nach den Kriterien und in der Auswertung der eingesetzten Strategien dargestellt. Ähnlich verhält es sich mit der *Fähigkeit zum Umkehren von Gedankengängen* und der *Fähigkeit zum Wechseln der Repräsentationsebenen*. Eine *besondere Gedächtnisfähigkeit* kann dann gezeigt werden, wenn bei der Ermittlung neuer Lösungen schnell und zuverlässig erinnert wird, welche Lösungen bereits vorliegen. Da nicht nachweisbar ist, inwieweit die Kinder zur Lösung der Aufgabe die Fähigkeit zum räumlichen Vorstellungsvermögen einsetzen, wird auf die Auswertung dieses Merkmals verzichtet.

Um Wiederholungen zu vermeiden, wird an dieser Stelle in tabellarischer Form zusammenfassend dargestellt, welche Kinder mathematikspezifische Begabungsmerkmale[25] zeigen. Es findet hierbei eine farblich orientierte dreigliedrige Stufung statt (rot: „das Merkmale wurde nicht nachweisbar gezeigt“; gelb: „das Merkmale wurde in Ansätzen gezeigt“; grün: „das Merkmal wurde ausgeprägt gezeigt“).

[25] Trotz der aufgezeigten Parallelen zu den bereits dargestellten Strategien und Vorgehensweisen kann häufig nur auf das entsprechende mathematikspezifische Begabungsmerkmal geschlossen werden. Darum handelt es sich hier nur um tendenzielle Angaben.

**Tabelle 12:** Ausprägung mathematikspezifischer Begabungsmerkmale bei der Aufgabe „Türme bauen“

| | **Strukturen und Beziehungen** | | | | **Analogie/ Transfer** | | | | **Rever-sibilität** | | | | **Wechsel der Repräsen tations-ebenen** | | | | **besonderes Gedächtnis** | | |
|---|---|---|---|---|---|---|---|---|---|---|---|---|---|---|---|---|---|---|---|
| | TA 1 | TA 2 | TA 3 | | TA 1 | TA 2 | TA 3 | | TA 1 | TA 2 | TA 3 | | TA 1 | TA 2 | TA 3 | | TA 1 | TA 2 | TA 3 |
| Arne | | | | Arne | | | | Arne | | | | Arne | | | | Arne | | | |
| Ben | | | | Ben | | | | Ben | | | | Ben | | | | Ben | | | |
| Clara | | | | Clara | | | | Clara | | | | Clara | | | | Clara | | | |
| Dina | | | | Dina | | | | Dina | | | | Dina | | | | Dina | | | |
| Enno | | | | Enno | | | | Enno | | | | Enno | | | | Enno | | | |
| Finn | | | | Finn | | | | Finn | | | | Finn | | | | Finn | | | |
| Gina | | | | Gina | | | | Gina | | | | Gina | | | | Gina | | | |
| Hanna | | | | Hanna | | | | Hanna | | | | Hanna | | | | Hanna | | | |
| Isa | | | | Isa | | | | Isa | | | | Isa | | | | Isa | | | |
| Kevin | | | | Kevin | | | | Kevin | | | | Kevin | | | | Kevin | | | |
| Lars | | | | Lars | | | | Lars | | | | Lars | | | | Lars | | | |
| Mia | | | | Mia | | | | Mia | | | | Mia | | | | Mia | | | |
| Nick | | | | Nick | | | | Nick | | | | Nick | | | | Nick | | | |
| Olaf | | | | Olaf | | | | Olaf | | | | Olaf | | | | Olaf | | | |
| Peter | | | | Peter | | | | Peter | | | | Peter | | | | Peter | | | |
| Ron | | | | Ron | | | | Ron | | | | Ron | | | | Ron | | | |
| Stine | | | | Stine | | | | Stine | | | | Stine | | | | Stine | | | |
| Tom | | | | Tom | | | | Tom | | | | Tom | | | | Tom | | | |
| Ulf | | | | Ulf | | | | Ulf | | | | Ulf | | | | Ulf | | | |
| Victor | | | | Victor | | | | Victor | | | | Victor | | | | Victor | | | |
| Willi | | | | Willi | | | | Willi | | | | Willi | | | | Willi | | | |
| Yannis | | | | Yannis | | | | Yannis | | | | Yannis | | | | Yannis | | | |

Insgesamt zeigt die Gruppe bei der Bearbeitung dieser Aufgabe in guter Ausprägung die Fähigkeit zum Erkennen von Strukturen und Beziehungen. Lediglich zwei Kinder zeigen diese Fähigkeit durchgängig nicht.

Die Fähigkeit zum Erkennen von Analogien und zum Transfer wurde in Teilaufgabe 1 nicht untersucht, da Analogiebildungen und Transferleistungen bezüglich anderer bereits bearbeiteter Aufgaben hier nicht erfasst werden können. Dementsprechend ist diese Teilaufgabe zu dem genannten Merkmal durchgängig rot markiert. In den beiden folgenden Teilaufgaben wird jedoch deutlich, dass fünf Kinder durchgängig und ausgeprägt diese Fähigkeit aufweisen, zwei weitere zeigen sie einmal ansatzweise und einmal ausgeprägt. Zusätzlich nutzen sieben Kinder wenigstens in einer Teilaufgabe ansatzweise die Möglichkeit zur Analogiebildung.

Die Fähigkeit zur Reversibilität wird kaum gezeigt. Dies kann einerseits darin begründet sein, dass die Aufgabe selbst nicht dazu anregt, Reversibilität anzuwenden, andererseits ist es aber auch möglich, dass viele Kinder nicht über diese Fähigkeit verfügen. Hier kann die Auswertung der anderen Aufgaben eventuell weitere Erkenntnisse bringen.

Das Wechseln der Repräsentationsebenen wird in Teilaufgabe 1 kaum gezeigt, was hauptsächlich an der Kürze und Übersichtlichkeit in der Bearbeitung liegen kann. In den folgenden Teilaufgaben wechseln die Kinder häufiger die Repräsentationsebene, hierbei sind Wechsel vom enaktiven und/oder ikonischen zum symbolischen Vorgehen und umgekehrt zu beobachten.

Die Ergebnisse zur besonderen Gedächtnisfähigkeit müssen hier sehr kritisch betrachtet werden, denn für einige Kinder, die auf hohem strukturierendem und abstrahierendem Niveau arbeiten, ist es teilweise nicht notwendig, bei dieser Aufgabe eine besondere Gedächtnisleistung zu vollbringen. Trotzdem sind besondere Gedächtnisleistungen häufig zu beobachten, fünf Kinder zeigen sogar ausgeprägte Gedächtnisleistungen.

Obwohl die räumliche Vorstellung hier nicht explizit ausgewertet wird, kann sie doch gezeigt werden, wenn ein Kind einen Turm nicht bauen muss, um sein Aussehen – und hier insbesondere seine Farbkombination – zu erfassen. So lässt *Ben* zum Beispiel bei der Bearbeitung von Teilaufgabe 2 die vier betreffenden Steine nebeneinander liegen und konstruiert die Türme rein mental. Dabei hilft ihm sein strukturiertes Vorgehen, was an seiner Argumentation zu erkennen ist.

Auszug aus dem Transkript *Ben* „Türme bauen" Teilaufgabe 2 (02/2/2)

1:14 Ben: „Ich leg' mir die Steine hier einfach am Tisch nebeneinander. Dann könnt' ich erst 'mal eine Farbe ganz liegen lassen und dann tausche ich die anderen. Erst 'mal immer hier." [Hält eine Hand über die beiden linken Steine und deutet durch eine Drehung der Hand das Vertauschen dieser Steine an.]

1:52 Ben: „(..) und das kann ich ja mit jeder von den drei Farben machen. So gibt es sechs, sechs Türme." [Hält die Hand über die drei links liegenden Steine.]

2:05 Ben: „Ich weiß, wie ich es dann aber viel leichter machen kann. Weil sechs, zwölf, achtzehn, (...), das gibt vierundzwanzig Möglichkeiten."

Auch *Clara* geht auf diese Weise vor. Bei ihr bleiben ebenfalls die Steine unberührt liegen und sie konstruiert mental. *Yannis, Ron* und *Finn* gehen in jeweils einer oder zwei Teilaufgaben ebenfalls so vor. Weitere Kinder nutzen zwar auch nicht die Steine. Sie zeichnen jedoch einen Teil der Kombinationen auf.

Aus der Verbindung der hier aufgeführten Merkmale mit den bereits vorhandenen Auswertungen lässt sich außerdem das Streben nach Denkökonomie, Klarheit und Einfachheit ableiten, welches in einigen Merkmalkatalogen zur mathematischen Begabung ebenfalls vertreten ist (vgl. S. 80ff.). Es hängt bei den meisten Kindern eng mit der Fähigkeit zum Wechsel der Repräsentationsebene bzw. mit dem kognitiven Arbeiten zusammen. Sobald die Kinder vom konkreten Bauen oder Zeichnen wegkommen, kann denkökonomisch vorgegangen werden, um die Bearbeitung abzukürzen. Es gibt jedoch auch Kinder, die beim Aufzeichnen ihrer Lösungen das Streben nach Einfachheit und Klarheit zeigen. Es äußert sich dann in dem Grad der Strukturiertheit ihrer Notationen oder im Wechseln auf die kognitive Ebene. Dies ist zum Beispiel bei *Lars* in Teilaufgabe 1 und bei *Mia* in Teilaufgabe 2 und 3 der Fall. Das Aufmalen der Türme ist zunächst ein Element ihres Lösungsweges. Dann setzt bei beiden jedoch eine Phase des Überdenkens ein, in der sie aus dem Zusammenhang der gefundenen Türme Schlüsse ziehen und somit zu einer Formulierung ihrer Erkenntnisse und der Ergebnisse der Aufgabe kommen.

**Abb. 38:** Bearbeitung der Teilaufgabe 2 durch *Mia*

Auszug aus dem Transkript *Mia* „Türme bauen“ Teilaufgabe 2 (13/2/2)

25:46 Mia: „Also wenn ich mir jetzt denke, dass ich ja die Rot sechsmal unten habe (…) und das geht auch nicht öfter. Dann kann ich auch einfach 6 mal 4 rechnen. So geht die Aufgabe nämlich eigentlich.“

Vorrangig werden bei der Bearbeitung dieser Aufgabe die Fähigkeit zum Erkennen von Strukturen und Beziehungen und die Fähigkeit zum Erkennen von Analogien und zum Transfer gezeigt. In den Teilaufgaben 2 und 3 wird häufig ein Wechseln der Repräsentationsebene vorgenommen, dieses Wechseln findet sowohl vom enaktiven und/oder ikonischen Vorgehen zum symbolischen Vorgehen als auch umgekehrt statt. Die besondere Gedächtnisfähigkeit ist immer dann notwendig, wenn viele Türme generiert werden. Arbeiten Kinder jedoch auf einem hohen strukturierenden und abstrahierenden Niveau, so müssen sie diese Fähigkeit kaum einsetzen. Dementsprechend ist die Auswertung in diesem Fall wenig effektiv. Kaum zu beobachten ist der Einsatz der Fähigkeit zur Reversibilität.

Geht man nun der Frage nach, welche Kinder am häufigsten und in den stärksten Ausprägungen die verschiedenen mathematikspezifischen Begabungsmerkmale zeigen, so kristallisieren sich hauptsächlich drei Kinder heraus. Diese sind *Ben, Willi* und *Mia*. Jedoch auch *Clara* und *Lars* zeigen die Merkmale in stärkerem Maße als die anderen Kinder.

Im Gegensatz hierzu sind es relativ viele Kinder, die nur in sehr geringem Maß mathematikspezifische Begabungsmerkmale zeigen. Zu diesen Kindern zählen *Dina, Enno, Kevin, Nick, Olaf, Peter, Stine, Tom* und *Ulf*.

Als eine besonders eindrucksvolle und erfolgreiche Bearbeitung dieser Aufgabe soll nun die Lösung von *Willi* in Form eines Einzelbeispiels vorgestellt werden.

## 10.6 Einzelbeispiel *Willi*: „Soll ich es mir vorstellen oder bauen?“

*Hintergrundinformationen*

*Willi* ist zum Zeitpunkt der Interviews 7;03 Jahre alt. Sowohl durch seine Lehrerin als auch durch seine Eltern wird er als ein von früher Kindheit an mathematisch sehr interessierter Junge beschrieben. Im Fach Mathematik erbringt er sehr gute Leistungen, was ebenso für das Fach Sport gilt. In den anderen Fächern sind seine Leistungen gut.

Im Rahmen der „Mathe-AG“ zeigt sich *Willi* sehr lebhaft, unbekümmert und spontan. Den Phasen der Aufgabenpräsentation folgt er zeitweise mit hoher Aufmerksamkeit, zeitweise jedoch auch uninteressiert. Auffällig ist sein enormes Interesse für jegliches Randgeschehen, wodurch er schnell und häufig abgelenkt ist. Dies beeinträchtigt jedoch nicht seine Leistungen. Er bearbeitet die Aufgaben stets intensiv und mit gutem bis sehr gutem Erfolg. Häufig äußert er schon während der Vorstellung der Aufgabe erste intuitive Gedanken, die er dann in der Arbeitsphase vertieft. Was *Willi* schwer fällt, ist das Mitteilen oder Notieren seiner Gedanken und Lösungswege. Da er schnell Ideen entwickelt und wieder verwirft, ist es generell nicht leicht, seine Vorgehensweise nachzuvollziehen.

Auffällig ist seine Vorliebe für Muster in Zahlen, Aufgaben oder Formenfolgen. Diese nutzt er einerseits für die Lösung, entwickelt anhand seiner erkannten Muster häufig aber auch weiterführende Aufgaben. So kommt er teilweise vom eigentlichen Ziel ab, verfolgt eigene Wege und Aufgabenstellungen. Leider kann er diese dann kaum sachgerecht kommunizieren, was ihn zuweilen ungeduldig mit sich und dem Gesprächspartner werden lässt. Auffällig ist in diesem Kontext die Tatsache, dass *Willi* im Basiswissentest nur zwei Fehler macht, diese jedoch im Bereich der Muster. Hier entwickelt er eigene Muster, die nur ansatzweise den Vorgaben entsprechen. Im Intelligenztest erzielt Willi einen Intelligenzquotienten von 126, liegt also im sehr hohen Bereich.

### Transkript *Willi* „Türme bauen“ (22/2/1–3)

Teilaufgabe 1

| | |
|---|---|
| 0:00 | I.: „Hier siehst du drei Bausteine in drei verschiedenen Farben. Wenn man sie aufeinander steckt, kann man Türme bauen. Ein solcher Turm besteht dann aus drei Steinen in drei verschiedenen Farben. Nun kann man unterschiedliche Türme bauen, indem man die Farben vertauscht. Wie viele unterschiedliche Türme kann man mit diesen drei Steinen bauen? Finde es heraus!“ |
| 0:16 | Willi [lächelt, antwortet zügig]: „Ich glaube, ich weiß es. Weil dreimal (…), drei plus drei macht sechs. Aber ich kann ja mal die Türme bauen.“ [Er greift nach den drei Bausteinen, baut sie zu einem Turm mit dem gelben Stein unten, dem roten in der Mitte und dem blauen Stein oben zusammen.] |
| 0:24 | Willi: „Ein Turm.“ [Er steckt den blauen Stein nach unten.] |
| 0:26 | I.: „Wenn du jetzt immer neue Türme baust, weißt du vielleicht nachher nicht mehr, was du schon alles gebaut hast. Nutze doch das Blatt, um alles zu notieren.“ |
| 0:29 | Willi: „Nö, das brauche ich nicht. Das sind ja jetzt schon zwei Türme.“ |

0:31 I.: „Ich habe dir da Stifte hingelegt und einen Bleistift. Da kannst du aufschreiben, was du herausgefunden hast oder aufmalen."

0:33 Willi: [Er greift zu den Buntstiften.] „Na gut, dann mach' ich einfach so Striche. Die gleichen Stifte hab' ich auch. Also rot hab ich schon [Er malt einen horizontalen roten Strich.], blau hab' ich schon [Er malt einen horizontalen blauen Strich darunter.] und gelb hab' ich auch schon [Er malt einen horizontalen gelben Strich an die unterste Position.]. Und jetzt, jetzt muss ich eigentlich nur noch mal das Gleiche machen, aber verkehrt herum [Er baut einen Turm mit dem blauen Stein unten, dem gelben in der Mitte und dem roten Stein oben.] Dann ist das schon wieder einer [malt den Turm als Strichzeichnung auf das Arbeitsblatt.]. Jetzt weiß ich gar nicht mehr die Reihenfolge. Also der erste Turm war rot [Er meint den Stein an der oberen Position.], dann blau und dann gelb. [Er malt diesen Turm wieder als Strichzeichnung zunächst quer über die anderen Zeichnungen und dann nochmals vor die beiden bereits gezeichneten Türme.] So, jetzt hab' ich schon wieder einen ganz anderen [Er baut parallel zur Äußerung einen Turm mit dem gelben Stein unten, gefolgt von dem blauen, der rote Stein hat die obere Position. Malt dann sogleich die Strichfolge auf das Arbeitsblatt.] Jetzt mach' ich den Roten unten hin. [Er malt den neuen Turm in gleicher Weise auf.] Und dann kommt noch der letzte Turm." [Er baut den Turm mit dem blauen Stein unten, gefolgt von dem roten und dem gelben Stein. Daraufhin malt er auch diesen Turm als Strichzeichnung ab.]
„So, jetzt hab' ich alle."

2:49 I.: „Bist du dir sicher?"

2:54 Willi: „Ich weiß es nicht so richtig, aber ich glaub' schon."

3:01 I.: „Was hast du denn gemacht?"

3:05 Willi: „Also ich hab' ja immer so gewechselt. (…) Zuerst hatte ich den mit gelb, blau und rot, dann hab' ich das getauscht und die Gelb war dann unten. Das ging ja immer so. Und das geht ja sechsmal, weil, weil ja drei oben sein können und jeder dann zweimal. Und dreimal zwei sind ja sechs. Das ist so richtig."

3:41 I.: „Das hast du prima gelöst. Dann stelle ich dir nun die nächste Aufgabe."

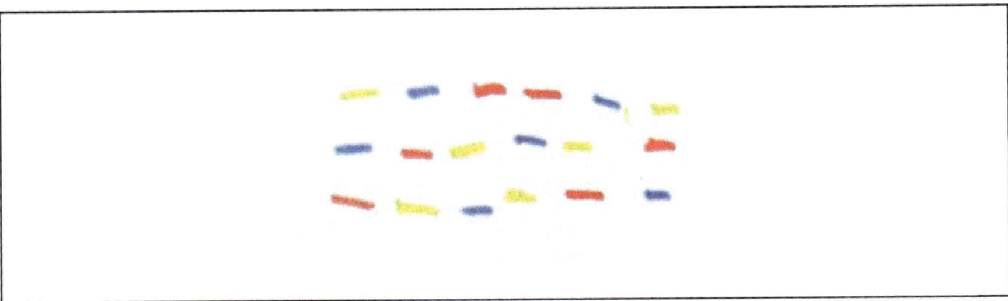

**Abb. 39:** Strichdarstellung von *Willi* zu Teilaufgabe 1 der Aufgabe „Türme bauen"

Teilaufgabe 2

4:04 I.: „Nun kommt zu den drei Bausteinen noch ein vierter Stein, nämlich ein grüner, hinzu. Wie viele verschiedene Türme könntest du mit vier Steinen bauen?"

4:19 Willi: „Gut, dann sind es ja acht. [Willi nimmt alle vier Steine in beide Hände und beginnt einen Turm zu bauen, schaut nicht auf das, was seine Hände machen.]

4:28 I.: „Wie viele verschiedene?"

4:28 Willi: [Er unterbricht die Interviewerin.] „Nee, das sind ja mehr. Weil es ja drei untere unter dem einen sind. Nehm' ich 'mal grün." [Er baut einen Turm mit dem grünen Stein oben, gefolgt von dem blauen, dem roten und dem gelben Stein unten. Diesen Turm malt er als Strichzeichnung auf das Arbeitsblatt.]
„So, jetzt tausch' ich unten. [Er nimmt die drei unteren Steine ab, setzt den blauen an die unterste Position, malt den Turm auf. Daraufhin nimmt er wieder die drei untersten Steine weg, setzt den roten an die unterste Stelle und steckt den Turm wieder zusammen. Er malt diesen Turm ab.]

5:14 Willi: „Jetzt kann ich wieder wechseln." [Er nimmt die beiden untersten Steine ab, vertauscht sie, baut den Turm wieder zusammen und malt ihn ab.]

5:33 Willi: „Jetzt gibt's ja noch 'mal welche mit grün. Weil, jetzt muss ich nur zweimal wechseln. Die Rot muss noch zweimal unten sein und die Gelb. (...) Das dauert lang'. [Er malt jetzt nur noch die beiden letzten Türme in seiner Strichdarstellung auf.]

6:46 Willi: „24 Türme sind das. Von jedem einmal halt sechs. Sechs ma' vier sind vierundzwanzig."

6:58 I.: „Jetzt hast du ja jede Farbe einmal benutzt. Was wäre denn, wenn du jede Farbe öfter benutzen dürftest?"

7:09 Willi: „Oh, dann wären es ja noch 'mal viel mehr. Weil wenn (..) vier mal sechs (...) dann wären es 30. Weil wenn ich die Grün zweimal habe, dann gäbe es ja noch 'mal sechs mehr. Oder so [verlegen wirkendes Lachen.].

7:31 I.: „Gut, dann belassen wir es dabei und gehen zur nächsten Aufgabe."

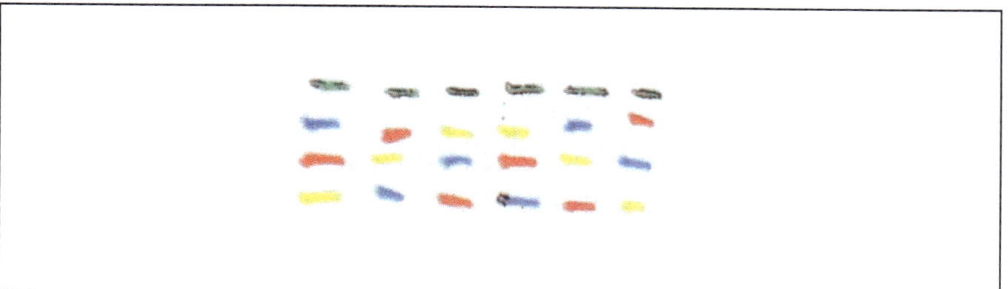

**Abb. 40:** Strichdarstellung von *Willi* zu Teilaufgabe 2 der Aufgabe „Türme bauen"

Teilaufgabe 3

8:28 I.: „Okay, stell dir vor, du hast wieder diese Steine in den vier Farben. Es soll jetzt trotzdem nur ein dreistöckiger Turm gebaut werden. Wie viele dieser Türme könntest du bauen?"

8:45 Willi: „Soll ich es mir nur vorstellen oder soll ich bauen?"

8:50 I.: „Wenn du es dir vorstellen kannst, brauchst du nicht bauen. Wie du möchtest."

9:02 Willi: [Er baut einen Turm aus dem grünen, dem roten und dem gelben Stein.] „Also wenn ich es für die hier herausfinde, dann muss ich es ja wieder nur mal vier nehmen. [Er malt diesen Turm auf das Arbeitsblatt.] Ich muss ja eigentlich immer nur eine Farbe machen, dann weiß ich es ja schon. Ah, die Blau ist meine Lieblingsfarbe, die mag ich gerne."
[Er malt nun einen weiteren Turm in der Farbfolge grün oben, rot in der Mitte und blau unten auf das Arbeitsblatt.]

„Und dann vier mal sechs. Sind 24, genau wie eben. Das stimmt doch auch, weil nach der Grün ist jede Farbe zweimal oben. Ich male sie noch mal auf.“ [Er malt die weiteren vier Türme mit dem grünen Stein oben auf das Arbeitsblatt.]

12:37 Willi: „Oder sind das nur sechs mal drei? Nee, ich hab' ja die vier Farben. Das sind sechs mal vier. Also 24 Möglichkeiten.“

13:50 I.: „Kannst du mir jetzt noch einmal erklären, wie du das gemacht hast in den einzelnen Aufgaben?“

13:57 Willi: „Also beim ersten Blatt mit den drei Farben, das war ja leicht. Das waren sechs. Bei der zweiten hab' ich ja immer nur die Grünen oben benutzt und dann sechs mal vier gerechnet, das sind ja 24. Da musste immer nur die zweite Farbe zweimal an jeder Stelle sein. Und bei der dritten Aufgabe, da hab' ich ja auch sechs mal vier gerechnet. Weil (...), das war doch genauso, eigentlich.“

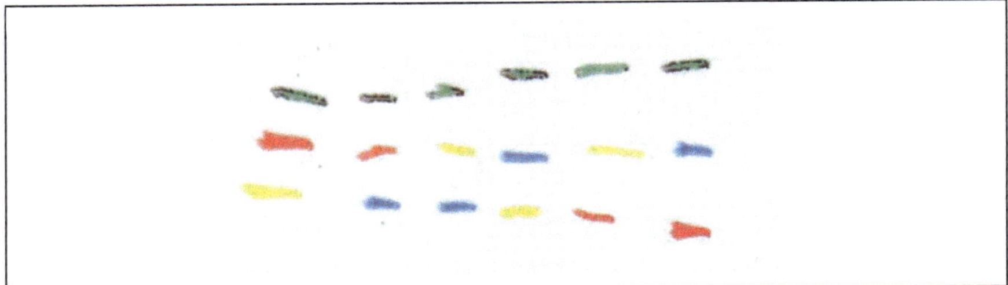

**Abb. 41:** Strichdarstellung von *Willi* zu Teilaufgabe 3 der Aufgabe „Türme bauen“

*Interpretation*

*Willi* gehört zu den Kindern, die die Problemstellung sofort erfassen. Er gibt dann auch schnell mit lächelndem, fast wissendem Gesichtsausdruck eine erste Lösungsidee ab. Diese ist vollkommen richtig und enthält auch bereits eine Lösungsbegründung „Drei plus drei macht sechs.“ Da die Interviewerin jedoch nachvollziehen möchte, wie er zu dieser Rechnung kommt und wie er seine Idee erklärt, bittet sie ihn, die Türme aufzuzeichnen. An dieser Stelle beginnt *Willi* dann vorwärtsarbeitend mit einer konventionellen Lösung. Er baut den ersten Turm, malt ihn in etwas abstrahierter Form ab, baut dann den Turm um und setzt somit einen erarbeitenden Prozess in Gang. Nach dem intuitiven Präsentieren der kognitiv erzielten Lösung beginnt er dann also erst, die einzelnen Türme in ihrer konkreten Farbfolge zu erarbeiten. Um einen nächsten Turm zu konstruieren, steckt er jeweils den obersten Stein nach unten. Nach dem dritten auf diese Weise gefundenen Turm erkennt er die Notwendigkeit eines Bruchs, lässt einen Stein an der gleichen Position und findet daraufhin drei weitere Türme. Trotz dieser Vorgehensweise lässt seine Argumentation aber auf die Anwendung des Tachometerprinzips schließen: „Und das geht ja sechsmal, weil, weil ja drei oben sein können und jeder dann zweimal. Und drei mal zwei sind ja sechs.“. Hier verdeutlicht er, dass jeder Stein zweimal eine Position behalten kann, da in diesem Fall die beiden anderen Steine gewechselt werden. Die über das Tachometerprinzip aufgebaute Argumentation wird in Teilaufgabe 2 noch deutlicher: „Jetzt gibt's ja noch 'mal welche mit grün. Weil, jetzt muss ich nur zweimal wechseln. Die Rot muss noch zweimal unten sein und die Gelb. (…) 24 Türme sind das. Von jedem einmal halt sechs. Sechs ma' vier sind vierundzwanzig.“ Er erarbeitet hier explizit nur die sechs Türme, die einen grünen Stein an der obersten Stelle haben, erkennt dann, dass jede andere Farbe zweimal an der gleichen Position sein muss und kommt damit auf 24 verschiedene Türme. Auch bei dieser Teilaufgabe gibt er schnell eine erste Einschätzung der Lösung ab. Er leitet diese von den bereits gewonnenen Erkenntnissen ab, somit kommt er zunächst auf die Vermutung, nun acht verschiedene Türme bauen zu können. Diese revidiert er jedoch nahezu zeitgleich mit der Einsicht, dass es nun mehr sein müssen. Daraufhin startet er die Bearbeitung analog zur ersten Teilaufgabe. Auch hier sind die kognitiven Elemente eindeutig vorrangig. Die Zügigkeit der Handlungen unterstreicht deren nachrangigen Stellenwert.

Dieser Eindruck verstärkt sich noch in Teilaufgabe 3, indem er nachfragt: „Soll ich es mir nur vorstellen oder soll ich bauen?“. Er entscheidet sich dann wiederum für die in den ersten beiden Bearbeitungen gewählte Vorgehensweise. Auch hier reduziert er seinen Denkansatz sofort auf die Lösungssuche für eine Farbe und das anschließende Multiplizieren mit dem Faktor 4. Wie in Teilaufgabe 2 lässt er den grünen Stein durchgängig an der obersten Position und erkennt, dass auch hier jeder andere Stein zweimal den gleichen Platz einnehmen muss. Somit schließt er folgerichtig auf 24 Möglichkeiten.

*Willi zeigt* den Einsatz verschiedener heuristischer Strategien. Erkennbar ist seine Tendenz zum Rückwärtsarbeiten ansatzweise in Teilaufgabe 1. Dieser Ansatz ist hier jedoch als Strategiekeim zu werten, da er dann zum Vorwärtsarbeiten übergeht. Außerdem nimmt er sowohl Analogiebildung in der letzten Teilaufgabe als auch Ziel-Mittel-Analyse in den Teilaufgaben 2 und 3 vor. In Bezug auf das Problemlöseniveau zeigt er sowohl intuitive Elemente als auch abwechselndes Probieren und Überlegen. Dies wird hauptsächlich in den beiden letzten Bearbeitungen erkennbar. Jedoch erreicht *Willi* auch das Niveau des systematischen Strukturierens. Vorrangig seine Erklärungen zur Vorgehensweise und auch seine Aufzeichnungen machen dies deutlich. Hier strukturiert er das Problem mathematisch und reduziert es auf die für ihn notwendigen Inhalte: „Und dann vier mal sechs. Sind 24, genau wie eben. Das stimmt doch auch, weil nach der Grün ist jede Farbe zweimal oben.“

In der Anwendung der aufgabenspezifischen Strategien zeigt *Willi* eine für diese Gruppe ungewöhnliche Flexibilität. Obwohl er seine Bearbeitung auf der Basis der Gegenpaarbildung beginnt, nimmt er die nachfolgende Erklärung zum Lösungsweg konsequent anhand des Tachometerprinzips vor. Zudem gelingt ihm entweder im Voraus oder im Laufe der Arbeit auch die arithmetische Lösung des Problems. Hierbei ist allerdings gut erkennbar, dass er dieser arithmetischen Lösung noch nicht ganz vertraut und sie wenigstens durch die Konstruktion eines Bruchteils der Türme überprüft: „Das stimmt doch auch, weil nach der Grün ist jede Farbe zweimal oben. Ich male sie noch mal auf.“ (…) „Oder sind das nur sechs mal drei? Nee, ich hab' ja die vier Farben. Das sind sechs mal vier. Also 24 Möglichkeiten.“ Hier lässt sich sehr schön sein bewusstes Wechseln zwischen den Repräsentationsebenen erkennen, er nutzt das Aufmalen der Türme als Möglichkeit, um seine Hypothesen zu überprüfen.

Betrachtet man nun gesondert die hier von *Willi* gezeigten mathematikspezifischen Begabungsmerkmale, so lässt sich nochmals die gute Ausprägung in den

Fähigkeiten zum Erkennen von Strukturen und Beziehungen, zur Analogiebildung und zum Transfer, zur Reversibilität und auch zur Gedächtnisleistung unterstreichen. Auch zeigt er eine besondere Denkökonomie, denn er muss nur einen Bruchteil der Aufgabe explizit lösen, den Rest erschließt er sich kognitiv und durch Analogiebildung.

*Willi* löst diese Aufgabe auf einem für die Gruppe ganz besonderen Niveau. Er zeigt dabei den zielgerichteten Einsatz verschiedener Strategien und weist alle hier zugrunde liegenden mathematikspezifischen Begabungsmerkmale auf. Außerdem ist er sehr motiviert, lächelt, wenn ihm Lösungsideen einfallen, und verhält sich der Interviewerin gegenüber offen und mitteilsam. Er arbeitet selbstständig, ermöglicht dabei jedoch den Dialog mit der Interviewerin. Seine Konzentration und Ausdauer lassen über die Bearbeitung aller drei Teilaufgaben hinweg nicht nach. Das Arbeitstempo ist geprägt von einem zügigen Vorgehen. Häufig sind parallele Handlungen zu beobachten, so baut er zum Beispiel einen Turm auf und äußert sich gleichzeitig zur Lösung der gesamten Teilaufgabe. Im Nachhinein kann er dann sowohl die Farbkombination des Turmes als auch die vermutete Lösung erinnern. Durch diese Fähigkeit verkürzt sich seine Arbeitszeit stark und es bleibt ihm noch die Gelegenheit, von seiner Lieblingsfarbe zu erzählen. Für *Willi* scheint die Arbeit an der Aufgabe „Türme bauen“ eine herausfordernde, aber auch angenehme Tätigkeit zu sein.

Im Vergleich zu seinem Verhalten während der „Mathe-AG“ zeigt er hier ebenso seine intuitiven Lösungsansätze, geht bei dieser Aufgabe dann jedoch ungewohnt konzentriert, strukturiert und zielgerichtet vor. Auch das Erklären der Gedankengänge war nach der Arbeit in der „Mathe-AG“ so nicht zu erwarten. Hier scheint die besondere Interview-Situation positiv unterstützend gewirkt zu haben.

## 10.7 Abschließende Zusammenfassung der Ergebnisdarstellung

### *10.7.1 Gruppierung der Kinderlösungen zu Bearbeitungstypen*

Bei der Bearbeitung dieser Aufgabe zeigen die teilnehmenden Kinder allgemein viel Interesse und sehr verschiedene Herangehensweisen, was im Bereich der aufgabenspezifischen Strategien besonders deutlich wird. Aber auch im Rahmen der Auswertung nach den Phasen des Problemlösens zeigen sich große Unterschiede in den Vorgehensweisen und Lösungen.

Da die nun folgende Gruppierung der Bearbeitungen zu verschiedenen Bearbeitungstypen auf den Ergebnissen aller hier ausgewerteter Kriterien basiert, ist diese Einordnung in der Weise zu verstehen, dass hier die deutlichsten Tendenzen genutzt wurden, um Gemeinsamkeiten und Unterschiede aufzuzeigen.

Folgende Bearbeitungstypen konnten auf diese Weise identifiziert werden:

*Bearbeitungstyp T – A*

Ein vorrangig systematisch strukturierendes Vorgehen ist das Hauptkennzeichen dieses Bearbeitungstyps. Es gelingt den Kindern, das Ergebnis auf abstrakter Ebene durch konsequenten Einsatz einer aufgabenspezifischen Strategie zu erzielen. Das

Material hat allenfalls eine demonstrierende Funktion. In Bezug auf die Qualität der Lösung werden hier selbstständig richtige Lösungen erzielt. Zu diesem Bearbeitungstyp lassen sich die Lösungswege von *Willi, Ben* und *Clara* zählen, wobei jedoch *Ben* und *Clara* jeweils bei einer Teilaufgabe kurze Schwierigkeiten zeigen. *Clara* kommt in Teilaufgabe 2 dementsprechend auch nur auf zwölf Lösungsmöglichkeiten.

*Bearbeitungstyp T – B*

Dieser Bearbeitungstyp beinhaltet generell die gleichen Merkmale wie Typ A, jedoch in geringerer Ausprägung. Dies wird dadurch deutlich, dass die Kinder zwar aufgabenbezogene Strategien einsetzen, diese jedoch mit zunehmender Komplexität verlieren und zu einer probierenden Vorgehensweise übergehen. *Gina, Olaf, Lars, Yannis, Arne* und *Ron* zeigen ein Lösungsverhalten, welches hier zugeordnet werden kann. Auch *Hanna* und *Tom* zeigen ein ähnliches Verhalten, beide gehen jedoch im Laufe ihrer Bearbeitung vom erfolgreich genutzten Tachometerprinzip zur Gegenpaarbildung über. Der Grund für diesen Wechsel ist nicht erkennbar.

*Bearbeitungstyp T – C*

Das Erkennen und erfolgreiche Nutzen von Strukturen im Laufe der Bearbeitung kennzeichnet diesen Typ. Die Kinder tasten sich zunächst auf probierender Ebene an die Aufgabe heran, reflektieren ihre Lösungsschritte, erkennen eine Systematik und wenden diese dann konsequent an. Zu diesem Bearbeitungstyp lassen sich die Vorgehensweisen von *Mia* und *Isa* zählen. Dementsprechend zeichnen sich diese beiden Mädchen dadurch aus, dass sie zielgerichtete Erkenntnisse erlangen und diese gewinnbringend umsetzen.

*Bearbeitungstyp T – D*

Die Orientierung an Mustern, die bei der Konstruktion der Türme entstehen, prägt diesen Bearbeitungstyp. Diese Vorgehensweise ist bei *Nick* und *Victor* festzustellen. Dementsprechend ist für sie die Gestaltung von Farbfolgen die Motivation, um nach weiteren Türmen zu suchen. Unter dieser Prämisse verliert *Victor* die eigentliche Aufgabenstellung teilweise sogar aus den Augen. Da eine vorrangig muster-orientierte Vorgehensweise nur zu einem Bruchteil der möglichen Lösungen führt, sind beide Kinder hier nur mäßig erfolgreich.

*Bearbeitungstyp T – E*

Lösungswege, die sich hier zuordnen lassen, sind durch mangelndes strukturiertes Vorgehen gekennzeichnet. Diese Kinder haben in der Regel noch in Teilaufgabe 1 guten Erfolg, weisen in den folgenden Teilaufgaben aber immer mehr Probleme auf. Zu dieser Gruppe zählen *Dina, Enno* und *Finn*. Bei vier weiteren Kindern ist der Mangel an strukturiertem Vorgehen noch deutlicher. Der Einsatz aufgabenspezifischer Strategien ist hier so gut wie nicht erkennbar und die Kinder gehen durch Versuch und Irrtum vor. Zu diesem Bearbeitungstyp zählen die Lösungswege von *Peter, Ulf, Kevin* und *Stine*. Da *Stine* jedoch sehr ausdauernd arbeitet, hat sie generell mehr Erfolg als die anderen drei Kinder.

### *10.7.2 Besonderheiten der Aufgabe*

Die Auswertung dieser Aufgabe ergibt grundlegend, dass es sich hier um eine den Anforderungen (vgl. S. 128f.) entsprechende Aufgabe handelt, die vielfältige Aufschlüsse über die jeweiligen Vorgehensweisen und Kompetenzen der Kinder gibt. Dies kann allgemein der Tatsache zugeschrieben werden, dass eine Aufgabe mit kombinatorischem Hintergrund gewählt wurde, denn hier kann die Fähigkeit zum systematischen und strategischen Vorgehen in besonderer Weise gewinnbringend eingesetzt werden. In engem Zusammenhang dazu steht dementsprechend das Zeigen mathematikspezifischer Begabungsmerkmale.

Obwohl der kombinatorische Inhalt hier im Vergleich zu anderen kombinatorischen Aufgaben durch das Bauen von Türmen in einen relativ neutralen Kontext transferiert wurde, ist zu beobachten, dass ein Großteil der Kinder die Bearbeitung auf enaktiver und/oder ikonischer Ebene angeht. Die Kinder neigen dazu, das ansprechende, leicht handhabbare und ihnen bekannte Material zu nutzen. Ein enaktives Vorgehen wird quasi implizit durch die Präsentation der Aufgabe nahegelegt. Die Anzahl der rein kognitiven Lösungen ist dementsprechend äußerst gering. Trotzdem ist generell im Verlauf der Bearbeitung der drei Teilaufgaben ein Wechsel zum rechnerischen Vorgehen zu erkennen, auch wenn dies häufig noch durch Handlungen ergänzt oder unterstützt wird.

Vergleicht man nun die hier eingesetzten heuristischen Strategien mit den angewendeten aufgabenspezifischen Strategien, so werden die letzteren eindeutig häufiger und erfolgreicher angewendet. Besonders zu erwähnen ist hier die Beobachtung, dass bereits Kinder in dieser Altersgruppe Makrostrategien durchgängig erfolgreich anwenden. Auch der hohe Anteil von Strategiekeimen ist auffällig.

Als vorrangig genutztes Problemlöseniveau ist das abwechselnd probierende und überlegende Vorgehen festzustellen. Diese Beobachtung stimmt überein mit den Ergebnissen von *Fuchs* (vgl. FUCHS 2006, S. 279). Sie stellt fest, dass auch mathematisch begabte Kinder im 3. und 4. Schuljahr häufig auf dieser Niveaustufe Probleme lösen. Es sind jedoch auch sowohl strukturorientierte als auch gestaltorientierte – nach schönen Mustern suchende – Vorgehensweisen zu erkennen.

Vergleicht man die Qualität der Lösungen mit den gezeigten mathematikspezifischen Begabungsmerkmalen, so ergibt sich eine deutliche Übereinstimmung, denn die erfolgreichen Kinder zeigen generell auch gute Ausprägungen in diesen Merkmalen.

Auch in umgekehrter Weise ist diese Übereinstimmung zu beobachten. Die Kinder mit wenig Erfolg zeigen auch in geringem Maß mathematikspezifische Begabungsmerkmale. Dies darf jedoch nicht zu einer Generalisierung verleiten, denn gerade in Bezug auf das strukturierte und systematische Vorgehen ist zu beobachten, dass bei einer nicht unbeachtlichen Gruppe von Kindern dieses durchaus nachweisbar ist, es dann jedoch durch teilweise falsche Schlussfolgerungen zu unvollständigen Lösungen kommt.

Eine weitere Übereinstimmung findet sich, wenn man eine Beziehung zwischen der Erfolgsquote, dem systematisch strukturierten Vorgehen und den reflektiven Anteilen herstellt. Kinder, die bei dieser Aufgabe systematisch vorgehen, also eine heuristische und/oder aufgabenspezifische Strategie relativ konsequent anwenden, können einerseits ihr Vorgehen besser reflektieren und andererseits dann auch erfolgreicher arbeiten. Dies stimmt überein mit Ergebnissen von *Heinze* (HEINZE 2005,

S. 149ff.). Sie stellte im Rahmen ihrer Untersuchung fest, dass mathematisch begabte Grundschüler im 3. und 4 Schuljahr deutlich mehr mathematisch begründete Antworten liefern, als normal begabte Kinder dies tun.

Somit kommen bei dieser Aufgabe vorrangig Kinder zum Erfolg, die in besonderem Maße Strukturen erkennen und anwenden, Analogien nutzen und dementsprechend nach dem Erkennen der vorliegenden Struktur denkökonomisch den Lösungsweg durch Schlussfolgerungen abkürzen. Diese Kinder können dann häufig ihre Ergebnisse mathematisch begründen und auf die nächste Teilaufgabe übertragen. Demgegenüber sind Vorgehensweisen, die sich am Konstruieren der einzelnen Türme orientieren und keine Systematik aufweisen, spätestens ab Teilaufgabe 2 weniger erfolgreich. Auch die Kinder, die eine Systematik über Muster herstellen, wie dies zum Beispiel bei *Nick* der Fall ist, kommen hier nicht durchgehend zu guten Ergebnissen.

Für die Aufgabe „Türme bauen" bleibt festzuhalten, dass der kombinatorische Inhalt die an der Studie teilnehmenden Kinder in besonderer Weise anspricht. Da es zudem ein Themenfeld ist, welches nicht explizit im Mathematikcurriculum der Primarstufe in Hessen enthalten ist, eignet es sich gut für die Erforschung des Umgangs mit fremden Problemaufgaben.

Abschließend bleibt noch aufzuzeigen, inwieweit durch diese Aufgabe tatsächlich die Bereiche mathematischen Tätigseins abgedeckt werden, die ihr zugeschrieben wurden.

Zur Unterstützung diene folgender Ausschnitt aus dem *zweidimensionalen Schema aus mathematischen Inhalten und inhaltsunabhängigen Fähigkeiten zur Erfassung mathematischen Tätigseins*:

**Tabelle 13:** Ausschnitt „Türme bauen" aus dem zweidimensionalen Schema zur Erfassung mathematischen Tätigseins

| **mathematische Inhalte** / **inhalts-unabhängige Fähigkeiten** | **Zahlen und Operationen** | | | | **Muster und Strukturen** | | | | **Raum und Form** | |
|---|---|---|---|---|---|---|---|---|---|---|
| mathematische Objekte, Relationen und Operationen verstehen | T | | | | T | | | | T | |
| mit mathematischen Objekten, Relationen und Operationen arbeiten | T | | | | T | | | | T | |
| mathematische Strukturen erkennen | **T** | | | | T | | | | T | |
| in mathematischen Strukturen arbeiten | **T** | | | | T | | | | T | |
| Strategien anwenden | **T** | | | | T | | | | T | |
| über mathematisches Gedächtnis verfügen | **T** | | | | T | | | | T | |

Anhand der Analyse der Bearbeitungen zeigt sich, dass die Aufgabe „Türme bauen“ auf inhaltlicher Ebene entgegen der Annahme ihren Schwerpunkt im Bereich *Muster und Strukturen* hat. Dies kann damit begründet werden, dass die Kinder sich vorrangig an den zu erstellenden Türmen orientieren und dann entweder die Muster oder die erkannten Strukturen nutzen. Nur wenige Kinder befinden sich bei der Bearbeitung tatsächlich im Bereich *Zahlen und Operationen*. Der Vollständigkeit halber müssen an dieser Stelle jedoch auch die Kinder erwähnt werden, deren Bearbeitungen überhaupt nur ansatzweise in einen der Bereiche eingeordnet werden können, da sie ausschließlich einzelne Türme generieren. Dementsprechend kann bei diesen Kindern mathematisches Tätigsein häufig nur in einzelnen Sequenzen beobachtet werden.

Fokussiert man nun die inhaltsunabhängigen Fähigkeiten, so erweist sich die Einordnung als angemessen, denn die Kinder haben hier ihre Fähigkeiten zum Erkennen mathematischer Strukturen und zum Arbeiten in diesen Strukturen zeigen können und gezeigt. Auch das Anwenden von Strategien – insbesondere von aufgabenspezifischen Strategien – konnte häufig beobachtet werden. Es hat sich ebenfalls gezeigt, dass je nach Bearbeitungsform auch mathematisches Gedächtnis gefordert wurde.

# 11 Die Aufgabe „Jonas sammelt Murmeln“

## 11.1 Aufgabentext

**Teilaufgabe 1:**

Jonas sammelt Murmeln. Er legt am ersten Tag eine Murmel in einen Sack, am zweiten Tag legt er zwei Murmeln in den Sack, am dritten Tag drei und so weiter. Wie viele Murmeln legt er am fünften Tag in den Sack?
Wie viele Murmeln sind dann insgesamt im Sack?

**Teilaufgabe 2:**

Wie viele Murmeln würden es am Ende des sechsten, siebten und achten Tages sein?

**Teilaufgabe 3:**

Am wievielten Tag würden mehr als 60 Murmeln im Sack sein?

**Teilaufgabe 4:**

Am fünften Tag entdeckt aber Jonas' kleine Schwester Anna den Sack mit den Murmeln. Heimlich nimmt sie jeden Tag (beginnend mit dem fünften Tag) drei Murmeln heraus. Sie denkt, Jonas merkt es nicht.
Wie viele Murmeln sind jetzt ab dem fünften Tag jeden Tag im Sack?
Wann sind es nun mehr als 60 Murmeln?

## 11.2 Auswertung nach dem Einsatz heuristischer Strategien

In Bezug auf den Einsatz heuristischer Strategien ist insbesondere bei den Teilaufgaben 1 und 2 das **Vorwärtsarbeiten** zu erwarten, denn die Kinder werden bereits durch die Form der Aufgabenstellung implizit dazu aufgefordert, sukzessive – Tag für Tag – die Menge der Murmeln zu ermitteln. Dies ändert sich jedoch bei den Teilaufgaben 3 und 4, da hier die Fragestellung umgekehrt wird. Somit besteht dann auch die Möglichkeit, durch **Rückwärtsarbeiten** oder durch **Vorwärts- und Rückwärtsarbeiten** die nun bekannte Anzahl der Murmeln zu nutzen, um anhand des vorhandenen Wissens über die Folge die Anzahl der Tage zu ermitteln. Gerade bei den beiden letztgenannten Teilaufgaben ist jedoch auch denkbar, dass die **Strategie des Generierens und Testens von Lösungen** eingesetzt wird. Auf diese Weise würden die Kinder für die Anzahl der Tage einen bestimmten Wert annehmen, daraufhin überprüfen, ob an diesem Tag tatsächlich mehr als 60 Murmeln vorhanden sind, und auf diese Weise suchen, bis der richtige Wert gefunden ist.

Eine **Ziel-Mittel-Analyse** könnte sich bei dieser Aufgabe derart gestalten, dass die Kinder vom Kontext des „Murmelnsammelns" abstrahieren und dann über die mathematischen Mittel entscheiden, die zur Erreichung des (mathematischen) Ziels einzusetzen sind.

Die Strategie der **Suchraumeingrenzung** bringt vorrangig ab Teilaufgabe 2 Vorteile, denn dann haben die Kinder einen ersten Überblick über die Zahlenfolge und können dementsprechend auch den Suchraum eingrenzen. Auch in Teilaufgabe 4 ist der Einsatz dieser Strategie sinnvoll, denn hier kann schon aus dem Kontext geschlossen werden, dass sich der Zeitraum vergrößert.

Die **Analogiebildung** wird bei der Bearbeitung dieser Aufgabe voraussichtlich schwer nachzuweisen sein, da bereits in den Aufgabentexten der Teilaufgaben immer wieder Bezug zur Ausgangssituation genommen wird. Lediglich in der letzten Teilaufgabe könnten die Kinder ihr zuvor erworbenes Wissen nutzen und eine Analogie zur neuen Situation herstellen. Dies wäre dann mit einer Transferleistung vergleichbar, da hier deutlich abweichende Bedingungen vorliegen. Natürlich ist jedoch bei allen Teilaufgaben denkbar, dass Kinder Analogien zu vergleichbaren anderen Aufgaben nutzen.

Das **Zerlegen in überschaubare Teile** kann erst in den Teilaufgaben 3 und 4 gewinnbringend eingesetzt werden, da die beiden ersten Teilaufgaben durch die Frage nach den einzelnen Tagen diese Zerlegung immanent enthalten. Dementsprechend wäre es bei den letzten beiden Teilaufgaben denkbar, dass die Kinder sich auch hier zunächst an der Berechnung bestimmter Tage orientieren und dann erst die endgültige Lösung anstreben.

### Welche heuristischen Strategien zeigen die Kinder?

Das folgende Diagramm stellt dar, inwieweit die Kinder die einzelnen heuristischen Strategien bei der Bearbeitung der Aufgabe „Jonas sammelt Murmeln" zeigen.

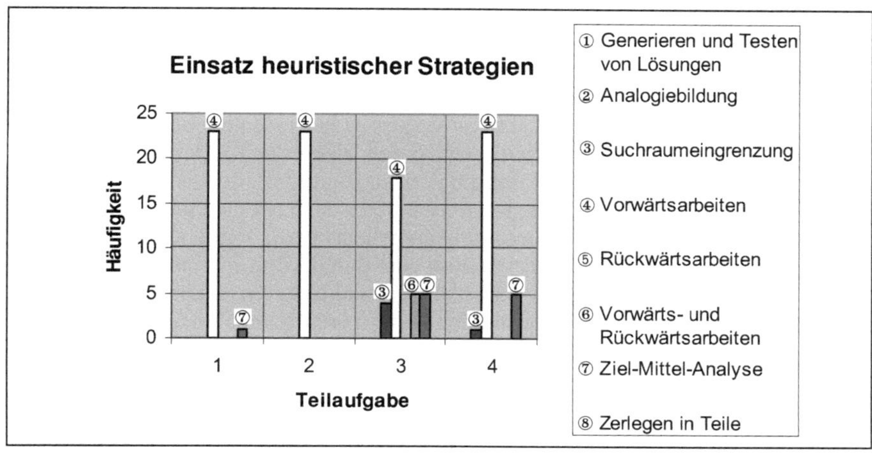


**Abb. 42:** Einsatz heuristischer Strategien bei der Aufgabe „Jonas sammelt Murmeln"

Hier wird zunächst deutlich, dass fast ausschließlich die **Strategie des Vorwärtsarbeitens** angewendet wird. In den ersten beiden Teilaufgaben nutzen sogar nahezu alle Kinder nur diese Strategie. Lediglich *Nick* zeigt zusätzlich eine weitere heuristische Strategie, indem er die **Ziel-Mittel-Analyse** einsetzt.

Auszug aus dem Transkript *Nick* „Jonas sammelt Murmeln" Teilaufgabe 1 (14/3/1)

0:20 Nick: „Ich will also wissen, was das zusammen ist. Dann (…) dann muss ich erst die Einer, Zweier, Dreier, Vierer und Fünfer alle zusammenzählen."

Er verbalisiert hier das mathematische Ziel und gibt dann an, was er zur Zielerreichung tun muss. Für ihn hat dies zur Folge, dass er die ersten fünf Zahlen der Folge addiert, daraus direkt wieder in den Sachbezug übergeht und die Aufgabe angemessen löst.

In den beiden letzten Teilaufgaben sind dann häufiger **Ziel-Mittel-Analysen** vorzufinden. Sie sind vergleichbar formuliert und fokussieren ebenfalls die Planung der Rechenschritte zum Erreichen der Lösung.

Die hier vorgenommenen **Suchraumeingrenzungen** sind direkte Äußerungen der Kinder zum Zahlbereich, in dem sie die Lösung vermuten. Wie im Voraus angenommen, sind diese Eingrenzungen ausschließlich in den letzten beiden Teilaufgaben vorzufinden. Beispielhaft sei hier die Suchraumeingrenzung von *Victor* angeführt.

Auszug aus dem Transkript *Victor* „Jonas sammelt Murmeln" Teilaufgabe 4 (21/3/4)

1:25 Victor: „Ich weiß, dass es mehr als elf Tage sein müssen, weil so war es ja schon mit Jonas allein."

*Victor* bezieht sich hier konkret auf seine Lösung der vorherigen Teilaufgabe und schließt dann, dass durch die veränderte Situation in Teilaufgabe 4 mehr Zeit benötigt wird, um die 60 Murmeln zu sammeln. Über eine derart globale Eingrenzung des Suchraums kommen die Kinder jedoch nicht hinaus. Diese Vorgehensweise zeigt allerdings, dass Parallelen zwischen die einzelnen Teilaufgaben gezogen und genutzt werden. Aus diesem Grunde steht die hier vorgenommene Suchraumeingrenzung in engem Zusammenhang mit der Analogiebildung und mit dem Transfer, da direkt geschlossen wird, dass hier die Anzahl der Tage höher sein muss.

Zwar kommt somit die **Analogiebildung** bei dieser Aufgabe durchaus zum Tragen, als eigenständige Strategie kann sie jedoch nicht nachgewiesen werden, da – wie bereits aufgezeigt – schon der Aufgabenkontext durch das Fortsetzen und Variieren der Zahlenreihe immer wieder diese Analogie verdeutlicht. Aus diesem Grunde können entsprechende Äußerungen der Kinder – die durchaus vorkommen – im Analyseverfahren nicht dahingehend unterschieden werden, ob nur auf den Sachverhalt Bezug genommen wird oder ob tatsächlich die Strategie der Analogiebildung eingesetzt wird. Um jedoch aufzuzeigen, inwieweit die Kinder gewonnene Erkenntnisse für die Bearbeitung der weiteren Teilaufgaben nutzen, soll dieses Kriterium im folgenden Abschnitt unter der aufgabenspezifischen Strategie „Nutzen gewonnener Erkenntnisse" untersucht werden (vgl. S. 231).

Ähnlich verhält es sich mit der Strategie des **Zerlegens in überschaubare Teile**. Es kann nicht als Einsatz dieser Strategie gewertet werden, wenn die Kinder schrittweise die Anzahlen pro Tag ermitteln, denn dies gibt die Aufgabe wiederum vor. Da sich kein Kind explizit derart äußert oder verhält, dass auf das Zerlegen in überschaubare Teile geschlossen werden kann, ist diese Strategie bei der Aufgabe „Jonas sammelt Murmeln" nicht eindeutig nachzuweisen.

Auch das **Generieren und Testen von Lösungen**, welches theoretisch in den letzten beiden Teilaufgaben einsetzbar wäre, kommt nicht zum Tragen. Da die Kinder hier die vorgegebene Struktur nutzen, müssen keine Lösungen generiert werden.

Interessant ist jedoch, dass tatsächlich jeweils fünf Kinder in Teilaufgabe 3 die Möglichkeit zum **Vorwärts- und Rückwärtsarbeiten** nutzen. Diese Kinder sind *Clara, Ulf, Stine, Gina* und *Mia*. Beispielhaft sei hier *Gina* angeführt:

Auszug aus dem Transkript *Gina* „Jonas sammelt Murmeln" Teilaufgabe 3 (07/3/3)

0:32 Gina: „Also wenn ich weiß, wie viele Aufgaben das sind bis zur 60, dann weiß ich ja auch wie viele, also wie viele Tage das dann sind."

In diesem Ansatz zeigt *Gina* Elemente des Rückwärtsarbeitens, denn sie überlegt sich von der Zielzahl ausgehend, wie viele Teilrechnungen sie vornehmen müsste. Diese Anzahl der Teilrechnungen setzt sie mit der Anzahl der Tage gleich, da an jedem Tag eine „Rechen-Handlung" vollzogen wird. Leider schafft sie es nicht, diesen Ansatz komplett durchzuhalten, und kommt somit in die Vorgehensweise des Vorwärts- und Rückwärtsarbeitens. Dies gilt auch für die anderen vier Kinder.

Bei der Bearbeitung der dritten Teilaufgabe werden insgesamt die meisten verschiedenen heuristischen Strategien gezeigt, gefolgt von Teilaufgabe 4. Dies liegt höchstwahrscheinlich an den erhöhten Anforderungen, die dementsprechend den Einsatz von Strategien herausfordern. Die Annahme lässt sich unterstützen, wenn man den Einsatz heuristischer Strategien mit der Qualität der Lösung vergleicht. Hierbei wird deutlich, dass es einigen Kindern bei auftretenden Problemen durch den Einsatz verschiedener Strategien gelingt, die Teilaufgabe noch erfolgreich zu lösen. Dies trifft zum Beispiel auf *Ben, Clara, Victor, Willi, Yannis* und *Nick* zu.

Für den Einsatz heuristischer Strategien kann zusammengefasst werden, dass die Kinder in den beiden ersten Teilaufgaben neben dem Vorwärtsarbeiten kaum andere heuristische Strategien nutzen. Bei der Bearbeitung der beiden anderen Teilaufgaben werden jedoch mehr heuristische Strategien gezeigt. Insbesondere Teilaufgabe 3 veranlasst fünf Kinder dazu, die Strategie des Vorwärts- und Rückwärtsarbeitens einzusetzen. Da dies in Teilaufgabe 4 trotz der ähnlichen Aufgabenstellung gar nicht mehr vorkommt, kann daraus geschlossen werden, dass zu starke Komplexität den Einsatz dieser Strategie erschwert. Neben den genannten Strategien werden sowohl die Ziel-Mittel-Analyse als auch die Suchraumeingrenzung in geringem Maße gezeigt. Demgegenüber ist das Generieren und Testen von Lösungen nicht zu beobachten.

Die Analogiebildung ist bei dieser Aufgabe äußerst schwer auszuwerten, da sowohl der Sachkontext als auch der mathematische Inhalt diese bereits einschließen. Untersucht man nun, inwieweit einzelne Kinder mehrere Strategien einsetzen, so ist dies lediglich bei *Clara* zu beobachten. Sie kommt durch ihr strategiegestütztes Vorgehen in allen Teilaufgaben zu den richtigen Lösungen.

## 11.3 Auswertung nach dem Einsatz aufgabenspezifischer Strategien

Da es sich hier um das Erkennen, Fortführen und Variieren einer im Sachkontext dargebotenen Zahlenreihe handelt, liegt die Spezifik dieser Aufgabe in zwei Bereichen: dem Modellbildungsprozess und der Fähigkeit, das Erkannte fortzuführen bzw. zu variieren.

Um die Aufgabe bearbeiten zu können, müssen die im Kontext beschriebenen Handlungen in ein mathematisches Modell überführt werden (vgl. FRANKE 2003, S. 69). Hierzu kann einerseits eine Interpretation als fortgesetzte Addition bzw. als fortgesetzte abwechselnde Addition und Subtraktion in Teilaufgabe 4 stattfinden. Auf diese Weise werden die Handlungen sukzessive in Rechnungen übertragen. Für Teilaufgabe 1 würde dies zum Beispiel bedeuten, dass es zu folgender Rechnung kommt:

$$1 + 2 = 3, \quad 3 + 3 = 6, \quad 6 + 4 = 10, \quad 10 + 5 = 15$$

oder abgekürzt:

$$1 + 2 + 3 + 4 + 5 = 15$$

Es ist jedoch auch möglich, den Vorgang direkt als Zahlenreihe zu interpretieren. Hierzu ist es wichtig, das erste Glied zu bestimmen und dann die Zahlenreihe sukzessive zu ermitteln. Daraus ergibt sich für Teilaufgabe 1 die Zahlenreihe 1, 3, 6, 10, 15. Da bei dieser Vorgehensweise die Schwierigkeit auftritt, dass das nächste Glied der Zahlenfolge (der nächste Tag) nie notiert, sondern immer direkt addiert wird, handelt es sich hier um die kognitiv anspruchsvollere Variante.

Bei dem zweiten hier relevanten Bereich – der Fähigkeit, Erkanntes fortzuführen bzw. zu variieren, – handelt es sich anschließend an die soeben aufgezeigte Problematik um die Fähigkeit zum Nutzen gewonnener Erkenntnisse. Wird diese Fähigkeit nicht eingesetzt, so wird jede Teilaufgabe als eigenständige Aufgabe betrachtet. Sie wird gelöst, indem immer wieder von vorn beginnend die Zahlenfolge aufgebaut wird. Wird diese Eigenschaft jedoch genutzt, so können die gewonnenen Erkenntnisse in die Weiterarbeit einfließen und es kann auf bereits erarbeitete Ergebnisse aufgebaut werden.

### Welche aufgabenspezifischen Strategien nutzen die Kinder?

Zunächst wird herausgearbeitet, welches mathematische Modell die Kinder aus diesem Kontext ableiten (s. Abb. 43, S. 230).

mathematisches Modell
Häufigkeit
25
20
15
10
5
0
1
2
3
4
Teilaufgabe
Interpretation als Zahlenfolge
Lösen durch schrittweise Addition
nicht bearbeitet/erkennbar

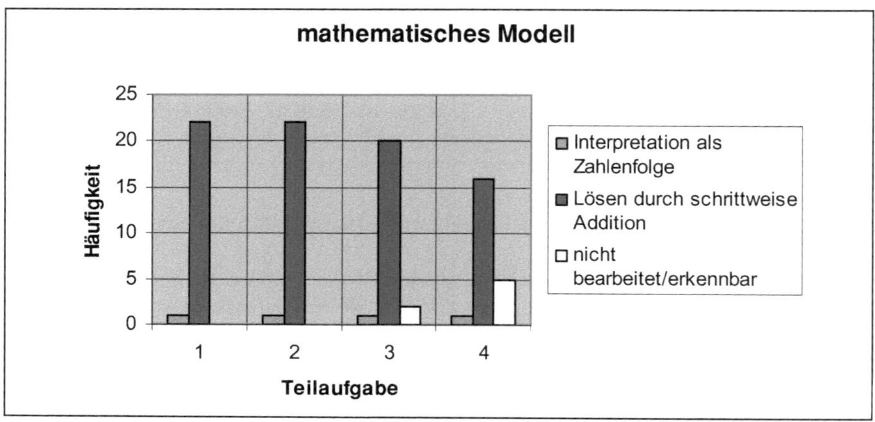

**Abb. 43:** Mathematisches Modell bei der Aufgabe „Jonas sammelt Murmeln"

Der Großteil der Kinder stellt den Sachzusammenhang jeweils als eine fortgesetzte Addition bzw. als abwechselnde Additionen und Subtraktionen in Teilaufgabe 4 dar. So notiert *Gina* bei der Bearbeitung von Teilaufgabe 4 das Folgende:

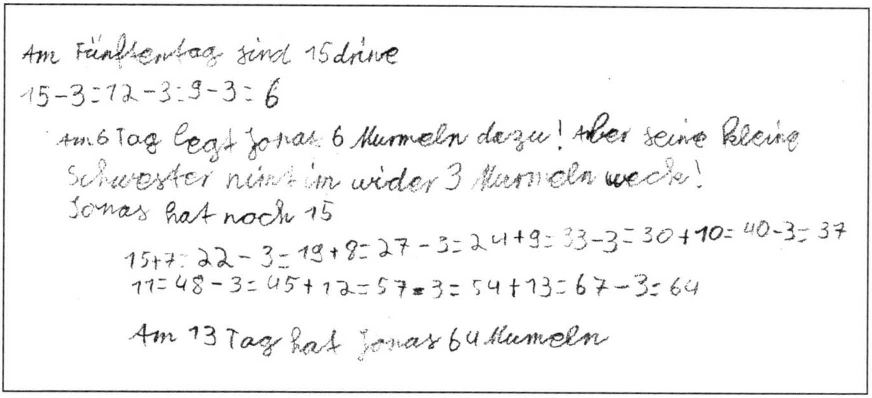

Am Fünftentag sind 15 drine
15-3=12-3=9-3=6
am 6 Tag legt Jonas 6 Murmeln dazu! Aber seine kleine
Schwester nimt im wider 3 Murmeln weck!
Jonas hat noch 15
15+7=22-3=19+8=27-3=24+9=33-3=30+10=40-3=37
11=48-3=45+12=57-3=54+13=67-3=64
Am 13 Tag hat Jonas 64 Murmeln

**Abb. 44:** Bearbeitung der Teilaufgabe 2 der Aufgabe „Jonas sammelt Murmeln" durch *Gina*

Zunächst unternimmt *Gina* einen Fehlversuch (15 – 3 = 12 – 3 = 9 – 3 = 6)[26]. Sie bricht diesen aber ab, als sie den Irrtum bemerkt. Jedoch wird sowohl in dem ersten als auch in dem zweiten Ansatz deutlich, dass jede Handlung an den Murmeln in eine Aufgabe übertragen wird. Die Aneinanderreihung der Aufgaben führt dann zur Lösung der gesamten Teilaufgabe.

[26] Der Missbrauch des Gleichheitszeichens wurde von der Untersuchungsleiterin im Rahmen des Interviews nicht thematisiert, da dies nicht die Lösung der Problemaufgabe beeinträchtigte.

Ein einziges Kind nimmt nicht diese schrittweise Vorgehensweise im Sinne aneinandergereihter Aufgaben vor, sondern übersetzt die wiederkehrenden Handlungen direkt in eine Zahlenreihe. Es handelt sich hierbei um *Victor*. In Teilaufgabe 4 geht er wie folgt vor:

Auszug aus dem Transkript *Victor* „Jonas sammelt Murmeln“ Teilaufgabe 4 (21/3/4)

0:12 Victor: „Acht, einundzwanzig und neun, dreißig, siebenundzwanzig, zehn sind siebenunddreißig, vierunddreißig, elf, fünfundvierzig, zweiundvierzig und zwölf sind (..) vierundfünfzig, einundfünfzig, dreizehn, vierundsechzig. Also sind das dreizehn Tage, weil noch die drei von Anna weg sind immer noch einundsechzig.“

Sein rhythmisches und zügiges Nennen der einzelnen Zahlen, ohne Berücksichtigung der zugrunde liegenden Aufgaben, lässt darauf schließen, dass er hier tatsächlich eine Zahlenreihe bildet und dementsprechend immer nur das nächste Glied berechnet. Diese Vorgehensweise ist bei ihm über alle vier Teilaufgaben hinweg zu beobachten.

Als eine Vorgehensweise, die zwischen den beiden beschriebenen liegt, kann *Arnes* Lösungsweg eingeordnet werden:

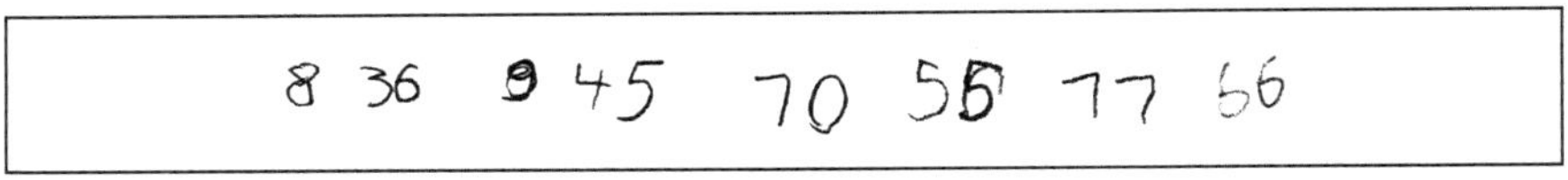

8 36 9 45 10 55 11 66

**Abb. 45:** Notation von *Arne* zu Teilaufgabe 3 der Aufgabe „Jonas sammelt Murmeln“

Er erstellt ebenfalls eine Zahlenreihe, diese weist jedoch zusätzlich die zu addierende Zahl auf. Somit könnte dies einerseits als verkürzte Notation der Addition verstanden werden, es könnte aber auch im Sinne einer Zahlenreihe interpretiert werden. Leider äußert er sich nicht verbal zu dieser Vorgehensweise, wodurch sie nicht eindeutig zugeordnet werden kann.

Im Folgenden wird untersucht, inwieweit die Kinder gewonnene Erkenntnisse für die Weiterarbeit nutzen.

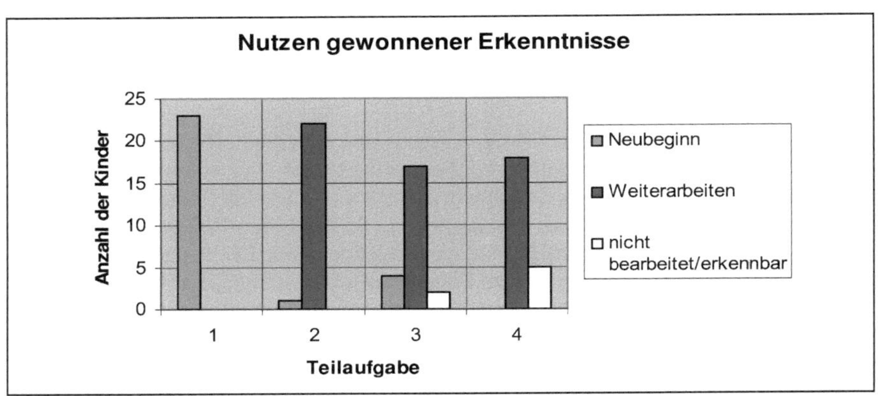


**Abb. 46:** Nutzen gewonnener Erkenntnisse bei der Aufgabe „Jonas sammelt Murmeln“

Das Diagramm zeigt deutlich, dass der überwiegende Teil der Kinder dort, wo es möglich ist, gewonnene Erkenntnisse für die Weiterarbeit berücksichtigt. Besonders deutlich wird dies in Teilaufgabe 2. Hier beginnt lediglich ein Kind *(Isa)* wieder von vorn. Dieser Neubeginn beschränkt sich jedoch auf ein zügiges Reproduzieren der bereits erarbeiteten Teillösungen. Daraufhin steigt sie erst in die eigentliche Bearbeitung der neuen Anforderungen ein. Diese Vorgehensweise setzt sie in Teilaufgabe 3 fort. Es ist nicht eindeutig erkennbar, ob *Isa* diese Reproduktion zur Weiterarbeit benötigt oder ob sie sie lediglich aus Gründen der Übersichtlichkeit und Vollständigkeit vornimmt.

Etwas anders verhält es sich bei den vier Kindern, die in Teilaufgabe 3 von vorn beginnen. Hier liegt es an auftretenden Schwierigkeiten. Aufgrund dieser Schwierigkeiten wird Material eingesetzt, wodurch mit den Handlungen natürlich neu begonnen werden muss.

> Es bleibt festzuhalten, dass nahezu alle Kinder die Lösung der Aufgabe angehen, indem sie die einzelnen Handlungen jeweils in Aufgaben übersetzen und diese dann aneinanderreihen. Lediglich *Victor* weicht komplett von dieser Strategie ab und transferiert den Sachverhalt in eine Zahlenfolge. Bei *Arne* ist dies ebenfalls als Tendenz zu erkennen.
>
> Für das Nutzen bereits gewonnener Erkenntnisse wird deutlich, dass die Kinder bis auf sehr wenige Ausnahmen die aufbauende Struktur der Teilaufgaben erkennen und nutzen. Sie integrieren die zuvor erzielten Ergebnisse in die Weiterarbeit.

## 11.4 Auswertung nach den Phasen des Problemlöseprozesses

Um die Darstellung der Auswertungskriterien für diesen Bereich abzukürzen, kann generell auf die entsprechenden Ausführungen in Kapitel 10.4 (S. 194ff.) verwiesen werden. Im Folgenden werden lediglich abweichende Auswertungsmerkmale aufgeführt.

### *1. Annehmen und Verstehen der Aufgabe*

Anhand des Diagramms (s. Abb. 47) ist zu erkennen, dass die Problemstellung in den ersten beiden Teilaufgaben von allen Kindern erfasst wird. Nur ein geringer Teil der Kinder benötigt Unterstützung. Inhaltlich bezieht sich die Unterstützung in beiden Teilaufgaben auf das Verständnis des Kontextes. So fragt zum Beispiel *Mia* in Teilaufgabe 2 nach, bis zu welchem Tag sie weiterrechnen soll. Etwas anders verhält es sich jedoch bei *Peter*. In seinem ersten Lösungsansatz von Teilaufgabe 1 wiederholt er lediglich die Handlungen, setzt diese aber nicht mathematisch um. Erst durch das Nachempfinden der Situation mit dem Material erfasst er die Aufgabe und kommt dann auch zu einer richtigen Lösung.

Bei Teilaufgabe 3 gibt es dann erstmals zwei Kinder *(Lars* und *Kevin)*, die das Problem trotz der im Leitfaden vorgesehenen Hilfestellungen nicht erfassen. Während aber

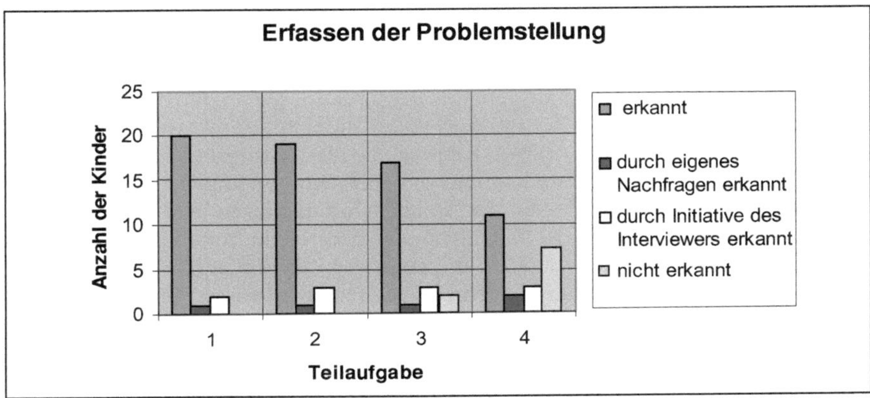


**Abb. 47:** Erfassen der Problemstellung bei der Aufgabe „Jonas sammelt Murmeln“

*Lars* Teilaufgabe 4 wieder sachgerecht bearbeiten kann, erfasst *Kevin* auch die neue Problemstellung nicht. Die Anzahl dieser Kinder nimmt bei Teilaufgabe 4 noch zu. *Finn, Dina, Enno, Peter, Stine* und *Tom* erfassen die Problemstellung ebenfalls nicht.

Aufgrund der geringen Anzahl von Kindern, die Schwierigkeiten mit der Erfassung haben, erscheint die Auswahl der ersten drei Teilaufgaben als angemessen. Anders stellt sich dies bei Teilaufgabe 4 dar. Sie wird von knapp der Hälfte der Kinder selbstständig erfasst, die anderen Kinder benötigen Unterstützung, davon erfassen trotzdem die genannten sieben Kinder die Problemstellung nicht. Als besondere Schwierigkeit kristallisiert sich die sprachliche Komplexität heraus. Vielen Kindern fällt es außerdem schwer, beide Handlungen zu erfassen und in ein mathematisches Modell zu übertragen.

## *2. Lösungsplanung und -realisierung*

### *Handlungen zur Lösungsplanung*

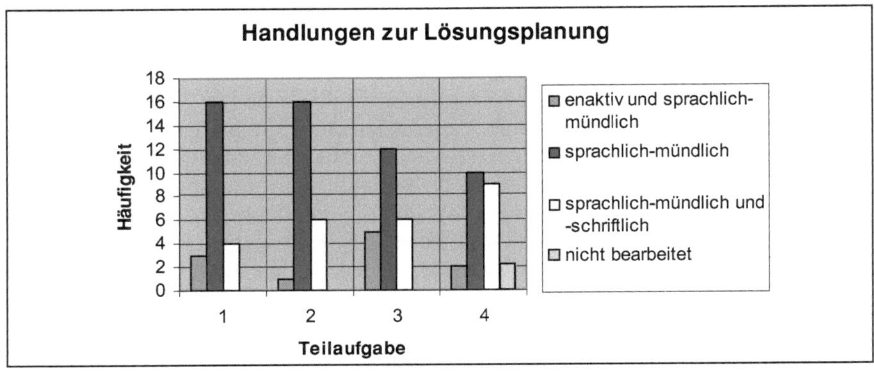


**Abb. 48:** Handlungen zur Lösungsplanung bei der Aufgabe „Jonas sammelt Murmeln“

Wie hier zu erkennen ist, nutzen die Kinder ausschließlich die Handlungstypen „enaktiv und sprachlich-mündlich“, „sprachlich-mündlich“ und „sprachlich-mündlich und -schriftlich“. Kein Kind wählt einen ikonischen Zugang. Die Handlungen werden generell entweder konkret ausgeführt oder direkt in die kognitive Arbeit transferiert.

Erstaunlich ist der hohe Anteil von Kindern, die die Teilaufgaben rein sprachlich-mündlich angehen. Dieser Anteil nimmt erst bei den Teilaufgaben 3 und 4 ab. Demgegenüber nimmt der Anteil der sprachlich-mündlichen und -schriftlichen Handlungen von Teilaufgabe zu Teilaufgabe zu oder bleibt zumindest stabil. Die allgemein geringe Anzahl der Kinder, die enaktiv an die Teilaufgabe herangehen, schwankt jedoch sehr, steigt allerdings in keiner Teilaufgabe über fünf Kinder. Das konkrete Handeln mit dem Material wird tatsächlich nur genutzt, wenn Probleme auftreten, meist wird dann durch die Interviewerin sogar dazu aufgefordert.

Es bleibt anzumerken, dass kein Kind durchgängig enaktiv und sprachlich-mündlich arbeitet, jedoch gehen fünf Kinder durchgängig rein sprachlich-mündlich vor. Bei diesen Kindern handelt es sich um *Ben, Clara, Olaf, Victor* und *Ron*. Berücksichtigt man nun die Qualität ihrer Lösungen, so lässt sich feststellen, dass diese Handlungsebene für die Kinder angemessen zu sein scheint, da sie die Teilaufgaben erfolgreich bearbeiten. Lediglich *Olaf* zeigt Schwierigkeiten in Teilaufgabe 4 und kommt nicht zu einer Lösung.

Vergleicht man insgesamt die Handlungen zur Lösungsplanung mit der Qualität der Lösungen, so erhält man weitere äußerst interessante Ergebnisse:

**Tabelle 14:** Handlungen zur Lösungsplanung im Vergleich zur Qualität der Lösung bei der Aufgabe „Jonas sammelt Murmeln“

| Qualität der Lösung / Handlungen zur Lösungsplanung | richtig gelöst | richtig mit Leitfadenhilfe | inhaltl. richtig, falsche Zahlen | teilweise richtig | nicht gelöst |
|---|---|---|---|---|---|
| enaktiv und sprachlich-mündlich | **4** | **1** | **1** | **1** | **2** |
| sprachlich-mündlich | **32** | 6 | **12** | **1** | **5** |
| sprachlich-mündlich und -schriftlich | **16** | 5 | **2** | **1** | **3** |

Einleitend sei hier angemerkt, dass in diesen Vergleich die vier Teilaufgaben einzeln eingehen, somit kommt es zu einer Gesamtzahl von 92 Teilaufgaben.

Dabei zeigt sich deutlich die für diese Altersgruppe eher untypische erfolgreiche Bearbeitung der Teilaufgaben auf sprachlich-mündlichem und sprachlich-mündlichem und -schriftlichem Niveau (in der Tabelle grün unterlegte Felder). Ebenfalls zu diesem Bereich zählen auch die auf diese Weise erzielten richtigen Lösungen, zu deren Erlangung teilweise die im Leitfaden vorgesehene Hilfe eingesetzt wurde (in der Tabelle grün markierte Zahlen). Die Theorie zur kindlichen Entwicklung in diesem Alter lässt derartigen Erfolg auf abstrakter Ebene nicht erwarten (vgl. S. 11ff.), wodurch hier die große Anzahl richtiger Lösungen auf diesem Niveau um so mehr beeindruckt.

Es zeigt sich jedoch auch, dass diese Vorgehensweise fehleranfällig ist, denn weitere zwölf sprachlich-mündlich erzielte Lösungen enthalten Rechenfehler (in der Tabelle gelb unterlegt), wohingegen dies nur bei zwei sprachlich-mündlich und -schriftlich erzielten Lösungen der Fall ist. Des Weiteren lässt sich aus den fünf ungelösten Teilaufgaben auf sprachlich-mündlichem Niveau und den drei auf sprachlich-mündlichem und -schriftlichem Niveau (in der Tabelle rot markiert) die Feststellung ableiten, dass einige Kinder trotz Misserfolg nicht die Handlungsebene wechseln. Gerade in diesen Fällen wird die Fähigkeit zum flexiblen Wechseln der Handlungsebenen noch nicht gezeigt. Hier muss jedoch darauf hingewiesen werden, dass es sich bei den nicht gelösten Teilaufgaben fast ausschließlich um Teilaufgabe 4 handelt.

*Problemlöseniveau*

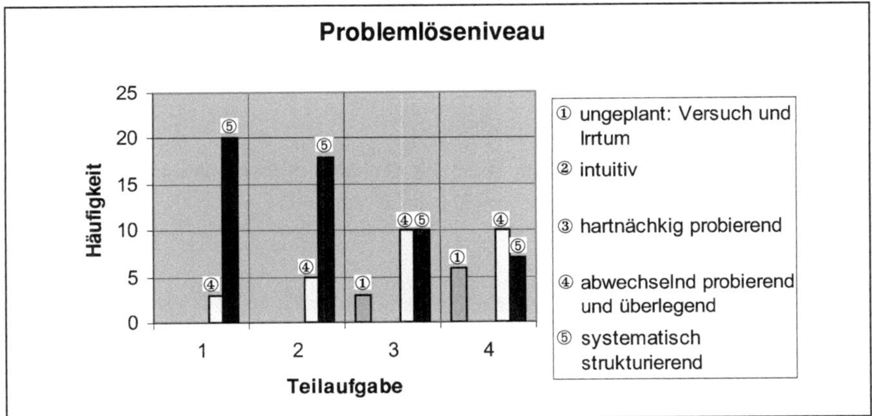


**Abb. 49:** Problemlöseniveau bei der Aufgabe „Jonas sammelt Murmeln“

Das Niveau, auf dem die Kinder die Problemlösung angehen, ist in den beiden ersten Teilaufgaben vorrangig das des systematischen Strukturierens. Dieses Vorgehen ist jedoch auch nahe liegend, da der Sachverhalt bereits die Struktur vorgibt. Sobald ein Kind diese erkennt und darin weiterarbeitet, ist es somit bereits auf der Ebene des systematischen Strukturierens. Es kann hier also ausschließlich aufgezeigt werden, inwieweit die Kinder eine vorgegebene Struktur erkennen und nutzen.

In der ersten Teilaufgabe gehen lediglich *Ulf*, *Peter* und *Clara* abwechselnd probierend und überlegend an die Aufgabenstellung heran, sie kommen jedoch alle in der folgenden Teilaufgabe zum systematischen Vorgehen. In den Teilaufgaben 2 und 3 nimmt der Anteil der Kinder, die abwechselnd probierend und überlegend vorgehen, zu Ungunsten des systematischen Strukturierens zu. In Teilaufgabe 4 ergibt sich dann ein nahezu ausgeglichenes Verhältnis zwischen ungeplantem Vorgehen, abwechselndem Probieren und Überlegen und systematischem Arbeiten.

Der vorherrschende Anteil von Kindern, die beim Bearbeiten der ersten beiden Teilaufgaben systematisch strukturierend vorgehen, geht einher mit dem allgemein sehr guten Erfassen der Problemstellung. Ein Grund hierfür könnte darin liegen, dass es in diesen Teilaufgaben ausschließlich darum geht, die Zahlenreihe zu identifizieren und weiterzuführen. Erwartungsgemäß steigt dann mit zunehmender Komplexität und Schwierigkeit von Teilaufgabe zu Teilaufgabe der Anteil der Kinder, die die Struktur verlieren und zum abwechselnden Probieren und Überlegen oder gar zum

*Teilaufgabe 1:*

**Jonas sammelt Murmeln**

Jonas sammelt Murmeln. Er legt am ersten Tag 1 Murmel in einen Sack, am zweiten Tag legt er zwei Murmeln in den Sack, am dritten Tag drei und so weiter.

Wie viele Murmeln legt er am fünften Tag in den Sack? 5
Wie viele Murmeln sind dann insgesamt im Sack? 15

*Teilaufgabe 2:*

Wie viele Murmeln würden es am Ende des sechsten, siebten und achten Tages sein? 15 + 6 = 21 | 21 + 7 = 28 | 28 + 8 = 36

*Teilaufgabe 3:*

Am wievielten Tag würden mehr als 60 Murmeln im Sack sein?

36 + 9 = 45 | 45 + 10 = 55 | 55 + 11 = 66

*Teilaufgabe 4:*

Am 5. Tag entdeckt aber Jonas kleine Schwester Anna den Sack mit den Murmeln. Heimlich nimmt sie jeden Tag 3 Murmeln heraus. Sie denkt, Jonas merkt es nicht.

Wie viele Murmeln sind nun ab dem fünften Tag jeden Tag im Sack? 15 − 3 = 12 | 5 Tag
12 + 6 = 18 | 18 − 3 = 15 | 6 Tag | 15 + 7 = 22 | 22 − 3 = 19 | 7 T.
19 + 8 = 27 | 27 − 3 = 24 | 24 + 9 = 33 | 33 − 3 = 30 |
30 + 10 = 40 | 40 − 3 = 37 | 37 + 11 = 48 | 48 − 3 = 45 | 45 + 12 = 57 |
57 − 3 = 54 | 54 + 13 = 67 | 67 − 3 = 64 | Tag 13

**Abb. 50:** Notationen zu allen Teilaufgaben der Aufgabe „Jonas sammelt Murmeln“ von *Willi*

ungeplanten Vorgehen wechseln. Vier Kinder bleiben jedoch durchgängig beim systematisch strukturierenden Vorgehen *(Isa, Ben, Hanna* und *Willi)*. Selbst der Übergang in die variierte Teilaufgabe bedingt bei ihnen kein Abkommen von der Struktur. Dies lässt sich auch an der Art der Aufzeichnungen zu den einzelnen Teilaufgaben erkennen. So folgen zum Beispiel bei *Willi* alle Bearbeitungen der einzelnen Teilaufgaben dem gleichen Schema, lediglich bei der ersten Teilaufgabe notiert er nur seine Ergebnisse (s. Abb. 50).

Während *Willi* bei Teilaufgabe 1 ausschließlich und direkt die beiden Lösungszahlen notiert, geht er in der zweiten Teilaufgabe zur Notation eines erfolgreichen Lösungsschemas über, welches er dann beibehält.

In die Ergebnisse der Auswertung dieses Kriteriums fügt sich gut die Beobachtung ein, dass weder intuitives Arbeiten noch hartnäckig probierendes Vorgehen von den Kindern gezeigt wird. Die hier vorliegende Aufgabenstellung erschwert demnach die intuitive Vorstellung einer Lösung. Eine Ausnahme bildet die Vorgehensweise von *Nick* in Teilaufgabe 3, denn hier äußert er zunächst intuitiv, dass nach 61 Tagen mehr als 60 Murmeln in dem Sack sind. Da er jedoch dann sofort über diese Äußerung nachdenkt und sie verwirft, kann dies lediglich als erste spontane Äußerung und nicht als intuitives Problemlösen eingestuft werden.

Auch das hartnäckige Probieren ist keine Erfolg bringende Strategie bei dieser Aufgabe. Somit bleiben die Kinder, die hier keine Systematik entwickeln und auch mit abwechselndem Probieren und Überlegen keinen Erfolg haben, beim ungeplanten Vorgehen, welches jedoch bei Erfolglosigkeit schnell aufgegeben wird.

*Vorgehen beim Lösen*

Das Vorgehen beim Lösen lässt sich bei dieser Aufgabe untergliedern in rechnerisches und zählendes Vorgehen. Es gibt jedoch auch Vorgehensweisen, die nicht eindeutig auf eine der beiden genannten schließen lassen. Dies ist zum Beispiel dann der Fall, wenn ein Kind die Aufgabe kognitiv löst und keine Angaben zur Lösungserreichung macht.

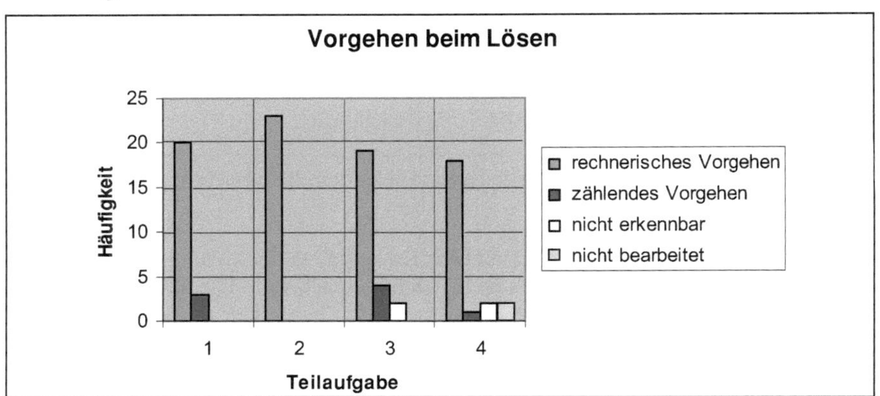


**Abb. 51:** Vorgehen beim Lösen der Aufgabe „Jonas sammelt Murmeln“

Besonders auffällig ist der sehr hohe Anteil rechnerischen Vorgehens. Dies ist besonders in Bezug auf die herausgearbeitete Theorie (vgl. S. 22ff.) ungewöhnlich und bemerkenswert zugleich, entspricht jedoch Ergebnissen anderer Studien zu mathematisch begabten Kindern und ihren rechnerischen Fähigkeiten (vgl. S. 91f.).

Hinzu kommt, dass bei zwei Kindern *(Finn* und *Lars)* in Teilaufgabe 3 und einem Kind in Teilaufgabe 4 *(Lars)* das zählende Vorgehen zu Fehlern führt. Die Lösung ist dann jeweils nur teilweise, nämlich in den ersten Zählschritten, richtig. Später treten dann immer mehr Zählfehler auf. Somit hat hier das zählende Vorgehen beim Lösen auch direkten Einfluss auf die Qualität der Lösung, denn mindestens die Hälfte der Kinder verzählt sich. Dies zeigt sich jedoch nicht für das rechnerische Vorgehen. Zwar besteht auch hier die Gefahr, dass sich Rechenfehler fortsetzen. So geht zum Beispiel *Victor* durchgängig rechnerisch vor, hat aber in allen vier Teilaufgaben einen Rechenfehler, da er sich bei der Ermittlung der Anzahl für Tag 4 verrechnet. Aufgrund der Tatsache, dass *Victor* zur Bearbeitung der weiteren Teilaufgaben dieses Ergebnis nutzt, setzt sich dieser Fehler fort. Dies ist jedoch eine Ausnahme, was sich bestätigt, wenn man die Qualität der erzielten Lösungen fokussiert.

*Qualität der Lösung*

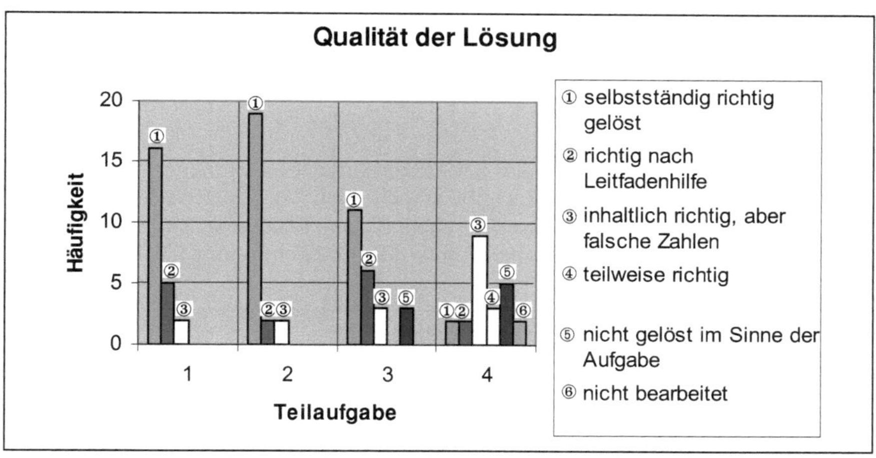


**Abb. 52:** Qualität der Lösungen bei der Aufgabe „Jonas sammelt Murmeln“

Erwartungsgemäß wird in den ersten beiden Teilaufgaben die Lösung von dem überwiegenden Teil der Kinder selbstständig richtig erarbeitet. Die Kinder, die hier nicht selbstständig zur richtigen Lösung kommen, benötigen entweder die Leitfadenhilfe und lösen dann richtig oder kommen zu einer inhaltlich richtigen Lösung, erzielen jedoch durch Rechen- oder Zählfehler ein anderes Endergebnis (*Mia* und *Victor* in Teilaufgabe 1 und *Kevin* und *Victor* in Teilaufgabe 2). Demnach können alle Bearbeitungen hier noch als zumindest eingeschränkt erfolgreich gewertet werden.

In Teilaufgabe 3 verschiebt sich dieses Bild jedoch. Zwar lösen elf Kinder sie noch immer selbstständig richtig. Es erhöht sich aber sowohl der Anteil der Kinder, die die Leitfadenunterstützung brauchen, als auch der Anteil der Kinder, die inhaltlich richtig, aber mit falschen Zahlen operieren. Drei Kinder *(Kevin, Lars* und *Peter)* können diese Teilaufgabe gar nicht lösen, sie kommen in der folgenden Teilaufgabe 4 ebenfalls nicht zu einem Erfolg, lediglich *Lars* kann sie teilweise richtig bearbeiten.

Die letzte Teilaufgabe bereitet fast allen Kindern Schwierigkeiten. Lediglich *Willi* und *Mia* kommen hier selbstständig zur richtigen Lösung. Beachtenswert ist jedoch die relativ große Gruppe von Kindern, die entweder nur kurze Leitfadenunterstützung braucht oder inhaltlich richtig vorgeht, aber wiederum durch Rechen- oder Zählfehler zu einem falschen Endergebnis kommt. Hierzu zählen *Arne, Ben, Clara, Gina, Hanna, Isa, Nick, Ron, Victor* und *Yannis*. Sie verstehen alle die mathematische Struktur der Aufgabe und wenden diese sachgerecht an.

Es bleiben trotzdem insgesamt zehn Kinder, die diese Teilaufgabe bestenfalls teilweise lösen können. Für diese Kinder erweist es sich auch nicht als Hilfe, die Bearbeitungsebene zu wechseln, da ihnen das grundlegende Verständnis der Aufgabe fehlt.

**Tabelle 15:** Bearbeitungsdauer bei der Aufgabe „Jonas sammelt Murmeln“

| | Teilaufgabe 1 | Teilaufgabe 2 | Teilaufgabe 3 | Teilaufgabe 4 |
|---|---|---|---|---|
| 0 - 2 min | **15** | **15** | **7** | 0 |
| 2 - 4 min | **5** | **6** | **8** | **4** |
| 4 - 6 min | **2** | **1** | **5** | **5** |
| 6 - 8 min | **1** | **1** | **2** | **3** |
| 8 - 10 min | 0 | 0 | 0 | **5** |
| 10 - 12 min | 0 | 0 | 0 | **3** |
| 12 - 14 min | 0 | 0 | **1** | 0 |
| 14 - 16 min | 0 | 0 | 0 | 0 |
| 16 - 18 min | 0 | 0 | 0 | 0 |
| 18 - 20 min | 0 | 0 | 0 | 0 |
| über 20 min | 0 | 0 | 0 | **1** |
| nicht bearbeitet | 0 | 0 | 0 | **2** |

Zunächst ist hier zu erkennen, dass die beiden ersten Teilaufgaben von einem Großteil der Kinder sehr zügig bearbeitet werden. Dies begründet sich einerseits durch das schnelle Auffassen der Aufgabe und andererseits durch die damit verbundene sofortige und selbstständige Bearbeitung, die zusätzlich meist auf kognitiver Ebene stattfindet.

Deutlich erkennbar ist dann jedoch die Zunahme der Bearbeitungsdauer in den Teilaufgaben 3 und 4. Dies führt zu einem eher uneinheitlichen Bild in diesen Teilaufgaben. Neben einem hohen Anteil zügiger Bearbeitungen ist insbesondere bei Teilaufgabe 4 ein relativ hoher Anteil von Bearbeitungen zu vermerken, die länger als 10 Minuten dauern. Diese beiden unterschiedlichen Ausprägungen erklären sich, wenn man die Handlungsebene, auf der die jeweiligen Aufgaben bearbeitet werden, berücksichtigt. Hier ergibt sich erwartungsgemäß, dass das enaktive Bearbeiten mehr Zeit beansprucht als das kognitive Lösen der Aufgabe. Dies wird zum Beispiel an der Bearbeitung von *Nick* deutlich. Während er die ersten beiden Teilaufgaben kognitiv in insgesamt ungefähr zwei Minuten richtig löst, nutzt er für Teilaufgabe 3 das Material und kommt nach knapp 14 Minuten zur richtigen Lösung. Daraufhin bemerkt er: „Das hätte man auch im Kopf machen können."

Für Teilaufgabe 3 und 4 lässt sich tendenziell festhalten, dass mit zunehmender Bearbeitungsdauer die Qualität der Lösungen abnimmt. Beispielhaft hierfür ist die Bearbeitung der Teilaufgabe 4 von *Tom* zu nennen. Er benötigt zunächst Hilfe durch den Leitfaden und kommt dann in eine Phase des abwechselnden Probierens und Überlegens, ohne jedoch zu einer angemessenen Lösung zu kommen. Für diesen Prozess benötigt er 10–12 Minuten.

Trotzdem sei hier gerade in Bezug auf die verhältnismäßig niedrige Erfolgsquote in Teilaufgabe 4 darauf hingewiesen, dass sich die Kinder fast alle mit der Aufgabe auseinandersetzen und ein Lösungsstreben ausweisen. Lediglich *Enno* und *Peter* befassen sich nicht mehr gedanklich mit dieser Aufgabe.

## 3. *Präsentation der Lösung*

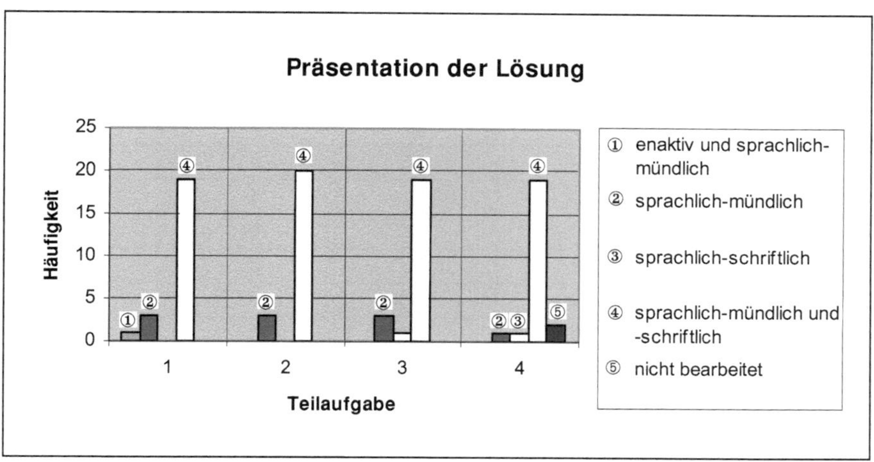


**Abb. 53:** Präsentation der Lösung bei der Aufgabe „Jonas sammelt Murmeln"

In den Interviews zeigt sich, dass die Präsentation der Lösung dieser Aufgabe bei den Kindern eine eher nebensächliche Rolle spielt. Da die Interviewerin den Lösungsprozess miterlebt, scheint es für die Kinder dann nur natürlich, auf die Frage: „Wie lautet dein Ergebnis zu dieser Aufgabe?“ sehr knapp zu reagieren. Die Präsentationen finden dementsprechend vorrangig sprachlich-mündlich statt. So antwortet *Isa* in Teilaufgabe 3: „Na, am elften Tag!“. Diese verbale Äußerung ist bei den meisten Kindern begleitet von der Notation der Lösung auf dem Arbeitsblatt. Lediglich *Ulf* präsentiert seine Lösung von Teilaufgabe 1 enaktiv und sprachlich-mündlich. Er legt die Aufgabe mit den Murmeln nach und bindet die Lösungspräsentation dann auch in diesen Handlungsrahmen ein.

## *4. Rückschau*

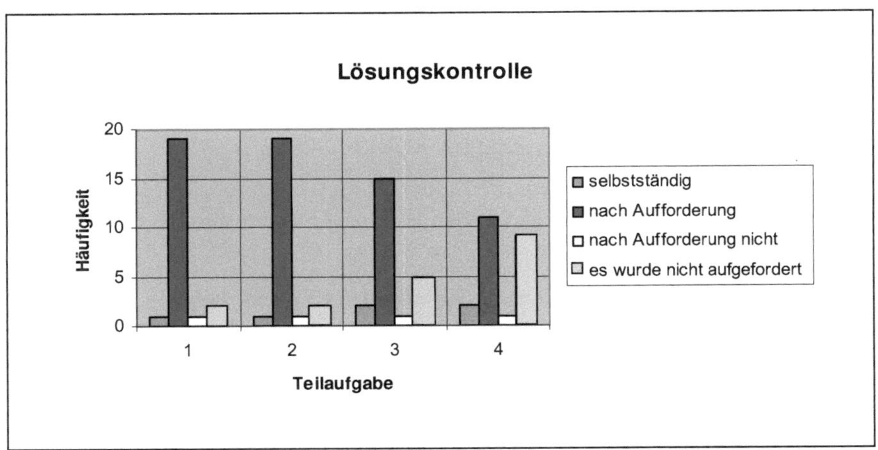


**Abb. 54:** Lösungskontrolle bei der Aufgabe „Jonas sammelt Murmeln“

Betrachtet man zunächst die **Lösungskontrolle**, so muss einleitend festgehalten werden, dass sie vorwiegend nur dann stattfindet, wenn durch die Interviewerin direkt dazu aufgefordert wird.

Lediglich *Kevin* kontrolliert sich in Teilaufgabe 1 selbstständig, ein weiteres Kind *(Hanna)* kontrolliert sich nach der Aufforderung in Teilaufgabe 1 dann selbstständig in den Teilaufgaben 2 und 3. Zwei weitere Kinder *(Mia* und *Tom)* zeigen nach erfolgreicher Lösung von Teilaufgabe 3 bzw. 4 eine hohe Motivation und nehmen eigenständig eine Kontrolle vor. Dies kann als eine Form der Selbstbestätigung interpretiert werden.

Die durchgeführten Kontrollen beziehen sich immer auf das Nachrechnen oder Nachzählen. Hierbei ist jedoch auffällig, dass entsprechende Fehler nur in den seltensten Fällen erkannt werden.

Die hohe Zahl der Nicht-Aufforderungen zur Lösungskontrolle durch die Interviewerin in Teilaufgabe 4 liegt darin begründet, dass viele Kinder hier überhaupt nicht zu einem kontrollierbaren Ergebnis kommen.

*Reflexion der Lösung*

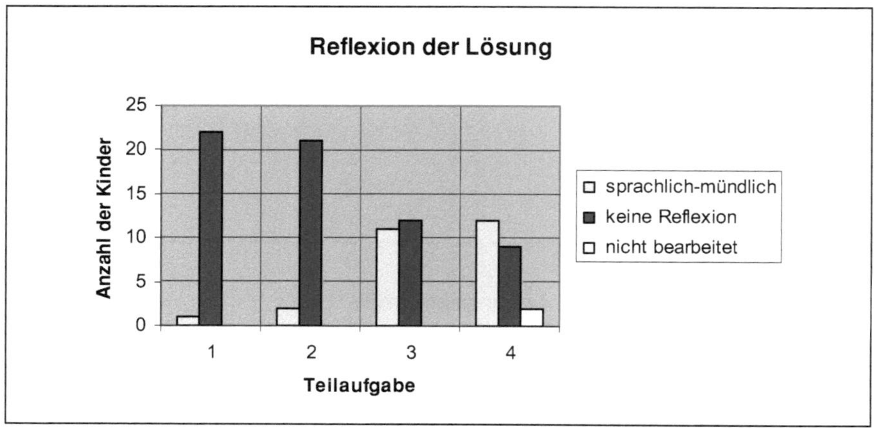


**Abb. 55:** Reflexion der Lösung bei der Aufgabe „Jonas sammelt Murmeln"

Grundsätzlich sind hier zwei Dinge festzustellen. Erstens nehmen die Kinder Reflexionen ausschließlich verbal vor und zweitens steigt mit zunehmendem Schwierigkeitsgrad der Teilaufgaben auch der Anteil der Reflexionen. Als ein Beispiel zur Reflexion ist *Arnes* Äußerung im Rahmen der Bearbeitung von Teilaufgabe 4 anzuführen. Er beschreitet zunächst einen falschen Lösungsweg, indem er von 15 immer nur 3 abzieht. Noch während dieses Vorgangs äußert er: „Tut er eigentlich nix rein?" (*Arne* Teilaufgabe 4). Ihm wird also auf reflektierender Ebene bewusst, dass sein gewählter Lösungsweg nicht alle Bedingungen berücksichtigt. Daraufhin ändert er sein Vorgehen und kommt zur richtigen Lösung. Ähnlich verhält es sich auch bei *Nick* in Teilaufgabe 3.

Auszug aus dem Transkript *Nick* „Jonas sammelt Murmeln" Teilaufgabe 3 (14/3/3)

1:56 Nick: „Am 61. Tag, weil 61 ist mehr als 60."

1:59 [Nick lächelt, stockt dann jedoch, fährt sich mit der Hand an den Kopf und verweilt so fünf Sekunden.]

2:08 Nick: „Nee, am 61. Tag, da müssen doch viel mehr Murmeln drin sein, er gibt doch gar nicht immer nur eine. Dann muss das auch schneller gehen. Das muss ich richtig rechnen."

Hier wird deutlich, dass *Nick* nach seiner spontanen Äußerung darüber nachdenkt, ob diese tatsächlich richtig sein kann. Dazu ruft er sich die Zahlenreihe ins Gedächtnis und stellt fest, dass die Anzahl der Murmeln schneller steigt als seine Annahme dies zulassen würde. Daraus zieht *Nick* die Konsequenz, nun doch die Teilaufgabe vollständig auszurechnen. Auf diesem Weg kommt er dann auch zur richtigen Lösung.

*Sicherheit in Bezug auf die Lösung*

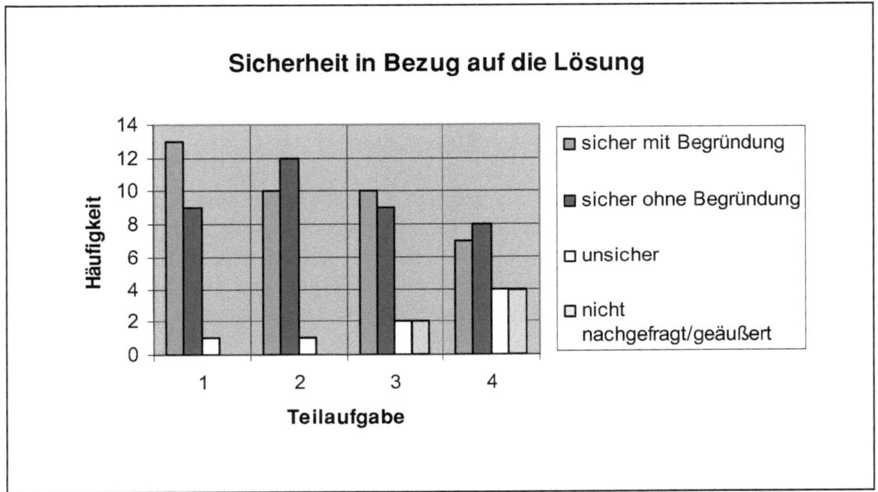


**Abb. 56:** Sicherheit in Bezug auf die Richtigkeit der Lösung bei der Aufgabe „Jonas sammelt Murmeln“

Die Auswertung zeigt, dass eine große Gruppe der Kinder zwar äußert, sich der Richtigkeit der Lösung sicher zu sein, jedoch auch trotz einer Nachfrage keine Begründung angibt. Ein Grund hierfür kann in der Tatsache liegen, dass das Interview für diese Kinder zu dem Zeitpunkt eigentlich schon abgeschlossen ist, denn sie haben ihre Lösung erreicht.

Eine weitere große Gruppe gibt jedoch eine Begründung an, sie beinhaltet dann in der Regel den Bezug zur durchgeführten Rechnung. So nimmt zum Beispiel *Ben* aufgrund dieser Frage seine Notationen zur Hand und erklärt Folgendes:

Auszug aus dem Transkript *Ben* „Jonas sammelt Murmeln“ Teilaufgabe 1(02/3/1)

1:22 Ben: „Ja, schau doch. Erst fünf und vier, das sind neun, dann neun und drei, das sind zwölf und dann noch zwei und eins, das sind 15. Hier ist alles richtig. Da bin ich mir dann auch sicher.“

*Ben* beginnt also rückwärts damit, die einzelnen Rechenschritte zu überprüfen, stellt fest, dass er wieder auf das gleiche Ergebnis kommt, und schließt dann auch auf die Richtigkeit seiner Lösung.

Jedoch ist auch festzustellen, dass bei den Teilaufgaben 3 und 4 die Kinder, die sich der Richtigkeit ihrer Lösung sicher sind, obwohl Rechenfehler vorliegen, diese Fehler beim Nachrechnen nicht bemerken. Hier wird lediglich der gleiche Rechenweg reproduziert.

Die Auswertung nach den Phasen des Problemlösens ergibt, dass es den Kindern in den ersten drei Teilaufgaben sehr gut gelingt, die Problemstellung aufzunehmen. Die in Teilaufgabe 4 vorgenommene Variation der Aufgabenstellung hat jedoch zur Folge, dass hier Probleme bei der Erfassung auftreten und dies sieben Kindern überhaupt nicht gelingt. Grundsätzlich fällt es den Kindern hier schwer, die beiden Handlungen in ein mathematisches Modell zu übertragen.

Die Teilaufgaben 1 und 2 ermöglichen den Kindern einen angemessenen Einstieg in die Problematik. Diese beiden Teilaufgaben werden dann auch von allen Kindern richtig gelöst, lediglich zwei Kinder verrechnen sich. In Teilaufgabe 3 gelingt es dann, ein differenzierteres Bild auf die Vorgehensweisen der einzelnen Kinder zu erhalten. Die vom Endzustand ausgehende Fragestellung hat deutlichen Problemcharakter und fordert somit stärker zum strategischen Vorgehen heraus. Teilaufgabe 4 hat nun einen ganz anderen Stellenwert, da sie auch im oberen Leistungsbereich noch stark differenziert und interessante Daten und Hinweise in Bezug auf das Problemlöseverhalten der Kinder liefert. Deutlich wird hier aber auch, dass sich bis auf zwei Kinder alle inhaltlich mit der Teilaufgabe auseinandersetzen. Die richtige Lösung dieser Teilaufgabe von vier Kindern *(Gina, Mia, Willi* und *Arne)* und die inhaltlich richtige Lösung mit einzelnen Rechenfehlern von acht weiteren Kindern sind in dem beschriebenen Zusammenhang besonders positiv zu werten.

Des Weiteren lässt sich konstatieren, dass die Aufgabe zum Großteil sprachlich-mündlich oder sprachlich-schriftlich bearbeitet wird, die enaktive Ebene wird wenig genutzt, die ikonische gar nicht. Außerdem ist das rechnerische Vorgehen vorwiegend zu beobachten, es ist auch mit mehr Erfolg gekoppelt als die zählenden Vorgehensweisen. In Bezug auf das Problemlöseniveau ist festzustellen, dass ein Großteil der Kinder systematisch strukturierend oder abwechselnd probierend und überlegend vorgeht. Dieses Ergebnis relativiert sich jedoch in Anbetracht des hohen Maßes an Strukturvorgaben durch die Aufgabenstellung. Hier besteht dementsprechend lediglich die Anforderung des Übernehmens der Struktur und des Übersetzens in ein mathematisches Modell. Jedoch bleibt anzuerkennen, dass ein Großteil der Kinder dann auch selbstständig auf diesem Niveau arbeiten kann.

Betrachtet man die Bereiche *Präsentation der Lösung* und *Rückschau*, so wird ihre geringe Bedeutung für die Kinder in Bezug auf die gesamte Bearbeitung der Aufgabe offensichtlich. Ohne eine explizite Aufforderung gehen sie hierauf kaum ein. Lediglich im Auftauchen reflexiver Elemente lässt sich eine Regelmäßigkeit beobachten. Sie werden dann gezeigt, wenn sich die Kinder bei auftretenden Schwierigkeiten stärker mit der Aufgabe auseinandersetzen. Hier scheint Reflexion ein Element der Lösungsrealisierung zu sein.

## 11.5 Auswertung nach mathematikspezifischen Begabungsmerkmalen

Auch bei der Darstellung und Interpretation der in dieser Aufgabe gezeigten mathematikspezifischen Begabungsmerkmale soll einleitend angemerkt werden, dass diese Merkmale bereits punktuell in anderen Kriterien berücksichtigt und ausgewertet wurden. Trotzdem wird auch hier die Ausprägung im Rahmen einer dreistufigen Einordnung tabellarisch aufgezeigt. Das Merkmal „räumliches Vorstellungsvermögen“ wird allerdings nicht aufgenommen, da es bei der Bearbeitung dieser Aufgabe keine Rolle spielt.

**Tabelle 16:** Ausprägung der mathematikspezifischen Begabungsmerkmale bei der Aufgabe „Jonas sammelt Murmeln“

| | Strukturen und Beziehungen | | | | Analogie/ Transfer | | | | Umkehren der Gedanken-gänge | | | | Wechseln der Repräsen-tations-ebenen | | | | besonderes Gedächtnis | | | |
|---|---|---|---|---|---|---|---|---|---|---|---|---|---|---|---|---|---|---|---|---|
| | 1 | 2 | 3 | 4 | 1 | 2 | 3 | 4 | 1 | 2 | 3 | 4 | 1 | 2 | 3 | 4 | 1 | 2 | 3 | 4 |
| Arne | | | | | | | | | | | | | | | | | | | | |
| Ben | | | | | | | | | | | | | | | | | | | | |
| Clara | | | | | | | | | | | | | | | | | | | | |
| Dina | | | | | | | | | | | | | | | | | | | | |
| Enno | | | | | | | | | | | | | | | | | | | | |
| Finn | | | | | | | | | | | | | | | | | | | | |
| Gina | | | | | | | | | | | | | | | | | | | | |
| Hanna | | | | | | | | | | | | | | | | | | | | |
| Isa | | | | | | | | | | | | | | | | | | | | |
| Jan | | | | | | | | | | | | | | | | | | | | |
| Kevin | | | | | | | | | | | | | | | | | | | | |
| Lars | | | | | | | | | | | | | | | | | | | | |
| Mia | | | | | | | | | | | | | | | | | | | | |
| Nick | | | | | | | | | | | | | | | | | | | | |
| Olaf | | | | | | | | | | | | | | | | | | | | |
| Peter | | | | | | | | | | | | | | | | | | | | |
| Ron | | | | | | | | | | | | | | | | | | | | |
| Stine | | | | | | | | | | | | | | | | | | | | |
| Tom | | | | | | | | | | | | | | | | | | | | |
| Ulf | | | | | | | | | | | | | | | | | | | | |
| Victor | | | | | | | | | | | | | | | | | | | | |
| Willi | | | | | | | | | | | | | | | | | | | | |
| Yannis | | | | | | | | | | | | | | | | | | | | |

Betrachtet man die Fähigkeit zum Erkennen von Strukturen und Beziehungen, so ergeben sich vorrangig gute bis sehr gute Ausprägungen. Es gibt kein Kind in dieser Gruppe, welches überhaupt nicht die Struktur der Aufgabe erfasst und einsetzt, um die Berechnungen für die folgenden Tage vorzunehmen. Besonders auffällig sind diesbezüglich *Arne, Ben, Clara* und *Mia*. Sie erfassen in allen Teilaufgaben die Strukturen schnell und vollständig und nutzen ihre Erkenntnisse systematisch zum Lösen. Einigen wenigen Kindern gelingt dies jedoch nur in einer oder zwei Teilaufgaben. Hierzu zählen *Peter, Kevin, Enno* und *Stine*.

Die Fähigkeit zum Erkennen von Analogien und zum Transfer kann in Teilaufgabe 1 nur dann gezeigt werden, wenn die Kinder Analogien zu anderen Aufgaben herstellen, dies ist jedoch nicht zu beobachten. In den folgenden beiden Teilaufgaben geht es vorrangig um die Analogiebildung und in der letzten Teilaufgabe ergibt sich dann die Möglichkeit zur Transferleistung. Hierbei zeigt sich, dass die meisten Kinder die Analogie in der Weise nutzen, dass sie in der darauf folgenden Teilaufgabe weiterarbeiten und nicht neu mit der Bearbeitung beginnen. Bei den Kindern, die die Möglichkeit zur Weiterarbeit nicht nutzen, ist nicht eindeutig zu klären, ob sie sie nicht erkennen oder ob sie aus Gründen der Vollständigkeit die Teilaufgabe neu beginnen. Als eindeutig am schwierigsten erweist sich die Transferleistung in Teilaufgabe 4. Sie gelingt acht Kindern überhaupt nicht und weiteren sechs Kindern nur in Ansätzen.

Die Fähigkeit zur Reversibilität wurde bereits im Rahmen der heuristischen Strategien beschrieben (vgl. S. 225ff.) und soll aus diesem Grunde hier nicht wiederholt werden.

Als besonders schwierig in der Auswertung erweist sich die Fähigkeit zum Wechsel der Repräsentationsebene. Hier sollen ausschließlich die Kinder berücksichtigt werden, die aus eigenem Antrieb und nicht durch die im Leitfaden vorgesehene Hilfestellung die Repräsentationsebene wechseln. Dieser Wechsel dient dann entweder dazu, zusätzliche Anschauung zu erlangen, oder er wird vorgenommen, um durch eine stärkere Abstraktion Arbeitsschritte und Arbeitszeit zu sparen. Außer *Yannis* und *Ulf* steigen jedoch bereits alle Kinder mindestens mit einer schriftlichen Notation der Rechenschritte ein. Somit kann hier nur noch ein Wechsel zum Nutzen des Materials oder zum rein kognitiven Arbeiten vermerkt werden. Dies findet insgesamt in äußerst geringem Maß statt. Hervorzuheben sind diesbezüglich aber *Ben* und *Mia*, die jeweils auf die kognitive Ebene wechseln. Alle anderen Wechsel finden hin zur Nutzung des Materials statt. Hierbei äußert sich *Finn* am deutlichsten.

Auszug aus dem Transkript *Finn* „Jonas sammelt Murmeln" Teilaufgabe 3 (06/3/3)

1:47 Finn: „Dafür brauch' ich, glaub', ich den Sack."

In den ersten beiden Teilaufgaben geht *Finn* rein kognitiv vor und übersetzt dabei vorwärtsarbeitend die Handlungen nacheinander in Rechenschritte. Er kommt auf diese Weise schnell zu den richtigen Ergebnissen. Nach der Präsentation von Teilaufgabe 3 kommt jedoch sofort die zitierte Äußerung. Er nimmt sich dann auch das Material zur Hand und erlangt auf diese Weise die richtige Lösung. Interessant ist hierbei, dass er Teilaufgabe 4 dann wiederum kognitiv angeht.

Die Gedächtnisleistung der Kinder bei der Bearbeitung der Aufgabe äußert sich in der Menge der Rechenschritte, die sie gedanklich vollziehen. Die äußerst geringe geforderte Gedächtnisleistung in der ersten Teilaufgabe soll in der Auswertung allerdings nicht berücksichtigt werden. Zudem muss auch bei der Auswertung dieses Kriteriums wieder einschränkend angemerkt werden, dass manche Kinder (zum Beispiel *Clara*) direkt die Form der schriftlichen Notation wählen, ohne dass deutlich wird, inwieweit sie diese wirklich brauchen. Sie benötigen somit aufgrund der gewählten Vorgehensweise keine besondere Gedächtnisleistung, können sie dementsprechend also auch nicht zeigen.

Besondere Gedächtnisleistungen zeigen allerdings *Yannis* und *Ron*. Aber auch *Olaf, Victor, Nick, Tom* und *Willi* sind hier noch hervorzuheben.

Auszug aus dem Transkript *Ron* „Jonas sammelt Murmeln“ Teilaufgabe 3 (17/3/3)

5:13 Ron: „Am fünften Tag, da sind es ja, also 15. Dann habe ich am nächsten Tag 22, dann (..) sind das dann 29. (…) Dann noch acht dazu, das macht 37. Beim nächsten Mal (5 Sek.) bin ich bei 47. [Spielt 10 Sek. mit dem Arbeitsblatt.] Ja, dann sind es 56 und am letzen (…) hab' ich dann ja 67. Das ist dann, dann ist es der, der 11. Tag.“

*Ron* vollzieht alle Rechenschritte kognitiv. Er merkt sich dabei sowohl die Zahl, die er addiert hat und somit im nächsten Schritt um 1 erhöht, als auch die grundlegende Anforderung der Teilaufgabe, herauszufinden, am wievielten Tag mehr als 60 Murmeln vorhanden sind. Sein Lösungsweg ist mit einigen Rechenfehlern verbunden, diese bemerkt *Ron* allerdings nicht.

Bei der Bearbeitung dieser Aufgabe werden sowohl die Fähigkeit zum Erkennen von Strukturen und Beziehungen als auch die Fähigkeit zum Erkennen von Analogien und zum Transfer und die Gedächtnisleistung herausgefordert. Jedoch muss bei diesen beiden Fähigkeiten eine Überbetonung vermieden werden, da der Aufgabenkontext einerseits bereits in die Struktur einführt und andererseits auch auf die Analogie hinweist. Das eigenständige Wechseln der Repräsentationsebenen ist kaum zu beobachten. Dies gilt ebenfalls für das Umkehren der Gedankengänge, obwohl dies eigentlich durch Form der Aufgabenstellung in den letzten beiden Teilaufgaben angeregt wird.

Betrachtet man nun die Ausprägung aller mathematikspezifischen Begabungsmerkmale bei den einzelnen Kindern, so lassen sich einige Kinder mit guten und sehr guten Ausprägungen identifizieren. Es sind jedoch vorrangig *Arne, Ben, Mia* und *Willi* zu erwähnen, da sie mit der größten Häufigkeit und Intensität die Merkmale zeigen.

## 11.6 Einzelbeispiel *Arne*: „Das habe ich mir sowieso gerade überlegt.“

*Hintergrundinformationen*

Zum Zeitpunkt der EinzelVideointerviews ist *Arne* 7;00 Jahre alt. Schon seit seinen ersten Schultagen zeigte *Arne* ein besonderes Interesse an mathematischen Inhalten. Nach Berichten seiner Eltern interessierte er sich generell schon früh für Zahlen und ihre Zusammenhänge.

Im Unterricht widmet sich *Arne* sehr gerne den Anforderungen und Aufgaben, denen er problemlösend nachgehen kann. So sind es vorrangig anspruchsvolle Sach- oder Rechenaufgaben, die ihn interessieren. Die schulischen Bereiche, in denen vermehrt geübt werden muss, wie das Schreiben von Buchstaben und Zahlen, bereiten ihm jedoch verstärkt Schwierigkeiten. Hier gibt er häufig an, die Notwendigkeit dieser Übung nicht zu erkennen, und neigt dazu, sich zu entziehen.

Den Besuch der „Mathe-AG“ erwartet *Arne* stets ungeduldig. Er zeigt viel Freude bei der Bearbeitung der Aufgaben. Den anderen Kindern gegenüber verhält sich *Arne* vorwiegend zurückhaltend und er arbeitet in der Regel für sich allein. Seine Arbeitsphasen zeichnen sich durch hohe Motivation und Konzentration aus. *Arne* kann sich schnell in einen Sachverhalt oder eine Aufgabenstellung hineindenken, erfasst die zugrunde liegenden Bedingungen meist vollständig und arbeitet zielstrebig. Jedoch reagiert er zuweilen auch ungeduldig, wenn ihm eine Lösung nicht gelingt.

Im Rahmen des Basiswissentests erzielt *Arne* in fast allen Bereichen die volle Punktzahl. Lediglich in den Bereichen 7 und 8 gelingt ihm dies nicht. Vorrangig bei der Fortsetzung der Muster kann er nicht alle Vorgaben berücksichtigen. Er neigt vielmehr dazu, eigene Ideen zu integrieren. Beim Intelligenztest ergibt sich für ihn ein Intelligenzquotient von 115; *Arne* bewegt sich also im hohen Bereich.

*Arnes* Bearbeitung wurde als Einzelbeispiel ausgewählt, da er in ganz besonderer Weise die Aufgabenstellung annimmt und sich dementsprechend intensiv mit der Problematik auseinandersetzt.

### Transkript *Arne* „Jonas sammelt Murmeln“ (01/1/1–4)

| 1. Teilaufgabe | |
|---|---|
| 0:04 | I.: „Jonas sammelt Murmeln. Er legt am ersten Tag eine Murmel in einen Sack, am zweiten Tag legt er zwei Murmeln in den Sack, am dritten Tag legt er drei Murmeln dazu und so weiter. Erzähle du mir, wie es weitergeht. Was passiert am fünften Tag? |
| 0:24 | Arne: „Fünf!“ |
| 0:28 | I.: „Du hast Recht. Am fünften Tag legt er fünf Murmeln in den Sack. Wie viele Murmeln sind denn dann insgesamt im Sack?“ |
| 0:36 | Arne: „15!“ [Die Antwort kommt fast parallel zur Frage.] |
| 0:41 | I.: „Das ging ja sehr schnell!“ |
| 0:45 | Arne: „Ja, das habe ich mir sowieso gerade überlegt.“ |

Zu dieser Teilaufgabe notiert *Arne* nichts.

| 2. Teilaufgabe | |
|---|---|
| 0:52 | I.: „Prima. Dann, dann kannst du mir sicher auch sagen, wie viele Murmeln es am sechsten, siebten und achten Tag sein werden!“ |
| 0:55 | [Arne äußert sich nicht. Fängt an zu schreiben.] |
| 1:20 | I.: „Was hast du herausgefunden?“ |
| 1:25 | Arne: „Am sechsten einundzwanzig, am siebten achtundzwanzig und am achten sechsunddreißig.“ |
| 1:43 | I.: „Das hast du ja auch richtig und ganz schnell herausgefunden. Dann können wir ja nun so richtig beginnen.“ |

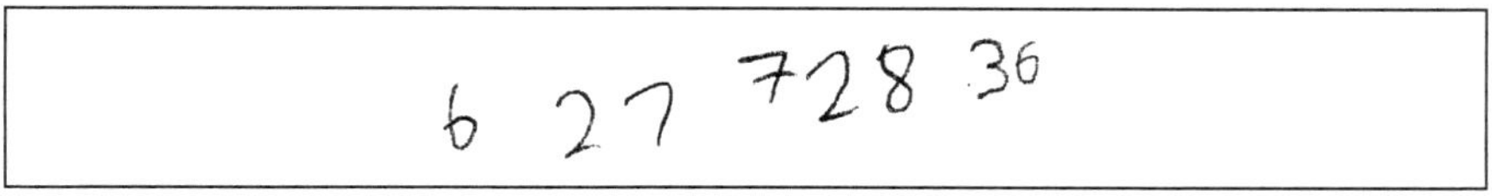

6 27 728 36

**Abb. 57:** Notation von *Arne* zu Teilaufgabe 2 der Aufgabe „Jonas sammelt Murmeln“

3. Teilaufgabe

1:58 I.: „Finde doch nun heraus, am wievielten Tag mehr als 60 Murmeln in dem Sack sein würden."

2:04 [Arne beginnt sofort mit den Notationen auf dem Arbeitsblatt.]

2:26 Arne: „Man kann nicht bei 60 rauskommen, nur bei 66. Das ist am elften Tag."

2:35 I.: „Gut gemacht, Arne!"

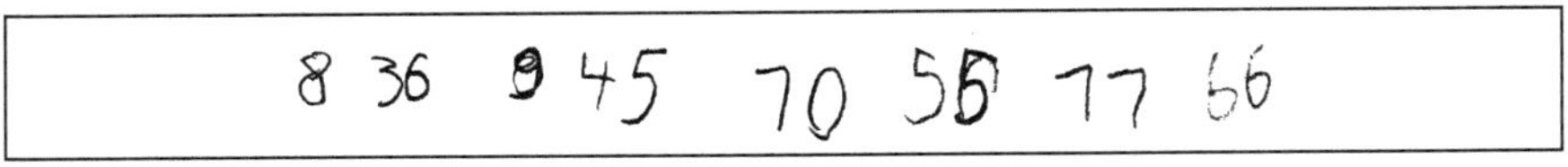

8 36 9 45 10 55 11 66

**Abb. 58:** Notation von *Arne* zu Teilaufgabe 3 der Aufgabe „Jonas sammelt Murmeln"

4. Teilaufgabe

2:48 I.: „Nun habe ich aber noch eine ganz schwierige Aufgabe für dich. Am fünften Tag entdeckt nämlich Jonas kleine Schwester Anna den Sack mit den Murmeln. Heimlich nimmt sie jeden Tag drei Murmeln heraus. Sie denkt, Jonas merkt das nicht. (…) Wie viele Murmeln sind nun ab dem fünften Tag jeden Tag in dem Sack?"

3:01 [Arne schreibt 15 – 3 – 3 – 3 – 3 – 3. Er stockt, nimmt den Stift an den Mund, wirkt nachdenklich.]

3:19 Arne: „Tut er nix rein?"

3:25 I.: „Doch. Jonas sammelt weiter seine Murmeln wie bisher."

3:32 [Arne schreibt zunächst die Kettenaufgabe
15 – 3 + 6 – 3 + 7 – 3 + 8 – 3 + 9 – 3 + 10 – 3 + 11 – 3 + 12 – 3 + 13 – 3.
Dann beginnt er zu rechnen. Er streicht die Zahlen, mit denen er gerechnet hat, durch und notiert sein Zwischenergebnis darunter. Dann geht er in der oberen Reihe zum nächsten Rechenschritt, notiert wieder sein Zwischenergebnis unten und streicht daraufhin das vorherige Zwischenergebnis durch.]

4:15 Arne: „Am neunten Tag sind es 33."

4:25 I.: „Am wievielten Tag sind es jetzt mehr als 60?"

4:32 Arne: „Da (..) da mach' ich jetzt einfach so weiter."

4:41 [Arne setzt seine Vorgehensweise fort.].

6:18 Arne: „Am dreizehnten Tag." [Macht eine Pause, scheint auf eine neue Fragestellung seitens der Interviewerin zu warten.]

6:52 Arne: „Ich könnte noch mehr rechnen."

7:04 I.: „Gut, wann sind es wohl mehr als 100 Murmeln?"

7:10 [Arne schreibt die Aufgabe 15 – 3 + 14. Er notiert das Ergebnis hinter die bisherigen Ergebnisse. Daraufhin schreibt er die nächsten Rechenschritte wieder als Kettenaufgabe und die letzte Rechnung, wieder mit der 15 und der ersten, bereits durchgeführten Rechnung davor: 15 – 3 + 14 – 3 + 15 – 3 + 16. Nun streicht er auch wieder alle gerechneten Schritte durch und notiert die Zwischenergebnisse hinter die anderen Ergebnisse.]

7:57 Arne: „Am 16. Tag sind es genau 100! [Arne lacht.] Was könnte ich da noch rechnen?"

8:12 I.: „Wir sind jetzt eigentlich fertig. [Lächelt ihn verlegen wirkend an.] Willst du denn zu Hause daran weiter arbeiten?"

8:27 Arne: „Dann schreibe ich mir einen Zettel."
[Auf diesem Zettel notiert er: 100 – 3 + 17.]

9:15 I.: „Dann danke ich dir für deine tollen Lösungen. Bis zum nächsten Mal, Arne."

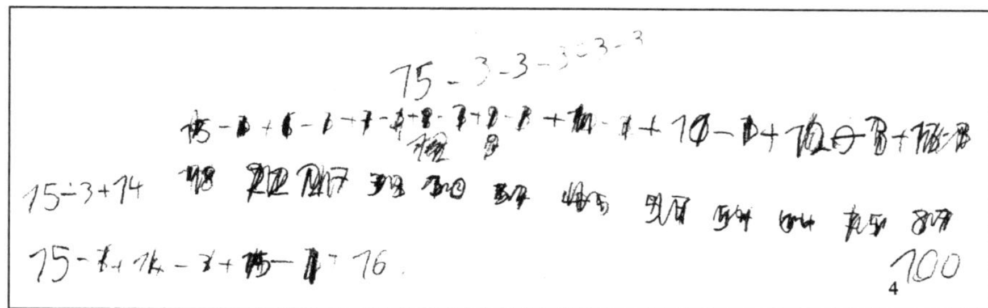

**Abb. 59:** Notation von *Arne* zu Teilaufgabe 4 der Aufgabe „Jonas sammelt Murmeln“

*Interpretation*

*Arne* versteht die Aufgabe sofort und denkt sich bereits während der Phase der Aufgabenstellung in die Problematik ein. Dies wird besonders durch seine schnelle Antwort auf die Frage nach der Gesamtzahl der Murmeln am fünften Tag deutlich. Seine Anmerkung „Ja, das habe ich mir sowieso gerade überlegt.“ unterstreicht den Eindruck, dass ihn der gewählte Kontext anspricht und ihm die gedankliche Auseinandersetzung damit ein Anliegen ist.

Die zügige Vorgehensweise ist als ein wesentliches Merkmal seiner Bearbeitung aller Teilaufgaben zu sehen. Wenn man in diesem Zusammenhang noch berücksichtigt, dass *Arne* nicht ausschließlich kognitiv arbeitet, sich seine Erarbeitung vielmehr auf besonders zum Schluss sehr ausführliche Notationen stützt, gewinnt die geringe Bearbeitungsdauer einen speziellen Stellenwert.

Bezieht man nun das Problemlöseniveau in diese Überlegungen ein, so zeigt sich, dass *Arnes* schnelle Bearbeitung in engem Zusammenhang mit dem anscheinend problemlosen Erfassen der mathematischen Struktur der Aufgabe steht. Er erkennt die Systematik, macht sie sich zu eigen und arbeitet selbstständig in ihr weiter. Auf diese Weise kommt er zu richtigen Ergebnissen in allen Teilaufgaben. Die Interviewerin verzichtet auf die Aufforderung zur Lösungskontrolle. In der letzten Teilaufgabe hat *Arne* zunächst Schwierigkeiten, den Kontext in das richtige mathematische Modell zu überführen. Hier setzt er anfangs lediglich die Handlungen Annas um, stellt dann aber von sich aus fest, dass er eine Komponente nicht berücksichtigt: „Tut er nix rein?“. Daraufhin bekommt *Arne* eine kurze positive Verstärkung durch die Interviewerin und findet dann das korrekte Modell. *Arne* zeigt also im Beschreiten eines Lösungsweges reflektive Ansätze, die ihn dann sogar zum Ändern des eingeschlagenen Weges führen.

Er löst die Aufgaben rechnerisch, notiert in Teilaufgabe 1 nichts, in den beiden folgenden Teilaufgaben schreibt er lediglich die Anzahl von Murmeln an den verschiedenen Tagen auf. Seine Notizen bauen aufeinander auf.

Auffällig ist seine Vorgehensweise bei Teilaufgabe 4. Nach dem kurzzeitigen Beschreiten des falschen Lösungsweges (15 – 3 – 3 – 3 – 3 – 3) notiert er die Aufgaben erstmals explizit in Form einer langen Kettenaufgabe und schreibt erst dann die Lösungen darunter und streicht die durchgeführten Rechnungen aus. Diese ungewöhnliche und originelle Vorgehensweise wählt keines der anderen Kinder. Er trennt damit die Phase der Modellbildung von der Phase der Lösungsfindung. Interessant daran ist allerdings die Tatsache, dass *Arne* schon bei der Notation der Aufgabe am 13. Tag endet, hier scheint er bereits eine Ahnung von der Größenordnung der Lösung zu haben. Seine freiwillige Weiterarbeit unter der Fragestellung, wann auf diese Weise mehr als 100 Murmeln im Sack sein werden, erfolgt dann unter einer etwas abgewandelten Notationsform. Für den 14. Tag führt er die richtige Rechnung (– 3 + 14) aus, schreibt jedoch davor die 15, als würde er wieder am fünften Tag beginnen. Dies scheint aber ein ausschließlicher Notationsfehler zu sein, denn er rechnet mit der richtigen Zahl weiter. Auch in den nächsten Schritten, die er wiederum in einer Rechenkette notiert, setzt er die 15 an den Anfang, ohne sie in die Rechnung einzubeziehen.

*Arne* ist das einzige Kind, welches den Wunsch äußert, an der Aufgabe weiterzuarbeiten. Darüber hinaus nimmt er dann noch die Ergebnisse seiner bisherigen Arbeit mit nach Hause, um dort seine Arbeit fortzusetzen. Dazu notiert er sich lediglich die zur Weiterarbeit notwendigen Daten „100 – 3 + 17“ auf einem kleinen Schmierzettel. Somit weiß er, bei wie vielen Murmeln er steht und welcher Rechenschritt nun folgen muss. Leider konnte nicht in Erfahrung gebracht werden, ob *Arne* wirklich weitergearbeitet hat.

Diese Bearbeitung wird aus mehreren Gründen als besonders erfolgreich gewertet. Vorrangig zählt das vollständige Lösen aller Teilaufgaben. Der kurzzeitig beschrittene falsche Lösungsweg in Teilaufgabe 4 wird selbst bemerkt, überdacht und korrigiert. Hinzu kommt die kurze Bearbeitungszeit, verbunden mit dem schnellen und eigenmotivierten Hineindenken in die Aufgabe.

*Arne* erkennt zügig die mathematische Struktur des Sachkontextes, kann sowohl Analogien bilden als auch Transferleistungen vollziehen. Er wechselt eigenständig die Repräsentationsebene und zeigt durch sein häufiges Lachen und Lächeln Freude an der Lösung dieser Aufgabe. *Arne* arbeitet konzentriert und motiviert.

## 11.7 Abschließende Zusammenfassung der Ergebnisdarstellung

### *11.7.1 Gruppierung der Kinderlösungen zu Bearbeitungstypen*

Nach der Ergebnisdarstellung soll nun wiederum eine Zusammenfügung der einzelnen Bearbeitungen zu verschiedenen Typen erfolgen.

*Bearbeitungstyp J – A*

Dieser Bearbeitungstyp zeichnet sich primär durch das schnelle Erfassen des Kontextes und damit einhergehend durch das Erkennen und Nutzen der zugrunde liegenden mathematischen Struktur aus, zudem zeigen sich die Kinder an der Problematik interessiert, arbeiten konzentriert und zielstrebig. Die einzelnen Lösungsschritte finden meist kognitiv statt und insgesamt sind richtige Lösungen zu verzeichnen. Auch die Transferaufgabe wird von diesen Kindern systematisch und erfolgreich bearbeitet. Zu diesem Bearbeitungstyp zählen *Arne, Ben, Clara, Willi* und *Mia*. Zieht man nun vergleichend die Auswertung der mathematikspezifischen Begabungsmerkmale hinzu, so kann festgestellt werden, dass diese Kinder die deutlichsten Ausprägungen zeigen.

*Bearbeitungstyp J – B*

Die Abgrenzung dieses Typs zum Bearbeitungstyp A liegt in dem phasenweisen Verlust des strukturierten Vorgehens, wodurch die entsprechenden Teilaufgaben mit weniger Erfolg gelöst werden. Hier können die Bearbeitungen von *Hanna, Isa, Nick, Jan* und *Victor* eingeordnet werden. Auch *Finn* zeigt diese Merkmale. Er ist zudem das einzige Kind, welches den Sachverhalt konsequent in Zahlenfolgen übersetzt, hat dann leider Schwierigkeiten bei der Transferleistung in Teilaufgabe 4. Die Kinder arbeiten fast ausschließlich auf kognitiver Ebene.

*Bearbeitungstyp J – C*

Die Kinderlösungen, die diesem Bearbeitungstyp zugeordnet werden können, zeigen ähnliche Merkmale wie der vorherige Typ, jedoch durchgängig in geringerer Ausprägung. Hier wird die Möglichkeit zur Weiterarbeit in den Teilaufgaben 2 und 3 noch erkannt, der Transfer in den neuen Sachverhalt gelingt allerdings in der Regel nicht mehr. Insgesamt zeigt sich, dass die Kinder die mathematische Struktur erkennen, jedoch leider nicht durchgängig darin arbeiten können. Diesem Bearbeitungstyp können *Dina, Enno, Lars, Stine, Tom, Ulf* und *Yannis* zugeordnet werden. Diese Kinder wechseln dann auch häufiger nach der Anregung durch die Interviewerin auf die enaktive Ebene. Auch bei den Bearbeitungen von *Gina* und *Ron* lassen sich diese Merkmale feststellen, beide zeigen aber bereits in Teilaufgabe 3 Strukturverluste und könnten dementsprechend auch dem nächsten Bearbeitungstyp zugeordnet werden.

*Bearbeitungstyp J – D*

Diesem Bearbeitungstyp gehören Kinderlösungen an, die geprägt sind durch grundlegende Verständnis- und Umsetzungsschwierigkeiten. Diese zeigen sich bereits ab Teilaufgabe 3. Die mathematische Struktur kann nicht mehr erfasst werden und somit kommt es zu keiner richtigen Lösung. Die Kinder scheinen keinen Zugang zur Bearbeitung dieser Aufgabe zu finden, zeigen dementsprechend wenig Motivation und benötigen viel Unterstützung durch die im Leitfaden vorgesehenen Hilfestellungen. Zu diesem Bearbeitungstyp zählen die Lösungswege von *Kevin, Olaf* und *Peter*.

Die inhaltliche Ausrichtung der vier Bearbeitungstypen zeigt deutlich, dass diese Aufgabe vorrangig Aussagen über den Grad des strukturierten Arbeitens, die Fähigkeit zum Nutzen gewonnener Erkenntnisse und zum Transferieren dieser Erkenntnisse auf den abgeänderten Sachverhalt zulässt. Außerdem zeigt sich die für diese Altersgruppe ungewöhnliche Fähigkeit einiger Kinder zum durchgängigen Arbeiten auf der abstrakten, symbolischen Ebene. Ebenfalls bemerkenswert sind die Vorgehensweisen, die auf der Interpretation der Handlungen als Zahlenfolge beruhen.

### *11.7.2 Besonderheiten der Aufgabe*

Der Einsatz der Aufgabe „Jonas sammelt Murmeln“ hat sich generell als angemessen erwiesen, da die Kinder im Rahmen der Bearbeitung der einzelnen Teilaufgaben auf verschiedenen Schwierigkeitsstufen unterschiedliche Kompetenzen und Fähigkeiten zeigen konnten. In diesem Zusammenhang muss jedoch die letzte und schwierigste Teilaufgabe gesondert diskutiert werden. Hier ist es insbesondere die Komplexität der Zahlenreihe, die den Kindern Schwierigkeiten bereitet. Trotzdem erscheint diese Teilaufgabe als notwendig und wertvoll, da sie es den Kindern ermöglicht, ihre Fähigkeiten zur Transferleistung in den komplexeren sachlichen Kontext und mathematischen Inhalt zu zeigen.

Im Hinblick auf die einzelnen Auswertungsbereiche kann Folgendes konstatiert werden:

Die Aufgabe fordert die an der Studie teilnehmenden Kinder nur wenig dazu heraus, verschiedene heuristische Strategien einzusetzen. Sie arbeiten fast ausschließlich vorwärts, andere heuristische Strategien werden selten und dann meist nur in Form von Strategiekeimen gezeigt. Teilaufgabe 3 bildet hier eine Ausnahme. Durch die Formulierung des Aufgabentextes konnte es gelingen, einige Kinder zum Vorwärts- und Rückwärtsarbeiten zu veranlassen. Dies ermöglicht interessante Einblicke in die entsprechenden Vorgehensweisen. Einige Kinder zeigen bereits die Fähigkeit zum schlüssigen und folgerichtigen Umkehren der Gedankengänge, indem sie das Wissen über die Lösung nutzen, um die einzelnen Rechenschritte von der Lösung ausgehend zu planen.

Auch bezüglich der aufgabenspezifischen Strategien kann ein ähnliches Ergebnis festgehalten werden. Während fast alle Kinder die Aufgabe lösen, indem sie einzelne Rechnungen aneinanderketten, gehen nur zwei Kinder mehr oder weniger ausgeprägt dazu über, direkt die zugrunde liegende Zahlenreihe zu nutzen.

Jedoch erkennt ein Großteil der Kinder die im Sachverhalt vorgegebene Struktur, überträgt sie in ein mathematisches Modell und nutzt dann diese Struktur zur eigenen Weiterarbeit. Hierdurch ergibt sich ein hoher Anteil von Kindern, die systematisch strukturierend vorgehen. Diese Einsicht wird noch gestützt durch die Ergebnisse der dritten Auswertungsstufe. Hier erweist sich das systematische Strukturieren als das dominierende Problemlöseniveau. Dies begründet sich jedoch auch durch den Aufbau der Aufgabe, denn der Sachkontext gibt bereits eine Struktur vor. Wenn ein Kind diese erfasst und fortsetzt, agiert es bereits auf der Ebene des systematischen Strukturierens. Somit muss die Schlussfolgerung auf eine entsprechende Fähigkeit relativiert werden. Was jedoch deutlich hervortritt, ist die Fähigkeit einzelner Kinder, diese Aufgabe durchgängig auf abstraktem Niveau zu lösen. Entgegen der im ersten Kapitel „Kinder im 1. und 2. Schuljahr“ (vgl. S. 11ff.) gewonnenen Erkenntnisse zur kognitiven Entwicklung zeigen dementsprechend erstaunlich viele Kinder die Fähigkeit zum Arbeiten auf formaler Ebene. Ebenfalls bemerkenswert ist das Auslassen der ikonischen Repräsentationsebene. Wenn Kinder hier die Ebene wechseln, dann direkt zum konkreten Handeln mit den Murmeln. Dieser Ebenenwechsel ist jedoch allgemein selten zu beobachten, die Kinder verbleiben vorrangig auf der einmal gewählten Repräsentationsebene.

Des Weiteren wird deutlich, dass für die Kinder der Bearbeitungsprozess abgeschlossen ist, sobald sie ihre Lösung der Interviewerin mitgeteilt haben. Sie neigen kaum dazu, ihr endgültiges Ergebnis zu notieren oder auf eine andere Weise zu präsentieren. Ebenso verhält es sich mit der Kontrolle. Sie wird von den Kindern nach einer entsprechenden Aufforderung zwar durchgeführt, führt jedoch nicht zum Erkennen von Fehlern. Der Bereich der Reflexion bildet hier eine Ausnahme. Obwohl von den Kindern insgesamt nur wenig reflektive Elemente gezeigt werden, lassen sich doch bei ihrem Auftreten interessante Beobachtungen machen. Sie werden häufig dann eingesetzt, wenn die Kinder bei der Bearbeitung vor Problemen stehen. Somit scheint das Reflektieren für einige Kinder tatsächlich ein wichtiges Element des Lösungsprozesses zu sein.

In der vierten Auswertungsstufe – der Auswertung nach den mathematikspezifischen Begabungsmerkmalen – wird ein Vorteil dieser Aufgabe in besonderer Weise deutlich: dies ist das Ermöglichen des Nutzens gewonnener Erkenntnisse und in Teilaufgabe 4 die Transferleistung. Hier wirkt natürlich die Vorgabe von strukturierenden Elementen unterstützend. Von Teilaufgabe zu Teilaufgabe werden sowohl gleichbleibende als auch veränderte Bedingungen deutlich formuliert. Dies scheint vielen Kindern die anspruchsvolle Transferleistung zu erleichtern.

Zum Abschluss der Ergebnisdarstellung soll nun aufgezeigt werden, inwieweit von den Kindern tatsächlich die Bereiche mathematischen Tätigseins genutzt wurden, die der Aufgabe eingangs zugeschrieben wurden.

**Tabelle 17:** Ausschnitt „Jonas sammelt Murmeln" aus dem zweidimensionalen Schema zur Erfassung mathematischen Tätigseins

| **mathematische Inhalte** / **inhalts-unabhängige Fähigkeiten** | **Zahlen und Operationen** | | | | **Muster und Strukturen** | | | | **Raum und Form** | |
|---|---|---|---|---|---|---|---|---|---|---|
| mathematische Objekte, Relationen und Operationen verstehen | | M | | | | **M** | | | | |
| mit mathematischen Objekten, Relationen und Operationen arbeiten | | M | | | | **M** | | | | |
| mathematische Strukturen erkennen | | M | | | | **M** | | | | |
| in mathematischen Strukturen arbeiten | | M | | | | **M** | | | | |
| Strategien anwenden | | M | | | | **M** | | | | |
| über mathematisches Gedächtnis verfügen | | M | | | | **M** | | | | |

Zunächst zur inhaltlichen Ebene. Hier hat sich bestätigend gezeigt, dass der Bereich *Muster und Strukturen* bei dieser Aufgabe schwerpunktmäßig angesprochen wird. So liegt die Problematik vorrangig im Erfassen der vorgegebenen Struktur und im Arbeiten darin. Insbesondere Teilaufgabe 4, die eine Transferleistung erfordert, stellt diesbezüglich große Ansprüche. Demgegenüber wird der Bereich *Zahlen und Operationen* auf einer anderen Ebene tangiert. Die Kinder nutzen ihre Kenntnisse in diesem Bereich recht sicher und quasi auf der „Werkzeug-Ebene". Dies zeigt sich unter anderem daran, dass die größte Fehleranfälligkeit im Verlieren oder Nichterkennen der Struktur liegt. Zähl- oder Rechenfehler treten dagegen deutlich weniger auf und haben gerade bei den letzten beiden Teilaufgaben nicht immer eine falsche Lösung zur Folge, da trotzdem die richtige Tageszahl ermittelt werden kann.

Bezüglich der inhaltsunabhängigen Fähigkeiten ergibt sich nun zweierlei. Erstens hat die Aufgabe nicht in dem erwarteten Maße die Kinder zum Einsatz von Strategien herausgefordert. Obwohl dies gerade mit den letzten beiden Teilaufgaben angestrebt war, gingen die Kinder in deutlich überwiegendem Maße vorwärtsarbeitend an die Aufgabenstellung heran. Dies legt den Schluss nahe, dass insbesondere die Strategie des Rückwärtsarbeitens in dem vorliegenden Kontext allenfalls als Strategiekeim vorhanden ist. Zweitens muss bei der Auswertung der inhaltsunabhängigen Fähigkeiten nochmals die bereits in der Aufgabe vorhandene Strukturvorgabe betont werden. Somit wird das *Erkennen der Struktur* hier erleichtert und die Kinder haben bereits die Chance, auf diesem Niveau in die Bearbeitung einzusteigen. Es ist dann natürlich interessant zu beobachten, inwieweit diese strukturelle Vorgaben erhalten und weitergeführt werden kann. Hier zeigen sich gerade bei zunehmender Komplexität auch deutliche Unterschiede. Aus diesem Grunde erscheint es durchaus wertvoll, nicht nur zu erheben, ob Kinder Strukturen finden und wie sie dann darin arbeiten, sondern – wie in diesem Fall – auch umgekehrt zu ermitteln, inwieweit sie dazu fähig sind, mit einem vorgegebenen Strukturniveau umzugehen.

Abschließend sei noch auf die Problematik des Sachkontextes verwiesen. Hier zeigt sich, dass wiederum Teilaufgabe 4 für einige Kinder sprachlich zu komplex ist. In diesem Zusammenhang wäre es interessant zu erheben, ob gerade diese Kinder ohne die Anforderung des Modellierens die reine Zahlenreihe erfolgreicher erfasst und damit gearbeitet hätten. Dies muss jedoch einem weiteren Forschungsvorhaben vorbehalten bleiben. Trotz dieser Problematik erscheint jedoch die Wahl eines Sachkontextes als wichtig, da so die Modellbildung untersucht werden kann. In Anbetracht der Altersstufe muss allerdings berücksichtigt werden, dass die Kinder eventuell Unterstützung bei der Erfassung des Kontextes benötigen.

# 12 Die Aufgabe „Das Puzzle“

## 12.1 Aufgabentext

Der Ausgangspunkt dieser Aufgabe ist eine quadratische Fläche, die in 6 × 6 kongruente Quadrate unterteilt ist:

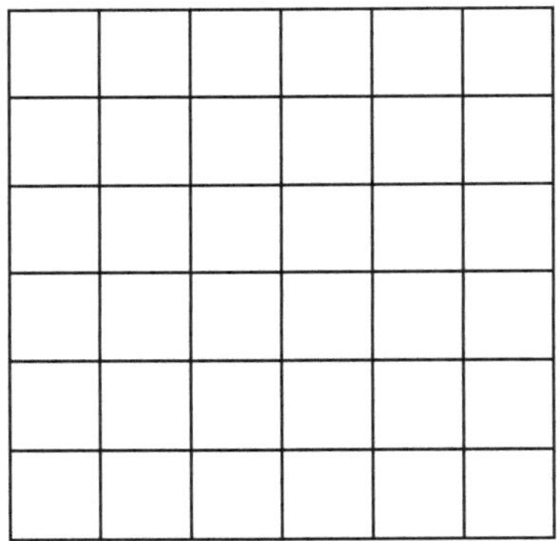

Im Rahmen von fünf Teilaufgaben sollen die Kinder jeweils entscheiden, ob die Fläche mit verschiedenen vorgegebenen Puzzle-Teilen ausgelegt werden kann und wie viele dieser Teile dazu benötigt werden.

### Teilaufgabe 1 „Quadratdrilling 1“

Das erste Puzzle-Teil, welches den Kindern präsentiert wird, ist ein *gerader* Quadratdrilling. Er deckt drei Felder des 6 × 6 Quadrates ab.

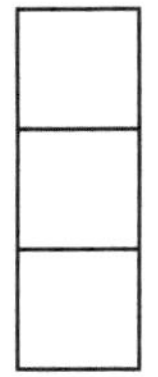

Die Kinder werden gefragt, ob die Vorlage vollständig und überschneidungsfrei damit ausgelegt werden kann und wie viele Puzzle-Teile man dazu benötigen würde.

**Teilaufgabe 2 „Quadratdrilling 2“**

In dieser Aufgabe wird der eingesprungene Quadratdrilling vorgelegt.

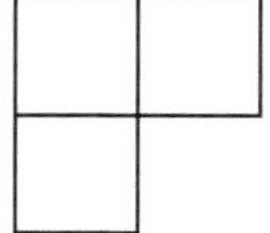

Die Fragestellung bleibt gleich, Es wird jedoch hier und bei Bedarf bei allen folgenden Fragestellungen darauf hingewiesen, dass die Puzzle-Teile beidseitig verwendet werden können.

**Teilaufgabe 3 „Quadratdrilling 1 und 2“**

Nachdem jeweils Einzelüberlegungen für die beiden Quadratdrillinge angestellt wurden, geht es nun darum herauszufinden, ob die Fläche auch unter Verwendung beider Teile vollständig ausgelegt werden kann. Auch hier erfolgt dann die Frage nach der Anzahl der insgesamt benötigten Teile.

**Teilaufgabe 4 „zwei Quadratvierlinge“**

Hier werden den Kindern nun unter der gleichen Fragestellung diese zwei Quadratvierlinge dargeboten.

**Teilaufgabe 5 „drei Quadratfünflinge“**

Die letzte Teilaufgabe beschäftigt sich mit der Auslegung der Fläche unter Verwendung von drei verschiedenen Quadratfünflingen.

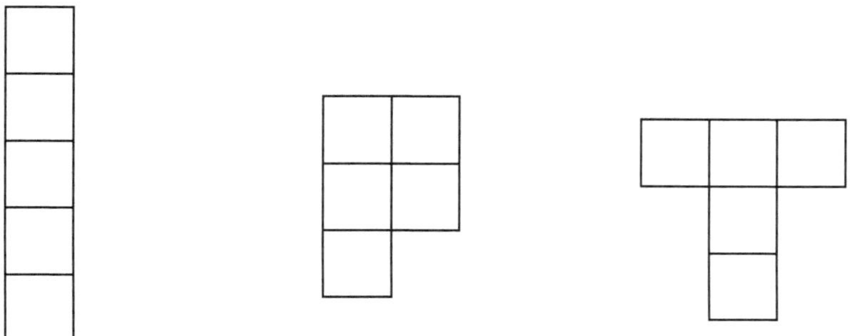

Auch hier geht es um die Frage, ob das Auslegen der Fläche möglich ist und wie viele Teile man dazu benötigen würde.

## 12.2 Auswertung nach dem Einsatz heuristischer Strategien

In welcher Form könnten die Kinder den Einsatz heuristischer Strategien bei der Bearbeitung dieser Aufgabe zeigen?

Da die Aufgabe stark an die den Kindern bekannten Puzzles erinnert, kann damit gerechnet werden, dass dementsprechend die **Strategie des Generierens und Testens von Lösungen** angewendet wird. Der Suchraum kann dabei allerdings nicht – wie beim eigentlichen Puzzle – durch farbliche Vorgaben eingegrenzt werden. Eine **Suchraumeingrenzung** ist jedoch auch bei dieser Form der Aufgabenstellung möglich, denn bevor die Kinder mit dem nahe liegenden Auslegen beginnen, werden sie immer dazu aufgefordert, zu überlegen, ob dies überhaupt mit den vorgegebenen Teilen möglich ist und wie viele Teile man dazu benötigen würde. So ist es hier durchaus denkbar, dass die Kinder auf suchraumeingrenzender Ebene eine Einschätzung abgeben und diese dann mit dem Material oder rechnerisch überprüfen.

Ebenfalls in Anlehnung an die herkömmlichen Puzzles ist vorrangig eine **vorwärtsgerichtete Arbeitsweise** zu erwarten. Wenn die Kinder jedoch die Vorlage bewusst als 6 × 6 Felder wahrnehmen, kann diese Information auch genutzt werden, um **rückwärtsarbeitend** durch Division oder fortgesetzte Subtraktion die benötigte Anzahl der Teile zu ermitteln. Hierzu ist jedoch zusätzlich erforderlich, dass erkannt wird, wie die Figuren zusammengefügt werden müssen. So ist ein sich ergänzendes **Vorwärts- und Rückwärtsarbeiten** wahrscheinlicher.

Durch die Wahl der Größe der Vorlage und der Grundfiguren kann außerdem bei den ersten vier Teilaufgaben davon ausgegangen werden, dass die Kinder die **Strategie des Zerlegens in überschaubare Teile** nutzen. Auf diese Weise wird an einem Teil der Vorlage exemplarisch erarbeitet, mit wie vielen Puzzle-Teilen dieser ausgelegt werden könnte, und daraufhin wird von dem Teilergebnis auf die Gesamtfläche geschlossen. Diese Strategie kann in der letzten Teilaufgabe aufgrund des Einsatzes von Quadratfünflingen jedoch nicht mehr erfolgreich eingesetzt werden.

Im Verlauf der Teilaufgaben ist außerdem die Nutzung der **Analogiebildung** möglich. So kann zum Beispiel durch das Zusammenfügen von zwei Grundfiguren aus Teilaufgabe 2 festgestellt werden, dass die entstandene Figur die gleiche Fläche einnimmt wie zwei einfache Quadratdrillinge. Nach dieser Erkenntnis kann dann analog zur ersten Teilaufgabe vorgegangen werden. Ebenfalls eine Handlung im Sinne des analogen Vorgehens wäre es, wenn die Nutzung der Strukturen und Beziehungen auf die neue Teilaufgabe übertragen wird.

Die Strategie der **Ziel-Mittel-Analyse** könnte gewinnbringend eingesetzt werden, indem vor der eigentlichen Bearbeitung geplant wird, wie die Lösung anzustreben ist.

**Welche heuristischen Strategien zeigen die Kinder?**

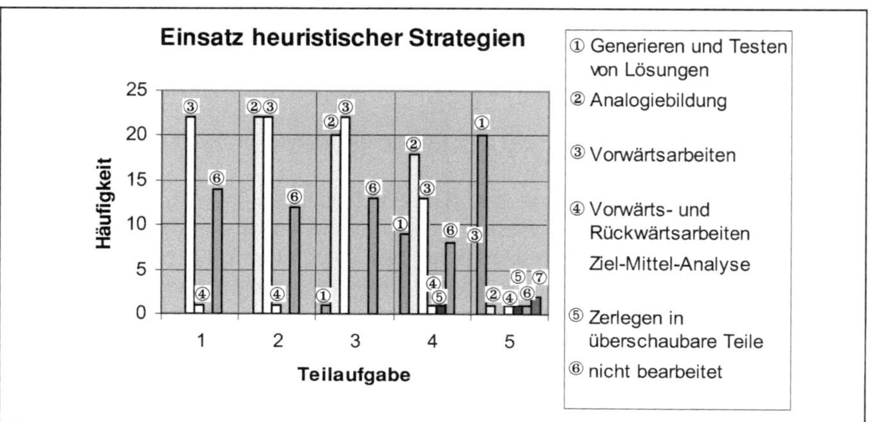


**Abb. 60:** Einsatz heuristischer Strategien bei der Aufgabe „Das Puzzle“

Unter den heuristischen Strategien ist auch bei dieser Aufgabe die des **Vorwärtsarbeitens** am häufigsten vertreten. In der Regel gehen die Kinder von den Puzzle-Teilen aus und ermitteln dann erstens, ob die Aufgabe lösbar ist, und zweitens, wie viele der Teile benötigt werden. Das reine **Rückwärtsarbeiten** ist gar nicht vorzufinden, in vier Teilaufgaben können jedoch Vorgehensweisen identifiziert werden, die Schlüsse auf ein **Vorwärts- und Rückwärtsarbeiten** zulassen. So argumentiert *Ben* in Teilaufgabe 1 wie folgt:

Auszug aus dem Transkript *Ben* „Das Puzzle“ Teilaufgabe 1 (02/1/1)

0:07 Ben: „Ja, also das mit der 3 geht bis dreißig und dann noch 2. Das sind dann 12.“

*Ben* geht implizit von den 36 vorhandenen Quadraten aus und ermittelt dann über die Multiplikation, wie viele der Grundfiguren er benötigt. Für ihn stellt sich hier gar nicht mehr die Frage, ob mit den Teilen die Vorlage lückenlos abgedeckt werden kann. Dies hat er bereits in einem ersten Schritt festgestellt. Es kann hier der Einsatz der Strategie des Vorwärts- und Rückwärtsarbeitens vermutet werden, da er zwar das Ergebnis an den Ausgangspunkt seiner Problemlösung stellt, jedoch dann vorwärts auf dieses Ergebnis hinarbeitet. Auf vergleichbare Weise gehen *Dina* in Teilaufgabe 2 und *Yannis* in den beiden letzten Teilaufgaben vor.

Eine weitere, häufig zu beobachtende Strategie ist die des **Zerlegens in überschaubare Teile**. Diese Strategie wird von all den Kindern angewendet, die exemplarisch an einem Teil der Vorlage arbeiten und dann auf das Gesamte schließen.

Auszug aus dem Transkript *Gina* „Das Puzzle“ Teilaufgabe 1 (07/1/1)

0:11 Gina: „Ja, wenn ich immer zwei Dreier untereinander lege, dann geht das und dann brauche ich 2, 4, 6, 8, 10, 12 Teile.“

Die Kinder, die das Problem in überschaubare Teile zerlegen, zeigen diese Strategie oft in mehreren Teilaufgaben. Besonders in Teilaufgabe 4 erfordert dieses Vorgehen jedoch durch den Einsatz der beiden Quadratvierlinge einen stärkeren Einblick in die Strukturierungsmöglichkeiten als in den vorhergehenden Teilaufgaben.

Auszug aus dem Transkript *Tom* „Das Puzzle“ Teilaufgabe 4 (19/1/4)

0:16 Tom: „Ja, wenn ich die beiden so zusammenlege [hält zwei Quadratvierlinge mit einspringenden Ecken in der Weise zusammen, dass sie einem 2 × 4 großen rechteckigens Feld entsprechen], dann passt da ja immer noch so einer drunter [zeigt auf den quadratischen Quadratvierling]. Und das geht dann dreimal so. Also sind das neun.“

Hier muss also erstmals zweischrittig vorgegangen werden. Nach dem Erkennen der Möglichkeit des Zusammenfügens ist es notwendig, eine Kombination mit der zweiten Grundfigur zu finden, sodass ein Bruchteil der Vorlage – bei *Tom* handelt es sich um ein Drittel der Vorlage – abgedeckt werden kann.

*Kevin* ist das einzige Kind, welches in Teilaufgabe 5 den Lösungseinstieg über die Zerlegung in überschaubare Teile sucht. Dabei verkennt er jedoch zunächst die Tatsache, dass der linear angeordnete Quadratfünfling nicht eine komplette Spalte der Vorlage abdeckt. Als er dies durch Probieren erkennt, kommt er von seiner Strategie ab.

Auszug aus dem Transkript *Kevin* „Das Puzzle“ Teilaufgabe 5 (11/1/5)

0:09 Kevin: „Ja, da leg' ich so 'ne Reihe voll [legt einen linear angeordneten Quadratfünfling über die Vorlage] und dann geht das ja immer so.“

**Ziel-Mittel-Analysen** nimmt lediglich *Yannis* in den letzten beiden Teilaufgaben vor.

Auszug aus dem Transkript *Yannis* „Das Puzzle“ Teilaufgabe 4 (23/1/4)

6:21 Yannis: „Die passen ja gut zusammen. Dann muss ich ja jetz' nur ausrechnen, wie oft der Vierer in die 36 passt.“

*Yannis* geht im Rahmen dieser Ziel-Mittel-Analyse zweischrittig vor. Zunächst überprüft er, ob die Vorlage überhaupt mit den vorgegebenen Teilen auszulegen ist, und stellt fest, dass dies der Fall ist („Die passen ja gut zusammen.“). Zu dieser Erkenntnis gelangt *Yannis*, ohne die Puzzle-Teile in die Hand zu nehmen. Dann plant er den zweiten Schritt, der auf dem Ermitteln der Anzahl der benötigten Puzzle-Teile beruht. Zum Schluss rechnet er dann nur noch diese Aufgabe im Kopf aus und nennt das richtige Ergebnis.

Interessant ist die Beobachtung, wie die Kinder die **Strategie des Generierens und Testens von Lösungen** über die Teilaufgaben hinweg einsetzen. So gibt es bei den ersten beiden Teilaufgaben kein Kind, welches derart vorgeht. Auch die Kinder, die das Material nutzen, gehen hier strukturiert vor. In Teilaufgabe 3 ist das Generieren und Testen von Lösungen dann erstmals bei *Victor* zu beobachten. Er nutzt dies jedoch nicht, um zu einer Lösung zu kommen, sondern um musterorientiert verschiedene „schöne“ Möglichkeiten zu finden. Vergleichbar geht er bei Teilaufgabe 4 vor, lediglich bei der letzten Teilaufgabe probiert auch er zunächst lange, um dann zu konstatieren, dass es keine Lösung geben kann. Neunzehn weitere Kinder gehen in Teilaufgabe 5 ebenso vor. Da zwei Kinder diese Teilaufgabe gar nicht bearbeiten, bleibt lediglich *Yannis*, der auch in der letzten Teilaufgabe durch sein rechnerisches Vorgehen die Unlösbarkeit begründet.

In Bezug auf die Strategie der **Analogiebildung** kann bei dieser Aufgabe festgehalten werden, dass außer *Gina, Finn* und *Tom* alle Kinder in den Teilaufgaben 2 und 3 Analogien erkennen und zur Lösung nutzen. In Teilaufgabe 4 sind es dann schon weniger Kinder und in der letzten Teilaufgabe gelingt es nur einem Kind konsequent, diese Fähigkeit zu zeigen. Hierbei handelt es sich – wie bereits aufgezeigt – um *Yannis*. Als eine Form der Analogiebildung sei hier beispielhaft die Vorgehensweise von *Ben* dargestellt.

Auszug aus dem Transkript *Ben* „Das Puzzle" Teilaufgabe 2 (02/1/2)

01:20 Ben: „Das wäre doch genauso, als wenn man zwei von den langen Dreiern legt. Dann sind das nämlich auch zwölf."

*Ben* erkennt, dass er durch das Zusammenfügen zweier Quadratdrillinge mit eingesprungenen Ecken eine Figur erhält, die zwei nebeneinander liegenden einfachen Quadratdrillingen entspricht. Daraufhin schließt er, dass es hier zur selben Lösung kommt.

**Suchraumeingrenzungen** können beim Bearbeiten der Aufgabe „Das Puzzle" überhaupt nicht beobachtet werden.

Bezüglich des Einsatzes heuristischer Strategien kann festgehalten werden, dass neben dem vorwärtsgerichteten Arbeiten häufig die Analogiebildung und das Zerlegen in überschaubare Teile zu beobachten sind. Hier nutzen die Kinder tatsächlich die Struktur der Vorlage, um je nach Puzzle-Teil angemessene Teillösungen zu ermitteln und daraufhin auf die Gesamtlösung zu schließen. Demgegenüber kann die Ziel-Mittel-Analyse kaum nachgewiesen werden. Ähnliches gilt für das Rückwärtsarbeiten bzw. das Vorwärts- und Rückwärtsarbeiten. Obwohl die Wahl der Vorlage in Kombination mit den Grundfiguren darauf ausgelegt ist, auch diese Strategie herauszufordern, wird sie nur von drei Kindern eingesetzt. Suchraumeingrenzungen werden überhaupt nicht vorgenommen. Der Einsatz der Strategie des Generierens und Testen von Lösungen nimmt mit der Komplexität der Grundfiguren zu. So kommen bereits in Teilaufgabe 4 neun Kinder vom zielgerichteten Vorwärtsarbeiten ab und generieren Lösungen, die sie dann überprüfen. In der letzten Teilaufgabe gehen sogar alle Kinder außer *Yannis* auf diese Weise vor.

Richtet man nun den Blick auf die gezeigte Strategienvielfalt durch die einzelnen Kinder, so muss zunächst konstatiert werden, dass wenige Kinder lediglich das Vorwärtsarbeiten und/oder das Generieren und Testen von Lösungen zeigen. Zu dieser Gruppe zählen *Jan, Ron* und *Ulf.* Während *Ulf* lediglich die ersten drei Teilaufgaben vollständig richtig löst, gelingt es jedoch *Jan* und *Ron* auf probierendem – puzzelndem – Weg, die ersten vier Teilaufgaben richtig zu lösen und selbst für Teilaufgabe 5 eine richtige Einschätzung abzugeben.

Insgesamt zwölf Kinder zeigen neben dem Vorwärtsarbeiten noch die Strategie des Zerlegens in überschaubare Teile. Davon kommen sechs Kinder *(Arne, Hanna, Nick, Tom, Victor* und *Willi)* in allen fünf Teilaufgaben zu richtigen Lösungen.

Sechs weitere Kinder *(Ben, Clara, Dina, Yannis, Lars* und *Mia)* setzen drei oder mehr verschiedene heuristische Strategien ein. Es zeigen hier jedoch nur *Clara* und *Yannis* richtige Lösungen in allen Teilaufgaben. Die anderen Kinder kommen demgegenüber meist in der letzten Teilaufgabe nur zu teilweise richtigen Ergebnissen. *Yannis* sei hier besonders hervorgehoben, da er durch den gezielten Strategieeinsatz schnell und sicher zu den Ergebnissen kommt.

## 12.3 Auswertung nach dem Einsatz aufgabenspezifischer Strategien

Die strategiebezogene Spezifik dieser Aufgabe liegt in zwei Bereichen: einerseits in der Fähigkeit zum zielgerichteten Strukturieren der Vorlage und damit verbunden in der Fähigkeit zur Abstraktion und andererseits in der Fähigkeit zum Erkennen vorteilhafter Kombinationen von Puzzle-Teilen. Die beiden Bereiche geben gemeinsam Aufschluss darüber, ob die Kinder verstärkt gestaltorientiert oder logisch geleitet vorgehen.

Die Fähigkeit zum Strukturieren der Vorlage, das heißt zum exemplarischen Arbeiten an einem Teil der Vorlage, wurde bereits im Rahmen der Auswertung der heuristischen Strategie des Zerlegens in überschaubare Teile untersucht. An dieser Stelle kommt noch ein weiterer Aspekt hinzu. Hierbei handelt es sich um die Fähigkeit zum kompletten Abstrahieren von der Puzzle-Situation. Es soll somit herausgearbeitet werden, ob die Kinder die gesamte Vorlage zum Lösen der Aufgabe einsetzen, ob sie die Vorlage strukturieren und ihre Lösung durch die exemplarische Bearbeitung eines Teils ermitteln oder ob sie auf kognitiver Ebene vorgehen.

Der zweite Auswertungsstrang verfolgt unterstützend, inwieweit die Kinder die vorteilhafte Kombination der einzelnen Puzzle-Teile zu größeren Einheiten erkennen und nutzen.

In Teilaufgabe 1 kann noch nicht direkt von einer Möglichkeit zum vorteilhaften Kombinieren ausgegangen werden. Deswegen wird sie nicht in die Auswertung einbezogen. Ähnliches gilt für Teilaufgabe 5. Hier sind zwar verschiedene vorteilhafte Kombinationen der einzelnen Puzzle-Teile möglich, in Bezug auf die 6 × 6 Vorlage bringen sie jedoch keinen Gewinn. Dementsprechend wird auch diese Teilaufgabe hier nicht berücksichtigt.

Bezüglich der anderen Puzzle-Teile gelten folgende Kombinationen[27] als vorteilhaft:

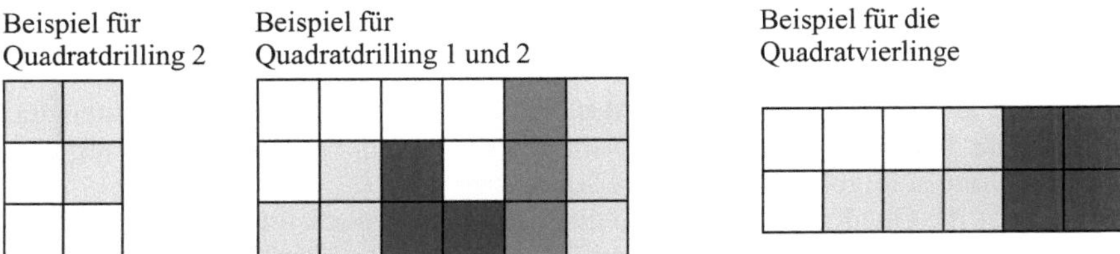


**Abb. 61:** Kombinationsmöglichkeiten der Puzzle-Teile in der Aufgabe „Das Puzzle“

[27] Die hier gewählte Farbgebung der Puzzle-Teile dient ausschließlich der besseren Kenntlichmachung. Wie bereits erwähnt, haben gleiche Teile auch immer die gleiche Farbe.

Das Erkennen und Nutzen vorteilhafter Kombinationen lässt in Verbindung mit dem exemplarischen Handeln an Teilen der Vorlage oder gar in Verbindung mit kognitivem Vorgehen auf ein *logisch geleitetes Handeln* schließen.

Demgegenüber liegt ein *gestaltorientiertes Vorgehen* im Sinne von *Burchartz* (2003, S. 81ff.) vor, wenn sich die Kinder auf das Erstellen von Mustern oder Figuren konzentrieren und dabei die ganze Fläche oder Teile der Fläche auslegen. Das Auslegen orientiert sich dann zum Beispiel am Schließen entstandener Lücken, am Einhalten bestimmter Gruppierungen von Puzzle-Teilen oder am Legen eines Musters im Sinne des Parkettierens.

Zunächst jedoch zum **Grad der Abstraktion** von der Vorlage und den Puzzle-Teilen:

**Tabelle 18:** Grad der Abstraktion bei der Aufgabe „Das Puzzle“

| Grad der Abstraktion | TA 1 | TA 2 | TA 3 | TA 4 | TA 5 |
|---|---|---|---|---|---|
| Umgang mit der ganzen Vorlage | 9 | 11 | 10 | 14 | 19 |
| exemplarisches Handeln an Teilen | 8 | 11 | 13 | 8 | 1 |
| kognitives Vorgehen | 6 | 1 | 0 | 1 | 1 |
| nicht erkennbar | 0 | 0 | 0 | 0 | 2 |

Hier lässt sich feststellen, dass es bezüglich der ersten drei Teilaufgaben zwei nahezu gleich starke Gruppen gibt: einerseits die Kinder, die die ganze Vorlage zum Auslegen nutzen, und andererseits die Kinder, die exemplarisch an einem Teil der Vorlage arbeiten. Während jedoch die Anzahl der Kinder, die an der ganzen Vorlage arbeiten, in den beiden letzten Teilaufgaben zunimmt, wird das exemplarische Handeln deutlich weniger vorgenommen. Interessant ist außerdem die Beobachtung des Anteils kognitiven Vorgehens im Verlaufe der Teilaufgaben. Über ein Viertel der Gruppe löst Teilaufgabe 1 auf kognitivem Weg, geht dann jedoch fast ausschließlich zu exemplarischem Handeln an Teilen über. Von dieser Tendenz hebt sich Yannis deutlich ab. Er geht in Teilaufgabe 1 kognitiv vor, arbeitet dann in den beiden folgenden Teilaufgaben an der ganzen Vorlage, um in den letzten beiden Teilaufgaben wiederum rein kognitiv zu arbeiten.

Diese Sprünge über die Bearbeitungsebenen hinweg sind ansonsten nicht zu beobachten. Vielmehr ist ein sukzessiver Wechsel von Ebene zu Ebene erkennbar.

Im Weiteren soll nun die **Fähigkeit zum Nutzen vorteilhafter Kombinationen** von Puzzle-Teilen untersucht werden.

Nahezu alle Kinder der Gruppe entdecken diese Kombinationsmöglichkeiten der Puzzle-Teile. Lediglich *Gina* und *Nick* haben diesbezüglich Probleme. In Teilaufgabe 2 kommt *Gina* zu folgendem Lösungsversuch:

Sie setzt die Quadratdrillinge ausschließlich in der Weise zusammen, dass quasi eine Aneinanderreihung zustande kommt. Dies führt zu drei freibleibenden Feldern. Trotz mehrerer Versuche erkennt *Gina* keine andere Möglichkeit der Kombination.

Etwas anders verhält es sich bei dem zweiten Kind, welches die Kombination der Quadratvierlinge nicht nutzt. *Nick* kommt hier trotzdem durch Probieren zu einer Lösung. Sowohl *Ginas* als auch *Nicks* Vorgehensweise lassen sich nach *Burchartz* mit

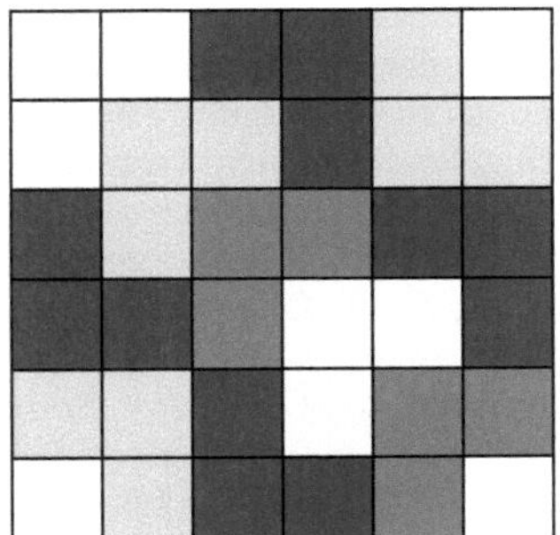

**Abb. 62:** Lösungsversuch von *Gina* zu Teilaufgabe 2 der Aufgabe „Das Puzzle“

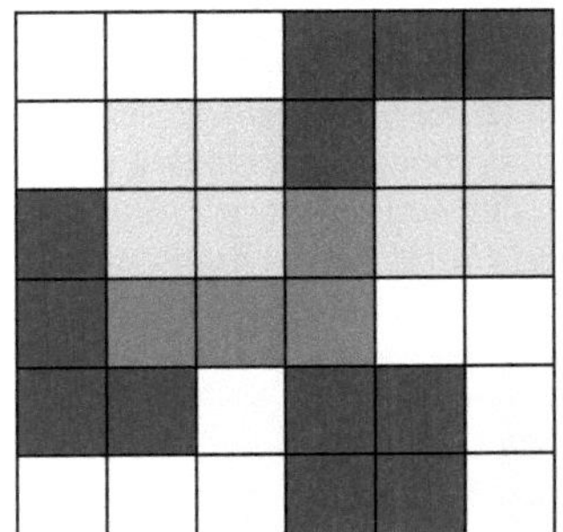

**Abb. 63:** Lösungsversuch von *Nick* zu Teilaufgabe 4 der Aufgabe „Das Puzzle“

dem Versuch des *Entstörens* (vgl. ebd., S. 81f.) gleichsetzen, denn sie sind durchgängig bestrebt, entstandene Lücken zu schließen, kommen dabei aber zu keinem weit reichenden Lösungsansatz, der auf dem Nutzen vorteilhafter Kombinationen aufbaut.

Nach der einzelnen Darstellung der beiden Auswertungsstränge wird im Folgenden zusammenfassend der Frage nachgegangen, inwieweit die Kinder logisch geleitet oder gestaltorientiert vorgehen. Das folgende Diagramm zeigt die Verteilung auf:

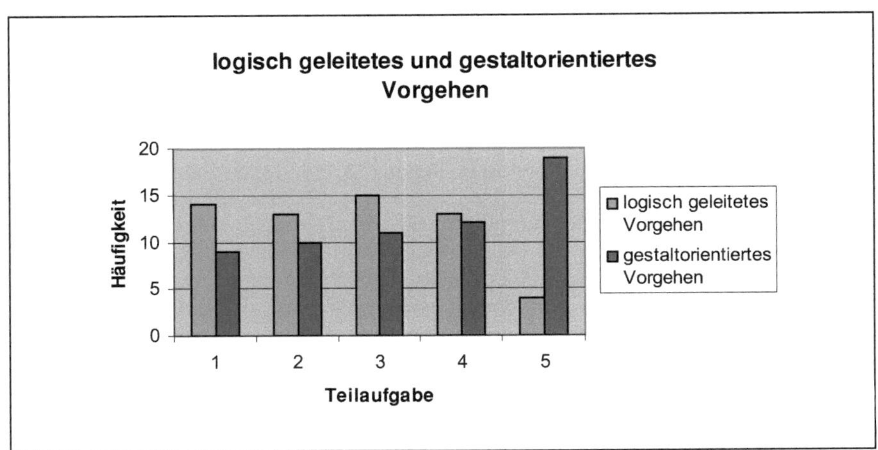


**Abb. 64:** Logisch geleitetes und gestaltorientiertes Vorgehen bei der Aufgabe „Das Puzzle“

Insbesondere fällt hier die überwiegende Anzahl logisch geleiteter Vorgehensweisen bei der Bearbeitung der ersten vier Teilaufgaben auf. Erwartungsgemäß nehmen jedoch die gestaltorientierten Vorgehensweisen von Teilaufgabe zu Teilaufgabe zu, bei der letzten Teilaufgabe herrschen sie dann deutlich vor.

Betrachtet man nun das Vorgehen der Kinder über alle Teilaufgaben hinweg, so lassen sich zwei Tendenzen feststellen. Ein Großteil der Kinder lässt sich eindeutig einer der Vorgehensweisen zuordnen und behält diese auch bis zu Teilaufgabe 5 bei. Es gibt jedoch auch Kinder, die, obwohl sie zunächst logisch geleitet arbeiten, vorrangig in den Teilaufgaben 3, 4 und 5 in das gestaltorientierte Arbeiten wechseln. Hierzu zählen *Clara, Finn, Hanna* und *Lars*. Andere Kinder beginnen und verweilen auf gestaltorientierter Ebene und zeigen auch, dass sie diese zur Lösung der Aufgabe benötigen. Sukzessive legen sie ein Puzzle-Teil, schätzen die Situation ab und suchen dann ein weiteres, passendes Teil. Zu dieser Gruppe von Kindern gehören *Jan, Olaf, Peter, Ron, Stine, Victor* und *Ulf*. Außer *Ulf* und *Peter* zählen diese Kinder alle zu den jüngsten der Gruppe. Somit ergibt sich an dieser Stelle erstmals ein deutlicher Hinweis darauf, dass das Alter und die damit einhergehende Entwicklung einen Einfluss haben könnten.

Unter diesen Kindern muss jedoch *Victor* besonders berücksichtigt werden. Seine Motivation zum Auslegen der Vorlage scheint eindeutig die Freude an der Suche nach verschiedenen Mustern zu sein.

Auszug aus dem Transkript *Victor* „Das Puzzle“ Teilaufgabe 3 (21/1/3)

1:05 I.: „Du hast die Lösung schnell gefunden. Meinst du, es gibt noch mehr Möglichkeiten, um die Vorlage damit auszulegen?“

1:21 Victor: „Ja, ich zeig's dir. Jetzt kann ich nämlich die geraden [hält einen einfachen Quadratdrilling in der Hand] noch ganz anders verteilen. Vielleicht immer außen.“

Nach der Präsentation dieser Lösung geht *Victor* davon aus, dass es weitere Lösungsmöglichkeiten gibt, doch die Interviewerin geht zur nächsten Teilaufgabe über. Auch dort findet *Victor* mehrere Lösungen, die er dadurch unterscheidet, dass das Muster „gleichmäßig verteilt“, „schön abwechselnd“ oder „wie ein Fisch“ ist.

*Victor* weist im Rahmen der Bearbeitung dieser Aufgabe eindeutig die kreativsten Lösungen auf, da er viele verschiedene Möglichkeiten aufzeigt und nach originellen Auslegungen sucht („Ob ich auch eins machen kann, wo alle Dicken [meint die quadratischen Quadratvierlinge] immer unten liegen?“ *Victor* Teilaufgabe 4).

Für die Auswertung nach den aufgabenspezifischen Strategien bleibt festzuhalten, dass einige Kinder ein sehr ausgeprägtes Abstraktionsvermögen aufweisen. Das Erkennen der vorteilhaften Kombinationen scheint für sie keine besondere kognitive Leistung zu erfordern, denn sie setzen es quasi als Voraussetzung bereits an den Anfang ihrer auf kognitiver Ebene stattfindenden, logisch geleiteten Lösungsansätze. Zu diesen Kindern zählen *Ben, Enno, Willi, Yannis* und *Nick*. Eindeutig am erfolgreichsten ist dabei jedoch *Yannis*. Dieser Gruppe von Kindern ist *Victor* gegenüberzustellen, der besonders kreativ vorgeht und gerade durch das Negieren vorteilhafter Kombinationen verschiedene, an Mustern orientierte Lösungsmöglichkeiten auf gestaltorientierter Ebene findet.

Demgegenüber kann eine Gruppe von Kindern identifiziert werden, die auf gestaltorientierter Ebene – quasi in Anlehnung an das ihnen bekannte Puzzle – vorgeht. Diese Kinder erarbeiten sich die Lösung konkret handelnd an der Vorlage. Auffällig ist hier die Tatsache, dass es sich vorrangig um einen Teil der jüngeren Kinder dieser Gruppe handelt.

## 12.4 Auswertung nach den Phasen des Problemlöseprozesses

*1. Annehmen und Verstehen der Aufgabe*

Die Auswertung dieses Kriteriums ergibt ein äußerst prägnantes Ergebnis, denn die vorliegende Aufgabenstellung wird von allen Kindern erfasst und verstanden. Lediglich in Teilaufgabe 1 benötigt *Peter* kurz eine weitere Erklärung, da er zuerst annimmt, die Puzzle-Teile könnten auch übereinander gelegt werden. Nach der Klärung dieses Missverständnisses arbeitet auch er sachgerecht weiter.

Eine weitere Ausnahme bilden *Ben* und *Gina* bezüglich Teilaufgabe 5, die sie gar nicht mehr bearbeiten. Beide kommen in Teilaufgabe 4 zu keiner Lösung, schließen daraus, dass diese nicht lösbar ist, und daraufhin bricht die Interviewerin leider das Interview komplett ab.

Über das hier aufgezeigte Kriterium hinaus kann festgehalten werden, dass die Kinder durchgängig nach der Präsentation der Aufgabe äußerst motiviert wirken und eifrig in die Bearbeitung einsteigen.

*2. Lösungsplanung und -realisierung*

*Handlungen zur Lösungsplanung*

Zur Auswertung dieses Kriteriums kann generell auf die Ergebnisse der Auswertung der aufgabenspezifischen Strategien verwiesen werden. Aus Gründen der Vollständigkeit soll auch hier jedoch eine Ergebnisdarstellung vorgenommen werden.

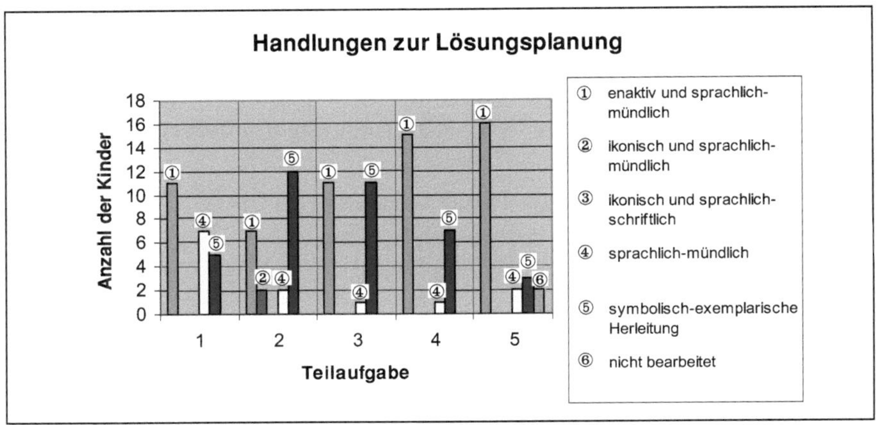


**Abb. 65:** Handlungen zur Lösungsplanung bei der Aufgabe „Das Puzzle“

Bezüglich der Handlungsebenen sind bei den einzelnen Teilaufgaben deutliche Unterschiede erkennbar. So beginnt in Teilaufgabe 1 ein großer Teil der Kinder trotz der Aufforderung zum Überlegen mit dem Auslegen der Fläche. Demgegenüber steht jedoch eine weitere große Gruppe, die die Aufgabe rein sprachlich-mündlich löst. Stellvertretend für diese Kinder sei hier *Ben* genannt:

Auszug aus dem Transkript *Ben* „Das Puzzle“ Teilaufgabe 1 (02/1/1)

0:22 Ben: „Ja, die Dreier gehen bis 30 und noch 2. Dann sind es 12.“

Es kann davon ausgegangen werden, dass *Ben* mit den „Dreiern“ die Dreierreihe meint, in Gedanken zehnmal drei rechnet und dann noch zweimal drei addiert. So kommt er auf die richtige Lösung. Ebenfalls auf dieser Ebene lösen *Clara, Dina, Enno, Nick, Tom* und *Yannis* die erste Teilaufgabe.

Einen Ansatz, der zwischen dem handelnden Zugang und der kognitiven Bearbeitung liegt, finden fünf Kinder. Sie halten eine vorgegebene Grundfigur über einen Teil der Vorlage und schließen daraufhin auf die Gesamtheit. In Teilaufgabe 2 nimmt dann diese symbolisch-exemplarische Herleitung die vorwiegende Rolle in Bezug auf die Handlungsweisen ein. Auch ein Teil der Kinder, die zuvor noch sprachlich-mündlich gearbeitet haben, wechselt nun. Lediglich *Clara* und *Dina* bleiben bei ihrer Vorgehensweise. Auffällig sind hier außerdem *Arne* und *Finn*. Diese beiden Kinder bearbeiten die Teilaufgabe, indem sie auf die bereitliegenden Arbeitsblätter zurückgreifen und dort ihre Lösung einzeichnen. Sie kommen zwar zur richtigen Lösung, benötigen dementsprechend aber mehr Zeit. In den weiteren Teilaufgaben gehen sie nicht mehr derart vor.

Teilaufgabe 3 ist nun dadurch geprägt, dass die Kinder größtenteils bei ihrer bisherigen Vorgehensweise bleiben. Lediglich *Clara, Arne, Finn* und *Nick* wechseln zum enaktiven Vorgehen.

Für die Teilaufgaben 4 und 5 ist das enaktive Vorgehen als die häufigste Vorgehensweise zu identifizieren. Es beeindrucken hier jedoch besonders die wenigen Kinder, die rein sprachlich-mündlich erfolgreich zu einer Lösung kommen. In Teilaufgabe 4 ist dies nur *Yannis* und in der letzten Teilaufgabe kommt *Isa* dazu, sie liefert jedoch im Gegensatz zu *Yannis* keine schlüssige Begründung der Unlösbarkeit.

Auszug aus dem Transkript *Yannis* „Das Puzzle“ Teilaufgabe 5 (23/1/5)

7:58 Yannis: „Weil die Fünf passt net, (...) weil, da muss noch ein Feld frei bleiben. Weil, die Fünf passt net genau auf die 36. Mit 'nem 35er Feld geht's. Aber so geht's ganz bestimmt net.“

*Yannis* liefert hier einerseits die richtige Begründung der Unlösbarkeit und gibt dann sogar noch eine Variante an, mit der man zu einer Lösung kommen könnte.

Der hohe Anteil des enaktiven Vorgehens kann mit dem Material und den damit verbundenen gewohnten Handlungsweisen der Kinder erklärt werden. Trotzdem wählt nahezu die Hälfte der Kinder in den Teilaufgaben 2 und 3 und ein Drittel der Kinder in Teilaufgabe 4 die Vorgehensweise der symbolisch-exemplarischen Herleitung der Lösung. Dies zeigt deutlich, dass diese Kinder auch bei komplexeren Aufgaben über die Fähigkeit verfügen, zu abstrahieren und gedanklich zu operieren.

Des Weiteren kann angeführt werden, dass ein Großteil der Kinder mit zunehmender Schwierigkeit stärker das bereitliegende Material in den Lösungsprozess einbindet. Demnach erfolgt hier bei den komplexeren Problemstellungen ein selbst initiierter Wechsel auf eine andere Niveaustufe.

*Vorgehen beim Lösen*

Nach der Untersuchung der Handlungen zur Lösungsplanung ist es nun notwendig herauszuarbeiten, auf welche Weise diese Lösung endgültig erzielt wird. Hierbei zeigt sich, dass die Kinder entweder rein rechnerisch vorgehen oder sich auf handelnder Ebene die Möglichkeiten zum Auslegen erarbeiten und diese dann abzählen. Eine Mischform dieser beiden Vorgehensweisen ist auch hier das exemplarische Vorgehen, wobei sich die Kinder einen Teil handelnd erarbeiten und dann rechnerisch auf die Lösung schließen.

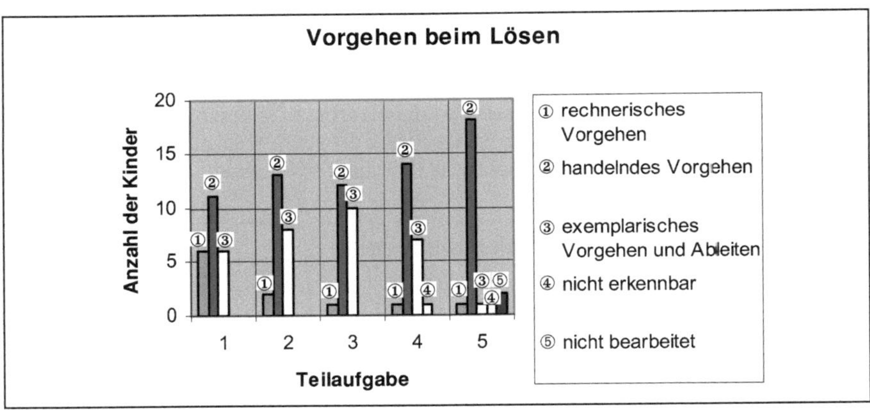


**Abb. 66:** Vorgehen beim Lösen der Aufgabe „Das Puzzle“

Es lässt sich auch hier deutlich erkennen, dass die Kinder vorwiegend auf handelndem Weg zu einer Lösung kommen. Das rechnerische Vorgehen wird in Teilaufgabe 1 von sechs Kindern gezeigt, nimmt jedoch dann derart ab, dass in den letzten drei Teilaufgaben jeweils nur noch ein Kind rechnend zur Lösung kommt. Diese Tendenz kann mit dem Hang der Kinder zum Wechsel zu einfacheren Strategien bei anspruchsvolleren Aufgaben erklärt werden. Hierauf liefert zum Beispiel *Willi* einige Hinweise:

Auszug aus dem Transkript *Willi* „Das Puzzle“ Teilaufgabe 2 (22/1/2)

0:08 Willi: „1, 2, 3, 4 [zählt die Drillinge mit einspringenden Ecken in den ersten beiden Spalten ab]. Vier mal sechs [zählt die Quadrate in der obersten Reihe] muss ich jetzt einfach, glaub' ich, rechnen (4Sek.). Ach nee, nee, 1, 2, 3, 4, 5, 6, 7, 8, 9, 10, 11, 12. Wieder zwölf.“ [Während des Zählens zeigt er mit dem Finger auf der Vorlage jeweils, wie er sich die Lage des Puzzleteils vorstellt.]

Er beginnt zunächst auf der Vorstellungsebene einen Teil des Plans mit den Drillingen auszulegen und multipliziert dann mit der Anzahl der Reihen. Dabei erkennt er jedoch schnell, dass hier Doppelreihen belegt werden müssten. Diese Erkenntnis bringt ihn dann dazu, von der formal-rechnerischen Ebene zum „sicheren" zählenden Vorgehen zu wechseln.

Der Wechsel zu sicheren Vorgehensweisen ist auch über die Teilaufgaben hinweg bei vielen Kindern eindeutig zu beobachten. Sie bearbeiten die ersten drei Teilaufgaben häufig durch exemplarisches Vorgehen und wechseln dann bei Teilaufgabe 4 oder spätestens bei Teilaufgabe 5 zum Handeln.

*Problemlöseniveau*

Von den gewählten Handlungen zur Lösungsfindung wird nun zum Problemlöseniveau übergegangen. Grundsätzlich ist anzumerken, dass die beiden Bereiche eindeutige Berührungspunkte haben. Denn wenn ein Kind abwechselnd probiert und überlegt, so bewegt es sich auch wenigstens teilweise auf der enaktiven Ebene, hartnäckiges Probieren findet sogar immer enaktiv statt, die Kinder nutzen dazu nicht die ikonische Ebene. Im Umkehrschluss kann jedoch nicht beobachtet werden, dass Kinder, die systematisch strukturierend an die Bearbeitung herangehen, immer auf kognitiver oder symbolisch-exemplarischer Ebene arbeiten. Hier gibt es auch Kinder, die dieses Problemlöseniveau mit enaktiven Handlungen koppeln.

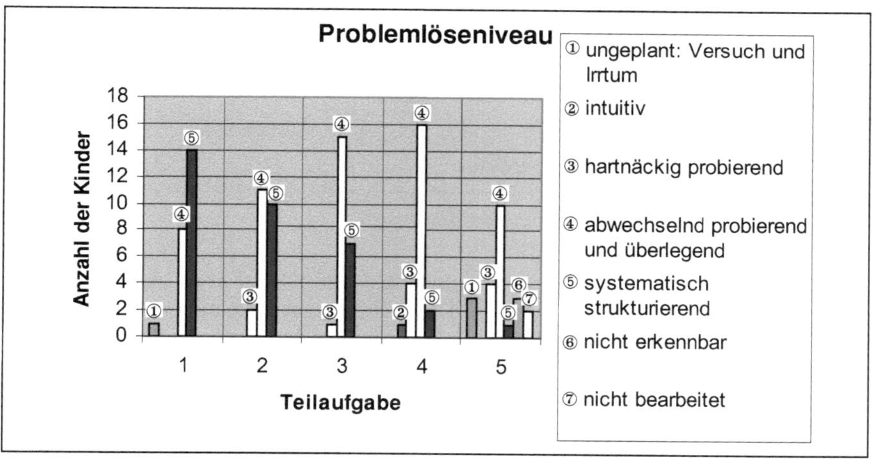


**Abb. 67:** Problemlöseniveau bei der Aufgabe „Das Puzzle"

Die beiden überwiegend genutzten Problemlöseniveaus sind das systematische Strukturieren und das abwechselnde Probieren und Überlegen. Das systematische Strukturieren ist zu Beginn bei über der Hälfte der teilnehmenden Kinder festzustellen und nimmt kontinuierlich ab, in der letzten Teilaufgabe geht nur noch *Yannis* auf diese Weise vor, er arbeitet jedoch in den Teilaufgaben 2 und 3 abwechselnd probierend und überlegend. Mit der Abnahme des systematischen Strukturierens geht die Zunahme des abwechselnden Probierens und Überlegens einher, bis es schließlich in den Teilaufgaben 3 und 4 die vorherrschende Vorgehensweise ist. In Teilaufgabe 5 nimmt es jedoch ebenfalls ab, zugunsten eines breiten Auftretens fast aller Niveaustufen.

Ein häufig zu beobachtender Verlauf innerhalb der Bearbeitung der Teilaufgaben ist ein systematisch strukturierender Beginn, in Teilaufgabe 3 oder spätestens Teilaufgabe 4 wird dann aber meist gewechselt zum abwechselnden Probieren und Überlegen.

Das intuitive Vorgehen ist lediglich in Teilaufgabe 4 bei *Ben* erkennbar. Er formuliert hier sehr schnell, dass diese Aufgabe nicht gelöst werden kann.

Auszug aus dem Transkript *Ben* „Das Puzzle“ Teilaufgabe 4 (02/1/4)

3:08 Ben: [Er schaut während der Fragestellung auf die Puzzle-Teile und antwortet sehr schnell.] „Nee, es kann ja gar nicht gehen.“ (5 Sek.) [Er kratzt sich nachdenklich am Kopf.] „Wenn ich die zwei jetzt so zusammenlege [hält zwei Quadratvierlinge mit einspringenden Ecken in der Weise aneinander, dass sie ein 4 × 2 Feld abdecken], dann bleibt ja hinten nur noch eins frei. Das würde dann ja eigentlich nie gehen.“

*Ben* erfasst schnell die Formen der Teile, erkennt ihre Kombinationsmöglichkeiten und setzt diese in Beziehung zur Vorlage, ohne die Teile oder die Vorlage zu nutzen. Leider geht er dann davon aus, dass die Kombination der beiden Puzzle-Teile fünf Kästchen der Vorlage in Anspruch nimmt, wodurch nur noch eine Reihe frei bleiben würde. Zum Füllen dieser Reihe sieht er keine Möglichkeit und kommt somit zu dem Schluss der Unlösbarkeit. Leider bricht die Interviewerin an dieser Stelle die Bearbeitung ab. Hätte sie *Ben* – wie im Interview-Leitfaden vorgesehen – dazu aufgefordert, diese Hypothese am Material zu demonstrieren, so ist aufgrund seiner Bearbeitung der anderen Teilaufgaben durchaus davon auszugehen, dass er erfolgreich weitergearbeitet hätte.

Insgesamt scheinen den Kindern sowohl die Vorlage als auch die einfachen Grundfiguren in den Teilaufgaben 1, 2 und teilweise auch in Teilaufgabe 3 ausreichend Vorstellung zu ermöglichen, um auf einem höheren Problemlöseniveau zu arbeiten. Sie erkennen und nutzen Kombinationsmöglichkeiten und/oder unterteilen den Plan gedanklich (vgl. S. 263ff.). Somit ergibt sich die Möglichkeit zum systematisch strukturierten Vorgehen. Mit zunehmender Vielfalt und Komplexität der Teile wird häufig jedoch in den Teilaufgaben 4 und 5 zum abwechselnden Probieren und Überlegen übergegangen, einige Kinder wechseln sogar zum hartnäckigen Probieren und zum Arbeiten in Form von Versuch und Irrtum.

*Qualität der Lösung*

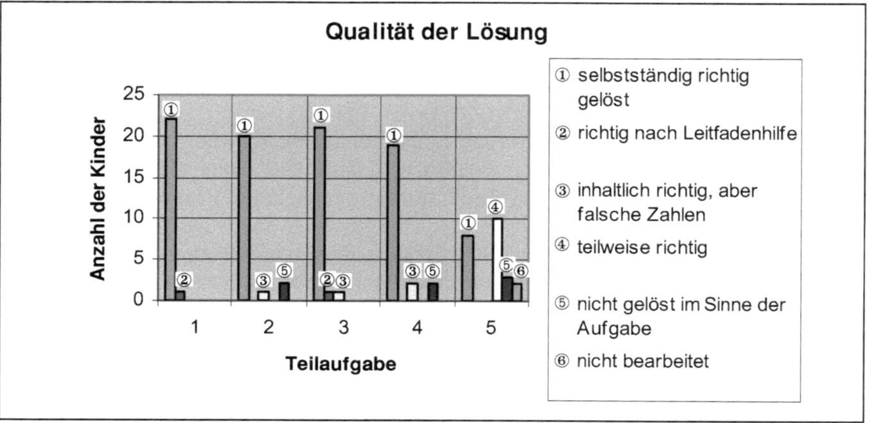


**Abb. 68:** Qualität der Lösungen bei der Aufgabe „Das Puzzle“

Dem Diagramm kann entnommen werden, dass der überwiegende Teil der Kinder die ersten vier Teilaufgaben selbstständig richtig löst. Es ist in diesem Zusammenhang jedoch interessant zu bemerken, dass zwei Kinder *(Gina* und *Isa)* die zweite Teilaufgabe nicht bewältigen, dann aber wieder zu richtigen Lösungen kommen.

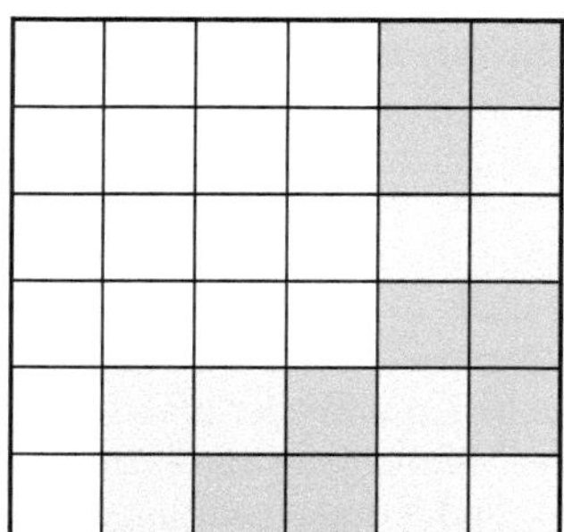

**Abb. 69:** Lösungsversuch von *Isa* zu Teilaufgabe 2 der Aufgabe „Das Puzzle“

**Abb. 70:** Lösungsversuch von *Gina* zu Teilaufgabe 2 der Aufgabe „Das Puzzle“

*Isa* kommt trotz des Legens der Puzzle-Teile zu dem Schluss, dass diese Aufgabe nicht lösbar ist. Sie legt zunächst vier Teile vertikal orientiert, sodass diese zwei Spalten benötigen, und wechselt dann in das horizontal orientierte Legen, wodurch ein komplettes Auslegen nicht mehr möglich ist.

*Gina* gelangt zu keiner Lösung, da sie die Möglichkeit zum Zusammensetzen zweier Teile zu einer größeren Einheit nicht erkennt. Sie begründet die Unlösbarkeit wie folgt:

Auszug aus dem Transkript *Gina* „Das Puzzle“ Teilaufgabe 4 (07/1/2)

0:32 Gina: „Hier oben geht's nicht. Weil hier ist so eine lange kahle [in Sinne von leere] Fläche. Hier das wird auch nicht hinhauen [deutet auf die beiden untersten Reihen].“

Neben der fehlenden Einsicht zur sinnvollen Kombination der Puzzle-Teile (eine Ausnahme bildet die rechts oben befindliche Zusammensetzung der beiden Drillinge, die sie jedoch nicht bewusst wahrnimmt), scheint sie hier nicht in der Lage zu sein, flexibel vorzugehen. Ein einmal gelegtes Puzzle-Teil nimmt sie nicht wieder weg. So gelingt es ihr nicht, alternative Lösungsansätze zu verfolgen.

Die im Leitfaden vorgesehene Unterstützung benötigt *Peter* in den Teilaufgaben 1 und 3, um zur Lösung zu kommen. In den Teilaufgaben 2 bis 4 sind bei *Mia, Stine* und *Ulf* Rechenfehlern beim Ermitteln der insgesamt benötigten Puzzle-Teile vorhanden.

Sowohl *Ben* als auch *Gina* kommen in Teilaufgabe 4 zu keiner Lösung. *Gina* hat hier wiederum Probleme, geeignete Kombinationen zu finden. Bei *Ben* handelt es sich um die bereits aufgezeigten Probleme. Er deutet nur symbolisch die Position zweier Quadratvierlinge mit einspringenden Ecken an und geht dann fälschlicherweise davon aus, dass nur noch eine Spalte übrig bleibt, nicht zwei. So kommt *Ben* auf kognitivem Weg zu dem Schluss, dass diese Aufgabe nicht lösbar ist. Er bearbeitet – ebenso wie *Gina* – daraufhin die letzte Teilaufgabe nicht mehr.

Interessant sind die Ergebnisse der Kinder beim Bearbeiten der letzten, unlösbaren Teilaufgabe. Immerhin können acht Kinder *(Arne, Clara, Victor, Hanna, Willi, Nick, Ron* und *Yannis)* diese Teilaufgabe selbstständig richtig bearbeiten und suchen dabei nach einer Begründung für die Unlösbarkeit. Beispielhaft sei hier *Nick* genannt. Nach dem Legen diverser Variationen stellt er fest, dass immer ein Kästchen frei bleibt. Er bleibt jedoch in seiner Begründung bei dieser materialgebundenen Aussage.

Auszug aus dem Transkript *Nick* „Das Puzzle“ Teilaufgabe 5 (14/1/5)

13:15 Nick: „Hier bleibt immer noch ein Einzelnes frei. Anders geht das nicht mit deinen Teilen. Und ich hab' kein Einzelnes. [Atmet geräuschvoll ein und aus.] Weil, ich hab' ja jetzt schon immer probiert, da ist immer ein Kästchen frei geblieben, das kann hier nicht gehen.“

Bereits aufgezeigt wurde die Lösung von *Yannis* (S. 268). Er ist das einzige Kind, welches die Unlösbarkeit rein arithmetisch begründet.

Beachtenswert ist jedoch auch die Gruppe der sieben Kinder, die zu einer teilweise richtigen Lösung kommen, also zwar die Unlösbarkeit erkennen, aber keine Begründung liefern. Zu diesen Kindern zählt unter anderem *Jan*. Nach mehrmaligem, erfolglosem Auslegen der Fläche formuliert er:

Auszug aus dem Transkript *Jan* „Das Puzzle“ Teilaufgabe 5 (10/1/5)

6:48 Jan: „Jetzt ging so viel nicht, das geht ja überhaupt nicht!“

Wie den anderen Kindern dieser Gruppe auch, gelingt es ihm zwar durch Probieren zu dem Schluss zu kommen, dass hier keine Lösung möglich ist, er erkennt jedoch nicht den Grund dafür. Seine Art des Vorgehens lässt dies auch kaum zu, denn seine handelnde Herangehensweise liefert nicht die notwendigen arithmetischen Argumente.

Es gibt in Teilaufgabe 5 allerdings auch drei Kinder *(Mia, Olaf* und *Ulf)*, die nicht zu einer Lösung kommen konnten. Diese Kinder gehen davon aus, dass man nur genügend probieren müsse.

Auszug aus dem Transkript *Mia* „Das Puzzle" Teilaufgabe 5 (13/1/5)

8:10 Mia: „Das würde schon gehen. Wenn man nur die drei Teile so schön aneinander legen könnte, dass die immer gut passen. Ja, dann geht das."

Insgesamt kann hier gefolgert werden, dass die Spanne zwischen den verschiedenen Bearbeitungen sehr groß ist. Sie reicht von richtigen, rein kognitiv erzielten Lösungen bis hin zu Lösungen, die ausschließlich handelnd erreicht werden und somit gerade bei der letzten Teilaufgabe keine Begründung für die Unlösbarkeit geben.

*Bearbeitungsdauer*

**Tabelle 19:** Bearbeitungsdauer bei der Aufgabe „Das Puzzle"

| **Bearbeitungsdauer** | **TA 1** | **TA 2** | **TA 3** | **TA 4** | **TA 5** |
|---|---|---|---|---|---|
| 0 – 2 min | **21** | **20** | **18** | **13** | 1 |
| 2 – 4 min | 2 | 2 | 5 | 8 | 2 |
| 4 – 6 min | 0 | 1 | 0 | 2 | **6** |
| 6 – 8 min | 0 | 0 | 0 | 0 | **8** |
| 8 – 10 min | 0 | 0 | 0 | 0 | **4** |

Von den vier eingesetzten Aufgaben ist die vorliegende Aufgabe diejenige, die insgesamt am schnellsten bearbeitet wird. Man sieht zwar deutlich, dass der Zeitaufwand von Teilaufgabe zu Teilaufgabe zunimmt, jedoch brauchen selbst die Kinder, die in Teilaufgabe 5 lange probieren, nicht mehr als 10 Minuten.

Bezieht man nun in die Betrachtung der Bearbeitungsdauer die gewählte Handlungsebene der Kinder ein, so lässt sich natürlich eine eindeutige Beziehung zwischen dem vollständigen Auslegen der Vorlage auf probierender Ebene und einer längeren Zeitspanne erkennen. Dementsprechend ergeben sich ebenfalls für die Kinder, die symbolisch-exemplarisch arbeiten, mittlere Zeitspannen und für die rein kognitiv arbeitenden Kinder die kürzesten Zeitspannen. Eine Ausnahme bildet *Hanna*. Obwohl sie enaktiv arbeitet, kommt sie sehr schnell zu richtigen Lösungen in allen Teilaufgaben. Sie scheint die Lösung nicht handelnd zu ermitteln, sondern das Handeln als Ergebnis ihrer schnellen gedanklichen Leistungen fast parallel durchzuführen.

Da jedoch auch andere, enaktiv vorgehende Kinder mit höherem Zeitbedarf zu richtigen Ergebnissen kommen, kann wiederum keine eindeutige Beziehung zwischen der benötigten Zeit und der Qualität der Lösung konstatiert werden.

### *3. Präsentation der Lösung*

Die Präsentation der Lösung ist bei der vorliegenden Aufgabe sehr eng verknüpft mit der gewählten Handlungsebene zur Lösungsfindung. Die Kinder trennen hier kaum. So präsentieren die Kinder, die die Lösung auf enaktiver Ebene erreichen, die Lösung mit der Fertigstellung der Bearbeitung. Ebenso präsentieren die Kinder, die symbolisch-exemplarisch arbeiten, die Lösung in dem Moment, in dem sie auf die Gesamtzahl schließen. Es nutzt kein Kind das Arbeitsblatt, um nochmals eine Notation der Lösung vorzunehmen.

Der enge Zusammenhang zwischen Lösungsfindung und -präsentation kann erklärt werden mit der Bindung vieler Kinder an das Material.

### *4. Rückschau*

#### *Lösungskontrolle*

Verfolgt man den Zusammenhang zwischen gewählter Handlungsebene und Präsentation der Lösung weiter bis zur Lösungskontrolle, so ergibt sich keine Notwendigkeit für eine Lösungskontrolle, wenn ein Kind die Lösung gelegt hat. In diesen Fällen verzichten die Interviewer gleich auf diese Aufforderung. Demzufolge führt hier ein Großteil der Kinder keine Lösungskontrolle durch. Die Kinder, die jedoch symbolisch-exemplarisch oder rechnerisch zu der Lösung kommen, werden zur Kontrolle aufgefordert. Allen davon betroffenen Kindern ist gemeinsam, dass sie sich dann durch das Auslegen der Fläche kontrollieren. Auch hier erfolgt also der Schritt hin zu einer Vorgehensweise auf enaktiver Handlungsebene, die dann wohl mehr Sicherheit in Bezug auf die Richtigkeit der Lösung gibt.

Eine selbstständige Kontrolle führt lediglich *Isa* im Laufe ihrer Bearbeitung von Teilaufgabe 1 durch. Sie ermittelt auf kognitiver Ebene elf benötigte Puzzle-Teile, kommt dann in eine kurze Phase der Reflexion, legt daraufhin ein Puzzle-Teil in die Vorlage und berichtigt sich dann auf zwölf notwendige Teile. Hier gehen Reflexion und Kontrolle ineinander über.

#### *Reflexion der Lösung*

Die reflektiven Ansätze, die die Kinder beim Bearbeiten der Aufgabe „Das Puzzle“ zeigen, sind leider gering. Häufig werden pauschale Einschätzungen zur Lös- oder Unlösbarkeit abgegeben, diese beschränken sich dann aber auf ein „Ja, das geht, weil ich die Teile ja immer so zusammenlegen kann.“ oder auf ein „Nein, das klappt nicht, da bleibt immer was frei.“ Es wird jedoch nur in Einzelfällen die eigene Lösungseinschätzung reflektiert und dann eventuell auch revidiert. In den Teilaufgaben 1 und 4 sind gar keine Reflexionen zu beobachten. In Teilaufgabe 2 zeigt *Peter* einen Ansatz des Reflektierens.

Auszug aus dem Transkript *Peter* „Das Puzzle“ Teilaufgabe 2 (16/1/2)

0:14 Peter: „Nein das geht nicht, die sind ja eckig [Peter nimmt sich zwei der Teile und legt sie derart in eine Ecke, dass sie zusammen einen 3 × 2 großen Block abdecken] (4 Sek.) Ich glaube, die kann man doch, weil, die passen sich immer so schön zusammen.“

*Peters* Äußerungen selbst kann man zwar auch als Begründung für die Lösbarkeit einordnen, in Zusammenhang mit seiner ersten Einschätzung und seinem Erkenntnisgewinn durch das Auslegen einer Ecke, reflektiert er jedoch seine erste Aussage und falsifiziert sie daraufhin.

Ganz ähnlich verhält es sich mit *Tom* bei der Bearbeitung von Teilaufgabe 3, indem er seine erste Einschätzung der Unlösbarkeit durch das exemplarische Zusammenfügen einiger Teile reflektiert und dann ebenfalls ändert.

Auszug aus dem Transkript *Tom* „Das Puzzle“ Teilaufgabe 3 (19/1/3)

4:10 Tom: „Ja, doch. Ich glaub’ es geht doch. Weil wenn ich jetzt hier eins lege, nehm’ ich noch eins hier hin. Und dann kann ja auch eins drunter passen. Das geht ja immer so und deswegen geht es auch.“

*Willi* und *Finn* reflektieren ihre Lösungsansätze in der letzten Teilaufgabe. Sie vermuten beide zunächst, dass die Aufgabe lösbar ist, reflektieren diese Position und kommen dann davon ab.

Somit kann hier lediglich festgehalten werden, dass die wenigen Reflexionen dann vorgenommen werden, wenn eine zunächst falsche Einschätzung infrage gestellt, überdacht und auch revidiert wird.

### *Sicherheit in Bezug auf die Lösung*

Die Sicherheit bezüglich der Richtigkeit der erlangten Lösung hängt stark von der jeweiligen Belegbarkeit ab. Dementsprechend sind sich die Kinder ihrer Lösung sicher, wenn sie sie gerade durch vollständiges Auslegen erzielt haben. Im umgekehrten Sinne sind viele Kinder unsicher, wenn sie behaupten, dass Teilaufgabe 5 nicht lösbar ist. Sie beziehen sich dann oft nur auf ihr erfolgloses mehrmaliges Probieren. Bestenfalls geben die Kinder hier an, sicher zu sein, können aber keine Begründung liefern. Selbst die Kinder, die die letzte Teilaufgabe richtig bearbeiten und in Ansätzen eine Begründung für die Unlösbarkeit liefern, sind sich nicht alle sicher, ob diese Begründung die endgültig richtige ist. Hier teilt sich die Gruppe einerseits in Kinder, die die Unlösbarkeit dieser Teilaufgabe akzeptieren und sich dann auch sicher in ihrer Aussage fühlen – selbst wenn sie diese nicht ausreichend belegen können. Andererseits kann aber auch eine Gruppe von Kindern identifiziert werden, die durch die Unlösbarkeit unsicher reagiert. Dies liegt wohl an der Tatsache, dass hier keine konkrete Überprüfung vorgenommen werden kann. Am deutlichsten lässt sich *Yannis* nicht beirren, er liefert eine Begründung auf arithmetischer Ebene und vertraut ihr, sodass er mit Sicherheit davon ausgeht, eine unlösbare Aufgabe vorgefunden zu haben.

Für die Auswertung nach den Phasen des Problemlösens kann zusammenfassend festgehalten werden, dass die Aufgabe „Das Puzzle“ von den Kindern sehr gut angenommen und verstanden wird. Es werden auffallend viele richtige Lösungen erzielt und auch die Bearbeitungszeiträume sind mit wenigen Ausnahmen sehr gering. Neben dem enaktiven Bearbeiten hat das symbolisch-exemplarische Herleiten der Lösung einen großen Stellenwert. In Teilaufgabe 1 arbeiten zudem sieben Kinder rein kognitiv, diese Zahl nimmt jedoch im Verlauf der Teilaufgaben ab.

In Bezug auf das Problemlöseniveau lässt sich von Teilaufgabe zu Teilaufgabe eine kontinuierliche Abnahme des zunächst noch deutlich vorherrschenden systematisch-strukturierenden Vorgehens konstatieren. Demgegenüber gewinnt das abwechselnde Probieren und Überlegen an Bedeutung, auch das hartnäckige Probieren ist häufiger vorzufinden. Bei der Bearbeitung von Teilaufgabe 5 gehen dann auch drei Kinder in das ungeplante Arbeiten durch Versuch und Irrtum über.

Es lässt sich von der ersten bis zur vierten Teilaufgabe eine durchgängige Schwierigkeitssteigerung erkennen. In den Ergebnissen von Teilaufgabe 5 sind dann deutlich die Auswirkungen der bisher gewählten Handlungsweisen und des beschrittenen Problemlöseniveaus feststellbar. Enaktives Vorgehen gepaart mit abwechselndem Probieren und Überlegen oder gar mit hartnäckigem Probieren führt kaum zu vollständig richtigen Lösungen, da dies die Kinder nicht zur Begründung der Unlösbarkeit führt. Rein kognitives Vorgehen auf der Basis des systematischen Strukturierens hingegen, so wie *Yannis* es zeigt, schließt das rechnerische Ermitteln der Unlösbarkeit mit ein und führt somit zur vollständig richtigen Lösung.

Stellt man nun eine Beziehung zwischen der Qualität der Lösung, der genutzten Handlungsebene und dem Problemlöseniveau her, so lässt sich feststellen, dass bei den ersten vier Teilaufgaben richtige Lösungen durchaus auf puzzelndem Weg – also durch probierendes Legen – erzielt werden können. Dieser Weg wird auch von einigen jüngeren Kindern der Gruppe beschritten. Insbesondere zur vollständigen und begründenden Lösung von Teilaufgabe 5 kann diese Vorgehensweise jedoch nicht mehr erfolgreich eingesetzt werden. Hier ist es notwendig, auf die mathematische Ebene überzugehen, um eine Begründung liefern zu können. Somit birgt diese Aufgabe insgesamt sowohl eine Chance als auch eine Gefahr. Eine Chance, da sie von allen Kindern auf verschiedenen Handlungsebenen und auf unterschiedlichem Problemlöseniveau erfolgreich bearbeitet werden kann. Eine Gefahr, da richtige Lösung allein noch keine Aussagen über die Fähigkeiten der Kinder zulässt.

## 12.5 Auswertung nach mathematikspezifischen Begabungsmerkmalen

Zur Darstellung der verschiedenen Ausprägungen mathematikspezifischer Begabungsmerkmale dient die folgende Tabelle:

**Tabelle 20:** Ausprägung der mathematikspezifischen Begabungsmerkmale bei der Aufgabe „Das Puzzle“

| | Strukturen und Beziehungen | | | | | Analogie und Transfer | | | | | Reversibilität | | | | | Wechseln der Repräsentationsebenen | | | | | besonderes Gedächtnis | | | | | räumliche Vorstellung | | | | |
|---|---|---|---|---|---|---|---|---|---|---|---|---|---|---|---|---|---|---|---|---|---|---|---|---|---|---|---|---|---|---|
| | 1 | 2 | 3 | 4 | 5 | 1 | 2 | 3 | 4 | 5 | 1 | 2 | 3 | 4 | 5 | 1 | 2 | 3 | 4 | 5 | 1 | 2 | 3 | 4 | 5 | 1 | 2 | 3 | 4 | 5 |
| Arne | | | | | | | | | | | | | | | | | | | | | | | | | | | | | | |
| Ben | | | | | | | | | | | | | | | | | | | | | | | | | | | | | | |
| Clara | | | | | | | | | | | | | | | | | | | | | | | | | | | | | | |
| Dina | | | | | | | | | | | | | | | | | | | | | | | | | | | | | | |
| Enno | | | | | | | | | | | | | | | | | | | | | | | | | | | | | | |
| Finn | | | | | | | | | | | | | | | | | | | | | | | | | | | | | | |
| Gina | | | | | | | | | | | | | | | | | | | | | | | | | | | | | | |
| Hanna | | | | | | | | | | | | | | | | | | | | | | | | | | | | | | |
| Isa | | | | | | | | | | | | | | | | | | | | | | | | | | | | | | |
| Jan | | | | | | | | | | | | | | | | | | | | | | | | | | | | | | |
| Kevin | | | | | | | | | | | | | | | | | | | | | | | | | | | | | | |
| Lars | | | | | | | | | | | | | | | | | | | | | | | | | | | | | | |
| Mia | | | | | | | | | | | | | | | | | | | | | | | | | | | | | | |
| Nick | | | | | | | | | | | | | | | | | | | | | | | | | | | | | | |
| Olaf | | | | | | | | | | | | | | | | | | | | | | | | | | | | | | |
| Peter | | | | | | | | | | | | | | | | | | | | | | | | | | | | | | |
| Ron | | | | | | | | | | | | | | | | | | | | | | | | | | | | | | |
| Stine | | | | | | | | | | | | | | | | | | | | | | | | | | | | | | |
| Tom | | | | | | | | | | | | | | | | | | | | | | | | | | | | | | |
| Ulf | | | | | | | | | | | | | | | | | | | | | | | | | | | | | | |
| Victor | | | | | | | | | | | | | | | | | | | | | | | | | | | | | | |
| Willi | | | | | | | | | | | | | | | | | | | | | | | | | | | | | | |
| Yannis | | | | | | | | | | | | | | | | | | | | | | | | | | | | | | |

Die Tabelle zeigt, dass sich bei der Bearbeitung dieser Aufgabe deutliche Hinweise auf die überwiegende Zahl der mathematikspezifischen Begabungsmerkmale finden lassen. Eine Ausnahme bildet die Fähigkeit zur Umkehrung der Gedankengänge (Reversibilität). Diese ist kaum vorzufinden und wurde zudem bereits im Rahmen der Auswertung des Einsatzes heuristischer Strategien untersucht (vgl. S. 259ff.). Aus diesem Grunde wird hier auf ihre nähere Ausführung verzichtet.

Die Fähigkeit zum Erkennen von Strukturen und Beziehungen wird vorrangig in den ersten drei Teilaufgaben von vielen Kindern in guter oder sehr guter Ausprägung gezeigt. Hier bildet lediglich *Peter* eine Ausnahme, er arbeitet in Teilaufgabe 1 erst durch probierendes Vorgehen und ohne erkennbare Struktur beim Legen der Puzzle-Teile heraus, dass die Vorlage mit den Quadratdrillingen ausgelegt werden kann. Alle anderen nutzen zumindest die Reihung zweier Puzzle-Teile, um eine Spalte ganz zu füllen. Auch in den folgenden beiden Teilaufgaben greifen die Kinder generell auf das Kombinieren der Teile zurück und strukturieren die Vorlage, um zur Lösung zu gelangen. In den Teilaufgaben 4 und 5 fällt es den Kindern dann allerdings schwerer, Strukturen zu erkennen und zu nutzen. Hier gibt es eine große Gruppe (gelb markiert), die erst durch das Probieren erkennt, dass sich die Quadratvierlinge vorteilhaft kombinieren lassen. Einige Kinder gelangen jedoch gar nicht zu dieser Erkenntnis und können die Teilaufgabe dann auch leider nicht lösen. Als konstant auf hohem strukturierendem Niveau arbeitende Kinder sind sowohl *Enno* als auch *Dina* und *Yannis* zu nennen. Sie nutzen konsequent die vorhandenen Strukturen. Obwohl *Enno* und *Dina* dies auch in Teilaufgabe 5 gut fortsetzen, übertragen sie im Gegensatz zu *Yannis* ihre gewonnenen Erkenntnisse nicht auf die mathematische Ebene und erkennen somit zwar die Unlösbarkeit, finden aber keine Erklärung.

Die Fähigkeit zum Erkennen von Analogien und zum Transfer kann bei den einzelnen Teilaufgaben in ganz unterschiedlicher Weise gezeigt werden. In Teilaufgabe 1 wird die Auswertung dieser Fähigkeit jedoch konsequenterweise ausgeklammert. In den Teilaufgaben 2 und 3 werden Analogieschlüsse zum Beispiel dann geleistet, wenn zwei zusammengesetzte Quadratdrillinge mit einspringenden Ecken als zwei einfache Quadratdrillinge interpretiert werden. Dadurch können diese beiden Teilaufgaben auf die erste zurückgeführt werden. Ebenfalls eine Handlung im Sinne des analogen Vorgehens wäre es, wenn die Nutzung der Strukturen und Beziehungen auf die neue Teilaufgabe übertragen wird. Für Teilaufgabe 4 bleibt als Transferleistung das Übernehmen gleicher Vorgehensweisen, angepasst an die neue Situation, also konkret auch die vorteilhafte Kombination von Teilen und das Strukturieren der Vorlage. Dieser Transfer kann ebenfalls für die letzte Teilaufgabe vorgenommen werden. Hier ist es jedoch deutlich schwieriger, da sich kaum übereinstimmende Strukturen zwischen der Vorlage und den Puzzle-Teilen ergeben. Geht man jedoch rechnerisch vor, so sind Analogieschlüsse über alle Teilaufgaben möglich und führen außerdem zur begründeten Erkenntnis der Unlösbarkeit von Teilaufgabe 5.

Es zeigt sich in der Auswertung deutlich, dass außer *Gina, Finn* und *Tom* alle Kinder in den Teilaufgaben 2 und 3 Analogien erkennen und zur Lösung nutzen. In Teilaufgabe 4 sind es dann schon weniger Kinder und in der letzten Teilaufgabe gelingt es nur *Yannis*, diese Fähigkeit zu zeigen. Betrachtet man die Fähigkeit zum Erkennen von Analogien und zum Transfer über die Teilaufgaben hinweg, so wird sie jedoch in besonderem Maße von *Lars* und *Isa* gezeigt.

Die Auswertung der Fähigkeit zum Wechseln der Repräsentationsebenen lässt zwei unterschiedliche Tendenzen erkennen. Zunächst kann eine Gruppe von Kindern identifiziert werden, die auch nach der Aufforderung der Interviewerin die Repräsentationsebene nicht oder nur kurzfristig und ansatzweise wechselt. Außer *Peter* und *Hanna* sind dies hauptsächlich die jüngeren Kinder der Gruppe. Sie bleiben bei der Nutzung des Materials. Eine weitere Gruppe von Kindern wechselt immer wieder zwischen den Repräsentationsebenen und geht gerade bei den komplexeren Teilaufgaben zur enaktiven Vorgehensweise über (wie zum Beispiel *Lars* und *Willi*). Anhand dieser beiden Beobachtungen kann hier nicht generell davon gesprochen werden, dass die Kinder mit zunehmendem Alter abstraktere Niveaustufen erreichen. Vielmehr lassen sich hier Übereinstimmungen mit *Donaldson* erkennen (vgl. S. 16f.), denn es kristallisieren sich teilweise besondere Problemlösefähigkeiten heraus, die aber in kritischen Situationen auch wieder in Rückschritte münden.

Eine zweite starke Tendenz ist der deutliche Wechsel der Repräsentationsebene hin zum rechnerischen Lösen der Aufgaben. Hier sind besonders *Dina, Enno, Isa* und *Mia* anzuführen. *Isa* ist das einzige Kind, welches über alle Teilaufgaben hinweg auf das vollständig konkrete Handeln verzichtet. Sie kommt auf diese Weise jedoch in Teilaufgabe 2 zu einer falschen Lösung und in Teilaufgabe 5 lediglich zu der unbegründeten Aussage, dass sie nicht lösbar ist.

Eine besondere Fähigkeit zur Gedächtnisleistung zeigen die Kinder bei der Bearbeitung in der Regel dann, wenn sie sich vom konkreten Handeln lösen und stärker im kognitiven Bereich arbeiten. Die Gedächtnisleistung liegt in diesem Fall darin, auf der Basis der Vorstellung einerseits zu ermitteln, wie viele Puzzle-Teile zum Auslegen benötigt werden, und andererseits festzustellen, ob ein lückenloses Auslegen überhaupt möglich ist. Also muss die vorgestellte Lösung gedächtnismäßig abrufbar sein, bis die Anzahl der Teile sukzessiv festgestellt ist. Demgegenüber ist beim arithmetischen Arbeiten weniger Gedächtnisleistung gefordert, da hier die Entscheidung, ob eine Lösung möglich ist, bereits implizit getroffen wurde. Es muss dann lediglich auf rechnerischer Ebene die Gesamtzahl ermittelt werden. Auch die Kinder, die rein handelnd vorgehen, benötigen ein geringeres Maß an Gedächtnisleistung. Lediglich in Teilaufgabe 5 erhöht es sich, wenn versucht wird zu überprüfen, ob gewisse Legeversuche bereits unternommen wurden. *Victors* Vorgehensweise des konkreten Handelns bildet hier eine Ausnahme. Seine Intention der Musterbildung erfordert von ihm von Anfang an ein besonderes Maß an Gedächtnisleistung, da er die neuen Muster immer in Bezug zu den bereits gelegten – aber nicht mehr vorhandenen – setzt. Ab der vierten Teilaufgabe erhöht sich mit zunehmender Komplexität für ihn auch die notwendige Gedächtnisleistung. Er erleichtert sie sich jedoch, indem er Teilen seiner Muster Bedeutungen gibt und sich dann dementsprechend daran orientiert (Victor Teilaufgabe 3: „Also, jetzt bau' ich das 'mal andersrum. Dann können die Langen nämlich 'mal liegen und müssen nicht immer stehen.").

Nutzen die Kinder die Fähigkeit zur räumlichen Vorstellung, so kann dies bei den handelnd vorgehenden Kindern an der Art des Auslegens der vorgegebenen Fläche erkannt werden. Denn an dieser Stelle kann deutlich werden, inwieweit die Kinder bereits ihre räumliche Vorstellung integrieren. So fügt *Ron* zum Beispiel in Teilaufga-

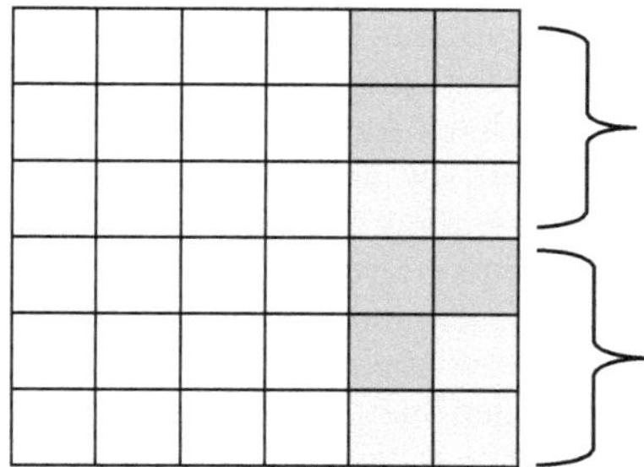

**Abb. 71:** Lösungsversuch von *Ron* zu Teilaufgabe 2 der Aufgabe „Das Puzzle"

be 2 zwei Quadratdrillinge schon in der Hand aneinander, um sie als vorteilhafte Einheit auf die Vorlage zu legen. Die nächste Kombination legt er ohne zu zögern direkt darunter, anscheinend in dem bereits vorhandenen Wissen, dass sich so zwei Reihen füllen lassen.

Räumliche Vorstellung wird also dann deutlich, wenn die Kinder, wie bereits beschrieben, ihr Wissen um die Kombinationsmöglichkeiten der Teile schon in der Bearbeitung auf einer höheren Repräsentationsebene voraussetzen. Dies kann an Handlungen oder Äußerungen erkannt werden. *Ben* argumentiert in Teilaufgabe 2 rein kognitiv ohne das Benutzen und Zusammensetzen zweier Puzzle-Teile.

Auszug aus dem Transkript *Ben* „Das Puzzle“ Teilaufgabe 2 (02/1/2)

1:36 Ben: „Das ist ja genauso, als wären es zwei lange Dreier.“

Dieses Vorgehen ist keine Ausnahme. Auch *Mia, Dina, Enno, Tom, Julian, Isa* und *Yannis* zeigen räumliches Vorstellungsvermögen auf einem vergleichbaren Niveau.

Zusammenfassend kann bezüglich der mathematikspezifischen Begabungsmerkmale bei der Aufgabe „Das Puzzle“ festgehalten werden, dass diese – mit Ausnahme der Reversibilität – häufig in guter bis sehr guter Ausprägung gezeigt werden. So werden die Strukturen und Beziehungen in den ersten drei Teilaufgaben mit Ausnahme von einem Kind immer erkannt, es kann auch erfolgreich darin gearbeitet werden. In den letzten beiden Teilaufgaben fällt dies schwerer, da hier deutlich komplexere Strukturen zugrunde liegen. Ähnlich verhält es sich mit der Fähigkeit zum Erkennen von Analogien und zum Transfer.

In Bezug auf den Wechsel der Repräsentationsebene kann konstatiert werden, dass sich insbesondere ein Teil der jüngeren Kinder stark an die Nutzung des Materials bindet. Dies kann durchaus mit den ihnen bekannten Vorgehensweisen beim Puzzeln im Zusammenhang stehen. Andererseits liegen hier jedoch auch einige Bearbeitungen vor, bei denen die Kinder mit zunehmender Sicherheit eigenständig die Repräsentationsebene hin zum symbolischen (rechnerischen) Vorgehen wechseln. In Bezug auf dieses Merkmal muss jedoch explizit darauf hingewiesen werden, dass die Repräsentationsebene selbst keine Schlüsse auf andere Merkmale zulässt.

Eine verstärkte Gedächtnisleistung wird dann eingefordert, wenn nicht mehr an der gesamten Vorlage gearbeitet wird und trotzdem kein Loslösen von den Puzzle-Teilen – also kein kompletter Übergang auf die symbolische Ebene – vorgenommen wird. Auch das musterorientierte Vorgehen fordert ein gewisses Maß an Gedächtnisleistung.

Die Fähigkeit zur räumlichen Vorstellung wird sowohl durch das Erkennen vorteilhafter Kombinationsmöglichkeiten als auch durch das rein kognitive Auslegen der Fläche gezeigt. Hier wird deutlich, dass auffällig viele Kinder über diese Fähigkeit verfügen. Insbesondere Teilaufgabe 4 und 5 liefern jedoch durch die zunehmende Komplexität differenziertere Einblicke. So sind in Teilaufgabe 4 sechs Kinder und in Teilaufgabe 5 acht Kinder nicht mehr auf der vorstellenden Ebene tätig.

Obwohl bei allen Teilaufgaben die Möglichkeit zur Umkehrung der Gedankengänge besteht, wird diese Fähigkeit fast nicht gezeigt.

Insbesondere *Ben, Dina, Enno, Isa, Kevin, Mia* und *Yannis* zeigen die verschiedenen mathematikspezifischen Begabungsmerkmale in den stärksten Ausprägungen.

## 12.6 Einzelbeispiel *Yannis*: „Das sieht man doch!“

*Hintergrundinformationen*

Zur Zeit der Einzel-Videointerviews ist *Yannis* 7;01 Jahre alt. Seine schulischen Leistungen sind je nach Unterrichtsfach sehr unterschiedlich. In Bezug auf den Mathematikunterricht wird er von seiner Lehrerin als sehr guter Schüler beschrieben. Er erfasst verschiedenste mathematische Inhalte äußerst schnell und kann sie in der Regel sachgerecht und selbstständig bearbeiten. Im Sachunterricht und auch im Sport sind seine Leistungen zwar ähnlich gut, jedoch nicht in dieser Weise herausragend. Im Fach Deutsch hat *Yannis* allerdings im rechtschriftlichen und grammatikalischen Bereich erhebliche Schwierigkeiten. Diese verstärken sich noch durch sein Verhalten und seine Charakterzüge, denn er kann kaum adäquat mit Niederlagen und Defiziten umgehen. Sowohl seine Lehrerinnen als auch seine Eltern bezeichnen ihn als ehrgeiziges und zielstrebiges Kind, welches hohe Anforderungen an sich stellt. So lässt er es kaum zu, seine schulischen Erfolge zu genießen, und hat wenig Geduld mit sich, wenn dieser Erfolg ausbleibt. Leider findet er auf diese Weise nicht zu einer angemessenen Arbeits- und Übungshaltung, wodurch sich die Schwierigkeiten verstärken.

Auch während der Arbeit in der „Mathe-AG“ zeigt *Yannis* ein ähnliches Verhalten. Nahezu hektisch geht er die einzelnen Aufgaben an, denn es ist ihm wichtig, als Erster die richtige Lösung zu ermitteln. Besonders bei der Bearbeitung der Aufgaben in den Einzel-Videointerviews tritt dieses Verhalten noch deutlicher hervor. Hier nimmt er sich teilweise gar nicht die Zeit, sich hinzusetzen, will offenbar demonstrieren, dass er die Lösungen ohne große Anstrengungen ermitteln kann. Außerdem wirkt er in den Interviews eher verschlossen und wortkarg.

Im Basiswissentest erzielt *Yannis* sehr gute Ergebnisse. Es unterlaufen ihm lediglich zwei Fehler, die jedoch als Flüchtigkeitsfehler interpretiert werden können. Sein Intelligenzquotient beträgt 130, ist also im sehr hohen Bereich einzuordnen.

Die Bearbeitung von *Yannis* wurde als Einzelbeispiel ausgewählt, da er überwiegend einen qualitativ sehr anspruchsvollen Lösungsweg beschreitet und auch in Bezug auf die Unlösbarkeit durch sein arithmetisches Vorgehen eine eindeutige Begründung liefert.

## Transkript *Yannis* „Das Puzzle“ (23/1/1–5)

Teilaufgabe 1

0:03 I.: „Bei der Aufgabe, die ich dir gleich stelle, kannst du selbst entscheiden, ob du auf dieser großen Fläche arbeiten möchtest [Sie zeigt auf die Puzzle-Vorlage.] oder ob du lieber auf den Arbeitsblättern arbeiten möchtest [Sie zeigt auf die Arbeitsblätter.]. Beides liegt hier für dich bereit. Hier siehst du eine Fläche, die aus gleich großen Feldern besteht. Nun bekommst du Puzzle-Teile, die alle so aussehen. [Sie gibt Yannis das erste Puzzle-Teil in die Hand. Yannis nimmt es, schaut es an.] Was denkst du? Ist es möglich, die Fläche ganz mit diesen Puzzle-Teilen auszulegen? Wie bei jedem Puzzle dürfen dabei die Teile nicht übereinander liegen. Es soll aber auch keine Lücke frei bleiben. Sage mir auch, wie viele dieser Puzzle-Teile du brauchen würdest.“

0:28 Yannis: [Er hält das Puzzle-Teil über die Vorlage, sodass es die erste Reihe halb überdeckt, hält es dann entsprechend über die zweite Hälfte.] „In jede Reihe kann man zwei Teile legen. Und es sind sechs Reihen. Also brauche ich (…) 12 Teile.“

1:15 I.: „Das hast du toll herausbekommen. Dann machen wir jetzt gleich weiter.“

Teilaufgabe 2

1:32 I.: „Nun sollst du nur dieses Puzzle-Teil verwenden. [Sie legt das neue Puzzle-Teil auf die Tischplatte neben Yannis.] Es ist egal, von welcher Seite du es benutzt. [Sie nimmt es nochmals in die Hand und zeigt Yannis das Teil von beiden Seiten.] Was denkst du, kannst du die Fläche auch ganz mit diesem Teil auslegen? Wie viele Teile würdest du jetzt brauchen?“

2:11 Yannis: „Mmm [lang gezogener Laut, nachdenklich]. Das ist schwer zu sagen. [Er nimmt zwei der Teile in beide Hände und hält sie in der Art zusammen, dass sie sich zu einem 3 × 2 Felder großen Rechteck ergänzen.] Aber wie viele brauche ich dann?“ [Er legt die beiden Teile auf den linken, oberen Teil der Vorlage, nimmt sich weitere Teile und setzt das Auslegen der Vorlage in der gleichen Weise fort.] Es ergibt sich folgendes Bild:

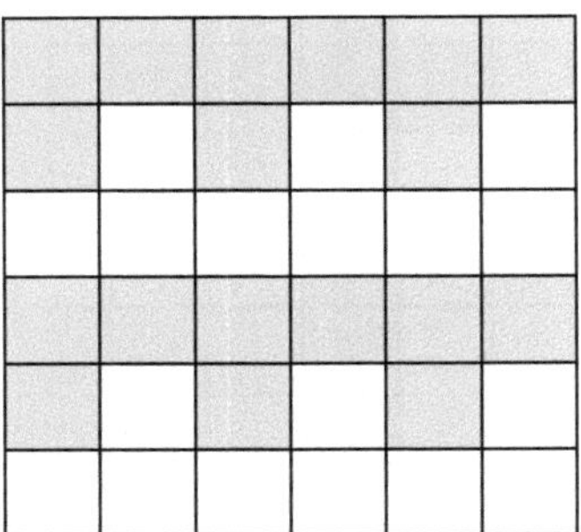

**Abb. 72:** Lösung von *Yannis* zu Teilaufgabe 2 der Aufgabe „Das Puzzle“

[Yannis schaut die fertig ausgelegte Vorlage noch 5 Sek. an.] Ja, also so geht es.“

3:09 I.: „Und wie viele Teile hast du nun benötigt?“

3:14 Yannis: „Das sind jetzt auch wieder 12 Teile.“

3:24 I.: „Gut gemacht, Yannis. Dann schauen wir jetzt nach der nächsten Aufgabe.“

Teilaufgabe 3

| | |
|---|---|
| 3:30 | I.: „Was passiert wohl, wenn du nun beide Puzzle-Teile verwendest? Kannst du dann die Fläche ganz auslegen?“ |
| 3:35 | Yannis: [Schaut auf alle auf dem Tisch liegenden Puzzle-Teile.] „Nein, das geht nicht.“ |
| 3:39 | I.: „Du musst nicht all diese Teile benutzen. Es können auch welche übrig bleiben. Kannst du mir auch erklären, warum es nicht geht?“ |
| 3:44 | [Yannis antwortet nicht. Beginnt mit den Teilen die Vorlage auszulegen.] Es ergibt sich folgendes Bild: |

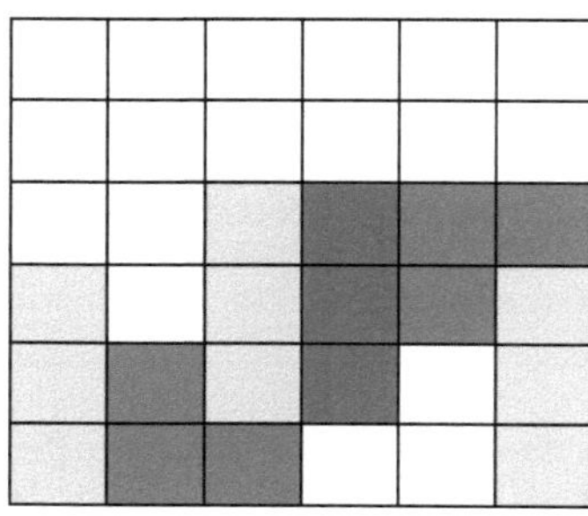

**Abb. 73:** Lösungsansatz von *Yannis* zu Teilaufgabe 3 der Aufgabe „Das Puzzle“

| | |
|---|---|
| | [Er betrachtet es 4 Sek. lang. Nimmt alles Gelegte wieder von der Vorlage.] |
| 4:16 | Yannis: „Das mach ich anders.“ [Er beginnt von Neuem, die Vorlage auszulegen.] Yannis kommt damit zu diesem Ergebnis: |

**Abb. 74:** Lösung von *Yannis* zu Teilaufgabe 3 der Aufgabe „Das Puzzle“

| | |
|---|---|
| 5:28 | Yannis: „So ist es gut. Da braucht man dann ja auch wieder 12 Teile.“ |
| 5:41 | I.: „Kannst du mir noch erklären, wie du jetzt dazu gekommen bist, dass es, ja dass es doch noch geht?“ |
| 5:51 | Yannis: „Na, hab' ich halt probiert und jetzt geht es doch.“ |

Teilaufgabe 4

6:07 I.: „Ja, gut. Das hast du schon toll gemacht. Dann können wir uns jetzt auch überlegen, ob die Fläche ganz ausgelegt werden kann, wenn man Puzzle-Teile benutzt, die so aussehen. [Sie zeigt ihm die beiden verschiedenen Quadratvierlinge, legt mehrere von ihnen auf den Tisch.] Kannst du mir auch hier sagen, wie viele Teile du brauchen würdest?“

6:21 Yannis: [Nimmt die Puzzle-Teile nicht in die Hand.] „(…) Die passen ja gut zusammen. Dann muss ich ja jetz’ nur ausrechnen, wie oft der Vierer in die 36 passt.

6:28 I.: „Warum die 4?“

6:32 Yannis: „Na, weil das Teil 4 Felder hat. (8 Sek.) Neun.“

6:47 I.: „Hmm? [fragend]“

6:50 Yannis: „Hier brauche ich neun Teile. Pass auf, ich zeig’s dir“ [Legt die Vorlage zügig aus.]
Es entsteht folgendes Ergebnis:

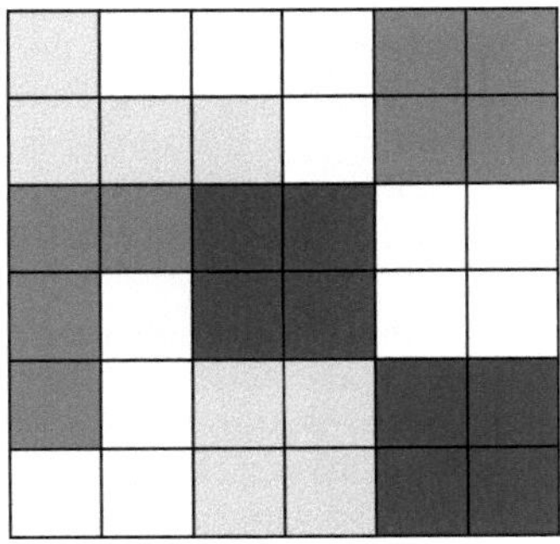

**Abb. 75:** Lösung von *Yannnis* zu Teilaufgabe 4 der Aufgabe „Das Puzzle“

7:22 I.: „Toll, Yannis. Ich glaube, wir können uns jetzt an die letzte Aufgabe machen.“

Teilaufgabe 5

7:31 I.: „Nun überlege noch, ob du auch mit diesen Teilen die Fläche ganz auslegen kannst [Legt je ein Exemplar der Quadratfünflinge direkt neben Yannis, die anderen legt sie außer Reichweite auf den Tisch.]. Und wie viele davon du jetzt brauchen würdest.“

7:44 Yannis: [Er nimmt die Teile nicht in die Hand. Überlegt 3 Sekunden.] „Das geht net.“

7:52 I.: „Warum meinst du, dass es nicht geht, Yannis?“

7:58 Yannis: „Weil die Fünf passt net, (..) weil, da muss noch ein Feld frei bleiben. Weil, die Fünf passt net genau auf die 36. Mit ’nem 35er-Feld geht’s. Aber so geht’s ganz bestimmt net.“

8:09 I.: „Hast du noch mehr dazu zu sagen oder willst du es legen?“

8:16 Yannis: „Nö, das sieht man doch.“

8:20 I.: „Dann danke ich dir für deine tolle Mitarbeit, Yannis.“

*Interpretation*

*Yannis* versteht die erste Teilaufgabe sofort. Er benötigt weder die Puzzle-Teile noch das Auslegen der Vorlage, um seine Lösung zu erzielen. Auf der Vorstellungsebene erkennt er, dass zwei einfache Quadratdrillinge eine Reihe vollständig füllen. Daraufhin ermittelt er nur noch die Anzahl der Reihen und schließt dann auf die Gesamtzahl. In den folgenden beiden Teilaufgaben gelingt ihm dies nicht. Er verliert seine souveräne, zielstrebige und zügige Vorgehensweise, wird nachdenklicher. Obwohl er in Teilaufgabe 2 die vorteilhafte Kombination zweier Puzzle-Teile sofort erkennt, findet er nicht die Analogie zur ersten Teilaufgabe und geht vielmehr auf das Auslegen der Vorlage über. Hier kommt er dann aber schnell zur richtigen Lösung. Bei Teilaufgabe 3 vermutet *Yannis* sogar zunächst, dass diese Aufgabe nicht lösbar ist. Diese erste Vermutung kann jedoch auch dadurch begründet sein, dass er fälschlicherweise davon ausgeht, alle vorhandenen Teile verwenden zu müssen. Die Interviewerin erahnt dies und weist ihn darauf hin. Im Anschluss daran unternimmt er einen Legeversuch, den er abbricht. Mit dem zweiten Legeversuch, der wesentlich mehr Struktur aufweist, kommt er dann zu dem richtigen Ergebnis. Durch den Abbruch des ersten Legeversuchs und den strukturell anderen Neubeginn lässt sich hier auf das Problemlöseniveau des abwechselnden Probierens und Überlegens schließen. Die beiden folgenden Teilaufgaben bearbeitet *Yannis* dann wieder in der zügigen Weise, in der er bereits die erste Teilaufgabe gelöst hat. In seiner Argumentation zur Lösung von Teilaufgabe 4 zeigt er das Vornehmen einer Ziel-Mittel-Analyse, daraufhin beginnt er direkt mit dem arithmetischen Ansatz. Dabei setzt er voraus, dass sich die Puzzle-Teile vorteilhaft kombinieren lassen. Dieses Wissen um die Kombinationsmöglichkeiten äußert er einleitend und überprüft es dann nicht mehr. In Teilaufgabe 5 wird nicht ausreichend deutlich, ob er sich über die verschiedenen Kombinationsmöglichkeiten der einzelnen Teile bewusst ist. Dies ist jedoch auch nicht nötig, da er bereits arithmetisch die Unlösbarkeit begründet. Er geht in seiner Argumentation sogar noch weiter und gibt eine Möglichkeit an, für die das Puzzle lösbar wäre, nämlich für eine Vorlage mit 35 Feldern. Hier überdenkt *Yannis* aber eindeutig nicht mehr, ob diese Fläche überhaupt mit den vorgegebenen Teilen auslegbar wäre.

Diese rein arithmetische Vorgehensweise in den letzten beiden Teilaufgaben wird nur von *Yannis* gezeigt. Sie beinhaltet Tendenzen zum Rückwärtsarbeiten, da er hier zunächst die Lösung ermittelt und erst dann das konkrete Auslegen – quasi als Überprüfung – vornimmt. Somit lässt sich dies in die Strategie des Vorwärts- und Rückwärtsarbeitens einordnen.

Sein Wechseln zwischen den Handlungsebenen und den Problemlöseniveaus im Verlauf der Teilaufgaben kann anhand der vorliegenden Daten nicht eindeutig erklärt und begründet werden. Es ist jedoch typisch für viele der vorliegenden Bearbeitungen. Kaum einem Kind gelingt es, durchgängig alle Teilaufgaben einer Aufgabe auf hohem Niveau zu bearbeiten. Ein Grund hierfür könnte in kurzzeitigen Konzentrationsschwächen liegen.

*Yannis* zeigt in den mathematikspezifischen Begabungsmerkmalen durchgängig gute bis sehr gute Ausprägungen. Es lässt sich aber auch hier der Einschnitt erkennen, den die Teilaufgaben 2 und 3 aufweisen. Der Verlust des logisch geleiteten und strukturierten Vorgehens lässt zunächst das Bilden von Analogien vermissen. Einzigartig und somit besonders hervorzuheben sind jedoch die hohen Ausprägungen mathematikspezifischer Begabungsmerkmale in den letzten beiden Teilaufgaben. Auch das Erkennen und Formulieren der Unlösbarkeit bereitet *Yannis* keine Schwierigkeiten. Im Gegenteil, souverän begründet er seine Meinung gegenüber der Interviewerin.

Im Gegensatz zu vielen anderen Kindern, die diese Aufgabe ebenfalls erfolgreich bearbeitet haben, zeigt *Yannis* zwar auch die Motivation zum Erzielen einer richtigen Lösung. Es ist bei ihm jedoch weder eine Form der Freude noch des persönlichen Engagements zu erkennen. Er bleibt der Interviewerin gegenüber eher wortkarg, antwortet nur kurz und in einem Tonfall, der auf keine Emotionen schließen lässt. Im Gehen fragt er jedoch noch, wann die nächste Aufgabe folgt. Sein Verhalten lässt auf eine besondere innere Anspannung schließen. Es scheint, als würde *Yannis* die Interviews ausgesprochen ernst und wichtig nehmen und dabei hohe Ansprüche an sich stellen. Dies ist für die Gruppe eher eine Ausnahme, denn die anderen Kinder gehen sehr natürlich und entspannt mit der Situation um.

## 12.7 Abschließende Zusammenfassung der Ergebnisdarstellung

### *12.7.1 Gruppierung der Kinderlösungen zu Bearbeitungstypen*

Die unterschiedlichen Bearbeitungen der Aufgabe „Das Puzzle“ zeigen deutlich, inwieweit sich die Kinder durch die gewählte Handlungsebene, durch das Problemlöseniveau, durch die Fähigkeit zum Erkennen und Nutzen vorteilhafter Kombinationen und durch den Grad der Abstraktion, der relativ eng mit dem Problemlöseniveau zusammenhängt, unterscheiden. Hierbei ist jedoch erkennbar, dass das vorrangige Arbeiten auf enaktiver Ebene allein noch keine diesbezüglichen Aussagen zulässt. Denn viele Kinder zeigen trotzdem Kompetenzen in den anderen genannten Bereichen. Die vorliegende Aufgabe lässt allerdings erstmals kausale Beziehungen zu dem Alter der Kinder erkennen. Jüngere Kinder greifen hier etwas häufiger zum Material und nutzen es durchgängiger, das heißt, sie lösen sich schwerer von der Arbeit am Puzzle und zeigen ein eher gestaltorientiertes Vorgehen. Nichtsdestotrotz zeigen auch sie das Nutzen vorteilhafter Kombinationen und den Einsatz heuristischer Strategien.

Insgesamt ist in der Gruppe jedoch ein überwiegender Teil logisch geleiteten Vorgehens zu identifizieren. Dieses Ergebnis ermöglicht wiederum Rückschlüsse auf mathematische Begabungen, denn *Heinze* stellt fest, dass mathematisch begabte Grundschulkinder im 3. und 4. Schuljahr beim Bearbeiten unlösbarer Puzzles häufiger logisch geleitet vorgehen, als dies normal begabte Kinder der gleichen Altersstufe tun (HEINZE 2005, S. 184).

Folgende Bearbeitungstypen lassen sich anhand der Herangehensweisen der Kinder an die Aufgabe „Das Puzzle“ manifestieren:

*Bearbeitungstyp P – A*

Kinder, die diesem Bearbeitungstyp zugeordnet werden können, zeigen hohe Kompetenzen im Bereich der räumlichen Vorstellung. Sie nehmen zur Lösungsplanung und -findung die einzelnen Puzzle-Teile nicht zur Hand und erkennen trotzdem sehr schnell die verschiedenen Kombinationsmöglichkeiten. Dementsprechend arbeiten sie vorrangig ohne Vorlage, wenn doch, dann nur unterstützend und zu Demonstrationszwecken. Die Lösung wird vorrangig auf arithmetischem Weg erzielt. Zu dieser Gruppe zählen *Yannis* und *Ben*. Wie bereits beschrieben, zeigt *Yannis* jedoch einen kurzen Leistungseinbruch, kann dann allerdings die einzige arithmetische Begründung für die Unlösbarkeit der letzten Teilaufgabe geben. *Ben* hingegen beschreitet diesen Weg in den ersten vier Teilaufgaben konsequent, aufgrund eines Denkfehlers kann er die vierte Teilaufgabe dann aber nicht mehr erfolgreich abschließen und bearbeitet auch die letzte Teilaufgabe nicht. Somit muss einschränkend festgehalten werden, dass keines der Kinder über alle Teilaufgaben hinweg diesem Bearbeitungstyp zugeordnet werden kann.

*Bearbeitungstyp P – B1*

Auch die hier zugehörigen Kinder zeichnen sich durch eine gute räumliche Vorstellung aus, sie erkennen die Möglichkeit zu vorteilhaften Kombinationen der Puzzle-Teile, strukturieren die Vorlage sinnvoll, setzen enaktive Handlungen allenfalls unterstützend ein und arbeiten insgesamt vorwiegend auf der symbolischen Ebene. Leistungsabfälle in einzelnen Teilaufgaben sind bei einigen Kindern allerdings ebenfalls zu erkennen. Die Unlösbarkeit von Teilaufgabe 5 wird auf probierendem Weg erfasst. Die Argumentation orientiert sich am Material mit der häufig vorzufindenden Begründung: „Es bleibt immer eins frei."

Zu diesem Bearbeitungstyp können die Vorgehensweisen von *Arne, Clara, Enno, Isa, Kevin, Nick, Hanna, Tom* und *Willi* gezählt werden. Generell zeigt auch *Gina* diese Merkmale, ihre Bearbeitung ist jedoch geprägt von sehr wechselhaften Leistungen. Sie kann zuweilen die Kombinationsmöglichkeiten nicht adäquat nutzen.

*Bearbeitungstyp P – B2*

Auch die Bearbeitung von *Victor* zeigt ähnliche Merkmale wie Typ B1. Er orientiert seine Arbeit jedoch am Erstellen von Mustern. Auf diese Weise findet er viele verschiedene Lösungsmöglichkeiten. Er kombiniert die Teile dabei sowohl strukturnutzend als auch kreativ. Dies geschieht jedoch bewusst.

*Bearbeitungstyp P – C*

Dieser Bearbeitungstyp ist dadurch gekennzeichnet, dass die Merkmale von Typ B1 gezeigt werden, die Unlösbarkeit kann aber nun nicht mehr erkannt werden. Die Lösungswege von *Dina* und *Mia* können hier zugeordnet werden.

*Bearbeitungstyp P – D*

Durch diesen Bearbeitungstyp werden Vorgehensweisen repräsentiert, die sich vorrangig durch ein enaktives Arbeiten an der ganzen Vorlage kennzeichnen, die Gestaltorientierung ist hier deutlich erkennbar. Die Unlösbarkeit von Teilaufgabe 5 wird probierend festgestellt. *Finn, Jan, Lars, Peter* und *Ron* gehen auf diese Weise vor. Auch die Lösungswege von *Stine, Ulf* und *Olaf* gehören diesem Bearbeitungstyp an, sie erkennen jedoch die Unlösbarkeit von Teilaufgabe 5 nicht.

### *12.7.2 Besonderheiten der Aufgabe*

Besonders auffällig ist hier, dass die Kinder schnell die Aufgabenstellung verstehen und häufig in ihrer Mimik und durch die Schnelligkeit ihrer Reaktion eine besondere Motivation zur Bearbeitung zeigen. Obwohl dieses Puzzle rein optisch nicht an die gewohnten Puzzles erinnert, scheint allein durch strukturelle Gemeinsamkeiten und durch die Nennung des Namens „Puzzle“ für die Kinder die Assoziation zu dem bekannten Spiel hergestellt zu sein. Diese Assoziation ist entsprechend positiv und trägt zur guten Annahme der Aufgabe bei.

Auch die Vorgabe zur Bearbeitung auf verschiedenen Handlungsebenen ist hier grundsätzlich erfüllt, allerdings zeigt sich, dass insbesondere die jüngeren Kinder häufig direkt zum Material greifen wollen und auf das vorherige Anstellen von Vermutungen hingewiesen werden müssen. Diese Reaktion ist höchstwahrscheinlich auf die Verbindung zum konkret handelnden Vorgehen beim Puzzeln zurückzuführen und kann trotz der Aufforderung nicht ganz ausgeschaltet werden.

Für viele Kinder setzt die Problemhaltigkeit dieser Aufgabe erst ab Teilaufgabe 4 ein. Die komplexeren Quadratvierlinge und -fünflinge sowie die Vorgabe verschiedener Teile begründen hier die Schwierigkeitssteigerung. Für diese Kinder könnte durchaus auf die ersten Teilaufgaben verzichtet werden. Da im Voraus jedoch nicht planbar und absehbar ist, welche Kinder hier betroffen sind, wird trotzdem die Bearbeitung aller Teilaufgaben von allen Kindern als sinnvoll erachtet. Der geringe Zeitaufwand für die ersten Teilaufgaben unterstützt diese Annahme.

Bei der Auswertung der vorliegenden Aufgabe hat sich außerdem gezeigt, dass sie sowohl die Fähigkeit zum Strukturieren als auch zum Wechseln der Handlungsebenen und dementsprechend zum Verkürzen von Arbeitsschritten in besonderer Weise herausfordert. Denn obwohl unerwartet viele Kinder richtige Lösungen erzielen, unterscheiden sich die Lösungswege gerade in Bezug auf diese Fähigkeiten grundsätzlich voneinander. Dies hängt eng mit der Ausprägung des räumlichen Vorstellungsvermögens und der Ablösung von der Tätigkeit des Puzzelns zusammen.

Zwar sind kreative Zugänge hier nur selten zu erkennen, jedoch besonders *Victor* zeigt einen Lösungsweg, der sich am Finden vieler Möglichkeiten orientiert. Diese deutet er, gibt ihnen Namen und plant daraus die gezielte Suche nach weiteren Möglichkeiten. Seine Vorgehensweise kann als kreativer Lösungsprozess eingestuft werden.

#### *Umgang mit der unlösbaren Teilaufgabe*

Das Erkennen der Unlösbarkeit in Teilaufgabe 5 stellt für den Großteil der Gruppe keine Schwierigkeit dar. Es fällt dann jedoch einigen Kindern schwer, von dieser vagen Vermutung zu einer begründeten Aussage zu kommen. Somit ermöglicht die Aufgabe „Das Puzzle“ gute Einblicke einerseits in die Begründungsfähigkeit und andererseits in die konkreten Vorgehensweisen, denn eine vollständige Begründung ist hier nur auf arithmetischer Ebene möglich.

Es kann also bezüglich des Umgangs mit dieser unlösbaren Aufgabe festgehalten werden, dass die Kinder unbefangen herangehen und die Unlösbarkeit durchaus als Lösungsmöglichkeit anerkennen. Hier zeigen sich Parallelen zu *Heinzes* Ergebnissen

(HEINZE 2005, S. 185). Mathematisch begabte Kinder verfügen nach ihren Erkenntnissen häufig über bestimmte Persönlichkeitseigenschaften, speziell über Selbstbewusstsein, die ihnen einen souveräneren Umgang mit den eigenen Lern- und Arbeitsergebnissen ermöglichen, als dies bei normal begabten Kindern der Fall ist.

Das Finden einer mathematischen Begründung für die Unlösbarkeit ist jedoch lediglich bei einem Kind zu erkennen. Es soll an dieser Stelle aber nicht unterbewertet werden, dass ein Drittel der Gruppe ebenfalls schlüssige Begründungen für die Unlösbarkeit liefert. Diese stützen sich allerdings auf das Material, bleiben also im konkreten Bezug. Auch bei normal begabten Grundschülern im 3. und 4. Schuljahr wurden beim Bearbeiten unlösbarer Puzzles keine vollständigen Beweise der Unlösbarkeit geliefert (vgl. BURCHARTZ 2003, S. 294)[28]. Allerdings ergibt sich hier ebenfalls die Erkenntnis, dass generell „die Fähigkeit, einen exakten Beweis – im streng mathematischen Sinne – zu führen, bereits bei Grundschülern vorhanden ist. Inwieweit diese Fähigkeit jedoch offen hervortritt, hängt von verschiedenen Faktoren ab. Dies sind z. B. die Aufgabenkomplexität, zuvor gemachte Erfahrungen auf diesem Gebiet, die Einsicht in die Notwendigkeit der Beweisführung oder die Fähigkeit der visuellen Wahrnehmung“ (ebd. S. 210). Die Untersuchung von *Burchartz* befasst sich mit dem unterschiedlichen Umgang von Sekundarstufenschülern und Grundschülern im 3. und 4. Schuljahr mit unlösbaren Problemen. Nach ihren Ergebnissen ziehen Sekundarstufenschüler wesentlich früher eine Unlösbarkeit in Betracht und äußern diese auch schneller. Grundschüler geben sich hier weniger selbstbewusst (vgl. ebd. S. 214). Das erstaunliche Selbstbewusstsein der Kinder im 1. und 2. Schuljahr dieser Gruppe lässt nun die Vermutung zu, dass sich im Laufe der Grundschulzeit das offene und kritische Herangehen der Kinder leider abschwächt und erst wieder in höheren Schulstufen aufgebaut wird.

Auch bei dieser Aufgabe soll nun abschließend aufgezeigt werden, inwieweit hier die verschiedenen Bereiche des mathematischen Tätigseins abgedeckt wurden (s. Tabelle 21).

Wie in der Auswertung deutlich wurde, wird die Aufgabe tatsächlich von einem Großteil der Kinder bearbeitet, indem sie sich im inhaltlichen Bereich *Raum und Form* bewegen. Durch die Gestaltung der Aufgabe steht dieser jedoch in engem Zusammenhang zu dem Bereich *Muster und Strukturen*. Auf inhaltsunabhängiger Ebene werden dabei alle verschiedenen Fähigkeiten gezeigt. Das Hervortreten dieser Fähigkeiten ist jedoch von zwei Faktoren abhängig: von der Komplexität der Aufgabe und von dem Grad der Abstraktion. So gelingt es einigen Kindern in den komplexeren Teilaufgaben 4 und 5 nicht mehr, strukturiert und strategiegestützt vorzugehen. Sie arbeiten vielmehr auf probierender Ebene. Ebenso verleitet eine materialorientierte Vorgehensweise dazu, Strukturen zwar immanent zu nutzen, diese jedoch nicht gewinnbringend in den Lösungsprozess einzubinden. Hier kann von einer vorrangig unbewussten Anwendung gesprochen werden.

---

[28] Sowohl bei Heinze (2005) als auch bei Burchartz (2003) wurden andere unlösbare Puzzles eingesetzt. Deswegen beziehen sich die hier vorgenommenen Vergleiche lediglich auf allgemeine Aussagen und Ergebnisse, die unabhängig vom zugrunde liegenden Puzzle sind.

**Tabelle 21:** Ausschnitt „Das Puzzle“ aus dem zweidimensionalen Schema zur Erfassung mathematischen Tätigseins

| **mathematische Inhalte** / **inhalts-unabhängige Fähigkeiten** | **Zahlen und Operationen** | | | | **Muster und Strukturen** | | | | **Raum und Form** | |
|---|---|---|---|---|---|---|---|---|---|---|
| mathematische Objekte, Relationen und Operationen verstehen | | | P | | | | P | | | **P** |
| mit mathematischen Objekten, Relationen und Operationen arbeiten | | | P | | | | P | | | **P** |
| mathematische Strukturen erkennen | | | | | | | P | | | **P** |
| in mathematischen Strukturen arbeiten | | | | | | | P | | | **P** |
| Strategien anwenden | | | | | | | P | | | **P** |
| über mathematisches Gedächtnis verfügen | | | | | | | P | | | **P** |

Der Inhaltsbereich *Zahlen und Operationen* wird erwartungsgemäß von den meisten Kindern dazu genutzt, um nach einem exemplarischen Arbeiten an Teilen der Vorlage auf zählendem oder rechnendem Weg die Anzahl der benötigten Teile zu ermitteln. Dies ist auch zu beobachten, wenn Kinder die gesamte Lösung an der Vorlage erarbeiten. Dann werden meist die verwendeten Puzzle-Teile abgezählt.

Die rein kognitive Vorgehensweise von *Yannis* in den Teilaufgaben 4 und 5 relativiert jedoch die vorgenommene Einordnung der Aufgabe, da er sich eindeutig hauptsächlich im Bereich *Zahlen und Operationen* bewegt und dort auch die inhaltsunabhängigen Fähigkeiten abdeckt. Somit muss hier festgehalten werden, dass Kinder dieser Altersstufe durchaus bereits dazu fähig sind, diese Aufgabe weitestgehend vom Kontext zu lösen und in den arithmetischen Bereich zu transferieren.

# 13 Die Aufgabe „Rechenketten"

## 13.1 Aufgabentext

In der Aufgabe „Rechenketten" geht es um die Ermittlung der Differenz zweier Zahlen. Dementsprechend sind die Ketten derart aufgebaut, dass in der Mitte unter zwei Zahlen jeweils deren Differenz eingetragen wird. Basierend auf diesem Prinzip können dann beliebig große Rechenketten konstruiert werden und es können durch unterschiedliche Konstellation der vorgegebenen Zahlen Aufgabenvariationen vorgenommen werden. So kann entweder die Diferenz zu ermitteln sein, es ist aber auch möglich, die Differenz und eine der beiden Ausgangszahlen vorzugeben. In diesem Fall ist dann die zweite Ausgangszahl zu berechnen.

Die Aufgabe ist in acht Teilaufgaben unterteilt, wobei eine Rechenkette jeweils eine Teilaufgabe bildet. Eine genaue Darstellung der einzelnen Rechenketten ist in Abschnitt 9.2.2.4 zu finden (S. 149ff.).

## 13.2 Auswertung nach dem Einsatz heuristischer Strategien

Die Rechenketten können auf der Basis des **Generierens und Testens von Lösungen** bearbeitet werden. Geleitet durch diese Strategie, werden Zahlen eingefügt und daraufhin erfolgt die Überprüfung, ob sich eine richtige Lösung ergibt. Spätestens ab der komplexeren Teilaufgabe 5 kann es hierbei jedoch zu sehr vielen Fehlversuchen kommen, bis eine richtige Lösung gefunden wird. Außerdem ist dann ein besonderes mathematisches Gedächtnis notwendig, um die Wiederholung bereits probierter Lösungen zu vermeiden.

Das **Vorwärtsarbeiten** ist hier als erfolgversprechendere Strategie einzustufen. Insbesondere ab Teilaufgabe 6 wird dann durch die geänderten Aufgabenstellungen das **Rückwärtsarbeiten** oder das **Vorwärts- und Rückwärtsarbeiten** angeregt, denn die Kinder können nun ihr neu erworbenes Wissen über die gesamte Struktur der Rechenketten einsetzen, um von der Lösung ausgehend die Zahlen aufgrund ihrer Größe bereits zumindest grob einzusortieren.

Das Nutzen der **Analogiebildung** bringt insbesondere in den ersten fünf Teilaufgaben eine Arbeitserleichterung mit sich. Auf diese Weise können die Kinder nicht nur Vorgehensweisen übertragen, sondern auch bereits erzielte konkrete Ergebnisse für nachfolgende Aufgaben nutzen. Da jedoch zu erwarten ist, dass die Kinder überwiegend an der Vorlage arbeiten und die Ergebnisse legen, wäre hierzu wiederum eine enorme Gedächtnisleistung vonnöten.

Die Strategie der **Suchraumeingrenzung** könnte in zweierlei Hinsicht genutzt werden. Einerseits könnte durch überschlagendes Rechnen ungefähr auf die Lösung geschlossen werden. Andererseits könnte der Suchraum zum Beispiel ab Teilaufgabe

6 aber auch bei vorgegebener Differenz auf verschiedene mögliche Zahlenpaare eingegrenzt werden, um dann die richtige Lösung zu extrahieren.

Die **Ziel-Mittel-Analyse** kann eingesetzt werden, um die Rechenschritte und damit einhergehend die notwendigen Rechenoperationen zu planen. Im Hinblick auf die Bearbeitung einer Rechenkette als Gesamtheit ist es aber auch nutzbringend zu planen, welche Teillösungen zuerst ermittelt werden müssen.

Die Strategie des **Zerlegens in überschaubare Teile** kann insbesondere ab Teilaufgabe 6 genutzt werden, um die nun aufgehobene Möglichkeit zum sukzessiven Erarbeiten der einzelnen Teillösungen wieder herzustellen.

## Welche heuristischen Strategien zeigen die Kinder?

Das folgende Schaubild stellt dar, welche heuristischen Strategien bei der Bearbeitung der einzelnen Teilaufgaben von den Kindern genutzt werden:

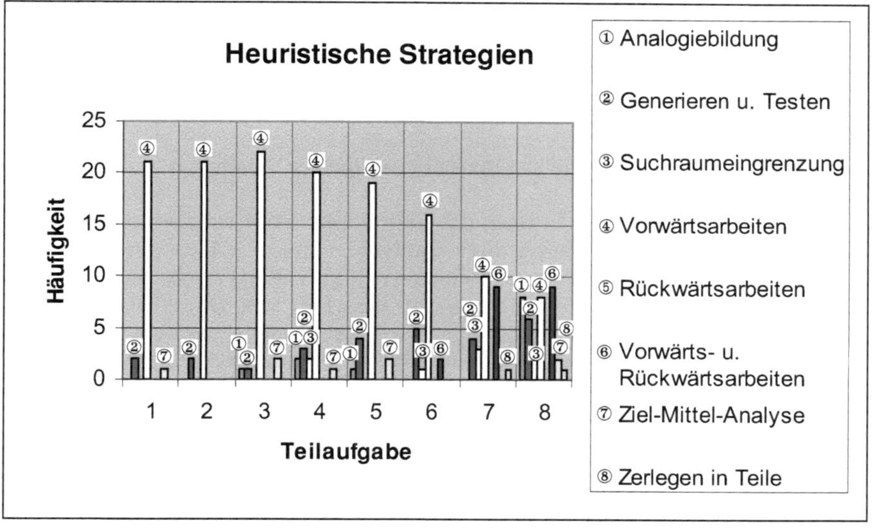


**Abb. 76:** Einsatz heuristischer Strategien bei der Aufgabe „Rechenketten"

Es kann zunächst festgehalten werden, dass die Kinder vorrangig durch das **Vorwärtsarbeiten** zu einer Lösung kommen. In den Teilaufgaben 1 bis 5, die alle einer ähnlichen Struktur folgen, wird von den Kindern nur sporadisch der Einsatz anderer heuristischer Strategien gezeigt. Nur wenige Kinder setzen die **Strategie des Generierens und Testens von Lösungen** ein. Es kommt ebenfalls nur vereinzelt zur **Ziel-Mittel-Analyse**, zur **Suchraumeingrenzung** oder zum **Vorwärts- und Rückwärtsarbeiten**. So nimmt zum Beispiel *Willi* in der ersten Teilaufgabe eine **Ziel-Mittel-Analyse** vor, indem er Folgendes erklärt:

Auszug aus dem Transkript *Willi* „Rechenketten“ Teilaufgabe 1 (22/4/1)

1:32 Willi: „Ja, wo da jetzt die 4 steht und da die 9, dann rechne ich jetzt immer einfach 9 minus 4. Dann muss ich mir das so ’rum drehen. Das überlege ich bei den anderen auch, so mach’ ich das dann jetzt.“

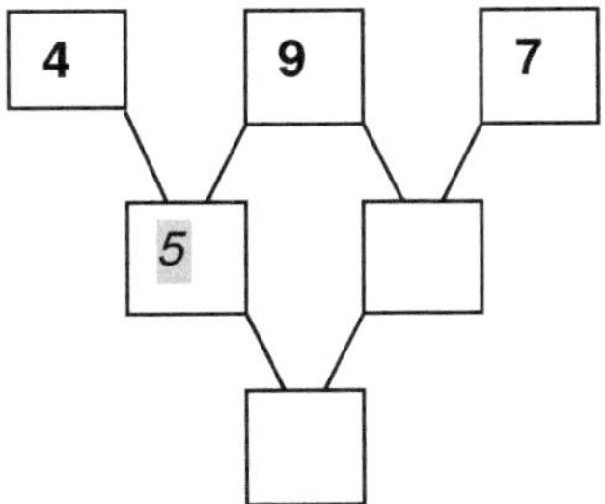


**Abb. 77:** Lösungsansatz von *Willi* zu Teilaufgabe 1 der Aufgabe „Rechenketten“[29]

Bevor er mit dem Berechnen der einzelnen Felder beginnt, plant *Willi* also sein Vorgehen, macht sich die Struktur der Rechenkette bewusst und formuliert seine weitere Vorgehensweise.

In Teilaufgabe 3 nimmt zum Beispiel *Ben* eine **Suchraumeingrenzung** vor. Nachdem er das Zahlenkärtchen mit der Eins in die mittlere Reihe gelegt hat, betrachtet er die Rechenkette und kommt dann zu folgender Feststellung:

Auszug aus dem Transkript *Ben* „Rechenketten“ Teilaufgabe 3 (02/4/3)

2:56 Ben: „Also die Zahl hier [meint die Zahl links oben] muss schon nah’ an der 3 sein, weil das da ja eins Unterschied hat.“

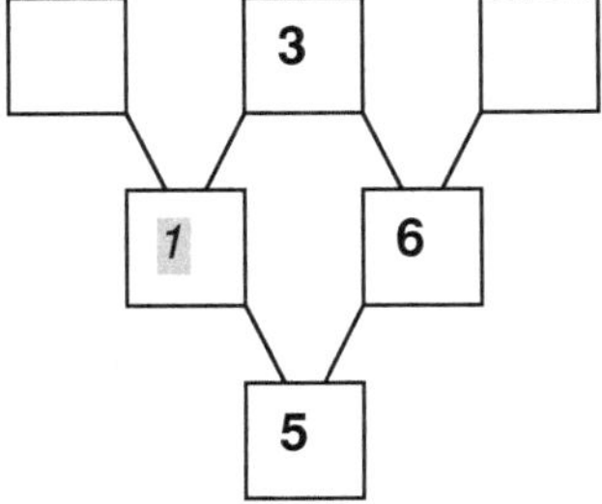


**Abb. 78:** Lösungsansatz von *Ben* zu Teilaufgabe 3 der Aufgabe „Rechenketten“

[29] Bei den grau unterlegten Zahlen handelt es sich jeweils um Zahlen, die von den Kindern eingefügt wurden.

Es werden bei der Bearbeitung dieser Teilaufgaben auch **Analogiebildungen** gezeigt. Kinder äußern sich dann zum Beispiel folgendermaßen:

Auszug aus dem Transkript *Arne* „Rechenkette" Teilaufgabe 3 (01/4/3)

2.18 Arne: „Das mach' ich jetzt wieder so und fang' hier in der Ecke an."

Da die sechste Rechenkette eine andere Aufgabenstellung beinhaltet, kommt es hier nicht mehr zu **Analogiebildungen**, jedoch gehen Kinder nun erstmals **vorwärts- und rückwärtsarbeitend** vor. Dies verstärkt sich dann noch bei den letzten beiden Teilaufgaben. Hier nutzen jeweils neun Kinder *(Ben, Clara, Gina, Mia, Nick, Tom, Ulf, Victor* und *Willi)* rückwärtsarbeitende Ansätze. Bemerkenswert ist hierbei, dass all diese Kinder die Strategie über Teilaufgabe 7 und 8 hinweg zeigen.

Auszug aus dem Transkript *Gina* „Rechenketten" Teilaufgabe 8 (07/4/8)

31:15 Gina: „Die Neun hier, die muss in die oberste Reihe, weil ich ja gar keinen Unterschied sonst mehr finde, der so groß ist wie Neun. Dann kommen die kleineren [meint kleinere Zahlen] eben weiter unten hin. Jetzt guck' ich halt, wo sie hin müssen."

Anhand der Erkenntnisse, die *Gina* bis zu diesem Punkt über die Rechenketten gewonnen hat, kann sie basierend auf dem Vergleich der Größe der Zahlen generelle Aussagen darüber machen, wo die einzelnen Zahlen ungefähr eingeordnet werden müssen. Daraufhin nimmt sie erst die konkrete Berechnung der Differenz vor und ermittelt den exakten Platz jeder Zahl. Diese Vorgehensweise war zu erwarten, da das Aufgabenformat der Rechenketten 7 und 8 die **Strategie des Vorwärts- und Rückwärtsarbeitens** herausfordert.

Sowohl das Nutzen von **Analogien** als auch das **Zerlegen in überschaubare Teile** ist insbesondere bei der letzten Teilaufgabe in verstärktem Maß vorzufinden. Hier beziehen sich die Kinder einerseits auf die in Teilaufgabe 7 erlangten Erkenntnisse. Andererseits regt die Größe dieser Rechenkette die Kinder auch dazu an, einzelne Dreierkonstellationen zu lösen und erst dann den Versuch zu unternehmen, diese zu einem Ganzen zusammenzufügen.

Es ist insbesondere bei der letzten Rechenkette festzustellen, dass die Anzahl der Kinder, die Lösungen generieren und testen, zunimmt.

Zusammenfassend lässt sich bezüglich des Einsatzes heuristischer Strategien bei der Bearbeitung dieser Aufgabe festhalten, dass bei den ersten fünf Teilaufgaben kaum andere Strategien als das Vorwärtsarbeiten gezeigt werden. Auch das Generieren und Testen von Lösungen findet hier nur sehr selten Anwendung, da die Kinder erst Teillösungen ermitteln und dann gezielt die entsprechende Lösungszahl einfügen.

Es ist jedoch überwiegend das Aufgabenformat der letzten beiden Teilaufgaben, welches die Kinder zum Einsatz von heuristischen Strategien herausfordert. So zeigen in diesen beiden Teilaufgaben jeweils neun Kinder die Strategie des Vorwärts- und Rückwärtsarbeitens. Sie greifen dabei auf zuvor erarbeitetes Wissen zurück und erkennen so zum Beispiel, dass große Zahlen weit oben eingeordnet werden müssen. Auch die Analogiebildung wird in der letzten Teilaufgabe verstärkt gezeigt. Gerade bei Teilaufgabe 8 nimmt jedoch bei den Kindern, die bisher ausschließlich vorwärtsarbeitend vorgegangen sind, die Strategie des Generierens und Testens von Lösungen zu. Es scheint, als würden diese Kinder nach langen Suchphasen hier auf ihr „Glück" setzen wollen, um vielleicht doch noch eine richtige Lösung erzielen zu können.

Bei dieser Aufgabe ist nun deutlich zu erkennen, dass erstmals eine relativ große Gruppe von Kindern den Einsatz mehrerer heuristischer Strategien zeigt. Zu dieser Gruppe gehören *Arne, Ben, Clara, Gina, Nick, Ulf, Victor, Willi* und *Yannis*. Die qualitativ hochwertigsten Lösungen erzielen dabei jedoch *Ben, Clara* und *Ulf*.

## 13.3 Auswertung nach dem Einsatz aufgabenspezifischer Strategien

Die Spezifik dieser Aufgabe liegt vorrangig in dem neuen Aufgabenformat und der damit eingeforderten Berechnung der Differenz. Somit können hier als aufgabenspezifische Strategien das Erkennen der Struktur des Aufgabenformates und die Fähigkeit, in dieser Struktur zu arbeiten, aufgeführt werden. Dies zeigt sich insbesondere bei der Bearbeitung der so genannten schwierigen Konstellationen, wenn eine der oberen Zahlen gesucht ist und die untere Zahl größer ist als die gegebene obere Zahl. Eine solche Konstellation erinnert stark an die bekannten „Zahlenmauern" und verleitet dementsprechend zum Wechseln in diese Struktur.

Um angemessen mit den Rechenketten umgehen zu können, ist weiterhin die Erkenntnis notwendig, dass in einer Dreierkonstellation zwei Lösungen möglich sind, wenn eine obere und die untere Zahl gegeben sind und dabei die untere Zahl kleiner ist als die obere.

Im Folgenden wird untersucht, inwieweit die Kinder mit diesen neuen Anforderungen umgehen können, die Struktur erkennen und dauerhaft darin arbeiten. Auf diese Weise kann Auskunft über das Ausmaß der Erfassung des Gesamtzusammenhangs der Rechenketten gewonnen werden (s. Abb. 79, S. 298).

Da Teilaufgabe 1 als einführendes Beispiel diesbezüglich noch keine Erkenntnisse bringen kann, wird sie hier nicht ausgewertet.

Für die Teilaufgaben 2 bis 8 zeigt sich, dass bis zu Teilaufgabe 5 von den Kindern vorrangig die Struktur der Rechenketten erkannt wird und schwierige Konstellationen, bei denen nur eine der oberen und die untere Zahl gegeben sind, bewältigt werden. Allerdings nimmt ein Großteil der Kinder noch nicht wahr, dass es bei bestimmten Konstellationen mehrere Lösungsmöglichkeiten gibt. Bei diesen ersten Teilaufgaben ist aber auch bereits die Zunahme des Arbeitens in falschen Strukturen zu beobachten. Hierbei sei jedoch angemerkt, dass es sich in diesen Fällen häufig um ein kurzfristiges Abkommen von der Differenzermittlung handelt. Dies wird oft von den Kindern selbst bemerkt.

Ein wesentlich differenzierteres und in den Ergebnissen zum Teil bemerkenswertes Bild ergibt sich für die Teilaufgaben 6, 7 und 8. Besonders beeindruckend ist hier der zunehmende Anteil von Kindern, die alle aufgabenspezifischen Anforderungen

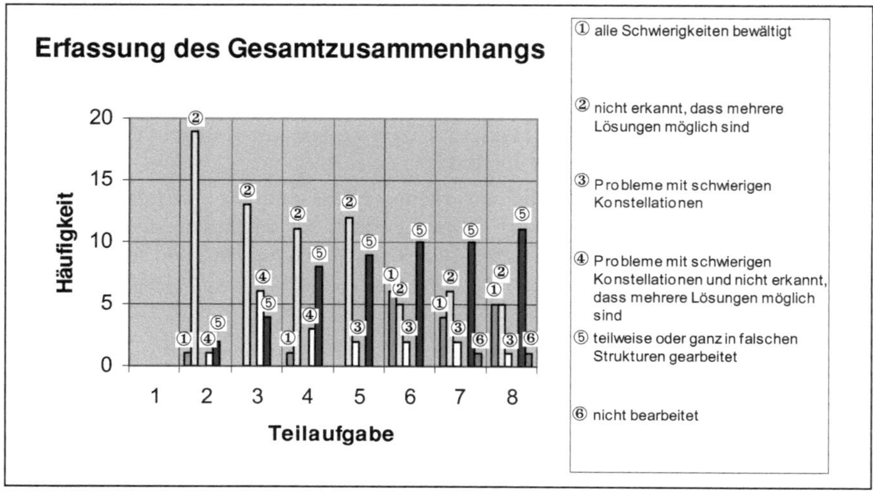


**Abb. 79:** Erfassung des Gesamtzusammenhangs bei der Aufgabe „Rechenketten"

bewältigen. Dies lässt sich dadurch erklären, dass einige der Kinder, die in den vorherigen Teilaufgaben die Möglichkeit mehrerer Lösungen nicht erkannt haben, hier allein durch das veränderte Format zu dieser Erkenntnis gelangen. Auch der nahezu stagnierende Anteil vom Arbeiten in falschen Strukturen zeigt zumindest ein konstantes Verständnis der Struktur der Rechenketten, obwohl hier der Schwierigkeitsgrad stark ansteigt. Mit einem Blick auf die Kinder, die in diesen letzten drei Teilaufgaben in falschen Strukturen arbeiten, zeigt sich, dass sie fast alle von Beginn an Schwierigkeiten mit der Strukturerfassung haben. Diese Schwierigkeiten verstärken sich im Laufe der Arbeit und es kommt kaum mehr zum Arbeiten auf der Basis der Differenzberechnung. Zu dieser Gruppe von Kindern zählen zum Beispiel *Stine, Peter* und *Kevin*. Eine Ausnahme bildet *Enno*. Er benötigt anfangs häufig Hilfestellungen und löst schließlich trotzdem die letzten beiden Teilaufgaben selbstständig richtig. Interessant ist ferner *Ennos* Beschreibung der Differenz.

Auszug aus dem Transkript *Enno* „Rechenketten" Teilaufgabe 4 (05/4/4)

17:05 Enno: „Die dazwischen sind die [gesuchten] Zahlen."

Dies könnte in der Weise interpretiert werden, dass er hier beim Rechnen nicht mit Mengen im Sinne des kardinalen Aspektes operiert. Vielmehr werden die Zahlen als Beziehungen in einem bestimmten Zahlenraum repräsentiert (vgl. LORENZ 2003, S. 27). Unter diesen Bedingungen werden die Zahlen in Form einer Geraden vorgestellt, auf der Addition und Subtraktion entsprechende Bewegungen auf dieser Zahlengeraden sind. Die Differenz stellt sich für *Enno* dann eventuell als der Abschnitt auf den Zahlenstrahl dar, der zwischen den beiden gegebenen Zahlen liegt.

Vier Kinder *(Arne, Ben, Mia* und *Nick)* zeichnen sich durch ein durchgängiges Verständnis des Gesamtzusammenhangs aus. Beispielhaft anzuführen ist dazu das

Vorgehen von *Ben* beim Lösen von Teilaufgabe 7. Er schließt hier die 7 als mögliche Lösung in der untersten Reihe wie folgt aus:

Auszug aus dem Transkript *Ben* „Rechenketten“ Teilaufgabe 7 (02/4/7)

12:38 Ben: „Das kann nicht gehen, weil keine sieben mehr Unterschied gehen [deutet auf die oberste Reihe].“

*Ben* erkennt demnach, nach welchen Kriterien die Zahlen innerhalb der Rechenketten anzuordnen sind. Er stellt fest, dass die größte vorhandene Zahl 7 an der untersten Position das Vorhandensein zweier Zahlen mit der Differenz 7 bedingt, wodurch eine Zahl zur Verfügung stehen müsste, die größer ist als 7. Dies ist jedoch nicht der Fall und er kommt daraufhin zu seiner begründeten Aussage. Im Rahmen der Bearbeitung der achten Teilaufgabe formuliert *Ben* diese Erkenntnis noch deutlicher.

Auszug aus dem Transkript *Ben* „Rechenketten“ Teilaufgabe 8 (02/4/8)

19:05 Ben: „Die größte [Zahl] muss auf jeden Fall immer nach oben. Weil der Unterschied sonst nicht geht.“

Ähnlich beschreibt auch *Nick* seine Vorgehensweise in Teilaufgabe 7. Er zeichnet sich durch einen großen Überblick über den Gesamtzusammenhang der jeweils zu bearbeitenden Rechenkette aus. Dies formuliert er auch im Rahmen seiner Bearbeitungsphase zu Teilaufgabe 8.

Auszug aus dem Transkript *Nick* „Rechenketten“ Teilaufgabe 8 (14/4/8)

27:32 Nick: „Es muss ja auch immer eine mit der anderen Aufgabe passen. Weil jede kleine Aufgabe hängt ja wieder mit der neben dran zusammen, eigentlich ist ja alles nur eine große Aufgabe.“

Bezüglich der aufgabenspezifischen Strategien lässt sich zusammenfassen, dass es einerseits eine große Gruppe von Kindern gibt, die sich gut in das neue Aufgabenformat einfindet und auch darin arbeiten kann. Nur wenige sind jedoch dazu in der Lage, durchgängig erfolgreich über alle Teilaufgaben hinweg die Arbeit in dieser neuen Struktur zu erhalten. Zu diesen Kindern zählen *Arne, Ben, Mia* und *Nick*. Häufiger ist diese Fähigkeit einhergehend mit einigen Rückschritten und Strategieverlusten zu beobachten. Auch erkennen selbst sichere Kinder nicht immer, dass es bei manchen Konstellationen mehrere Lösungsmöglichkeiten gibt, sie finden jedoch meist eine richtige Lösung.

Demgegenüber steht eine weitere große Gruppe von Kindern, die insbesondere Schwierigkeiten mit den komplexeren und problemhaltigeren Teilaufgaben 6, 7 und 8 hat. Es gelingt diesen Kindern oft nur ansatzweise, in der Struktur des Aufgabenformates zu arbeiten. Sie fallen häufig zurück in das ihnen vertraute Format der „Zahlenmauern“. Somit zeigt sich gerade hier, wie schnell oder zögernd sich neues Wissen in der Weise festigt, dass auch bei komplexen Problemstellungen sicher darin gearbeitet werden kann.

## 13.4 Auswertung nach den Phasen des Problemlöseprozesses

*1. Annehmen und Verstehen der Aufgabe*

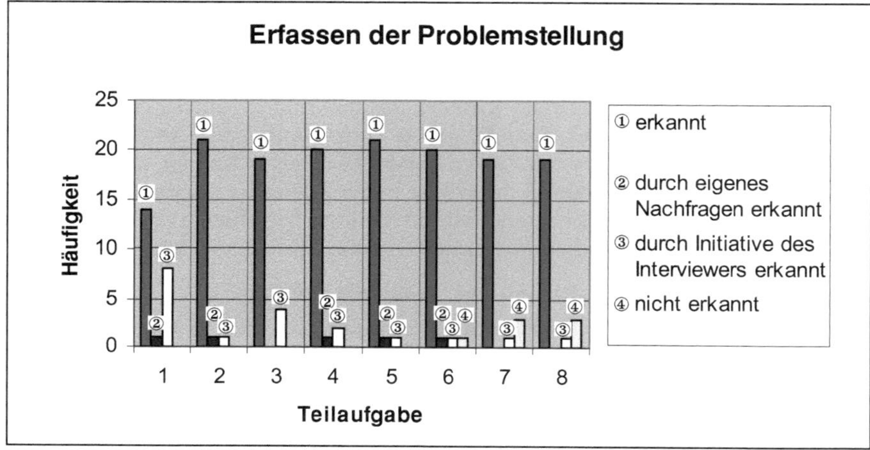


**Abb. 80:** Erfassen der Problemstellung bei der Aufgabe „Rechenketten"

Der Großteil der Kinder erfasst die Problemstellung der einzelnen Teilaufgaben und kann dann auch eigenständig und angemessen mit dem Aufgabenformat umgehen. Erwartungsgemäß wird einigen Kindern bei der Bearbeitung der Einstiegsaufgabe nicht gleich die Struktur der Rechenketten deutlich, aus diesem Grunde benötigen sie die im Interview-Leitfaden vorgesehene Hilfestellung. Die größte Schwierigkeit liegt hier im Erfassen der Vorgehensweise auf der Basis der Ermittlung der Differenz. Insbesondere *Jan, Kevin, Ulf* und *Enno* gehen zunächst davon aus, ein Aufgabenformat vergleichbar zu den „Zahlenmauern" vorliegen zu haben. Sie geben dementsprechend schnell an, das Problem erfasst zu haben („Das ist mir klar, das kenn' ich gut." *Kevin* [11/4/1]). Schon bei den Lösungsvorschlägen für die erste Zahl wird der Interviewerin jedoch die Problematik deutlich, woraufhin sie die Rechenketten nochmals erklärt. Außerdem hat *Tom* während der ersten beiden Teilaufgaben Schwierigkeiten, den Begriff „Unterschied" zu erfassen. Er fragt die Interviewerin gezielt („Heißt das, ich muss plus rechnen oder meinst du die Zahlen, die dazwischen liegen?" *Tom* [19/4/1]). Er kann jedoch nach den entsprechenden Erklärungen selbstständig und erfolgreich arbeiten.

Mit Ausnahme dieser Problematik werden die ersten fünf Teilaufgaben durchgängig erfasst. Die letzten drei Teilaufgaben werden dann allerdings nicht mehr von allen Kindern angenommen. So hat *Peter* zum Beispiel ab der sechsten Teilaufgabe Schwierigkeiten mit der Arbeit in der nun veränderten Aufgabenstellung. Beim Einsetzen eigener Zahlen verfällt er immer wieder in das Additionsprinzip der „Zahlenmauern", auch der Einsatz der vorgesehenen Hilfestellungen bringt ihn nicht weiter. In den folgenden beiden Teilaufgaben setzt sich dies fort. Auch *Finn* und *Jan* erfassen nun die Aufgabenstellung nicht mehr. Während *Finn* ausschließlich versucht, im Prinzip der „Zahlenmauern“ zu arbeiten und dann abbricht, gelingt *Jan* an dieser Stelle gar nicht mehr die Auseinandersetzung mit der Aufgabe. Er gibt an, müde zu sein und bricht ab.

Dies sind jedoch Ausnahmen, die in geringer Zahl auftreten, und es kann insgesamt an dieser Stelle festgehalten werden, dass die Kinder das Aufgabenformat annehmen und verstehen.

## *2. Lösungsplanung und -realisierung*

Zunächst zur Darstellung der **Qualität der Lösungen**:

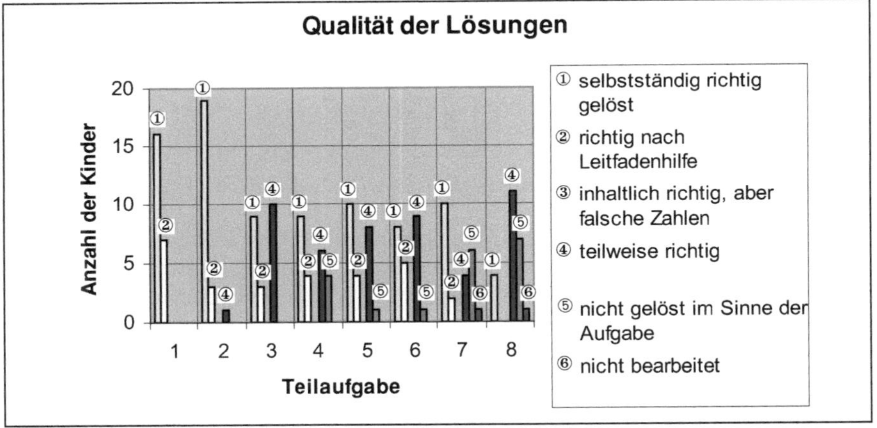


**Abb. 81:** Qualität der Lösungen bei der Aufgabe „Rechenketten“

Zu den ersten beiden Teilaufgaben liegen von allen Kindern korrekte Ergebnisse vor, wenn auch einige die im Leitfaden vorgesehenen Hilfestellungen benötigen. Die einzige Ausnahme bildet hier *Clara*. Sie kommt in Teilaufgabe 2 nur zu einer teilweise richtigen Lösung, da sie die einzige schwierige Konstellation, in der eine der oberen Zahlen ermittelt werden muss, falsch löst. Sie wendet hier das Prinzip der „Zahlenmauern“ an und bemerkt diesen Fehler auch nicht im Rahmen ihrer Selbstkontrolle. Trotzdem löst *Clara* daraufhin alle anderen Teilaufgaben selbstständig richtig. Dieser Umschwung kann mit einer motivationalen Veränderung in Zusammenhang gebracht werden; denn während *Clara* bei der Bearbeitung der ersten beiden Teilaufgaben lustlos und müde wirkt, wandelt sich dieser Eindruck ab der dritten Teilaufgabe komplett. Hier zeigt sie sich – wie aus den anderen Aufgaben gewohnt – sehr interessiert.

Grundsätzlich entspricht die hohe Anzahl richtiger Lösungen in Teilaufgabe 1 und 2 den gestellten Bedingungen an die Aufgaben. Die weiteren Teilaufgaben lassen dann differenziertere Einblicke in die Vorgehensweisen und Fähigkeiten der einzelnen Kinder zu. So zeigt sich bei der dritten Teilaufgabe ein hoher Anteil von Kindern, die nur zu einem teilweise richtigen Ergebnis kommen. Dies liegt vorrangig an dem erhöhten Schwierigkeitsgrad der Aufgabe. Es kommen einerseits ausschließlich Konstellationen vor, in denen eine der oberen Zahlen gefunden werden muss, und andererseits ist dann auch rechts oben erstmals ein Fall gewählt, in dem unten die größere Zahl steht. Dies ist bei den teilweise richtigen Lösungen die Stelle, an der den Kindern häufig Fehler unterlaufen. Sie gehen zurück auf das Prinzip der bekannten „Zahlenmauern" und setzen dementsprechend eine 3 ein.

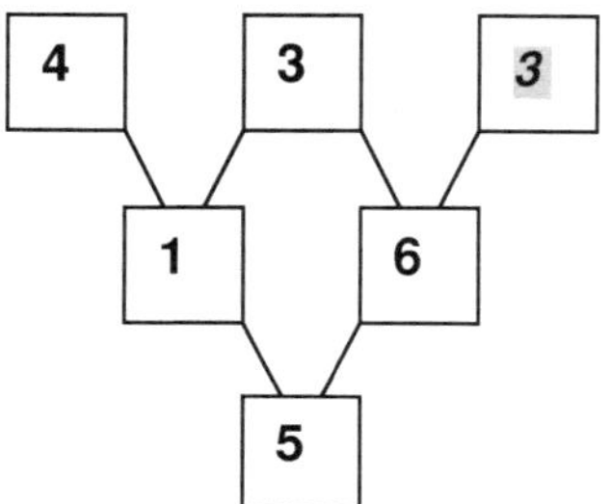


**Abb. 82:** Lösungsbeispiel von *Dina* zu Teilaufgabe 3 der Aufgabe „Rechenketten"

In Teilaufgabe 4 kommt nun der Umgang mit der Null hinzu, der einigen Kindern Schwierigkeiten bereitet. Somit lässt sich auch das erstmalige Auftreten ungelöster Aufgaben erklären. Demgegenüber scheint die größere Rechenkette in Teilaufgabe 5 keine zusätzliche Schwierigkeitssteigerung darzustellen, denn hier erhöht sich wieder der Anteil richtiger und teilweise richtiger Lösungen. Auch die offenere Gestaltung von Teilaufgabe 6 führt nicht zu einer Veränderung dieser Verteilung.

In den Teilaufgaben 7 und 8 verändern sich die Ergebnisse jedoch deutlich. In beiden Rechenketten nimmt die Anzahl der Kinder zu, die zu keiner Lösung kommen. Ein Kind *(Jan)* bearbeitet diese beiden Teilaufgaben gar nicht mehr.

Andererseits erzielen in Teilaufgabe 7 wieder mehr Kinder selbstständig eine richtige Lösung. Dies kann darauf zurückgeführt werden, dass hier viele Kinder zu der wichtigen Erkenntnis gelangen, große Zahlen möglichst weit nach oben zu legen. Auf dieser Basis ist es dann relativ einfach, für alle anderen Zahlen die richtige Position zu finden. In Teilaufgabe 8 gestaltet sich dies wesentlich komplexer, wodurch die komplett richtigen Lösungen stark abnehmen. Eine vollständig richtige Lösung gelingt nur noch *Ben, Clara, Enno* und *Ulf*. Die hohe Anzahl der teilweise richtigen Lösungen begründet sich hier durch Lösungen, in denen lediglich ein Zahlenkärtchen nicht richtig eingefügt werden kann (s. Abb. 83).

An der untersten Stelle müsste eigentlich die Eins eingefügt werden, es ist jedoch nur noch das Kärtchen mit der Drei vorhanden. Da hier durch den Wechsel zur Addition eine rechnerisch richtige Lösung herbeigeführt werden kann, fügen viele Kinder dieses Kärtchen ein, ohne den Fehler zu bemerken (oder mit Duldung des Fehlers).

Es kommen keine Rechenfehler vor. Dies unterstreicht einerseits die allgemeine Sicherheit der Kinder im rechnerischen Bereich, anderseits begründet sich dies natürlich durch die Form der Aufgabenstellung. Hier erweist es sich für die Kinder als

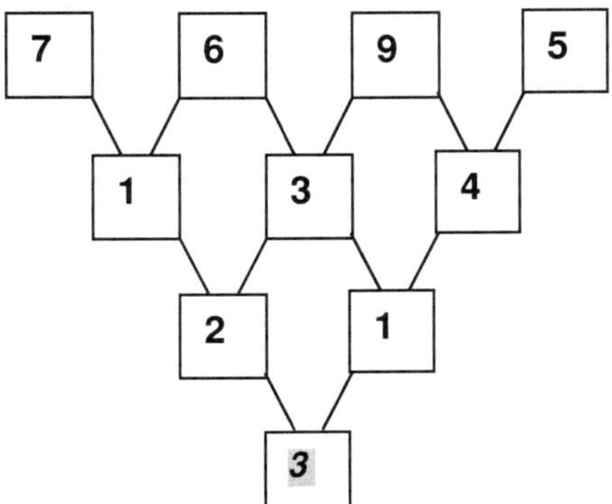


**Abb. 83:** Lösungsbeispiel von *Mia* zu Teilaufgabe 8 der Aufgabe „Rechenketten"

deutlich schwieriger, inhaltlich richtig unter Beibehaltung der Struktur zu arbeiten, als im Zahlenraum bis 20 korrekt zu rechnen.

Betrachtet man die Leistungen der Kinder über alle Teilaufgaben hinweg, so lassen sich drei verschiedene Typen identifizieren:

1. *Die Kinder mit durchgängigen Schwierigkeiten ab Teilaufgabe 3*

   Zu dieser Gruppe zählen *Finn, Isa, Kevin, Lars, Yannis, Stine* und *Olaf.* Sie arbeiten zwar größtenteils schnell und sicher, wechseln jedoch in die Addition. Auch wenn sie dies selbst bemerken („Ach nein, ich muss ja den Unterschied machen." *Isa* [09/4/3]), führt es nicht zu einer Verbesserung des Ergebnisses. Vielmehr zeigen sich die Kinder nach und nach immer verwirrter und verlieren die eigentliche Struktur.

2. *Die Kinder mit wechselnden erfolgreichen und erfolglosen Bearbeitungen*

   Diesen Kindern ist gemeinsam, dass sie die Struktur der Rechenketten erfassen und darin arbeiten können. Sie verfallen jedoch oft kurzfristig, fast unbewusst, in das Prinzip der „Zahlenmauern" und arbeiten in dieser Struktur weiter. Leider bemerken sie ihre Fehler im Rahmen der Kontrolle nicht, da sie hier einfach über die Addition kontrollieren und sich somit ihr Ergebnis bestätigt. Zu diesen Kindern zählen *Ron, Hanna, Dina* und *Peter.*

3. *Die fast durchgängig erfolgreichen Kinder*

   Eine große Gruppe von Kindern ist relativ durchgängig erfolgreich. Hierzu zählen *Arne, Ben, Clara, Enno, Gina, Jan, Mia, Nick, Tom, Victor, Willi* und *Ulf.* Diese Kinder brauchen zwar an verschiedenen Stellen die im Leitfaden vorgesehene Unterstützung, da sie ebenfalls teilweise von der Struktur abkommen. Grundsätzlich gelingt es ihnen jedoch, die Rechenketten angemessen zu bearbeiten und erfolgreich zu lösen. Eine Ausnahme bildet hier die achte Rechenkette. Sie wird nur noch von vier Kindern selbstständig richtig gelöst *(Ben, Clara, Enno* und *Ulf)*. Viele Kinder kommen hier zu einem Lösungsansatz, der nur ein falsch gelegtes Zahlenkärtchen enthält.

Setzt man nun die Qualität der Lösungen in Bezug zur **Bearbeitungsdauer**, so lassen sich einige Parallelen erkennen und begründen. Hier zunächst ein Überblick:

**Tabelle 22:** Bearbeitungsdauer bei der Aufgabe „Rechenketten"

| | Bearbeitungsdauer | | | | | | | |
|---|---|---|---|---|---|---|---|---|
| | TA 1 | TA 2 | TA 3 | TA 4 | TA 5 | TA 6 | TA 7 | TA 8 |
| 0 - 2 min | 22 | 22 | 15 | 13 | 9 | 3 | 6 | 4 |
| 2 - 4 min | 0 | 1 | 6 | 8 | 10 | 8 | 9 | 2 |
| 4 - 6 min | 0 | 0 | 1 | 0 | 3 | 6 | 5 | 3 |
| 6 - 8 min | 1 | 0 | 0 | 1 | 0 | 1 | 1 | 4 |
| 8 - 10 min | 0 | 0 | 1 | 0 | 0 | 1 | 1 | 2 |
| 10 - 12 min | 0 | 0 | 0 | 0 | 1 | 3 | 0 | 1 |
| 12 - 14 min | 0 | 0 | 0 | 0 | 0 | 0 | 0 | 0 |
| 14 - 16 min | 0 | 0 | 0 | 1 | 0 | 1 | 0 | 0 |
| 16 - 18 min | 0 | 0 | 0 | 0 | 0 | 0 | 0 | 1 |
| 18 - 20 min | 0 | 0 | 0 | 0 | 0 | 0 | 0 | 0 |
| über 20 min | 0 | 0 | 0 | 0 | 0 | 0 | 0 | 5 |

Den ersten vier Teilaufgaben ist gemeinsam, dass die Kinder nur wenig Zeit zur Bearbeitung benötigen. Hier gibt es lediglich drei gravierende Ausnahmen. *Tom* zeigt bei Teilaufgabe 1 starke Unsicherheit, nimmt sich viel Zeit zum Nachdenken und benötigt die Hilfestellung durch die Interviewerin. Aus diesen Gründen braucht er ungefähr sieben Minuten, alle anderen Kinder sind hier in weniger als zwei Minuten fertig. Ähnlich geht es *Dina* in Teilaufgabe 4. Sie verfällt immer wieder in das Prinzip der „Zahlenmauern" und weist starke Konzentrationsschwächen auf. Nach über 15 Minuten kommt sie jedoch zu einer richtigen Lösung. *Enno* benötigt zur Bearbeitung von Teilaufgabe 3 länger als alle anderen Kinder. Er weist in dieser Zeit einige Konzentrationsschwächen auf und ist abgelenkt. Auch andere Kinder zeigen im Laufe der Arbeit an den Rechenketten kurzzeitige Konzentrationsschwierigkeiten, es gibt jedoch kein Kind, welches über alle Aufgaben hinweg überdurchschnittlich viel Zeit benötigt. Die meiste Arbeitszeit investieren die Kinder in die letzten drei Teilaufgaben, besonders in die achte Aufgabe. Fünf Kinder benötigen hier mehr als 20 Minuten. Somit kann konstatiert werden, dass dieses Aufgabenformat mit der hier vorhandenen Fülle an Einzelaufgaben die Kinder zeitlich stark beansprucht. Dies führt zu einer besonderen Konzentrationsleistung und manche Kinder reagieren darauf mit zeitweiligem Konzentrationsabfall.

Vergleicht man die benötigte Zeit mit der Qualität der erreichten Lösung, so lässt sich nahezu eindeutig und durchgängig feststellen, dass kurze Bearbeitungszeiten mit erfolgreichen Lösungen einhergehen. Kinder, die die Struktur der Rechenketten schnell und nachhaltig erfassen, bewältigen den rechnerischen Aufwand leicht und kommen in kurzer Zeit zu richtigen Ergebnissen. Demgegenüber benötigen Kinder mehr Zeit, wenn sie immer wieder von der Struktur abkommen, außerdem verlieren sie häufig den Überblick und lösen die Rechenketten dann oft nur teilweise richtig.

Diesbezüglich weist die hier vorliegende Aufgabe deutliche Abweichungen von den anderen drei Aufgaben auf. Dort konnte die Bearbeitungsdauer nicht in einen kausalen Zusammenhang mit der Qualität der Lösung gebracht werden. Da jedoch die arithmetischen Inhalte der Rechenketten den Kindern kaum Schwierigkeiten bereiten, kann an dieser Stelle das zugrunde liegende fremde Aufgabenformat als Auslöser dieses Zusammenhangs identifiziert werden. Die Fähigkeit zum schnellen Erfassen neuer Strukturen ist hier ein erfolgsbedingender Faktor.

Durch eine besonders schnelle und richtige Erarbeitung der Lösungen zeichnen sich *Ben, Nick, Victor, Mia, Arne* und *Clara* aus.

*Handlungen zur Lösungsfindung*

Aufgrund der Gestaltung dieser Aufgabe beschränken sich die Handlungen zur Lösungsfindung fast ausschließlich auf die Arbeit mit den Vorlagen und den Zahlenkärtchen. Von dieser Vorgehensweise heben sich allerdings *Kevin, Willi, Nick* und *Ben* ab. Sie erarbeiten die gesuchten Lösungen der ganzen Rechenkette bzw. einzelner Dreierkonstellationen zunächst kognitiv und legen dann alle entsprechenden Kärtchen auf die Vorlage. So löst *Kevin* die ganze obere Reihe der dritten Rechenkette auf kognitiver Ebene. *Willi* zeigt diese Vorgehensweise in der dritten, vierten und sechsten Rechenkette. In der dritten Teilaufgabe verbalisiert er seinen Lösungsweg wie folgt:

Auszug aus dem Transkript *Willi* „Rechenketten" Teilaufgabe 3 (22/4/3)

4:53 Willi: „Vier minus drei sind eins, weil sechs minus eins sind fünf."

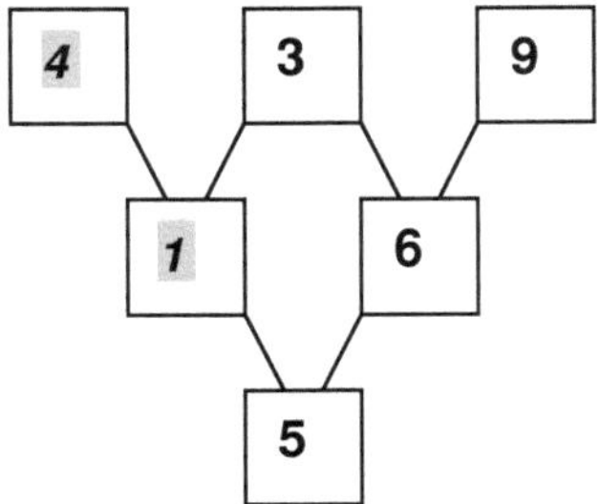


**Abb. 84:** Lösung von *Willi* zu Teilaufgabe 3 der Aufgabe „Rechenketten"

Auf diese Weise demonstriert *Willi* deutlich seinen umfassenden Blick auf die ganze Rechenkette. Er legt erst nach diesen Äußerungen beide Plättchen auf ihre Position. Bei der Bearbeitung von Teilaufgabe 4 äußert er folgenden Gedankengang:

Auszug aus dem Transkript *Willi* „Rechenketten" Teilaufgabe 4 (22/4/4)

6:55 Willi: „Das muss jetzt drei ergeben, glaub' ich. Aaah, also jetzt hier die Drei hinlegen [deutet auf das Feld in der obersten Reihe in der Mitte, legt keine Karte], denn drei minus null sind gleich drei und eins minus drei sind zwei."

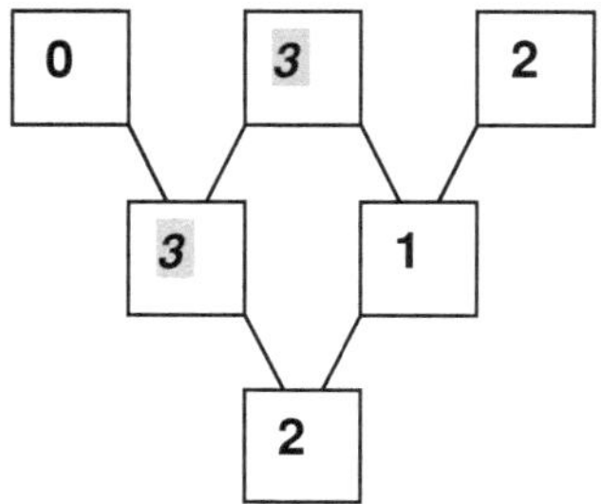


**Abb. 85:** Lösung von *Willi* zu Teilaufgabe 4 der Aufgabe „Rechenketten"

*Willi* thematisiert hier gar nicht mehr die zu legende Drei in der mittleren Reihe, sondern denkt gleich weiter über die anderen beiden Zahlen nach. Auf diese Weise gelingt es auch *Kevin*, unter anderem die sehr fehleranfällige Teilaufgabe 3 vorrangig kognitiv und ganzheitlich richtig zu lösen.

Auch *Bens* Vorgehensweise ist herauszustellen, da er beispielsweise in Rechenkette 7 beim Legen einer Dreierkonstellation zuvor genau überlegt, wie die restlichen vorgegebenen Zahlenkärtchen zu der Lösungsidee passen. Somit operiert er gedanklich und überprüft auf diesem Weg seine Lösungsideen. Das Legen ist dann nur noch die Dokumentation seiner Lösung.

Die Handlungen zur Lösungsfindung von *Ben, Nick, Kevin* und *Willi* geben Aufschluss über das Problemlöseniveau, auf dem sie arbeiten. Sie haben die Struktur der Rechenketten erfasst und gehen nun systematisch an die Lösung, Phasen des konkreten Probierens benötigen sie nicht.

Wie sich dies in der ganzen Gruppe gestaltet, wird im Folgenden aufgezeigt.

*Problemlöseniveau*

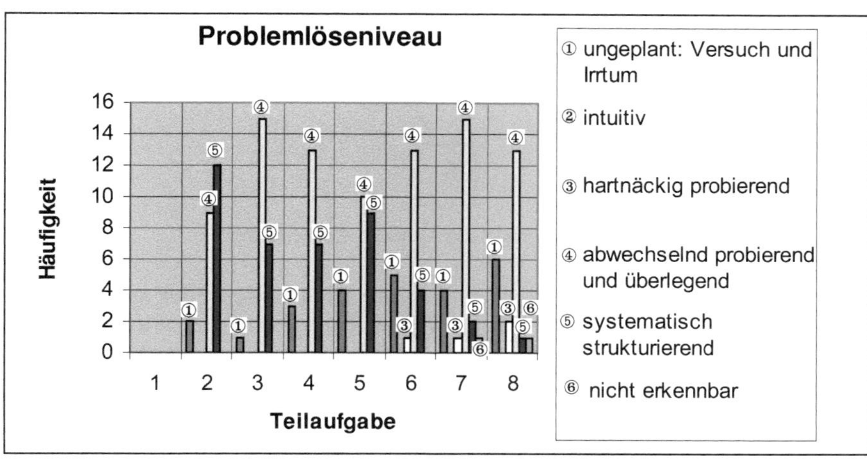


**Abb. 86:** Problemlöseniveau bei der Aufgabe „Rechenketten"

Zur ersten Teilaufgabe können bezüglich dieses Kriteriums keine Angaben gemacht werden, da sie ausschließlich der Einführung in das Aufgabenformat dient und noch keine Problemstellung beinhaltet.

Mit Ausnahme der zweiten Teilaufgabe stellt sich für alle anderen Teilaufgaben das abwechselnde Probieren und Überlegen als häufigstes Problemlöseniveau heraus. In Teilaufgabe 2, die nach dem einführenden Beispiel den geringsten Schwierigkeitsgrad aufweist, geht ein Großteil der Kinder systematisch strukturierend vor. Sie bearbeiten dabei zunächst die Felder, die auf die bekannte Weise ermittelt werden können. Daraufhin wird die schwierigere Konstellation im Feld oben rechts angegangen. Dieses Bearbeitungsniveau kann als systematisch strukturierend bezeichnet werden, da die Kinder die nun bereits bekannte Struktur anwenden, ohne in eine Phase des Probierens und Überlegens zu kommen. Die Bearbeitung auf diesem Niveau ist jedoch nicht allen Kindern möglich. Aus diesem Grunde treten einige Kinder an der Stelle, an der die Zahl oben rechts ermittelt und somit erstmals eine schwierige Konstellation bewältigt werden muss, in eine Phase des abwechselnden Probierens und Überlegens ein.

In der folgenden Teilaufgabe 3 befinden sich nun deutlich mehr Kinder auf dem Problemlöseniveau des Probierens und Überlegens, dies kann in Verbindung gebracht werden mit dem steigenden Schwierigkeitsgrad. Das darauf folgende kontinuierliche Ansteigen des Anteils von Kindern, die systematisch strukturierend bis zur fünften Teilaufgabe vorgehen, ist als Indiz dafür einzustufen, dass nun immer mehr Kinder die gleichbleibende Struktur erkennen und nutzen. Ab Teilaufgabe 6 ändert sich dies jedoch in prägnanter Weise. Hier herrscht zwar immer noch das abwechselnde Probieren und Überlegen vor, systematisches Strukturieren ist allerdings kaum mehr vorzufinden und ungeplantes Vorgehen nimmt deutlich zu.

Die hier erkennbare sukzessive Veränderung des Problemlöseniveaus lässt sich jedoch nur als Tendenz auf die gesamte Gruppe übertragen. Fokussiert man das erreichte Problemlöseniveau der einzelnen Kinder genauer, so lassen sich allgemein drei Gruppen unterscheiden:

1. *Abnahme des Problemlöseniveaus mit zunehmender Schwierigkeit*

   Diese Kinder arbeiten über die zweite und teilweise auch dritte und vierte Teilaufgabe hinweg systematisch strukturierend und gehen dann über zum abwechselnden Probieren und Überlegen oder zum hartnäckigen Probieren. Einige erreichen bei den letzten beiden Teilaufgaben auch nur noch das ungeplante Vorgehen über Versuch und Irrtum. So legt *Stine* (18/4/7–8) die vorhandenen Zahlenkärtchen auf die Vorlage, überprüft, ob sich eine Rechenkette ergibt, nimmt alle Kärtchen weg und legt sie in offensichtlich wahlloser, neuer Anordnung erneut auf die Vorlage. Hier sind keine Phasen des Überdenkens mehr zu identifizieren.

2. *Schwankendes Problemlöseniveau*

   Eine weitere Gruppe von Kindern lässt keine Kontinuität im Problemlöseniveau erkennen. Während sie eine Teilaufgabe systematisch strukturierend bearbeiten, verlieren sie in der nächsten diese Struktur und bearbeiten teilweise sogar eine oder mehrere Teilaufgaben durch ungeplantes Vorgehen. Daraufhin ist aber auch oft wieder systematisches Strukturieren zu beobachten. Der Wechsel im Problemlöseniveau ist bei diesen Kindern häufig dann erkennbar, wenn sie anscheinend unbewusst in das Aufgabenformat der „Zahlenmauern" verfallen. Sie bemerken dann lediglich Unstimmigkeiten in ihren Lösungen, verlieren die Struktur immer mehr und arbeiten probierend. Oft bewirkt der Einstieg in eine neue Teilaufgabe das Wiederfinden der Struktur und das systematische Arbeiten. Ausgeprägt ist dieses Wechseln unter anderem bei *Dina* zu beobachten. Sie bearbeitet die Teilaufgaben 2 und 3 auf dem Niveau des abwechselnden Probierens und Überlegens, geht dann in Teilaufgabe 4 in großen Phasen ungeplant vor, indem sie alle Karten legt, auf Stimmigkeit prüft, wegnimmt und willkürlich verändert wieder legt. Sie äußert sich auch deutlich über ihre Situation („Jetzt weiß ich gar nicht mehr, was ich hier überhaupt noch rechnen soll, die Rechenkette hat mich ganz wirr gemacht." *Dina* [04/4/4]). Der Neubeginn bei Teilaufgabe 5 ermöglicht ihr dann aber einen reflektierteren Zugang. Sie arbeitet hier wieder durch abwechselndes Probieren und Überlegen, verfällt allerdings in den Teilaufgaben 6 und 8 ins hartnäckige Probieren. Das Problemlöseniveau wirkt sich deutlich auf die Qualität ihrer Lösungen aus: Immer dann, wenn sie hartnäckig probierend oder ungeplant vorgeht kommt sie bestenfalls zu teilweise richtigen Ergebnissen.

3. *Beibehalten eines hohen Problemlöseniveaus*

   Vier Kindern gelingt es, über einen Großteil der Rechenketten hinweg systematisch strukturierend vorzugehen. Sie kommen frühestens bei Teilaufgabe 6 zum abwechselnden Probieren und Überlegen. Zu diesen Kindern zählen *Ben, Nick, Hanna, Mia, Willi* und *Nick*, wobei *Nick* als einziger erst in Teilaufgabe 8 abwechselnd probiert und überlegt.

Intuitives Vorgehen ist in diesem Aufgabenformat überhaupt nicht zu identifizieren. Dies liegt vermutlich daran, dass hier immer mehrere Einzelrechnungen vollzogen werden müssen, um eine Rechenkette zu lösen. Somit kann eine Lösungsidee für die gesamte Rechenkette nicht intuitiv formuliert werden.

Untersucht man nun das **Vorgehen beim Lösen** in Bezug auf die Tatsache, ob die Kinder rechnerisch oder zählend zu den einzelnen Lösungen gelangen, so muss zunächst eingeschränkt werden, dass sich dies nicht immer eindeutig feststellen lässt, da die Kinder häufig still – gedanklich – rechnen oder zählen. Wenn sich die Kinder jedoch bezüglich ihrer Vorgehensweise äußern, so lässt dies fast ausschließlich den Rückschluss auf rechnerisches Vorgehen zu.

Auszug aus dem Transkript *Ben* „Rechenketten" Teilaufgabe 3 (02/4/3)

2:25 Ben: „Also 6 plus 5, das sind ja 10, 11. Dann muss hier die 11 hin."

Lediglich *Kevin, Ron, Stine* und *Finn* zeigen neben rechnerischen Elementen auch zählendes Vorgehen in einzelnen Teilaufgaben.

Auszug aus dem Transkript *Stine* „Rechenketten" Teilaufgabe 1 (18/4/1)

0:46 Stine: „5, 6, 7, 8 [nimmt parallel zur 6 einen Finger hoch, zur 7 den zweiten und zur 8 den dritten]. Dann muss hier eine 3 hin."

Das vorwiegend rechnerische Vorgehen der Kinder dieser Gruppe stimmt generell überein mit den Ergebnissen des Basiswissentests. Hierdurch ließ sich voraussetzen, dass die Kinder über die rechnerischen Fähigkeiten verfügen, um die Aufgaben zu lösen (vgl. S. 164ff.).

Soweit sich die Kinder zu ihrem Vorgehen beim Lösen äußern, lässt sich außerdem nachvollziehen, welche Rechenoperationen sie nutzen. Hierbei kommt es zu einer Übereinstimmung zwischen sicherem Arbeiten in der Struktur der Rechenketten und den eingesetzten Rechenoperationen der Subtraktion bzw. des Ergänzens. Dementsprechend bewirkt der Wechsel zum Addieren ein Abweichen von der Struktur hin zu dem Prinzip der „Zahlenmauern". *Mia* formuliert ihre Rechenwege folgendermaßen:

Auszug aus dem Transkript *Mia* „Rechenketten" Teilaufgabe 3 (13/4/3)

3:48 Mia: „Wenn hier jetzt die 14 und die dort 3 stehen, 14 minus 3. Das sind dann hier die 11. Und wenn das so ist, dass nur eine fehlt oder zwei [zeigt auf die linke obere Zahl einer ausgefüllten Dreierkonstellation], dann muss man eben was plus da rechnen."

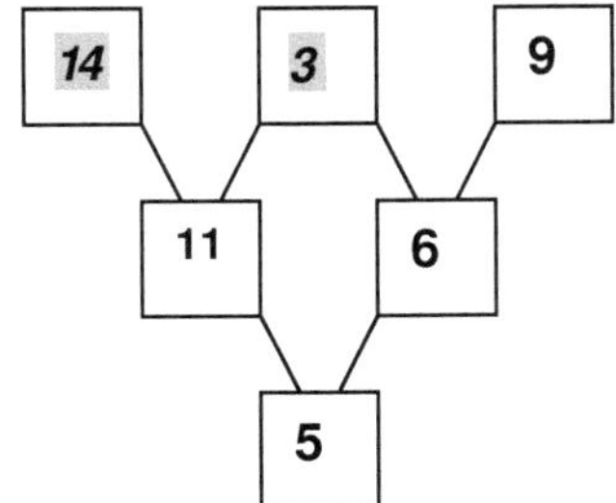


**Abb. 87:** Lösung von *Mia* zu Teilaufgabe 3 der Aufgabe „Rechenketten"

Wenn die Differenz angegeben ist, addiert sie und sie subtrahiert, wenn die beiden oberen Zahlen gegeben sind.

Mit steigendem Schwierigkeitsniveau ist jedoch festzustellen, dass vielen Kindern nicht mehr diese Fallunterscheidung gelingt und sie ganz in das Addieren übergehen, auch dann, wenn die untere Zahl gesucht wird. Dies entspricht dann dem bereits beschriebenen Wechsel in das Prinzip der „Zahlenmauern".

Interessant ist hervorzuheben, dass besonders erfolgreiche Kinder verhältnismäßig oft neben der Subtraktion auch das subtraktive Ergänzen anwenden. *Gina* äußert sich diesbezüglich folgendermaßen:

Auszug aus dem Transkript *Gina* „Rechenketten" Teilaufgabe 4 (07/4/4)

5:02 Gina: „Hier muss eine 3 hin, weil es muss ja eine Zahl ergeben, die minus 1 noch 2 ergibt."

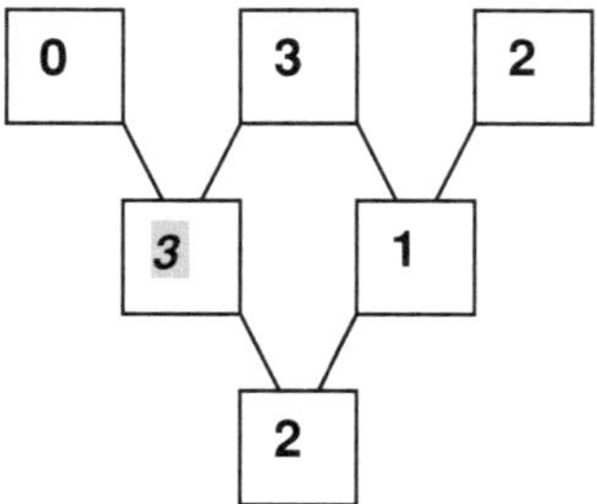


**Abb. 88:** Lösung von *Gina* zu Teilaufgabe 4 der Aufgabe „Rechenketten“

Generell gehen die Kinder sehr flexibel und frei mit den Verbalisierungen ihrer Rechenwege um. Formulierungen wie „Der Unterschied ist das, was zwischen den beiden Zahlen liegt.“ oder „2 minus 5 ist 3“ sind nicht selten zu finden. Setzt man dies in Beziehung zu ihren tatsächlichen Vorgehensweisen, so lässt sich festhalten, dass sie häufig mathematisch korrekt vorgehen, dies jedoch nicht angemessen sprachlich ausdrücken. Sei es einerseits das kreative Nutzen eigener Beschreibungen oder andererseits die eigentlich unkorrekte Formulierung der Subtraktion, die Kinder zeigen insgesamt kaum Scheu, eigene Denk- und Lösungsansätze in Worte zu fassen.

Es bleibt in diesem Zusammenhang anzumerken, dass den Kindern insgesamt wenig Rechenfehler unterlaufen. Auch dies entspricht den Erwartungen nach den Ergebnissen des Basiswissentests und bestätigt die Annahme hoher Rechenfertigkeiten der teilnehmenden Kinder.

### 3. *Präsentation der Lösung*

Da nahezu alle Kinder die Rechenketten durch das Einfügen der Zahlenkärtchen bearbeiten, baut sich die Lösung sukzessive auf und die Präsentation der Lösung ist dann mit dem letzten Einsetzen eines Kärtchens gleichzusetzen. Oftmals begleiten die Kinder diese Handlung mit entsprechenden Äußerungen, wie zum Beispiel *Dina* dies macht: „So, das war's!“ (Dina [04/4/4]). Auch werden von den Kindern zuweilen Gesten eingesetzt, die auf die fertige Rechenkette weisen. Da auch die Kinder, die phasenweise oder durchgängig rein kognitiv arbeiten, immer die Rechenketten noch auslegen, kommen sie ebenfalls zu dieser Form der Präsentation.

### 4. *Rückschau*

Hier soll zunächst das Kriterium der **Lösungskontrolle** (Abb. 89) untersucht werden.

Es zeigt sich deutlich, dass in den ersten fünf Teilaufgaben ein Großteil der Kinder die Lösungskontrolle nach der Aufforderung der Interviewerin durchführt. Daraus lässt sich zunächst schließen, dass auch hier die Kinder kaum eigenständig ihre Ergebnisse kontrollieren. Einerseits ist dies zuweilen nicht notwendig, da die Kinder schon bei der Präsentation ihre Sicherheit bezüglich der richtigen Lösungen formulieren.

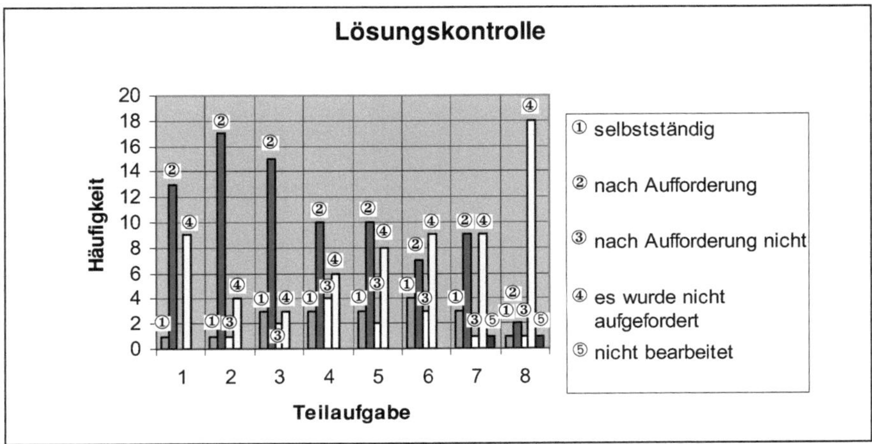


**Abb. 89:** Lösungskontrolle bei der Aufgabe „Rechenketten“

Auszug aus dem Transkript *Arne* „Rechenketten“ Teilaufgabe 1 (01/4/1)

1:15 Arne: „Jetzt hab' ich alles richtig hingekriegt und meine Zahlen passen alle.“

Andererseits zeigen die Kinder, die Schwierigkeiten mit der Strukturerfassung aufweisen, keine Neigung zur Kontrolle, da dies für sie wohl eine weitere Schwierigkeit darstellen würde. Dies erkennt die Interviewerin in der Regel und fordert die Kinder dann nicht mehr explizit zur Lösungskontrolle auf.

Das selbstständige Kontrollieren ist bei *Mia, Nick, Ben, Clara, Willi, Yannis* und *Dina* zu beobachten, also vorrangig bei Kindern, die sich leicht in die Struktur einarbeiten. Sie überprüfen sich auch effektiver als die anderen Kinder, da sie mit Ausnahme von *Dina* Umkehraufgaben einsetzen. Viele der Kinder, die zur Kontrolle aufgefordert werden, vollziehen lediglich ihre Rechenwege nochmals nach und finden so nur selten Fehler.

Ein ähnliches Bild ergibt die **Sicherheit der Kinder in Bezug auf die Richtigkeit ihrer Lösung** (Abb. 90, s. S. 312).

Viele der Kinder, die eine richtige Lösung erzielen, begründen dies auch entsprechend. Hier sei *Clara* beispielhaft angeführt:

Auszug aus dem Transkript *Clara* „Rechenketten“ Teilaufgabe 5 (02/4/5)

6:18 Clara: „Das muss richtig sein, weil ja, weil hier jede Aufgabe [meint die einzelnen Teilrechnungen] stimmt. Da bin ich mir total sicher.“

Außerdem scheinen auch die Kinder, die nur zu teilweise richtigen Ergebnissen kommen, ein gutes Gespür für die Fehlerhaftigkeit zu haben, da sie oft unsicher in Bezug auf das erzielte Ergebnis sind.

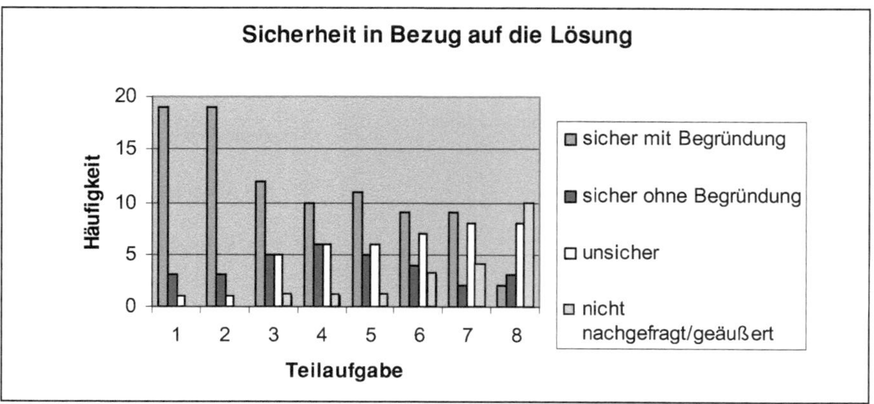


**Abb. 90:** Sicherheit in Bezug auf die Richtigkeit der Lösung bei der Aufgabe „Rechenketten"

Auszug aus dem Transkript *Dina* „Rechenketten" Teilaufgabe 3 (04/4/3)

4:45 Dina: „Eigentlich, also (...) das könnte schon richtig sein, aber (..) oh, oh, so genau weißt du das bestimmt besser. War gar nicht so leicht."

*Dina* hat insbesondere beim Bearbeiten der dritten Teilaufgabe immer wieder Schwierigkeiten, in der vorgegebenen Struktur zu bleiben und kommt dann auch nur zu teilweise richtigen Ergebnissen.

In Teilaufgabe 8 wird häufig nicht nach der Sicherheit in Bezug auf die Lösung gefragt, da hier viele Kinder selbst nach langer Bearbeitungszeit zu keiner vollständigen Lösung kommen, andere arbeiten hier gar nicht mehr in der Weise, dass sie überhaupt einen Lösungsvorschlag entwickeln (hierzu zählen zum Beispiel *Enno, Lars, Olaf* und *Stine*).

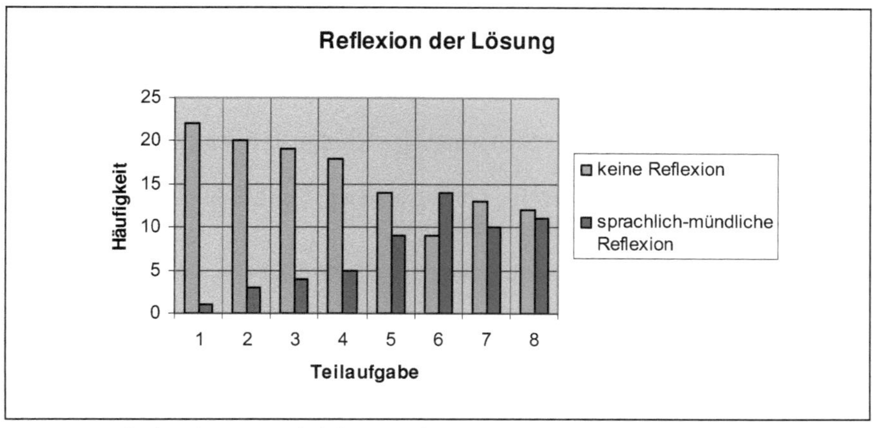


**Abb. 91:** Reflexion der Lösung bei der Aufgabe „Rechenkette"

Insgesamt scheint dieses Aufgabenformat mit arithmetischem Schwerpunkt im Vergleich zu den bisherigen Aufgaben den Kindern sowohl die Kontrolle als auch die Begründung für die Richtigkeit der Lösung etwas zu erleichtern. Sie beziehen sich dann auf die eingesetzten Rechenwege, wiederholen sie oder überprüfen sich sogar durch das Nutzen der Umkehraufgaben.

Anders verhält es sich mit der **Reflexion** der Lösung (Abb. 91).

Hier ist wiederum eine Übereinstimmung zu den Ergebnissen der anderen Aufgaben festzustellen. Die Kinder reflektieren dann verstärkt, wenn sie sich stark mit der Problemstellung auseinandersetzen müssen, um zu einer Lösung zu kommen. Somit ist der Anteil der Reflexionen innerhalb der ersten vier Teilaufgaben noch recht gering, nimmt dann aber deutlich zu.

Auszug aus dem Transkript *Mia* „Rechenketten“ Teilaufgabe 5 (13/4/5)

7:53 Mia: „Meine (…) da die 6 hier, die kann doch so gar nicht gut sein. Ich glaub’, da hab’ ich falsch ’rum gerechnet. Klar, Mensch, da muss doch die 2 hin.“

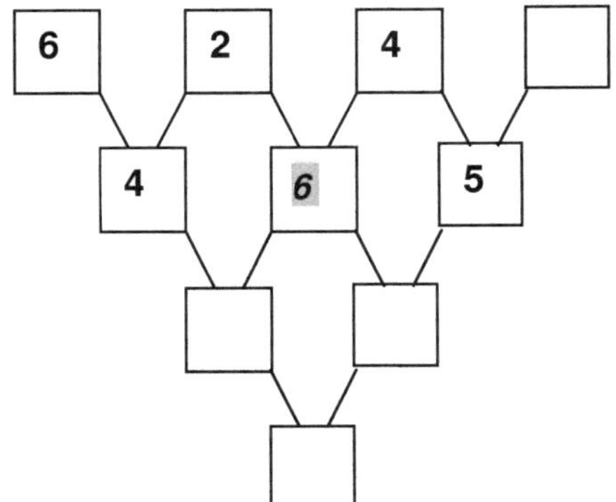


**Abb. 92:** Lösungsansatz von *Mia* zu Teilaufgabe 5 der Aufgabe „Rechenketten“

*Mia* verfällt beim Ermitteln der mittleren Zahl in die Addition, schaut sich ihre Ergebniszahl eine Weile an, reflektiert ihre Teillösung und erkennt dann den Fehler.

Zusammenfassend kann für die Auswertung nach den Phasen des Problemlösens festgehalten werden, dass die Aufgabe „Rechenketten“ in der Grundanforderung – also speziell in Teilaufgabe 1 – dem Anspruch genügt, als einführendes Beispiel von den Kindern verstanden zu werden und angemessen bearbeitet werden zu können.

Die folgenden vier Teilaufgaben erweisen sich dann als notwendige Einarbeitung, um die komplexeren Teilaufgaben 6, 7 und 8 angehen zu können. Diese wiederum ermöglichen einen differenzierten Einblick in die Fähigkeiten der einzelnen Kinder. Besonders deutlich wird dies im Bereich des beschrittenen Problemlöseniveaus. Die hier erzielten Erkenntnisse stehen in engem Zusammenhang mit dem Einsatz heuristischer und aufgabenspezifischer Strategien. Gerade die letzten beiden Teilaufgaben erscheinen zur Auswertung dieser Kriterien als besonders geeignet. Hierbei zeigt sich ebenfalls, dass es nicht der rechnerische Anspruch ist, der die Kinder herausfordert, vielmehr stellt die kontinuierliche Arbeit im fremden Aufgabenformat für einige Kinder eine besondere Schwierigkeit dar.

Generell ist die Bearbeitung von acht Teilaufgaben für manche Kinder eine hohe Konzentrationsanforderung. Es kommt dementsprechend immer wieder zu nachlassenden Leistungen in einzelnen Teilaufgaben. So ist auch bei dieser Aufgabe erstmals ein Zusammenhang zwischen Bearbeitungsdauer und Qualität der Lösung zu erkennen: Je mehr Zeit vergeht, desto unwahrscheinlicher ist eine vollständig richtige Lösung.

## 13.5 Auswertung nach mathematikspezifischen Begabungsmerkmalen

**Tabelle 23:** Ausprägung der mathematikspezisfischen Begabungsmerkmale bei der Aufgabe „Rechenketten“

| | Strukturen und Beziehungen | | | | | | | Analogie und Transfer | | | | | | | Reversibilität | | | | | | | Wechsel der Repräsentationsebenen | | | | | | | besonderes Gedächtnis | | | | | | |
|---|---|---|---|---|---|---|---|---|---|---|---|---|---|---|---|---|---|---|---|---|---|---|---|---|---|---|---|---|---|---|---|---|---|---|---|
| | 2 | 3 | 4 | 5 | 6 | 7 | 8 | 2 | 3 | 4 | 5 | 6 | 7 | 8 | 2 | 3 | 4 | 5 | 6 | 7 | 8 | 2 | 3 | 4 | 5 | 6 | 7 | 8 | 2 | 3 | 4 | 5 | 6 | 7 | 8 |
| Arne | | | | | | | | | | | | | | | | | | | | | | | | | | | | | | | | | | | |
| Ben | | | | | | | | | | | | | | | | | | | | | | | | | | | | | | | | | | | |
| Clara | | | | | | | | | | | | | | | | | | | | | | | | | | | | | | | | | | | |
| Dina | | | | | | | | | | | | | | | | | | | | | | | | | | | | | | | | | | | |
| Enno | | | | | | | | | | | | | | | | | | | | | | | | | | | | | | | | | | | |
| Finn | | | | | | | | | | | | | | | | | | | | | | | | | | | | | | | | | | | |
| Gina | | | | | | | | | | | | | | | | | | | | | | | | | | | | | | | | | | | |
| Hanna | | | | | | | | | | | | | | | | | | | | | | | | | | | | | | | | | | | |
| Isa | | | | | | | | | | | | | | | | | | | | | | | | | | | | | | | | | | | |
| Jan | | | | | | | | | | | | | | | | | | | | | | | | | | | | | | | | | | | |
| Kevin | | | | | | | | | | | | | | | | | | | | | | | | | | | | | | | | | | | |
| Lars | | | | | | | | | | | | | | | | | | | | | | | | | | | | | | | | | | | |
| Mia | | | | | | | | | | | | | | | | | | | | | | | | | | | | | | | | | | | |
| Nick | | | | | | | | | | | | | | | | | | | | | | | | | | | | | | | | | | | |
| Olaf | | | | | | | | | | | | | | | | | | | | | | | | | | | | | | | | | | | |
| Peter | | | | | | | | | | | | | | | | | | | | | | | | | | | | | | | | | | | |
| Ron | | | | | | | | | | | | | | | | | | | | | | | | | | | | | | | | | | | |
| Stine | | | | | | | | | | | | | | | | | | | | | | | | | | | | | | | | | | | |
| Tom | | | | | | | | | | | | | | | | | | | | | | | | | | | | | | | | | | | |
| Ulf | | | | | | | | | | | | | | | | | | | | | | | | | | | | | | | | | | | |
| Victor | | | | | | | | | | | | | | | | | | | | | | | | | | | | | | | | | | | |
| Willi | | | | | | | | | | | | | | | | | | | | | | | | | | | | | | | | | | | |
| Yannis | | | | | | | | | | | | | | | | | | | | | | | | | | | | | | | | | | | |

Das mathematikspezifische Begabungsmerkmal der räumlichen Vorstellung wird hier nicht ausgewertet, da es zur Bearbeitung dieser Aufgabe nicht speziell gefordert ist. Auch kann bei Teilaufgabe 1 für keines der Merkmale eine Ausprägung angegeben werden, denn sie dient nur als einführendes Beispiel.

Die Fähigkeit zum Erkennen von Strukturen und Beziehungen wurde bereits im Rahmen der aufgabenspezifischen Strategien ausführlich dargestellt und ausgewertet (vgl. S. 297ff.). An dieser Stelle sei lediglich nochmals darauf hingewiesen, dass diese Fähigkeit beim Bearbeiten eines zunächst fremden Aufgabenformats deutlich hervortreten kann und natürlich auch bedingender Faktor für ein erfolgreiches Lösen ist. Der überwiegende Teil der Kinder zeigt diese Fähigkeit, einige Kinder zeigen sie sogar in besonderer Ausprägung. Es gibt jedoch auch Kinder, die sich in diesem Bereich als weniger kompetent erweisen. Besonders bemerkenswert ist in diesem Zusammenhang die Tatsache, dass einzelne Kinder in den vorherigen Aufgaben diese Fähigkeit durchaus vorgewiesen haben, nun allerdings kaum die Struktur erfassen. Hierzu zählen *Finn, Isa, Yannis* und *Lars*. Andererseits ist jedoch auch *Peter* anzuführen, der bei den „Rechenketten“ erstmals diese Fähigkeit über alle Teilaufgaben hinweg wenigstens in leichter Ausprägung zeigen kann. Vergleichbares gilt auch für *Olaf* und *Ron*.

Die Fähigkeit zum Erkennen von Analogien und zum Transfer kann in den einzelnen Teilaufgaben in unterschiedlicher Ausprägung hervortreten. Dies wurde bereits bei der Darstellung der heuristischen Strategien (vgl. S. 289ff.) deutlich. Die Teilaufgaben 2 bis 5 bieten die Möglichkeit zum Bilden von Analogien, da zuvor erworbene Erkenntnisse und Einblicke immer wieder erfolgreich angewendet werden können. Während es einerseits Kinder gibt, die diese Fähigkeit gar nicht zeigen und sich quasi immer wieder neu in die einzelnen Teilaufgaben einarbeiten müssen (zu dieser Gruppe zählen *Jan, Kevin, Ron, Stine* und *Ulf*), gelingt es dem Großteil der Gruppe, Analogien herzustellen und Erkenntnisse zu nutzen. *Ben* vollzieht dies explizit und konsequent, indem er Folgendes formuliert:

Auszug aus dem Transkript *Ben* „Rechenketten“ Teilaufgabe 5 (2/4/5)

6:40 Ben: „Das ist ja eigentlich immer das Gleiche, nur die Zahlen sind halt so ein bisschen anders, deswegen muss ich noch 'mal rechnen.“

Die Teilaufgaben 6 und 7 bieten den Kindern außer dem Bezug zum nun bekannten Aufbau keine weitere Möglichkeit, Analogien zu nutzen, da sie jeweils neue Anforderungen stellen. Erst in der letzten Teilaufgabe, die inhaltlich auf die vorherige aufbaut, kann wieder mit Hilfe von Analogiebildung vorgegangen werden. Dies nutzen insbesondere *Victor, Willi* und *Arne*, indem sie bewusst kleine Zahlen an die unterste Position bzw. größere Zahlen an die oberen Positionen legen. Auf diese Weise hatten sie bereits in Teilaufgabe 7 Erfolg.

Auch die Fähigkeit zur Umkehrung der Gedankengänge (Reversibilität) wurde als eine der heuristischen Strategien bereits untersucht. Sie hängt eng mit dem Überblicken der Struktur zusammen und kann besonders in den letzten beiden Teilaufgaben gezeigt werden. Ähnlich wie in den anderen drei Aufgaben wird auch hier diese Fähigkeit insgesamt sehr wenig von den Kindern gezeigt. Es sind jedoch immerhin neun Kinder *(Ben, Clara, Mia, Nick, Ulf, Victor, Willi, Tom* und *Gina*, die zum Vorwärts- und Rückwärtsarbeiten in den letzten beiden oder drei Rechenketten kommen. Ansonsten ist hier eindeutig das Vorwärtsarbeiten, also keine Umkehrung der Gedankengänge, zu beobachten. Trotzdem erweist sich diese Aufgabe im Vergleich mit den anderen drei Forschungsaufgaben als diejenige, in der die Kinder am meisten die Fähigkeit zur Umkehrung der Gedankengänge zeigen.

Bereits in der Darstellung der Aufgabe wurde darauf hingewiesen, dass die Rechenketten kaum einen Wechsel der Repräsentationsebene intendieren. Dementsprechend wird diese Fähigkeit von den Kindern so gut wie nicht gezeigt. Auffällig sind hier lediglich kurze Phasen rein kognitiven Vorgehens bei *Enno, Willi* und *Nick*. Ansonsten ist nicht erkennbar, dass die Kinder sich vom sukzessiven Rechnen und Legen der einzelnen Zahlenkarten lösen.

Eine besondere Gedächtnisleistung ist bei dieser Aufgabe nur notwendig, wenn die Problematik in ihrer Gesamtheit wenig durchdrungen und vorstrukturiert wird. Je strukturierter die Kinder jedoch arbeiten, desto weniger Gedächtnisleistung ist erforderlich. Dies lässt sich zum Beispiel an den Bearbeitungen der Teilaufgabe 5 von *Arne* und *Ben* aufzeigen. Sie gehen derart strukturiert vor, dass sie eine äußerst klare und einfache Arbeitsweise finden, ohne dabei besondere Gedächtnisleistungen erbringen zu müssen. Demgegenüber sind es vorrangig die lösungsgenerierenden Kinder, die sich durch eine gute Gedächtnisleistung auszeichnen können, denn sie ist notwendig zur Vermeidung von doppelten Fehlversuchen.

In Bezug auf alle mathematikspezifischen Begabungsmerkmale lässt sich abschließend festhalten, dass das fremde Aufgabenformat der „Rechenketten" die Kinder in besonderer Weise dazu herausfordert, die Fähigkeit zum Erkennen von Strukturen und Beziehungen einzusetzen. Ähnlich verhält es sich mit dem Vorwärts- und Rückwärtsarbeiten. Auch wenn diese Fähigkeit nur bei der Bearbeitung der letzten Teilaufgaben gezeigt wird, ist erkennbar, dass sie im Vergleich zu den anderen Forschungsaufgaben deutlich mehr zum Tragen kommt. Demgegenüber wird bereits durch die Präsentationsform der Aufgabe die Fähigkeit zum Wechseln der Repräsentationsebene eher vernachlässigt. Die Analogiebildung wird von den Kindern so weit wie möglich genutzt. Es ist jedoch erkennbar, dass es ihnen aufgrund des neuen Formates schwer fällt, bereits Analogieschlüsse zu erkennen und auszuschöpfen. Eine besondere Gedächtnisleistung kann fast ausschließlich bei der Bearbeitung der letzten Teilaufgaben gezeigt werden. Sie ist nur nötig, um bereits durchgeführte Fehlversuche zu erinnern und entsprechende Dopplungen zu vermeiden. Somit benötigen in der Regel die Kinder, die eine starke Ausprägung der anderen Merkmale vorweisen können, kaum eine besondere Gedächtnisleistung.

In Bezug auf starke Ausprägung der verschiedenen Begabungsmerkmale bei einzelnen Kindern sind es insbesondere *Arne, Ben, Clara, Willi, Victor, Mia* und *Nick*, die sich hier hervorheben.

## 13.6 Einzelbeispiel *Nick*: „Eigentlich ist ja alles nur eine große Aufgabe.“

*Hintergrundinformationen*

*Nick* ist zur Zeit der Einzel-Videointerviews 7;05 Jahre. Nach den Angaben seiner Klassenlehrerin und seiner Mathematiklehrerin ist er ein sehr ruhiger und zurückhaltender Schüler. Dementsprechend wurden seine allgemein guten und sehr guten mathematischen Leistungen zwar bald bemerkt, sein besonderes Interesse für die Mathematik zeigte und äußerte er selbst jedoch erst nach und nach.

In seiner Persönlichkeit wird *Nick* von den Eltern und Lehrerinnen als ein fröhliches und spontanes Kind bezeichnet, welches sehr fantasievoll und kreativ ist. Da er aber häufig einige Zeit benötigt, um eine Vertrautheit zu entwickeln, wirkt er in fremden Situationen zuweilen schüchtern und introvertiert.

Dies machte sich bereits bei der Planung der Arbeit in der „Mathe-AG“ deutlich. *Nick* wollte zwar gerne teilnehmen, machte es jedoch von der Teilnahme seines Freundes *Finn* abhängig. Dementsprechend orientierte er sich anfangs auch an *Finn*, wurde aber zusehends eigenständiger und offener. In diesem Prozess nahmen auch seine individuellen Lösungsansätze und -wege zu. Er entwickelte immer mehr eigene Lösungsideen, intuitive Lösungsvorschläge und kreative Zugänge.

Dieser kreative Zugang macht sich unter anderem bei seiner Bearbeitung der Aufgabe „Türme bauen“ deutlich. Hier geht er als eines der wenigen Kinder musterbildend vor. Dies ist insbesondere auffällig und bemerkenswert, da er die anderen Aufgaben teilweise hochgradig inhaltlich strukturiert und selbst in der Aufgabe „Das Puzzle“ kaum gestaltorientierte Ansätze sucht.

Im Basiswissentest macht *Nick* nur zwei Fehler. Diese liegen in den Bereichen „Zählen“ und „Muster“. Er setzt eines der Muster zwar in Ansätzen richtig fort, verändert es dann jedoch nach eigenen, nicht vorhandenen Vorgaben.

Im Intelligenztest ergibt sich für Nick ein Intelligenzquotient von 130, er liegt damit im sehr hohen Intelligenzbereich.

### Transkript *Nick* „Rechenketten“ (14/4/1–8)

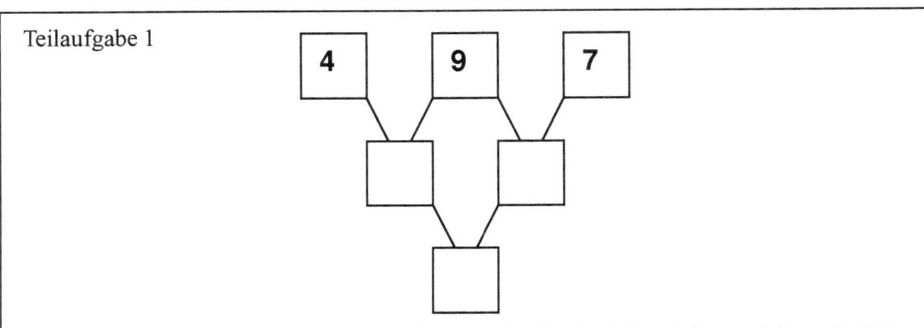


0:12 I.: „So, ich hab’ dir jetzt Rechenketten mitgebracht (..) und dazu gehören die Zahlenkärtchen [zeigt auf die Zahlenkärtchen, die auf dem Tisch verteilt liegen]. Die gehen von der 0 bis zur 20, haben wir alles da. Aber wenn du meinst, es fehlt noch etwas, kannst du dir da auf die Kärtchen [zeigt auf die Blanko-Kärtchen am Rande des Arbeitsplatzes] mit dem Stift noch andere Zahlen drauf schreiben. (4 Sek.) Du siehst ja, hier sind noch leere Felder [zeigt auf die leeren Felder der Vorlage]."

0:54 Nick: „Drei Stück."

0:55 I.: „ Genau, da sollst du jetzt die Kärtchen drauflegen, und zwar so, dass immer von den beiden oberen, also von der 4 und der 9, der Unterschied ergibt das untere Kärtchen. Was wäre das?"

1:09 Nick: „Das wären 5."

1:10 I.: „Genau, dann kannst du die 5 hier suchen. Ich hab' sie zufällig gefunden [greift nach dem Kärtchen mit der 5 und reicht es Nick. Er legt es auf das richtige Feld]. Und das nächste Feld, das füllst du, indem du den Unterschied zwischen den …"

1:25 Nick: „3."

1:25 I.: „… anderen beiden, der 9 und der 7, ausrechnest."

1:30 Nick: „Zwischen der 9 und der 7, 3 (…) nee, 2. [Schaut nach einem Kärtchen mit der Ziffer 2, findet es, greift danach und fügt es an der richtigen Stelle in die Vorlage ein].

1:36 I.: „Gut."

1:40 Nick: „Und da [zeigt auf das letzte freie Feld der Vorlage], da brauch' ich jetzt die 3 [steht auf, schaut nach einem Kärtchen mit der 3, legt es an die noch fehlende Stelle]."

1:46 I.: „Okay, gut. Das hast du ja sehr schnell verstanden. Dann können wir gleich richtig loslegen. [Räumt die Vorlage vom Tisch] Dann kommt jetzt die nächste Rechenkette."

Teilaufgabe 2

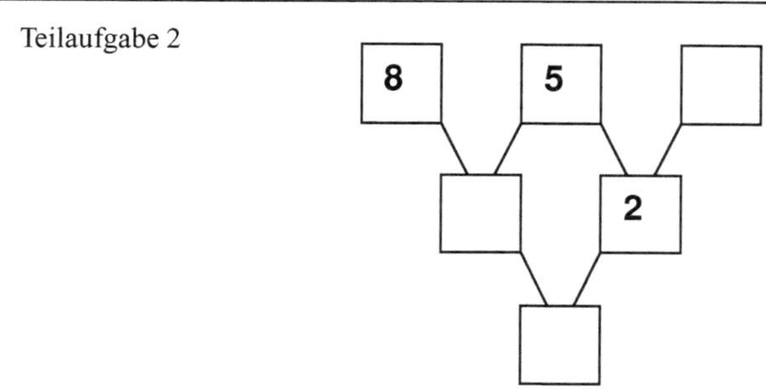


2:01 I.: „So [legt die neue Vorlage auf den Tisch], hier ist es jetzt so, dass du die eine Zahl hast, das ist ja die 5, und dann weißt du den Unterschied, das ist die 2, und jetzt sollst du oben die andere Zahl herausfinden."

2:18 Nick: „Das ist die 3 [hat bereits das entsprechende Kärtchen im Blick, legt es auf das richtige Feld]."

2:20 I.: „Genau. Wie geht es weiter?"

2:22 Nick: „Hier brauch' ich wieder die 3 [I. greift nach einem Zahlenkärtchen mit der 3, reicht es Nick, er legt es auf die richtige Stelle]. Und das sind noch 1 [greift nach einem Zahlenkärtchen mit der 1 und legt es auf die letzte freie Stelle]."

2:29 I.: „Mmh [zustimmend]. Gut, okay. Fällt dir noch etwas dazu ein?"

2:36 Nick: „Nö."

2:38 I.: „Okay [nimmt die Vorlage weg]."

Teilaufgabe 3

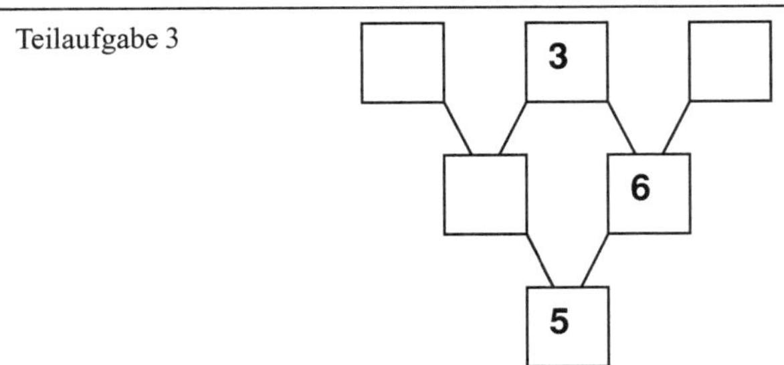


2:46 I.: „Das Nächste. [Legt die 3. Vorlage auf den Tisch.]“

2:51 Nick: „Dann brauch’ ich hier die 1. Weil, das ist ’ne Aufgabe [deutet mit beiden Händen einen Kreis über der Dreierkonstellation rechts oben an] und das hier ist auch eine [nimmt die beiden Hände rüber und formt einen Kreis über der Dreierkonstellation links oben]. Dann brauch’ ich aber erst hier unten die Zahl, sonst weiß ich ja nix [zeigt mit der Hand auf die unterste Dreierkonstellation, nimmt ein Zahlenkärtchen mit der 1 und legt es an die freie Stelle in der mittleren Reihe links]. Dann noch 2 hier hin [legt das richtige Kärtchen in die oberste Reihe links] und die, hm, 9 [legt an die letzte freie Stelle ein Kärtchen mit der 9].“

3:18 I.: „Was hast du jetzt hier gemacht?“

3:21 Nick: „Ich hab’ dann 3 minus 9 gerechnet und dann die anderen auch so, das ist ja dann hier die 1 und da oben dann, hmm, die 2 dann. Weil auch hier hinten sind ja minus 6 dann 5.“

3:56 I.: „Genau, prima [nimmt die Vorlage weg und legt die vierte Vorlage auf den Tisch].“

Teilaufgabe 4

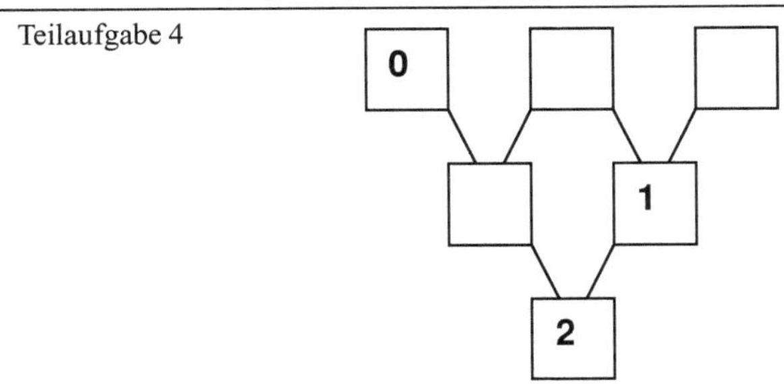


4:00 I.: „Ja, dann bekommst du das ja bestimmt auch hin.“

4:09 Nick: „Ja, dann kommt hier wieder eine 0 hin [tippt mit dem Finger auf das freie Feld links in der Mitte, steht auf und schaut nach einem entsprechenden Kärtchen].“

4:18 I.: „Warum (..), warum kommt da ’ne 0 hin?“

4:22 Nick: „Na (…), nee, da kommt ja gar keine 0 hin. Sonst wäre das ja dann da oben mit der 0 wieder so, dass dann da auch ’ne 0 hin müsste, nee. 2 plus 1 das gibt 3 [sucht ein Kärtchen mit der 3 und legt es links in die mittlere Reihe].“

4:51 I.: „Sehr gut. Sagst du mir jetzt noch einmal, wie du das gemacht hast?“

4:55 Nick: „Ja, das plus, das sind ja 3 [zeigt auf die Felder mit der 2 und der 1]. Und hier gibt es dann die 3. Und jetzt brauch’ ich noch die 2, weil 3 minus 2 dann 1 sind.“

5:20 I.: „Prima. Schön [nimmt die Vorlage weg und legt die nächste Vorlage auf den Tisch].“

Teilaufgabe 5

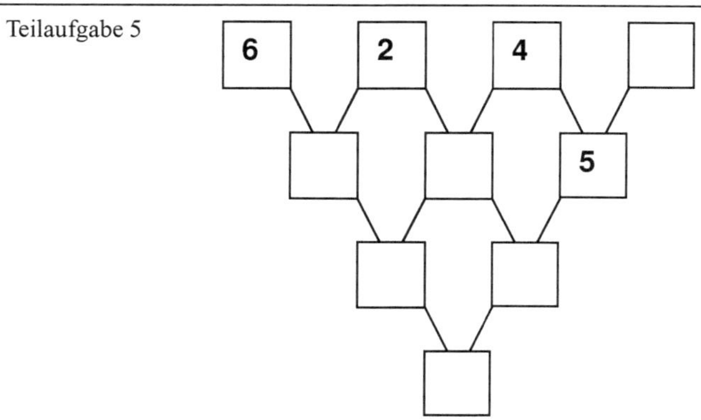


5:29 I.: „Diese Rechenkette geht genauso, nur ist sie ein bisschen größer.“
5:32 Nick: „Okay. Das sind schon ’mal 1 (…), nee (..), das sind (…) 9 [legt ein entsprechendes Zahlenkärtchen auf die freie Position rechts oben].“
5:50 I.: „Gut machst du das.“
5:54 Nick: „Dann kommt da [zeigt auf die Position in der zweiten Reihe links] ’ne 4 hin [legt das Kärtchen an diese Stelle]. So, dann kommt da die 2 hin.“
6:07 I.: „Wieso?“
6:09 Nick: „Weil 2 minus 4 ja 2 gibt [I. reicht ihm das Kärtchen mit der 2]. Und da kommt dann (4 Sek.) auch wieder die 2 hin [legt ein Kärtchen mit der 2 an die freie Stelle in der 3. Reihe links]. Und da kommt dann die (…) 3 hin [greift nach einem Kärtchen mit der 3 und legt es auf das freie Feld in der 3. Reihe rechts]. Und da kommt ja wieder 1 hin [lacht und legt die 1 auf das verbleibende freie Feld].
6:34 I.: „Gut, warum kommt da die 1 hin [lacht ebenfalls]?“
6:38 Nick: „Weil 2 minus 3 eins ergibt.“
6:40 I.: „Genau. Was hast du hier jetzt also noch mal genau gemacht?“
6:49 Nick: „Ich hab’ immer die Zahlen minus gerechnet, die da waren. Ich hab’ das da [zeigt auf die beiden Felder oben links] minus das da, also 2 minus 4 ergibt (…) 2. Also ich könnt’ auch sagen, man muss die 2 von der 4 abziehen. Und so hab’ ich es hier und hier und hier unten überall gemacht [deutet mit der Hand auf den unteren Bereich der Vorlage]. Aber hier war es ja anders [zeigt auf die Dreierkonstellation oben rechts, in der der Unterschied bereits angegeben und eine der oberen Zahlen ermittelt werden soll]. Hier hab’ ich einfach 5 plus 4 gerechnet (..), das sind ja 9, und wenn man dann wieder 4 abzieht, dann sind es auch wieder 5.“
7:20 I.: „Super, toll erklärt [nimmt die Vorlage weg und legt die 6. Rechenkette auf den Tisch].“

Teilaufgabe 6

7:25 I.: „Jetzt siehst du hier eine Rechenkette, da ist nur die unterste Zahl eingetragen, die 3. Du weißt ja jetzt, du hast mir ja jetzt super erklärt, wie diese Rechenkette funktioniert. Jetzt probiere doch ’mal aus, ob du das hier auch lösen kannst [legt die Hand auf die Vorlage].“
7:43 Nick: „Hm, 3 [stützt den Kopf auf]. Da gibt es doch viele Möglichkeiten, (…) 7 und 4.“

8:04 I.: „Super, du sagst, es gibt viele Möglichkeiten. Gibt es noch andere?“
8:10 Nick: „Ja, 8 und 5 ginge auch. Ähm, ja man kann auch die 5 machen mit der 2. Man kann die 10 machen mit der 7.“
8:30 I.: Super, dann kannst du dir ja jetzt etwas aussuchen.“
8:46 Nick: [steht auf] „Dann die 10 und die 7 [legt die beiden Zahlenkärtchen über die 3]. Dann geht jetzt noch die 15 und die 5 [legt auch diese beiden Zahlenkärtchen über die 10, setzt sich wieder]. Und jetzt brauche ich hier noch die 12 [steht auf, sucht ein Kärtchen mit der 12 und legt es rechts über die 7]. Weil (…), weil ja 5 minus 12 sind genau 7, darum muss das hier hin.“
9:46 I.: „Gut gemacht, dann mach’ doch noch weiter.“
9:51 Nick: „Da muss jetzt was 15 ergeben [zeigt nach oben links]. 20 und [sucht in den Zahlenkärtchen] und 5 [legt beide Zahlenkärtchen in die obere Reihe über die 15]. Dann (…) das sind 10 [zeigt auf das Feld oben rechts neben der 5 und legt ein entsprechendes Zahlenkärtchen dort hin]. Und da kommt (4 Sek.) noch (..) die 22 hin.“
10:41 I.: „Die haben wir nicht, die musst du dir schreiben. Kannst du noch mal erklären, warum da die 22 hin muss?“
10:44 Nick: „Ja, weil 20 wären ja nur 10, plus (…) 2 sind 12, also brauche ich 22 [schreibt ein Zahlenkärtchen mit der 22 und legt es auf die letzte freie Stelle].“
11:01 I.: „Gut, würde auch noch etwas anderes gehen?“
11:08 Nick: „Da gibt es ja noch viele Möglichkeiten. Hier unten gab es ja schon viele, und hier bei der 15, da hätte man ja noch etwas anderes machen können, da hätte man ja (…), ja 18 und minus 3 machen können.“
11:21 I.: „Spitze, das hast du toll erkannt. Gut, dann hab’ ich jetzt noch mal eine andere Frage für dich. Hier war ja jetzt die Zahl unten eine 3. Wie müssten denn alle anderen Zahlen sein, wenn unten eine ganz kleine Zahl erreicht werden sollte?“
11:32 Nick: „Dann müssten oben ganz große [Zahlen] hin. Also so wie die 7 und die 8. Wenn man dann die 7 von der 8 abzieht, dann hat man nur noch 1.“
12:03 I.: „Und wenn die Rechnung größer wäre als nicht nur mit drei Zahlen, wenn sie so wie hier wäre [zeigt auf die Rechenkette 6 und legt sie zur Seite]?“
12:10 Nick: „ Also dann (4 Sek.) käme da die 14 und die 7 hin, weil so kriegt man ja die 7 wieder raus. Für die 8 müsste dann dort die (…) 15 hin, weil das wird ja 8.“
13:05 I.: „Und wie müsste man denn die Zahlen aussuchen, wenn man unten eine ganz große Zahle haben möchte?“
13:13 Nick: „Dann musst du ganz große [zieht das „o“ sehr lang] Zahlen nehmen. Also 27 und 6, dann (…) dann hättest du schon unten die 21. Und dann, warte mal, also 27 und 6, dann könnten man machen (..) [kniet sich auf den Stuhl und kommt so an die weggelegte Vorlage] 30 und 3 sind 27. Und da könnte man dann machen oben drüber 9 und 6, das wäre dann hier wieder die 3.“
13:56 I.: „Mensch, toll, wie du dir das alles im Kopf überlegst [nimmt die Vorlage und alle Zahlenkärtchen vom Tisch und legt die nächste Vorlage mit den notwendigen neuen Zahlenkärtchen hin]. Das ist prima.“

Teilaufgabe 7

14:08 I.: „Hier siehst du, ist die Rechenkette noch leer. Du bekommst jetzt nur noch die Zahlenkärtchen mit der 1, der 2, der 3, der 4, der 6 und der 7 [legt parallel zum Sprechen die Zahlenkärtchen auf den Tisch]. Und du musst jetzt mit denen versuchen, eine Rechenkette zu bauen, eine richtige.“

14:22 Nick: „Dann kann ich das da machen [legt die 2 an die unterste Position] und das da [legt die 1 und die 3 in die Reihe darüber]. Das stimmt [legt die 6 nach oben links, die 7 in die Mitte und die 4 nach rechts außen]."
14:43 I.: „Spitze, fällt dir noch etwas ein dazu?"
14:47 Nick: „Ob ich das noch anders machen kann? Dann leg' ich die 7 und die 1 eine Reihe nach unten und die 6 ganz unten hin (...) [legt die drei Zahlenkärtchen entsprechend in die unterste Dreierkonstellation]. Aber das geht nicht, weil dann müsste ich ja eine Zahl haben, die noch größer ist als die 7 (4 Sek.) Dann geht das nicht. Vielleicht die 3 mit der 4 und 1 [legt die 3 an die unterste Position, die 4 rechts darüber und die 1 links darüber], dann die 6 und die 2 [legt die 6 rechts über die 4 und die 2 links über die 4]. Nein, mit der 7 [hält sie an die letzte freie Position] geht das dann nicht. Also das geht auch nicht. Weil ich bräuchte dann die 5."
16:05 I.: „Das macht ja nichts, du hast ja schon eine Lösung gefunden, das macht dann nichts."
16:06 Nick: „Ja, mir fällt da nix ein."
16:15 I.: „Gut, dann (..) machen wir noch die letzte Aufgabe."

Teilaufgabe 8

16:24 I.: „Wir haben jetzt noch eine größere Rechenkette [Nick lacht]. So, hier bekommst du die Zahlen 1, 1, 2, 3, 3, 4, 5, 6, 7 und 9 [legt parallel dazu die Zahlenkärtchen auf den Tisch]."
16:35 Nick: „Und da soll ich auch wieder eine Rechenkette machen."
16:39 I.: „Richtig."
16:41 Nick: „Dann fang' ich an mit der 1, 3 und 2 [nimmt die Zahlenkärtchen 1, 2 und 3 und legt sie an die unterste Dreierkonstellation]. Die 3 und die 7, nee die 6 und die 3 [legt diese beiden Zahlenkärtchen über die 3]. Die 4 [legt das Zahlenkärtchen neben die 6 und über die 2]. Die 5 und die 1 [legt die 5 links über die 4 und die 1 rechts daneben]. Nee, das geht nicht."
17:13 I.: „Warum nicht?"
17:15 Nick: „Weil 7 minus 9 sind 2, und das hab' ich ja hier nicht mehr. Da muss ich noch was verändern [tauscht die 3 und 2 in den Positionen]. Ja, (..) das könnte gehen. Einfach umgedreht. Jetzt hier die 4 und die 1 [legt die 4 links außen über die 3 und die 1 rechts daneben] und die 2 und die 6 darüber [legt die 6 links über die 4 und die 2 rechts daneben]. Das geht aber auch nicht, weil da fehlen mir dann die Zahlen. Weil mach' ich 5, dann sind es ja 3 [zeigt rechts neben die 2] aber da bräuchte ich ja bis zur 1. Das passt so dann nicht [nimmt alle Zahlenkärtchen von der Vorlage]. 2 [legt die 2 ganz nach unten] 1 und 3 [legt diese Zahlenkärtchen darüber] 3 und 4 über die 1 und die 7 [füllt entsprechend die nächste Reihe] (...) Nein, das geht auch nicht, weil jetzt passt nichts mehr mit der 5. [Legt die nach oben links, die 9 daneben, grübelt, vertauscht beide Zahlen] Das stimmt auch nicht."
19:27 I.: „Nein, da hast du Recht."
19:43 Nick: „Dann geht das mit der 7 auch nicht. (10 Sek.) Vielleicht probiere ich es unten mit der 4. Weil, die hatte ich da ja auch noch nicht. 4 (...) 5 (..) 1 (..) 3 (..) 2 (...) 7 [legt die Zahlen sukzessive auf die Vorlage], obwohl, jetzt geht das hier oben ja auch nicht. Die 9 müsste ich ja noch irgendwie besser weg machen, da kann ich bestimmt noch etwas anderes finden."
20:53 I.: „Also, wenn du auf keine Lösung mehr kommst, dann kannst du auch sagen, dass du nicht mehr weitermachen möchtest."

| | |
|---|---|
| 21:02 | Nick: [nickt und arbeitet weiter] „Also die 9 [legt die 9 an die unterste Position], aber dann bräuchte ich ja noch einmal die 9, wegen dem Unterschied. Da muss ich ja plus rechnen und dann muss es ja auch noch eine größere Zahl geben." |
| 21:31 | I.: „Das stimmt." |
| 21:35 | Nick: „Vielleicht die 3 [legt die 3 an die unterste Position]. 5 und 2. Hier dann die 6 und die 1 [legt die 6 und die 1 über die 5]. Dann haben wir 7 und 1 [legt die 7 und die 1 über die 6]. Nee, das (...) das geht dann ja mit den Zahlen auch wieder nicht. Mmm [sortiert die Zahlenkärtchen ohne erkennbaren Zusammenhang am Rand der Vorlage]. Irgendwas stimmt dann immer nicht. Dann tu ich es 'mal mit 6 probieren [legt die 6 an die unterste Position]. Dann die 7 und die 1 [legt die 7 und die 1 darüber], die 9 und die 2 [legt diese beiden Zahlenkärtchen über die 7]." |
| 23:16 | Nick: „Jetzt könnten die 4 und die 5 darüber [meint über die 9] gehen, aber dann stimmt das mit der Rechenkette ja nicht mehr [lächelt verschmitzt]. Außerdem ist die 9 ja die größte Zahl und muss nach oben." |
| 24:30 | I.: „Also du weißt, du kannst aufhören, wenn du möchtest, du hattest es ja schon fast gelöst." |
| 24:59 | Nick: „Ich hatte ja jetzt auch schon fast alle Zahlen unten. Aber (..) dann könnte ich es ja noch anders probieren, weil (...) es kann dann ja auch mal anders weitergehen (...) Ich mach' das mal mit der 2. Zum Beispiel 5 und 3 [legt die 2 an die unterste Position und darüber die 5 und die 3]. Dann 6 und 3 [legt beide Zahlen über die 3], dann werd' ich hier die 1 machen [legt die 1 neben die 6] (...) nee, das gibt ja jetzt keine Aufgabe mehr für hier oben [zeigt auf die oberste Reihe]. [Tauscht die 6 und die 1 über der 5]. Nee, das bringt mir ja auch nix. Also noch 'mal [nimmt alle Kärtchen von der Vorlage]. Jetzt die 1 mit der 2 und der 3 [legt die 1 an die unterste Position, darüber die 2 und die 3] und dann die 6 und die 3 [legt diese beiden Zahlen über die 3]. Hier dann die 4 (...), die 9 und 5 [legt die 4 über die 2 und dann darüber die 9 und die 5] und hier die 1 [legt die 1 rechts neben die 5, über die 4]. (4 Sek.) Nee, das geht nicht [schaut auf das noch einzusetzende Kärtchen mit der 7]. Dann müsste das eine 4 sein, dann ginge es gut. Es muss ja auch immer eine mit der anderen Aufgabe passen. Weil jede kleine Aufgabe hängt ja wieder mit der nebendran zusammen, eigentlich ist ja alles nur eine große Aufgabe." |
| 28:04 | I.: „Richtig." |
| 28:09 | Nick: „Noch einen letzten Versuch. Dann mach' ich jetzt 'mal die 1 nach unten. Dann die 5 und die 6 [legt die 1 an die unterste Position, darüber die 6 und die 5]. Dann kann ich 1 und 7 machen [legt die 1 links über die 6 und die 7 rechts neben die 1] und dann passt hier die 2 [legt die 2 rechts neben die 7, über die 5]. 4 und 3 [legt die 3 links über die 1 und die 4 rechts neben die 3] (...) und jetzt bräucht' ich wieder 'ne andere Zahl. Wenn plus ginge, dann könnte ich hier die 4 hinlegen [zeigt auf die Stelle rechts neben der 3], aber das geht ja nicht." |
| 29:50 | I.: „Wir können jetzt gleich aufhören. Du hast bis hier so toll gearbeitet und fleißig geknobelt." |
| 30:04 | Nick: „Gut, vielleicht probiere ich es ja das nächste Mal noch 'mal." |
| 30:10 | I.: „Genau, das geht auch." |

*Interpretation*

Schon während des Erklärens der ersten Rechenkette durch die Interviewerin fixiert sich *Nick* stark auf deren Inhalt, erfasst zunächst die Struktur und berechnet dann nahezu zeitgleich zu den Erläuterungen die Ergebnisse der einzelnen Felder. Hier unterläuft ihm auch gleich sein einziger Rechenfehler, den er jedoch im selbstständigen Reproduzieren der Aufgabe bemerkt und berichtigt.

Die in Teilaufgabe 2 erstmals auftretenden schwierigeren Konstellationen, in denen die Differenz bereits vorgegeben ist, bewältigt er problemlos und in einem äußerst hohen Tempo. Es laufen hier viele Handlungen fast parallel ab: die Aufgabenbeschreibung der Interviewerin, seine Angabe der Lösungen und das Legen der entsprechenden Zahlenkärtchen. Trotzdem erscheint die Situation nicht hektisch. Nick arbeitet ruhig und zu diesem Zeitpunkt fast passiv wirkend mit. Es macht insgesamt den Eindruck, als würde ihn die Aufgabe zwar interessieren, jedoch noch nicht herausfordern.

In Teilaufgabe 3 setzt sich dies fort, auch hier arbeitet er zügig und ohne Probleme. Zudem gibt er hier eine prägnante Erklärung der Rechenketten in Worten und Gesten, die erkennen lässt, dass er das Aufgabenformat und die Struktur verstanden hat. Im ersten Schritt der Lösungsphase schätzt er zunächst ab, an welcher Stelle die Bearbeitung beginnen muss: „Dann brauch' ich hier die 1. Weil, das ist 'ne Aufgabe [deutet mit beiden Händen einen Kreis über der Dreierkonstellation rechts oben an] und das hier ist auch eine [nimmt die beiden Hände rüber und formt einen Kreis über der Dreierkonstellation links oben]. Dann brauch' ich aber erst hier unten die Zahl, sonst weiß ich ja nix [zeigt mit einer Hand auf die unterste Dreierkonstellation]."

Bei der Bearbeitung von Teilaufgabe 4 zeigt *Nick* kurzfristig Probleme mit der 0, es scheint, als würde er im „Zahlenmauernprinzip" arbeiten „Damit es 0 ergibt, kann ich nur 0 addieren". Auf eine kurze Nachfrage der Interviewerin hin erkennt er allerdings schnell den Irrtum und arbeitet dann vollständig richtig weiter. Allerdings verliert *Nick* dann in der 5. Rechenkette kurz beim Berechnen einer Zahl die Struktur, bemerkt es aber wiederum selbstständig und korrigiert sich sofort.

Die ersten fünf Teilaufgaben bereiten *Nick* keine erkennbaren Schwierigkeiten, er bewältigt auch anspruchsvolle Konstellationen zügig, allerdings wird noch nicht deutlich, ob er feststellt, dass bei einer vorgegebenen Zahl und bekannter Differenz zwei Möglichkeiten für die fehlende Zahl bestehen.

Im Laufe der Bearbeitung von Teilaufgabe 6 ergeben sich hierüber mehr Aufschlüsse. *Nick* erkennt implizit, dass die Differenz von einer Zahl ausgehend zu zwei verschiedenen Ergebnissen führen kann. Bei der vorgegebenen Differenz von 3 erklärt er als Lösungsvarianten: „Ja, 8 und 5 ginge auch. Ähm, ja man kann auch die 5 machen mit der 2." Er lässt demnach die Zahl 5 konstant und formuliert als mögliche weitere Zahlen die 8 oder die 2, für beide ergibt sich eine Differenz von 3.

Einen besonderen Einblick in die Tiefe seines Verständnisses erhält man bei den Erklärungen, die *Nick* auf die zusätzlich gestellten Fragen „Wie müssten denn alle anderen Zahlen sein, wenn unten eine ganz kleine Zahl erreicht werden sollte?" beziehungsweise „Und wie müsste man denn die Zahlen aussuchen, wenn man unten eine ganz große Zahle haben möchte?" gibt. Hier bindet er seine Erklärungen zwar an Zahlenbeispiele, beschreibt jedoch treffend und mathematisch richtig, wie sich die anderen Zahlen verhalten müssten: „Dann musst du ganz große Zahlen nehmen. Also 27 und 6, dann … dann hättest du schon unten die 21. Und dann, warte mal, also 27 und 6, dann könnten man machen … [kniet sich auf den Stuhl und kommt so an die weggelegte Vorlage] 30 und 3 sind 27. Und da könnte man dann machen oben drüber 9 und 6, das wäre dann hier wieder die 3."

Vergleicht man *Nicks* Lösungsverhalten und das ihm innewohnende Abstraktionsniveau mit den Piagetschen Entwicklungsstufen (vgl. S. 12ff.), so kann für dieses Kind festgehalten werden, dass er hier auf unerwartet formaler Ebene Erkenntnisse struktureller Art formuliert, sie jedoch an konkreten Beispielen festmacht. Er scheint somit in diesem Fall an der Schwelle zur Phase formalen Operierens zu stehen. Dies wiederum entspricht Donaldsons diesbezüglichen Erkenntnissen (vgl. S. 16f.), denn nach der Piagetschen Theorie dürfte *Nick* erst in höherem Alter zum Übergang in die nächste Phase kommen.

In Teilaufgabe 6 wird nun erstmals deutlich, dass *Nick* beginnt, sich intensiver mit der Aufgabe auseinanderzusetzen, ihren Problemgehalt wahrnimmt und Freude an ihr gewinnt. Er verändert seine Körperhaltung, kniet sich auf den Stuhl, um näher an die Arbeit heranzukommen, spricht lauter und äußert sich nun auch häufiger inhaltlich.

Äußerst eindrucksvoll löst *Nick* die 7. Teilaufgabe, denn hier legt er eigentlich nur die Zahlenkärtchen richtig auf die Vorlage. Er positioniert die 2 an die unterste Stelle, 1 und die 3 darüber und daraufhin zeigt er viel Überblick, indem er die restlichen 3 Zahlen schon beim ersten Wahrnehmen in Bezug auf seine gelegten Zahlen einschätzt und sogleich in die richtigen Felder einordnet. Diese Vorgehensweise zeigt seine große Sicherheit und Schnelligkeit im Kopfrechnen, was sich mit den Ergebnissen des Basiswissentests deckt. In Bezug auf die Rechenfertigkeiten bereitet ihm die komplexere Teilaufgabe 8 keine größeren Schwierigkeiten, da er schon nach dem Legen eines Teils der Zahlen und dem Blick auf die restlichen Kärtchen erkennt, ob die Rechenkette insgesamt lösbar ist. Trotzdem kommt er hier zu keiner vollständigen Lösung, sein abwechselndes Probieren und Überlegen führt ihn zu fast richtigen Legeversuchen, die er jedoch nie komplett abschließen kann. Trotzdem verliert er weder die Freude an der Aufgabe, noch lässt er sich von der Struktur abbringen: „Jetzt könnten die 4 und die 5 darüber [meint über die 9] gehen, aber dann stimmt das mit der Rechenkette ja nicht mehr [lächelt verschmitzt]. Außerdem ist die 9 ja die größte Zahl und muss nach oben." *Nick* zeigt hier viel Ausdauer und Konzentrationsvermögen, nur ungern nimmt er die Anregungen der Interviewerin zum Abbruch der Arbeit an.

Besondere Erwähnung soll noch *Nicks* Umgang mit der Ermittlung der Differenz finden. In der Regel formuliert er seine Rechnungen in Anlehnung an die Rechenrichtung, jedoch unter Einsatz der Subtraktion. Dies führt dann zu Aussagen wie „… weil 2 minus 4 ja 2 gibt." Diese mathematisch falschen Aussagen mit dennoch richtigen Ergebnissen vollzieht er ganz natürlich, ohne darüber ins Nachdenken zu kommen und ohne rechnerische Schwierigkeiten. Später macht er dann auch deutlich, dass diese Sprechweise nicht auf mangelndem Verständnis, sondern vielmehr auf einer flexiblen und hier wohl für ihn angemessenen Umgangsweise mit den Rechenoperationen basiert: „Ich hab' immer die Zahlen minus gerechnet, die da waren. Ich hab' das da [zeigt auf die beiden Felder oben links] minus das da, also 2 minus 4 ergibt … 2. Also ich könnt' auch sagen, man muss die 2 von der 4 abziehen."

*Nick* zeichnet sich beim Bearbeiten der Rechenketten besonders durch sein zügiges und konsequentes Arbeiten in der fremden Struktur und dem damit verbundenen guten Erfolg aus. Obwohl er zunächst ruhig und ohne großes Engagement vorgeht, scheint die Aufgabe ihn zunehmend herauszufordern und zu interessieren. Daraufhin beginnt er, sich intensiver mit ihr auseinanderzusetzen, es gelingen ihm umfassende und unerwartete Aussagen bezüglich der Struktur der Aufgabe und seiner Vorgehensweise beim Lösen. Beim Lösen selbst bedient er sich der bei anderen Kindern wenig vorzufindenden Strategie des Vorwärts- und Rückwärtsarbeitens, außerdem zeigt er einige weitere mathematikspezifischen Begabungsmerkmale, wie das Bilden von Analogien und die Gedächtnisleistung, in hohen Ausprägungen.

## 13.7 Abschließende Zusammenfassung der Ergebnisdarstellung

### *13.7.1 Gruppierung der Kinderlösungen zu Bearbeitungstypen*

Wie in der Ergebnisdarstellung nun deutlich wurde, ist das vorrangige Kriterium, welches die Qualität der Bearbeitungen bestimmt, die Fähigkeit, in der fremden Aufgabenstruktur zu arbeiten. Unter dieser Prämisse lassen sich die folgenden Bearbeitungstypen feststellen:

*Bearbeitungstyp R – A*

Kinder, die diesem Bearbeitungstyp zugeordnet werden können, zeichnen sich insbesondere dadurch aus, dass sie das neue Format schnell erfassen und konsequent und sicher darin arbeiten können. Lediglich in kurzen Phasen zeigen einige dieser Kinder Konzentrationsschwächen. Zu dieser Gruppe zählen *Ben, Clara* und *Enno. Clara* unterläuft allerdings in der zweiten Teilaufgabe ein Rechenfehler, wodurch sie dort nur zu einem teilweise richtigen Ergebnis kommt. *Enno* hingegen hat bei den ersten Teilaufgaben kurzzeitige Schwierigkeiten.

*Bearbeitungstyp R – B*

Die Abgrenzung dieses Typs zu Bearbeitungstyp A liegt ausschließlich in der nur teilweise richtigen Lösung von Teilaufgabe 8 begründet. *Gina, Mia, Nick, Tom, Victor, Willi* und *Arne* lassen sich hier zuordnen. Auch *Jan* geht in vergleichbarer Weise vor, er bearbeitet jedoch die letzten beiden Teilaufgaben nicht mehr, da er sie als zu schwer einschätzt und sogleich ablehnt.

*Bearbeitungstyp R – C*

Dieser Bearbeitungstyp zeichnet sich primär durch ein instabiles Arbeiten in den vorgegebenen Strukturen aus. Die Kinder erkennen zwar die Struktur, arbeiten jedoch nicht durchgängig darin. Vielmehr verfallen sie phasenweise – wahrscheinlich unbewusst – in das vertraute Prinzip der „Zahlenmauern“. Es gelingt ihnen dann allerdings wieder, nachfolgende Rechenketten sachgerecht zu bearbeiten. Die Vorgehensweisen von *Ron, Ulf, Hanna* und *Dina* entsprechen Bearbeitungstyp R – C. Als besonders beeindruckend soll an dieser Stelle jedoch der Bearbeitungsverlauf von *Ulf* hervorgehoben werden. Er löst zwar die Teilaufgaben 4 bis 6 nur teilweise richtig, kann dann aber die letzten beiden Teilaufgaben vollständig richtig bearbeiten. Für diesen Bereich müsste eigentlich sogar eine Einordnung in Typ R – A vorgenommen werden.

*Bearbeitungstyp R – D*

Die Kinderlösungen, die diesem Bearbeitungstyp zugeordnet werden können, weisen Schwierigkeiten ab der Bearbeitung von Teilaufgabe 3 auf. Die Kinder lassen sich kaum auf die Berechnung der Differenz ein und gehen über zum bekannten Arbeiten nach dem Prinzip der „Zahlenmauern“. Auch die entsprechenden Hinweise durch die Interviewerin helfen diesen Kindern nicht, sie scheinen eher zur Verwirrung beizutragen. Diesem Typ gehören die Bearbeitungen von *Finn, Isa, Kevin, Lars, Yannis, Stine, Peter* und *Olaf* an.

Auffallend ist insgesamt, dass hier einige Kinder deutlich weniger Erfolg haben als in den drei anderen Aufgaben. Hierzu zählen *Yannis, Isa, Lars* und *Finn*. Ein Grund hierfür kann in dem hohen zeitlichen Aufwand der Rechenketten liegen. Dadurch erfordern sie mehr Ausdauer und Konzentration. Insbesondere die genannten Kinder reagieren darauf mit einem deutlichen Leistungs- und Konzentrationsabfall im Laufe der Bearbeitung.

Andererseits haben hier nun auch Kinder Erfolg, die bisher weniger erfolgreich waren. Hierzu zählt vornehmlich *Ulf*, aber auch *Tom* und *Enno* zeigen bei den Rechenketten ihre besten Erfolge.

### *13.7.2 Besonderheiten der Aufgabe*

Die hier eingesetzte Aufgabe „Rechenketten“ stellt für die Kinder aufgrund der erforderlichen Differenzberechnung eine besondere Herausforderung dar. Da auch innerhalb der „Rechenketten“ die Aufgabenstellungen vom reinen Ausfüllen der ersten fünf „Rechenketten“ auf verschiedenen Schwierigkeitsstufen über das recht freie Bearbeiten der 6. Teilaufgabe bis hin zum Erstellen von Rechenketten mit vorgegebenen Zahlen variiert, wird hier der Herausforderungscharakter noch erhöht.

Die Konfrontation mit einem fremden und derart komplexen Aufgabenformat erfordert von den Kindern neben einer grundlegenden Sicherheit in den additiven Grundrechenarten besonders die Fähigkeit zum Erkennen und Nutzen von Strukturen. Wie schwer dies einigen Kindern fällt, wird deutlich, wenn man bedenkt, dass manche der bisher erfolgreichen Kinder bei der Aufgabe „Rechenketten“ große Schwierigkeiten zeigen. Demgegenüber sind aber auch Kinder zu identifizieren, die gerade hier zu guten Erfolgen kommen.

Eine weitere Problematik der „Rechenketten“ liegt in dem hohen zeitlichen Aufwand. Um den Kindern die Einarbeitung in das neue Format zu ermöglichen, wurden die ersten fünf Teilaufgaben in der gleichen Struktur gestellt. Hier hätten eventuell drei oder vier Teilaufgaben genügt. Für viele Kinder hätte auch auf die zu anspruchsvolle Teilaufgabe 8 verzichtet werden können. Auf diese Weise wäre es möglich gewesen, die effektive Bearbeitungsdauer zu reduzieren.

Insgesamt erscheint die Aufgabe „Rechenketten" in dem Aufgabenpool zur Identifikation mathematischer Begabung als sinnvoll und wichtig. Hier werden einerseits rechnerische Fähigkeiten überprüft und andererseits zeigt sich darüber hinaus deutlich, inwieweit die Kinder bereits flexibel mit der Fähigkeit zum Erkennen von Strukturen und Beziehungen umgehen können. Die Einbettung in ein fremdes Aufgabenformat, welches zudem auf der für Kinder dieser Altersstufe ungewohnten Berechnung der Differenz basiert, stellt eine Herausforderung dar und ermöglicht dementsprechend differenzierte Einblicke. Ob aber wirklich eine Aufgabe mit dem in Teilaufgabe 8 vorliegenden Anspruch eingesetzt wird, bleibt je nach dem Leistungsstand der Kinder abzuwägen.

Auch bei dieser Aufgabe soll zum Abschluss aufgezeigt werden, inwieweit hier tatsächlich die Bereiche mathematischen Tätigseins abgedeckt wurden, die der Aufgabe eingangs zugeschrieben wurden.

**Tabelle 24:** Ausschnitt „Rechenketten" aus dem zweidimensionalen Schema zur Erfassung mathematischen Tätigsein

| **mathematische Inhalte** / **inhalts-unabhängige Fähigkeiten** | **Zahlen und Operationen** | | | | **Muster und Strukturen** | | | | **Raum und Form** | |
|---|---|---|---|---|---|---|---|---|---|---|
| mathematische Objekte, Relationen und Operationen verstehen | | | | R | | | | R | | |
| mit mathematischen Objekten, Relationen und Operationen arbeiten | | | | R | | | | R | | |
| mathematische Strukturen erkennen | | | | R | | | | R | | |
| in mathematischen Strukturen arbeiten | | | | R | | | | R | | |
| Strategien anwenden | | | | R | | | | R | | |
| über mathematisches Gedächtnis verfügen | | | | R | | | | R | | |

Der Aufgabe wurde eingangs ein gleichbedeutender Schwerpunkt in den mathematischen Inhalten *Zahlen und Operationen* und *Muster und Strukturen* zugewiesen. Für die Kinder dieser Gruppe zeigt sich aber, dass es hier wesentlich schwieriger ist, die Struktur der „Rechenketten" zu erkennen und durchgängig darin zu arbeiten, als den gestellten arithmetischen Anforderungen gerecht zu werden. Somit überwiegt eindeutig der Bereich *Muster und Strukturen*. Dies könnte jedoch durchaus eine gruppenspezifische Erscheinung sein, denn es ist nicht unbedingt zu erwarten, dass Kinder in dieser Altersstufe derart souverän diese rechnerischen Anforderungen bewältigen.

Dementsprechend ergibt sich auch auf inhaltsunabhängiger Ebene eine besondere Gewichtung der Fähigkeiten *mathematische Strukturen erkennen, in mathematischen Strukturen arbeiten* und *Strategien anwenden*. In diesen Bereichen liegt vorrangig die Herausforderung der Aufgabe „Rechenketten“. Es ist aber wiederum zu betonen, dass sich die Kinder vergleichbar zu dem mathematischen Inhalt *Zahlen und Operationen* auch in den Fähigkeiten *mathematische Objekte, Relationen und Operationen verstehen* und *mit mathematischen Objekten, Relationen und Operationen arbeiten* als kompetent erweisen. Demgegenüber ist es auch hier von der Bearbeitungsweise abhängig, inwieweit das besondere *mathematische Gedächtnis* gezeigt wird. Für diese Fähigkeit lassen sich somit keine eindeutigen Aussagen treffen.

# Teil IV:

# Zusammenfassung und vergleichende Diskussion der Erkenntnisse

Nach der erfolgten Darstellung der Erkenntnisse aus den Bearbeitungen der einzelnen Aufgaben werden diese in Kapitel 14 zusammengefasst. Daraufhin werden in Kapitel 15 die Forschungsfragen anhand der erarbeiteten theoretischen Grundlagen und der erlangten Erkenntnisse beantwortet. Dieses Kapitel schließt mit der Diskussion der Frage, inwieweit die vier eingesetzen Aufgaben als Instrument zur Diagnose mathematischer Begabung in dieser Altersstufe dienen können. Das Kapitel 16 dient dann als Ausblick. Es beinhaltet sowohl didaktische Überlegungen für den Mathematikunterricht als auch offene Forschungsfragen. Daraus werden abschließend Anregungen für weitere Forschungsaufgaben abgeleitet.

# 14 Zusammenfassung der Erkenntnisse aus allen Aufgaben

In Anlehnung an die bisher gewählte Gliederung wird im Rahmen dieser Zusammenfassung zuerst der Einsatz heuristischer Strategien vorgestellt. Daraufhin erfolgt das Aufzeigen des Einsatzes der aufgabenspezifischen Strategien. Da es an dieser Stelle nicht sinnvoll erscheint, die Spezifik der einzelnen Aufgaben nochmals darzustellen, erfolgt die diesbezügliche Zusammenfassung auf einer abstrakteren Ebene, indem aufgezeigt wird, inwieweit die Kinder bereits die Besonderheiten einzelner Aufgaben erkennen und darauf eingehen können. Daran schließt sich die Zusammenfassung der Auswertung nach den Phasen des Problemlöseprozesses und der Auswertung der gezeigten mathematikspezifischen Begabungsmerkmale an. Da die Einzelbeispiele dazu dienten, eine besondere Bearbeitung pro Aufgabe detailliert darzustellen, soll diesbezüglich keine Zusammenfassung vorgenommen werden. Somit werden im ersten Teil dieser Zusammenfassung die Vorgehensweisen und Ergebnisse der einzelnen Kinder über alle vier Aufgaben hinweg – untergliedert nach den vier Auswertungsbereichen – aufgezeigt. Dies mündet in die Zusammenfassung der Bearbeitungstypen. Daraufhin erfolgt dann die Gegenüberstellung der Aufgaben. In diesem Zusammenhang wird die Bedeutung jeder einzelnen Aufgabe für die Studie dargelegt. Es wird aber auch aufgezeigt, inwieweit die Aufgaben gemeinsam mathematisches Tätigsein tatsächlich abbilden.

## 14.1 Die heuristischen Strategien

Bezüglich des Einsatzes heuristischer Strategien zeigt sich, dass es einerseits einige deutliche Tendenzen über alle vier Aufgaben hinweg gibt. Andererseits können jedoch auch Aussagen getroffen werden, die lediglich für eine oder zwei Aufgaben gelten.

Zunächst zu den übergreifenden Erkenntnissen:

Die eindeutig vorherrschende Strategie ist die des Vorwärtsarbeitens. Dies ist zunächst ein erstaunliches Ergebnis, da insbesondere bei den Aufgaben „Türme bauen“ und „Das Puzzle“ in dieser Altersstufe mindestens in gleichem Maße das Generieren und Testen von Lösungen erwartbar gewesen wäre. Daraus ergibt sich, dass die teilnehmenden Kinder vorrangig planvoll an die Arbeit gehen und zielorientiert tätig sind. Betrachtet man dieses Phänomen jedoch pro Aufgabe über alle Teilaufgaben hinweg, so ergibt sich mit zunehmender Komplexität auch ein wachsender Anteil von Kindern, die zum Generieren und Testen von Lösungen übergehen. Diesem Anteil von Kindern stehen jedoch auch andere Kinder gegenüber, die mit zunehmender Komplexität und Problemhaltigkeit ihre Strategie wechseln bzw. mehrere Strategien gewinnbringend einsetzen können.

Dieser Beobachtung können zwei Erscheinungsbilder zu Grunde liegen:

a) Es gibt Kinder, die angemessen schwere Aufgaben unter Einsatz der Strategie des Vorwärtsarbeitens lösen können. Bei zu starker Problemhaltigkeit gelingt ihnen dies jedoch nicht mehr und sie wechseln zum Generieren und Testen von Lösungen.
b) Es gibt Kinder, die erst bei ausreichender Komplexität und Problemhaltigkeit einer Aufgabe dazu herausgefordert werden, ihre strategischen Kompetenzen zu zeigen. Sie gehen dann vom reinen Vorwärtsarbeiten über zum Nutzen anderer, teilweise sogar mehrerer, Strategien.

Es sind insbesondere die unter b) aufgeführten Kinder, die dann zum Vorwärts- und Rückwärtsarbeiten übergehen. Es handelt sich hierbei vorrangig um Lösungsansätze, die auf der Idee des Rückwärtsarbeitens basieren. Die entsprechenden Lösungswege enthalten dann aber verstärkt Elemente des Vorwärtsarbeitens. Jedoch zeigt sich auch für diese Kinder – zum Beispiel bei Teilaufgabe 4 der Aufgabe „Jonas sammelt Murmeln“ –, dass zu hohe Anforderungen den Einsatz heuristischer Strategien hemmen. Aufgrund der Erkenntnisse, die diesbezüglich im theoretischen Teil der Arbeit erlangt werden konnten, war kaum zu erwarten, dass überhaupt Kinder in dieser Altersstufe die Fähigkeit zum Rückwärtsarbeiten oder zum Vorwärts- und Rückwärtsarbeiten zeigen. Die hier erzielten Ergebnisse weisen aber deutliche Übereinstimmungen mit Forschungsergebnissen zur mathematischen Begabung bei Kindern im 3. und 4. Schuljahr auf. Auch dort konnte die Strategie des Rückwärtsarbeitens vereinzelt nachgewiesen werden (vgl. KÄPNICK 1998, S. 266). Weiterhin ergibt sich für alle Aufgaben, dass die Möglichkeiten zur Analogiebildung durch die Untergliederung in Teilaufgaben gut erkannt und genutzt werden. Die Analogiebildung zu anderen Aufgaben wird jedoch gar nicht beobachtet. Dies kann mit der Auswahl von Aufgaben, die den Kindern entweder im Format oder im mathematischen Inhalt fremd sind, begründet werden.

Ein vergleichbares Ergebnis kann für die Strategie des Zerlegens in überschaubare Teile festgehalten werden. Diese Strategie wird insbesondere bei der Aufgabe „Das Puzzle“ herausgefordert und dort auch am deutlichsten von den Kindern gezeigt.

Sowohl die Strategie der Ziel-Mittel-Analyse als auch die Strategie der Suchraumeingrenzung werden fast gar nicht gezielt eingesetzt. Zwar deuten einige Kinder in ihren Aussagen an, dass sie diese Strategien immanent nutzen, dies kann hier jedoch nicht als ein bewusstes Vorgehen eingestuft werden. Vielmehr kann in diesen Fällen von Strategiekeimen gesprochen werden, die sich eventuell noch entwickeln. Natürlich darf nicht ausgeschlossen werden, dass die Kinder diese Strategien bei anderen Aufgabenstellungen gegebenenfalls deutlicher zeigen würden.

Nun zu den Erkenntnissen, die sich jeweils nur auf eine oder zwei Aufgaben beziehen:

Die Aufgabe „Jonas sammelt Murmeln“ fordert die Kinder am wenigsten zum Einsatz heuristischer Strategien heraus. Hier bildet lediglich Teilaufgabe 3 eine Ausnahme, denn – wie beabsichtigt – zeigen einige Kinder durch die veränderte Aufgabenstellung die Strategie des Vorwärts- und Rückwärtsarbeitens. Demgegenüber nutzen die Kinder bei der Bearbeitung der Aufgabe „Das Puzzle“ deutlich häufiger die heuristischen Strategien und zeigen auch verstärkt das Wechseln zwischen den Strategien. Es sind hauptsächlich die Strategien der Analogiebildung und des Zerlegens in überschaubare Teile, die hier zum Tragen kommen. Auch die Aufgabe „Türme bauen" fordert zum heuristischen Vorgehen heraus. Insbesondere die Analogiebildung wird in den letzten beiden Teilaufgaben deutlich gezeigt. Ähnlich verhält es sich mit den Teilaufgaben 7 und 8 der Aufgabe „Rechenketten". Das hier gewählte Aufgabenformat erweist sich als geeignet, um die Kinder zum Demonstrieren ihrer heuristischen Fähigkeiten zu animieren.

Fokussiert man abschließend die Kinder, die sich über alle Aufgaben hinweg durch den effektiven und gezielten Einsatz von Strategien bzw. durch das Nutzen verschiedener heuristischer Strategien auszeichnen, so sind vorrangig *Ben, Clara, Victor, Willi* und *Yannis* zu nennen. Setzt man dieses Ergebnis nun in Beziehung zu der Erkenntnis, dass mathematisch begabte Kinder mit großer Wahrscheinlichkeit auch gute Problemlöser sind (vgl. S. 105ff.) und diese Kinder im Sinne von *Bauersfeld* zur Bewältigung eines Problems zwischen verschiedenen Strategien gezielt auswählen können und bei Bedarf auch zwischen den Strategien wechseln (vgl. ebd.), so können die hier genannten Kinder zunächst durchaus als eventuell mathematisch begabt eingestuft werden. Hier wird die Auswertung der anderen Bereiche jedoch noch mehr Aufschluss geben.

## 14.2 Die aufgabenspezifischen Strategien

Durch die Abhängigkeit vom jeweiligen Aufgabentyp können aufgabenspezifische Strategien ausschließlich bei bestimmten Aufgabentypen eingesetzt werden. Inwieweit die Kinder bei den vier Aufgaben die jeweils spezifischen Strategien zeigen, wurde bereits ausführlich dargestellt. Die diesbezüglichen Ergebnisse sind vergleichbar mit den Ergebnissen des Einsatzes heuristischer Strategien. Zunächst ist zu erkennen, dass die Kinder in sehr unterschiedlicher Weise aufgabenspezifische Strategien nutzen. Während diese Strategien von einem Großteil der Kinder häufig ansatzweise – also in Form von Strategiekeimen – gezeigt werden, können bei allen Aufgaben auch Kinder identifiziert werden, die kaum strategisch vorgehen. Demgegenüber gibt es aber immer eine Gruppe von Kindern, die in ausgeprägter Weise aufgabenspezifische Strategien nutzt. Diese Tendenz steht in Abhängigkeit vom individuellen Problemgehalt der Aufgabe. Bei einem angemessenen Problemgehalt scheinen die Kinder leichter aufgabenspezifische Strategien effektiv einsetzen zu können als bei zu leichten oder zu schweren Aufgaben. Beispielhaft können hier die verschiedenen Bearbeitungen der Aufgabe „Türme bauen" herangezogen werden. Während bei Teilaufgabe 1 noch der überwiegende Teil der Kinder erfolgreich aufgabenspezifische Strategien einsetzt, nimmt der Anteil dieser Kinder bei der folgenden Teilaufgabe deutlich ab und es überwiegen die Strategiekeime. Demgegenüber kommen bei der Bearbeitung der letzten Teilaufgabe dann wieder mehr Kinder zum strategischen Vorgehen. Es ist zunächst die Steigerung des Schwierigkeitsniveaus, die es ab Teilaufgabe 2 einigen Kindern unmöglich macht, an der bereits erkannten – womöglich noch unbewusst genutzten – Strategie festzuhalten. Einige andere Kinder wiederum scheinen diese

Phase des Strategieverlustes zu überwinden und daraufhin auf vergleichbarem Schwierigkeitsniveau wieder strategiegeleitet arbeiten zu können. Im Sinne von *Wygotski* (vgl. S. 18f.) könnte in diesen Fällen mit dem in den Teilaufgaben 2 und 3 gewählten Schwierigkeitsgrad genau die Phase der nächsten Entwicklung getroffen sein, denn die Kinder sind einerseits herausgefordert und kommen dann in Ansätzen oder komplett zum Erfolg.

Ähnlich verhält es sich bei der Bearbeitung der Aufgabe „Das Puzzle". Ab der komplexeren Teilaufgabe 4 kommt ein Teil der Kinder vom bisher strategiegeleiteten Vorgehen ab, während andere Kinder gerade hier ihre entsprechenden Fähigkeiten gewinnbringend einsetzen können.

Geht man nun der Frage nach, welche Kinder sich über die vier Aufgaben hinweg durch den effektiven und gezielten Einsatz aufgabenspezifischer Strategien auszeichnen, so sind hier insbesondere *Ben, Mia, Yannis* und *Nick* anzuführen. Auch *Clara* und *Arne* zeigen in fast vergleichbarer Weise den erfolgreichen Einsatz dieser Strategien.

Aus dem Vergleich des Einsatzes heuristischer Strategien mit dem Einsatz von aufgabenspezifischen Strategien lässt sich erkennen, dass hier deutliche Parallelen vorliegen. Dies bezieht sich einerseits auf das Nutzen der Strategien in Bezug auf den Problemgehalt der jeweiligen Aufgabe. Andererseits sind diese Parallelen aber auch bezüglich des Erfolges der Kinder zu erkennen. So ist erfolgreiches oder weniger erfolgreiches strategisches Vorgehen häufig in beiden Strategiebereichen anzutreffen.

## 14.3 Die Phasen des Problemlöseprozesses

An dieser Stelle wird zunächst herausgearbeitet, welches Lösungsverhalten die Kinder in den verschiedenen Phasen des Problemlöseprozesses über alle vier Aufgaben hinweg zeigen. Dann erfolgt die kurze Zusammenfassung weiterer relevanter Beobachtungen während der Bearbeitungen.

### *1. Annehmen und Verstehen der Aufgaben*

Bei der Konstruktion der Aufgaben als Problemaufgaben wurde darauf geachtet, dass die erste Teilaufgabe quasi als Einstieg in die Problematik von den Kindern möglichst gut erfasst und verstanden werden kann. Dies kann für alle vier Aufgaben als erreicht betrachtet werden. Die wenigen Schwierigkeiten in der Erfassung werden meist mit den im Interview-Leitfaden vorgesehenen Hilfestellungen beseitigt. Lediglich bei der Aufgabe „Rechenketten" fällt einigen Kindern von Anfang an das Verstehen des hier geforderten Prinzips der Differenzberechnung schwer.

Auch die folgenden Teilaufgaben, die eine zunehmende Problemhaltigkeit aufweisen, werden von den Kindern gut erfasst. Dies liegt hauptsächlich daran, dass an der gleichen Thematik gearbeitet wird. Dementsprechend bildet Teilaufgabe 4 der Aufgabe „Jonas sammelt Murmeln" eine Ausnahme. Sowohl die sprachliche Komplexität als auch der veränderte Sachverhalt und der erhöhte mathematische Anspruch bewirken, dass einige Kinder diese Teilaufgabe nicht mehr verstehen. Insbesondere an dieser Stelle wäre es interessant, in einem anschließenden Forschungsvorhaben die Vermutung zu klären, ob die Zahlenreihe ohne Einkleidung in einen Sachkontext leichter zu erkennen und fortzusetzen wäre. Dies würde dann dafür sprechen, bei Kindern der vorliegenden Altersstufe auf derart komplexe Sachverhalte zu verzichten, ohne dabei jedoch den mathematischen Gehalt reduzieren zu müssen.

Das gute Annehmen und Verstehen der Aufgaben kann verschiedene Gründe haben. Sicher sind die Wahl der Aufgabenkontexte und der relativ niedrige Schwierigkeitsgrad jeweils in den ersten Teilaufgaben ausschlaggebend. Jedoch darf auch die Situation des Einzel-Videointerviews nicht unterschätzt werden. Auf diese Weise ist durchgängig gewährleistet, dass das jeweilige Kind konzentriert der Aufgabenpräsentation folgt und nicht abgelenkt ist. Zusätzlich kann die Interviewerin schnell eventuelle Schwierigkeiten erkennen und beheben. Ein weiterer Grund kann in der Auswahl mathematisch interessierter Kinder liegen. Hier zeigt sich – die theoretischen Annahmen bestätigend (vgl. S. 120f.) –, dass die Kinder sowohl in der „Mathe-AG" als auch während der Einzel-Videointerviews stark an der Bearbeitung der Aufgaben interessiert sind und sehr viel Leistungsmotivation mitbringen.

Aufgrund dieser besonderen Forschungssituation und der damit verbundenen Spezifik der teilnehmenden Kinder kann das gute Annehmen und Verstehen der Aufgaben nicht ausschließlich den Aufgaben selbst zugeschrieben werden. Dementsprechend könnten bei einem eventuellen Einsatz der Aufgaben in Regelklassen Schwierigkeiten auftreten, die hier aus den genannten Gründen nicht zu erkennen sind.

*2. Lösungsplanung und -realisierung*

Die vorwiegend eingesetzten **Handlungen zur Lösungsfindung** variieren zwischen den verschiedenen Aufgaben deutlich. So sind es insbesondere die Aufgaben „Türme bauen" und „Das Puzzle", die die Kinder zum Nutzen des Materials animieren, wohingegen bei der Aufgabe „Türme bauen" viele Kinder ikonisch vorgehen. Natürlich bedienen sich die Kinder bei der Aufgabe „Rechenketten" auch der Zahlenkärtchen, um ihre gefundene Lösung in das passende Feld zu legen. Diese Form des enaktiven Handelns hat jedoch einen anderen Charakter. Hier wird die Lösung zunächst rechnerisch oder durch Zählen ermittelt und dann, quasi schon als ein Element der Präsentation, erfolgt das Legen des jeweiligen Zahlenkärtchens. Demgegenüber neigen die Kinder bei der Aufgabe „Jonas sammelt Murmeln" zu einer sprachlich-mündlichen oder sprachlich-schriftlichen Bearbeitung. Nur bei auftretenden Problemen wird das Material eingesetzt. Unter diesem Blickwinkel kann die Aussage getroffen werden, dass der Aufgabenkontext die Handlungsebene beeinflusst.

Anhand der detaillierten Auswertung der Bearbeitungen wird deutlich, dass die äußerlich zu erkennende Handlungsebene unbedingt von der tatsächlichen **Vorgehensweise beim Lösen** der Aufgaben zu trennen ist. So zeigt sich zum Beispiel bei der Aufgabe „Türme bauen", dass im Verlaufe der Teilaufgaben bis zu zehn Kinder zum rechnerischen Lösen übergehen. Einige davon malen jedoch trotzdem daraufhin die einzelnen Türme auf. Andere wiederum nutzen das Material im Sinne eines Impulses oder Denkanstoßes und gehen dann über zum symbolischen Arbeiten. Ähnlich verhält es sich bei der Aufgabe „Das Puzzle". Hier nutzen viele Kinder die Vorlage zum exemplarischen Handeln an Teilen der Vorlage. Daraufhin ermitteln sie die Lösung rechnerisch. Bezüglich der Aufgabe „Rechenketten" wurde bereits aufgezeigt, dass die Handlungen generell nur einen nachrangigen Stellenwert haben. Somit zeigen einige Kinder zwar auf den ersten Blick enaktive oder ikonische Handlungsformen, dahinter tritt jedoch oft eine symbolische Bearbeitungsweise hervor. Hiermit bestätigt sich die im theoretischen Teil dieser Arbeit herausgestellte Erwartung, dass sich die Kinder gemäß *Piaget* in der konkret-operatorischen Phase befinden. Es liegen jedoch, wie auch *zur Oeveste* dies beschreibt, große interindividuelle Unterschiede vor. So sind einige der Kinder durchaus bereits dazu fähig, Lösungen ganz oder in Ansätzen auf der symbolischen Ebene zu erzielen. Dies entspricht wiederum den Annahmen von *Donaldson*.

Betrachtet man die genutzten Handlungsebenen der Kinder über alle Aufgaben hinweg, so ergibt sich ein eher uneinheitliches Bild. Während eine Gruppe von Kindern durchgängig zum Einsatz des Materials neigt, gibt es eine andere Gruppe von Kindern, die generell die Lösung auf kognitivem Weg versucht. Eine dritte Gruppe von Kindern lässt sich nicht eindeutig zuordnen. Diese Kinder wechseln von Aufgabe zu Aufgabe die Handlungsebene. Dementsprechend ist sowohl mit interindividuellen als auch mit intraindividuellen Unterschieden zu rechnen, die unter anderem durch die Aufgabe oder die Situation beeinflusst werden.

Diese Erkenntnisse sprechen dafür, Kinder schon früh mit Aufgaben zu konfrontieren, die auf sehr unterschiedlichen Handlungsebenen gelöst werden können. Auch der frühe Einsatz von Aufgaben, deren Bearbeitung ein symbolisches Vorgehen intendiert, kann empfohlen werden, denn erst die Konfrontation mit derartigen Herausforderungen ermöglicht das Zeigen entsprechender Fähigkeiten. Zudem sei jedem Beobachter (Lehrer) ein gründlicher Blick hinter die oberflächlich zu erkennende Handlungsebene geraten, dahinter können sich durchaus Lösungswege ganz anderer Qualität verbergen.

Die hier erzielten Ergebnisse lassen sich noch untermauern, wenn man das **Problemlöseniveau** berücksichtigt. Die Kinder nutzen vorrangig das abwechselnde Probieren und Überlegen, um zu einer Lösung zu gelangen. Bei der Aufgabe „Jonas sammelt Murmeln" ist außerdem ein auffällig hohes Maß an systematisch strukturiertem Vorgehen zu erkennen. Dies kann jedoch mit der bereits im Sachkontext vorgegebenen Struktur begründet werden. Demgegenüber veranlasst die Aufgabe „Das Puzzle" einige Kinder dazu, in das hartnäckige Probieren überzugehen. Hier können die bekannten Strukturen und Verhaltensweisen beim Legen herkömmlicher Puzzles als Erklärung hinzugezogen werden.

Somit erzielen einige der untersuchten Kinder im 1. und 2. Schuljahr Ergebnisse, die mit mathematisch begabten Kindern im 3. und 4. Schuljahr verglichen werden können, denn auch diese Kinder zeigen bei der Bearbeitung von Problemaufgaben vorrangig das Niveau des abwechselnden Probierens und Überlegens (vgl. FUCHS 2006, S. 279). Aus diesen Beobachtungen lässt sich weiterhin schließen, dass das Problemlöseniveau einerseits durch das problemlösende Kind (vgl. S. 96) bestimmt wird, andererseits steckt die Aufgabe selbst bereits den Rahmen ab, in dem das tatsächliche Problemlöseniveau liegen kann. Dies berücksichtigend, muss jeweils im Einzelfall die Auswertung und Interpretation relativiert werden.

Bezüglich der **Qualität der Lösungen** ist allen vier Aufgaben gemeinsam, dass die ersten Teilaufgaben von fast allen Kindern erfolgreich gelöst werden, dann aber die Anzahl der erfolgreichen Lösungen abnimmt. Somit erfüllt sich die angestrebte Steigerung des Schwierigkeitsniveaus. In diesem Zusammenhang müssen jedoch die unlösbare Teilaufgabe der Aufgabe „Das Puzzle“ und die letzten beiden Teilaufgaben der Aufgabe „Rechenketten“ besonders diskutiert werden. Wie bereits aufgezeigt, stellen hier sowohl die mathematische Begründung der Unlösbarkeit als auch das anspruchsvolle Arbeiten in dem fremden Aufgabenformat besondere Herausforderungen dar. Obwohl diese Ansprüche für einige Kinder zu hoch sind, haben andere Kinder gerade hier die Möglichkeit, ihre besonderen Fähigkeiten zu zeigen. Somit erweist es sich für das Forschungsvorhaben als gewinnbringend, Teilaufgaben zu präsentieren, die in ihrem Anspruch und Komplexitätsgrad derart weit gehen. Dies zeigt sich zum Beispiel auch bei der Aufgabe „Türme bauen“. Hier kommen in Teilaufgabe 2 weniger Kinder zu einer richtigen Lösung als in der variierten Teilaufgabe 3. Anscheinend hilft einigen Kindern das intensive Auseinandersetzen mit der Aufgabe, um Verstehensprozesse einzuleiten, die im weiteren Verlauf der Bearbeitung genutzt werden können.

Vergleicht man nun die **Qualität der Lösungen** mit der **Bearbeitungsdauer**, so kann zunächst festgehalten werden, dass kein kausaler Zusammenhang erkennbar ist. Sowohl lange als auch kurze Bearbeitungszeiten können gemeinsam mit einem erfolgreichen Lösen der Aufgaben beobachtet werden. Die Aufgabe „Rechenketten“ bildet hier die einzige Ausnahme, denn es zeigt sich eindeutig eine höhere Lösungsqualität bei kürzeren Bearbeitungszeiten. Diese Ausnahme berücksichtigend, sind insgesamt jedoch erfolgreiche Problemlöser nicht gleichzusetzen mit „schnellen Arbeitern“.

Demgegenüber ergeben sich erwartungsgemäß deutliche Zusammenhänge zwischen der gewählten Handlungsebene und der jeweiligen Bearbeitungsdauer. Enaktives oder ikonisches Vorgehen benötigt mehr Zeit als symbolische und kognitive Vorgehensweisen.

### *3. Präsentation der Lösung*

Über alle vier Aufgaben hinweg ist zu beobachten, dass im Rahmen des Problemlöseprozesses die Präsentation der erzielten Lösung immer in engem Zusammenhang mit der Lösungsfindung steht und somit als einzelnes Element nur eine rudimentäre Rolle spielt. Dies kann durchaus an der Bearbeitung in Form von Einzel-Videointerviews liegen, denn die Person, die die Aufgabe stellt, ist auch beim Lösungsprozess anwesend und dementsprechend genügt es den Kindern in der Regel, ihre Lösung zum Beispiel mit einer zeigenden Geste oder einem abschließenden Satz zu präsentieren. Eine andere Form der Präsentation erscheint den Kindern in der gegebenen Situation nicht zwingend notwendig.

Es muss an dieser Stelle jedoch angemerkt werden, dass die Kinder aufgrund ihres Alters im bisherigen Mathematikunterricht nur ansatzweise formale Präsentationsmöglichkeiten von Aufgaben kennen gelernt haben. Demnach ist es durchaus möglich, dass ihnen die Notwendigkeit des Mitteilens einer Lösung in dieser Form noch nicht bewusst ist. Diese These würde auch den Erkenntnissen zum sozial-emotionalen Entwicklungsstand der Kinder entsprechen, denn unter diesem Gesichtspunkt sind die Kinder erst auf dem Weg zur Orientierung an äußeren – sozialen, kulturellen und formalen – Gegebenheiten. Der noch stark wirkende Ich-Bezug könnte ebenfalls ein Einflussfaktor auf die fehlende Präsentation der Aufgaben sein. In dieser künstlich herbeigeführten Bearbeitungssituation steht das Bewältigen eines Problems, der Abschluss einer Arbeit als persönliche Errungenschaft, stärker im Vordergrund als die Orientierung an der Interviewerin oder an formalen Anforderungen.

Demgegenüber war während der Arbeit in den „Mathe-AGs" deutlicher der Wunsch nach dem Zeigen der eigenen Lösung zu spüren. Die Kinder wählten jedoch auch dort immer die mündliche Präsentation und ihnen genügte in der Regel die Rückmeldung durch die Untersuchungsleiterin. Ein diesbezüglicher Austausch mit den anderen Kindern war kaum zu beobachten. Diese Erfahrung bestätigt wiederum die gewählte Form der Einzel-Videointerviews und damit einhergehend den Verzicht auf die Erhebung sozial-geteilten Wissens (vgl. S. 172), denn es kann daraus geschlossen werden, dass die Kinder kaum die Vorteile von Paar- oder Gruppenkonstellationen genutzt hätten.

## *4. Rückschau*

Es zeigt sich über alle Aufgaben hinweg, dass die Kinder kaum eigenständig eine **Lösungskontrolle** durchführen. Selbst wenn sie ihre Bearbeitung nach der entsprechenden Aufforderung kontrollieren, bewirkt dies leider kaum ein Entdecken und Beheben von Fehlern. Dies kann damit begründet werden, dass die Kinder zur Kontrolle in der Regel die gleichen Handlungen oder Rechnungen vornehmen und somit auch die gleichen Denk- oder Rechenfehler wiederholen. In den wenigen Fällen, in denen Kinder ihre Ergebnisse selbstständig kontrollieren, geht dies häufig einher mit intensiv und hart erarbeiteten Lösungen. Die Freude an dem Erfolg könnte der Auslöser dafür sein, nun eine Kontrolle durchzuführen, um auch wirklich Fehler auszuschließen.

Auffällig viele Kinder sind sich bei richtigen Lösungen auch **der Richtigkeit dieser Lösung sicher**. Ein deutlicher Unterschied ergibt sich jedoch in der Qualität der Begründungen. Während sich ein Großteil der Gruppe zur Begründung an äußeren Faktoren orientiert („… weil es ganz leicht war!" oder „… weil mir jetzt nichts anderes mehr einfällt!"), gibt es auch einige Kinder, die diese Sicherheit mathematisch begründen. Dieses Kriterium gewinnt bei der unlösbaren Teilaufgabe der Aufgabe „Das Puzzle" eine besondere Bedeutung. Hier liefert nur ein Kind die mathematisch richtige Begründung. Ein Teil der Kinder ist sich an dieser Stelle überhaupt nicht sicher, ob eine Lösung eventuell doch möglich wäre. Wieder andere Kinder erklären, dass hier keine Lösung möglich ist, können dies aber ausschließlich gestaltorientiert begründen. Es zeigt sich jedoch, dass die Scheu der Akzeptanz unlösbarer Aufgaben allgemein geringer ist, als dies bei älteren Kindern festgestellt werden konnte (vgl. S. 289f. und HOFFMANN 2003).

Auch in Bezug auf die **Reflexion** lassen sich für alle Aufgaben übergreifende Aussagen treffen. Selbst wenn insgesamt nur wenige Reflexionen nachweisbar sind, können sie vorrangig dann beobachtet werden, wenn die Kinder entweder Schwierigkeiten in der Bearbeitung haben oder wenn sie auf systematisch strukturierendem Niveau arbeiten und für folgende Teilaufgaben den Nutzen vorheriger Ergebnisse reflektieren. In diesen Fällen ist eine Beziehung zwischen Reflexion, systematisch strukturierendem Vorgehen und richtiger Lösung zu verzeichnen.

Anhand der Beobachtungen scheint außerdem das Reflektieren ein Element der Lösungsplanung und -realisierung zu sein und muss nicht unbedingt am Ende des Problemlöseprozesses stehen. Dies hat zur Folge, dass der Problemlöseprozess anhand der hier erzielten Ergebnisse im Sinne von *Wessells* als ein Prozess definiert werden kann, in dem sich die verschiedenen Stufen verzahnen (vgl. S. 98). Auch *Wessells* betont in diesem Zusammenhang, dass reflektive Elemente während des gesamten Prozesses auftreten können.

Im Rahmen der Auswertung des Lösungsverhaltens in den verschiedenen Phasen des Problemlöseprozesses wurde eine Phasenbildung in Anlehnung an *Pólya* und *Wessells* vorgenommen (vgl. S. 98). Abweichend davon wurden jedoch einerseits die Phasen der Lösungsplanung und -findung zusammengefasst und andererseits die Phase der Präsentation der Lösung hinzugefügt (vgl. S. 176).

Es kann festgehalten werden, dass sich die Zusammenführung der beiden Phasen Lösungsplanung und -findung als positiv erwiesen hat, da sie von den teilnehmenden Kindern quasi in einer Einheit durchgeführt werden. So werden Elemente, die als reines Planen deklariert werden könnten, kaum identifiziert.

Des Weiteren hat sich gezeigt, dass die Präsentation der erreichten Lösung für die Kinder dann von Bedeutung ist, wenn die Lösung in Einzel- oder Partnerarbeit, ohne Begleitung der Untersuchungsleiterin, erzielt wurde. So war es einem Großteil der Kinder während der „Mathe-AGs" überaus wichtig, ihre Lösung zu präsentieren und eine Rückmeldung zu erhalten. Die positive Bestätigung durch die Untersuchungsleiterin scheint hier auf sozial-emotionaler und motivationaler Ebene von besonderer Bedeutung zu sein. Diese Einschätzung bestätigend, nahm die Bedeutung der Präsentation der Lösung im Rahmen der Einzel-Videointerviews deutlich ab. Dies kann, wie bereits diskutiert, mit der permanenten Anwesenheit und Beachtung durch die Untersuchungsleiterin während der Interview begründet werden. Somit kann an dieser Stelle konstatiert werden, dass trotz mangelnder Belege in der Phase der Einzel-Videointerviews die Präsentation der Lösung für die teilnehmenden Kinder von Bedeutung ist. Diese Präsentation ist jedoch noch nicht gebunden an bestimmte Notationsformen. Vielmehr geht es darum, eine individuelle Rückmeldung konkret bezogen auf die erbrachte – mündlich mitgeteilte oder gezeigte – Leistung zu erhalten.

**Allgemeine Beobachtungen**

Die ausgewählten Aufgaben werden den gestellten Anforderungen gerecht (vgl. S. 128f.). Bezüglich der zeitlichen Beanspruchung der Kinder, ihrer Konzentrationsfähigkeit und der intensiven Arbeitsform durch die Einzel-Videointerviews muss jedoch angemerkt werden, dass einige Kinder sehr stark gefordert sind. Dies äußert sich dann entweder in kurzfristigen Konzentrations- und Leistungsabfällen oder in einer nachlassenden Motivation jeweils bei den letzten Teilaufgaben. Da dieses Phänomen nicht während der „Mathe-AGs" zu beobachten war, könnte hier jedoch stärker die Organisationsform als der Anspruch der Aufgaben ausschlaggebend sein.

Aufgrund der Tatsachen, dass die Aufgaben unterschiedliche mathematische Inhalte aufgreifen, kann insgesamt ein breites Spektrum an Vorgehensweisen und Fähigkeiten erhoben werden. Dieser Einblick ist vorrangig durch den Einsatz von Problemaufgaben möglich.

## 14.4 Die mathematikspezifischen Begabungsmerkmale

Die Auswertung der mathematikspezifischen Begabungsmerkmale zeigt nun deutlich, dass hier auf Fähigkeiten aus den verschiedenen, bereits aufgeführten Bereichen zurückgegriffen wird. So wurde die **Fähigkeit zur Reversibilität** bereits unter der heuristischen Strategie des Rückwärtsarbeitens dargestellt. Ähnlich verhält es sich mit der **Fähigkeit zur Analogiebildung und zum Transfer**. Auch die **Fähigkeit zum Wechseln der Repräsentationsebenen** wurde bereits im Rahmen der Handlungen zur Lösungsfindung als ein Element des Problemlöseprozesses berücksichtigt.

Mit der **Gedächtnisfähigkeit** verhält es sich jedoch anders. Diese wurde in keinem der anderen Bereiche thematisiert, auch gestaltet sich die Auswertung und Interpretation schwierig. Dies liegt daran, dass die Kinder bei ihrer Bearbeitung zwar durchaus sehr unterschiedliche Gedächtnisleistungen vollbringen. Hieraus kann jedoch nicht in allen Fällen auf das tatsächliche Vorhandensein oder Nichtvorhandensein dieser Fähigkeit geschlossen werden. Denn insbesondere die Kinder, die brillante Lösungswege auf rechnerischem Wege einschlagen, sind kaum genötigt, eine besondere Gedächtnisleistung zu erbringen. Von ihnen ist bei der betreffenden Bearbeitung also nichts über ihre Gedächtnisfähigkeit zu erfahren. Aus diesem Grunde scheinen die hier eingesetzten Problemaufgaben nicht dazu geeignet, diese Fähigkeit zu erheben, und man müsste auf gesonderte Tests zurückgreifen.[30]

Die **Fähigkeit zur räumlichen Vorstellung** wird vorrangig in einer der vier Aufgaben eingefordert. Diese Reduktion konnte bei der Konzeption der Aufgaben damit begründet werden, dass aufgrund der unterschiedlichen Theoriebildungen das räumliche Vorstellungsvermögen manchmal als ein Teil der mathematischen Begabung betrachtet wird und manchmal aber auch als eigenständige Begabung eingestuft wird. Bei der Aufgabe „Das Puzzle" wird diese Fähigkeit durch die Form der Aufgabenstellung eingefordert und dementsprechend zeigen die Kinder dort unterschiedliche Ausprägungen. Während es einigen gelingt, die verschiedenen Kombinationsmöglichkeiten der Puzzle-Teile auf der Vorstellungsebene zu ermitteln und dann auch die Lösung kognitiv oder exemplarisch handelnd zu erzielen, benötigen andere Kinder hierzu stärker die konkrete Unterstützung durch das Material. Bei einigen der jüngeren Kinder ist jedoch festzustellen, dass die Nutzung des Materials nicht unbedingt aus der Notwendigkeit zur Lösung der Aufgabe resultiert. Sie scheinen hier

[30] Käpnick hat zum Beispiel entsprechende Aufgaben in den Katalog der Indikatoraufgaben aufgenommen (vgl. KÄPNICK 1998, S. 130ff.).

vielmehr fast unbewusst auf die ihnen bekannte Spieltätigkeit des Puzzelns zurückzugreifen.

Vergleicht man nun die Kinder, die ein gutes räumliches Vorstellungsvermögen zeigen, mit den Kindern, die generell über alle Aufgaben hinweg die anderen mathematikspezifischen Begabungsmerkmale in guter Ausprägung vorweisen, so ergibt sich ein uneinheitliches Bild. Zwar sind einige Kinder zu identifizieren, die sich sowohl im räumlichen Vorstellungsvermögen als auch in den anderen Fähigkeiten besonders auszeichnen. Dem stehen jedoch auch Kinder gegenüber, die fast ausschließlich beim räumlichen Vorstellungsvermögen gute Ausprägungen aufweisen. Aus dieser Beobachtung muss geschlossen werden, dass anhand der hier eingesetzten Aufgaben keine eindeutige Verbindung zwischen dem räumlichen Vorstellungsvermögen und den anderen mathematikspezifischen Begabungsmerkmalen nachgewiesen werden kann. Um an dieser Stelle mehr Erkenntnisse zu erlangen, müssten mehr verschiedene Aufgaben zum räumlichen Vorstellungsvermögen eingesetzt werden. Dies war jedoch nicht das Ziel des vorliegenden Forschungsvorhabens und konnte in diesem Rahmen auch nicht geleistet werden. Es bliebe somit nachfolgenden Forschungsprojekten vorbehalten, hier wissenschaftlich tätig zu sein.

Die **Fähigkeit zum Erkennen von Strukturen und Beziehungen** könnte nun als Konglomerat verschiedener, bereits in den anderen Bereichen erhobener Fähigkeiten bezeichnet werden. So wurde schon in der Phase des Annehmens und Verstehens der Problematik ausgewertet, inwieweit die Struktur der Aufgabe erkannt wurde. Natürlich spielt hier auch das Problemlöseniveau eine besondere Rolle, denn es beschreibt explizit, in welchem Maße bei der Bearbeitung strukturiert vorgegangen wird. Diese Vorgehensweise ist nur möglich, wenn zuvor Strukturen und Beziehungen erkannt wurden. Damit einhergehend, können ebenfalls die Ergebnisse der Auswertung der heuristischen Strategien des Vorwärtsarbeitens und des Generierens und Testens von Lösungen hinzugezogen werden. Sie zeigen, dass die Kinder deutlich weniger Lösungen generieren und testen und dementsprechend häufiger zielorientiert vorwärtsarbeitend vorgehen. Dies ist ebenfalls erst dann möglich, wenn man zugrunde liegende Strukturen erkennt und angemessen damit umgeht. Ähnlich verhält es sich mit den aufgabenspezifischen Strategien. Sie stehen quasi in direkter Abhängigkeit vom Erkennen der Struktur der Aufgabe. Somit kann einerseits festgehalten werden, dass dieses mathematikspezifische Begabungsmerkmal auf positive Weise viele verschiedene Fähigkeiten in sich vereint. Gerade in Bezug auf die wissenschaftliche Auswertung zeigt sich jedoch, wie wertvoll es ist, diesen Fähigkeiten im Einzelnen nachzugehen. Denn während bei den mathematikspezifischen Begabungsmerkmalen – wie bereits bei der Auswertung der einzelnen Aufgaben beschrieben – aufgrund ihres umfassenden Charakters nur tendenzielle Aussagen getroffen werden konnten, liefern die Kriterien der anderen drei Bereiche durch ihre teilweise sehr detaillierte Untergliederung fundiertere Erkenntnisse. In Bezug auf die erfolgreichen Kinder kommt es vordergründig in beiden Auswertungen zu ähnlichen Ergebnissen. So zeigen *Arne, Ben, Clara, Mia* und *Willi* die verschiedenen mathematikspezifischen Begabungsmerkmale am deutlichsten. Sie gehören ebenfalls zu der Gruppe von Kindern, die die heuristischen und aufgabenspezifischen Strategien erfolgreich einsetzen. Die exaktere Auswertung der ersten drei Bereiche erlaubt jedoch eine feinere

Unterscheidung und ein besseres Erkennen der Fähigkeiten, aber auch der möglichen Defizite. So kann geschlossen werden, dass zum Zwecke der Identifikation mathematischer Begabung durchaus die Erhebung der mathematikspezifischen Begabungsmerkmale als eines der verschiedenen Instrumente (vgl. S. 114f.) genügt. Intendiert man jedoch – wie im vorliegenden Forschungsvorhaben – zunächst die Erforschung mathematischer Begabung an sich, so ist die hier vorgenommene differenziertere und detailliertere Auswertung unterschiedlicher Kriterien unbedingt notwendig.

## 14.5 Die Bearbeitungstypen

Obwohl die Bearbeitungstypen aufgabenspezifisch gebildet wurden, ergeben sich unter dem Fokus aller Aufgaben grundlegende und übergreifende Gemeinsamkeiten. So wurden jeweils unter Typ A die Bearbeitungen zugeordnet, die sich durch ein schnelles Erfassen des Kontextes und durch das Erkennen und Nutzen der zugrunde liegenden mathematischen Struktur auszeichnen. Die Kinder zeigen dabei verstärkt den Einsatz heuristischer und aufgabenspezifischer Strategien. Diese Fähigkeiten gehen häufig mit einem motivierten, zielstrebigen und konzentrierten Arbeiten einher, zuweilen treten jedoch Konzentrationsschwächen auf. Die Aufgabe „Das Puzzle“ stellte bezüglich dieser Einordnung eine Ausnahme dar, da hier unter dem Typ P – A nur die Bearbeitungen eingeordnet wurden, die die mathematische Begründung der Unlösbarkeit von Teilaufgabe 5 beinhalten. Aus diesem Grunde kann auch Typ P – B1, der auf vergleichbaren Kriterien beruht, noch einbezogen werden. Die benannten Typen sind in der folgenden Tabelle grün markiert.

Unter den Bearbeitungstypen B sind nun allgemein die Kinderlösungen zu finden, die sich durch einen phasenweisen Verlust des strukturierten Vorgehens auszeichnen. Bei der Aufgabe „Türme bauen“ gilt dies auch für Typ T – C, da auch hier die Kinder durch eine reflektierte Vorgehensweise Strukturen erkennen und diese dann weitgehend effektiv nutzen. Für die Aufgabe „Das Puzzle“ bezieht sich diese Einordnung ausschließlich auf Typ P – C. In der Tabelle sind diese Typen gelb markiert.

Des Weiteren lassen sich die in der Tabelle blau markierten Typen R – C, J – C und P – D zusammenfassen. Ihnen ist ein instabiles Arbeiten in den Strukturen der Aufgaben gemeinsam. Heuristische und aufgabenspezifische Strategien werden allenfalls als Strategiekeime gezeigt. Die Kinder neigen dazu, enaktiv vorzugehen und wechseln die Repräsentationsebene und die Vorgehensweise nur ansatzweise.

Die Bearbeitungstypen R – D, J – D und T – E beinhalten nun Lösungsansätze, die von verschiedensten Schwierigkeiten geprägt sind. Häufig erfassen die Kinder kaum die Aufgabe, können nur schwer in den Strukturen arbeiten, benötigen Unterstützung und zeigen kaum den Einsatz von Strategien. Diese Typen sind im Weiteren rot markiert.

Die Typen T – D und P – B2 zeichnen sich dadurch aus, dass die Bearbeitung durch eine Orientierung an der Musterbildung gekennzeichnet werden kann. Sie sind im Weiteren schwarz markiert, es sind jedoch insgesamt nur zwei Kinder betroffen.

Die folgende Tabelle zeigt auf, welchen Typen die Kinder bei der Bearbeitung der vier Aufgaben zugeordnet werden konnten:

**Tabelle 25:** Übersicht über die Zuordnung zu den Bearbeitungstypen

| | „Türme bauen" | „Jonas sammelt Murmeln" | „Das Puzzle" | „Rechenketten" |
|---|---|---|---|---|
| Arne | T – B | J – A | P – B1 | R – B |
| Ben | T – A | J – A | P – A | R – A |
| Clara | T – A | J – A | P – B1 | R – A |
| Dina | T – B | J – C | P – C | R – C |
| Enno | T – B | J – C | P – B1 | R – A |
| Finn | T – B | J – B | P – D | R – D |
| Gina | T – B | J – C | P – B1 | R – B |
| Hanna | T – B | J – B | P – B1 | R – C |
| Isa | T – C | J – B | P – B1 | R – D |
| Jan | ---- | J – B | P – D | R – B |
| Kevin | T – E | J – D | P – B1 | R – D |
| Lars | T – B | J – C | P – D | R – D |
| Mia | T – C | J – A | P – C | R – B |
| Nick | T – D | J – B | P – B1 | R – B |
| Olaf | T – B | J – D | P – D | R – D |
| Peter | T – E | J – D | P – D | R – D |
| Ron | T – B | J – C | P – D | R – C |
| Stine | T – E | J – C | P – D | R – D |
| Tom | T – B | J – C | P – B1 | R – B |
| Ulf | T – E | J – C | P – D | R – C |
| Victor | T – D | J – B | P – B2 | R – B |
| Willi | T – A | J – A | P – B1 | R – B |
| Yannis | T – B | J – C | P – A | R – D |

Hieraus lassen sich folgende Erkenntnisse gewinnen:

1. *Es gibt Kinder, die über alle Aufgaben hinweg in den anspruchsvollsten Bearbeitungsbereich eingeordnet werden können.*

   Zu diesen Kindern zählen *Willi, Ben* und *Clara*. Sie erfassen die Aufgaben in der Regel zügig, bearbeiten sie vollständig und mit wenigen Ausnahmen auch richtig. Sie gehen dabei entweder abwechselnd probierend und überlegend oder systematisch strukturierend vor und setzen verschiedene heuristische und aufgabenspezifische Strategien angemessen ein.
   *Ben, Willi* und *Clara* zeichneten sich bereits in der Auswahlphase und während der Arbeit in der „Mathe-AG" durch ein starkes mathematisches Interesse aus. Insbesondere bei der Bearbeitung der Aufgabe „Rechenketten" gelingt es zum Beispiel auch *Clara*, durch ihre motivierte und zielstrebige Vorgehensweise trotz kurzzeitiger Schwierigkeiten sehr gute Ergebnisse zu erzielen. Trotzdem zeigen auch diese Kinder in einzelnen Phasen Konzentrationsschwächen und damit einhergehend verminderte Leistungen in den entsprechenden Teilaufgaben.
   Es bleibt anzumerken, dass *Ben* und *Clara* mit 7;09 und 7;10 Jahren zu den ältesten Kindern der Gruppe gehören. *Willi* ist mit 7;03 Jahren im mittleren Altersbereich anzusiedeln.

2. *Es gibt Kinder, die über alle Aufgaben hinweg auf anspruchsvollem und sehr anspruchsvollem Niveau arbeiten.*

Zu diesen Kindern zählen *Mia* und *Arne*. Sie zeigen bei ihren Bearbeitungen ähnliche Fähigkeiten wie die unter 1. genannten Kinder, es gelingt ihnen jedoch nicht, durchgängig auf diesem Niveau zu arbeiten. Somit kommt es entweder in einzelnen Teilaufgaben oder über eine ganze Aufgabe hinweg zu weniger erfolgreichen Lösungen.
In Bezug auf das Alter gehören sie zu den Kindern im mittleren und älteren Bereich, sie sind 7;00 und 7;05 Jahre alt.

3. *Es gibt Kinder, deren Vorgehensweisen sich am Bilden von Mustern orientieren. Sie arbeiten über alle Aufgaben hinweg auf anspruchsvollem und sehr anspruchsvollem Niveau.*

Die Vorgehensweisen von *Nick* und insbesondere von *Victor* zeichnen sich dadurch aus, dass sie sich häufig an Mustern orientieren. Dies führt sie zu Erfolgen, die mit denen von *Mia* und *Arne* vergleichbar sind. Der Einsatz anderer heuristischer oder aufgabenspezifischer Strategien kann bei *Nick* und *Victor* durch die Musterorientierung jedoch nur vermindert erkannt werden. Somit sind sie zwar meist erfolgreich, lassen sich jedoch nur schwer den einzelnen Bearbeitungstypen zuordnen.
Die Teilnahme beider Kinder an der „Mathe-AG“ war geprägt von wechselnden Erfolgen. Sie wählten zuweilen ungewöhnliche Zugänge zu Lösungen, kamen dabei allerdings teilweise von der eigentlichen Aufgabenstellung ab und strebten eigene Ziele an. Dies vollzogen sie jedoch mit großem Interesse, mit Ausdauer und auch mit Freude.
Während *Victor* mit 6;05 Jahren zu den jüngeren Kindern dieser Gruppe zählt, kann *Nick* mit 7;05 Jahren den älteren Kindern zugeordnet werden.

4. *Es gibt Kinder, die je nach Aufgabe den verschiedensten Bearbeitungstypen angehören.*

Die Bearbeitungen von *Isa, Hanna, Gina, Enno, Tom* und *Yannis* gehören in drei der vier Aufgaben unterschiedlichen Bearbeitungstypen an. Sie alle bearbeiten jedoch mindestens eine Aufgabe auf sehr anspruchsvollem Niveau.
Für *Yannis* wurde dieses Phänomen bereits im Rahmen des Einzelbeispiels zur Aufgabe „Das Puzzle“ (vgl. S. 282ff.) aufgezeigt. Während der Bearbeitung der Aufgaben gibt er sich durchgängig hastig, ehrgeizig und zielstrebig. Auf diese Weise gelingt es ihm nicht immer, die jeweilige Aufgabe richtig zu erfassen und mit der notwendigen Konzentration und Ruhe zu bearbeiten, was ihn wiederum zu stark schwankenden Erfolgen bringt.
Etwas anders verhält es sich mit den anderen Kindern. Sie arbeiten durchaus konstant, haben jedoch jeweils bei einzelnen Aufgaben prägnante Schwierigkeiten bezüglich der Erfassung der Struktur und des Findens eines angemessenen Lösungsweges.
Alle Kinder dieser Gruppe gehören zu den Kindern mittleren und höheren Alters.

5. *Eine weitere Gruppe von Kindern bearbeitet die Aufgaben jeweils im Bereich der mittleren oder unteren Bearbeitungstypen.*

   Den Kindern dieser Gruppe gelingt es bei dem Großteil der Aufgaben, ihre mathematische Struktur zu erkennen und auch darin zu arbeiten. Sie gehen dabei fast durchgängig fleißig und konzentriert vor. Dementsprechend erarbeiten sie sich die Lösungen durch ein konsequentes und diszipliniertes Lösungsverhalten.
   Ebenfalls ist diesen Kindern gemeinsam, dass sie nahezu ausschließlich vorwärtsarbeitend vorgehen, zwar Analogien erkennen und nutzen, jedoch Schwierigkeiten mit Transferleistungen haben. Die aufgabenspezifischen Strategien werden in der Regel nicht konsequent und oft nur als Strategiekeime gezeigt. Zu dieser Gruppe zählen *Dina, Jan* und *Ron*. Sie gehören im Gruppenvergleich zu den Kindern jüngeren und mittleren Alters.
   Die Vorgehensweisen von *Finn, Lars* und *Olaf* lassen sich ebenfalls in diesen Bereich einordnen. Vergleichbar zu den anderen Kindern zeigen auch sie nur in Ansätzen heuristische und aufgabenspezifische Strategien. Es gelingt allen drei Kindern bei der Aufgabe „Rechenketten" jedoch gar nicht, in der vorgegebenen Struktur zu arbeiten. Aus diesem Grunde können sie hier keine Erfolge erzielen. Während *Olaf* eines der jüngsten Kinder ist, zählen *Finn* und *Lars* zu den Kindern der mittleren Altersgruppe.

6. *Es gibt Kinder, deren Bearbeitungen nahezu durchgängig von verschiedensten Schwierigkeiten geprägt sind.*

   *Peter* und *Stine* erzielen bei fast allen Aufgaben nur mäßigen Erfolg. Während *Stine* jedoch durchgängig fleißig und konzentriert arbeitet, gibt sich *Peter* schnell abgelenkt und lustlos. Beide zeigen kaum den Einsatz heuristischer und aufgabenspezifischer Strategien und weichen auch nicht von einmal gewählten Lösungswegen und Repräsentationsebenen ab. Bereits während der Arbeit in den „Mathe-AGs" zeichnete sich diese Tendenz ab, die Kinder nahmen jedoch trotzdem stets mit Freude teil und wollten nicht darauf verzichten.
   Auch *Kevin* und *Ulf* zeigen ein vergleichbares Lösungsverhalten, haben jedoch beide zumindest bei der Aufgabe „Rechenketten" bessere Erfolge. Hier erfassen sie die Struktur und arbeiten angemessen darin.
   Diese vier Kinder gehören zu den Kindern im jüngeren bzw. im mittleren Alter.

**Fazit**

Bereits die Tatsache, dass bei 23 teilnehmenden Kindern sechs verschiedene Gruppen gebildet werden mussten, die allesamt wiederum durch Heterogenität geprägt sind, macht deutlich, wie schwer hier eine Klassifikation fällt. Trotzdem sind durchaus einige tendenzielle Aussagen möglich.

So zeigt sich, dass drei Kinder ein Lösungsverhalten aufweisen, welches durchgängig geprägt ist vom effektiven Einsatz heuristischer und aufgabenspezifischer Strategien. Sie gehen den Problemlöseprozess überlegt und konzentriert an und zeigen Fähigkeiten, die den mathematikspezifischen Begabungsmerkmalen älterer Kinder gleichkommen. Ihr Lösungsverhalten führt sie im Großteil der Aufgaben zum Erfolg. Zu diesen Kindern zählen *Ben, Clara* und *Willi*. Mit den aufgezeigten Einschränkungen können auch *Mia* und *Arne* hier zugeordnet werden. Zu den erfolgreichen Kindern zählen außerdem noch zwei Kinder – *Nick* und *Victor* –, deren Vorgehensweisen sich immer wieder am Finden, Erstellen und Fortsetzen von Mustern orientieren. Dabei gehen sie kreativ vor und entwickeln eigene Ideen; dies führt jedoch zuweilen von der eigentlichen Aufgabenstellung ab.

Die größte Gruppe von Kindern zeigt den Einsatz der verschiedenen Strategien in Form von Strategiekeimen. Auch Fähigkeiten, die mit den mathematikspezifischen Begabungsmerkmalen verglichen werden können, weisen sie in Einzelsituation oder in Ansätzen auf. Somit ergibt sich für diese Kinder kein durchgängiges Bild über alle Aufgaben hinweg. Um hier zu detaillierteren Aussagen kommen zu können, müssten weitere Untersuchungen durchgeführt werden. Dieser Gruppe von Kindern gehören *Gina, Isa, Hanna, Enno, Tom, Yannis, Dina, Jan, Ron, Finn, Lars* und *Olaf* an.

Wieder andere Kinder kommen jedoch bei der Bearbeitung fast keiner Aufgabe dazu, den Einsatz heuristischer oder aufgabenspezifischer Strategien zu zeigen. Während der gesamten Problemlöseprozesse gewinnen sie wenige Einsichten in die Strukturen und Beziehungen der Aufgaben. Sie bearbeiten allerdings mindestens jeweils die ersten Teilaufgaben erfolgreich. Zu diesen Kindern zählen *Stine, Peter, Kevin* und *Ulf*. Die Tatsache, dass einige dieser Kinder ausschließlich bei der arithmetik-betonten Aufgabe „Rechenketten" bessere Erfolge erzielen, erscheint in diesem Zusammenhang bemerkenswert. Denn ein Mathematikunterricht, der hier Schwerpunkte setzt, könnte durchaus ausschlaggebend dafür sein, dass auch Kinder mit Fähigkeiten, die sich ausschließlich auf diesen Bereich beziehen, von ihren Lehrerinnen als mathematisch interessiert oder begabt eingestuft werden. Dieser Hypothese kann jedoch im Rahmen der Forschungsarbeit leider nicht weiter nachgegangen werden.

Es hat sich demnach gezeigt, dass keines der hier untersuchten mathematisch interessierten Kinder bei der Bearbeitung der Aufgaben komplett erfolglos bleibt. Deutliche Unterschiede gibt es jedoch sowohl in der Menge der erfolgreichen Lösungen als auch im strategischen Vorgehen.

In Bezug auf das Alter der Kinder kann festgehalten werden, dass sich die Kinder, die die Aufgaben durchgängig auf anspruchsvollstem oder zumindest auf anspruchsvollem Niveau bearbeiten, alle im höheren oder mittleren Altersbereich der teilnehmenden Kinder befinden. Eine Ausnahme bildet *Victor*. Er gehört zu den jüngeren Kindern der Gruppe. Seine Bearbeitungen orientieren sich häufig am Bilden von Mustern und können über alle Aufgaben hinweg auf anspruchsvollem und sehr anspruchsvollem Niveau eingeordnet werden. Demgegenüber sind es vorrangig jüngere Kinder oder auch Kinder der mittleren Altersstufe, die jeweils nur im Bereich der mittleren oder unteren Bearbeitungstypen eingeordnet werden können. Sie zeigen die verschiedenen Strategien und Fähigkeiten häufig nur in Form von Keimen. Diese Altersstruktur gilt ebenfalls für die Lösungsansätze, die fast durchgängig von den verschiedensten Schwierigkeiten geprägt sind. Daraus lässt sich schließen, dass gerade bei den Kindern, die sich noch in der ersten Phase ihrer Schulzeit befinden, sehr behutsam und detailliert diagnostiziert werden sollte. Die mathematischen Fähigkeiten sind voraussichtlich noch nicht deutlich und verlässlich ausgebildet. So muss der Blick vorrangig auf Fähigkeits- und Strategiekeime gerichtet werden. Eine prozessorientierte Diagnose erscheint hier unerlässlich.

## 14.6 Die Aufgaben

Bevor nun dargestellt wird, inwieweit die Kinder bei der Bearbeitung der vier Aufgaben tatsächlich in allen Bereichen mathematischen Tätigseins wirken konnten, soll zunächst ein allgemeiner Blick auf die Auswahl und den Aufbau der Aufgaben gerichtet werden.

### *14.6.1 Bedeutung der Aufgaben für die Studie*

Im Rahmen der Planung der Studie und der Auswahl der Aufgaben wurden verschiedene Anforderungen an die Aufgaben gestellt. Diese fokussierten einerseits die notwendige Problemhaltigkeit der Aufgaben und andererseits die Berücksichtigung der spezifischen Situation von Kindern dieser Altersstufe.

Durch die Untergliederung der Aufgaben in Teilaufgaben kann beiden Ansprüchen Rechnung getragen werden. Zunächst bewirkt die damit einhergehende Schwierigkeitssteigerung, dass die Kinder nach und nach auf die Ebene des Problemlösens geführt werden. Außerdem ist es auf diese Weise möglich, Einführungsbeispiele zu konstruieren, die die Kinder mit der Aufgabe vertraut machen und grundlegende Verständnisschwierigkeiten ausräumen.

Eine weitere Anforderung an die Aufgaben ist die mögliche Bearbeitung auf den verschiedenen Repräsentationsebenen. Dies konnte für die Rechenketten nicht im gleichen Maße wie für die anderen Aufgaben berücksichtigt werden, was sich generell aber nicht nachteilig auswirkt. Für die anderen Aufgaben zeigt sich, dass die Kinder ihre Bearbeitung häufig auf enaktiver Ebene beginnen. Während dies jedoch für einige Kinder durchgängig die Repräsentationsebene bleibt, gehen viele andere Kinder dann zum Arbeiten auf symbolischer Ebene über. Nur bei der Aufgabe „Türme bauen" wird auch ikonisch vorgegangen. Oft ist zu beobachten, dass Kinder ihr kognitives Arbeiten durch konkrete Handlungen am Material unterstützen oder ergänzen. Des Weiteren zeigen einige Kinder, die zunächst auf symbolischer Ebene arbeiten, bei eintretenden Schwierigkeiten den Wechsel zu einem Lösungsweg, der sich auf der enaktiven oder ikonischen Repräsentationsebene bewegt. Dieser Wechsel führt häufig zu erfolgreichen Lösungen. Demgegenüber geht das Verweilen auf enaktiver Ebene stärker einher mit weniger erfolgreichen Lösungen.

Somit erweisen sich diesbezüglich die Orientierung am Entwicklungsstand der Kinder und damit einhergehend die sukzessive Schwierigkeitssteigerung und die Möglichkeit zur Bearbeitung auf verschiedenen Repräsentationsebenen als angemessen und gewinnbringend. Auf diese Weise können alle Kinder zumindest die Grundanforderungen bewältigen, relativ frei eine Repräsentationsebene wählen und durch den Wechsel der Ebenen auch Hinweise auf den Einsatz dieser heuristischen Strategie geben.

Wie im nächsten Abschnitt deutlich werden wird, hat jede Aufgabe einen konkreten Beitrag zur Studie geleistet. Auch wenn dieser leicht von den anfänglichen Zuschreibungen abweicht, kann doch festgehalten werden, dass die Aufgaben in ihrer Gesamtheit den gesetzten Ansprüchen voll genügten. Etwas kritischer muss an dieser Stelle lediglich die Aufgabe „Jonas sammelt Murmeln" diskutiert werden. Hier scheint es, als verdecke die sprachliche Komplexität des Sachkontextes insbesondere in Teilaufgabe 4 bei einigen Kindern die tatsächlichen mathematischen Fähigkeiten auf diesem Gebiet. Alternativ hätte hier eventuell auf die reine Präsentation der entsprechenden Zahlenreihen mit mathematisch vergleichbaren Arbeitsaufträgen zurückgegriffen werden können. Jedoch wäre dies mit einem Verzicht auf die Einbeziehung des Verhaltens der Kinder innerhalb des Modellbildungsprozesses verbunden.

### *14.6.2 Abbildung mathematischen Tätigseins durch die Aufgaben*

Im Rahmen der Beschreibung der Aufgaben in Teil II dieser Arbeit wurde anhand des *zweidimensionalen Schemas aus mathematischen Inhalten und inhaltsunabhängigen Fähigkeiten zur Erfassung mathematischen Tätigseins* aufgezeigt, welche Bereiche mathematischen Tätigseins die einzelnen Aufgaben abdecken sollten (vgl. S. 94).

Nach der Auswertung der einzelnen Aufgaben ergeben sich Abweichungen in wenigen Bereichen. So liegt der Schwerpunkt der Aufgabe „Türme bauen" eindeutig im inhaltlichen Bereich *Muster und Strukturen* und nicht wie zuvor angenommen im Bereich *Zahlen und Operationen*. Bei der Aufgabe „Jonas sammelt Murmeln" ist demgegenüber eine Einschränkung in Bezug auf die inhaltsunabhängigen Fähigkeiten zu verzeichnen. Hier liegt es höchstwahrscheinlich an den strukturellen Vorgaben der Aufgaben, dass viele Kinder die Fähigkeiten *mathematische Strukturen erkennen* und *in mathematischen Strukturen arbeiten* derart deutlich zeigen können. Aus diesem Grunde erscheint es ratsam, diese Fähigkeiten in der Auswertung einzuklammern. So wird deutlich, dass die in diesem Kontext gezeigte Fähigkeit den Kindern nicht uneingeschränkt zugewiesen werden kann, sondern eventuell in der Aufgabe begründet ist. Bei der Aufgabe „Das Puzzle" wird die zuvor getroffene Einordnung erfüllt. Lediglich die Bearbeitung eines Kindes, die sich im inhaltlichen Bereich *Zahlen und Operationen* bewegt, entspricht nicht den vorherigen Annahmen. Da dieser Einzelfall bei einer Gruppe von 23 Kindern berücksichtigt werden muss, erscheint es notwendig, die Einordnung der Aufgabe auch auf diesen Bereich auszuweiten. Die Bearbeitungen der Aufgabe „Rechenketten" zeigen, dass sich hier die gleichwertige Einordnung in die Bereiche *Zahlen und Operationen* und *Muster und Strukturen* nicht bestätigt, denn die Problemhaltigkeit liegt für die Kinder eindeutig im Bereich *Muster und Strukturen*.

Aus diesen Erkenntnissen ergibt sich nun das folgende revidierte Schema (s. Tabelle 26).

Anhand dieses Schemas lässt sich erkennen, dass der Schwerpunkt der gewählten Aufgaben im mathematischen Inhalt *Muster und Strukturen* liegt. Diese Entwicklung kann aus mehreren Gründen als vorteilhaft eingestuft werden. Ein Grund liegt in der Vielfältigkeit dieses Bereiches, denn er kann – wie im Rahmen der vier Aufgaben gezeigt – sowohl arithmetische als auch geometrische Inhalte thematisieren. Dies

**Tabelle 26:** Die revidierte Einordnung der Aufgaben in das zweidimensionale Schema aus mathematischen Inhalten und inhaltsunabhängigen Fähigkeiten zur Erfassung mathematischen Tätigseins

| **mathematische Inhalte** / **inhalts-unabhängige Fähigkeiten** | **Zahlen und Operationen** | | | | **Muster und Strukturen** | | | | **Raum und Form** | |
|---|---|---|---|---|---|---|---|---|---|---|
| mathematische Objekte, Relationen und Operationen verstehen | T | M | P | R | **T** | **M** | P | **R** | T | **P** |
| mit mathematischen Objekten, Relationen und Operationen arbeiten | T | M | P | R | **T** | **M** | P | **R** | T | **P** |
| mathematische Strukturen erkennen | T | (M) | P | R | **T** | **M** | P | **R** | T | **P** |
| in mathematischen Strukturen arbeiten | T | (M) | P | R | **T** | **M** | P | **R** | T | **P** |
| Strategien anwenden | T | M | P | R | **T** | M | P | **R** | T | **P** |
| über mathematisches Gedächtnis verfügen | (T) | (M) | (P) | (R) | (T) | (M) | (P) | (R) | (T) | (P) |

verleiht ihm einen vielseitigen und fast übergreifenden Charakter. Außerdem ist das Arbeiten an und in mathematischen Strukturen bereits ein Hinweis auf die immanent vorhandene Verknüpfung mit den entsprechenden inhaltsunabhängigen Fähigkeiten. Nicht zuletzt wird heute Mathematik häufig als die *Wissenschaft der Muster und Strukturen* bezeichnet (vgl. DEVLIN 1997, COURANT/ROBBINS 1992). Somit kann konstatiert werden, dass anhand der Aufgaben mathematisches Tätigsein genau im Sinne dieser Definiton gezeigt werden kann.

Demgegenüber wird der Bereich *Zahlen und Operationen* zwar von allen Aufgaben tangiert, er steht aber nie direkt im Mittelpunkt. Dieser Bereich könnte bei den vorliegenden Aufgaben einerseits als notwendiges Werkzeug beschrieben werden, um die endgültige Lösung zu ermitteln. Andererseits sind hier aber auch vereinzelte Lösungswege zu verzeichnen, die aufgrund der kognitiven Bearbeitungsweise schwerpunktmäßig in diesen Bereich eingeordnet werden können. Somit erscheint es als unabdingbar, im Einzelfall immer zu überprüfen, welche Rolle dieser Bereich tatsächlich bei der Bearbeitung spielt.

Die relativ geringe Repräsentation des Bereiches *Raum und Form* wurde bereits im Zusammenhang mit der *Fähigkeit zum räumlichen Vorstellungsvermögen* diskutiert. Da jedoch eine Aufgabe sogar ihren Schwerpunkt an dieser Stelle hat, kann hier nicht von einer Unterrepräsentation gesprochen werden.

Fokussiert man nun die inhaltsunabhängigen Fähigkeiten, so ist allen Aufgaben gemeinsam, dass sie die *Fähigkeiten zum Erkennen von Strukturen, zum Arbeiten in diesen Strukturen* und auch das *Anwenden von Strategien* herausfordern. Dies kann mit der Auswahl von Problemaufgaben begründet werden, denn hier sind einerseits das strategische Vorgehen und andererseits das Erkennen und Nutzen der zugrunde liegenden mathematischen Struktur wichtige Elemente einer erfolgreichen Bearbeitung. Jedoch zeigt sich insbesondere bei der Aufgabe „Rechenketten" neben der Herausforderung dieser Fähigkeiten auch die bedeutende Rolle *der Fähigkeit des Verstehens mathematischer Objekte, Relationen und Operationen* und *der Fähigkeit, mit mathematischen Objekten, Relationen und Operationen zu arbeiten*. Dies hängt vorrangig mit dem arithmetischen Schwerpunkt der Aufgabe zusammen. Hier liegt ein Aufgabenformat vor, welches durch die eingeforderte Berechnung der Differenz und durch die veränderte Aufgabenstellung in den Teilaufgaben 7 und 8 den flexiblen und sicheren Einsatz von Rechenoperationen fordert.

Im Zuge der Ergebnisdarstellung der einzelnen Aufgaben wurde bereits deutlich, wie schwierig sich die Auswertung des *mathematischen Gedächtnisses* gestaltet. Bei der Bearbeitung von Problemaufgaben führt häufig gerade ein strategiegeleitetes und abstrahierendes Vorgehen dazu, keine besondere Gedächtnisleistung zu benötigen. Es erscheint aus diesem Grunde sinnvoller, zur Erhebung des mathematischen Gedächtnisses die bereits beschriebenen anderen Instrumente (wie zum Beispiel die entsprechenden Aufgaben aus den Indikatoraufgabentests von KÄPNICK 2001, S. 165ff. und KÄPNICK/FUCHS 2004, S. 172ff.) heranzuziehen.

Zusammenfassend kann festgehalten werden, dass die vier Aufgaben in ihrer Gesamtheit – wenn auch mit einem verstärkten Schwerpunkt im Bereich *Muster und Strukturen* – mathematisches Tätigsein abbilden.

# 15 Resümee

Das Ziel der vorliegenden Studie war das Aufdecken mathematischer Begabung bei Kindern im 1. und 2. Schuljahr. Hierzu wurde das Lösungsverhalten mathematisch interessierter Kinder beim Bearbeiten von Problemaufgaben detailliert und untergliedert nach verschiedenen Auswertungsbereichen aufgezeigt.

Um nun ein vollständiges und kritisches Resümee ziehen zu können, werden die erzielten Ergebnisse anhand der eingangs aufgestellten Forschungsfragen unter Bezugnahme auf die theoretischen Ausarbeitungen dargelegt und diskutiert. In der achten Forschungsfrage werden Aussagen darüber getroffen, in welchem Ausmaß das Forschungsvorhaben dazu beitragen konnte, die wissenschaftliche Erkenntnislage bezüglich mathematischer Begabung in dieser Altersstufe zu verbessern.

Zu den einzelnen Forschungsfragen:

*1. Welche heuristischen und aufgabenspezifischen Strategien zeigen die Kinder bei der Bearbeitung der Aufgaben?*

Da im vorangegangenen Kapitel bereits ausführlich auf diese Thematik eingegangen wurde, soll an dieser Stelle lediglich aus Gründen der Vollständigkeit eine kurze Zusammenfassung vorgenommen werden.

Die Kinder zeigen bei der Bearbeitung der Aufgaben die im theoretischen Teil dieser Arbeit dargestellten – und für Kinder im Grundschulalter relevanten – heuristischen Strategien. Die vorrangig identifizierte Strategie ist eindeutig die des *Vorwärtsarbeitens*. Fokussiert man den Moment, in dem die Kinder von dieser Strategie abweichen, so lassen sich zwei Tendenzen erkennen. Einerseits gibt es Kinder, die bei zunehmender Problemhaltigkeit zum *Generieren und Testen von Lösungen* übergehen. Ihnen gelingt dann ein konsequentes *Vorwärtsarbeiten* nicht mehr. Andererseits kann aber auch beobachtet werden, dass einige Kinder gerade bei zunehmender Problemhaltigkeit dazu herausgefordert werden, ihre strategischen Fähigkeiten zu nutzen. Sie zeigen dann andere Strategien und setzen teilweise auch mehrere Strategien zur Bewältigung einer Teilaufgabe ein. Auch wenn hier nicht geklärt werden kann, ob dieses Vorgehen bewusst stattfindet, bleibt doch die Tatsache, dass bei einigen Kindern deutliche Parallelen zu älteren Kindern und somit auch prägnante Unterschiede zu anderen teilnehmenden Kindern festgestellt werden können.

Generell nutzen die teilnehmenden Kinder die gleichen Strategien wie ältere Kinder, zeigen diese jedoch häufiger in Form von Strategiekeimen, also weniger beständig und weniger ausgeprägt.

Für den Einsatz der aufgabenspezifischen Strategien ergibt sich ein vergleichbares Bild. So ist auch hier eine Abhängigkeit von der Problemhaltigkeit der jeweiligen Aufgabe zu erkennen. Außerdem sind es die gleichen Kinder, die sich durch ein strategisches Vorgehen auszeichnen.

2. *Welche weiteren mathematischen Fähigkeiten werden in den verschiedenen Phasen des Problemlöseprozesses gezeigt?*

Aufgrund der Beobachtung des Lösungsverhaltens während des gesamten Problemlöseprozesses können ebenfalls verschiedene Erkenntnisse gewonnen werden.

So ist festzuhalten, dass die Kinder die erste Phase des Problemlöseprozesses nach *Pólya* und *Wessells – die Phase des Annehmens und Verstehens der Aufgabe –* erfolgreich durchlaufen. Dies kann einerseits mit der Untergliederung in Teilaufgaben – wobei die erste Teilaufgabe immer einen einführenden und verständnisaufbauenden Charakter hat – und andererseits mit der besonderen Situation des Einzel-Videointerviews erklärt werden.

Für die zweite und dritte Phase des Problemlöseprozesses, die hier in die Bereiche *Lösungsplanung und -realisierung* und *Präsentation der Lösung* unterteilt wurde, ergibt sich Folgendes:

Die *Handlungen zur Lösungsfindung* sind sowohl von dem jeweiligen Aufgabenkontext als auch von den Kindern abhängig. So veranlassen die Aufgaben „Türme bauen" und „Das Puzzle", die bekannte Spiel- und Handlungskontexte aufgreifen, die Kinder deutlich mehr zum enaktiven Vorgehen, als dies bei den anderen beiden Aufgaben der Fall ist. Außerdem können einzelne Kinder identifiziert werden, die sich über alle Aufgaben hinweg vorrangig auf einer Handlungsebene bewegen. Es gibt jedoch auch eine große Gruppe von Kindern, die die Handlungsebene nicht nur von Aufgabe zu Aufgabe, sondern auch innerhalb einer Aufgabe wechselt. Besondere Brisanz bekommt in diesem Zusammenhang die Erkenntnis, dass die vordergründige Handlungsebene von der tatsächlichen *Vorgehensweise beim Lösen* unterschieden werden muss. Zum Beispiel nutzen einige der Kinder, die ihre Lösung überwiegend symbolisch ermitteln, zusätzlich das Material oder machen Aufzeichnungen: als Lösungseinstieg, zur Überprüfung der symbolisch erzielten Lösung, als Hilfe zur Erklärung für die Interviewerin. Andererseits sind Lösungswege zu beobachten, die sich zwar überwiegend am Benutzen des Materials oder am ikonischen Arbeiten orientieren, in einzelnen Phasen der Lösungsfindung gehen diese Kinder dann jedoch rein kognitiv vor und lösen sich von der bisherigen Handlungsebene. Die Handlungsebene allein kann demnach keinen eindeutigen Aufschluss über tatsächliche Vorgehensweisen geben.

Bezüglich des *Problemlöseniveaus* kann übereinstimmend mit Forschungsergebnissen bei älteren mathematisch begabten Kindern konstatiert werden, dass es vorrangig das *Niveau des abwechselnden Probierens und Überlegens* ist, auf welchem sich die Kinder bewegen. Einige Kinder sind sogar auf dem *Niveau des systematischen Strukturierens* tätig. Es muss jedoch einschränkend hinzugefügt werden, dass es manchen Kindern nicht gelingt, auf dem *Niveau des abwechselnden Probierens und Überlegens* zu arbeiten. Mit zunehmender Problemhaltigkeit gehen sie über zum *hartnäckigen Probieren* oder zum *ungeplanten Vorgehen über Versuch und Irrtum*. Außerdem ist zu berücksichtigen, dass insbesondere die Aufgabe „Jonas sammelt Murmeln" durch ihre strukturellen Vorgaben den Kindern offenbar dazu verhilft, auf einem *Problemlöseniveau* tätig zu sein, welches sie ansonsten höchstwahrscheinlich nicht erreichen würden. Die Auswertung dieser und vergleichbarer Aufgaben muss also immer unter Berücksichtigung der Vorgaben durch die Aufgabe selbst stattfinden.

Die *Qualität der Lösungen* verändert sich fast durchgängig im Verlaufe der Teilaufgaben. Während die erste Teilaufgabe – wie beabsichtigt – als einführendes Beispiel von den Kindern fast ausschließlich selbstständig richtig gelöst wird, nimmt dann der Anteil der richtigen Lösungen sukzessive ab. Durch den erfolgreichen Einstieg in die Bearbeitung stellt dies für die Kinder jedoch in der Regel kein Problem dar. Sie bearbeiten trotzdem die Aufgaben mit großer Motivation. Lediglich in einzelnen Fällen ist ein zeitweiliger Konzentrations- und Leistungsabfall zu verzeichnen. Dieser kann mit der Fülle anspruchsvoller Teilaufgaben begründet werden.

Zwischen der *Lösungsqualität* und der *Bearbeitungsdauer* kann mit Ausnahme der Aufgabe „Rechenketten" kein Zusammenhang vermerkt werden. Die *Bearbeitungsdauer* steht vielmehr in Abhängigkeit zur gewählten Handlungsebene. Enaktives oder ikonisches Vorgehen benötigt mehr Zeit als das symbolische Arbeiten.

In Bezug auf die *Phase der Präsentation der Lösung* zeigt sich, dass sich die Präsentation in der Regel auf der Ebene abspielt, auf der auch der Lösungsfindungsprozess stattgefunden hat. Dies wird dann meist durch sprachliche Kommentare ergänzt. Generell fällt die geringe Bedeutung der *Lösungspräsentation* bei den Einzel-Videointerviews auf. Da diese Tendenz jedoch während der „Mathe-AGs" nicht zu beobachten war, kann nicht allgemein von einer nebensächlichen Rolle dieser Phase ausgegangen werden. Vielmehr scheint es den Kindern auf sozial-emotionaler Ebene durchaus wichtig zu sein, ihr Ergebnis zu zeigen oder mitzuteilen und eine Rückmeldung zu erhalten. Auch wenn die Kinder ihre Lösungen meist verbal präsentieren und die zukünftigen formalen Anforderungen noch keine Bedeutung haben, wird hier bereits die Relevanz einer Schulung dieser Phase – verstanden als Hilfe zum Verdeutlichen der eigenen Lösung für andere – erkennbar.

Die verschiedenen Elemente der *Phase der Rückschau* werden von den Kindern nur wenig genutzt. Für die *Lösungskontrolle* zeigt sich sogar, dass selbst der Einsatz dieses Instrumentes nicht zu einer Verbesserung der Lösung verhilft. Anders verhält sich dies allerdings mit der *Reflexion*. Sie findet häufig dann statt, wenn Schwierigkeiten auftreten, und bewirkt in diesen Fällen auch oft ein Umdenken oder Überdenken. Es ist ein Zusammenhang zwischen Reflexion, systematisch strukturiertem Vorgehen und richtiger Lösungen zu erkennen. Außerdem scheint aufgrund dieser Beobachtungen die *Reflexion* im Sinne von *Wessells* nicht nur ein Element der Rückschau zu sein, sondern in allen Phasen des Prozesses zur verbesserten Problemlösung beitragen zu können.

*3. Gelingt es anhand der Aufgaben, mathematisches Tätigsein von Kindern dieser Altersstufe abzubilden?*

Um in diesem Forschungsvorhaben Aufgaben einsetzen zu können, die mathematisches Tätigsein erfassen, wurde zunächst ein *zweidimensionales Schema aus mathematischen Inhalten und inhaltsunabhängigen Fähigkeiten* entwickelt. Daraufhin wurden dann die Aufgaben in der Weise konstruiert, dass sie in ihrer Gesamtheit dieses Schema abdecken. Im Rahmen der Auswertung zeigt sich anhand der Bearbeitungen, dass das Schema erfüllt wurde, allerdings in etwas veränderter Form. Dieser Aspekt wird jedoch unter der folgenden Fragestellung diskutiert.

Generell wird deutlich, wie wichtig es ist, als Kriterien der Aufgabenauswahl oder der Aufgabenkonzeption nicht nur mathematikspezifische Begabungsmerkmale zugrunde zu legen, sondern auf einer allgemeineren mathematischen Ebene Fähigkeiten zu definieren, die mathematisches Tätigsein in der betroffenen Altersstufe möglichst vollständig abbilden. Auf diese Weise eröffnen sich zwei wissenschaftlich bedeutungsvolle Perspektiven: Zunächst wird nicht der Fehler begangen, bereits vorliegende Erkenntnisse zur mathematischen Begabung bei älteren Kindern lediglich für jüngere Kinder anzuwenden. Vielmehr wird durch die gewählte Vorgehensweise ein neuer, für alle mathematischen Fähigkeiten offener Blick auf mathematisch interessierte Kinder im Schulanfangsalter gerichtet. Außerdem ist es dann in einem zweiten Schritt möglich, die hier identifizierten Fähigkeiten mit den mathematikspezifischen Begabungsmerkmalen bei älteren Kindern zu vergleichen und auf objektiver Ebene mögliche Bezüge herzustellen bzw. eventuelle Differenzen herauszuarbeiten. Um diesen Vergleich zu erleichtern, wurden im theoretischen Teil der Arbeit die bestehenden Verbindungen und Überschneidungen zwischen den Merkmalen mathematischer Begabung und den allgemeinen mathematischen Fähigkeiten sowie den heuristischen Strategien herausgearbeitet. Daraufhin wurden die mathematikspezifischen Begabungsmerkmale, die am deutlichsten von den Überschneidungen betroffen waren, im Rahmen der Auswertung der Aufgaben berücksichtigt. So besteht nun die Möglichkeit, beide Stränge zu verfolgen und auf vergleichender Ebene die Fähigkeiten und strategischen Kompetenzen fundiert zu bestimmen, die mathematische Begabung bei Kindern im 1. und 2. Schuljahr ausmachen.

*4. In welcher Form sind die Kinder mathematisch tätig?*

Das Schema zur Erfassung mathematischen Tätigseins basiert auf der Berücksichtigung mathematischer Inhalte verknüpft mit inhaltsunabhängigen Fähigkeiten.

Auf der Ebene der mathematischen Inhalte hat sich gezeigt, dass die Kinder weit häufiger im Bereich *Muster und Strukturen* tätig sind, als dies im Voraus angenommen wurde. Dies kann besonders gut am Beispiel der Aufgabe „Türme bauen" verdeutlicht werden. Während eingangs von einer vorrangigen Tätigkeit im Bereich *Zahlen und Operationen* ausgegangen wurde, nutzt tatsächlich ein Großteil der Kinder schwerpunktmäßig den Bereich *Muster und Strukturen*. Hieran zeigt sich, dass sich viele Kinder am konkreten Erstellen der Türme – sei es auf enaktiver oder ikonischer Ebene – orientieren und daran Strukturen erkennen. Das Konstruieren weiterer Türme weist dann häufig Elemente eines musterorientierten Vorgehens auf. So gelingt es den Kindern auch, aufgabenspezifische Strategien einzusetzen. Das Arbeiten im Bereich *Muster und Strukturen* scheint den Kindern bei allen vorliegenden Aufgaben näherzuliegen als eine Herangehensweise über die Zahlen oder Operationen.

Der Bereich *Zahlen und Operationen* wird demgegenüber häufig auf der „Werkzeug-Ebene" genutzt, um nach dem Erkennen der Struktur die Bearbeitung rechnerisch fortzusetzen und eventuell auch abzukürzen. Diese Beobachtung kann besonders deutlich bei der Aufgabe „Das Puzzle" gemacht werden. Viele Kinder gehen zunächst enaktiv vor, um einen Teil der Puzzle-Vorlage auszulegen, erkennen daran

Lösungsmöglichkeiten und berechnen auf dieser Basis die Anzahl der notwendigen Puzzle-Teile. Somit hilft hier anscheinend die Veranschaulichung zum Erkennen zugrunde liegender Strukturen und ermöglicht dann auch eine Vorgehensweise, die sich im Bereich *Zahlen und Operationen* bewegt. Als äußerst interessant erweist sich in diesem Zusammenhang auch der Blick auf die Aufgabe „Rechenketten". Hier ist ebenfalls der Bereich *Zahlen und Operationen* in der Bedeutung zweitrangig hinter der Anforderung, die Struktur zu erfassen. Dieser Stellenwert des Bereichs *Zahlen und Operationen* kann zusammenhängen mit der Auswahl der vier Problemaufgaben, denn diese beinhalten alle in besondere Weise strukturelle Anforderungen. Erst, wenn die Struktur der Aufgabe erkannt und verstanden ist, kann überhaupt operiert werden. Außerdem hat sich gezeigt, dass die teilnehmenden Kinder über eine große Sicherheit in dem Bereich *Zahlen und Operationen* verfügen, was sich auch durch die Ergebnisse des Basiswissentests bestätigt. Dies kann als Begründung dafür herangezogen werden, dass sie auf die diesbezüglichen Fähigkeiten zuverlässig zurückgreifen und sie wie Werkzeuge einsetzen können.

Der Bereich *Raum und Form* ist durch die Wahl der Aufgaben in der Weise repräsentiert, dass die Aufgabe „Das Puzzle" hier einen Schwerpunkt hat, des Weiteren tangiert die Aufgabe „Türme bauen" diesen Bereich. Der Verzicht auf die Einordnung der Aufgabe „Rechenketten" in den Bereich *Raum und Form* hat sich als positiv erwiesen, da die Kinder die für diese Aufgabe notwendigen Elemente des Bereiches den Annahmen entsprechend sicher nutzen (vgl. S. 159) und diesbezüglich weder Probleme haben noch Arbeitsschwerpunkte setzen.

Bezüglich der inhaltsunabhängigen Fähigkeiten kann nun in Übereinstimmung mit den soeben dargestellten Ergebnissen zu den mathematischen Inhalten ein Schwerpunkt in den *Fähigkeiten zum Erkennen von Strukturen, zum Arbeiten in diesen Strukturen und zum Anwenden von Strategien* festgehalten werden. Durch die offensichtliche Sicherheit vieler Kinder im Bereich *Zahlen und Operationen* ergeben sich ebenfalls gute Ausprägungen in der *Fähigkeit des Verstehens mathematischer Objekte, Relationen und Operationen* und in der *Fähigkeit zum Arbeiten mit mathematischen Objekten, Relationen und Operationen*. Lediglich die *Fähigkeit zur besonderen Gedächtnisleistung* muss im Kontext des Forschungsvorhabens aus den bereits diskutierten Gründen kritisch gesehen werden. Zu einer verlässlichen Erhebung dieser Fähigkeit müssten weitere Diagnoseinstrumente hinzugezogen werden.

*5. Welche Erkenntnisse ergeben sich aus dem Vergleich des hier gezeigten Lösungsverhaltens mit den bei Kindern im 3. und 4. Schuljahr identifizierten mathematikspezifischen Begabungsmerkmalen?*

In den bisherigen Phasen der theoretischen Darstellung, der Auswertung und Zusammenfassung der Ergebnisse wurde immer wieder deutlich und betont, dass viele Überschneidungen zwischen den heuristischen und aufgabenspezifischen Strategien, den Vorgehensweisen im Problemlöseprozess und den mathematikspezifischen Begabungsmerkmalen nach *Käpnick* existieren. Unter Ausnutzung dieser Parallelen ergeben sich folgende Erkenntnisse für die mathematikspezifischen Begabungsmerkmale:

*Die Fähigkeit zum Strukturieren mathematischer Sachverhalte*

Diese Fähigkeit hat sich in der Studie quasi als übergeordnete Fähigkeit erwiesen und wird von vielen der teilnehmenden mathematisch interessierten Kinder gezeigt. Einige Kinder setzen sie sogar bei der Bearbeitung aller Aufgaben – jedoch mit unterschiedlicher Intensität – ein. Zu diesen Kindern zählen *Arne, Ben, Clara, Mia, Nick, Victor* und *Willi*. Demgegenüber weisen andere Kinder diese Fähigkeit jedoch kaum auf; *Kevin, Olaf, Peter, Ron, Stine* und *Ulf* gehören zu dieser Gruppe.

*Die Fähigkeit zum selbstständigen Transfer erkannter Strukturen*

Während die Kinder häufig Analogien nutzen, um nachfolgende Teilaufgaben zu bearbeiten, fällt es ihnen deutlich schwerer, Transferleistungen zu vollziehen. So sind es hauptsächlich *Ben, Mia, Victor* und *Willi*, die diese Fähigkeit zeigen. Viele andere Kinder erkennen zwar eventuelle Zusammenhänge, können sie dann jedoch nicht effektiv zur Weiterarbeit nutzen.

*Die Fähigkeit zum selbstständigen Wechseln der Repräsentationsebenen*

Obwohl die Fähigkeit zum Wechseln der Repräsentationsebenen insgesamt nur wenig gezeigt wird, sind doch prägnante Unterschiede bei den einzelnen Aufgaben festzustellen. So nutzen die Kinder bei den Aufgaben „Jonas sammelt Murmeln" und „Rechenketten" kaum die Möglichkeit zum Wechseln. Demgegenüber neigen sie bei den Aufgaben, die sich auf bekannte Materialien oder Spieltätigkeiten stützen, zunächst eher zum Nutzen dieses Materials und zeigen dann aber auch die Fähigkeit zum selbstständigen Verlassen dieser Ebene. Sie wechseln insgesamt häufig vom materialgebundenen zum kognitiven Arbeiten und nutzen demgegenüber zum Beispiel aufgrund von auftretenden Schwierigkeiten beim symbolischen Arbeiten deutlich weniger Hilfen auf ikonischer oder enaktiver Ebene.

Das selbstständige Wechseln der Repräsentationsebenen zeigen *Ben, Finn, Victor* und *Willi* am häufigsten.

*Die Fähigkeit zum selbstständigen Umkehren von Gedankengängen*

Diese Fähigkeit wird beim Bearbeiten der vier Aufgaben wenig gezeigt. Insbesondere im Rahmen der letzten beiden Teilaufgaben der „Rechenketten" bringt jedoch das Umkehren der Gedankengänge erhebliche Lösungsvorteile. Dies erkennen einige Kinder und nutzen es dann auch erfolgreich. Zu diesen Kindern zählen *Ben, Clara, Gina, Mia, Nick, Tom, Ulf, Victor* und *Willi*.

*Fähigkeit zum Speichern mathematischer Sachverhalte*

Zur expliziten Erhebung der Fähigkeit zum Speichern mathematischer Sachverhalte scheint das Bearbeiten von Problemaufgaben nicht optimal geeignet. Zwar zeigen einzelne Kinder diese Fähigkeit, sobald jedoch zum Beispiel systematisch strukturierend gearbeitet wird, ist es gar nicht mehr notwendig, die Fähigkeit zum Speichern mathematischer Sachverhalte anzuwenden.

Zur Erhebung dieses Merkmals empfiehlt es sich, die speziell zu diesem Zweck von *Käpnick* entwickelten Indikatoraufgaben einzusetzen.

*Mathematische Fantasie und mathematische Sensibilität*

Die ausgewählten Aufgaben sind nicht explizit dazu ausgelegt, diese beiden Fähigkeiten zu erheben. Trotzdem hat sich in Bezug auf die *mathematische Fantasie* gezeigt, dass zwei Kinder *(Nick* und *Victor)* immer wieder dazu übergehen, Muster zu suchen, zu entwickeln und zu nutzen. Diese Muster nutzen sie zur Lösung der Aufgaben. Einschränkend muss jedoch angemerkt werden, dass diese im kreativen Bereich anzusiedelnde Fähigkeit den beiden Kindern zuweilen das erfolgreiche und zielgerichtete Lösen der Aufgaben erschwert. So erweist sich die *mathematische Fantasie* dieser Kinder bei den hier eingesetzten Aufgaben nicht immer als erfolgunterstützend.

Unter *mathematischer Sensibilität* wird die Faszination der Kinder für Zahlen und Zahlanordnungen verstanden. Da sich dieses Merkmal demnach verstärkt auf Einstellungen, Haltungen und Motivationen der Kinder bezieht, konnte es anhand der hier angewendeten Forschungsmethode nicht explizit ausgewertet werden. Nutzt man jedoch die Resultate und Einschätzungen, die sich auf der Basis der Beobachtungen der Untersuchungsleiterin und der Interviewerinnen während der Arbeit in den „Mathe-AGs" und während der Bearbeitung der vier Testaufgaben ergeben haben – in diesem Zusammenhang erweisen sich die Einzelfalldarstellungen ebenfalls als äußerst hilfreich –, so lassen sich einige Kinder benennen, die eine solche Sensibilität in besonderem Maße zeigen. Zu diesen Kindern zählen *Arne, Ben, Mia, Victor* und *Willi*. Auffällig ist, dass diese Kinder, mit Ausnahme von *Arne*, die anderen mathematikspezifischen Begabungsmerkmale ebenfalls deutlich aufweisen. Aufgrund dieser Beobachtung kann konstatiert werden, dass *mathematische Sensibilität* quasi als übergeordnetes Merkmal angesehen werden kann, welches sich aus dem positiven Zusammenspiel der anderen Merkmale ergibt. Diese Einordnung widerspricht der Vorgehensweise von *Heinze*, die *mathematische Sensibilität* als ein begabungsstützendes Merkmal aufführt (vgl. S. 88ff. und HEINZE 2005, S. 39). Die eigene Einordnung ist besser mit der Vorgehensweise *Käpnicks* zu vergleichen (vgl. KÄPNICK 1998, S. 264ff.), wobei *mathematische Sensibilität* jedoch nicht – wie bei *Käpnick* – als gleichwertiges Merkmal unter allen anderen mathematikspezifischen Begabungsmerkmalen eingestuft wird, sondern eher einen übergeordneten Charakter hat. Um diese Vermutungen wissenschaftlich zu fundieren, müssten jedoch weitere Studien durchgeführt werden und der Begriff der *mathematischen Sensibilität* müsste besser eingegrenzt und definiert werden.

Betrachtet man nun alle Merkmale gemeinsam in Bezug auf die Kinder, die sie am häufigsten aufweisen, so sind hier *Ben, Mia, Willi* und *Victor* zu nennen. Zwei weitere Kinder zeigen zwar ebenfalls diese Merkmale, jedoch nicht in der Breite und Intensität. Hierbei handelt es sich um *Clara* und *Nick*.

Neben den genannten sechs Kindern bildet ein Großteil der anderen Kinder eine Gruppe, die sich durch kurzfristiges, keimartiges oder aufgabenabhängiges Zeigen der verschiedenen mathematikspezifischen Begabungsmerkmale auszeichnet. Des Weiteren können *Enno, Peter, Stine, Tom* und *Ulf* als die Kinder beschrieben werden, welche die hier untersuchten mathematikspezifischen Begabungsmerkmale nur in sehr geringem Maße bei einzelnen Aufgaben aufweisen.

Was kann aus diesen Resultaten gefolgert werden?

Die von *Käpnick* formulierten mathematikspezifischen Begabungsmerkmale werden von den hier untersuchten Kindern im 1. und 2. Schuljahr gezeigt. Daraus lässt sich schließen, dass die entsprechenden Fähigkeiten – falls sie bei einem Kind vorliegen – bereits im frühesten Grundschulalter verfügbar sind. Die Fähigkeiten treten allerdings in sehr unterschiedlicher Häufigkeit und Ausprägung auf; sie sind in besonderem Maße aufgabenabhängig. In diesem Zusammenhang erweist sich die *Fähigkeit zum Strukturieren mathematischer Sachverhalte* als vorherrschend. Sie kann von den Kindern bei allen Aufgaben gezeigt werden und tritt am häufigsten auf. Demgegenüber werden die *Fähigkeit zum selbstständigen Transfer erkannter Strukturen* und die *Fähigkeit zum selbstständigen Wechseln der Repräsentationsebenen* von deutlich weniger Kindern gezeigt. Schließlich kann die *Fähigkeit zum selbstständigen Umkehren von Gedankengängen* zwar in einzelnen Fällen nachgewiesen werden, dies jedoch nur in sehr geringen Anteilen und in der Regel nicht gekoppelt mit einer konsequenten Durchführung.

Obwohl es schwierig ist, die *mathematische Fantasie* anhand der Bearbeitungen nachzuweisen, können zwei Kinder ermittelt werden, die diese in besonderer Häufigkeit und Intensität zeigen.

In welcher Weise kann aber *mathematische Sensibilität* erfasst werden? Einige Kinder zeigen durchaus eine besondere Faszination für Zahlen und erweisen sich als besonders geschickt und gefühlvoll im Umgang damit. „Weiche" Kriterien zum Erkennen dieser Sensibilität sind bereits die Gestik, Mimik und die gesamte Körpersprache der Kinder beim Bearbeiten der Aufgaben. So strahlt zum Beispiel *Victor* über das ganze Gesicht, als er immer wieder neue Möglichkeiten zum Auslegen der Puzzle-Vorlage mit Quadratvierlingen erarbeitet. Beim Lösen der Teilaufgaben 7 und 8 der „Rechenketten" steht *Mia* mit rotem Kopf auf, legt immer wieder neue Kombinationen, spielt quasi mit den Zahlanordnungen, bis sie schließlich beim Finden der richtigen Lösung triumphierend die Faust hebt. Leider können diese Elemente bei der hier angewendeten Forschungsmethode nicht erhoben und berücksichtigt werden. Eine konkrete Bezugnahme auf die anderen Kriterien ergibt allerdings, dass Kinder, bei denen diese Sensibilität beobachtet wird, auch parallel dazu weitere mathematikspezifische Begabungsmerkmale aufweisen. Somit kann *mathematische Sensibilität* quasi als übergeordnete Fähigkeit eingestuft werden, deren Erhebung entweder an andere Merkmale gekoppelt oder auf zusätzliche „weiche" Kriterien ausgeweitet werden müsste.

Vergleicht man die Ergebnisse der Auswertung der mathematikspezifischen Begabungsmerkmale mit den Resultaten der anderen Auswertungsbereiche, so sind es zunächst die deutlichen Übereinstimmungen, die ins Auge fallen. Dies zeigt sich nicht zuletzt durch die Identifikation der gleichen Kinder. Jedoch darf nicht die wesentlich detailliertere Möglichkeit zur Auswertung der Bereiche *Einsatz heuristischer Strategien, Einsatz aufgabenspezifischer Strategien* und *Lösungsverhalten in den verschiedenen Phasen des Problemlöseprozesses* unterbewertet werden. Die Auswertung nach den mathematikspezifischen Begabungsmerkmalen kann demgegenüber als grobe Einordnung oder Zusammenfassung eingestuft werden.

Aufgrund dieser Ergebnisse zeichnet sich jedoch ebenfalls ab, dass eine fundierte und verlässliche Identifikation der mathematikspezifischen Begabungsmerkmale bei Kindern im 1. und 2. Schuljahr durchaus mit Schwierigkeiten verbunden sein kann, da die Kinder dieser Altersstufe die entsprechenden Merkmale und Fähigkeiten noch nicht in der Breite, Häufigkeit und Stabilität zeigen, wie dies bei älteren Kindern zu beobachten ist. Es muss eine verstärkte Orientierung an Strategie- und Fähigkeitskeimen erfolgen.

Da aber vier Kinder identifiziert werden konnten, die diese Fähigkeiten und Merkmale deutlich und in einem gewissen Kontinuum über die Aufgaben hinweg zeigen, kann allerdings auch derart argumentiert werden, dass – unter Negierung der bei anderen Kindern vorhandenen Strategie- und Fähigkeitskeime – lediglich die Kinder mit deutlichen Ausprägungen in diesem Alter als mathematisch begabt eingestuft werden können. Zum Belegen beider Interpretationsvarianten müssten jedoch Langzeitstudien durchgeführt werden.

Um detailliertere Informationen bezüglich der Ergebnisse der eigenen Studie zu erhalten, sollen unter der folgenden Fragestellung die Erkenntnisse aus den verschiedenen Auswertungsbereichen zusammengeführt werden.

*6. In welcher Weise unterscheiden sich die Kinder in ihrem Lösungsverhalten voneinander?*

Da bis an diese Stelle sowohl die Zuordnungen zu den verschiedenen Bearbeitungstypen über alle Aufgaben hinweg durchgeführt wurden als auch der Vergleich zu den mathematikspezifischen Begabungsmerkmalen bei älteren Kindern vorgenommen wurde, kann im Folgenden eine Bezugnahme zu den schon vorhandenen Klassifizierungen älterer mathematisch begabter Kinder stattfinden. Zu diesem Zweck werden die von *Käpnick* identifizierten Ausprägungstypen (vgl. KÄPNICK 1998, S. 203–209) und die von *Heinze* vorgenommenen Klassifikationen (vgl. HEINZE 2005, S. 296–299) hinzugezogen. Einschränkend muss jedoch betont werden, dass im Rahmen von *Käpnicks* Studie eine Fülle von Daten erhoben wurde, die in der eigenen Studie nicht in diesem Ausmaß berücksichtigt werden konnte. So kommt zum Beispiel in seinen Zuordnungen der *mathematischen Fantasie* eine wichtige Rolle zu, diese war jedoch nicht expliziter Gegenstand der hier vorliegenden Untersuchung und kann aus diesem Grunde nur tendenziell und verstanden als vorrangig subjektive Einschätzung der Untersuchungsleiterin und der verschiedenen Interviewerinnen angegeben werden.

Unter dem Ausprägungstyp 1 beschreibt *Käpnick* Kinder, die sich sowohl durch ein stark strukturiertes als auch durch ein fantasiereiches Vorgehen auszeichnen. Dies bezieht sich auf geometrische und auf arithmetische Anforderungen. Die mathematikspezifischen Begabungsmerkmale werden in hoher Ausprägung gezeigt. Ähnliche Fähigkeiten fasst *Heinze* in Gruppe I zusammen. Sie betont in diesem Zusammenhang jedoch die positive Korrelation von mathematikspezifischen Fähigkeiten mit begabungsstützenden Persönlichkeitseigenschaften und sozialen Aspekten.

Nimmt man nun einen Vergleich mit den hier untersuchten Kindern vor, so entsprechen die Kinder, die durchgängig in die Bearbeitungstypen A eingestuft werden können und die auch die mathematikspezifischen Begabungsmerkmale deutlich und konstant zeigen, diesen Kriterien. Es handelt sich dabei um *Ben, Clara* und *Willi*. Besonders wegen der guten Ausprägung der mathematikspezifischen Begabungsmerkmale kann auch *Mia* dieser Gruppe zugeordnet werden.

Die Kinder, die *Käpnick* dem Ausprägungstyp 2 zuordnet, zeigen ein gutes bis sehr gutes Fähigkeitsniveau in Bezug auf die mathematikspezifischen Merkmale und besitzen eine ausgeprägte *mathematische Fantasie*. Vergleichbare Fähigkeiten beschreibt *Käpnick* ebenfalls unter dem Ausprägungstyp 4, weshalb beide Typen hier zusammengefasst werden sollen. Während *Heinze* diesen Ausprägungstyp nicht benennt, können anhand der Ergebnisse der eigenen Studie *Nick* und *Victor* entsprechend eingestuft werden. Sie zeigen vermehrt musterorientierte Lösungsansätze, reagieren stark auf visuelle Reize und arbeiten durchgängig auf anspruchsvollem bis sehr anspruchsvollem Niveau.

In *Heinzes* Gruppe II werden Kinder beschrieben, deren Lösungsverhalten generell vergleichbar ist mit Gruppe I, jedoch wird dieses nicht durchgängig gezeigt. Es liegen vielmehr Abweichungen vom systematischen und strategiegestützten Vorgehen bei einzelnen Problemstellungen vor. Da *Käpnick* eine feinere Unterteilung vornimmt, ist bei ihm kein eindeutiges Äquivalent[31] vorzufinden. In Anlehnung an *Heinzes* Gruppe II lassen sich die Vorgehensweisen von *Arne, Enno, Gina, Hanna, Isa, Tom* und *Yannis* in vergleichbarer Weise beschreiben. Außer *Arne* weisen die Kinder jedoch deutlich mehr Schwankungen über die Bearbeitung der vier Aufgaben hinweg auf, als *Heinze* dies beschreibt.

Unter dem Ausprägungstyp 6 benennt *Käpnick* nun Kinder, deren gezeigte Fähigkeiten deutlich unter den Fähigkeiten der anderen Kinder liegen. Ähnlich verhält es sich in Gruppe III von *Heinze*. Auch hier kommt es fast durchgängig zu schlechteren Ergebnissen. Die Bearbeitungen von *Kevin, Peter, Stine* und *Ulf* weisen vergleichbare Merkmale auf. Da sowohl *Käpnick* als auch *Heinze* zu dem Schluss kommen, dass hier höchstwahrscheinlich keine mathematische Begabung vorliegt, kann dieser Schluss durchaus auf diese jüngeren Kinder übertragen werden.

Nun konnte für eine Gruppe von sechs Kindern, die an der vorliegenden Studie teilgenommen haben, keine entsprechende Zuordnung vorgenommen werden. Zu dieser Gruppe gehören *Dina, Finn, Jan, Lars, Olaf* und *Ron*. Zwar sind auch diese Kinder mit den von *Heinze* in Gruppe II beschriebenen Kindern vergleichbar, allerdings zeigen sie die Merkmale und Fähigkeiten doch weniger ausgeprägt bzw. vermehrt in Form von Strategie- und Fähigkeitskeimen. Andererseits weisen sie jedoch deutlich mehr Fähigkeiten und mehr strategisches Vorgehen auf als die Kinder, die vermutlich nicht über eine mathematische Begabung verfügen.

Für die fehlenden Anhaltspunkte zwecks einer Zuordnung könnten zwei Gründe vorliegen:

1. Aufgrund des Alters und des Entwicklungsstandes zeigen diese Kinder noch keine deutlichen Ausprägungen ihrer mathematischen Begabung. In diesem Fall bliebe die weitere Entwicklung dieser Kinder abzuwarten.

---

[31] Eine Zuordnung zu den Typen 2, 3, 4 oder 5 wäre denkbar (vgl. KÄPNICK 1998, S. 204–208).

2. Die Erhebungsmethoden waren für diese Kinder nicht angemessen, um eindeutige Hinweise und Aussagen zu erhalten. In diesem Fall müssten weitere Untersuchungen mit den Kindern durchgeführt werden.

Um diesbezüglich Aufschluss zu gewinnen, müsste also eine Langzeitstudie durchgeführt werden. Auch der Einsatz weiterer Diagnoseinstrumente könnte eindeutigere Erkenntnisse bringen.

Es kann konstatiert werden, dass ein Teil der hier untersuchten mathematisch interessierten Kinder im 1. und 2. Schuljahr bei der Bearbeitung der vier Aufgaben – ergänzt durch Informationen, die aus der Beobachtung während der „Mathe-AGs" und aus Lehrer- und Elterneinschätzungen resultieren – Fähigkeiten und mathematikspezifische Begabungsmerkmale zeigt, die sich mit verschiedenen Ausprägungstypen mathematischer Begabung bei älteren Kindern vergleichen lassen.

Ein weiterer Teil der Kinder zeigt zwar auch den Einsatz heuristischer und aufgabenspezifischer Strategien und weist damit einhergehend verschiedene mathematikspezifische Begabungsmerkmale auf, dies jedoch entweder nur bei einzelnen Aufgaben oder zwar über mehrere Aufgaben hinweg, dann aber in Form von Strategie- oder Fähigkeitskeimen. Zwecks einer eindeutigeren Aussage müssten weitere Untersuchungen stattfinden oder es bliebe der weitere Entwicklungsverlauf abzuwarten.

Eine kleine Gruppe von Kindern zeigt die genannten Fähigkeiten und Merkmale nicht bzw. nur in geringem Maße. Bemerkenswert ist hierbei die Tatsache, dass sich insbesondere bei *Heinze*, deren Untersuchung sich auf Kinder beschränkte, die als mathematisch begabt diagnostiziert wurden, ebenfalls Kinder identifiziert wurden, die höchstwahrscheinlich nicht über eine mathematische Begabung verfügen. Somit scheint auch ein differenzierteres Auswahl- bzw. Diagnoseinstrument nicht zwangsläufig zu zuverlässigeren Ergebnissen und höheren Wahrscheinlichkeiten in Bezug auf eine mathematische Begabung zu führen. Gerade diese Erkenntnis spricht bei jüngeren Kindern für ein – wie hier durchgeführt – weniger aufwändiges Identifikationssystem und für die Orientierung am mathematischen Interesse von Kindern.

*7. In welcher Beziehung steht der Intelligenzquotient zu den gezeigten Fähigkeiten?*

Anhand der Erhebung der Intelligenzquotienten der teilnehmenden Kinder (vgl. S. 166ff.) hat sich ergeben, dass die hier untersuchten mathematisch interessierten Kinder zumindest über einen durchschnittlichen Intelligenzquotienten (fünf Kinder) verfügen. Ein Großteil der Gruppe weist jedoch Werte im hohen (acht Kinder) und sehr hohen Bereich (zehn Kinder) auf.

Vergleicht man die Einordnung der Bearbeitungen über alle vier Aufgaben hinweg und die dabei gezeigten mathematikspezifischen Begabungsmerkmale mit dem Intelligenzquotienten der einzelnen Kinder, so lässt sich Folgendes feststellen:

1. Von den Kindern, die in der eigenen Studie durchgängig in den Bearbeitungstyp A eingeordnet werden können, verfügen *Ben* und *Willi* über einen sehr hohen Intelligenzquotienten. *Clara* verfügt über einen hohen Intelligenzquotienten.
   Auch *Mia* und *Arne* zeigen bei der Bearbeitung der Aufgaben gute bis sehr gute Ausprägungen in fast allen Bereichen. Bei *Mia* sind außerdem die verschiedenen

mathematikspezifischen Begabungsmerkmale in guter Ausprägung erkennbar. Beide Kinder verfügen über einen hohen Intelligenzquotienten.

2. *Nick* und *Victor* zeigen bei ihren Bearbeitungen viel *mathematische Fantasie* und nutzen häufig musterorientierte Zugänge. Sie verfügen beide über einen sehr hohen Intelligenzquotienten, gemeinsam mit *Yannis* zeigen sie mit einem IQ von 130 und mehr die höchsten Ausprägungen.
3. Zu den Kindern, die eine hohe Instabilität in der Qualität ihrer Ergebnisse und Bearbeitungen zeigen, gehören *Enno, Gina, Hanna, Isa, Tom* und *Yannis*. Von einem stark systematischen und strategiegestützten Vorgehen bis hin zu nur oberflächlich und teilweise bearbeiteten Aufgaben decken sie eine große Bandbreite ab. Auch bezüglich des Intelligenzquotienten ist hier diese Bandbreite vorzufinden. Während *Isa, Tom* und *Yannis* über Intelligenzquotienten im sehr hohen Bereich verfügen, konnten bei *Enno* ein Wert im hohen Bereich und bei *Gina* und *Hanna* Werte im durchschnittlichen Bereich ermittelt werden.
4. Zu den Kindern, die durchgängig den Bearbeitungstypen zugeordnet werden können, die ein mittleres oder unteres Anspruchsniveau repräsentieren, sind *Dina, Finn, Jan, Lars, Olaf* und *Ron* zu zählen. Während *Dina* als einziges Kind dieser Gruppe über einen durchschnittlichen Intelligenzquotienten verfügt, ergeben sich für *Jan, Finn* und *Lars* Werte im hohen Bereich. *Olaf* und *Ron* erzielen Werte im sehr hohen Bereich.
5. Vier Kinder, nämlich *Kevin, Peter, Stine* und *Ulf*, zeigen Lösungsansätze, die durchgängig von unterschiedlichsten Schwierigkeiten geprägt sind. Ihre Intelligenzquotienten liegen alle im durchschnittlichen Bereich.

Bereits die Tatsache, dass keines der teilnehmenden Kinder über einen Intelligenzquotienten unter dem durchschnittlichen Bereich verfügt, zeigt zumindest die allgemeine Übereinstimmung zwischen mindestens durchschnittlicher Intelligenz und mathematischem Interesse, gestützt durch die diesbezüglichen Einschätzungen von Eltern und Lehrern. Da jedoch nahezu drei Viertel der Kinder einen hohen oder sogar sehr hohen Intelligenzquotienten vorweisen, muss diese Aussage noch verstärkt werden. Demnach scheint hier durchaus ein Zusammenhang zwischen mathematischem Interesse und hoher allgemeiner Intelligenz zu bestehen.

Zieht man nun die Ergebnisse der Studie hinzu, berücksichtigt man somit neben dem mathematischen Interesse auch die Vorgehensweisen beim Lösen der vier Problemaufgaben und damit einhergehend den Einsatz *heuristischer und aufgabenspezifischer Strategien*, das *Lösungsverhalten in den verschiedenen Phasen des Problemlöseprozesses* und die gezeigten *mathematikspezifischen Begabungsmerkmale*, so muss diese Aussage differenziert werden.

Ein Großteil der bezüglich dieser Kriterien besonders erfolgreichen Kinder verfügt tatsächlich über einen sehr hohen Intelligenzquotienten, aber auch Kinder mit hohem Intelligenzquotienten gehören zu dieser Gruppe.

Eine deutliche Übereinstimmung zeigt sich bei den beiden Kindern, die viel *mathematische Fantasie* zeigen und häufig musterorientiert vorgehen. Beide verfügen über eine sehr hohe Intelligenz.

Insbesondere bei den Kindern, die eine hohe Instabilität zeigen, wurden die verschiedensten Intelligenzquotienten nachgewiesen. Auch gibt es einige Kinder, die trotz einer sehr hohen allgemeinen Intelligenz bei dieser Untersuchung nur Erfolge im mittleren Bereich erzielen.

Demnach kann bei den hier untersuchten Kindern im 1. und 2. Schuljahr trotz einer tendenziellen Übereinstimmung nicht davon ausgegangen werden, dass mit steigendem Intelligenzquotienten auch bessere Ergebnisse in dieser Studie erzielt werden. Gerade jüngere Kinder – wie *Olaf* und *Ron* –, die über einen sehr hohen Intelligenzquotienten verfügen, können hier häufig nur den mittleren Bearbeitungstypen zugeordnet werden, auch zeigen sie die mathematikspezifischen Begabungsmerkmale höchstens ansatzweise. Eine Begründung hierfür kann durchaus im Alter der Kinder liegen. Es müsste mit zunehmendem Alter sowohl die Stabilität des Intelligenzquotienten als auch die mathematische Begabung überprüft werden. Generell bleibt jedoch anzumerken, dass die hier untersuchte kleine Stichprobe keine Verallgemeinerungen zulässt.

Was aufgrund der Erkenntnisse der vorliegenden Studie jedoch neu diskutiert werden muss, ist diese Aussage von *Rost*:

> *„Eine hervorragende mathematische Leistung setzt eine sehr gute Ausstattung mit ‚g' voraus, erfordert zusätzlich aber auch mathematische Expertise, d. h. ein durch intensive Beschäftigung mit der Mathematik und ihren Grundlagen erworbenes solides mathematisches Wissen."* (ROST 2002, S. 19)

Natürlich kann man bei Kindern in diesem Alter noch nicht von hervorragenden mathematischen Leistungen sprechen, die sich auf einen längeren Zeitraum beziehen, sondern muss dies auf die kurze Schulzeit und die Ergebnisse der Bearbeitung dieser vier Aufgaben und die begleitenden Beobachtungen während der „Mathe-AGs" beschränken. Aber gerade diese Einschränkung macht deutlich, dass auch Kinder ohne intensive Beschäftigung mit der Mathematik – also ohne *mathematische Expertise* – und ohne ein durch Lehren und Lernen erworbenes mathematisches Wissen besondere mathematische Leistungen vollbringen können. Es hat sich hier gezeigt, dass dies nicht unbedingt von einer sehr hohen allgemeinen Intelligenz abhängig ist, vielmehr sind solche Erfolge zumindest ab einem hohen Intelligenzquotienten möglich.

Nicht zuletzt hat sich in diesem Forschungsvorhaben gezeigt, dass ausschließlich anhand des ermittelten Intelligenzquotienten kaum detaillierte Aussagen zu den mathematischen Fähigkeiten eines Kindes möglich sind. Insbesondere im sehr hohen Intelligenzbereich ist durch den *Deckeneffekt* der Intelligenztests eine Unterscheidung so gut wie gar nicht mehr möglich. Demgegenüber ermöglicht die Analyse der Bearbeitung von mathematischen Problemaufgaben eine fundierte und detaillierte Feststellung der einzelnen Fähigkeiten und Merkmale[32]. Selbst im sehr hohen Bereich sind hier aufgrund des steigenden Schwierigkeitsgrades und somit durch die Differenzierung noch deutliche Unterscheidungen zu erkennen.

---

[32] Einschränkend muss hier angemerkt werden, dass die identifizierten Fähigkeiten und Merkmale ausschließlich im Kontext der jeweiligen Aufgabe gesehen werden können (vgl. S. 86).

### 8. *Welche Konsequenzen lassen sich aus den Ergebnissen des Forschungsvorhabens bezüglich mathematischer Begabung bei Kindern im 1. und 2. Schuljahr ziehen?*

Anhand der intensiven theoretischen Bearbeitung des gesamten Themenkomplexes, der sich über mathematische, pädagogische und psychologische Bereiche erstreckt, konnten zunächst erste Annahmen über die Spezifik mathematischer Begabung im Schulanfangsalter und ihrer Erscheinungsbilder getroffen werden. So kristallisierte sich bereits an dieser Stelle heraus, dass generell die Begabungsentfaltung im frühen Kindesalter stärker mit entwicklungsbedingten Faktoren verknüpft zu sein scheint, als dies bei älteren Kindern der Fall ist. Dies wiederum bedingte ein Forschungsdesign, welches den speziellen Bedürfnissen dieser Kinder gerecht werden konnte.

Konkret bezogen auf mathematische Begabung konnte angenommen werden, dass auch jüngere Kinder bereits über die verschiedenen heuristischen und aufgabenspezifischen Strategien und die mathematischen Fähigkeiten verfügen können, diese aber voraussichtlich weniger umfassend, flexibel und zielgerichtet einsetzen können. Ähnliche Aussagen konnten für die mathematikspezifischen Begabungsmerkmale getroffen werden.

Auch zeichnete sich bereits in diesem Stadium des Forschungsvorhabens ab, dass aufgrund des aktuellen Forschungsstandes die bei älteren Kindern bewährten Diagnoseinstrumente hier nicht zur Gewinnung neuer wissenschaftlicher Erkenntnisse eingesetzt werden konnten. Hierzu müssten diese Diagnoseinstrumente auch für jüngere Kinder wissenschaftlich überprüft sein, was noch nicht der Fall ist. So blieb lediglich die Ausnutzung informeller Diagnoseinstrumente. Insbesondere die Berücksichtigung des Themenfeldes *Interesse* konnte hier jedoch weiterhelfen, da sich auf diese Weise ein sowohl angemessenes als auch handhabbares Auswahlkriterium eröffnete.

Nach der Auswertung und Interpretation der Ergebnisse konnte die eigene Studie Folgendes zeigen:

Aufgrund der Zusammenführung der verschiedenen Auswertungsbereiche und der Erfassung der mathematikspezifischen Begabungsmerkmale wurde eine breite Datenbasis geschaffen. Daraus resultiert eine relativ deutliche Unterscheidung der Kinder in ihrem Lösungsverhalten. So können einerseits Kinder identifiziert werden, die in allen Auswertungsbereichen nahezu durchgängig starke Ausprägungen zeigen. Andererseits kann dies bei anderen Kindern gar nicht oder nur in geringem Maße festgestellt werden. Bei einer weiteren Gruppe von Kindern ergibt sich demgegenüber ein unklares Bild, da sie die Fähigkeiten, Strategien und Merkmale bei einzelnen Aufgaben stark und bei anderen Aufgaben kaum aufweisen. Lediglich zwei Kinder demonstrieren ein auffällig abweichendes Lösungsverhalten, indem sie sich immer wieder am Erkennen und Nutzen von Mustern orientieren.

In der Studie hat sich tendenziell gezeigt, dass Kinder mit hohem und sehr hohem Intelligenzquotienten häufiger heuristische und aufgabenspezifische Strategien einsetzen, in den verschiedenen Phasen des Lösungsprozesses flexibler und erfolgreicher sind, mehr mathematikspezifische Begabungsmerkmale zeigen und zu qualitativ hochwertigeren Ergebnissen kommen als Kinder mit durchschnittlichem Intelligenzquotienten. Da jedoch auch durchaus bemerkenswerte Ausnahmen zu vermerken sind, kann diese Aussage nur in sehr eingeschränkter Weise gehalten werden. Somit scheint das mathematische Interesse dieser Kinder in einem positiven Zusammenhang mit einem zumindest durchschnittlichen – meist aber höheren – Intelligenzquotienten zu stehen. In diesem Rahmen ist dann aber sowohl mit herausragenden mathematikspezifischen als auch mit nur durchschnittlichen Leistungen zu rechnen.

Da die untersuchten Kinder im 1. und 2. Schuljahr bei der Bearbeitung der Aufgaben bereits die mathematikspezifischen Begabungsmerkmale zeigen, kann davon ausgegangen werden, dass sich mathematische Begabung bei Kindern im 1. und 2. Schuljahr in vergleichbarer Weise wie bei älteren Grundschulkindern äußert. Eine Ausnahme bildet allerdings die *Fähigkeit zum selbstständigen Umkehren von Gedankengängen*, sie wird über alle Aufgaben hinweg nur sehr wenig genutzt. Dies stimmt zwar grundlegend mit Ergebnissen bei älteren Kindern überein, da bei den hier untersuchten jüngeren Kindern diese Fähigkeit jedoch noch weniger beobachtet werden kann als bei älteren Kindern, könnte daraus geschlossen werden, dass sich die *Fähigkeit zum selbstständigen Umkehren von Gedankengängen* eventuell abweichend von den anderen Fähigkeiten verstärkt in Abhängigkeit von Alter und Entwicklung oder von schulischem Lehren und Lernen ausprägt.

Insbesondere die vorgefundene Instabilität der Merkmale bei einigen Kindern mahnt zur Vorsicht. So muss generell eine direkte Schlussfolgerung auf mathematische Begabung als kritisch eingestuft werden, da hierzu noch die Ergebnisse aus Längsschnittstudien fehlen. Des Weiteren sind es insbesondere die sich noch entwickelnden Persönlichkeitseigenschaften und die allgemeinen entwicklungsbedingten Veränderungsprozesse dieser Kinder, die einen frühen und verlässlichen Nachweis mathematischer Begabung sicher erschweren werden.

Richtet man den Blick auf das Alter der teilnehmenden Kinder, so können folgende Beobachtungen festgehalten werden: Fast alle Kinder, die die Aufgaben durchgängig auf anspruchsvollstem oder zumindest auf anspruchsvollem Niveau bearbeiten, befinden sich im höheren oder mittleren Altersbereich. Lediglich eines der jüngsten Kinder kann ebenfalls dieser Gruppe zugeordnet werden. Somit erweist sich das zugrunde gelegte *eigene vereinfachte Modell zur Begabung und Leistung speziell bei jüngeren Kindern* als angemessen und geeignet. Denn einerseits zeigen die Ergebnisse der Kinder im Vergleich durchaus Züge, deren Ursprung entwicklungsbedingte Faktoren sein können. Dies wurde besonders bei der Untersuchung der Altersstruktur deutlich. Andererseits muss an dieser Stelle auch berücksichtigt werden, dass es nicht das vorrangige Anliegen der Studie war, zu klären, ob Begabung als Entwicklungsvorsprung oder als qualitativ hochwertigere Entwicklung zu verstehen ist. Für beide Argumentationsstränge lassen sich Belege in der Studie finden. Somit muss diese Fragestellung weiterhin als unbeantwortet eingestuft werden.

### Einsatz der vier Forschungsaufgaben zur Diagnose mathematischer Begabung

Geht man nun abschließend der Frage nach, inwieweit die eingesetzten Aufgaben als Instrument zur Identifikation mathematisch begabter Kinder in dieser Altersstufe dienen könnten, so haben sich auch diesbezüglich durch die Studie einige deutliche Hinweise ergeben.

Zunächst hat sich gezeigt, dass Problemaufgaben generell vielfältige Möglichkeiten bieten, um die Kinder zum Zeigen ihrer mathematischen Fähigkeiten herauszufordern. Für den Einsatz von Problemaufgaben als Diagnoseinstrument sprechen die unterschiedlichen Möglichkeiten der Auswertung und die gute Differenzierung auch im sehr hohen Leistungsbereich.

Die Auswahl der vier Aufgaben „Türme bauen", „Jonas sammelt Murmeln", „Das Puzzle" und „Rechenketten" hat sich bewährt, da die Aufgaben gemeinsam das Zeigen der inhaltsbezogenen und inhaltsunabhängigen Fähigkeiten ermöglichen, die mathematisches Tätigsein im hier definierten Sinnen ausmachen. Lediglich bei der Aufgabe „Jonas sammelt Murmeln" bleibt abzuwägen, ob die Einbettung der Zahlenreihe in einen Sachkontext beibehalten werden sollte. Dem Textverständnis kommt auf diese Weise eine Bedeutung zu, die für Kinder in dieser Altersstufe – auch wenn es sich um mathematisch begabte Kinder handelt – nicht immer angemessen sein muss.

Da alle vier Aufgaben in Teilaufgaben mit unterschiedlichem Schwierigkeitsgrad untergliedert sind, leisten die einzelnen Teilaufgaben verschiedene Beiträge zu Diagnose mathematischer Begabung. So sollte zum Beispiel jeweils die erste Teilaufgabe aufgrund ihres einführenden Charakters nicht in die Auswertung eingehen. Bei allen folgenden Teilaufgaben muss berücksichtigt werden, dass sie ganz unterschiedliche Fähigkeiten einfordern. Dementsprechend müssen beim Nutzen der vier Aufgaben als Diagnoseintrument die einzelnen mathematischen Fähigkeiten immer in Abhängigkeit zur jeweiligen Aufgabe gesehen werden.

Um jedoch fundiertere Aussagen über die Zuverlässigkeit der hier getroffenen Prognosen bezüglich mathematischer Begabung machen zu können, müssten die teilnehmenden Kinder über einen mehrere Jahre dauernden Zeitraum hinweg begleitet werden. Auf diese Weise könnte überprüft werden, inwieweit sich die vorgenommene Einordnung tatsächlich bestätigt. Außerdem müssten auch die Aufgaben bei anderen Kindern und in größeren Stichproben überprüft werden.

Im weiteren Verlauf der Arbeit wird der Frage nachgegangen, welche Empfehlungen für den Umgang mit mathematisch begabten Kindern im (mathematischen) Anfangsunterricht aus den Ergebnissen der Studie abgeleitet werden können. Diese Empfehlungen werden ergänzt durch die eigenen Erfahrungen als Grundschullehrerin.

# 16 Ausblick

## 16.1 Didaktische Überlegungen für den mathematischen Anfangsunterricht

An dieser Stelle könnte ich ausführlich auf die verschiedenen Möglichkeiten zur Förderung mathematisch begabter Kinder – in der Regel fallen diesbezüglich die Schlagworte *Akzeleration, Enrichment* und *Grouping* (vgl. Hessisches Kultusministerium 1999, S. 69ff., Heinbokel 2001, S. 79ff., Ey-Ehlers 2001, S. 109ff. Stapf 2003, S. 219ff., Bardy 2007, S. 114ff.) – eingehen und diese anhand meiner erzielten Ergebnisse auf jüngere Kinder beziehen.

Doch würde dies tatsächlich neue Erkenntnisse bringen? Wohl kaum, denn die Fakten bleiben:

*Akzeleration* – verstanden als die Möglichkeit, den vorgesehenen Lehrplan früher zu beginnen, schneller zu durchlaufen oder früher zu beenden – ist dann für ein Kind sinnvoll, wenn es zumindest in allen Hauptfächern überdurchschnittliche Leistungen erbringt und wenn davon ausgegangen werden kann, dass es in seiner Persönlichkeit stabil genug ist, um zum Beispiel das Überspringen einer Klasse auch psychisch zu bewältigen.

*Enrichment* – verstanden als einen Ansatz, in dem Themen oder Fächer des Lehrplans verbreitert oder vertieft behandelt werden – sollte im Sinne einer angemessenen Differenzierung alle Kinder einer Regelklasse betreffen. So sollte Unterricht generell in der Weise organisiert sein, dass zusätzliche zielorientierte Lernangebote bestehen, die von allen Kindern wahrgenommen werden können.

*Grouping* – verstanden als die Möglichkeit zum gemeinsamen Lernen in leistungs- oder begabungshomogenen Gruppen in einzelnen Phasen des Unterrichts – wird häufig bereits für Kinder mit Lernschwierigkeiten in Form von Förderkursen praktiziert und teilweise auch schon für besonders interessierte und leistungsstarke Kinder angeboten.

Wenn wir zunächst auf dieser Ebene der didaktischen Überlegungen verweilen, so muss bezüglich der Praktikabilität für Kinder im Schulanfangsalter ein wesentlicher Hinweis gegeben werden: Je jünger die Kinder sind, desto wichtiger ist die Berücksichtigung entwicklungsbedingter Faktoren und desto bedeutender sind sozial-emotionale Aspekte. Hier sind nicht nur größere interindividuelle, sondern auch stärkere intraindividuelle Schwankungen als bei älteren Kindern zu erwarten. Diese Voraussetzungen erschweren zum Beispiel die Entscheidung für Akzelerationsmaßnahmen und sprechen eher für Maßnahmen, die im Bereich des *Enrichments* oder des *Groupings* anzusiedeln sind.

Reflektiere ich diese Einschätzung allerdings aus der Perspektive meiner persönlichen Erfahrungen als Lehrerin an einer Schule mit jahrgangsgemischter Schuleingangsphase, so bekommen die drei genannten Förderansätze einen ganz anderen Stellenwert. In einem derart veränderten schulischen Kontext geht es nicht mehr darum, spezielle Fördermaßnahmen gegeneinander abzuwägen, vielmehr muss für jedes einzelne Kind eine Lernsituation geschaffen werden, in der es sich optimal weiterentwickeln kann. Was bedeutet dies konkret? Die Jahrgangsmischung im 1. und 2. Schuljahr führt dazu, dass sich individuelle Verweildauern von einem, zwei oder drei Jahren relativ unproblematisch für die Kinder gestalten. In keiner der Situationen wechselt ein Kind allein in eine neue Lerngruppe, sondern geht immer mit einem Teil seiner Klasse. Des Weiteren lebt der Unterricht in derart heterogenen Klassen von gemeinsamen Lernanlässen, die dann auf individuellem Niveau weiterverfolgt werden können. In diesem Rahmen ergibt sich das Arbeiten in Kleingruppen fast naturgemäß. Je nach Anlass und Intention können die Kinder dann in leistungshomogenen oder -heterogenen Gruppen tätig sein. Somit finden alle drei genannten Fördermaßnahmen in Abhängigkeit von der jeweiligen Unterrichtssituation und den individuellen Bedürfnissen Anwendung, gehen zuweilen ineinander über und tragen gemeinsam zur Förderung der Kinder bei.

Wenn wir diese Erkenntnisse nun speziell auf den mathematischen Anfangsunterricht unter Berücksichtigung mathematisch begabter Kinder anwenden, so verbinden sich die allgemeine Persönlichkeitsförderung und die spezielle mathematische Förderung ganz offensichtlich.

> *„Aufgabe und Ziel der Förderung ist es daher, der inhaltlichen Unterforderung entgegenzuwirken und das Entstehen möglicher Persönlichkeitsprobleme zu vermeiden. Eine spezifische mathematische Förderung sollte jedoch nicht zur Vernachlässigung anderer Interessen und Neigungen, zum Verzicht auf reichhaltige Erfahrungen in anderen Inhalts- und Lebensbereichen führen, und sie wäre sogar bedenklich, wenn Mängel und Defizite in anderen wesentlichen Bereichen (wie etwa im Sprachvermögen) sichtbar sind. Es geht hier also nicht um eine isolierte Förderung bestimmter kognitiver Fähigkeiten, sondern um die Förderung und weitere Entwicklung der Gesamtpersönlichkeit, also auch um Motivation, Kreativität, Ausdauer sowie das Lern- und Leistungsverhalten.“* (BARDY/HRZÁN 2005, S. 7)

*Bardy* und *Hrzán* ordnen prägnant eine spezifische Förderung mathematisch begabter Kinder in die Kontexte *Berücksichtigung der Persönlichkeit* und *Förderung der allgemeinen Entwicklung* ein. Dies benötigt jedoch ein schulisches Umfeld, welches eine derart ganzheitliche Herangehensweise ermöglicht. Meines Erachtens kommt der beschriebene jahrgangsübergreifende Ansatz diesem Anliegen sehr entgegen. Auf diese Weise können Kinder wie der eingangs erwähnte *Victor* einerseits gezielt in ihren ganz besonderen mathematischen Fähigkeiten gefördert werden und andererseits sowohl in allen anderen schulischen Lernbereichen als auch in ihrer Persönlichkeitsentwicklung die notwendigen Fortschritte machen.

Durch das Forschungsvorhaben hat sich außerdem gezeigt, dass die Förderung mathematisch begabter Kinder nicht erst im 3. oder sogar im 4. Schuljahr einsetzen darf. Die Kinder verfügen bereits im Schulanfangsalter über Interessen und Fähigkeiten, die es zu erhalten und auszubauen gilt. Hier sollte man im Sinne der Kinder auf den Einwand verzichten, dass der Vorhersagezeitraum zu groß ist (vgl. S. 115), um tatsächlich in diesem Alter bereits von mathematischer Begabung sprechen zu können. Dieses Argument und die fundierte Diagnose „mathematisch begabt“ sind nachrangig, wenn es darum geht, Interessen zu erhalten und Fähigkeit auszubauen. In Übereinstimmung mit *Schmidt* kann es bei der Diagnose und Förderung mathematisch begabter – oder einfach „nur" mathematisch interessierter – Kinder nicht vorrangig darum gehen, zukunftsorientiert zu agieren und die Kinder zu identifizieren, die auch später exzellente Mathematiker sein werden: „Wir wollen auch jene Kinder, welche im Grundschulalter eine besondere mathematische Befähigung erkennen lassen, über eine Wegstrecke produktiv herausfordernd und fördernd bei ihrer intellektuellen Entwicklung begleiten – und zwar unabhängig davon, in welcher Richtung und Ausprägung sich deren Dispositionsgefüge später entfalten und stabilisieren mag" (SCHMIDT 2007, S. 126). Insbesondere bei Kindern im 1. und 2. Schuljahr scheint es ratsam, hilfreich und entlastend, dem Indikator *Interesse* eine höhere Bedeutung beizumessen. Wie die Studie gezeigt hat, ergibt die Orientierung an diesem Kriterium kaum andere Ergebnisse als der gemeinsame Einsatz verschiedener Diagnoseinstrumente bei älteren Kindern (vgl. S. 362f.). Auch *Stapf* unterstützt diesen Ansatz, indem sie sogar bereits für Vorschulkinder formuliert: „Der Spaß und das starke Interesse, die hochbegabte Vorschulkinder mit drei, vier oder fünf Jahren am Rechnen, Lesen, Geschichten Schreiben, an der Beschäftigung mit abstrakten Raum- und Zeitproblemen (Uhr, Kalender, Weltall, Urgeschichte, Unendlichkeit) haben, zeigen immer wieder, dass gerade die Interessen und die freiwillige, selbstgewählte Beschäftigung mit entsprechenden (intellektuellen) Fragen und Aufgaben gute Indikatoren für eine intellektuelle Hochbegabung sein können" (STAPF 2001, S. 10).

Um diese Intentionen umsetzen zu können, ist es aber auch unabdingbar, die Lehrerbildung entsprechend auszurichten. Neben einem umfangreichen und fundierten Fachwissen benötigen Lehrer in gleichem Maße das Wissen um mathematische Begabung und ihre Erscheinungsbilder und um die entsprechenden Diagnosemöglichkeiten. Nicht zuletzt müssen die notwendigen didaktischen und methodischen Kompetenzen vorhanden sein, um Kinder als Akteure ihres eigenen Lernprozesses tätig werden zu lassen. Wir müssen gemeinsam mit den Kindern einen Weg einschlagen, der ihnen zu einem Selbstverständnis verhilft, welches von Verantwortungsbewusstsein für das eigene Lernen, von Vertrauen in die eigenen Fähigkeiten, von Zielorientiertheit und von kompetentem sozialem Miteinander lebt.

Richten wir nun noch einen Blick auf die Aufgaben, die in einem Mathematikunterricht, der den hier genannten Zielen und Intentionen nachkommt, eingesetzt werden könnten. In diesem Zusammenhang haben die Aufgaben des Forschungsvorhabens dienliche Erkenntnisse erbracht. Sowohl der Einsatz von Problemaufgaben als auch die Untergliederung in Teilaufgaben und die Möglichkeit zur Bearbeitung auf verschiedenen Handlungsebenen haben sich als hilfreich und konstruktiv erwiesen. Gerade im Hinblick auf den Einsatz solcher Aufgaben im Regelunterricht ist es unabdingbar, die genannten Eckpunkte zu berücksichtigen. Auf diese Weise können alle Kinder zumindest an der Einstiegsproblematik arbeiten und es bleibt dann der Weg offen für weiterführende Aufgabenstellungen, für Variationen und für eigene Fragestellungen.

In einem der Anschlussprojekte an das Forschungsvorhaben (vgl. BLACKSHIRE 2006; LACK 2008) hat sich gezeigt, dass die Aufgabe „Türme bauen" von den Kindern eines zweiten Schuljahres mit großem Interesse und Engagement aufgenommen wurde. Ein Großteil der Kinder dieser Klasse war bereits in Teilaufgabe 1 derart herausgefordert, dass sie hier problemlösend tätig sein konnten. Sie versuchten sich dann zwar noch an der zweiten Teilaufgabe, kamen jedoch meist nur zu Teilerfolgen, die sie durch Versuch-und-Irrtum erzielten. Einige Kinder waren in ihren Vorgehensweisen und im Lösungsverhalten jedoch durchaus vergleichbar mit den Kindern, die in der Studie erfolgreich an der Aufgabe gearbeitet haben. So wurde das Ziel erreicht,

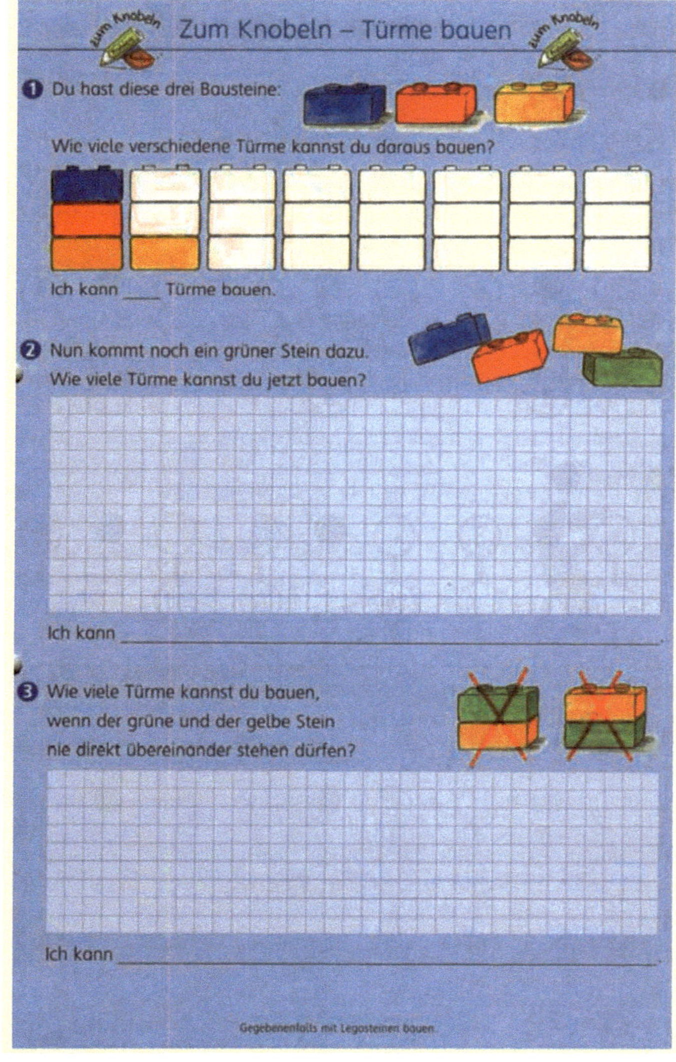


**Abb. 93:** Die Aufgabe „Türme bauen" im Forderheft 1 *Denken und Rechnen* (2006, S. 11)

mit allen Kindern gemeinsam – und trotzdem auf verschiedenen Niveaustufen des Lernens – an einer mathematischen Problemstellung tätig zu sein. Aus diesem Grunde wurde die Aufgabe (in etwas veränderter Form) inzwischen in ein Forderheft für mathematisch interessierte Kinder im 1. Schuljahr aufgenommen (vgl. LACK/THÖNE 2006). In diesem Kontext kann sie sowohl gezielt für einige Kinder der Klasse eingesetzt werden als auch dem Mathematikunterricht der ganzen Klasse zugutekommen.

Im Sinne der eingangs aufgezeigten Gesamtproblematik dürfen solche Aufgaben nicht isoliert gesehen werden. Sie gehören in ein unterrichtliches und schulisches Umfeld, welches weitergreift und die individuelle Förderung aller Kinder intendiert.

> *„Angesichts dessen dürfte man beim Fördern von mathematisch talentierten Grundschulkindern nicht bei ‚schönen Aufgaben-Inseln' verbleiben – wiewohl diese ja auch schon bei den Kindern willkommenen Kontrast zur Schulalltäglichkeit abgeben; vielmehr müsste man sich entschieden darum bemühen, solche Problemsituationen zu finden, welche mathematisch fortsetzbar sind – bis hin zu einer elementarmathematischen Theoriebildung jenseits der Primarstufe und womöglich auch jenseits der Sekundarstufe I."*
>
> (HEGEMANN/SCHMIDT 2006, S. 171)

## 16.2 Offene Fragen

In der vorliegenden Arbeit konnte ich vielfältige Aspekte mathematischer Begabung bei Kindern im 1. und 2. Schuljahr aufdecken. Anhand der erzielten Ergebnisse war es möglich, begründete Antworten auf die formulierten Forschungsfragen zu geben. Trotzdem bleiben – wie an den verschiedenen Stellen bereits aufgezeigt – Fragen offen. An manchen Punkten erscheint es mir sogar, als hätte das vertiefte Eindringen in dieses Forschungsgebiet dafür gesorgt, dass neue Fragen aufgeworfen werden. Für bedeutsame Themen nachfolgender bzw. weiterführender Untersuchungen halte ich aufgrund meiner nun gewonnenen Erkenntnisse:

- Längsschnittstudien zur Entwicklung mathematischer Begabung vom frühen Kindesalter bis ins Jugend- und Erwachsenenalter,
- weitere vergleichende Untersuchungen zu den Vorgehensweisen von Kindern in Regelklassen bei der Bearbeitung der hier eingesetzten Aufgaben,
- Untersuchungen zur Anwendbarkeit vorhandener Diagnoseinstrumente bei jüngeren Kindern,
- Untersuchungen zu geschlechtsspezifischen Besonderheiten mathematischer Begabung,
- Untersuchungen zum Zusammenhang zwischen dem räumlichen Vorstellungsvermögen und den anderen mathematikspezifischen Begabungsmerkmalen,
- Entwicklung geeigneter Aufgaben bzw. geeigneter Unterrichtsmethoden zur Förderung mathematisch begabter Kinder im Schulanfangsalter.

Auch wenn diese Arbeit dazu beitragen konnte, eine Forschungslücke zu verkleinern, so stehen für die Zukunft noch bedeutsame Forschungsprojekte auf diesem Gebiet aus. Dies zeigt sich unter anderem an der Breite der noch offenen Forschungsthemen.

Das folgende Zitat drückt die Erkenntnisse aus der Arbeit an der Studie und aus der intensiven Beschäftigung mit Kindern in treffender Weise aus:

**„We cannot command the wind,**
**but we can set the sails.“**

(Durham Board of Education, Kanada
Gewinner des Carl-Bertelsmann-Preises 1996)

Sowohl aus Sicht der Forscherin als auch aus Sicht der Lehrerin und immer im Sinne der Kinder erscheint es mir als unabdingbar wichtig und fruchtbringend, dieses Forschungsgebiet weiter zu verfolgen.

# Literaturverzeichnis


AEBLI, H. [1971]: Zum Geleit. In: Bruner, J.; Olver, R.; Greenfield, P.; Hornsby, J.; Kenney, H.; Maccoby, M. u. a.: *Studien zur kognitiven Entwicklung*. Stuttgart: Klett. 7–9.

AEBLI, H. [1976]: Die geistige Entwicklung als Funktion von Anlage, Reifung, Umwelt- und Erziehungsbedingungen. In: Roth, H. (Hg.): *Begabung und Lernen: Ergebnisse und Folgerungen neuer Forschung*. Stuttgart: Klett. 151–191.

AEBLI, H. [1981]: Denken: Das Ordnen des Tuns. Band 2: Denkprozesse. Stuttgart: Klett.

ALEXANDER, P.; GRAHAM, S.; HARRIS, K. [1998]: A perspective on strategy research: Progress and prospects. *Educational-Psychology-Review*, 10 (2). 129–154.

AMELANG, M. (Hg.) [1995]: Enzyklopädie der Psychologie: Band C VIII 2. Verhaltens- und Leistungsunterschiede. Göttingen: Hogrefe.

ANASTASI, A. [1976]: Differentielle Psychologie. Unterschiede im Verhalten von Individuen und Gruppen. Band 1. Weinheim; Basel: Beltz.

ANUMOLU, V.; BRAY, N.W.; REILLY, K.D. [1997]: Neural network models of strategy development in children. *Neural Networks*, 10. 7–24.

ARBINGER, R. [2001]: Entwicklung des Denkens. Landau: Verlag Empirische Pädagogik.

BAACKE, D. [1995]: Die 6- bis 12jährigen: Einführung in die Probleme des Kindesalters. Weinheim; Basel: Beltz.

BARDY, P. [2007]: Mathematisch begabte Grundschulkinder – Diagnostik und Förderung. München: Elsevier Spektrum Akademischer Verlag.

BARDY, P.; HRZÁN, J. [1998]: Zur Förderung begabter Dritt- und Viertklässler in Mathematik. In: PETER-KOOP, A. (Hg.): *Das besondere Kind im Mathematikunterricht der Grundschule*. Offenburg: Mildenberger. 7–24.

BARDY, P.; HRZÁN, J. [2005]: Aufgaben für kleine Mathematiker mit ausführlichen Lösungen und didaktischen Hinweisen. Köln: Aulis.

BARDY, P.; HRZÁN, J. [2006]: Projekte zur Förderung mathematisch besonders leistungsfähiger Grundschulkinder an der Universität Halle-Wittenberg. In: Bauersfeld, H.; Kießwetter, K. (Hg.): *Wie fördert man mathematisch besonders befähigte Kinder? – Ein Buch aus der Praxis für die Praxis*. Offenburg: Mildenberger. 10–16.

BAUERSFELD, H. (Hg.) [1978]: Fallstudien und Analysen zum Mathematikunterricht. Hannover: Schroedel.

BAUERSFELD, H. [2001]: Theorien zum Denken von Hochbegabten. Bemerkungen zu einigen neueren Ansätzen und Einsichten. *Mathematica didactica*, 24 (2). 3–20.

BAUERSFELD, H. [2002]: Das Anderssein der Hochbegabten. Merkmale, frühe Förderung und geeignete Aufgaben. *Mathematica didactica*, 25 (1). 5–16.

BAUERSFELD, H. [2003]: Hochbegabungen – Bemerkungen zur Diagnose und Förderung in der Grundschule. In: Baum, M.; Wielpütz, H. (Hg.): *Mathematik in der Grundschule. Ein Arbeitsbuch*. Seelze: Kallmeyer. 67–90.

BAUERSFELD, H. [2006]: Versuch einer Zusammenfassung der Erfahrungen. In: Bauersfeld, H.; Kießwetter, K. (Hg.): *Wie fördert man mathematisch besonders befähigte Kinder? – Ein Buch aus der Praxis für die Praxis*. Offenburg: Mildenberger. 82–91.

BAUERSFELD, H.; KIEẞWETTER, K. (Hg.) [2006]: Wie fördert man mathematisch besonders befähigte Kinder? – Ein Buch aus der Praxis für die Praxis. Offenburg: Mildenberger.

BAUM, M.; WIELPÜTZ, H. (Hg.) [2003]: Mathematik in der Grundschule. Ein Arbeitsbuch. Seelze: Kallmeyer.

BECK, C.; MAIER, H. [1993]: Das Interview in der mathematikdidaktischen Forschung. *Journal für Mathematik-Didaktik*, 14 (2).147–179.

BECK, C.; MAIER, H. [1994]: Zu Methoden der Textinterpretation in der empirischen mathematikdidaktischen Forschung. In: Maier, H.; Voigt, J. (Hg.): *Verstehen und Verständigen. Arbeiten zur interpretativen Unterrichtsforschung*. Köln: Aulis. 43–75.

BECKMANN, H. [1924]: Die Entwicklung der Zahlleistung bei 2–6 jährigen Kindern. *Zeitschrift für angewandte Psychologie*, 22. 1–72.

BENZ, CH. [2005]: Erfolgsquoten, Rechenmethoden, Lösungswege und Fehler von Schülerinnen und Schülern bei Aufgaben zur Addition und Subtraktion im Zahlenraum bis 100. Hildesheim: Verlag Franzbecker.

BERGMANN, J. R. [2004]: Ethnomethodologie. In: Flick, U.; von Kardorff, E.; Steinke, I.: *Qualitative Forschung. Ein Handbuch*. Reinbek: Rowohlt Taschenbuch Verlag. 118–135.

BERGSMANN, R. (Hg.) [2000]: Hochbegabung. Eine Chance. Wien: Facultas.

BIERMANN, N.; BUSSMANN, H.; NIEDWOROK, H.W. [1977]: Schöpferisches Problemlösen im Mathematikunterricht. München; Wien; Baltimore: Urban und Schwarzenberg.

BIKNER-AHSBAHS, A. [2005]: Mathematikinteresse zwischen Subjekt und Situation. Theorie interessendichter Situationen – Baustein für eine mathematik-didaktische Interessentheorie. Hildesheim: Verlag Franzbecker.

BINET, A. [1969]: La perception des longueurs et des nombres chez quelques petits enfants. Revue Philosophique 30 (1890) In: Pollack, R.H.; Breuner, M.J. (Hg.): *The experimental Psychology of Alfred Binet*. New York: Springer. 68–81.

BINET, A.; SIMON, T. [1905]: Méthodes nouvelles pour la diagnostic du niveau intellectuel des anormaux. *Année Psychologique*, 11. 191–244.

BIRX, E. [1988]: Mathematik und Begabung. Evaluation eines Förderpogramms für mathematisch besonders befähigte Schüler. Hamburg: Verlag Dr. R. Krämer.

BJORKLUND, D.F. [1990]: Children's strategies. Hillsdale; New Jersey: Lawrence Erlbaum Associates.

BLACKSHIRE, N. [2006]: Vorgehensweisen von Grundschülern beim Bearbeiten einer Problemaufgabe. Unveröffentlichte Wissenschaftliche Hausarbeit im Rahmen der Ersten Staatsprüfung für das Lehramt an Grundschulen. Giessen.

BLUM, W.; DRÜKE-NOE, CH.; HARTUNG, R.; KÖLLER, O. (Hg.) [2006]: Bildungsstandards Mathematik: konkret. Sekundarstufe I: Aufgabenbeispiele, Unterrichtsanregungen, Fortbildungsideen. Berlin: Cornelsen.

BOISELLE, A. [2005]: Vorgehen mathematisch begabter Schulanfänger beim „Bauen von Legotürmen“ (Kombinatorik) und einem „mathematischen Puzzle“. Unveröffentlichte Wissenschaftliche Hausarbeit im Rahmen der Ersten Staatsprüfung für das Lehramt an Grundschulen. Gießen.

BONN, H.; ROHSMANITH, K. (Hg.) [1972]: Studien zur Entwicklung des Denkens im Kindesalter. Darmstadt: Wissenschaftliche Buchgesellschaft.

BORING; E. [1923]: Intelligence as the tests test it. *New Republic*, 6. 25–28.

BOROWSKI, G.; HIELSCHER, H.; SCHWAB, M. [1974]: Einführung in die allgemeine Didaktik. Heidelberg: Quelle und Meier.

BOS, W.; KOLLER, H.-C. [2002]: Triangulation. In: König, E.; Zedler, P. (Hg.): *Qualitative Forschung*. Weinheim; Basel: Beltz. 271–285.

Bruner, J.; Olver, R.; Greenfield, P.; Hornsby, J.; Kenney, H.; Maccoby, M. u. a. [1971]: Studien zur kognitiven Entwicklung. Stuttgart: Klett.

BURCHARTZ, B. [2003]: Problemlöseverhalten von Schülern beim Bearbeiten unlösbarer Probleme. Hildesheim; Berlin: Verlag Franzbecker.

CASE, R. [1985]: Intellectual development. Birth to adulthood. New York: Academic Press.

CASE, R. [1999]: Die geistige Entwicklung des Menschen von der Geburt bis zum Erwachsenenalter. Heidelberg: Universitätsverlag C. Winter.

CATTELL, R.B. [1963]: Theory of fluid and crystallized intelligence: A critical experiment. *Journal of Educational Psychology*, 54. 1–22.

CHRISTIANI, R. (Hg.) [1994]: Auch die leistungsstarken Kinder fördern. Frankfurt am Main: Cornelsen Scriptor.

COLE, M. [1996]: Cultural psychology: A once and future discipline. Cambridge: Havard University Press.

COURANT, R.; ROBBINS, H. [1992]: Was ist Mathematik. Berlin, Heidelberg, New York: Springer.

CROPLEY, A. [1982]: Kreativität und Erziehung. München; Basel: Reinhardt.

CROPLEY, A.; MCLEOD, J.; DEHN, D. [1988]: Begabung und Begabungsförderung: Entfaltungschancen für alle Kinder! Heidelberg: Asanger.

CZESCHLIK, T.; ROST, D. [1988]: Hochbegabte und ihre Peers. *Zeitschrift für Pädagogische Psychologie*, 2. 1–23.

DENZIN, N. [2004]: Symbolischer Interaktionismus. In: Flick, U.; von Kardorff, E.; Steinke, I.: *Qualitative Forschung. Ein Handbuch.* Reinbek: Rowohlt Taschenbuch Verlag. 136–150.

DESCARTES, R. [1969]: Über den Menschen (1632) und den menschlichen Körper (1648). Nach der ersten französischen Ausgabe von 1664 übersetzt und mit einer historischen Einleitung und Anmerkungen versehen von E. Rothschuh. Heidelberg: Schneider.

DESCOEUDRES, A. [1921]: Le Dévelopement de l'enfant de deux à sept ans. Paris: Delachaux und Niestle.

Deutsche Gesellschaft für das hochbegabte Kind e. V. (Hg.) [2001]: Im Labyrinth. Hochbegabte Kinder in Schule und Gesellschaft. Münster; Hamburg; Berlin; London: LIT.

DEVLIN, K. [1997]: Mathematics: The Science of Patterns. New York: Scientific American Library.

DEWEY, J. [1951]: Wie wir denken: eine Untersuchung über die Beziehung des reflektiven Denkens zum Prozeß der Erziehung. Zürich: Morgarten-Verlag.

DEWEY, J. [1976]: Interest and effort in education. Boston: Riverside.

DÖRNER, D. [1976]: Problemlösen als Informationsverarbeitung. Stuttgart; Berlin; Köln; Mainz: Kohlhammer.

DONALDSON, M. [1963]: A Study of Children's Thinking. London: Tavistock Publications.

DONALDSON, M. [1982]: Wie Kinder denken. Bern: Verlag Hans Huber.

DUNCKER, K. [1935]: Zur Psychologie des produktiven Denkens. Berlin: Springer.

Education of the gifted and talented [1972]: Report to the Congress of the United States by the U.S. Commissiones of Education Vol. 1. Washington, D.C.: U.S. Government Printing Office.

EIGLER. G. [1967]: Bildsamkeit und Lernen. Weinheim: Beltz.

ELLIS, S.; SIEGLER, R. [1997]: Planning as a strategy choice, or Why don't children plan when they should? In: Friedman, S.; Scholnick, E. (Hg.): *The developmental psychology of planning: Why, how, and when do we plan?* Mahwah, NJ.: Lawrence Erlbaum. 183–208.

ELSCHENBROICH, D. [2002]: Weltwissen der Siebenjährigen. Wie Kinder die Welt entdecken können. München: Goldmann.

EY-EHLERS, C. [2001]: Hochbegabte Kinder in der Grundschule – eine Herausforderung für die pädagogische Arbeit unter besonderer Berücksichtigung von Identifikation und Förderung. Stuttgart: ibidem-Verlag.

EYSENCK, H.-J. [1986]: Intelligence: The new look. *Psychologische Beiträge*, 28. 332–365.

EYSENCK, H.-J. [1993]: Brain Research Related to Giftedness. In: Heller, K.A.; Mönks, F.J.; Passow, A.H. (Hg.): *International Handbook of Research and Development of Giftedness and Talent.* Oxford; New York; Seoul; Tokyo: Pergamon. 89–102.

FAST, M. [2005]: Mathematische Leistung und intellektuelle Fähigkeiten. Integrative Begabungsförderung bei Sechs- bis Zehnjährigen. Wien: LIT.

FEGER, B. [1988]: Hochbegabung – Chancen und Probleme. Bern: Verlag Hans Huber.

FEGER, B.; PRADO, T. [1998]: Hochbegabung. Die normalste Sache der Welt. Darmstadt: Primus Verlag.

FIELKER, D. [1997]: Extending Mathematical Ability Through Whole Class Teaching. London: Hodder & Stoughton.

FLAMMER, A. [1996]: Entwicklungstheorien. Psychologische Theorien der menschlichen Entwicklung. Bern: Verlag Hans Huber.

FLICK, U. [2004]: Konstruktivismus. In: Flick, U.; von Kardorff, E.; Steinke, I.: *Qualitative Forschung. Ein Handbuch*. Reinbek: Rowohlt Taschenbuch Verlag. 150–164.

FLICK, U.; VON KARDORFF, E.; STEINKE, I. [2004a]: Qualitative Forschung. Ein Handbuch. Reinbek: Rowohlt Taschenbuch Verlag.

FLICK, U.; VON KARDORFF, E.; STEINKE, I. [2004b]: Was ist qualitative Forschung? Einleitung und Überblick. In: Flick, U.; von Kardorff, E.; Steinke, I.: *Qualitative Forschung. Ein Handbuch*. Reinbek: Rowohlt Taschenbuch Verlag. 13–29.

FLICK, U.; VON KARDORFF, E.; STEINKE, I. [2004C]: Qualitative Methoden und Forschungspraxis. Einleitung. In: Flick, U.; von Kardorff, E.; Steinke, I.: *Qualitative Forschung. Ein Handbuch*. Reinbek: Rowohlt Taschenbuch Verlag. 332–334.

FRANKE, M. [2003]: Didaktik des Sachrechnens in der Grundschule. Heidelberg; Berlin: Spektrum.

FRANKE, M. [2007]: Didaktik der Geometrie in der Grundschule. München: Elsevier Spektrum Akademischer Verlag.

FRANKE, M.; SCHIPPER, W. [2005]: Mathematikunterricht in der Grundschule. In: Einsiedler, W.; Götz, M.; Hacker, H.; Kahlert, J.; Keck, R.; Sandfuchs, U. (Hg.): *Handbuch Grundschulpädagogik und Grundschuldidaktik*. Bad Heilbrunn: Klinkhardt. 520–541.

FREUDENTHAL, H. [1978]: Vorrede zu einer Wissenschaft vom Mathematikunterricht. München: Oldenbourg.

FRIEDRICH, H.F.; MANDL, H. (Hg.) [1992]: Lern- und Denkstrategien. Göttingen: Hogrefe.

FRITZLAR, T. [2006]: Die „Matheasse“ in Jena – ein Projekt zur Förderung mathematisch interessierter und (potenziell) begabter Grundschüler. In: Bauersfeld, H.; Kießwetter, K. (Hg.): *Wie fördert man mathematisch besonders befähigte Kinder? – Ein Buch aus der Praxis für die Praxis*. Offenburg: Mildenberger. 27–36.

FUCHS, M. [2006]: Vorgehensweisen mathematisch potentiell begabter Dritt- und Viertklässler beim Problemlösen. Empirische Untersuchung zur Typisierung spezifischer Problembearbeitungsstile. Berlin: LIT.

FUNKE, J., VATERRODT-PLÜNNECKE, B. [1998]: Was ist Intelligenz? München: Beck.

FURTH, H.G. [1972]: Intelligenz und Erkennen. Die Grundlagen der genetischen Erkenntnistheorie Piagets. Frankfurt am Main: Suhrkamp.

GAGNÉ, F. [1993]: Constructs und Models pertaining to exceptional human abilities. In: Heller, K.A.; Mönks, F.; Passow, A. (Hg.): *International Handbook of Research and Development of Giftedness and Talent*. Oxford; New York: Pergamon Press. 69–88.

GAGNÉ; F. [2000]: Understanding the Complex Choreography of Talent Development through GMGT-Based Analysis. In: Heller, K.A.; Mönks, F.J.; Sternberg, R.J.; Subotnik, F. (Hg.): *International Handbook of Giftedness and Talent*. Oxford: Elsevier Science. 62–79.

GARDNER, H. [2001a]: Abschied vom IQ. Die Rahmen-Theorie der vielfachen Intelligenzen. Stuttgart: Klett-Cotta.

GARDNER, H. [2001b]: Der ungeschulte Kopf. Wie Kinder denken. Stuttgart: Klett-Cotta.

GARDNER, H. [2002a]: Intelligenzen, die Vielfalt des menschlichen Geistes. Stuttgart: Klett-Cotta.

GARDNER, H. [2002b]: Kreative Intelligenz. Was wir mit Mozart, Freud, Woolf und Gandhi gemeinsam haben. München: Piper.

GEULEN, D. [1981]: Zur Konzeptionalisierung sozialisationstheoretischer Entwicklungsmodelle. Möglichkeiten der Verschränkung subjektiver und gesellschaftlicher Bedingungen individueller Entwicklungsverläufe. In: Matthes, J. (Hg.): *Lebenswelt und soziale Probleme: Verhandlungen des 20. Deutschen Soziologentages zu Bremen 1980*. Frankfurt am Main: Campus-Verlag. 537–556.

GHOLSEN, B.; MORGAN, D.; DATTEL, A.R.; PIERCE, K.A. [1990]: The development of analogical problem solving: Strategic processes in schema acquisition and transfer. In: Bjorklund, D.F.: *Children's strategies*. Hillsdale; New Jersey: Lawrence Erlbaum Associates. 269–340.

GLASER, B.G.; STRAUSS, A.L. [1967]: The Discovery of Grounded Theory: Strategies for Qualitative Research. Chicago: Aldine Publishing Company.

GOLEMAN, D. [1996]: Emotionale Intelligenz. München; Wien: Carl Hanser.

GOULD, J. [1983]: Der falsch vermessene Mensch. Basel: Birkhäuser.

GRASSMANN, M.; KLUNTER, M.; KÖHLER, E.; MIRWALD, E.; RAUDIES, M.; THIEL, O. [2002]: Mathematische Kompetenzen von Schulanfängern. Teil 1: Kinderleistungen – Lehrererwartungen. *Potsdamer Studien zur Grundschulforschung*, 30.

GRASSMANN, M.; KLUNTER, M.; KÖHLER, E.; MIRWALD, E.; RAUDIES, M.; THIEL, O.[2003]: Mathematische Kompetenzen von Schulanfängern. Teil 2: Was können Kinder am Ende der Klasse 1? *Potsdamer Studien zur Grundschulforschung*, 31.

GRASSMANN, M. [2004]: Förderung mathematisch begabter und interessierter Grundschulkinder. Ein Projekt im Fachbereich Mathematik der Uni Münster. *Sache-Wort-Zahl*, 32 (63). 43–48.

GROFFMANN, K. [1964]: Die Entwicklung der Intelligenzmessung. In: Heiss, R. (Hg.): *Handbuch der Psychologie*. Band 6. Göttingen: Hogrefe. 174–203.

GRÜßING, M.; PETER-KOOP, A. (Hg.) [2006]: Die Entwicklung mathematischen Denkens in Kindergarten und Grundschule. Offenburg: Mildenberger.

GUILFORD, J. [1976]: Analyse der Intelligenz. Weinheim; Basel: Beltz.

GUTHKE, J. [1977]: Zur Diagnostik der intellektuellen Lernfähigkeit. Stuttgart: Klett.

HAARMANN, D.; KALB, P. (Hg.) [1999]: Grundschule 2000. Lernen und leben im neuen Jahrtausend. Weinheim; Basel: Beltz.

HÄUSER, D.; SCHAARSCHMIDT, U. [1991a]: Begabungsentwicklung: Erste Ergebnisse einer entwicklungspsychologischen Untersuchung an lesenden und rechnenden Vorschulkindern. In: Mönks, F.; Lehwald, G. (Hg.): *Neugier, Erkundung und Begabung bei Kleinkindern*. München; Basel: Reinhardt. 145–162.

HÄUSER, D.; SCHAARSCHMIDT, U. [1991b]: Begabungen frühzeitig erkennen und fördern – aber wie? In: Schmidt, H.-D.; Schaarschmidt, U.; Peter, V. (Hg.): *Dem Kinde zugewandt. Überlegungen und Vorschläge zur Erneuerung des Bildungswesens*. Hohengehren: Schneider. 96–105.

HAHN, H.; MÖLLER, R.; CARLE, U. (Hg.) [2007]: Begabungsförderung in der Grundschule. Hohengehren: Schneider.

HANY, E.A.; NICKEL, H. [1992]: Begabung und Hochbegabung. Theoretische Konzepte – empirische Befunde – praktische Konsequenzen. Bern; Göttingen; Toronto; Seattle: Huber.

HARTNACKE, W. [1916]: Das Problem der Auslese der Tüchtigen: Einige Gedanken und Vorschläge zur Organisation des Schulwesens nach dem Kriege. Leipzig: Quelle und Meyer.

HARTNACKE, W. [1950]: Geistige Begabung, Aufstieg und Sozialgefüge. Soest: Mocker und Jahn.

HASEMANN, K. [1998]: Die frühe mathematische Kompetenz von Kindergartenkindern und Schulanfängern – Ergebnisse einer empirischen Untersuchung. *Beiträge zum Mathematikunterricht 1998. Vorträge auf der 32. Tagung für Didaktik der Mathematik*. Hildesheim; Berlin: Verlag Franzbecker. 263–266.

HASEMANN, K. [2003]: Anfangsunterricht Mathematik. Heidelberg: Spektrum.

HATANO, G.; INAGAKI, K. [1996]: Cognitive and cultural factors in the acquisition of intuitive biology. In: Olson, D. R.; Torrance, N. (Hg.): *Handbook of educational and human development: New models of learning, teaching and schooling*. Cambrigde: Blackwell. 95–110.

HECK, A. [2005]: Vorgehensweise von potentiell begabten Grundschülern (6 – 8 Jahre) beim Lösen von Problemaufgaben – dargestellt an den Beispielen „Türme bauen“ und „Murmelaufgabe“. Unveröffentlichte Wissenschaftliche Hausarbeit im Rahmen der Ersten Staatsprüfung für das Lehramt an Grundschulen. Gießen.

HEGEMANN, M.; SCHMIDT, S. [2006]: Förderung und Mathematikunterricht im Schnittfeld unterschiedlicher Begabungen von Grundschulkindern. In: Grüßing, M.; Peter-Koop, A. (Hg.): *Die Entwicklung mathematischen Denkens in Kindergarten und Grundschule: Beobachten – Fördern – Dokumentieren*. Offenburg: Mildenberger. 169–185.

HEILMANN, K. [1999]: Begabung – Leistung – Karriere: die Preisträger im Bundeswettbewerb Mathematik 1971–1995. Göttingen: Hogrefe.

HEINBOKEL, A. [2001]: Hochbegabte. Erkennen, Probleme, Lösungswege. Münster; Hamburg; London: LIT.

HEINZE, A. [2005]: Lösungsverhalten mathematisch begabter Grundschulkinder – aufgezeigt an ausgewählten Problemstellungen. Münster: LIT.

HEINZE, A. [2006]: Mathematische Begabung. *Sache-Wort-Zahl*, 34 (77). 50–56.

HEISS, R. (Hg.) [1964]: Handbuch der Psychologie. Band 6. Göttingen: Hogrefe.

HELBIG, P. [1988]: Begabung im pädagogischen Denken. Ein Kernstück anthropologischer Begründung von Erziehung. Weinheim; München: Juventa.

HELLER, K.A. [1990]: Zielsetzung, Methode und Ergebnisse der Münchner Längsschnittstudie zur Hochbegabung. *Psychologie in Erziehung und Unterricht*, 37 (2). 85–100.

HELLER, K.A. (Hg.) [2001]: Hochbegabung im Kindes- und Jugendalter. Göttingen: Hogrefe.

HELLER, K.A.; HANY, E. [1996]: Psychologische Modelle der Hochbegabtenförderung. In: Weinert, F. (Hg.): *Psychologie des Lernens und der Instruktion*. Göttingen: Hogrefe. 477–513.

HELLER, K.A.; MÖNKS, F.J.; PASSOW, A.H. (Hg.) [1993]: International Handbook of Research and Development of Giftedness and Talent. Oxford; New York; Seoul; Tokyo: Pergamon.

HENGARTNER, E.; RÖTHLISBERGER, H. [1994]: Rechenfähigkeit von Schulanfängern. *Schweizer Schule*, 4. 3–25.

HERBART, J. [1965]: Allgemeine Pädagogik, aus dem Zweck der Erziehung abgeleitet. Düsseldorf: Küpper.

Hessisches Kultusministerium (Hg.) [1995]: Rahmenplan Grundschule gemäß der 204. Verordnung über Rahmenpläne des hessischen Kultusministeriums vom 21. 3. 1995. Frankfurt am Main: Diesterweg.

Hessisches Kultusministerium (Hg.) [1999]: „Hilfe, mein Kind ist hochbegabt!“ *Förderung von besonderen Begabungen in Hessen: Grundlagen*, 1.

Hessisches Landesinstitut für Pädagogik (Hg.) [2002]: Besondere Begabungen – eine Herausforderung für Lehrerinnen und Lehrer. Grundlagen – Förderkonzepte und Praxisbeispiele – Unterstützungsangebote. Schule + Beratung, 10. Wiesbaden.

HETZER, H.; TODT, E.; SEIFFGE-KRENKE, I.; ARBINGER, R. (Hg.) [1979]: Angewandte Entwicklungspsychologie des Kinder- und Jugendalters. Heidelberg: Quelle und Meyer.

HILDEBRAND, B. [2004]: Anselm Strauss. In: Flick, U.; von Kardorff, E.; Steinke, I.: *Qualitative Forschung. Ein Handbuch*. Reinbek: Rowohlt Taschenbuch Verlag. 32–42.

HOFFMANN, A. [2003]: Elementare Bausteine der kombinatorischen Problemlösefähigkeit. Hildesheim; Berlin: Verlag Franzbecker.

HOLLAND, G. [1988]: Geometrie in der Sekundarstufe. Mannheim; Wien; Zürich: BI – Wissenschaftsverlag.

HOPF, CH. [2004]: Qualitative Interviews. In: Flick, U.; von Kardorff, E.; Steinke, I.: *Qualitative Forschung. Ein Handbuch*. Reinbek: Rowohlt Taschenbuch Verlag. 349–360.

HRZÁN, J. [2001]: Ergebnisse einer Befragung von Grundschullehrerinnen und -lehrern in Sachsen-Anhalt zur Identifikation und Förderung mathematisch begabter Grundschulkinder. In: Hrzán, J.; Peter-Koop, A.: *Mathematisch besonders begabte Grundschulkinder. Einstellun-*

*gen, Kenntnisse und Erfahrungen von Lehrerinnen und Lehrern sowie Studierenden*. ZKL-Texte, 12. 5–31.

HUSSY, W. [1984]: Denkpsychologie: ein Lehrbuch. Band 1: Geschichte, Begriffs- und Problemlöseforschung, Intelligenz. Stuttgart: Kohlhammer.

JENSEN, A. [2000]: Was wir über den g-Faktor wissen (und nicht wissen). In: Schweizer, K.: *Intelligenz und Kognition. Die kognitiv-biologische Perspektive der Intelligenz*. Landau: Verlag Empirische Pädagogik. 13–36.

JUNGWIRTH, H.; STEINBRING, H.; VOIGT, J.; WOLLRING, B. [1994]: Interpretative Unterrichtsforschung in der Lehrerbildung. In: Maier, H.; Voigt, J. (Hg.): *Verstehen und Verständigen*. Köln. Aulis. 12–42.

KAIL, R. [1991]: Processing time declines exponentially during childhood and adolescence. *Developmental Psychology*, 27. 259–266.

KALISH, C. W. [1996]: Preschoolers' understanding of germs as invisible mechanism. *Cognitiv Development*, 11. 83–106.

KÄPNICK, F. [1998]: Mathematisch begabte Kinder. Modelle, empirische Studien und Förderprojekte für das Grundschulalter. Frankfurt am Main: Peter Lang.

KÄPNICK, F. [2001]: Mathe für kleine Asse. Empfehlung zur Förderung mathematisch interessierter und begabter Kinder im 3. und 4. Schuljahr. Berlin: Volk und Wissen.

KÄPNICK, F. [2007]: Förderung von mathematisch begabten Grundschulkindern unter ganzheitlicher Sicht. In: Carle, U.; Esslinger-Hinz, I.; Hahn, H.; Panagiotopoulou, A. (Hg.): *Begabungsförderung in der Grundschule*. Hohengehren: Schneider. 114–126.

KÄPNICK, F.; FUCHS, M. (Hg.) [2004]: Mathe für kleine Asse. Handbuch für die Förderung mathematisch interessierter und begabter Erst- und Zweitklässler. Berlin: Volk und Wissen.

KESTING, F. [2005]: Mathematisches Vorwissen zu Schuljahresbeginn bei Grundschülern der ersten drei Schuljahre. Eine empirische Studie. Hildesheim: Verlag Franzbecker.

KIESSWETTER, K. [1985]: Die Förderung von mathematisch besonders begabten und interessierten Schülern – ein bislang vernachlässigtes sonderpädagogisches Problem. *Der Mathematisch-Naturwissenschaftlicher Unterricht (MNU)*, 38 (5). 300–306.

KIESSWETTER, K. [1992]: „Mathematische Begabung" – über die Komplexität der Phänomene und die Unzulänglichkeiten von Punktbewertungen. *Der Mathematikunterricht (MU)*, 38 (1). 5 –18.

KILPATRICK, J. [2004]: Promoting the Proficiency of U.S. Mathematics Teachers Through Centers for Learning and Teaching. In: Straesser, R.; Brandell, G.; Grevholm, B.; Helenius, O. (Hg.): *Education for the Future. Proceedings of an International Symposium on Mathematics Teacher Education*. Göteborg: The Royal Swedish Academy of Sciences and the authors. 143–157.

KÖNIG, E.; ZEDLER, P. (Hg.) [2002]: Qualitative Forschung. Weinheim; Basel: Beltz.

KÖSTER, C. [2005]: Interaktion von Affekt und Kognition. Einzelfallstudie mathematischer Problemlöseprozesse bei Kindern im Grundschulalter. Hildesheim: Verlag Franzbecker.

KOPP, C.B.; MCCALL, R. B. [1982]: Predicting later mental performance for normal, at risk und handicapped infants. In: Baltes P.B.; Brim, O.G. (Hg.): *Life-span-development and behaviour*, 4. New York: Academic Press. 33–61.

KRAUTHAUSEN, G. [1994]: Arithmetische Fähigkeiten von Schulanfängern. Eine Computersimulation als Forschungsinstrument und als Baustein eines Softwarekonzeptes für die Grundschule. Wiesbaden: Deutscher Universitätsverlag.

KRAUTHAUSEN, G. [2006]: Minusmauern – ein variiertes Aufgabenformat. *Praxis Grundschule*, 1. 6–7 .

KRAUTHAUSEN, G.; SCHERER, P. [2003]: Einführung in die Mathematikdidaktik. Heidelberg; Berlin: Spektrum.

KRUMMHEUER, G.; FETZER, M. [2005]: Der Alltag im Mathematikunterricht. Beobachten – Verstehen – Gestalten. München: Elsevier Spektrum Akademischer Verlag.

KRUTETSKII, V.A. (1976]: The psychology of mathematical abilities in schoolchildren. Chicago; London: The University of Chicago Press.

LACK, C. [2003]: Intelligenz und Begabung – Erziehungswissenschaftliche Grundlagen des Phänomens kindlicher Hochbegabung. Unveröffentlichte Diplomarbeit. Giessen.

LACK, C. [2008]: Türme bauen – Eine kombinatorische Problemaufgabe für Kinder im 1. und 2. Schuljahr. *Grundschulunterricht Mathematik*, 55 (2). 4–7.

LACK, C.; FRANKE, M. [2004]: Parkettieren – eine Möglichkeit um mathematisch begabte Kinder zu fördern. *Sache-Wort-Zahl*, 32 (62). 18–27.

LACK, C.; LAMMEL, R.; EIDT, H.; VOß, E.; WICHMANN, M. [2006]: Denken und Rechnen (Schulbuch der 3. Klasse). Braunschweig: Westermann.

LACK, C.; THÖNE, B. [2006]: Forderheft 1 Denken und Rechnen. Braunschweig: Westermann.

LÄGELER, H. [2005]: Interesse und Bildung. Bildungstheoretische und -praxisbezogene Überlegungen zu einem pädagogischen Grundverhältnis. Frankfurt am Main: Peter Lang.

LAMNEK, S. [2002]: Qualitative Interviews. In: König, E.; Zedler, P. (Hg.): *Qualitative Forschung*. Weinheim; Basel: Beltz. 157–193.

LAMNEK, S. [2005]: Qualitative Sozialforschung. Weinheim; Basel: Beltz.

LAUTER, J. [1991]: Fundament der Grundschulmathematik. Pädagogisch-didaktische Aspekte des Mathematikunterrichts in der Grundschule. Donauwörth: Auer.

LAVE, J. [1988]: Cognition in practice. Mind, mathematics and culture in everyday life. Cambridge: Cambridge University Press.

LEHWALD, G. [1991]: Früherfassung und Frühförderung von Begabungen: Methodische Probleme, empirische Befunde, praktische Konsequenzen. In: Mönks, F.; Lehwald, G. (Hg.): *Neugier, Erkundung und Begabung bei Kleinkindern*. München; Basel: Reinhardt. 135–144.

LOCKE, J. [1962]: Über den menschlichen Verstand. Band 1. Berlin: Akademischer Verlag.

LORENZ, J.-H. [2002]: Das arithmetische Denken von Grundschulkindern. In: Peter-Koop, A. (Hg.): *Das besondere Kind im Mathematikunterricht der Grundschule*. Offenburg: Mildenberger. 59–81.

LORENZ, J.-H. [2003]: Lern- und Arbeitstechniken im Mathematikunterricht. *Grundschule*, 35 (2). 27–29.

LUCITO, L. J. [1964]: Gifted children. In: Dunn, L (Hg.): *Exceptional children in the schools*. New York: Holt, Rinehart and Winston. 179–238.

MAIER, H. [1990]: Didaktik des Zahlbegriffs. Ein Arbeitsbuch zur Planung des mathematischen Erstunterrichts. Hannover: Schroedel.

MAIER, H. [1991]: Analyse von Schülerverstehen im Unterrichtsgeschehen – Fragestellungen, Verfahren und Beispiele. In: MAIER, H.; VOIGT, J. (Hg.): *Interpretative Unterrichtsforschung*. Köln: Aulis. 117–151.

MAIER, H.; VOIGT, J. (Hg.) [1991]: Interpretative Unterrichtsforschung. Köln: Aulis.

MAIER, H.; VOIGT, J. (Hg.) [1994]: Verstehen und Verständigen. Köln: Aulis.

MAYER, R.E. [1979]: Denken und Problemlösen. Eine Einführung in menschliches Denken und Lernen. Berlin; Heidelberg; New York: Springer.

MAYRING, P. [2002]: Einführung in die qualitative Sozialforschung. Eine Anleitung zu qualitativem Denken. Weinheim; Basel: Beltz.

MEYER, D. [2003]: Hochbegabung – Schulleistung – Emotionale Intelligenz. Eine Studie zu pädagogischen Haltungen gegenüber hoch begabten „under-achievern“. Münster: LIT.

MIETZEL, G. [1993]: Psychologie in Unterricht und Erziehung. Göttingen: Hogrefe.

MIETZEL, G. [2001]: Pädagogische Psychologie des Lernens und Lehrens. Göttingen: Hogrefe.

MÖNKS, F.J. [1992]: Ein interaktionales Modell der Hochbegabung. In: Hany, E.A.; Nickel, H. (Hg.): *Begabung und Hochbegabung. Theoretische Konzepte – Empirische Befunde – Praktische Konsequenzen*. Bern: Huber. 17–22.

MÖNKS, F.J.; LEHWALD, G. (Hg.) [1991]: Neugier, Erkundung und Begabung bei Kleinkindern. München; Basel: Reinhardt.

MÖNKS, F.J.; ZIEGLER, A.; STÖGER, H. [2003]: Wichtige Aspekte der Identifikation von Begabung – Editorial. In: Heink, B.; Huser, J.; Mönks, F.; Oswald, F. (Hg.): *Identifikation von Begabungen. Journal für Begabtenförderung – für eine begabungsfreundliche Lernkultur.* Innsbruck: Studienverlag. 4–7.

MOSER-OPITZ, E. [2001]: Zählen, Zahlbegriff, Rechnen: Theoretische Grundlagen und eine empirische Untersuchung zum mathematischen Erstunterricht in Sonderklassen. Bern; Stuttgart; Wien: Haupt.

NETZER, H. [1965]: Erziehungslehre. Bad Heilbrunn: Klinkhardt.

NEUBERT, B. [2003]: Gute Aufgaben zur Kombinatorik in der Grundschule. In: Ruwisch, S.; Peter-Koop, A. (Hg.): *Gute Aufgaben im Mathematikunterricht der Grundschule.* Offenburg: Mildenberger. 89–101.

NICKEL, H.; SCHMIDT-DENTER, U. [1995]: Vom Kleinkind zum Schulkind. Eine entwicklungspsychologische Einführung für Erzieher, Lehrer und Eltern. München; Basel: Reinhardt.

NISS, M. [2004]: The Danish „KOM“ project and possible consequences for teacher education. In: Straesser, R.; Brandell, G.; Grevholm, B.; Helenius, O. (Hg.): *Education for the Future. Proceedings of an International Symposium on Mathematics Teacher Education.* Göteborg: The Royal Swedish Academy of Sciences and the authors. 179–190.

NOLTE, M. (Hg.) [2004]: Der Mathe-Treff für Mathe-Fans. Fragen zur Talentsuche im Rahmen eines Forschungs- und Förderprojekts zur besonderen mathematischen Begabung im Grundschulalter. Hildesheim; Berlin: Verlag Franzbecker.

OERTER, R. [1971]: Psychologie des Denkens. Donauwörth. Auer.

OERTER, R.; MONTADA, L. [2002]: Entwicklungspsychologie. Weinheim; Basel: Beltz.

Österreichisches Zentrum für Begabtenförderung und Begabungsforschung (Hg.) [2005]: „Die Forscher/innen von morgen“ Bericht des 4. Internationalen Begabtenkongresses in Salzburg. Innsbruck: Studienverlag.

OEVERMANN, U.; TILMAN, A.; KONAU, E.; KRAMBECK, J. [1979]: Die Methodologie einer „objektiven Hermeneutik“ und ihre allgemeine forschungslogische Bedeutung in den Sozialwissenschaften. In: Soeffner, H.-G. (Hg.): *Interpretative Verfahren in den Sozial- und Textwissenschaften.* Stuttgart: Metzler. 352–434.

PADBERG, F. [2005]: Didaktik der Arithmetik für Lehrerausbildung und Lehrerfortbildung. München: Elsevier Spektrum Akademischer Verlag.

PEHKONEN, E. [1991]: Developments in the understanding of problem solving. *Zentralblatt für Didaktik der Mathematik,* 23 (2). 46–49.

PETER-KOOP, A. (Hg.) [1998]: Das besondere Kind im Mathematikunterricht der Grundschule. Offenburg: Mildenberger.

PETER-KOOP, A.; SORGER, P. (Hg.) [2002]: Mathematisch besonders begabte Grundschulkinder als schulische Herausforderung. Offenburg: Mildenberger.

PETERSEN, P. (Hg.) [1916]: Der Aufstieg der Begabten. Leipzig; Berlin: Teubner.

PFEIFFER, A. [2004]: Erfassen von Basiswissen bei mathematisch interessierten 6 bis 8-jährigen Schülern. Unveröffentlichte Wissenschaftliche Hausarbeit im Rahmen der Ersten Staatsprüfung für das Lehramt an Grundschulen. Gießen.

PIAGET, J. [1964]: Die Genese der Zahl beim Kind. In: Abel, H.; Froese, l.; Groothoff, H.; Klafki, W.; Odenbach, K.; Schietzel, C. (Hg.): *Rechenunterricht und Zahlbegriff.* Braunschweig: Westermann. 50–72.

PIAGET, J. [1971]: Psychologie der Intelligenz. Das Wesen der Intelligenz und sensomotorischen Funktionen. Die Entwicklung des Denkens. Olten und Freiburg im Breisgau: Walther-Verlag.

PIAGET, J. [1974]: Theorien und Methoden der modernen Erziehung. Frankfurt am Main: Fischer.

PIAGET, J.; INHELDER, B. [1972]: Die intellektuellen Operationen und ihre Entwicklung. In: Bonn, H.; Rohsmanith, K. (Hg.): *Studien zur Entwicklung des Denkens im Kindesalter.* Darmstadt: Wissenschaftliche Buchgesellschaft. 67–140.

PIAGET, J.; INHELDER, B. [1975]: Die Entwicklung des räumlichen Denkens beim Kinde. Stuttgart: Klett.

PIAGET, J.; SZEMINSKI, A. [1965]: Die Entwicklung des Zahlbegriffs beim Kinde. Stuttgart: Klett.

PLOMIN, R.; DE FRIES, J.C.; LOEHLIN, J.C. [1977]: Genotyp – environment interaction and correlation in the analysis of human behaviour. *Psychological Bulletin*, 84. 309–322.

POINCARÉ, H. [1913]: Mathematical Creation. New York: The Science Press.

PÓLYA, G. [1949]: Schule des Denkens: vom Lösen mathematischer Probleme. Bern: Francke (4. Auflage 1995).

PÓTA, J. [2005]: Vorgehen mathematisch begabter Schulanfänger beim Bearbeiten von „Rechenketten“ und „mathematischen Puzzlen“. Unveröffentlichte Wissenschaftliche Hausarbeit im Rahmen der Ersten Staatsprüfung für das Lehramt an Grundschulen. Gießen.

PRENZEL, M.; LANKES, E.-M.; MINSEL, B. [2000]: Interessenentwicklung in Kindergarten und Grundschule: Die ersten Jahre. In: Schiefele, U.; Wild, K.-P. (Hg.): *Interesse und Lernmotivation. Untersuchungen zu Entwicklung, Förderung und Wirkung*. Münster: Waxmann. 11–30.

PURVES, D. [1994]: Principles of Neural Development. Sunderland: Sinauer.

RADATZ, H. [1982]: Zählen – eine oft vernachlässigte Fähigkeit. *Grundschule,* 14 (4). 159–162.

RADATZ, H.; RICKMEYER, K. [1991]: Handbuch für den Geometrieunterricht an Grundschulen. Hannover: Schroedel.

RASCH, R. [2001]: Zur Arbeit mit problemhaltigen Textaufgaben im Mathematikunterricht der Grundschule. Eine Studie zur Herangehensweise von Grundschulkindern an anspruchsvolle Textaufgaben und Schlussfolgerungen für eine Unterrichtsgestaltung, die entsprechende Lösungsfähigkeiten fördert. Hildesheim; Berlin: Verlag Franzbecker.

REINÖHL, F. [1937]: Die Vererbung der geistigen Begabung. München; Berlin: J.F. Lehmanns Verlag.

RENZULLI, J.S. [1978]: What makes giftedness? Reexamining a definition. *Journal Phi Delta Kappan*, 60. 180–184.

RENZULLI, J.S. [1986]: The three-ring conception of giftedness: A developmental model for promoting creative productivity. In: Sternberg, R.J.; Davidson, J.E. (Hg.): *Conceptions of giftedness*. Cambridge: Cambridge University Press. 53–92.

RENZULLI, J.S.; REIS, S.M.; SMITH, L.H. [1981]: The Revolving Door Identification Model. Mansfield Center, Connecticut: Creativ Learning Press.

RESAG, K. [1964]: Bildung des Zahlbegriffs beim Kind. In: Abel, H.; Froese, l.; Groothoff, H.; Klafki, W.; Odenbach, K.; Schietzel, C. (Hg.): *Rechenunterricht und Zahlbegriff*. Braunschweig: Westermann. 23–49.

RICHTER, A. [2000]: Diagnose von Hochbegabung. In: Bergsmann, R. (Hg.): *Hochbegabung. Eine Chance*. Wien: Facultas. 35–47.

RITTELMEYER, CH. [2002]: Pädagogische Anthropologie des Leibes. Biologische Voraussetzungen der Erziehung und Bildung. Weinheim; München: Juventa.

RÖSSER, A. [2005]: Das Vorgehen mathematisch begabter Schulanfänger beim Bearbeiten von zwei Problemaufgaben. Unveröffentlichte Wissenschaftliche Hausarbeit im Rahmen der Ersten Staatsprüfung für das Lehramt an Grundschulen. Gießen.

RÖTHLISBERGER, H. [1999]: Heterogenität als Herausforderung: Standortbestimmungen am Schulanfang. In: Hengartner, E. (Hg.): *Mit Kindern lernen. Standorte und Denkwege im Mathematikunterricht*. Zug: Klett und Balmer. 22–28.

ROGOFF, B. [1990]: Apprenticeship in thinking. New York: Oxford University Press.

ROLOFF, E.-A. [1966]: Begabung – was ist das eigentlich? Essen: Neue Deutsche Schule Verlagsgesellschaft.

ROSSBACH, H.-G. [2005]: Die Bedeutung der frühen Förderung für den domänspezifischen Kompetenzaufbau. *Sache-Wort-Zahl*, 33 (73). 4–7.

ROST, D.H. (Hg.) [1993]: Lebensumweltanalyse hochbegabter Kinder: Das Marburger Hochbegabtenprojekt. Göttingen: Hogrefe.

ROST, D.H. (Hg.) [2000]: Hochbegabte und hochleistende Jugendliche: neue Ergebnisse aus dem Marburger Hochbegabtenprojekt. Münster; New York; München: Waxmann.

ROST, D.H. [2002]: Hochbegabung und Hochbegabte – Facetten, Probleme, Befunde. In: Hessisches Landesinstitut für Pädagogik (Hg.): *Besondere Begabungen – eine Herausforderung für Lehrerinnen und Lehrer. Grundlagen – Förderkonzepte und Praxisbeispiele – Unterstützungsangebote. Schule + Beratung*, 10. Wiesbaden. 13–34.

ROTH, G. [1997]: Das Gehirn und seine Wirklichkeit. Kognitive Neurobiologie und ihre philosophischen Konsequenzen. Frankfurt: Suhrkamp.

ROTH, H. [1968]: Pädagogische Anthropologie. Band 1: Bildsamkeit und Bestimmung. Hannover: Schroedel.

ROTH, H. [1974]: Einleitung und Überblick. In: Roth, H. (Hg.): *Begabung und Lernen. Deutscher Bildungsrat – Gutachten und Studien der Bildungskommission.* Stuttgart: Klett. 17–67.

ROTH, H. (Hg.) [1976]: Begabung und Lernen: Ergebnisse und Folgerungen neuer Forschung. Stuttgart: Klett.

ROWE, D.C. [1997]: Genetik und Sozialisation. Die Grenzen der Erziehung. Weinheim: Psychologie Verlags Union.

RUWISCH, S.; PETER-KOOP, A. (Hg.) [2003]: Gute Aufgaben im Mathematikunterricht der Grundschule. Offenburg: Mildenberger.

SALOVEY, P. (Hg.) [1997]: Emotional Development and Emotional Intelligence: Educational Implications. New York: Basic Books.

SCHERER, K.; WALLBOTT, H. [1995]: Entwicklung der Emotionen. In: Hetzer, H.; Todt, E.; Seiffge-Krenke, I; Arbinger, R. (Hg.): *Angewandte Entwicklungspsychologie des Kindes- und Jugendalters*. Heidelberg; Wiesbaden: Quelle und Meyer. 307–351.

SCHEUNPFLUG, A. [2000]: Evolutionäre Didaktik. Unterricht aus evolutions- und systemtheoretischer Perspektive. Weinheim; Basel: Beltz.

SCHEUNPFLUG, A. [2001]: Biologische Grundlagen des Lernens. Berlin: Cornelsen Scriptor.

SCHIEFELE, U.; WILD, K.-P. (Hg.) [2000]: Interesse und Lernmotivation. Untersuchungen zu Entwicklung, Förderung und Wirkung. Münster: Waxmann.

SCHIPPER, W. [1996]: Kompetenz und Heterogenität im arithmetischen Anfangsunterricht. *Die Grundschulzeitschrift*, 96.10–15.

SCHIPPER, W. [2002]: „Schulanfänger verfügen über hohe mathematische Kompetenzen". Eine Auseinandersetzung mit einem Mythos. In: Peter-Koop, A. (Hg.): *Das besondere Kind im Mathematikunterricht der Grundschule*. Offenburg: Mildenberger. 119–140.

SCHMIDT, CH. [2004]: Analyse von Leitfadeninterviews. In: Flick, U.; von Kardorff, E.; Steinke, I.: *Qualitative Forschung. Ein Handbuch*. Reinbek: Rowohlt Taschenbuch Verlag. 447–456.

SCHMIDT, S. [1983]: Zur Bedeutung und Entwicklung der Zählkompetenz für die Zahlbegriffsentwicklung bei Vor- und Grundschulkindern. *Zentralblatt für Didaktik der Mathematik*, 15 (2). 101–111.

SCHMIDT, S. [2007]: Mathematisch besonders befähigte Grundschul-Kinder – auf welche Orientierungen hin sollte man sie fördern? In: Lorenz, J.-H.; Schipper, W. (Hg.): *Hendrik Radatz – Impulse für den Mathematikunterricht*. Braunschweig: Bildungshaus Schulbuchverlag. 126–131.

SCHMIDT, H.-D.; SCHAARSCHMIDT, U.; PETER, V. (Hg.) [1991]: Dem Kinde zugewandt. Überlegungen und Vorschläge zur Erneuerung des Bildungswesens. Hohengehren: Schneider.

SCHMIDT, S.; WEISER, W. [1982]: Zählen und Zahlverständnis von Schulanfängern. *Journal für Mathematik-Didaktik*, 3 (4). 227–236.

SCHNAITMANN, G.W. (Hg.) [1996]: Theorie und Praxis der Unterrichtsforschung. Methodologische und praktische Ansätze zur Erforschung von Lernprozessen. Donauwörth: Auer.

SCHNAITMANN, G.W. [2004]: Forschungsmethoden in der Erziehungswissenschaft. Zum Verhältnis von qualitativen und quantitativen Methoden in der Lernforschung an einem Beispiel der Lernstrategienforschung. Frankfurt am Main: Peter Lang.

SCHOENFELD, A.H. [1985]: Mathematical problem solving. London: Academic Press.

SCHÜTTE, S. [1996]: Mehr Offenheit im mathematischen Anfangsunterricht. *Die Grundschulzeitschrift*, 96. 10–15.

SCHWEIZER. K. (Hg.) [2000]: Intelligenz und Kognition. Die kognitiv-biologische Perspektive der Intelligenz. Landau: Verlag Empirische Pädagogik.

SEFIEN, E.; KNOPF, H. [2007]: Leistungsexzellenz und ihre Determinanten. Berlin: Rhombos-Verlag.

SEIFFGE-KRENKE, I. [1979]: Entwicklung des sozialen Verhaltens. In: Hetzer, H.; Todt, E.; Seiffge-Krenke, I.; Arbinger, R. (Hg.): *Angewandte Entwicklungspsychologie des Kinder- und Jugendalters*. Heidelberg: Quelle und Meyer. 352–396.

Sekretariat der ständigen Konferenz der Kultusminister der Länder in der Bundesrepublik Deutschland (Hg.) [2005]: Bildungsstandards im Fach Mathematik für den Primarbereich. München; Neuwied.

SIEGEL, S. [2001]: Nichtparametrische statistische Methoden. Eschborn: Verlag Dietmar Klotz.

SIEGLER, R. [1987]: Some general conclusions about children's strategy choise procedures. *International-Journal-of-Psychology*, 22 (5–6). 729–749.

SIEGLER, R. [2001]: Das Denken von Kindern. München: Oldenbourg.

SIEGLER, R.; DELOACHE, J.; EISENBERG, N. [2005]: Entwicklungspsychologie im Kindes- und Jugendalter. München: Spektrum.

SINGER, W. [2002]: Der Beobachter im Gehirn. Essays zur Hirnforschung. Frankfurt am Main: Suhrkamp.

SPEARMAN, C. (1904]: „General intelligence", objectively determined and measured. *American Journal of Psychology*, 15. 201–293.

SPIEGEL, H.; SELTER, CH. [2003]: Kinder & Mathematik. Was Erwachsene wissen sollten. Seelze: Kallmeyer.

STAPF, A. [1999]: Hochbegabung: Was ist das? In: Landesinstitut für Erziehung und Unterricht: *Begabungen fördern. Hochbegabte Kinder in der Grundschule*. Stuttgart. 12–24.

STAPF, A. [2001]: Hochbegabte Klein- und Vorschulkinder. In: Deutsche Gesellschaft für das hochbegabte Kind e.V. (Hg.): *Im Labyrinth. Hochbegabte Kinder in Schule und Gesellschaft*. Münster; Hamburg; Berlin; London: LIT. 8–11.

STAPF, A. [2003]: Hochbegabte Kinder. Persönlichkeit, Entwicklung, Förderung. München: Verlag C. H. Beck.

STAPF, A.; STAPF, K.-H. [1988]: Kindliche Hochbegabung in entwicklungspsychologischer Sicht. *Psychologie in Erziehung und Unterricht*, 35. 1–17.

STEBLER, R. [1993]: Eigenständiges Problemlösen. Zum Umgang mit Schwierigkeiten beim individuellen und paarweisen Lösen mathematischer Problemgeschichten. Berlin: Peter Lang.

STEIN, M. [1994]: Untersuchungen zum Lösungsverhalten von Grundschülern bei der Bearbeitung unlösbarer geometrischer Puzzles. *Mathematica didactica*, 17 (1). 86–122.

STEIN, M. [1995]: „Und es gibt keine Nullpfennige" – Wie Schüler die Unlösbarkeit einer Aufgabe erkennen und begründen. *Grundschulunterricht*, 42 (11). 22–25.

STEINBOCK, S. [1989]: Die Entwicklung von Sprache und Denken in den Lerntheorien von Piaget und Wygotski. Unveröffentlichte Wissenschaftliche Hausarbeit im Rahmen der Magisterprüfung im Hauptfach Deutsch und Literatur des Mittelalters. Gießen.

STEINWEG, A.S. (2001]: Zur Entwicklung des Zahlenmusterverständnisses bei Kindern: Epistemologisch-pädagogische Grundlegung. Münster: LIT.

STEINWEG, A. S. [2003]: Gut, wenn es was zu entdecken gibt – Zur Attraktivität von Zahlen und Mustern. In: Ruwisch, S.; Peter-Koop, A. (Hg.): *Gute Aufgaben im Mathematikunterricht der Grundschule*. Offenburg: Mildenberger. 56–74.

STERN, E. [1998]: Die Entwicklung des mathematischen Verständnisses im Kindesalter. Lengerich: Pabst.

STERN, E. [2006]: Raus aus den Schubladen. *News Letter. Österreichisches Zentrum für Begabtenförderung und Begabungsforschung*, 13. 22–24.

STERN, W. [1912]: Die Intelligenz der Kinder und Jugendlichen. Leipzig: Barth.

STERNBERG, R.J. [1986]: A triarchic theory of intellectual giftedness. In: Sternberg, R.J.; Davidson, J.E. (Hg.): *Conceptions of giftedness*. Cambridge: University Press. 223–243.

STERNBERG, R.J. [1993]: Procedures for Identifying Intellectual Potential in the Gifted: A Perspective on Alternative "Metaphors of Mind". In: Heller, K.A., Passow, A.H. (Hg.): *International Handbook of Research and Development of Giftedness and Talent*. Oxford; New York; Seoul; Tokyo: Pergamon. 185–208.

STERNBERG, R.J.; DAVIDSON, J.E. (Hg.) [1986]: Conceptions of giftedness. Cambridge: University Press.

STERNBERG, R.J.; WILLIAMS, W. [2006]: Educational psychology. Boston: Allyn and Bacon.

STRAESSER, R.; BRANDELL, G.; GREVHOLM, B.; HELENIUS, O. (Hg.) [2004]: Education for the Future. Proceedings of an International Symposium on Mathematics Teacher Education. Göteborg: The Royal Swedish Academy of Sciences and the authors.

SÜß, H.-M. [2002]: Intelligenz, Begabung und Umwelt. In: Roth, L. (Hg.): *Pädagogik, Handbuch für Studium und Praxis*. München: Oldenbourg. 148–65.

TERHAT, E. [1981]: Intuition – Interpretation – Argumentation. Zum Problem der Geltungsbegründung von Interpretationen. *Zeitschrift für Pädagogik*, 27. 769–793.

TERMAN, L. [1968]: Genetic Studies of Genius. Vol I: Mental and Physical Traits of a thousand gifted Children. Stanford: Stanford University Press.

THOMPSON, I. (Hg.) [1997]: Teaching and learning early number. Buckingham; Bristol: Open University Press.

THURSTONE, L.L. [1931]: Multiple factor analysis. *Psychological Review*, 38. 406–427.

TODT, E. [1995]: Entwicklung des Interesses. In: Hetzer, H.; Todt, E.; Seiffge-Krenke, I.; Arbinger, R. (Hg.): *Angewandte Entwicklungspsychologie des Kindes- und Jugendalters*. Heidelberg: Quelle und Meyer. 213–264.

TOMASELLO, M. [1999]: The cultural origins of human cognition. Cambridge: Havard University Press.

URBAN, K.K. [1984]: Hochbegabtenerziehung weltweit: ein internationaler Aus- und Überblick über schulische und außerschulische Programme und Modelle. Bad Honnef: K. H. Bock.

URBAN, K.K. [1989]: Zur Förderung besonders Begabter in der BRD. In: Mehlhorn, H.-G.; Urban, K.K. (Hg.): *Hochbegabtenförderung international*. Berlin: VEB Deutscher Verlag der Wissenschaften. 150–173.

URBAN, K.K. [1990]: Besonders begabte Kinder im Vorschulalter. Grundlagen und Ergebnisse pädagogisch-psychologischer Arbeit. Heidelberg: HVA/Schindele.

URBAN, K.K. [2004a]: Kreativität. Herausforderung für Schule, Wissenschaft und Gesellschaft. Münster: LIT.

URBAN, K.K [2004b]: Hochbegabungen. Aufgaben und Chancen für Erziehung, Schule und Gesellschaft. Münster: LIT.

VAN DEN HEUVEL-PANHUIZEN, M. [1990]: Realistic arithmetik/mathematic instruction and test. In: Gravemeijer, K.P.; van den Heuvel-Panhuizen, M.; Streefland, L. (Hg.): *Contexts, free productions, tests and geometry in realistic mathematics education*. Utrecht: OW&OC. 53–78.

VAN DEN HEUVEL-PANHUIZEN, M. [1996]: Assesment and realistic mathematic education. Utrecht: Freudenthal-Institut.

VAN LUIT, J.; VAN DE RIJT, B.; HASEMANN, K. [2001]: Osnabrücker Test zur Zahlbegriffsentwicklung. Göttingen: Hogrefe.

WAGEMANN, E. [1988]: Bausteine zu einer Methodik des Mathematikunterrichts. Institut für Didaktik der Mathematik. Gießen.

WEBB, J.T.; MECKSTROTH, A.; TOLAN, S. [2002]: Hochbegabte Kinder, ihre Eltern, ihre Lehrer. Ein Ratgeber. Bern; Stuttgart; Toronto: Huber.

WEINERT, F.E. (Hg.) [1996]: Psychologie des Lernens und der Instruktion. Göttingen: Hogrefe.

WEINERT, F.E. [2000]: Begabung und Lernen. *Neue Sammlung*, 40 (3). 353–368.

WEINERT, F.E. (Hg.) [2001]: Leistungsmessungen in Schulen. Weinheim; Basel: Beltz.

WEINERT, F.E.; HELMKE A. (Hg.) [1997]: Entwicklung im Grundschulalter. Weinheim: Psychologie Verlags Union.

WEIß, R.; OSTERLAND, J. [1997]: Grundintelligenztest Skala 1 – CFT 1. Göttingen: Hogrefe.

WESSELS, M. [1984]: Kognitive Psychologie. New York: Harper & Row.

WETH, T. [1999]: Kreativität im Mathematikunterricht: Begriffsbildung als kreatives Tun. Hildesheim: Verlag Franzbecker.

WIECZERKOWSKI, W.; WAGNER, H. [1981]: Das hochbegabte Kind. Düsseldorf: Päd. Verlag Schwann.

WIECZERKOWSKI, W.; WAGNER, H. [1985]: Diagnostik von Hochbegabung. Tests und Trends. In: Jäger, R.; Horn, R.; Ingenkamp, K. (Hg.): *Tests und Trends 4 – Jahrbuch der Pädagogischen Diagnostik*. Weinheim; Basel: Beltz. 109–134.

WITTMANN, E. CH. [1982]: Mathematisches Denken bei Vor- und Grundschulkindern. Eine Einführung in psychologisch-didaktische Experimente. Braunschweig: Viehweg.

WITTMANN, E. CH.; MÜLLER G. [1994a]: Handbuch produktiver Rechenübungen. Band 1. Düsseldorf: Klett.

WITTMANN, E. CH.; MÜLLER G. [1994b]: Handbuch produktiver Rechenübungen. Band 2. Düsseldorf: Klett.

WITTMANN, E. CH.; MÜLLER G. (Hg.) [2005]: Das Zahlenbuch (Schulbuch der 3. Klasse). Leipzig: Klett.

WYGOTSKI, L. [1964]: Denken und Sprechen. Frankfurt am Main: Fischer Taschenbuch Verlag.

ZEHNPFENNIG, H.; ZEHNPFENNIG, H. [2002]: Entwicklungschancen besonders begabter Kinder in der Grundschule. In: Peter-Koop, A.; Sorger, P. (Hg.): *Mathematisch besonders begabte Grundschulkinder als schulische Herausforderung*. Offenburg: Mildenberger. 150–175.

ZIEGLER, A.; STÖGER, H. [2003]: ENTER – Ein Modell zur Identifikation von Hochbegabten. In: Heink, B.; Huser, J.; Mönks, F.; Oswald, F. (Hg.): *Identifikation von Begabungen. Journal für Begabtenförderung – für eine begabungsfreundliche Lernkultur*. Innsbruck: Studienverlag. 8–21.

ZIMBARDO, PH.; GERRIG, R. [1999]: Psychologie. Berlin; Heidelberg: Springer.

ZUR OEVESTE, H. [1987]: Kognitive Entwicklung im Vor- und Grundschulalter. Eine Revision der Theorie Piagets. Göttingen: Hogrefe.

# Anhang

# Anhang 1 Interview-Leitfäden

## Anhang 1.1 „Türme bauen“

| Normalverlauf | mögliche Hilfestellungen |
|---|---|
| **Teilaufgabe 1:**<br><br>**I: „Hier siehst du drei Bausteine in drei verschiedenen Farben. Wenn man sie aufeinander steckt, kann man Türme bauen. Ein solcher Turm besteht dann aus drei Steinen in drei verschiedenen Farben. Nun kann man unterschiedliche Türme bauen, indem man die Farben vertauscht. Wie viele unterschiedliche Türme kann man mit diesen drei Steinen bauen? Finde es heraus!“** | Hier ist es möglich, dass den Kindern die Bauweise der Türme unklar ist. In diesem Fall wird ihnen ein Beispielturm gezeigt.<br>Falls ein Kind mehrere Steine einer Farbe verwenden möchte, so folgt der Hinweis:<br>**I: „Löse bitte die Aufgabe so, dass du nur einen Stein jeder Farbe verwendest.“**<br>Wenn ein Kind Probleme hat, die Aufgabe inhaltlich zu erfassen, wird ihm zunächst ein Turm gezeigt, dann folgt die Erläuterung:<br>**I: „Baue nun die Steine so um, dass die Farben eine andere Reihenfolge haben, finde dann heraus, wie viele verschiedene Türme du auf diese Weise erstellen kannst.“** |
| Wenn deutlich wird, dass das Kind die Bearbeitung der Teilaufgabe abgeschlossen hat, folgen abschließend zwei Fragen bzw. Aufforderungen:<br>**I.: „Bist du dir sicher, dass deine Lösung richtig ist?“** | Diese Frage erfolgt nicht, wenn das Kind selbstständig die Richtigkeit seiner Lösung begründet. Falls das Kind zwar erklärt, dass es sicher/unsicher ist, aber keine Begründung liefert, wird es dazu aufgefordert:<br>**I.: „Kannst du mir erklären, warum du dir sicher bist, dass deine Lösung richtig/falsch ist?“** |
| Im Zusammenhang mit dieser Frage erfolgt die Aufforderung zur Lösungskontrolle:<br>**I.: „Kontrolliere bitte dein Ergebnis.“** | Diese Aufforderung erfolgt nicht, wenn ein Kind bereits selbstständig kontrolliert bzw. wenn es zu keinem Ergebnis kommt. |

| Normalverlauf | mögliche Hilfestellungen |
|---|---|
| **Teilaufgabe 2**<br><br>**I.: „Nun kommt zu den drei Bausteinen noch ein vierter Stein, nämlich ein grüner, hinzu. Wie viele verschiedene Türme könntest du mit vier Steinen bauen?"** | Wird hier deutlich, dass die Problemstellung nicht erfasst wurde (z. B. durch das Äußern einer spontanen aber falschen Lösungsidee), so folgt eine Aufforderung durch die Interviewerin, sich näher mit dem Problem zu befassen.<br>**I: „Du bist jetzt schon zu einer Lösungsidee gekommen, überlege doch noch einmal ganz genau worum es hier geht."**<br>Evtl. wird hierzu nochmals die Aufgabenstellung wiederholt.<br>Suchen Kinder lange ohne Strategie nach dem Prinzip „Versuch und Irrtum", so folgt ebenfalls eine Hilfestellung.<br>**I: „Erkläre mir bitte, wie du beim Suchen nach den verschiedenen Möglichkeiten vorgehst."**<br>Des Weiteren gelten auch hier die in Teilaufgabe 1 erwähnten Hilfestellungen.<br>Falls in der Bearbeitungssituation deutlich wird, dass ein Kind nicht mehr erfolgreich an der Teilaufgabe weiterarbeiten kann, wird die Arbeit an dieser Teilaufgabe beendet. Trotzdem wird dem Kind die nächste Teilaufgabe präsentiert.<br>Die Bearbeitung wird auch dann beendet, wenn ein Kind dieses Anliegen von sich aus äußert. |
| Wenn deutlich wird, dass das Kind die Bearbeitung der Teilaufgabe abgeschlossen hat, folgen abschließend zwei Fragen bzw. Aufforderungen:<br>**I.: „Bist du dir sicher, dass deine Lösung richtig ist?"** | Diese Frage erfolgt nicht, wenn das Kind selbstständig die Richtigkeit seiner Lösung begründet. Falls das Kind keine Begründung liefert, wird es dazu aufgefordert:<br>**I.: „Kannst du mir erklären, warum du dir sicher bist, dass deine Lösung richtig/falsch ist?"** |
| Im Zusammenhang mit dieser Frage erfolgt die Aufforderung zur Lösungskontrolle:<br>**I.: „Kontrolliere bitte dein Ergebnis."** | Diese Aufforderung erfolgt nicht, wenn ein Kind bereits selbstständig kontrolliert bzw. wenn es zu keinem Ergebnis kommt. |

| Normalverlauf | mögliche Hilfestellungen |
|---|---|
| **Teilaufgabe 3**<br><br>**I: „Stell dir vor, du hast wieder diese Steine in den vier Farben. Es soll jetzt trotzdem nur ein dreistöckiger Turm gebaut werden. Wie viele dieser Türme könntest du bauen?“** | Hier besteht die Möglichkeit, dass die Aufgabenstellung von den Kindern nicht direkt verstanden wird. Es folgt dann eine Ergänzung.<br>**I: „Immer einer der vier Steine wird nicht mit verbaut.“**<br>Die weiteren Hilfestellungen entsprechen denen der vorherigen Teilaufgaben.<br>Auch gelten hier die gleichen Abbruchkriterien wie in Teilaufgabe 2. |
| Wenn deutlich wird, dass das Kind die Bearbeitung der Teilaufgabe abgeschlossen hat, folgen abschließend zwei Fragen bzw. Aufforderungen:<br>**I.: „Bist du dir sicher, dass deine Lösung richtig ist?“** | Diese Frage erfolgt nicht, wenn das Kind selbstständig die Richtigkeit seiner Lösung begründet. Falls das Kind keine Begründung liefert, wird es dazu aufgefordert:<br>**I.: „Kannst du mir erklären, warum du dir sicher bist, dass deine Lösung richtig/falsch ist?“** |
| Im Zusammenhang mit dieser Frage erfolgt die Aufforderung zur Lösungskontrolle:<br>**I.: „Kontrolliere bitte dein Ergebnis.“** | Diese Aufforderung erfolgt nicht, wenn ein Kind bereits selbstständig kontrolliert bzw. wenn es zu keinem Ergebnis kommt. |

## Anhang 1.2 „Jonas sammelt Murmeln“

| Normalverlauf | mögliche Hilfestellungen |
|---|---|
| **Teilaufgabe 1**<br><br>**I: „Jonas sammelt Murmeln. Er legt am ersten Tag 1 Murmel in einen Sack, am zweiten Tag legt er zwei Murmeln in den Sack, am dritten Tag legt er drei Murmeln dazu und so weiter. Erzähle mir, wie es weitergeht. Was passiert am 5. Tag?“** | Falls deutlich wird, dass die Ausgangssituation nicht verstanden wurde, wird die Situation mit Murmeln, die entsprechend in einen Sack gelegt werden, nachgestellt.<br>**I: „ Stelle dir vor, du bist Jonas und sammelst Murmeln. Hier hast einen kleinen Sack und einen Haufen mit Murmeln. Der Sack ist leer und am ersten Tag legst du eine Murmel hinein. Am zweiten Tag legst du zwei Murmeln** |

| | |
|---|---|
| | **hinein und am dritten Tag drei. Was tust du am fünften Tag?**“<br>Nach diesem Einschub wird das Material zur Seite gelegt. Die Kinder können jedoch darauf zurückgreifen, wenn sie es möchten.<br>Es ist denkbar, dass die tägliche Fortführung des Sammelns nicht erfasst wird. Da diese notwendig zur weiteren Bearbeitung der Aufgabe ist, wird dann explizit die Tätigkeit Jonas durchgängig – also auch am vierten Tag – erfragt.<br>**I: „Der Sack ist leer und am ersten Tag legst du eine Murmel hinein. Am zweiten Tag legst du zwei Murmeln hinein und am dritten Tag drei. Was tust du am vierten Tag? Was tust du am fünften Tag?**“ |
| Im Anschluss an diese Einarbeitung in die Ausgangssituation wird die eigentliche Aufgabe gestellt.<br>**I.: „Wie viele Murmeln sind am fünften Tag insgesamt im Sack?**“ | Hat ein Kind auch nach längerem Überlegen keine Lösungsidee gefunden, folgt eine Hilfestellung:<br>**I: „Male oder schreibe dir doch auf, was Jonas jeden Tag macht.**“<br>Obwohl die Kinder grundsätzlich eingangs dazu aufgefordert werden, ihre Gedankengänge, Lösungswege und Zwischenergebnisse auf dem Blatt festzuhalten, wird dieser Hinweis für Kinder, die nicht von allein darauf zurückgreifen, zusätzlich gegeben.<br>Falls ein Kind zuvor als Unterstützung handelnd gearbeitet hat, wird es dazu aufgefordert, in dem Sack nachzusehen.<br>**I: „Schau doch in dem Sack nach, wie viele Murmeln insgesamt darin sind.**“ |
| Wenn deutlich wird, dass das Kind die Bearbeitung der Teilaufgabe abgeschlossen hat, folgen abschließend zwei Fragen bzw. Aufforderungen:<br>**I.: „Bist du dir sicher, dass deine Lösung richtig ist?**“ | Diese Frage erfolgt nicht, wenn das Kind selbstständig die Richtigkeit seiner Lösung begründet. Falls das Kind keine Begründung liefert, wird es dazu aufgefordert:<br>**I.: „Kannst du mir erklären, warum du dir sicher bist, dass deine Lösung richtig/falsch ist?**“ |
| Im Zusammenhang mit dieser Frage erfolgt die Aufforderung zur Lösungskontrolle:<br>**I.: „Kontrolliere bitte dein Ergebnis.**“ | Diese Aufforderung erfolgt nicht, wenn ein Kind bereits selbstständig kontrolliert bzw. wenn es zu keinem Ergebnis kommt. |

| Normalverlauf | mögliche Hilfestellungen |
|---|---|
| **Teilaufgabe 2**<br><br>**I: „Wie viele Murmeln würden es am sechsten, siebten und achten Tag sein?"** | Treten Schwierigkeiten bei der Bearbeitung dieser Teilaufgabe auf, so gelten auch hier die in der vorherigen Teilaufgabe aufgezeigten Hilfestellungen:<br>**I: „Male oder schreibe dir auf, was Jonas jeden Tag macht."**<br>oder:<br>**I: „Lege nach, was Jonas am sechsten siebten und achten Tag macht und schaue dann in dem Sack nach."** |
| Wenn deutlich wird, dass das Kind die Bearbeitung der Teilaufgabe abgeschlossen hat, folgen abschließend zwei Fragen bzw. Aufforderungen:<br>**I.: „Bist du dir sicher, dass deine Lösung richtig ist?"** | Diese Frage erfolgt nicht, wenn das Kind selbstständig die Richtigkeit seiner Lösung begründet. Falls das Kind keine Begründung liefert, wird es dazu aufgefordert:<br>**I.: „Kannst du mir erklären, warum du dir sicher bist, dass deine Lösung richtig/falsch ist?"** |
| Im Zusammenhang mit dieser Frage erfolgt die Aufforderung zur Lösungskontrolle:<br>**I.: „Kontrolliere bitte dein Ergebnis."** | Diese Aufforderung erfolgt nicht, wenn ein Kind bereits selbstständig kontrolliert bzw. wenn es zu keinem Ergebnis kommt. |

| Normalverlauf | mögliche Hilfestellungen |
|---|---|
| **Teilaufgabe 3**<br><br>**I: „Ich sehe, du hast das Problem verstanden. Dann können wir ja nun richtig beginnen. Rechne aus, am wievielten Tag mehr als 60 Murmeln in dem Sack sein würden."** | Treten Schwierigkeiten bei der Bearbeitung dieser Teilaufgabe auf, so gelten auch hier die in der vorherigen Teilaufgabe aufgezeigten Hilfestellungen:<br>**I: „Male oder schreibe dir auf, was Jonas jeden Tag macht."**<br>oder:<br>**I: „Lege nach, was Jonas am sechsten siebten und achten Tag macht und schaue dann in dem Sack nach."** |
| Wenn deutlich wird, dass das Kind die Bearbeitung der Teilaufgabe abgeschlossen hat, folgen abschließend zwei Fragen bzw. Auffor- | |

| | |
|---|---|
| derungen:<br>**I.: „Bist du dir sicher, dass deine Lösung richtig ist?"** | Diese Frage erfolgt nicht, wenn das Kind selbstständig die Richtigkeit seiner Lösung begründet. Falls das Kind keine Begründung liefert, wird es dazu aufgefordert:<br>**I.: „Kannst du mir erklären, warum du dir sicher bist, dass deine Lösung richtig/falsch ist?"** |
| Im Zusammenhang mit dieser Frage erfolgt die Aufforderung zur Lösungskontrolle:<br>**I.: „Kontrolliere bitte dein Ergebnis."** | Diese Aufforderung erfolgt nicht, wenn ein Kind bereits selbstständig kontrolliert bzw. wenn es zu keinem Ergebnis kommt. |

| Normalverlauf | mögliche Hilfestellungen |
|---|---|
| **Teilaufgabe 4**<br><br>**I: „Am 5. Tag entdeckt aber Jonas` kleine Schwester Anna den Sack mit den Murmeln. Heimlich nimmt sie jeden Tag 3 Murmeln heraus. Sie denkt, Jonas merkt es nicht. Wie viele Murmeln sind nun ab dem fünften Tag jeden Tag in dem Sack? Am wievielten Tag sind nun mehr als 60 Murmeln in dem Sack?** | Falls Kinder hier nur Vermutungen abgeben, (wie z. B.: „Es werden weniger Murmeln in dem Sack sein."), so folgt die Aufforderung:<br>**I: „Sage mir genau, wie viele Murmeln es an jedem Tag sein werden. Wie viele Murmeln hat Jonas jetzt also am sechsten, siebten und achten Tag in dem Sack? Wann sind es mehr als 60 Murmeln?"**<br>Treten Schwierigkeiten bei der Bearbeitung dieser Teilaufgabe auf, so gelten folgende Hilfestellungen:<br>**I: „Male oder schreibe dir auf, was Jonas und Anna jeden Tag machen. Du kannst es auch mit den Murmeln legen."** |
| Wenn deutlich wird, dass das Kind die Bearbeitung der Teilaufgabe abgeschlossen hat, folgen abschließend zwei Fragen bzw. Aufforderungen:<br>**I.: „Bist du dir sicher, dass deine Lösung richtig ist?"** | Diese Frage erfolgt nicht, wenn das Kind selbstständig die Richtigkeit seiner Lösung begründet. Falls das Kind keine Begründung liefert, wird es dazu aufgefordert:<br>**I.: „Kannst du mir erklären, warum du dir sicher bist, dass deine Lösung richtig/falsch ist?"** |
| Im Zusammenhang mit dieser Frage erfolgt die Aufforderung zur Lösungskontrolle:<br>**I.: „Kontrolliere bitte dein Ergebnis."** | Diese Aufforderung erfolgt nicht, wenn ein Kind bereits selbstständig kontrolliert bzw. wenn es zu keinem Ergebnis kommt. |

## Anhang 1.3 „Das Puzzle“

| Normalverlauf | mögliche Hilfestellungen |
|---|---|
| **I: „ Bei der Aufgabe, die ich dir gleich stelle, kannst du selbst entscheiden, ob du auf dieser großen Fläche arbeiten möchtest oder ob du lieber auf den Arbeitsblättern arbeiten möchtest. Ich lege beides für dich bereit.“**<br><br>**Teilaufgabe 1**<br><br>**I: „Hier siehst du eine Fläche, die aus gleich großen Feldern besteht. Nun bekommst du Puzzle-Teile, die alle so aussehen.“**<br>Dem Kind wird eines der Puzzle-Teile gezeigt.<br>**Was denkst du? Ist es möglich, die Fläche ganz mit diesen Puzzle-Teilen auszulegen? Wie bei jedem Puzzle dürfen dabei Puzzle-Teile nicht übereinander liegen. Es soll aber auch keine Lücke frei bleiben. Sage mir auch, wie viele dieser Puzzle-Teile du brauchen würdest.“** | |
| | Falls ein Kind direkt beginnen möchte zu handeln, wird es zunächst aufgefordert zu überlegen, ob es möglich ist.<br>**I: „Sage mir doch erst einmal, was du vermutest, ist es möglich oder nicht? Schaue dir dazu einfach die Fläche und die Puzzle-Teile genau an.“**<br>Falls die geäußerte Vermutung des Kindes nur ein „ja“ oder ein „nein“ beinhaltet, folgt die Frage:<br>**I: „Kannst du mir erklären, weshalb du dieser Meinung bist?“**<br>Wenn es dem Kind hier nicht möglich ist, eine verbale Erklärung zu geben, folgt eine weitere Hilfestellung.<br>**I. „Überprüfe doch deine Vermutung, indem du das Puzzle legst!“** |
| Wenn deutlich wird, dass das Kind die Bearbeitung der Teilaufgabe abgeschlossen hat, folgen abschließend zwei Fragen bzw. Aufforderungen:<br>**I.: „Bist du dir sicher, dass deine Lösung richtig ist?“** | Diese Frage erfolgt nicht, wenn das Kind selbstständig die Richtigkeit seiner Lösung begründet. Falls das Kind keine Begründung liefert, wird es dazu aufgefordert:<br>**I.: „Kannst du mir erklären, warum du dir sicher bist, dass deine Lösung richtig/falsch ist?“**<br>Im Zusammenhang mit dieser Frage erfolgt die Aufforderung zur Lösungskontrolle:<br>**I.: „Kontrolliere bitte dein Ergebnis.“**<br>Diese Aufforderung erfolgt nicht, wenn ein Kind bereits selbstständig kontrolliert bzw. wenn es zu keinem Ergebnis kommt. |

| Normalverlauf | mögliche Hilfestellungen |
|---|---|
| **Teilaufgabe 2**<br><br>**I: „Nun sollst du nur Puzzle-Teil mit dieser Form verwenden.“**<br>Dem Kind wird wieder das entsprechende Teil präsentiert.<br>**I: „Es ist egal, von welcher Seite du sie benutzt. Was denkst du, kannst du die Fläche auch ganz mit diesen Teilen auslegen? Wie viele Teile würdest du jetzt brauchen?“** | Falls die geäußerten Vermutung des Kindes hier wieder nur ein „ja“ oder ein „nein“ beinhaltet, folgt die Frage:<br>**I: „Kannst du mir erklären, weshalb du dieser Meinung bist?“**<br>Wenn es dem Kind hier nicht möglich ist, eine verbale Erklärung zu geben, folgt eine weitere Hilfestellung.<br>**I. „Überprüfe indem du legst!“** |

| Normalverlauf | mögliche Hilfestellungen |
|---|---|
| **Teilaufgabe 3**<br><br>**I: „ Was passiert wohl, wenn du nun beide Puzzle-Teile verwendest. Kannst du dann die Fläche ganz auslegen?“** | Es gelten auch hier die oben genannten möglichen Hilfestellungen und Aufforderungen zur Kontrolle. |

| Normalverlauf | mögliche Hilfestellungen |
|---|---|
| **Teilaufgabe 4**<br><br>**I: „Das hast du schon toll gemacht. Dann können wir uns jetzt auch überlegen, ob die Fläche ganz ausgelegt werden kann, wenn man Puzzle-Teile benutzt, die so aussehen.“**<br>Dem Kind werden die zwei Quadratvierlinge vorgelegt.<br>**I: „Kannst du mir auch hier sagen, wie viele Teile du brauchen würdest?“** | Es gelten auch hier die bereits beschriebenen möglichen Hilfestellungen und Aufforderungen zur Kontrolle. |

| Normalverlauf | mögliche Hilfestellungen |
|---|---|
| **Teilaufgabe 5**<br><br>**I: „Nun überlege noch, ob du auch mit diesen Teilen die Fläche ganz auslegen kannst und** | |

| **wie viele davon du brauchen würdest.“**<br>Es werden die drei Quadratfünflinge vorgelegt. | Auch hier werden die Kinder dazu aufgefordert, ihre Vermutungen zu begründen, wenn sie von sich aus nur ein „Nein“ oder „Ja“ – auch nach einer eventuellen Phase des Probierens – äußern.<br>**I: „Du sagst, du findest keine Möglichkeit, woran kann das liegen?“**<br>Es gelten auch hier die bereits beschriebenen möglichen Hilfestellungen und Aufforderungen zur Kontrolle. |
|---|---|

## Anhang 1.4 „Rechenketten“

| Normalverlauf | mögliche Hilfestellungen |
|---|---|
| **Teilaufgabe 1**<br><br>**I: „Hier siehst du eine Rechenkette, in der einige Zahlen noch nicht eingetragen sind. Du sollst herausfinden, welche Zahlen an diese Stellen gehören. Die Zahlen findest du, indem du den Unterschied der beiden darüber stehenden Zahlen berechnest. Um das erste leere Feld zu füllen, musst du also den Unterschied zwischen 4 und 9 ausrechnen. Dann suchst du das Kärtchen mit dieser Zahl und legst es auf dieses leere Feld** (I. zeigt auf das entsprechende Feld). **Falls du eine Zahl brauchst, die noch nicht auf einer Karte steht, kannst du sie dir selbst aufschreiben. Hier liegen leere Karten und ein Stift bereit.**<br>**Auf das zweite leere Feld muss auch ein Kärtchen gelegt werden. Darauf muss die Zahl stehen, die den Unterschied zwischen 7 und 9 angibt.“**<br><br>Wenn deutlich wird, dass das Kind die Bearbeitung der Teilaufgabe abgeschlossen hat, folgen abschließend zwei Fragen bzw. Aufforderungen:<br>**I.: „Bist du dir sicher, dass deine Lösung** | Falls noch weitere Anleitungen notwendig sind, erfolgt diese Erklärung:<br>**I: „Auf diese Weise kannst du dann auch das letzte Feld berechnen. Sage mir doch bitte von welchen beiden Zahlen du dazu den Unterschied berechnen musst.“**<br>**I.: „Welche Zahl muss dann also auf dem Kärtchen stehen? Lege es an die richtige Stelle.“**<br>Falls ein Kind die Aufforderung „Berechne den Unterschied aus zwei Zahlen“ nicht versteht und nicht damit arbeiten kann, folgt die Erklärung, dass hierzu die kleinere der beiden betreffenden Zahlen von der größeren abgezogen werden müssen.<br>**I: „Um den Unterschied zwischen 2 und 5 herauszufinden, musst du die 2 von der 5 abziehen.“** |

| richtig ist?“ | Diese Frage erfolgt nicht, wenn das Kind selbstständig die Richtigkeit seiner Lösung begründet. Falls das Kind keine Begründung liefert, wird es dazu aufgefordert:<br>**I.: „Kannst du mir erklären, warum du dir sicher bist, dass deine Lösung richtig/falsch ist?“**<br>Im Zusammenhang mit dieser Frage erfolgt die Aufforderung zur Lösungskontrolle:<br>**I.: „Kontrolliere bitte dein Ergebnis.“**<br>Diese Aufforderung erfolgt nicht, wenn ein Kind bereits selbstständig kontrolliert bzw. wenn es zu keinem Ergebnis kommt. |
|---|---|

| Normalverlauf | mögliche Hilfestellungen |
|---|---|
| **Teilaufgabe 2**<br><br>**I: „Hier ist angegeben, dass der Unterschied zwischen der 5 und der zweiten Zahl - die ja jetzt fehlt - 2 ist. Du sollst also herausfinden, welche Zahl sich um 2 von der 5 unterscheidet. Das passende Kärtchen legst du dann wieder in das leere Feld.“** | Falls ein Kind hier noch nicht bemerkt, dass es zwei Möglichkeiten gibt, wird dies auch nicht näher thematisiert. So kann im Rahmen der Auswertung der Frage nachgegangen werden, wann und ob überhaupt dies bemerkt und berücksichtigt wird.<br>Wenn aber ein Kind gar nicht mit dieser Problematik umgehen kann, wird erklärt:<br>**I: „Die Zahl, die hier gesucht wird, ist also genau um 2 größer oder kleiner als 5.“**<br>Auf diese Weise werden die zwei Möglichkeiten zwar vorgegeben, es kann sich im Weiteren jedoch immer noch zeigen, inwieweit das Kind diese Kenntnis nutzt.<br>Es gelten auch hier die bereits beschriebenen möglichen Hilfestellungen und Aufforderungen zur Kontrolle. |

| Normalverlauf | mögliche Hilfestellungen |
|---|---|
| **Teilaufgabe 3**<br><br>**I: „Ich habe hier eine weitere Rechenkette für dich. Finde die fehlenden Zahlen heraus und füge sie ein. Versuche bitte auch wieder, mir zu erklären, wie du vorgehst.“** | Wenn deutlich wird, dass ein Kind Schwierigkeiten mit der Struktur der Rechenketten hat, wird die Vorgehensweise nochmals erläutert. Diese Erläuterung lehnt sich dann an die Erklärung in Teilaufgabe 1 an.<br>Es gelten auch hier die bereits beschriebenen möglichen Hilfestellungen und Aufforderungen zur Kontrolle. |

| Normalverlauf | mögliche Hilfestellungen |
|---|---|
| **Teilaufgabe 4**<br><br>**I: „Dies ist wieder eine Rechenkette, so wie du sie nun schon gut kennst. Lege bitte die Kärtchen mit den richtigen Zahlen auf die freien Felder.“** | Es gelten die gleichen Hilfestellungen und Aufforderungen zur Kontrolle wie in den bisherigen Teilaufgaben. |

| Normalverlauf | mögliche Hilfestellungen |
|---|---|
| **Teilaufgabe 5**<br><br>**I: „Hier hast du jetzt eine größere Rechenkette. Löse auch sie.“** | Es gelten die gleichen Hilfestellungen und Aufforderungen zur Kontrolle wie in den bisherigen Teilaufgaben. |

| Normalverlauf | mögliche Hilfestellungen |
|---|---|
| **Teilaufgabe 6**<br><br>**I: „Hier siehst du eine Rechenkette, in der nur die unterste Zahl eingetragen ist, es ist die 3. Du weißt jetzt, wie man Rechenketten aufbaut. Finde also für alle anderen Felder passende Zahlen, so dass auch wirklich eine richtige Rechenkette entsteht.“** | Wenn sich bei dem Einstieg in diese Teilaufgabe nochmals zeigt, dass die grundlegende Vorgehensweise unklar ist, wird erklärt:<br>**I: „Du musst jetzt zuerst überlegen, welche Zahlen in der Zeile über der 3 stehen können. Wir wissen, dass diese beiden Zahlen den Unterschied 3 haben.“**<br>Es ist möglich, dass Kinder hier sehr große Zahlen wählen (z. B.: 1000 und 1003). Falls dann aber Schwierigkeiten auftreten, wird eingeschränkt:<br>**I: „Mache es dir doch leichter und wähle erst einmal kleinere Zahlen.“**<br>Falls einzelne Kinder bis zu dieser Stelle zeigen, dass sie souverän mit den Rechenketten arbeiten, wird ihnen diese weiter führende Fragestellung präsentiert:<br>**I: „Hast du eine Idee, wie du die Zahlen auswählen musst, damit die unterste Zahl möglichst groß ist? Wie müssen dann die Zahlen ausgewählt sein, damit die unterste Zahl möglichst klein ist?“**<br>Es gelten die gleichen Hilfestellungen und Aufforderungen zur Kontrolle wie in den bisherigen Teilaufgaben. |

| Normalverlauf | mögliche Hilfestellungen |
|---|---|
| **Teilaufgabe 7**<br><br>**I: „Hier siehst du eine ganz leere Rechenkette. Du hast Kärtchen mit den Zahlen 1, 2, 3, 4, 6 und 7 zur Verfügung** (die entsprechenden Kärtchen werden ausgelegt). **Füge diese Zahlen nun so ein, dass eine richtige Rechenkette entsteht.“** | Es ist möglich, dass ein Kind einige der Zahlenkärtchen nicht verwenden möchte und beginnt eigene Zahlenkärtchen mit anderen Zahlen zu schreiben, um die Rechenkette ausfüllen zu können. Dann folgt die Einschränkung;<br>**I: „Hier darfst du nur die Kärtchen verwenden, die hier liegen. Auch mit diesen Kärtchen kannst du eine Rechenkette herstellen. Du findest es bestimmt heraus!“**<br>Es gelten die gleichen Hilfestellungen und Aufforderungen zur Kontrolle wie in den bisherigen Teilaufgaben. |

| Normalverlauf | mögliche Hilfestellungen |
|---|---|
| **Teilaufgabe 8**<br><br>**I: „Hier siehst du nun eine noch größere Rechenkette, auch sie ist leer. Lege doch auch bitte diese Kärtchen mit den Zahlen 1, 1, 2, 3, 3, 4, 5, 6, 7 und 9** (die entsprechenden Zahlenkärtchen werden wieder auf den Tisch gelegt) **richtig hinein.“** | Auch hier gelten die oben genannten Hilfestellungen und die Aufforderung zu Kontrolle. |

# Anhang 2 Die Aufgabe „Zahlenmauer“

Im Rahmen der ersten Kontaktaufnahme mit allen zwölf Klassen wurde den Kindern die folgende Aufgabe „Zahlenmauern“ präsentiert. Sie diente als Veranschaulichung der möglichen Inhalte der „Mathe-AG“. Primäre Intention war nicht das Lösen der Aufgabe, sondern das Darbieten eines Beispieles für die in der „Mathe-AG“ folgenden Aufgaben. Aus diesem Grunde wurde ein Aufgabenformat gewählt, welches den Kindern bereits bekannt war. Die Anforderung des Einfügens vorgegebener Zahlen in eine leere „Zahlenmauer“ war jedoch für alle Kinder neu[33]. So konnte erreicht werden, dass die Kinder durch den bekannten Kontext zügig auf die Problemhaltigkeit der Aufgabe aufmerksam wurden und daraufhin einschätzen konnten, ob sie Interesse an derartigen Aufgaben haben oder nicht.
Die Aufgabe wurde auf einem farbigen Plakat dargeboten. Der Aufgabentext wurde den Kindern vorgelesen und bei Bedarf ergänzend erklärt.

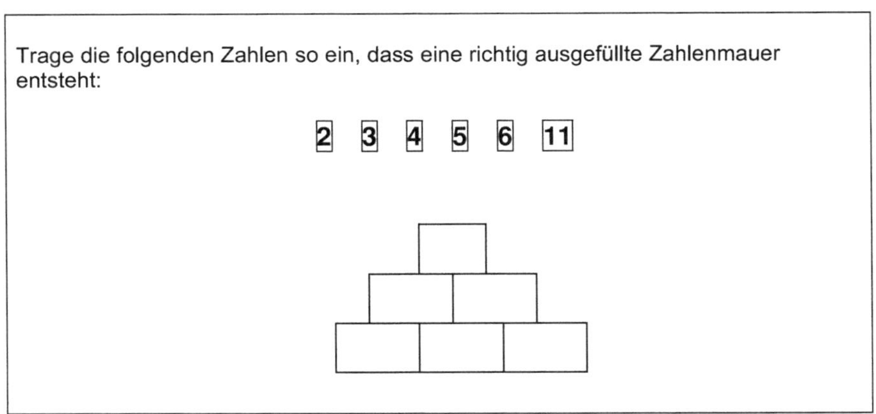


[33] Diese Information wurde aus vorab geführten Gesprächen mit allen betroffenen Klassen- oder Mathematiklehrerinnen gewonnen.

# Anhang 3 Checkliste

Zur Unterstützung der Lehrer bei der Nominierung der Kinder, die sie für mathematisch begabt halten, wurde die folgende Checkliste eingesetzt. Sie wurde in Anlehnung an eine bereits bestehende und in der Praxis erprobte Checkliste erstellt (vgl. HEINBOKEL 2001, S. 45):

Außergewöhnlich begabte Kinder zeigen wahrscheinlich die folgenden Eigenschaften:

1. Sie besitzen die Fähigkeit, logisch zu denken, sich mit Abstraktionen zu befassen, von Tatsachen zu verallgemeinern, Bedeutungen zu verstehen und Beziehungen zu sehen.
2. Sie haben große intellektuelle Neugier.
3. Sie lernen leicht und schnell.
4. Sie sind an sehr vielen Dingen interessiert und haben somit ein breites Spektrum an Interessensgebieten.
5. Sie können sich beim Lösen von Problemen und beim Verfolgen ihrer Interessen lange konzentrieren.
6. Sie sind in Menge und Qualität ihres Wortschatzes anderen Kindern der gleichen Altersstufe überlegen.
7. Sie können selbstständig arbeiten.
8. Sie haben früh (evtl. schon vor der Einschulung) lesen gelernt.
9. Sie können sehr gut beobachten.
10. Sie zeigen Initiative und Originalität in der geistigen Arbeit.
11. Sie reagieren schnell auf neue Ideen.
12. Sie lernen schnell auswendig.
13. Sie interessieren sich stark für Probleme der Menschheit und des Universums.
14. Sie verfügen über eine außergewöhnlich starke Fantasie.
15. Sie können selbst komplexen Anforderungen leicht folgen.
16. Sie lesen schnell.
17. Sie interessieren sich für sehr unterschiedlichen Lesestoff.
18. Sie haben viele Hobbys.
19. Sie sind sehr gut in Mathematik, insbesondere im Lösen von mathematischen Problemen.

Bei dieser Checkliste wurde bewusst auf eine ausschließlich mathematische Ausrichtung und auf eine Vorstrukturierung der einzelnen Punkte verzichtet. Auf diese Weise sollte erreicht werden, ein möglichst vielfältiges und unvoreingenommenes Bild seitens der Lehrerinnen zu erhalten.

# Anhang 4 Die Aufgaben der „Mathe-AG"

## Anhang 4.1 Die Aufgabe „Zauberdreiecke"

**Zauberdreiecke**

**Teilaufgabe 1:**

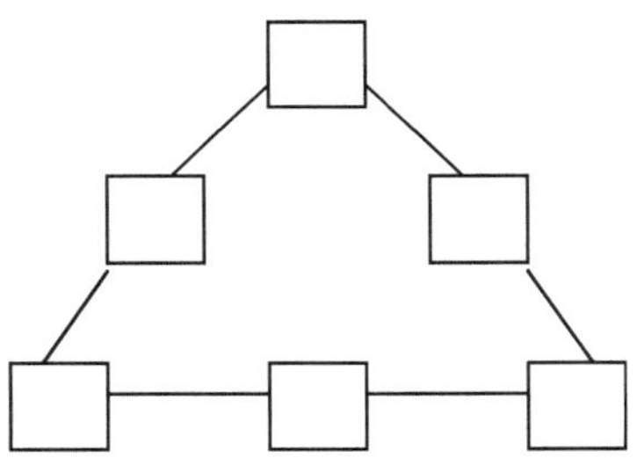

Trage die Zahlen **1, 2, 3, 4, 5, 6**

so ein, dass ein Zauberdreieck entsteht.

Welche Zauberzahl hat dein Zauberdreieck? ____

**Teilaufgabe 2:**

Kannst du mit den gleichen Zahlen auch ein Zauberdreieck mit einer anderen Zauberzahl erstellen?

Welche Zauberzahl erhältst du nun? ____

**Teilaufgabe 3**

Dies soll ein großes Zauberdreieck werden.

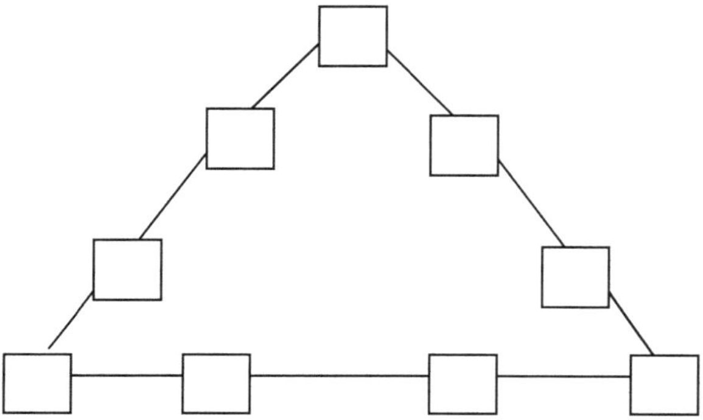

Trage die Zahlen **1, 2, 3, 4, 5, 6, 7, 8, 9** richtig ein.

Welche Zauberzahl hat dein Zauberdreieck? ____

**Teilaufgabe 4:**

Kannst du mit den gleichen Zahlen auch ein Zauberdreieck mit einer anderen Zauberzahl erstellen?

Welche Zauberzahl erhältst du nun? ____

## Anhang 4.2 Die Aufgabe „Perlenkette"[34]

**Die Perlenkette**

**Ein Teil der Perlenkette ist in der Kiste versteckt.
Finde trotzdem heraus, wie viele Perlen aufgefädelt sind.
Das Muster der Kette kann dir helfen.**

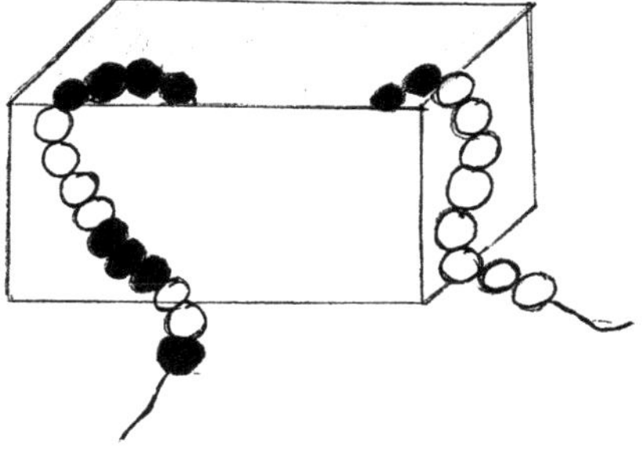

## Anhang 4.3 Die Aufgabe „Geschicktes Rechnen"

**Geschicktes Rechnen**

**Rechne diese Aufgabe. Finde einen geschickten Rechenweg.**

**1 + 2 + 3 + 4 + 5 + 6 + 7 + 8 + 9 = ____**

Bei der Präsentation dieser Aufgabe wurden die Kinder ausdrücklich darauf aufmerksam gemacht, dass es nicht ausschließlich darum geht, die Lösung herauszufinden. Vielmehr wurden sie gebeten, einen Rechenweg zu finden, den sie für sehr *geschickt* halten. Die Umschreibung *geschicktes Rechnen* wurde ihnen in der Weise erklärt, dass es um einen Rechenweg geht, der für sie selbst möglichst schnell und einfach durchzuführen ist.

[34] Diese Aufgabe wurde von *Käpnick* für mathematisch begabte Kinder im 3. und 4. Schuljahr eingesetzt (vgl. KÄPNICK 1998, S. 242).

# Anhang 5 Basiswissentest

Name:

Alter: Jahre

Klasse:

Schule:

1. Rechne.

a) 4 + 3 =
b) 3 + 9 =
c) 28 + 8 =
d) 14 + 3 =
e) 8 + 7 =
f) 22 + 6 =
g) 5 + 0 =

h) 9 - 4 =
i) 12 - 6 =
j) 10 - 0 =
k) 20 - 9 =
l) 19 - 4 =

2. Rechne und schreibe auf, wie du rechnest.

a) 3 + 5 + 7 =

b) 4 + 8 + 2 =

3. Schreibe neben jeden Kasten, wie viele Punkte darin sind.

a) ______

b) ______

4. Hier siehst du drei Busse. Kreise den Kasten ein, in dem genau so viele Punkte sind wie Busse.

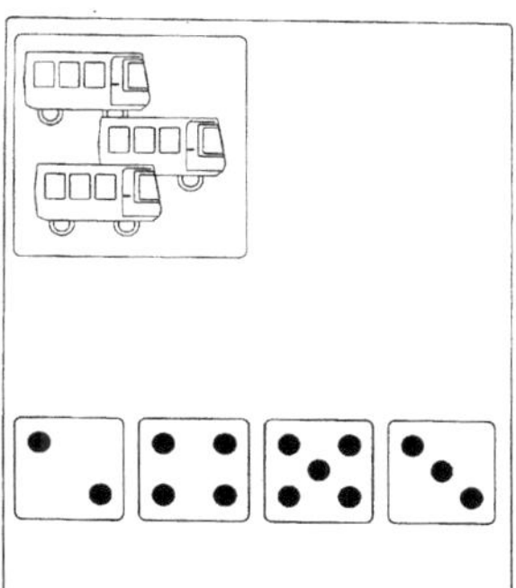

5. Hier siehst du Gläser und Strohhalme. Kreise den Kasten ein, in dem für jedes Glas ein Strohhalm da ist.

6. Hier siehst du Kerzenhalter und Kerzen. In jeden Kerzenhalter passen Kerzen. Kannst du Linien von den Kerzen zu den passenden Kerzenhaltern zeichnen?

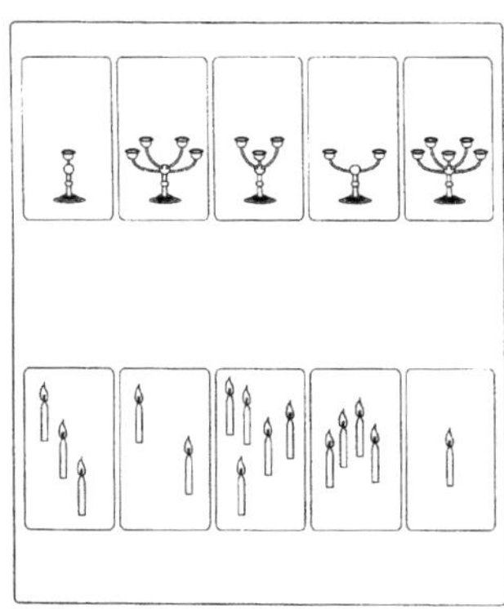

7. Hier siehst du Würfel. Kreise den Würfel ein, der mehr Punkte zeigt, als der eingerahmte Würfel.

8. Hier siehst du fünfzehn Luftballons. Kreise den Kasten ein, in dem genau so viele Punkte wie Luftballons sind.

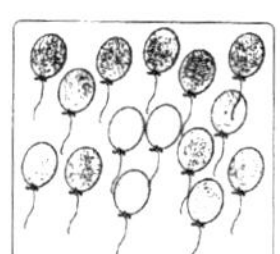

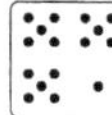

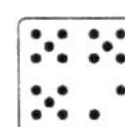

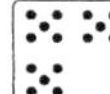

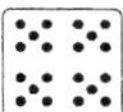

9. Hier siehst du Bilder mit Tellern und Brotscheiben. Jede Scheibe Brot gehört zu einem Teller. Kannst du das Bild finden, in dem zu jeder Scheibe genau ein Teller da ist? Kreise das Bild ein.
Du darfst Linien zeichnen.

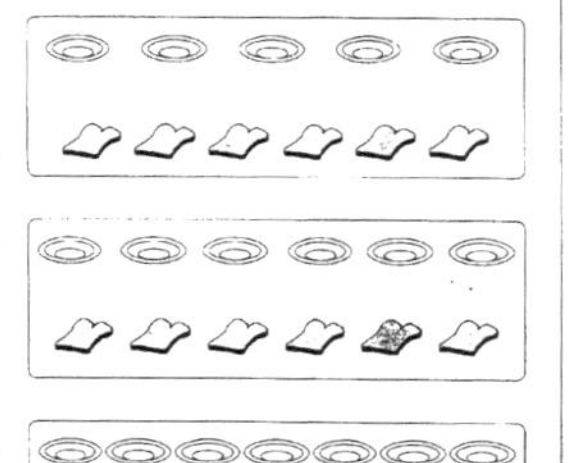

10. Hier siehst du Kisten mit Murmeln. Kreise Die Kiste mit den wenigsten Murmeln ein.

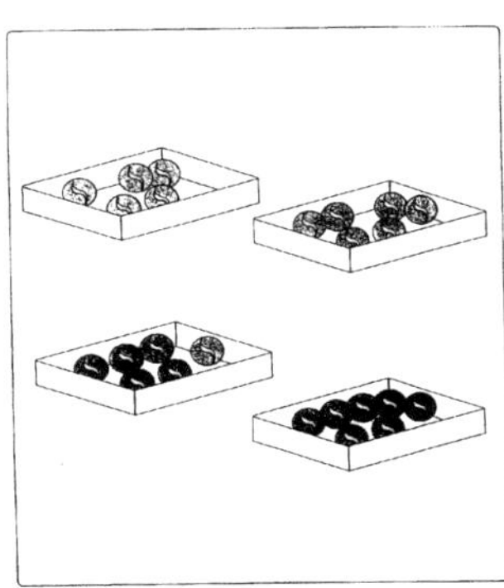

11. Zerlege die Zahlen im Dach.
Suche nach verschiedenen Möglichkeiten.

a)

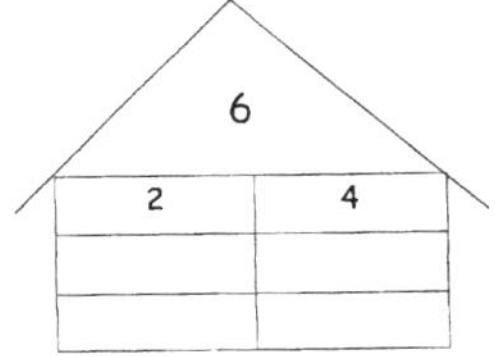


b)

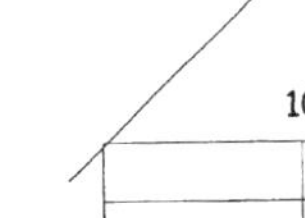

c)

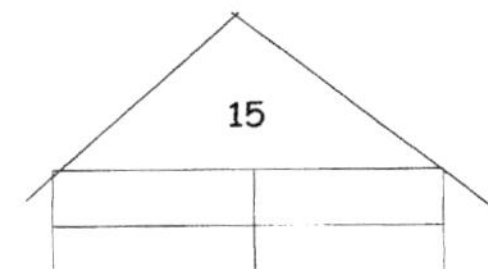

d)

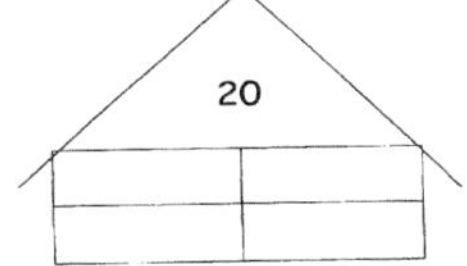

12. Setze die fehlenden Zahlen ein.

a) 2 + ☐ = 10 b) 4 + ☐ = 9

c) 5 + ☐ = 15 d) 9 + ☐ = 20

e) 10 + ☐ = 18 f) 12 + ☐ = 15

g) 3 + ☐ + ☐ = 9

h) 4 + ☐ + 8 = 20

13. Setze ein:   ☐ > ☐ < ☐ =

a) 3 ☐ 5 b) 7 ☐ 2

c) 12 ☐ 15 d) 15 ☐ 15

e) 17 ☐ 10 f) 34 ☐ 43

Welche Zahl kannst du hier einsetzen?

g) 13 > ☐ h) 19 < ☐

i) Ordne die Zahlen nach ihrer Größe.

3 7 20 12 5 41 1 16

14. Wie geht es weiter?

a) 1 3 5 ______

b) 2 4 6 ______

c) 20 18 16 ______

d) 0 1 2 3 4 3 ______

e) ○○●●○○●●

f) ●●○●●○

g) △○□○△○□○

h) ○●●○○○●●●●○○○

15. Zähle bis über Hundert.

16. Zähle von 894 weiter.

17. Zähle von 984 weiter.

18. Zähle von 10 rückwärts.

19. Zähle von 20 rückwärts.

20. Zähle von 19 rückwärts.

21. Zähle von 42 rückwärts.

22.

| | | | | |
|---|---|---|---|---|
| 30 | 41 | 43 | 3 | 9 |
| 5 | 16 | 0 | 8 | 25 |
| 34 | 4 | 15 | 43 | 1 |
| 10 | 2 | 4 | 7 | 12 |

# Anhang 6 Transkriptionsregeln

Das Transkript enthält die verbalen Äußerungen der an den Einzel-Videointerviews beteiligten Personen. Es führt ebenfalls ihre nonverbalen Aktivitäten auf, diese sind durch eckige Klammern gekennzeichnet. Die einzelnen Äußerungen werden durch Angabe des Sprechers – die Abkürzung I. steht für die Interviewerin – und einen Doppelpunkt eingeleitet; sie sind durch doppelte Anführungszeichen („...") gekennzeichnet. Die Äußerungen werden mit hängendem Einzug geschrieben, so dass die Sprecherangabe und der Text jeweils in einem Block stehen. Außerdem wird zu Beginn jeder Äußerung die Zeitspanne angegeben, die seit Interviewbeginn vergangen ist. Da sich das Transkript an der möglichst wörtlichen Wiedergabe des Verlaufs orientiert, werden grammatikalische Fehler und ungewöhnliche Wortwahlen übernommen und nicht weiter gekennzeichnet. Verbale Äußerungen, die keine Wörter sind, werden nach ihrem Klangbild verschriftlicht. Folgende Ausnahmen sind festgelegt:

| | |
|---|---|
| Mmh | eindeutige Bejahung oder Zustimmung |
| Hmm? | Nachfragende Äußerung |
| Hmhm | eindeutige Verneinung oder Ablehnung |
| Mmm | Überlegen oder Nachdenken |

Folgende paralinguistische Zeichen werden verwendet:

| | |
|---|---|
| (..) | kurze Pause, max. 2 Sekunden |
| (...) | mittlere Pause, max. 3 Sekunden |
| (4 Sek.) | längere Sprechpause, Länge in Sekunden |
| (?) | akustisch unverständlich |

# Anhang 7 Auswertungs-Leitfaden

| | TA 1 | TA 2 | TA 3 | TA 4 | TA 5 | TA 6 | TA 7 | TA 8 |
|---|---|---|---|---|---|---|---|---|
| **1. Auswertungsstufe** | | | | | | | | |
| | | | | | | | | |
| **Einsatz heuristischer Strategien** | | | | | | | | |
| - Generieren und Testen von Lösungen | | | | | | | | |
| - Analogiebildung | | | | | | | | |
| - Suchraumeingrenzung | | | | | | | | |
| - Vorwärtsarbeiten | | | | | | | | |
| - Rückwärtsarbeiten | | | | | | | | |
| - Vorwärts- und Rückwärtsarbeiten | | | | | | | | |
| - Ziel-Mittel-Analyse | | | | | | | | |
| - Zerlegen in überschaubare Teile | | | | | | | | |
| | | | | | | | | |
| **2. Auswertungsstufe** | | | | | | | | |
| | | | | | | | | |
| **Einsatz aufgabenspezifischer Strategien** | | | | | | | | |
| | | | | | | | | |
| **Türme bauen:** | | | | | | | | |
| - Gegenpaarbildung | | | | | | | | |
| - Tachometerprinzip | | | | | | | | |
| - Lösungssuche in Phasen | | | | | | | | |
| | | | | | | | | |
| **Jonas sammelt Murmeln:** | | | | | | | | |
| - Interpretation als Zahlenfolge | | | | | | | | |
| - Lösen durch schrittweise Addition | | | | | | | | |
| | | | | | | | | |
| **Das Puzzle:** | | | | | | | | |
| **1. Grad der Abstraktion** | | | | | | | | |
| - Umgang mit der ganzen Vorlage | | | | | | | | |
| - Exemplarisches Handeln an Teilen | | | | | | | | |
| - Kognitives Vorgehen | | | | | | | | |
| | | | | | | | | |
| **2. Logisch geleitetes Vorgehen oder gestaltorientiertes Vorgehen** | | | | | | | | |
| - Logisch geleitetes Vorgehen | | | | | | | | |
| - Gestaltorientiertes Vorgehen | | | | | | | | |
| | | | | | | | | |
| **Rechenketten** | | | | | | | | |
| - Erfassung des Gesamtzusammenhangs: | | | | | | | | |
| - Alle Schwierigkeiten bewältigt | | | | | | | | |
| - Nicht erkannt, dass mehrere Lösungen möglich sind | | | | | | | | |
| - Probleme mit schwierigen Konstellationen und nicht erkannt, dass mehrere Lösungen möglich sind | | | | | | | | |
| - Teilweise oder ganz in falschen Strukturen gearbeitet | | | | | | | | |

| | TA 1 | TA 2 | TA 3 | TA 4 | TA 5 | TA 6 | TA 7 | TA 8 |
|---|---|---|---|---|---|---|---|---|
| **3. Auswertungsstufe** | | | | | | | | |
| | | | | | | | | |
| **Lösungsverhalten in den verschiedenen Phasen des Problemlöseprozesses** | | | | | | | | |
| | | | | | | | | |
| **1. Annehmen und Verstehen der Aufgabe** | | | | | | | | |
| | | | | | | | | |
| A Erfassen der Problemstellung | | | | | | | | |
| - Erkannt | | | | | | | | |
| - Durch eigenes Nachfragen erkannt | | | | | | | | |
| - Durch Initiative des Interviewers erkannt | | | | | | | | |
| - Nicht erkannt | | | | | | | | |
| | | | | | | | | |
| **2. Lösungsplanung und -realisierung** | | | | | | | | |
| | | | | | | | | |
| A Handlungen zur Lösungserreichung | | | | | | | | |
| - Enaktiv und sprachlich-mündlich | | | | | | | | |
| - Enaktiv und sprachlich-schriftlich | | | | | | | | |
| - Ikonisch und sprachlich-mündlich | | | | | | | | |
| - Ikonisch und sprachlich-schriftlich | | | | | | | | |
| - Sprachlich-mündlich | | | | | | | | |
| - Sprachlich-schriftlich | | | | | | | | |
| - Sprachlich-mündlich und -schriftlich | | | | | | | | |
| | | | | | | | | |
| B Vorgehen beim Lösen | | | | | | | | |
| - Rechnerisches Vorgehen | | | | | | | | |
| - Handelndes Vorgehen | | | | | | | | |
| - Nicht erkennbar | | | | | | | | |
| | | | | | | | | |
| C Problemlöseniveau | | | | | | | | |
| - Ungeplant: Versuch und Irrtum | | | | | | | | |
| - Intuitiv | | | | | | | | |
| - Hartnäckig probierend | | | | | | | | |
| - Abwechselnd probierend und überlegend | | | | | | | | |
| - Systematisch strukturierend | | | | | | | | |
| - Nicht erkennbar | | | | | | | | |
| | | | | | | | | |
| D Qualität der Lösung | | | | | | | | |
| - Selbstständig richtig gelöst | | | | | | | | |
| - Richtig nach Leitfadenhilfe | | | | | | | | |
| - Inhaltlich richtig, aber falsche Zahlen | | | | | | | | |
| - Teilweise richtig | | | | | | | | |
| - Nicht gelöst im Sinne der Aufgabe | | | | | | | | |
| - Nicht bearbeitet | | | | | | | | |

| | TA 1 | TA 2 | TA 3 | TA 4 | TA 5 | TA 6 | TA 7 | TA 8 |
|---|---|---|---|---|---|---|---|---|
| E Bearbeitungsdauer | | | | | | | | |
| 0 - 2 min | | | | | | | | |
| 2 - 4 min | | | | | | | | |
| 4 - 6 min | | | | | | | | |
| 6 - 8 min | | | | | | | | |
| 8 - 10 min | | | | | | | | |
| 10 - 12 min | | | | | | | | |
| 12 - 14 min | | | | | | | | |
| 14 - 16 min | | | | | | | | |
| 16 - 18 min | | | | | | | | |
| 18 - 20 min | | | | | | | | |
| über 20 min | | | | | | | | |
| | | | | | | | | |
| **3. Präsentation der Lösung** | | | | | | | | |
| | | | | | | | | |
| A Art der Lösungspräsentation | | | | | | | | |
| - Enaktiv und sprachlich-mündlich | | | | | | | | |
| - Enaktiv und sprachlich-schriftlich | | | | | | | | |
| - Ikonisch und sprachlich-mündlich | | | | | | | | |
| - Ikonisch und sprachlich-schriftlich | | | | | | | | |
| - Sprachlich-mündlich | | | | | | | | |
| - Sprachlich-schriftlich | | | | | | | | |
| - Sprachlich-mündlich und -schriftlich | | | | | | | | |
| | | | | | | | | |
| **4. Rückschau** | | | | | | | | |
| | | | | | | | | |
| A Lösungskontrolle | | | | | | | | |
| - Selbstständig | | | | | | | | |
| - Nach Aufforderung | | | | | | | | |
| - Nach Aufforderung nicht | | | | | | | | |
| - Es wurde nicht aufgefordert | | | | | | | | |
| | | | | | | | | |
| B Reflexion der Lösung | | | | | | | | |
| - Reflexion | | | | | | | | |
| - Keine Reflexion | | | | | | | | |
| | | | | | | | | |
| C Sicherheit in Bezug auf die Richtigkeit der Lösung | | | | | | | | |
| - Sicher mit Begründung | | | | | | | | |
| - Sicher ohne Begründung | | | | | | | | |
| - Unsicher | | | | | | | | |
| - Nicht nachgefragt/geäußert | | | | | | | | |

| | TA 1 | TA 2 | TA 3 | TA 4 | TA 5 | TA 6 | TA 7 | TA 8 |
|---|---|---|---|---|---|---|---|---|
| **4. Auswertungsstufe** | | | | | | | | |
| | | | | | | | | |
| **Mathematikspezifische Begabungsmerkmale** | | | | | | | | |
| | | | | | | | | |
| A Fähigkeit zum Strukturieren mathematischer Sachverhalte | | | | | | | | |
| - Das Merkmal wurde ausgeprägt gezeigt | | | | | | | | |
| - Das Merkmal wurde in Ansätzen gezeigt | | | | | | | | |
| - Das Merkmal wurde nicht nachweisbar gezeigt | | | | | | | | |
| | | | | | | | | |
| B Fähigkeit zum Erkennen von Analogien und zum Transfer | | | | | | | | |
| - Das Merkmal wurde ausgeprägt gezeigt | | | | | | | | |
| - Das Merkmal wurde in Ansätzen gezeigt | | | | | | | | |
| - Das Merkmal wurde nicht nachweisbar gezeigt | | | | | | | | |
| | | | | | | | | |
| C Fähigkeit zum Umkehren von Gedankengängen | | | | | | | | |
| - Das Merkmal wurde ausgeprägt gezeigt | | | | | | | | |
| - Das Merkmal wurde in Ansätzen gezeigt | | | | | | | | |
| - Das Merkmal wurde nicht nachweisbar gezeigt | | | | | | | | |
| | | | | | | | | |
| D Fähigkeit zum Wechseln der Repräsentationsebene | | | | | | | | |
| - Das Merkmal wurde ausgeprägt gezeigt | | | | | | | | |
| - Das Merkmal wurde in Ansätzen gezeigt | | | | | | | | |
| - Das Merkmal wurde nicht nachweisbar gezeigt | | | | | | | | |
| | | | | | | | | |
| E Besondere Gedächtnisfähigkeit | | | | | | | | |
| - Das Merkmal wurde ausgeprägt gezeigt | | | | | | | | |
| - Das Merkmal wurde in Ansätzen gezeigt | | | | | | | | |
| - Das Merkmal wurde nicht nachweisbar gezeigt | | | | | | | | |
| | | | | | | | | |
| F Räumliche Vorstellung | | | | | | | | |
| - Das Merkmal wurde ausgeprägt gezeigt | | | | | | | | |
| - Das Merkmal wurde in Ansätzen gezeigt | | | | | | | | |
| - Das Merkmal wurde nicht nachweisbar gezeigt | | | | | | | | |

MIX
Papier aus verantwortungsvollen Quellen
Paper from responsible sources
FSC® C105338

If you have any concerns about our products,
you can contact us on
**ProductSafety@springernature.com**

In case Publisher is established outside the EU,
the EU authorized representative is:
**Springer Nature Customer Service Center GmbH**
**Europaplatz 3, 69115 Heidelberg, Germany**

Printed by Libri Plureos GmbH
in Hamburg, Germany